Torsten Voigt

# Numerische Simulation wirbeldynamischen Instabilitätsverhaltens turbulenter Vormischflammen

# Numerische Simulation wirbeldynamischen Instabilitätsverhaltens turbulenter Vormischflammen

von
Torsten Voigt

Scientific Publishing

Dissertation, Karlsruher Institut für Technologie (KIT)
Fakultät für Chemieingenieurwesen und Verfahrenstechnik, 2014
Tag der mündlichen Prüfung: 14.07.2014
Referenten: Prof. Dr.-Ing. Nikolaos Zarzalis
Prof. Dr. rer. nat. Michael Pfitzner

**Impressum**

Scientific Publishing

Karlsruher Institut für Technologie (KIT)
KIT Scientific Publishing
Straße am Forum 2
D-76131 Karlsruhe

KIT Scientific Publishing is a registered trademark of Karlsruhe Institute of Technology. Reprint using the book cover is not allowed.

www.ksp.kit.edu



Print on Demand 2015

ISBN 978-3-7315-0266-1
DOI 10.5445/KSP/1000043130

# Numerische Simulation wirbeldynamischen Instabilitätsverhaltens turbulenter Vormischflammen

zur Erlangung des akademischen Grades eines

Doktor der Ingenieurwissenschaften (Dr.-Ing.)

der Fakultät für Chemieingenieurwesen und Verfahrenstechnik des

Karlsruher Institut für Technologie (KIT)

genehmigte

DISSERTATION

von

Dipl.-Ing. Torsten Voigt

aus Bad Waldsee

Referent: Prof. Dr.-Ing. Nikolaos Zarzalis
Korreferent: Prof. Dr. rer. nat. Michael Pfitzner
Tag des Kolloquiums: 14.07.2014

Steffi und Ronja gewidmet

Was wir wissen, ist ein Tropfen, was wir nicht wissen, ein Ozean.
SIR ISSAK NEWTON

# Danksagung

Die Ergebnisse dieser Arbeit enstanden während meiner Tätigkeit als Doktorand am Engler-Bunte Institut, Bereich für Verbrennungstechnik, der Universität Karlsruhe (TH).
Meinem Doktorvater, Herrn Prof. Dr.-Ing. Nikolaos Zarzalis, danke ich für die mir ermöglichten Freiheiten in der Bearbeitung auf wissenschaftlichen und angewandt-ingenieursmäßigen Themengebieten im Rahmen von national und europäisch geförderten Projekten, sowie seinem Interesse an den Themen dieser Arbeit.
Herrn Prof. Dr.-Ing. Michael Pfitzner danke ich für die Übernahme des Korreferats und dem Interesse an meiner Arbeit.
Herrn Dr.-Ing. Peter Habisreuther danke ich für die offenen Fachdiskussionen.
Herrn Walter Pfeffinger danke ich für die IT-Unterstützung.
Meinem Projektkollegen Georg Blesinger danke ich für die stets offenen und konstruktiven Fachdiskussionen auch über die Institutsschranken hinaus.
Ich verdanke Maximilian Weiß interessante Gespräche über die Flammengeschwindigkeit unter dem Einfluss von Strömungsinhomogenitäten.
Meinen Kollegen Oliver Brunn, Flavio Galeazzo und Georg Donnert danke ich für die fachlichen Gespräche und für das freundschaftliche Verhältnis, das sich nicht nur auf die Arbeit beschränkte und noch fortbesteht.

Die wissenschaftliche Untersuchung der in dieser Arbeit behandelten Themengebiete als auch die schriftliche Zusammenstellung wären ohne die großartige Unterstützung meiner Lebensgefährtin, meiner Eltern und Geschwister nicht möglich gewesen, weshalb ihnen mein allergrößter Dank gebührt.
Ihnen habe ich es auch zu verdanken, dass ich neben "zurückschlagenden Flammen" nicht vollständig den Blick für andere, teilweise mindestens so wichtige Dinge des Lebens verloren habe.

Berlin, im Frühjahr 2014 Torsten Voigt

# Inhaltsverzeichnis

# Abbildungsverzeichnis

# Tabellenverzeichnis

# Nomenklatur

| Symbol | Einheit | Physikalische Bedeutung |
|---|---|---|
| ***Lateinische Symbole*** | | |
| $a$ | $m^2/s$ | Thermische Diffusivität, Temperaturleitzahl |
| $A$ | $m$ | Fläche |
| $B$ | $V \cdot s/m^2 = T$ | Magnetische Flußdichte |
| $c$ | $kg/kg$ | Mittlere Reaktionsfortschrittsvariable |
| $\overline{c}$ | $m/s$ | Mittlere Geschwindigkeit der Moleküle |
| $c_p$ | $J/(kg \cdot K)$ | Wärmekapazität bei konstantem Druck |
| $D$ | $m^2/s$ | Diffusionskoeffizient |
| $D$ | $m$ | Durchmesser |
| $Da$ | – | Dahmköhler Zahl |
| $e$ | – | Einheitsvektor |
| $f$ | $1/s$ | Frequenz |
| $f$ | – | Mischungsbruch |
| $g$ | $m/s^2$ | Erdschwere |
| $h$ | $m$ | Skalierungsfaktor |
| $H$ | $J$ | Enthalpie |
| $H_u$ | $kJ/kg$ | Unterer Heizwert |
| $h$ | $J/kg$ | Massenspezifische Enthalpie |
| $I$ | – | Effektivität |
| $k$ | $m^2/s^2$ | Turbulente Kinetische Energie |
| $K$ | $1/s$ | Streckungsrate |
| $K_{ext}$ | $1/s$ | Laminare Verlösch-Streckungsrate (Extinktions-Streckungsrate) |
| $Ka$ | – | Karlovitz Zahl $Ka = K \cdot \delta_l^0/s_l^0$ |
| $Ka_{ext}$ | – | Laminare Verlösch-Karlovitz Zahl (Extinktions-Karlovitz Zahl) |
| $Kn$ | – | Knudsen Zahl $Kn = \overline{\lambda}/L_{char}$ |
| $L$ | $m$ | Längenskala |
| $L_t$ | $m$ | Längenskala turbulenter Wirbel makroskopischer Skala |
| $L$ | $kg\, m^2/s$ | Drehimpuls $\mathbf{L} = \mathbf{r} \times \mathbf{p}$ |
| $Le$ | – | Lewis Zahl $Le = \lambda/(\rho c_p D) = a/D$ |
| $m$ | $kg$ | Masse |
| $n$ | – | Normalenvektor $\mathbf{n} = -\left(\frac{\nabla c}{\lvert\nabla c\rvert}\right)_{c=c^*}$ |

| | | |
|---|---|---|
| $n$ | $m$ | Wandabstand |
| $n$ | $1/m^3$ | Anzahldichte $n = \rho/m$ |
| $N$ | – | Zählvariable |
| $N$ | – | Gitterpunktsabstand je Raumrichtung |
| $N_B$ | – | Bray Zahl |
| $Ma$ | – | Markstein Zahl $Ma = \mathscr{L}/\delta_l^0$ |
| $p$ | – | Thermodynamischer (statischer) Druck |
| $Pe$ | – | Gitter Peclet Zahl $(u_{char} \cdot \Delta x)/D)$ |
| $Pr$ | – | Prandtl Zahl $\nu/a$ |
| $q$ | – | Allgemein krummlinige Koordinate |
| $R$ | $J/(kg \cdot K)$ | Spezifische Gaskonstante |
| $r$ | $m$ | Radius |
| $r$ | $1/s$ | Rotationstensor |
| $Re$ | – | Reynolds Zahl $Re = (u_{char}\, L_{char})/\nu$ |
| $Re_k$ | – | Kolmogorov'sche Reynolds Zahl |
| $s_l$ | $m/s$ | Flammengeschwindigkeit |
| $s$ | $m$ | Abstand |
| $S$ | $1/s$ | Deformationstensor |
| $Sc$ | – | Schmidt Zahl $Sc = \nu/D$ |
| $t$ | $s$ | Zeit |
| $T$ | $K$ | Temperatur |
| $T$ | $kg/(s^2 m)$ | Spannungstensor |
| $T_z$ | $K$ | Zündtemperatur |
| $u_k$ | $m/s$ | Geschwindigkeit der Kolmogorov'schen Wirbelskala |
| $u'$ | $m/s$ | Maß turbulenter Geschwindigkeitsfluktuationen |
| $V$ | $m^3$ | Volumen |
| $v_x, v_1, v_{ax}$ | $m/s$ | Axialgeschwindigkeit |
| $v_y, v_2, v_r$ | $m/s$ | Radialgeschwindigkeit |
| $v_z, v_3, v_\varphi$ | $mm/s$ | Tangentialgeschwindigkeit |
| $X$ | $mol/mol$ | Molenfraktion |
| $Y$ | $kg/kg$ | Massefraktion |

***Zusammengesetzte Symbole***

| | | |
|---|---|---|
| $E_a$ | $J/mol$ | Aktivierungsenergie |
| $J^h$ | $J/(m^2 \cdot s)$ | Enthalpiestromdichte |
| $J^{Y_\alpha}$ | $kg/(m^2 \cdot s)$ | Massenstromdichte |
| $K_p$ | – | Gleichgewichtskonstante |

### *Griechische Symbole*

| | | |
|---|---|---|
| $\alpha$ | – | Spezies |
| $\beta$ | – | Reaktion |
| $\beta$ | – | Intermittenzfunktion (blending factor) |
| $\chi$ | $\circ$ | Winkel |
| $\chi$ | – | Skalare Funktion |
| $\chi$ | $1/s$ | Skalare Dissipationsrate |
| $\delta$ | $m$ | Flammendicke |
| $\eta$ | – | Stokes Parameter |
| $\eta_k$ | – | Kolmogorov´sches Längenmaß |
| $\varepsilon$ | $m^2/s^3$ | Dissipation turbulenter kinetischer Energie |
| $\varepsilon$ | – | Störfaktor $\varepsilon = \delta_l^0/\Lambda$ |
| $\overline{\Gamma_k}$ | – | Effektivitätsfunktion des ITNFS Modells |
| $\Gamma$ | $m^2/s$ | Diffusionskoeffizient |
| $\Gamma$ | $m^2/s$ | Zirkulation |
| $\kappa$ | $1/m$ | Krümmung der Flammenoberfläche |
| $\lambda$ | $W/(m\cdot K)$ | Wärmeleitfähigkeit |
| $\lambda$ | $m$ | Taylor-Längenmaß |
| $\lambda$ | – | Gemischzusammensetzung $\lambda = \frac{\dot{m}_{Ox}/\dot{m}_F}{\lvert\dot{m}_{Ox}/\dot{m}_F\rvert_{\text{stöch}}}$ |
| $\Lambda$ | $m$ | Wellenlänge bzw. Krümmungsradius |
| $\overline{\Lambda}$ | $m$ | Mittlere freie Weglänge der Moleküle |
| $\mu$ | $kg/(m\cdot s)$ | Dynamische Viskosität |
| $\mu$ | $H/m$ | Magnetische Feldkonstante |
| $\nu$ | $m^2/s$ | Kinematische Viskosität |
| $\nu$ | – | Stöchiometrische Koeffizienten |
| $\pi$ | – | Kreiszahl |
| $\varphi$ | – | Zirkumferentielle Koordinatenrichtung |
| $\phi$ | $m^2$ | Wandabstandsparameter |
| $\phi$ | – | Skalare Variable |
| $\psi$ | – | Skalare Funktion |
| $\rho$ | $kg/m^3$ | Massendichte |
| $\Sigma$ | $m^2/m^3$ | Flammenoberflächendichte $\Sigma(c^*) = lim_{\delta V\to 0}\frac{\delta A_{c^*}}{\delta V}$ |
| $\sigma$ | $m^2/kg$ | Massegewichtete Flammenoberflächendichte $\sigma = \Sigma/\rho$ |
| $\tau$ | $N/m^2$ | Spannung; Reynolds-Spannungs Tensor |

| | | |
|---|---|---|
| $\tau$ | $s$ | Zeitmaß |
| $\Theta$ | $kg\, m^2$ | Trägheitstensor |
| $\dot{\omega}$ | $kg/(m^3 s)$ | Umsatzgeschwindigkeit, Rate |
| $\omega$ | $1/s$ | Wirbelstärke (Vorticity) |
| $\Omega$ | $1/s$ | Winkelgeschwindigkeit eines Fluidpartikels |

***Subskripte***

| | |
|---|---|
| $0$ | Initial |
| $a$ | Auslass |
| $ax$ | Axiale Koordinatenrichtung (zyl. Koordinaten) |
| $\alpha$ | Zählindex der chemischen Spezies |
| $b$ | Verbrannt (von engl. *burnt*) |
| $c$ | Reaktionsfortschritt betreffend |
| $c$ | Krümmung (von engl. *curvature*) |
| $ch$ | Chemisch |
| $char$ | Charakteristisches Maß |
| $cond$ | Konditioniert |
| $e$ | Einlass |
| $ext$ | Extinktion, Verlöschen |
| $f$ | Vorwärtsreaktion (von engl. *forward*) |
| $F$ | Brennstoff (von engl. *Fuel*) |
| $ff$ | Strömungsfeld (von engl. *flow field*) |
| $i$ | Zählindex |
| $ind$ | Induziert |
| $j$ | Zählindex |
| $k$ | Zählindex |
| $k$ | Kolmogorov |
| $l$ | Laminar |
| $maj$ | Majoritäts-Komponente |
| $min$ | Minoritäts-Komponente |
| $Ox$ | Oxidator |
| $p$ | Konstanter Druck (thermodynamischer Druck) |
| $\varphi$ | Zirkumferentielle Koordinatenrichtung (zyl. Koordinaten) |
| $r$ | Radiale Koordinatenrichtung (zyl. Koordinaten) |
| $r$ | Rückwärtige Reaktion (von engl. *reward*) |
| $R$ | Reaktion(szone) betreffend |
| $s$ | Flammenoberfläche betreffend |

| | |
|---|---|
| $s$ | Streckung (von engl. *stretch*) |
| $s$ | Stöchiometrisch |
| $\sigma$ | Flammenoberflächendichte betreffend |
| stöch | Stöchiometrisch |
| $t$ | Turbulent |
| $t$ | Total |
| $th$ | Thermisch |
| $u$ | Unverbrannt (von engl. *unburnt*) |
| $v$ | Vorwärmzone betreffend |
| $w$ | Wand |

***Supskripte***

| | |
|---|---|
| 0 | Eben und ungestreckt (d.h. weder gekrümmt noch gestreckt) |
| $T$ | Transponiert |
| $*$ | Dimensionslose Größe |
| $'$ | Fluktuierende Größe (Schwankungsgröße) |

***Abkürzungen***

| | |
|---|---|
| *BSL* | Baseline Reynolds-Spannung Turbulenz Modell |
| *CIVB* | Verbrennungsinduziertes Wirbelaufplatzen (von engl. *Combustion Induced Vortex Breakdown*) |
| *FANS* | Dichtegewichtete Impulsgleichungen (von engl. *Favre Averaged Navier Stokes*) |
| *FLTC* | Ansatz zur Beschreibung laminarer Flamelets in turbulenter Strömung (von engl. *Flamelet To Turbulent Conditions*) |
| *FIST* | Wandmodell (von engl. *Flame Interaction with Surface and Turbulence*) |
| *FSD* | Flammenoberflächendichte (von engl. *Flame Surface Density*) |
| *tFSD* | Transportgleichung der Flammenoberflächendichte (von engl. *transported Flame Surface Density*) |
| *INSFLA* | Programmpaket zur Modellierung von Verbrennungsprozessen (*Instationäre Flammenausbreitung*) |
| *IRZ* | Innere Rezirkulationszone (von engl. *Inner Rezirculation Zone*) |

| | |
|---|---|
| $ITNFS$ | Submodell zur Erfassung der effektiven turbulenten Streckungsrate (von engl. *Intermittent Turbulence Net Flame Stretch*) |
| $k,\varepsilon$ | Standard k,$\varepsilon$-Turbulenz Modell |
| $LES$ | Grobstruktursimulation (von engl. *Large Eddy Simulation*) |
| $ORZ$ | Äußere Rezirkulationszone (von engl. *Outer Rezirculation Zone*) |
| $PDF$ | Wahrscheinlichkeitsdichtefunktion (von engl. *Probability Density Function*) |
| $RANS$ | Gemittelte Impulsgleichungen (von engl. *Reynolds Averaged Navier Stokes*) |
| $sRANS$ | Stationäre RANS (von engl. *steady* RANS) |
| $SDF$ | Oberflächendichtefunktion (von engl. *Surface Density Function*) |
| $UHC$ | Unverbrannte Kohlenwasserstoffe (von engl. *Unburnt Hydrocarbon*) |
| $uRANS$ | instationäre RANS Simulation (von engl. *unsteady* RANS) |

***Lateinische kaligraphische Symbole***

| | | |
|---|---|---|
| $\mathscr{L}$ | $m$ | Markstein-Länge |
| $\mathscr{M}$ | $g/mol$ | Molare Masse |
| $\mathscr{O}$ | – | Größenordnung |
| $\mathscr{R}$ | $J/(mol \cdot K)$ | Universelle Gaskonstante |

***Operatoren***

| | | |
|---|---|---|
| $\arctan(.)$ | – | Arcus-Tangens Funktion |
| $\cos(.)$ | – | Cosinus Funktion |
| $(\bar{.})$ | – | Mittelwert (aus: Mittelung nach Reynolds) |
| $\left(.'\right)$ | – | Schwankungswert (aus: Mittelung nach Reynolds) |
| $(\tilde{.})$ | – | Mittelwert (aus: Mittelung nach Favre) |
| $\left(.''\right)$ | – | Schwankungswert (aus: Mittelung nach Favre) |
| $\nabla$ | $1/m$ | Nabla-Operator |
| $\Delta$ | $1/m^2$ | Laplace-Operator $\Delta = \nabla^2$ |
| $\bullet$ | – | Skalarprodukt zwischen Vektoren |
| $\times$ | – | Vektorprodukt |

| | | |
|---|---|---|
| $\otimes$ | – | Dyadisches Produkt |
| : | – | Skalarprodukt zwischen Tensoren |
| $div$ | $1/m$ | Divergenz |
| $grad$ | $1/m$ | Gradient |
| $rot$ | $1/m$ | Rotation |
| $\langle\rangle_s$ | – | Oberflächengewichtet |
| $[\,]$ | $mol/m^3$ | Molare Konzentration $[X_k] = \rho\, Y_k/\mathscr{M}_k$ |
| $\mathscr{L}$ | – | Transportoperator |
| $D$ | – | Substantielle Ableitung |
| $\sin(.)$ | – | Sinus Funktion |

***Mengensymbole***

| | | |
|---|---|---|
| $\mathbb{N}$ | – | Mengenraum der natürlichen Zahlen |
| $\in$ | – | Element von Menge |

***Konstanten***

| | | |
|---|---|---|
| $C_\mu$ | – | Konstante der Wirbelviskosität im STKE Modell |
| $C_{\varepsilon,1/2}$ | – | Konsanten der $\varepsilon$-Gleichung im STKE Modell |
| $c_\varepsilon$ | – | Im Zusammenhang der Linearisierung des Destruktionsterms des FSD Modells |
| $c_{Q,\varepsilon}$ | – | Im Zusammenhang der Linearisierung der Quellterme |
| $C_{Kt}$ | – | Konstante des FSD Modells: turbulente Streckungsrate |
| $C_{Km}$ | – | Konstante des FSD Modells: Streckung aufgrund mittleren Strömungsfeldes |
| $C_P$ | – | Konstante des FSD Modells: Propagationsterm |
| $C_D$ | – | Konstante des FSD Modells: Destruktionsterm |
| $k_B$ | $J/K$ | Boltzmann Konstante $k_B = 1{,}3806504 \cdot 10^{-23}$ |

# Kurzzusammenfassung

Diese Arbeit behandelt die numerische Simulation und die darauf aufbauende Analyse des von der Verbrennung induzierten und von der Wirbeldynamik getriebenen Instabilitätsverhaltens einer mageren, eingeschlossenen Vormischflamme. Die Flamme wird hierbei über einen weiten Bereich von Betriebsbedingungen mittels der charakteristischen Mechanismen vorgemischter, eingeschlossener und in Wechselwirkung mit einem turbulenten, verdrallten Strömungsfeld stehenden Verbrennungssystems stabilisiert. Dieses Verhalten ändert sich jedoch schlagartig bei Erreichen einer kritischen Luftzahl:

Die aerodynamisch stabilisierte Vormischflamme bewegt sich stromauf, entlang der Rotationsachse in Bereiche mit den ursprünglich höchsten stromab gerichteten Strömungsgeschwindigkeiten. Diese weitestgehend ungeklärte Art der Instabilität des Flammenrückschlags wird als *verbrennungsinduziertes Wirbelaufplatzen* (CIVB)[1] bezeichnet, da die stromauf Propagation aus einem lokalen Strömungszusammenbruch resultiert, der von der Wärmefreisetzung begünstigt wird.

Da das zugrunde liegende Strömungsfeld stark turbulent und anisotrop ist, wird in dieser Arbeit zur Schließung der Impulsgleichungen der dreidimensionalen uRANS-Simulationen ein Reynoldsspannungsmodell verwendet.

Die Interaktion von Strömung und Verbrennung wird mittels eines Flammenoberflächendichtemodells beschrieben. Dieses Modell wird durch Ableitung einer exakten Transportgleichung einer dynamischen, sich in Wechselwirkung mit einem turbulenten Strömungsfeld befindlichen Oberfläche gewonnen (tFSD Modell). Dieser Ansatz führt zu ungeschlossenen Termen für die elementaren Vorgänge der Flammen-Wirbel Interaktion, wie Streckung, Krümmung und Propagation, die für die numerische Simulation modelliert werden.

Als eine von der Reaktionskinetik und der Interaktion mit dem Strömungsfeld bestimmte Größe geht dabei das dynamische Verhalten der vorgemischten Flamme, ausgedrückt über die Flammengeschwindigkeit, in die modellseitige Beschreibung ein. Die Dynamik der vorgemischten Flamme ist dabei vom Gemisch, der Gemischzusammensetzung, dem thermodynamischen Zustand und der Strömungsdynamik (Streckungsrate) abhängig. Diese Effekte lassen sich mittels der Markstein Zahl charakterisieren, die im Rahmen dieser Arbeit in einem vorgelagerten Berechnungsschritt (Pre-Processing-Schritt) anhand von laminaren Gegenstromvormischflammen numerisch ermittelt werden. Die Flammengeschwindigkeit kann damit als eindeutige Funktion von der Streckungsrate beschrieben und in das Flammenoberflächendichtemodell integriert werden.

Die Analyse des Strömungsfeldes um die Flammenwurzel zeigt während des numerisch simulierten Rückschlags Streckungsraten, die die laminare Streckgrenze weit übersteigen. Als Konsequenz hiervon müsste die Flamme erlöschen, und die untersuchte Konfiguration wäre gegen das verbrennungsinduzierte Wirbelaufplatzen sicher ausgelegt, was nicht den Beobachtungen entspricht. Da der Grund in der Wechselwirkung Flamme-Strömung liegt, ist in dieser Arbeit der Ansatz zur Beschreibung der Flammengeschwindigkeit erweitert worden, wodurch turbulente, instationäre Vorgänge effektiv mit erfasst werden (FLTC). Der neue Ansatz wird von der Tur-

[1]CIVB: von engl. *Combustion Induced Vortex Breakdown*

bulenz gesteuert, was die Rückführung auf einen linearen Zusammenhang zwischen Flammengeschwindigkeit und Streckungsrate bei laminaren Strömungsverhältnissen ermöglicht. Diese Betrachtung der laminaren Flamelets in turbulenter Strömung (FLTC) führt im Zusammenhang der numerischen Simulationen des verbrennungsinduzierten Wirbelaufplatzens mittels tFSD Modells zu kritischen Rückschlagsgrenzen, die den gemessenen Werten entsprechen.
Auf Basis der Analyse des Flammenrückschlags sind wirbeldynamische Vorgänge, insbesondere die Umorientierung und Streckung der Wirbelfäden als Ursache für die Induktion einer hinreichend hohen stromauf gerichteten Axialgeschwindigkeit identifizierbar. Die im ungestörten Anströmbereich ursprünglich rein axialen Wirbelfäden werden aufgrund der Rezirkulationsblase und der mit der Reaktion verbundenen Wärmefreisetzung auf kurzem axialen Abstand in die radiale und aufgrund der Drehimpulserhaltung auch in die zirkumferentielle Richtung umgelenkt. Die in Umfangsrichtung orientierten Wirbelfäden wirken torusförmigen Ringwirbeln entsprechend und daher mit einer sich entlang der Rotationsachse orientierten, stromauf gerichteten resultierenden Axialgeschwindigkeit.
Das in einen kommerziellen Strömungslöser implementierte Gesamtmodell ist modular aufgebaut, was eine Berücksichtigung der Eigendynamik der Flamme in unterschiedlichem Detaillierungsgrad zulässt. Die exakte Beschreibung der Flammengeschwindigkeit unter Streckungseinfluss erfolgt dabei mittels tabellierter, im Pre-Processing ermittelter Werte. Der modulare Aufbau erlaubt zudem, auf einfache Weise die Wirkung der charakteristischen Veränderung des Strömungsfeldes in der Nähe fester Wände auf die Flamme zu berücksichtigen.

Das entwickelte Verbrennungsmodell ermöglicht es, den instationären, dreidimensionalen Vorgang des verbrennungsinduzierten Wirbelaufplatzens zu simulieren. Die experimentell zugängigen Erscheinungsformen und spezifischen Parameter werden hinsichtlich ihrer physikalischen Bedeutung richtig wiedergegeben. Die Modellkonstanten sind dabei in keiner Weise an experimentelle Sollbefunde angepasst, was das Modell zu einem vorher- und aussagefähigen Werkzeug macht. Die Simulationsergebnisse ermöglichen daher eine genaue Aussage über die Abläufe und Ursachen, die zum verbrennungsinduzierten Wirbelaufplatzen führen und über die Mechanismen, die während des Rückschlags wirksam sind.

# Abstract

Within the present work, the combustion induced and vorticity driven instability behaviour of a lean premixed flame is simulated, the phenomenon is analysed in detail and the relevant processes are determined based on numerical three dimensional uRANS simulations. Due to industrial and scaling reasons, variable operating parameters are considered as relevant for modern stationary gas turbine systems.

Over a wide range of operation conditions, the flame is stabilised by well known mechanisms of premixed confined combustion systems interacting with a turbulent swirled flow field. However, the behaviour of the flame changes drastically just as a critical equivalence ratio is reached: the flame propagates upstream through the mixing pipe. This process is restricted to volumes around the rotational axis, paradoxically at positions of originally highest downstream velocities. The observed phenomenon is neither addressable to turbulent enhanced propagation speeds, nor to near-wall effects within the boundary layer. Instead, this flashback behaviour is referred to as combustion induced vortex breakdown (CIVB) since the upstream propagation results from a local breakdown of the swirling flow field favoured by the heat release.

Regarding the closure of the momentum equations in context of the underlying anisotropic turbulence field, a Reynolds-Stress approach is favourably applied. Combustion related heat release and flame behaviour are considered by a developed flame surface density model. The formulation is based on a modelled transport equation (tFSD) and accounts for the local and time dependent processes of flame stretch. Chemically related processes are included by the flame speed which affects the propagation and curvature processes regarding the flame surface density approach. Beside, the mean reaction rate is determined not only by the extent of local flame surface per volume but also by local flame propagation behaviour. The latter is described by means of relations based on Markstein number dependencies. These effects are predetermined within preprocessing steps, simulating laminar, stationary premixed counter flow flames of different strain rate, stoichiometry and preheat temperature.

The flow field of the combustion chamber representing gas turbine conditions is characterised by instationary straining conditions predominantly caused by turbulence. It was found to be a prerequisite including instationary effects of straining for the specification of flame speed. Therfore, the present work uses an approach being found to act as an effective straining. Thereby, tabulated information of preprocessing simulations of counterflow flames is effectively extended. This is referred to as flamelet to turbulent conditions (FLTC). The combination of tFSD and FLTC in the context of the numerical simulations of the combustion induced vortex breakdown leads to critical equivalence ratios within the tolerance band of measured values.

Beside the critical threshold values, experimentally determined parameters of the flame flashback are predicted well by the developed model of the present work. This makes the numerical simulations preferably usable for analysing the processes for initialisation and progress of combustion induced vortex breakdown.

The detailed analysis identified the re-orientation and straining process of the vortex filaments as main cause for generating circumferentially orientated vorticity, predominantely around the upstream stagnation point. In turn, the circumferential vorticity causes an axial upstream orien-

tated acceleration of the fluid volumes nearby. Consequently, the system of formed recirculation bubble and premixed flame is moved upstream.
On the other hand, the effect of the baroclinic moment on the process of upstream propagation is found to be of second order because the pressure and the density field are mainly uncorrelated.
Regarding the description of flame speed, molecular processes are included based on detailed analysis of stationary counterflow premixed flames. The approach of laminar Flamelets is effectively extended to turbulent and instationary straining effects. The combined modelling approach of flame surface density (tFSD) and Flamelet to turbulent condition (FLTC) enables the reliable simulation upfront to experiments. Since the complete model is built up modularly, different details can be accounted for and modules can be added easily.
The experimentally detected features of combustion induced vortex breakdown are predicted correctly regarding their physical relevance by the numerical approach of the present work. Also, modelling constants are not adjusted to match experimental findings. This makes the developed model a useful tool also for industrial production cycles.

# 1 Einleitung

## 1.1 Motivation

Moderne stationäre Gasturbinen werden in aller Regel als Vormischbrenner betrieben, da aufgrund der global deterministisch einstellbaren Luftzahl eine homogene, magere und vollständige Verbrennung erreicht werden kann. Dadurch sind die statistisch mittleren Gastemperaturen homogen verteilt, ohne extreme Temperaturspitzen, wie sie beispielsweise bei nicht vorgemischten Systemen durch lokale, stark fetter Gemischbildung auftreten können.
Den Vorteilen vor allem geringer Schadstoffemissionen steht der Nachteil der inherent vorhandenen Gefahr des Brennens (Zündens) des Gemischs in Bereichen außerhalb der dafür ausgelegten Brennkammer gegenüber.
Neben dem gut kontrollierbaren Vorgang der Selbstzündung ist die Möglichkeit des sogenannten Flammenrückschlags das größte Problem von Vormischsystemen:
Bei dem als Flammenrückschlag bezeichneten Vorgang propagiert die Flamme ausgehend von der statistisch stationären Position innerhalb der Brennkammer stromauf, entgegen der Hauptströmung in oder durch die Mischstrecke. Da diese Bereiche nicht für die hohen Gastemperaturen ausgelegt sind, kann dieser Vorgang zu starken thermischen Belastungen bis hin zu einem irreparablen Materialschaden führen und muss daher für den praktischen Betrieb ausgeschlossen werden.
Die Abweichung vom statistisch stationären Betriebspunkt bedingt eine Störung des (lokalen) Gleichgewichts zwischen Strömungs- und Flammengeschwindigkeit[1], wobei generell drei Zustände möglich sind:

- Strömungsgeschwindigkeit > Flammengeschwindigkeit $\leftrightarrow$ Instabiler Zustand, Abblasen
- Strömungsgeschwindigkeit = Flammengeschwindigkeit $\leftrightarrow$ Stabiler, stationärer Zustand
- Strömungsgeschwindigkeit < Flammengeschwindigkeit $\leftrightarrow$ Instabiler Zustand, Flammenrückschlag

Die Vermeidung des ersten Punktes, das Abblasen der Flamme, wird bei modernen Gasturbinenbrennkammern mittels aerodynamischer Stabilisierung erreicht. Dabei wird innerhalb eines Drallregisters die rein axiale Zuströmung so umgelenkt, dass zusätzlich eine Umfangskomponente auftritt (Drallströmung), die bei hinreichend großem Totaldruckverlust (z.B. Querschnittssprung) in der Weise zu einem Queraustausch führt, dass ein lokales Rückströmgebiet entsteht. Dadurch werden innerhalb der Brennkammer immer Zustände lokalen Geschwindigkeitsgleichgewichts und damit Stabilität erreicht.
Der zweite Punkt des mit den Betriebsparametern örtlich in der Brennkammer veränderlichen, stabilen Zustandes entspricht der Auslegung.

[1] Die Flammengeschwindigkeit beschreibt die Dynamik der Flamme und die Ausbreitungsgeschwindigkeit der Flamme relativ zur Anströmung; vgl. Kapitel 2.5.

Bezüglich des dritten Punktes, dem Flammenrückschlag, gibt es unterschiedliche Ursachen für eine Störung des Geschwindigkeitsgleichgewichts in der Weise, dass die Flamme stromauf propagiert. Ein Flammenrückschlag kann auftreten aufgrund:

- von Turbulenz bedingter, erhöhter Flammenausbreitungsgeschwindigkeit
- von verringerter Strömungsgeschwindigkeit innerhalb einer Wandgrenzschicht
- der Wechselwirkung mit Verbrennungsoszillationen.

Diese Ursachen sind mitsamt der relevanten Mechanismen hinreichend bekannt und werden in die Vorauslegung moderner Gasturbinen miteinbezogen.
Abweichend hierzu ist in den letzten Jahren in modernen, stationären Gasturbinen eine bislang weitestgehend unbekannte Art des Flammenrückschlags aufgetreten, die sich mit den oben aufgeführten Mechanismen nicht erklären lässt. Diese Art des stromauf Propagierens der Flamme wird als *verbrennungsinduziertes Wirbelaufplatzen* bezeichnet [38] und ist im Gegensatz zu den oben aufgeführten Typen des Flammenrückschlags durch eine grundsätzlich starke Wechselwirkung zwischen Strömungsfeld und Verbrennung bestimmt.

## 1.2 Zielsetzung

Aufgrund weitestgehender Unklarheit der ablaufenden makroskopischen und mikroskopischen Prozesse und der hohen industriellen Bedeutung, soll diese Arbeit auf Basis numerischer, dreidimensionaler Simulationen zum besseren Verständnis des verbrennungsinduzierten Wirbelaufplatzens beitragen und damit einen Erklärungsansatz für die Ursache und die Mechanismen des Phänomens bereitstellen.
Da die experimentellen Ergebnisse eine starke Wechselwirkung zwischen Flamme und Strömung vermuten lassen, soll zur Simulation des Prozesses ein Flammenoberflächendichtemodell eingesetzt, weiterentwickelt und in einen kommerziellen Strömungslöser implementiert werden. Dabei sollen die molekularen Vorgänge der Strömungs-Flamme-Interaktion im Besonderen berücksichtigt werden, wozu laminare Flammen unter dem Einfluss stationärer, aerodynamischer Streckung detailliert untersucht und über eine geeignete Schnittstelle in das Verbrennungsmodell implementiert werden. Die veränderten Vorgänge in Wandnähe sollen dabei erfasst werden und das Modell soll in der Lage sein, bei Bedarf eine Berücksichtigung zusätzlicher Einmischung eines Sekundärstroms zu ermöglichen.
Darüberhinaus soll mit dieser Arbeit ganz generell ein Verbrennungsmodell zur Verfügung gestellt werden, das aussage- und vorhersagekräftige Ergebnisse liefert und auch als Werkzeug für Parameterstudien bei industriellen Entwicklungszyklen geeignet ist.

## 1.3 Gliederung der Arbeit

Das folgende Kapitel 2 führt in die grundsätzliche Problematik der Beschreibung turbulenter Strömungen mit überlagerter Wärmefreisetzung ein. Die zur numerischen Simulation des ver-

brennungsinduzierten Wirbelaufplatzens erforderlichen Grundgleichungen werden insbesondere im Zusammenhang mit dem in dieser Arbeit eingesetzten Flammenoberflächendichtemodells angegeben. Die Analyse des verbrennungsinduzierten Wirbelaufplatzens erfordert desweiteren eine Einführung in die wirbeldynamische Betrachtungsweise, welche mathematisch abgeleitet und anschaulich interpretiert wird.
In Kapitel 3 wird auf die zur numerischen Simulation notwendige Modellierung der in Kapitel 2 eingeführten Bilanzgleichungen der Strömungsdynamik und der Verbrennung eingegangen. Die Schließung des Flammenoberflächendichtemodells erfordert die Beschreibung von chemisch dominierten Größen, worunter die Kombination aller am Prozess der Umwandlung chemisch gebundener Energie beteiligter molekularer Transportvorgänge und der Reaktionskinetik verstanden wird. Diese Vorgänge werden im Rahmen der vorliegenden Arbeit auf Basis vorgemischter Flamelets erfasst. Die Vorgehensweise zur Ermittlung der insgesamt eingesetzten Ansätze zur Quantifizierung der chemisch dominierten und in Wechselwirkung mit dem Strömungsfeld stehenden Größen, als auch deren Kopplung mit dem Flammenoberflächendichtemodell werden in diesem Kapitel vorgestellt.
Das sich daran anschließende Kapitel 4 dient der Darstellung der geometrischen Verhältnisse der für die Untersuchung des verbrennungsinduzierten Wirbelaufplatzens simulierten Gasturbinenbrennkammer. Desweiteren werden die Rand- und Anfangsbedingungen und die Betriebsparameter für die numerischen Berechnungen angegeben.
Kapitel 5 stellt zunächst die Auswertevorschriften und Ergebnisse der Berechnung laminarer, ebener und gestreckter Gegenstromvormischflammen bei unterschiedlichen thermodynamischen Bedingungen vor und gibt eine Interpretation der entsprechenden Resultate. Anschließend wird auf die Ergebnisse der dreidimensionalen Simulationen, zunächst des isothermen Strömungsfeldes, anschließend des stationären Verbrennungsprozesses und des instationären Flammenrückschlags eingegangen. Der Vorgang des stromauf Propagierens wird auf Basis der gewonnenen Ergebnisse diskutiert, Vorgänge erläutert und Ursachen ermittelt. Die Simulationsresultate demonstrieren dabei die Bedeutung des turbulenten Strömungsfeldes auf die molekularen Vorgänge der Flammenausbreitung. Zum Ende fasst das Kapitel 6 die wichtigsten Ergebnisse dieser Arbeit zusammen.

## 1.4 Anmerkungen

Diese Arbeit erklärt die eingangs beschriebenen Problematiken in verständlicher Weise. Die quantitative Beschreibung macht es hierzu unabdingbar, Gleichungen einzuführen. Dennoch wird auf eine reine Gleichungsniederschrift verzichtet und anstelle dessen eine anschauliche Interpretation gegeben, weshalb die für diese Arbeit wesentlichen Gleichungen auch her- und abgeleitet sind.
Die Gleichungen dieser Arbeit sind entweder in kartesischer, indexnotierter oder zylindrischer, indexnotierter oder vektorieller Schreibweise angegeben. Die Notationen sind den Problemstellungen angepasst, um eine leichtere Interpretation zu ermöglichen. Die vektorielle Schreibweise ist dabei die kompakteste und hat den Vorteil, invariant gegenüber eines Koordinatenwechsels zu sein.

Die grundsätzliche technische Bedeutung, zugrunde liegende Modelle, Problematiken und das physikalische Verständnis im Zusammenhang der Aerothermodynamik, wie es für diese Arbeit von Relevanz ist, können den unten stehenden Büchern entnommen werden und sind in der Folge nicht zwingend als Verweis aufgeführt.

- FEYNMAN, R.P.:
  Lectures on Physics [35]
- POINSOT, T. und VEYNANTE, D.:
  Theoretical and Numerical Combustion [89]
- TURNS, S.R.:
  An Introduction to Combustion [118]
- VERSTEEG, H.K. und MALALASEKERA, W.:
  An Introduction to Computational Fluid Dynamics [121]
- KEE, R.J. und COLTRIN, M.E. und GLARBORG, P.:
  Chemically Reacting Flow [58]
- MAAS, U. und WARNATZ, J.:
  Combustion [138]
- INCROPERA, F.P. und DEWITT, D.P. und BERGMAN T.L. und LAVINE A.S.:
  Fundamentals of Heat and Mass Transfer [53]
- LUGT, H. J.:
  Vortex Flow in Nature and Technology [73]
- JISCHA, M.:
  Konvektiver Impuls-, Wärme- und Stoffaustausch [55]

# 2 Grundlagen

Die Modellierung turbulenter Verbrennungsvorgänge ist sehr komplex und erfordert Kenntnisse aus dem Bereich der Strömungsmechanik, der (statistischen) Thermodynamik und der physikalischen Chemie. Dieses Kapitel stellt Grundlagen und Grundgleichungen für die Modellierung einerseits, sowie für die Auswertung der untersuchten hochturbulenten statistisch instationären Strömung bei überlagerter Wärmefreisetzung andererseits bereit. Das Kapitel geht dabei speziell auf die Ableitung des verwendeten Verbrennungsmodells auf Basis der Flammenoberflächendichte ein.

## 2.1 Relevante Gleichungen

In dieser Arbeit werden mehrkomponentige Strömungen betrachtet, die mittels der Gesetze der Kontinuumsmechanik ($Kn << 1$[1]) beschreibbar sind. Solche Medien können durch Bilanzierung der Masse, des Impulses und der Energie beschrieben werden. In Indexnotation und kartesischen Koordinaten gilt der Reihe nach für die

**Kontinuitätsgleichung:**

$$\frac{\partial \rho}{\partial t} + \frac{\partial}{\partial x_i}(\rho u_i) = 0 \tag{2.1}$$

**Impulsgleichungen:**

$$\frac{D(\rho\, u_i)}{Dt} = \frac{\partial \rho u_i}{\partial t} + \frac{\partial}{\partial x_j}(\rho u_i u_j) = \frac{\partial}{\partial x_j}\tau_{ij} - \frac{\partial p}{\partial x_i} + \rho g_i \tag{2.2}$$

**Energiegleichung:**

$$\frac{D(\rho\, h)}{Dt} = \frac{\partial \rho h}{\partial t} + \frac{\partial}{\partial x_i}(\rho u_i h) = \tau_{ij}\frac{\partial u_i}{\partial x_j} + \frac{Dp}{Dt} - \frac{\partial}{\partial x_i}J_i^h + \dot{q} \tag{2.3}$$

Hierbei ist die Energiegleichung auf Basis der massenspezifischen Enthalpie $h$ des Gasgemischs formuliert[2], da die in dieser Arbeit betrachteten reagierenden Strömungen in guter Näherung konstanten Drucks sind. Zur Beschreibung des chemischen Zustands des Systems werden Transportgleichungen für die Massefraktionen $Y_\alpha$ der $N$ chemischen Spezies als Bilanz der Teilchenmassen gelöst.

**Speziesgleichungen:**

$$\frac{D(\rho\, Y_\alpha)}{Dt} = \frac{\partial \rho Y_\alpha}{\partial t} + \frac{\partial}{\partial x_i}(\rho u_i Y_\alpha) = -\frac{\partial}{\partial x_i}J_i^{Y_\alpha} + \dot{\omega}_\alpha \tag{2.4}$$

[1]Die Knudsen Zahl beschreibt das Verhältnis von statistisch mittlerer, freier Weglänge zu charakteristischer Abmessung $Kn = \overline{\Lambda}/L_{char}$.

[2]$h$ ist die massenbezogene, statische Enthalpie. Eine Formulierung der Enthalpiegleichung auf Basis der *fühlbaren Wärme (Enthalpie)* ist in Anhang A.4 gegeben.

Da die Gesamtmasse des Systems erhalten bleibt, gibt es nur $N-1$ voneinander unabhängige Gleichungen und es gilt

$$\sum_{\alpha=1}^{N} Y_\alpha = 1. \tag{2.5}$$

In obigen Gleichungen bezeichnet $\tau_{ij}$ den Spannungstensor und $J_i^{Y_\alpha}$ und $J_i^h$ sind die diffusiven Flüsse der Enthalpie $h$ und der Massefraktionen $Y_\alpha$. Die beiden ersten Terme der rechten Seite von Gleichung (2.3) stehen für die Dissipation aufgrund der viskosen Spannungen und der Arbeit, die von den Druckänderungen herrühren. Aufgrund geringer Machzahlen können diese Terme vernachlässigt werden. Der Strahlungswärmeaustausch ist durch $\dot{q}$ repräsentiert und wird in dieser Arbeit nicht berücksichtigt. Der chemische Quellterm einer jeden Spezies ist durch $\dot{\omega}_\alpha$ determiniert.

Das Gleichungssystem (2.1)-(2.4) beschreibt den Zustand eines jeden Fluids. Allerdings übersteigt die Anzahl der Unbekannten die Anzahl der Beziehungsgleichungen. Der praktischen Anwendung wegen müssen die Bilanzgleichungen daher um halb-empirische Gleichungen ergänzt werden. Dabei werden der Spannungstensor $\tau_{ij}$, der Wärmefluss $J_i^h$ und die diffusiven Speziesflüsse $J_i^{Y_\alpha}$ auf bekannte Größen zurückgeführt. Die in dieser Arbeit betrachteten gasförmigen Strömungen sind *Newton´sche* Fluide, die durch zum Geschwindigkeitsgradienten proportionale Spannungen charakterisiert sind.

$$\tau_{ij} = \rho \nu \left( 2S_{ij} - \frac{2}{3}\frac{\partial u_k}{\partial x_k} \right) \tag{2.6}$$

$S_{ij}$ ist der symmetrische Teil des Geschwindigkeitsgradiententensors und schreibt sich als

$$S_{ij} = \frac{1}{2}\left( \frac{\partial u_i}{\partial x_j} + \frac{\partial u_j}{\partial x_i} \right). \tag{2.7}$$

Der molekulare Transport von Enthalpie ist durch

$$J_i^h = -\lambda \frac{\partial T}{\partial x_i} + \sum_{\alpha=1}^{N} h_\alpha J_i^{Y_\alpha} \tag{2.8}$$

bestimmt. Der erste Term stellt die Diffusion von Enthalpie aufgrund von Temperaturgradienten dar und der zweite Term beschreibt die mit dem Massetransport verbundene Enthalpiediffusion. Der erstgenannte Transportvorgang wird als *Fourier* und der zuletzt genannte als *Dufour* Effekt bezeichnet.

Für den diffusiven Transport der Speziesmassefraktionen $Y_\alpha$ wird die als das *Fick´sche* Gesetz bekannte Beziehung

$$J_i^{Y_\alpha} = -\rho\, D_\alpha \frac{\partial Y_\alpha}{\partial x_i} \tag{2.9}$$

angesetzt. Grundsätzlich sind weitere Transportprozesse aufgrund beispielsweise eingeprägter Kräfte oder Temperaturgradienten möglich (siehe z.B. [5]), bleiben in dieser Arbeit aber unberücksichtigt.

Die Diffusivität der Spezies $D_\alpha$ steht über die *Lewis* Zahl

$$Le_\alpha = \frac{\lambda}{\rho c_p D_\alpha} = \frac{a}{D_\alpha} \tag{2.10}$$

mit der Temperaturleitzahl $a$ in Beziehung. Der Zusammenhang zwischen Impuls- und Wärmetransport ist über die kinematische Viskosität der Gasmischung $\nu$ gegeben und als *Prandtl* Zahl

$$Pr = \frac{\nu}{a} \tag{2.11}$$

bekannt. Die *Schmidt* Zahl

$$Sc = \frac{\nu}{D_\alpha} \tag{2.12}$$

drückt über die kinematische Viskosität $\nu$ und die Diffusivität der Spezies $D_\alpha$ das Verhältnis von Impulstransport zu Speziestransport aus. Diese Transportprozesse sind ebenso wie die der Wärmeleitung, ausgedrückt über die Temperaturleitzahl $a$, von den molekularen Längen- und Geschwindigkeitsmaßen abhängig, weshalb die beschreibenden Kennzahlen alle von gleicher Größenordnung $\mathscr{O}(Le) = \mathscr{O}(Sc) = \mathscr{O}(Pr)$ und Dimension $[m^2/s]$ sind.[3]
Der thermodynamische Zustand des aus $N$ Spezies bestehenden Systems wird mittels der thermischen Zustandsgleichung idealer Gase beschrieben, wonach die Summe der Partialdrücke $p_\alpha$ gleich dem Druck des Gasgemischs $p$ ist.

$$p = \sum_{\alpha=1}^{N} p_\alpha = \sum_{\alpha=1}^{N} \rho_\alpha \frac{\mathscr{R}}{\mathscr{M}_\alpha} T \tag{2.13}$$

$\mathscr{R} = 8{,}314\, J/(mol\ K)$ steht hierbei für die universelle Gaskonstante, $\rho_\alpha$ für die Dichte und $\mathscr{M}_\alpha$ für die molare Masse der Spezies $\alpha$. Wird berücksichtigt, dass für die Dichte des Gasgemischs

$$\rho = \sum_{\alpha=1}^{N} \rho_\alpha \tag{2.14}$$

gilt und wird ferner die spezielle Gaskonstante des Gasgemischs als

$$R = \frac{\mathscr{R}}{\mathscr{M}} \tag{2.15}$$

mit

$$\mathscr{M} = \frac{1}{\sum_{\alpha=1}^{N} \frac{Y_\alpha}{\mathscr{M}_\alpha}} \tag{2.16}$$

als der molaren Masse des Gasgemischs berücksichtigt, so folgt die Gleichung des idealen Gases zu:

$$\frac{p}{\rho} = R\,T \tag{2.17}$$

Die Beschreibung des thermodynamischen Zustands erfordert eine Kopplung der Energiegleichung mit dem idealen Gasgesetz, was in dieser Arbeit mittels der kalorischen Zustandsgleichung

$$h = \sum_{\alpha=1}^{N} Y_\alpha h_\alpha \quad \text{mit} \quad h_\alpha = \underbrace{h_{0,\alpha}}_{\text{chemisch}} + \underbrace{\int_{T_0}^{T} c_{p,\alpha}\left(T'\right) dT'}_{\text{fühlbare Wärme}} = h_{0,\alpha} + h_{s,\alpha} \tag{2.18}$$

[3] $a \propto D_\alpha \propto \nu \propto \left(\overline{\Lambda} \cdot \overline{c}\right)$ mit $\overline{\Lambda}$ = der mittleren freien Weglänge der Moleküle und $\overline{c}$ = der mittleren Geschwindigkeit der Moleküle.

erfolgt. $h_{0,\alpha}$ ist hierbei die Standardbildungsenthalpie der Spezies $\alpha$ bei $T_0 = 298{,}15\,K$, $p_0 = 101{,}33\,kPa$ und $h_{s,\alpha}$ als das Integral über die Wärmekapazität $c_{p,\alpha}$ der Spezies $\alpha$ die fühlbare Wärme. Die Schließung des chemischen Quellterms $\dot{\omega}_\alpha$ der Speziestransportgleichungen (2.4) ist von der chemischen Kinetik abhängig und wird in Kapitel 2.2 näher beschrieben.

Einsetzen des entsprechend Gleichung (2.6) modellierten Spannungstensors in Gleichung (2.2) führt auf die *Navier-Stokes* Gleichungen[4].

$$\frac{\partial \rho u_i}{\partial t} + \frac{\partial}{\partial x_j}\left(\rho u_i u_j\right) = \frac{\partial}{\partial x_j}\left[\rho \nu \left(2S_{ij} - \frac{2}{3}\frac{\partial u_k}{\partial x_k}\right)\right] - \frac{\partial p}{\partial x_i} + \rho g_i \tag{2.19}$$

Mittels der Ansätze der Gleichung (2.8) und Gleichung (2.9) können in analoger Weise die Gleichungen der Energie und der Spezies umgeformt werden.

$$\frac{\partial \rho h}{\partial t} + \frac{\partial}{\partial x_i}\left(\rho u_i h\right) = \frac{\partial}{\partial x_i}\left(\lambda \frac{\partial T}{\partial x_i} + \sum_{\alpha=1}^{N} h_\alpha\, \rho\, D_\alpha \frac{\partial Y_\alpha}{\partial x_i}\right) \tag{2.20}$$

$$\frac{\partial \rho Y_\alpha}{\partial t} + \frac{\partial}{\partial x_i}\left(\rho u_i Y_\alpha\right) = \frac{\partial}{\partial x_i}\left(\rho\, D_\alpha \frac{\partial Y_\alpha}{\partial x_i}\right) + \dot{\omega}_\alpha \tag{2.21}$$

Die in differentieller Darstellung gegebenen Bilanzgleichungen beschreiben die Änderung einer Bilanzgröße pro (Kontroll-) Volumen und Zeiteinheit. Daher handelt es sich um *Stromdichten*, im Falle der Kontinuitätsgleichung um eine Massenstromdichte der Dimension $[kg/(m^3\, s)]$, im Falle der Impulsgleichungen um eine Impulsstromdichte der Dimension $[(N \cdot s)/(m^3\, s)]$, im Falle der Energiegleichung um eine Energiestromdichte der Dimension $[J/(m^3\, s)]$ und im Falle der Speziesgleichung um eine Teilchenmassenstromdichte der Dimension $[kg_\alpha/(m^3\, s)]$.

Theoretisch ermöglichen die Gleichungen (2.19) bis Gleichung (2.21) zusammen mit Gleichung (2.1) und den Zustandsgleichungen (2.16) und Gleichung (2.18) die numerische Berechnung eines jeden Newton´schen Fluides. Praktisch ist dies aufgrund der Komplexität der im Allgemeinen turbulenten Strömungen und der chemischen Kinetik wegen nicht möglich.

## 2.2 Chemische Kinetik und Reaktionsmechanismen

Die (chemische) Kinetik beschreibt die Änderungsrate, mit der chemische Reaktionen ablaufen. An dieser Stelle werden nur die Grundlagen der kinetischen Prozesse angegeben, soweit diese für das Verständnis für die in dieser Arbeit behandelten Verbrennungsvorgänge relevant sind. Für eine detaillierte Darstellung wird auf beispielsweise WARNATZ [138] verwiesen.
Betrachtet werden soll die stöchiometrische Globalreaktion von Methan mit Sauerstoff

$$CH_4 + 2 \cdot O_2 \rightarrow CO_2 + 2 \cdot H_2O, \tag{2.22}$$

wonach der Brennstoff mit dem Sauerstoff direkt und vollständig zu den Produkten Kohlendioxid $CO_2$ und Wasser $H_2O$ abgebaut wird. Tatsächlich reagiert der Brennstoff nicht vollständig

[4] Abweichend von der Bezeichnung dieser Arbeit werden in der Literatur gelegentlich Kontinuitäts- und Impulsgleichungen als Navier-Stokes Gleichungen bezeichnet.

zu Kohlendioxid und Wasser. Stattdessen werden intermediäre Spezies gebildet, zu welchen beispielsweise $CO$, $NO$ oder unverbrannte Kohlenwasserstoffe $UHC$[5] gehören. Die Reaktionsgleichung (2.22) ist zudem eine idealisierte Globalbetrachtung, die sich in Wirklichkeit aus einer Vielzahl von Teilreaktionsschritten ergibt. So läuft die $CH_4 - CO$-Konversion für magere Flammen weitestgehend über die Reaktionskette

$$CH_4 \rightarrow CH_3 \rightarrow CH_2O \rightarrow HCO \rightarrow CO \tag{2.23}$$

ab. Die Konversionsschritte des Mechanismus laufen überwiegend als Radikalreaktionen ab, weshalb die Höhe des Radikalniveaus entscheidend für die Umsetzungsrate ist. Geschwindigkeitsbestimmend für den Methanabbau ist nach WARNATZ [138] die Kettenverzweigungsreaktion

$$O_2 + H \rightarrow OH + O. \tag{2.24}$$

In einem homogenen System variiert für diese Reaktion die Spezieskonzentration gemäß

$$\frac{d\,[OH]}{dt} = \frac{d\,[O]}{dt} = -\frac{d\,[O_2]}{dt} = -\frac{d\,[H]}{dt} = r_f. \tag{2.25}$$

$r_f$ ist die Reaktionsrate und Werte in [ ]-Klammern sind die Konzentrationen $\rho Y_\alpha / \mathscr{M}_\alpha$. Die Reaktionsrate ist proportional zu dem Produkt aus Spezieskonzentrationen und Geschwindigkeitskoeffizient $k_f$

$$r_f = k_f\,[O_2]^{\nu_{O_2}}\,[H]^{\nu_H} = k_f\,[O_2]\,[H] \tag{2.26}$$

mit $\nu$ für die stöchiometrischen Koeffizienten der Reaktionsgleichung.
Chemische Reaktionen laufen wie in Gleichung (2.24) angegeben nicht nur in eine Richtung, sondern im Allgemeinen auch in die entgegengesetzte Richtung

$$O_2 + H \rightleftharpoons OH + O \tag{2.27}$$

ab. Die Richtung der ablaufenden Reaktion ist dabei durch den Subskript $f$ (engl. *forward*) und $r$ (engl. *reversed*) angegeben. Die Netto-Reaktion der $O_2$-Konversion nach Gleichung (2.27) bestimmt sich daher aus:

$$r = r_f - r_r = k_f\,[O_2]\,[H] - k_r\,[OH]\,[O] \tag{2.28}$$

Die Geschwindigkeitskoeffizienten $k$ werden über einen erweiterten Arrhenius Ansatz beschrieben

$$k = A\,T^n e^{-E_a/\Re T} \tag{2.29}$$

mit $A\,T^n$ als dem präexponentiellen Faktor mit einer reaktionsspezifischen Konstanten $n$ und mit $E_a$ als der Aktivierungsenergie. Der rückwärtige Geschwindigkeitskoeffizient $k_r$ kann alternativ auch über die Gleichgewichtskonstante $K_p$ nach

$$K_p = \frac{k_f}{k_r} \tag{2.30}$$

[5] von *engl.* ***u****nburnt* ***h****ydro****c****arbon*

bestimmt werden. Die rechnerische Ermittlung der Spezieskonzentrationen aller ablaufender Elementarreaktionen wird durch Gleichung (2.28)-Gleichung (2.30) möglich, wenn die reaktionsspezifischen Größen $A$, $n$ und $E_a$ bekannt sind. Diese Konstanten sind zusammen mit den ablaufenden Elementarreaktionen des in dieser Arbeit verwendeten Reaktionsmechanismus für $CH_4$ in Anhang A.29 aufgelistet.
Der verwendete Reaktionsmechanismus setzt sich aus $N$ Spezies mit $N_R$ Elementarreaktionen zusammen, bei der jede chemische Reaktion $\beta$ zwischen den Spezies $M_\alpha$ zusammenfassend als

$$\sum_{\alpha}^{N} \nu'_{\alpha\beta} M_\alpha \rightleftharpoons \sum_{\alpha}^{N} \nu''_{\alpha\beta} M_\alpha \qquad \alpha \in \{1, N\}, \beta \in \{1, N_R\} \tag{2.31}$$

geschrieben werden kann. Die stöchiometrischen Koeffizienten der Hin-($\nu'$) und der Rückreaktion ($\nu''$) geben an, wie viele der Moleküle der Spezies $\alpha$ an der Reaktion $\beta$ beteiligt sind. Die Netto-Reaktionsrate einer jeden Elementarreaktion kann analog zu Gleichung (2.28) komprimiert über

$$r_\beta = k_{f,\beta} \prod_{\alpha=1}^{N} [M_\alpha]^{\nu'_{\alpha\beta}} - k_{r,\beta} \prod_{\alpha=1}^{N} [M_\alpha]^{\nu''_{\alpha\beta}} \tag{2.32}$$

geschrieben werden. Die Bestimmung der Speziesquellterme $\dot{\omega}_\alpha$ laminarer Vormischflammen erfolgt daher über

$$\dot{\omega}_\alpha = \mathcal{M}_\alpha \sum_{\beta=1}^{N_R} \left(\nu''_{\alpha\beta} - \nu'_{\alpha\beta}\right) r_\beta . \tag{2.33}$$

## 2.3 Die Wirbeltransportgleichung

Die Wirbeltransportgleichung variabler Dichte wird in dieser Arbeit für die Analyse des Instabilitätsverhaltens des Strömung-Flamme-Systems verwendet, weshalb an dieser Stelle auf deren Ableitung, Erklärung und Deutung eingegangen wird.
Den Ausgangspunkt für die Ableitung der Wirbeltransportgleichung bilden die Impulsgleichungen (2.2) unter Vernachlässigung des Einflusses von außen aufgeprägter Kräfte, wie beispielsweise der Erdschwere. Diese Impulsgleichungen werden zunächst in geeigneter Weise umgeformt und anschließend wird der Rotations-Operator ($\nabla \times$) darauf angewendet. Durch Einführung der Wirbelstärke als Rotation des Geschwindigkeitsfeldes kann dadurch die Wirbeltransportgleichung variabler Dichte abgeleitet werden.

### 2.3.1 Diskussion der Impulsgleichungen

Die an einem Kontrollvolumen gemäß des zweiten Newton´schen Axioms ableitbare Kräftebilanz führt zu einem Gleichgewicht zwischen der zeitlichen Änderung des Impulses eines das Kontrollvolumen ausfüllenden Fluidpartikels $d\mathbf{I}/dt$ und der von außen auf das Fluidpartikel wirkenden Kräfte $\mathbf{F}_i$.

$$\frac{d\mathbf{I}}{dt} = \sum_i \mathbf{F}_i \tag{2.34}$$

Werden der statische Druck $p$ und die Normal- $\tau_{kk}$ und Schubspannungen $\tau_{ij,\,i\neq j}$ als die pro Wirkfläche von außen auf das Kontrollvolumen einwirkenden Kräfte identifiziert, so führt die Bilanz auf die Impulsgleichungen (2.2), die sich bei Vernachlässigung der von außen aufgeprägten Erdschwere als

$$\frac{\partial(\rho u_i)}{\partial t}+\frac{\partial(\rho u_i u_j)}{\partial x_j}=-\frac{\partial p}{\partial x_i}+\frac{\partial \tau_{ij}}{\partial x_j} \tag{2.35}$$

schreiben. Die Terme der linken Seite können umgeformt werden, was zu

$$\underbrace{u_i\cdot\frac{\partial \rho}{\partial t}+\rho\cdot\frac{\partial u_i}{\partial t}}_{=\partial(\rho u_i)/\partial t}+\underbrace{\rho\, u_i\cdot\frac{\partial u_j}{\partial x_j}+u_j\cdot\frac{\partial(\rho u_i)}{\partial x_j}}_{=\partial(\rho u_i u_j)/\partial x_j}=-\frac{\partial p}{\partial x_i}+\frac{\partial \tau_{ij}}{\partial x_j} \tag{2.36}$$

führt. Wird ferner die Identität

$$u_j\cdot\frac{\partial(\rho u_i)}{\partial x_j}=\rho\, u_j\cdot\frac{\partial u_i}{\partial x_j}+u_i\, u_j\cdot\frac{\partial \rho}{\partial x_j} \tag{2.37}$$

berücksichtigt, führt dies insgesamt zu:

$$u_i\cdot\frac{\partial \rho}{\partial t}+\rho\cdot\frac{\partial u_i}{\partial t}+\rho\, u_i\cdot\frac{\partial u_j}{\partial x_j}+\rho\, u_j\cdot\frac{\partial u_i}{\partial x_j}+u_i u_j\cdot\frac{\partial \rho}{\partial x_j}=-\frac{\partial p}{\partial x_i}+\frac{\partial \tau_{ij}}{\partial x_j} \tag{2.38}$$

Diese Gleichung kann unter Berücksichtigung der Kontinuität (Gleichung 2.1) weiter vereinfacht werden:

$$\underbrace{u_i\cdot\left(\frac{\partial \rho}{\partial t}+\underbrace{\rho\cdot\frac{\partial u_j}{\partial x_j}+u_j\cdot\frac{\partial \rho}{\partial x_j}}_{=\frac{\partial(\rho u_j)}{\partial x_j}}\right)}_{=0\ \text{Kontinuität}}+\rho\cdot\frac{\partial u_i}{\partial t}+\rho u_j\cdot\frac{\partial u_i}{\partial x_j}=-\frac{\partial p}{\partial x_i}+\frac{\partial \tau_{ij}}{\partial x_j} \tag{2.39}$$

In kartesischen Koordinaten und Indexnotation lassen sich die Impulsgleichungen daher auch in der Form

$$\rho\cdot\frac{\partial u_i}{\partial t}+\rho u_j\cdot\frac{\partial u_i}{\partial x_j}=-\frac{\partial p}{\partial x_i}+\frac{\partial \tau_{ij}}{\partial x_j} \tag{2.40}$$

und in vektorieller Notation[6] in der Form

$$\rho\left(\frac{\partial \mathbf{u}}{\partial t}+(\mathbf{u}\bullet\nabla)\,\mathbf{u}\right)=-\nabla p+\nabla\,\overline{\overline{\mathbf{T}}} \tag{2.41}$$

schreiben. **u** steht hierbei für den Geschwindigkeitsvektor des Strömungsfeldes und $\overline{\overline{\mathbf{T}}}$ für den Tensor zweiter Stufe der angreifenden Spannungen.

[6] Siehe Kapitel A.1 für eine Einführung in die Vektor- und Tensornotation und die vektorielle Schreibweise.

### 2.3.2 Die Wirbelstärke

Die Wirbelstärke (engl. *Vorticity*) wird mit $\boldsymbol{\omega}$ gekennzeichnet und ist als die zweifache Winkelgeschwindigkeit $\boldsymbol{\Omega}$ eines Fluidpartikels definiert. Mathematisch wird dies durch das Kreuzprodukt von Nabla-Operator und Geschwindigkeitsvektor ausgedrückt, was auch als Rotation der Strömung bezeichnet wird.

$$\boldsymbol{\omega} = 2\,\boldsymbol{\Omega} = \nabla \times \mathbf{u} = \begin{pmatrix} \frac{\partial}{\partial x} \\ \frac{\partial}{\partial y} \\ \frac{\partial}{\partial z} \end{pmatrix} \times \begin{pmatrix} u \\ v \\ w \end{pmatrix} = \begin{pmatrix} \frac{\partial w}{\partial y} - \frac{\partial v}{\partial z} \\ \frac{\partial u}{\partial z} - \frac{\partial w}{\partial x} \\ \frac{\partial v}{\partial x} - \frac{\partial u}{\partial y} \end{pmatrix} \tag{2.42}$$

Der Nabla-Operator ist dabei in kartesischen Koordinaten mit den als $x_1, x_2, x_3$ indizierten Achsen eingeführt. Der Geschwindigkeitsvektor $\mathbf{u}$ setzt sich aus den Komponenten $u$ in $x$, $v$ in $y$ und $w$ in $z$-Richtung zusammen[7]. Der in den Impulsgleichungen (2.40) auftretende Tensor $\frac{\partial u_i}{\partial x_j}$ schreibt sich als:

$$\frac{\partial u_i}{\partial x_j} = s_{ij} + r_{ij} = \begin{pmatrix} \frac{\partial u}{\partial x} & \frac{1}{2}\left(\frac{\partial v}{\partial x} + \frac{\partial u}{\partial y}\right) & \frac{1}{2}\left(\frac{\partial w}{\partial x} + \frac{\partial u}{\partial z}\right) \\ \frac{1}{2}\left(\frac{\partial u}{\partial y} + \frac{\partial v}{\partial x}\right) & \frac{\partial v}{\partial y} & \frac{1}{2}\left(\frac{\partial w}{\partial y} + \frac{\partial v}{\partial z}\right) \\ \frac{1}{2}\left(\frac{\partial u}{\partial z} + \frac{\partial w}{\partial x}\right) & \frac{1}{2}\left(\frac{\partial v}{\partial z} + \frac{\partial w}{\partial y}\right) & \frac{\partial w}{\partial z} \end{pmatrix}$$

$$+ \begin{pmatrix} 0 & \frac{1}{2}\left(\frac{\partial u}{\partial y} - \frac{\partial v}{\partial x}\right) & \frac{1}{2}\left(\frac{\partial u}{\partial z} - \frac{\partial w}{\partial x}\right) \\ \frac{1}{2}\left(\frac{\partial v}{\partial x} - \frac{\partial u}{\partial y}\right) & 0 & \frac{1}{2}\left(\frac{\partial v}{\partial z} - \frac{\partial w}{\partial y}\right) \\ \frac{1}{2}\left(\frac{\partial w}{\partial x} - \frac{\partial u}{\partial z}\right) & \frac{1}{2}\left(\frac{\partial w}{\partial y} - \frac{\partial v}{\partial z}\right) & 0 \end{pmatrix} \tag{2.43}$$

mit $s_{ij}$ als dem symmetrischen[8] Deformationstensor und $r_{ij}$ als dem schiefsymmetrischen[9] Rotationstensor.

### 2.3.3 Entwicklung der Wirbeltransportgleichung

Eine ausführliche Herleitung der Wirbeltransportgleichung im ruhenden Bezugssystem kann im Anhang dieser Arbeit nachgeschlagen werden (s. Anhang A.5). An dieser Stelle wird die prinzipielle Vorgehensweise aufgezeigt, die sich ergebende Wirbeltransportgleichung dargestellt und die einzelnen Terme anschaulich diskutiert.

Gleichung (2.41) wird zu

$$\frac{\partial \mathbf{u}}{\partial t} + (\mathbf{u} \bullet \nabla)\,\mathbf{u} = -\frac{1}{\rho}\nabla p + \frac{1}{\rho}\nabla\,\overline{\overline{\mathbf{T}}} \tag{2.44}$$

[7]Im Zusammenhang verallgemeinerter kartesischer Formulierungen wird in dieser Arbeit auch die Beziehung $x_1(=x)$, $x_2(=y)$, $x_3(=z)$, $u_1(=u)$, $u_2(=v)$, $u_3(=w)$ und im Zusammenhang der Wirbelstärke die Beziehungen $\omega_1(=\omega_x)$, $\omega_2(=\omega_y)$, $\omega_3(=\omega_z)$ verwendet.

[8]Symmetrischer Tensor: $a_{ij} = a_{ji}$

[9]Schiefsymmetrischer Tensor: $a_{ij} = -a_{ji}$

umgeformt. Die Anwendung des Rotations-Operators $(\nabla\times)$ resultiert in

$$\nabla\times\frac{\partial\mathbf{u}}{\partial t}+\nabla\times(\mathbf{u}\bullet\nabla)\,\mathbf{u}=-\nabla\times\frac{1}{\rho}\nabla p+\nabla\times\frac{1}{\rho}\nabla\,\overline{\overline{\mathbf{T}}} \tag{2.45}$$

und unter zur Hilfenahme von Gleichung (2.42) wird daraus

$$\begin{aligned}&\frac{\partial\boldsymbol{\omega}}{\partial t}+(\mathbf{u}\bullet\nabla)\,\boldsymbol{\omega}-(\boldsymbol{\omega}\bullet\nabla)\,\mathbf{u}+\boldsymbol{\omega}\,(\nabla\bullet\mathbf{u})\\&=\frac{1}{\rho^2}(\nabla\rho\times\nabla p)+\nabla\left(\frac{1}{\rho}\right)\times\nabla\,\overline{\overline{\mathbf{T}}}+\left(\frac{1}{\rho}\right)\nabla\times\nabla\,\overline{\overline{\mathbf{T}}}\end{aligned} \tag{2.46}$$

Anstelle der beiden viskosen Terme der Gleichung (2.46) wird in der Literatur ([2, 44, 23]) auch die Formulierung

$$\frac{\partial\boldsymbol{\omega}}{\partial t}+(\mathbf{u}\bullet\nabla)\,\boldsymbol{\omega}-(\boldsymbol{\omega}\bullet\nabla)\,\mathbf{u}+\boldsymbol{\omega}\,(\nabla\bullet\mathbf{u})=\frac{1}{\rho^2}(\nabla\rho\times\nabla p)+\nu\Delta\boldsymbol{\omega} \tag{2.47}$$

gewählt, wobei die Spannungen $\overline{\overline{\mathbf{T}}}\propto\nabla\mathbf{u}$ angesetzt werden und die dynamische Viskosität $\mu$ mit der Dichte zur kinematischen Viskosität $\nu$ zusammengefasst wird.

#### 2.3.3.1 Dimensionslose Wirbeltransportgleichung

Zur Verdeutlichung der einzelnen Terme der Wirbeltransportgleichung wird auf Gleichung (2.47) zurückgegriffen, wonach der Einfluss der Reibung in einem Term zusammengefasst wird. Diese Gleichung wird entdimensioniert, wofür die dimensionslosen Größen $(*)$ mittels Einführung der charakteristischen Kenngrößen der Geschwindigkeit $V_{char}$, der Länge $L_{char}$ und der Bezugsdichte $\rho_0$ gewonnen und in Gleichung (2.47) eingesetzt werden.

$$\boldsymbol{\omega}=\boldsymbol{\omega}^*\cdot\tfrac{V_{char}}{L_{char}}\qquad t=t^*\cdot\tfrac{L_{char}}{V_{char}}\qquad \mathbf{u}=\mathbf{u}^*\cdot V_{char}$$

$$\rho=\rho^*\cdot\rho_0\qquad p=p^*\cdot\left(\rho_0V_{char}^2\right)\qquad \nabla=\nabla^*\cdot\tfrac{1}{L_{char}}$$

Dies führt zu

$$\begin{aligned}&\frac{\partial\boldsymbol{\omega}^*}{\partial t^*}\cdot\left(\frac{V_{char}}{L_{char}}\right)^2+(\mathbf{u}^*\bullet\nabla^*)\,\boldsymbol{\omega}^*\cdot\left(\frac{V_{char}}{L_{char}}\right)^2=\\&\frac{1}{\rho^{*2}}(\nabla^*\rho^*\times\nabla^*p^*)\cdot\left(\frac{V_{char}}{L_{char}}\right)^2+(\boldsymbol{\omega}^*\bullet\nabla^*)\,\mathbf{u}^*\cdot\left(\frac{V_{char}}{L_{char}}\right)^2\\&-\boldsymbol{\omega}^*(\nabla^*\bullet\mathbf{u}^*)\cdot\left(\frac{V_{char}}{L_{char}}\right)^2+\Delta^*\boldsymbol{\omega}^*\nu\cdot\frac{V_{char}}{L_{char}^3}\end{aligned} \tag{2.48}$$

bzw. nach Multiplikation der Gleichung mit $(L_{char}/V_{char})^2$ ergibt sich

$$\underbrace{\frac{\partial\boldsymbol{\omega}^*}{\partial t^*}}_{\mathcal{O}(1)}+\underbrace{(\mathbf{u}^*\bullet\nabla^*)\,\boldsymbol{\omega}^*}_{\mathcal{O}(1)}=\underbrace{\frac{1}{\rho^{*2}}(\nabla^*\rho^*\times\nabla^*p^*)}_{\mathcal{O}(1)}+\underbrace{(\boldsymbol{\omega}^*\bullet\nabla^*)\,\mathbf{u}^*}_{\mathcal{O}(1)}-\underbrace{\boldsymbol{\omega}^*(\nabla^*\bullet\mathbf{u}^*)}_{\mathcal{O}(1)}+\underbrace{\frac{1}{Re}\cdot\Delta^*\boldsymbol{\omega}^*}_{\mathcal{O}(\frac{1}{Re})} \tag{2.49}$$

wobei davon ausgegangen wird, dass der charakteristische Kennwert in der Größenordnung des physikalischen Kennwerts liegt und der Parameter

$$Re = \frac{V_{char} \cdot L_{char}}{\nu} \tag{2.50}$$

die Reynolds Zahl ist.
Wird auf die Darstellung als $*$-Größen verzichtet, so schreibt sich Gleichung (2.49) als

$$\underbrace{\frac{\partial \boldsymbol{\omega}}{\partial t}}_{\text{zeitl. Änderung}} + \underbrace{(\mathbf{u} \bullet \nabla)\,\boldsymbol{\omega}}_{\text{Konvektion}} =$$

$$\underbrace{\frac{1}{\rho^2}(\nabla\rho \times \nabla p)}_{\text{Baroklines Moment}} + \underbrace{(\boldsymbol{\omega} \bullet \nabla)\,\mathbf{u}}_{\text{Streckung/Umorientierung}} \underbrace{-\,\boldsymbol{\omega}(\nabla \bullet \mathbf{u})}_{\text{Dilatation}} + \underbrace{\frac{1}{Re} \cdot \Delta\boldsymbol{\omega}}_{\text{molekulare Reibung}} \tag{2.51}$$

Der molekular-viskose Term $\Delta\boldsymbol{\omega}/Re$ ist für die in dieser Arbeit untersuchten Strömungen aufgrund der hohen Reynolds Zahlen vernachlässigbar klein (von Größenordnung $\mathcal{O}(1/Re)$)[10], weshalb sich die Wirbeltransportgleichung des nicht-rotierenden Systems als

$$\frac{\partial \boldsymbol{\omega}}{\partial t} + (\mathbf{u} \bullet \nabla)\,\boldsymbol{\omega} = \frac{1}{\rho^2}(\nabla\rho \times \nabla p) + (\boldsymbol{\omega} \bullet \nabla)\,\mathbf{u} - \boldsymbol{\omega}(\nabla \bullet \mathbf{u}). \tag{2.52}$$

schreibt. Wird der Sonderfall eines Fluides konstanter Dichte[11] betrachtet, so vereinfacht sich die Wirbeltransportgleichung weiter zu:

$$\frac{\partial \boldsymbol{\omega}}{\partial t} + (\mathbf{u} \bullet \nabla)\,\boldsymbol{\omega} = (\boldsymbol{\omega} \bullet \nabla)\,\mathbf{u} \tag{2.53}$$

#### 2.3.3.2 Diskussion der Terme der Wirbeltransportgleichung

*Diskussion des Dilatationsterms:*
Der Term $-\boldsymbol{\omega}(\nabla \bullet \mathbf{u})$ schreibt sich in kartesischen Koordinaten wie folgt:

$$-\,\boldsymbol{\omega}(\nabla \bullet \mathbf{u}) = -\begin{pmatrix} \omega_x \cdot \left(\frac{\partial u}{\partial x} + \frac{\partial v}{\partial y} + \frac{\partial w}{\partial z}\right) \\ \omega_y \cdot \left(\frac{\partial u}{\partial x} + \frac{\partial v}{\partial y} + \frac{\partial w}{\partial z}\right) \\ \omega_z \cdot \left(\frac{\partial u}{\partial x} + \frac{\partial v}{\partial y} + \frac{\partial w}{\partial z}\right) \end{pmatrix} \tag{2.54}$$

Dieser Ausdruck entsteht nur bei Dilatation des Volumenelements und ist nur in Strömungen dann von Null verschieden, wenn $\rho \neq$ konstant ist (vgl. Kontinuitätsgleichung 2.1).

[10] $\overline{\overline{\mathbf{T}}}$ steht für den molekularen Spannungstensor, weshalb die Wirbeltransportgleichung (2.52) sich bei hoher Reynolds Zahl unabhängig von der Schreibweise der molekularen Reibungsterme (Gleichung (2.46) und Gleichung (2.47)) ergibt (vgl. Anhang A.5.1).

[11] Bei konstanter Dichte ist $\nabla\rho = 0$ und aus der Kontinuitätsgleichung folgt: $\nabla \bullet \mathbf{u} = 0$

Je nach dem, ob sich das Volumenelement ausdehnt oder zusammenzieht, wirkt der Dilatationsterm $-\boldsymbol{\omega}(\nabla \bullet \mathbf{u})$ als Quelle oder Senke; als Quelle wirkt der Term immer dann, wenn er dasselbe Vorzeichen einnimmt, wie die Wirbelstärke. Dieser Sachverhalt ist in Tabelle 2.1 für die unterschiedlichen Zustände zusammengefasst.

| | $(\nabla \bullet \mathbf{u}) > 0$ | $(\nabla \bullet \mathbf{u}) < 0$ |
|---|---|---|
| $\boldsymbol{\omega} > 0$ | $-\boldsymbol{\omega}(\nabla \bullet \mathbf{u}) < 0$ | $-\boldsymbol{\omega}(\nabla \bullet \mathbf{u}) > 0$ |
| $\boldsymbol{\omega} < 0$ | $-\boldsymbol{\omega}(\nabla \bullet \mathbf{u}) > 0$ | $-\boldsymbol{\omega}(\nabla \bullet \mathbf{u}) < 0$ |
| | SENKE | QUELLE |

Tabelle 2.1: Wirkung des Dilatationsterms

Der Dilatationsterm drückt die Drehimpulserhaltung bei Volumenänderung aus. Dies wird anschaulich in Abbildung 2.1 verdeutlicht, welche eine sich um eine Achse drehende Hohlkugel im ebenen Schnitt darstellt.

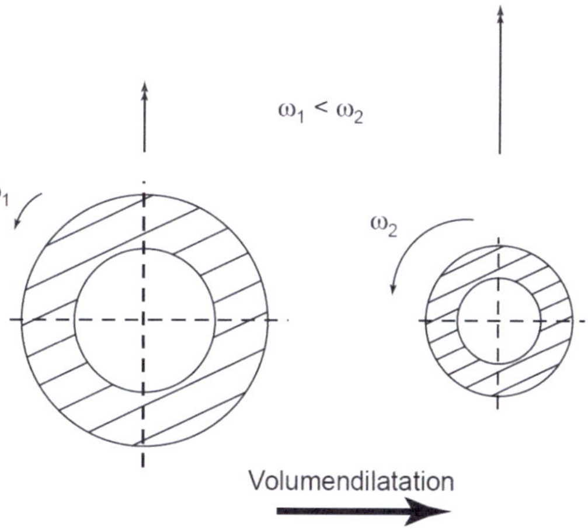


Abbildung 2.1: Drehimpulserhaltung

Der Drehimpuls $\mathbf{L}$ kann aus dem Vektorprodukt von Abstandsvektor $\mathbf{r}$ und Axialimpuls $\mathbf{p}$ nach Gleichung (2.55) und für den in Abbildung 2.1 gezeigten starren Körper nach Gleichung (2.56) als Produkt des Trägheitstensors $\Theta$ und seiner Winkelgeschwindigkeit $\boldsymbol{\omega}$ bestimmt werden.

$$\mathbf{L} = \mathbf{r} \times \mathbf{p} \tag{2.55}$$

$$\mathbf{L} = \Theta\ \boldsymbol{\omega} \qquad \text{mit} \qquad \Theta = \int_V r^2 \rho(\mathbf{r})\, dV \tag{2.56}$$

Verkleinert sich das Volumen der Hohlkugel, so verringert sich demnach das Trägheitsmoment, wodurch aufgrund der Drehimpulserhaltung die Winkelgeschwindigkeit ansteigt; fluiddynamisch gelten ähnliche Verhältnisse.

*Diskussion des baroklinen Moments:*

Der Term $1/\rho^2 (\nabla\rho \times \nabla p)$ wird als *baroklines Moment* bezeichnet und ist nur in einer Strömung variabler Dichte von Bedeutung, wenn der Dichtegradient $\nabla\rho$ mit dem Druckgradienten $\nabla p$ einen von $n \cdot \pi$ mit $n \in \mathbb{N}$ verschiedenen Winkel bildet. Der daraus resultierende Wirbelstärkevektor steht senkrecht auf der von Dichte- und Druckgradienten aufgespannten Ebene und hat den um den Sinus des Zwischenwinkels verminderten Betrag des Gradientenproduktes. Die Interaktion von Dichte- und Druckgradienten auf die Strömung kann verstanden werden, wenn berücksichtigt wird, dass beide Größen allein ein Fluidpartikel in Bewegung versetzen, d.h. (massenspezifischen) Impuls übertragen. Zur Verdeutlichung werden die beiden Gedankenbeispiele herangezogen:

- WIRKUNG EINES DICHTE- UND DRUCKGRADIENTEN IN TEILSYSTEMEN:
  Zwei zunächst räumlich voneinander getrennte Systeme werden betrachtet, indem zunächst die Wirkung eines Druckgradienten (Teilsystem 1) und danach die Wirkung eines Dichtegradienten (Teilsystem 2) dargestellt werden. Durch räumliches Zusammenführen der Systeme entsteht eine zirkulierende Strömung, die als das Resultat eines aus Wechselwirkung von Dichte- und Druckgradient resultierenden, aus der Zeichenebene herauszeigenden Wirbels (baroklines Moment) verstanden werden kann (siehe Abbildung 2.2).

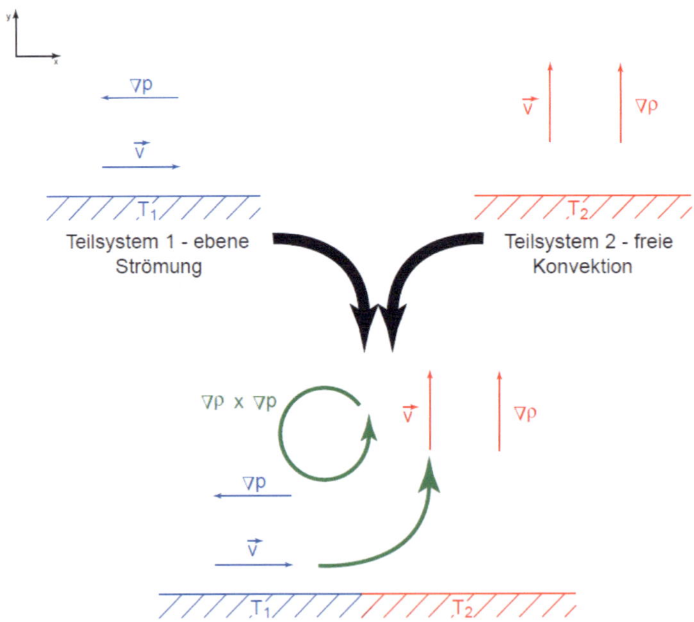


Abbildung 2.2: Baroklines Moment - Zusammenfügen zweier Teilsysteme

- SCHICHTENSTRÖMUNG:
  Es existiere eine ebene Strömung ohne vertikalen Geschwindigkeitsgradienten, d.h. es liegt in vertikaler Richtung ein konstanter (axialer) Druckgradient vor. Weisen die Schichten 1 bis 4 der Abbildung 2.3 unterschiedliche Dichten auf, so führt dies zu lokal unterschiedlichen Geschwindigkeiten in den Schichten. Dies wird unmittelbar aus der Betrachtung des in erster Näherung als konstant angenommenen, volumenspezifischen Axialimpulses klar, was sich als $\rho \cdot u = C$ mit $C =$ konstant ausdrücken lässt. Einer geringeren Dichte ist daher umgekehrt proportional eine erhöhte Geschwindigkeit zugeordnet: $\rho \propto 1/u$.
  Durch Überlagerung mit dem vertikalen Dichtegradienten wird daher die auf die Wirkung des Druckgradienten zurückzuführende homogene Geschwindigkeitsverteilung in der Weise gestört, dass sich eine Schichtenströmung ausbildet, die entsprechend des Kreuzproduktes aus Dichte- und Druckgradienten eine Wirbelstärke um die z-Achse (aus der Zeichenebene) induziert.

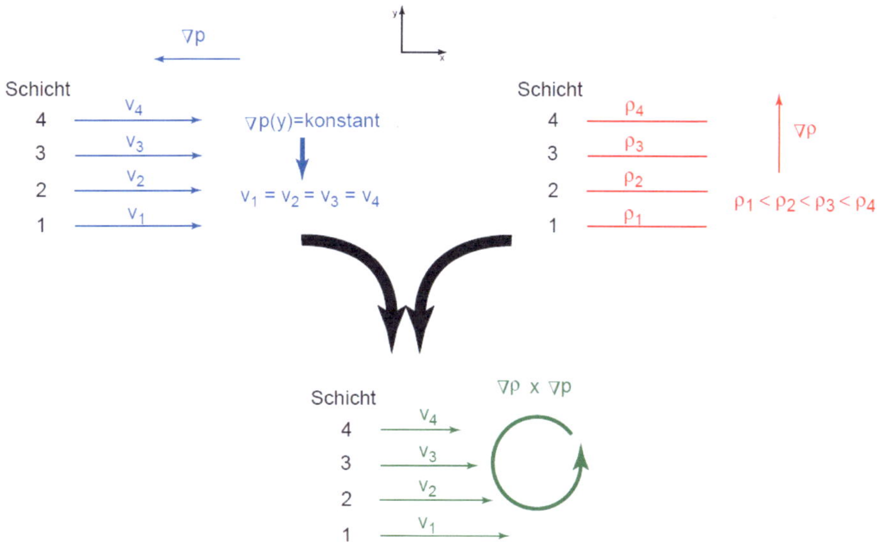


Abbildung 2.3: Baroklines Moment - Schichtenströmung

Anhand der Abbildungen ist auch zu verstehen, warum das Kreuzprodukt als Operator notwendig ist:
Die durch Dichte- und Druckgradienten übertragenen spezifischen Impulse erzeugen nur dann Wirbelstärke, wenn die erzeugten Geschwindigkeitskomponenten[12] weder parallel noch antiparallel zueinander ausgerichtet sind. Der von den Gradienten eingeschlossene Winkel $\chi$ liegt dann im Intervall $0^\circ < \chi < 180^\circ$ und $360^\circ < \chi < 180^\circ$. Der Operator, der dies zum Ausdruck bringt, ist die Sinus-Funktion, welche über das Kreuzprodukt erfasst wird.

[12] Als Einzelwirkung von Dichte- oder Druckgradient werden entsprechend der Abbildung 2.3 Geschwindigkeiten induziert.

*Diskussion des Umorientierungs-/Streckungsterms:*
Die Wirkungsweise der Umorientierung und Streckung kann verstanden werden, wenn der Term in zylindrische Koordinaten transformiert wird (s. Anhang, Gleichung (A.78)).

$$(\boldsymbol{\omega} \bullet \nabla)\, \mathbf{u} = \begin{pmatrix} \omega_r \frac{\partial v_r}{\partial r} + \omega_\varphi \frac{1}{r}\frac{\partial v_r}{\partial \varphi} - \omega_\varphi \frac{v_\varphi}{r} + \omega_{ax} \frac{\partial v_r}{\partial ax} \\ \omega_r \frac{\partial v_\varphi}{\partial r} + \omega_\varphi \frac{1}{r}\frac{\partial v_\varphi}{\partial \varphi} + \omega_\varphi \frac{v_r}{r} + \omega_{ax} \frac{\partial v_\varphi}{\partial ax} \\ \omega_r \frac{\partial v_{ax}}{\partial r} + \omega_\varphi \frac{1}{r}\frac{\partial v_{ax}}{\partial \varphi} + \omega_{ax} \frac{\partial v_{ax}}{\partial ax} \end{pmatrix} \tag{2.57}$$

Die Wirbeldynamik inkompressibler Strömungen bei hoher Reynolds Zahl lassen sich mittels Gleichung (2.53) beschreiben. Demnach steht die totale zeitliche Änderung der Wirbelstärke mit dem Mechanismus der Umorientierung/Streckung im Gleichgewicht, was sich in Komponentenschreibweise als

$$\frac{D\omega_r}{Dt} = \underbrace{\omega_r \frac{\partial v_r}{\partial r}}_{S} + \underbrace{\omega_\varphi \frac{1}{r}\frac{\partial v_r}{\partial \varphi}}_{U} - \underbrace{\omega_\varphi \frac{v_\varphi}{r}}_{U} + \underbrace{\omega_{ax} \frac{\partial v_r}{\partial ax}}_{U} \tag{2.58}$$

$$\frac{D\omega_\varphi}{Dt} = \underbrace{\omega_r \frac{\partial v_\varphi}{\partial r}}_{U} + \underbrace{\omega_\varphi \frac{1}{r}\frac{\partial v_\varphi}{\partial \varphi}}_{S} + \underbrace{\omega_\varphi \frac{v_r}{r}}_{S} + \underbrace{\omega_{ax} \frac{\partial v_\varphi}{\partial ax}}_{U} \tag{2.59}$$

$$\frac{D\omega_{ax}}{Dt} = \underbrace{\omega_r \frac{\partial v_{ax}}{\partial r}}_{U} + \underbrace{\omega_\varphi \frac{1}{r}\frac{\partial v_{ax}}{\partial \varphi}}_{U} + \underbrace{\omega_{ax} \frac{\partial v_{ax}}{\partial ax}}_{S} \tag{2.60}$$

darstellt. Das Kürzel „U“ steht für *Umorientierung* und das Kürzel „S“ für *Streckung*. Streckung liegt immer dann vor, wenn in der Komponentengleichung der Wirbelstärke die jeweilige Komponente der Wirbelstärke im Quellterm selbst auftritt.
Die folgende Diskussion beschränkt sich auf zwei ausgewählte Terme der azimutalen Wirbelstärke. Ganz ähnliche Betrachtungen sind aber auch für alle weiteren Quellterme möglich.

*Wirbelstärke durch Streckung:*
Das Verhältnis der Wirbelstärke $\boldsymbol{\omega}$ zur Länge des Wirbelfadens $\mathbf{l}$ ist konstant, weshalb die normierte relative Wirbelstärkeänderung gleich der normierten materiellen Längenänderung des Wirbels ist [4].

$$\frac{d\boldsymbol{\omega}}{|\boldsymbol{\omega}|} = \frac{d\mathbf{l}}{|\mathbf{l}|} \tag{2.61}$$

Wird nun ein Wirbelring[13] des Radius $r$, der Länge $l = 2\pi r$ und der azimutalen Wirbelstärke $\omega_\varphi$ in einer radial expandierenden Strömung $v_r > 0$ betrachtet, so gilt entsprechend Gleichung (2.61) für die azimutale Komponente

$$\frac{d\omega_\varphi}{|\omega_\varphi|} = \frac{d\,l}{|l|}$$

[13]Die in dieser Arbeit maßgebenden Wirbelsysteme entsprechen torusförmigen Ringwirbeln mit zur Rotationsachse der Brennkammer zusammenfallender Mittenachse (azimutale Wirbelstärke).

$$\frac{1}{\omega_\varphi}\frac{D\omega_\varphi}{Dt} = \frac{1}{l}\frac{Dl}{Dt}$$

Für den betrachteten Ringwirbel ergibt sich daraus

$$\frac{1}{\omega_\varphi}\frac{D\omega_\varphi}{Dt} = \frac{1}{2\pi r}\left(2\pi\frac{Dr}{Dt}\right)$$

$$\frac{1}{\omega_\varphi}\frac{D\omega_\varphi}{Dt} = \frac{v_r}{r}$$

$$\frac{D\omega_\varphi}{Dt} = \frac{v_r\,\omega_\varphi}{r} \tag{2.62}$$

Durch die radiale Ausdehnung des Wirbelrings (Streckung) wird demnach azimutale Wirbelstärke gebildet. Der Term $\frac{v_r\,\omega_\varphi}{r}$ der Gleichung (2.59) kann daher als Streckung identifiziert werden.

*Wirbelstärke durch Umorientierung:*
Betrachtet wird der vierte Term der Gleichung (2.59), der unter dem Einfluss eines axialen Gradienten der Umfangsgeschwindigkeit zu einer Umorientierung axialer Wirbelstärke in azimutale Wirbelstärke führt. Abbildung 2.4 illustriert eine entsprechende Strömungskonfiguration in der $ax-\varphi$-Ebene. Zwischen der azimutalen und der axialen Wirbelstärke besteht entsprechend

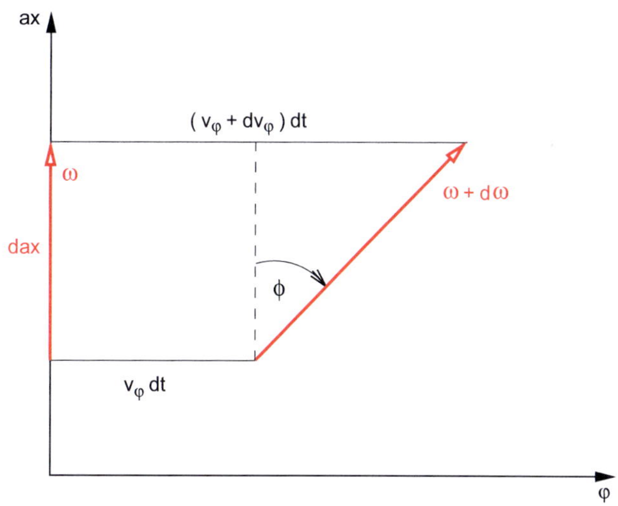


Abbildung 2.4: Graphische Interpretation der Umorientierung von axialer in tangentialer Wirbelstärke (nach DARMOFAL [23])

der in Abbildung 2.4 gezeigten differentiellen, zweidimensionalen Betrachtung der geometrische Zusammenhang über den eingeschlossenen Winkel $\phi$

$$d\omega_\varphi = \omega_{ax}\tan\phi \tag{2.63}$$

Für kleine Winkel ist der Tangens des eingeschlossenen Winkels gleich dem Bogenmaß, gleich dem Längenverhältnis, wonach

$$d\omega_\varphi \approx \omega_{ax} \frac{\partial v_\varphi}{\partial ax} dt \tag{2.64}$$

wird. Damit ergibt sich für die substantielle Änderung der azimutalen Wirbelstärke der als Umorientierung identifizierte Ausdruck

$$\frac{D\omega_\varphi}{Dt} = \omega_{ax} \frac{\partial v_\varphi}{\partial ax} \tag{2.65}$$

*Diskussion des Reibungsterms:*
Handelt es sich wie in dieser Arbeit um ein Newton´sches Fluid, so sagt der Reibungsterm $(1/Re)\Delta\boldsymbol{\omega}$ aus, dass sich ein Fluidpartikel der Wirbelstärke $\boldsymbol{\Omega} = 0{,}5\boldsymbol{\omega}$ mit der Zeit schneller drehen ($d\boldsymbol{\omega}/dt > 0$), oder langsamer drehen wird ($d\boldsymbol{\omega}/dt < 0$). Ursache sind die am Fluidelement angreifenden Reibungsspannungen $\tau$, die je nach Orientierung zu einer Anfachung oder Dämpfung der Rotation führen (vgl. Abbildung 2.5). Diese Dämpfung wirkt aufgrund der Viskosität diffusiv, wodurch ein Wirbelstärketransport auch quer zur Wirbelröhre auftritt.

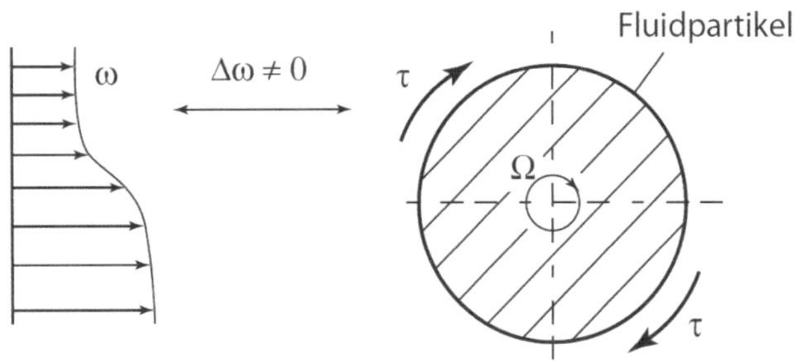


Abbildung 2.5: Einfluss der Reibungsspannungen auf die Wirbelstärke

### 2.3.3.3 Das Biot-Savart Gesetz

Ein Wirbelfaden induziert in einem Punkt $\mathbf{x}$ seiner Umgebung eine Geschwindigkeit $\mathbf{u}_{ind}$, die senkrecht auf der von Wirbelstärkevektor $\boldsymbol{\omega}$ und Abstandsvektor $\mathbf{s}$ aufgespannten Ebene steht (s. Abbildung 2.6) und dem Betrag nach gleich dem Produkt aus Wirbelstärkevektor und Abstandsvektor vermindert um die dritte Potenz des Abstandes ist

$$\mathbf{u}_{ind}(\mathbf{x}) = -\frac{1}{4\pi} \cdot \iiint_{V'} \frac{\boldsymbol{\omega}(\mathbf{x}') \times \mathbf{s}}{|\mathbf{s}|^3} dV' \tag{2.66}$$

mit $\mathbf{s} = \mathbf{x} - \mathbf{x}'$. Die Volumenintegration bringt zum Ausdruck, dass jeder beliebige Raumpunkt mit allen Wirbelfäden (im Raum) in Wechselwirkung tritt.
Dieser Zusammenhang zwischen Wirbelstärke und Geschwindigkeit wird über Gleichung (2.66) erfasst und als *Biot-Savart* Gesetz bezeichnet[14] (vgl. Kapitel 5.4.9).

[14] Das Biot-Savart Gesetz findet seinen Ursprung in der Elektrodynamik und beschreibt dort den Zusammenhang zwischen magnetischer Flussdichte und elektrischer Stromdichte. Die Übertragbarkeit auf die Fluiddynamik

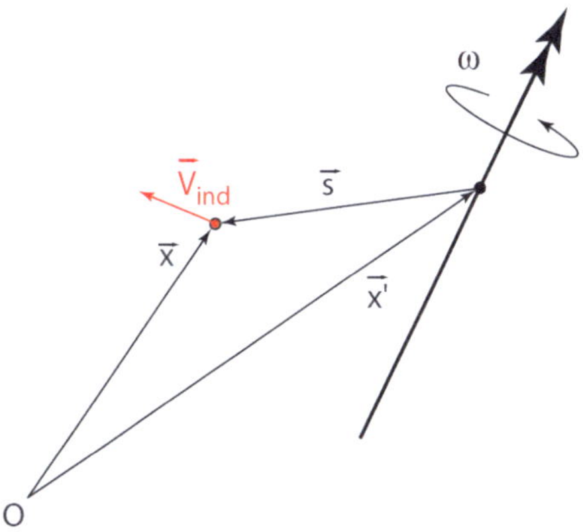


Abbildung 2.6: Veranschaulichung des Biot-Savart Gesetzes

## 2.4 Das Flammenoberflächendichtemodell

Die Strukturen der in dieser Arbeit untersuchten vorgemischten Flammentypen sind im Vergleich zu den makroskopischen Skalen der (turbulenten) Strömung klein. Die Beschreibung des von der Wechselwirkung konvektiver, diffusiver und reaktiver Effekte bestimmten Verbrennungsverlaufs erfordert daher die Kenntnis des Verhaltens der chemischen Spezies innerhalb der dünnen Flammenstrukturen [81].
Der in dieser Arbeit angewandte, auf Basis einer Transportgleichung formulierte und mittels der Flammengeschwindigkeit geschlossene Ansatz des Flammenoberflächedichtemodells (tFSD), ist daher im Rahmen vorgemischter Verbrennung eine Methode der statistischen Beschreibung der innerhalb der Flammenzone ablaufenden Vorgänge.
Die Einführung und Ableitung dieses Modellansatzes wird im Folgenden beschrieben.

### 2.4.1 Die Einführung der Flammenoberflächendichte

Betrachtet wird eine bezüglich des Raumes und der Zeit zufällig gewählte, momentane Flamme in einem turbulenten Strömungsfeld. Abbildung 2.7 zeigt als zweidimensionale Skizze eine entsprechende Momentaufnahme einer sich lokal mit der laminaren Flammengeschwindigkeit

setzt die Ähnlichkeit der zugrunde liegenden Gleichungen voraus, weshalb das Biot-Savart Gesetz streng nur auf Strömungen angewendet werden kann, die Divergenzfrei sind.
Da die in dieser Arbeit behandelte Strömung geringer Mach-Zahl ist, kann außerhalb der (turbulent aufgedickten) Flammenfront sowohl im Bereich des Frischgemischs als auch im Bereich vollständigen Ausbrands in guter Näherung von einer Strömung konstanter Dichte ausgegangen werden. Daher ist (im strengen Sinne) die Divergenzfreiheit als Voraussetzung für die Anwendbarkeit des Biot-Savart Gesetzes auf das verbrennungsinduzierte Wirbelaufplatzen nur im Bereich veränderten Reaktionsfortschritts nicht vollständig gültig.
Dieser geringen Einschränkung wegen ist daher die Anwendung des Biot-Savart Gesetzes zur qualitativen und semi-quantitativen Ermittlung des Einflusses der Wirbelstärke/Wirbelstärkeänderung und der Ermittlung des relativen Einflusses der Quellterme der Wirbelstärke/Wirbelstärkeänderung möglich, wie auch in z.B. [63, 112] geschehen.

$s_l$ ausbreitenden Vormischflamme. Die Turbulenz bedingt eine gewellte und gefaltete turbulente Flammenoberfläche $A_t$. Der einfacheren Anschauung wegen wird ohne Beschränkung der Allgemeingültigkeit der Freischnitt als Rechteck mit der Seitenfläche $A$ angenommen. Da die

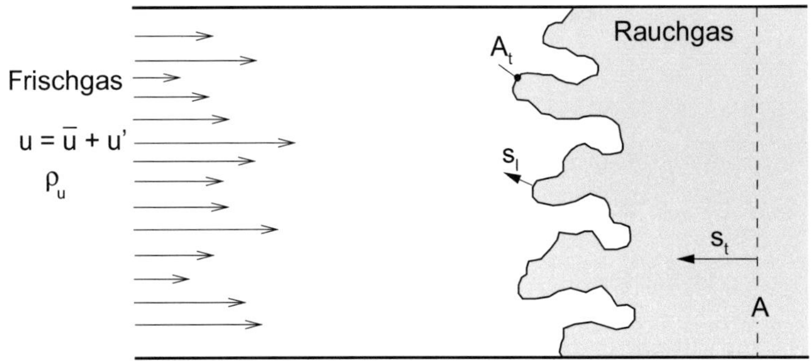


Abbildung 2.7: Zweidimensionale Skizze der Ausbreitung einer Vormischflamme in einem turbulenten Strömungsfeld

Massenerhaltung auch über die Flamme hinweg erfüllt sein muss, gilt für die auf den Frischgemischzustand (Index $u$) bezogene Flammengeschwindigkeit die Beziehung[15]

$$\dot{m} = \rho_u \, s_l \, A_t . \tag{2.67}$$

Die in dieser Arbeit berücksichtigten Reaktionen verlaufen vollständig, d.h. der durch chemische Reaktion umgesetzte Brennstoffmassenstrom $\dot{\omega}_F \, V$ entspricht dem zuströmenden Brennstoffmassenstrom des Frischgemischs.

$$\dot{m} \, Y_{F,u} = - \, \dot{\omega}_F \, V \tag{2.68}$$

Dabei entspricht $\dot{\omega}_F$ dem umgesetzten Brennstoff, der Dimension $\left[kg_F / \left(m^3 s\right)\right]$, der aufgrund der Reaktion abgebaut wird und daher mit negativem Vorzeichen in die Gleichungen eingeht. Verknüpfung der Gleichung (2.68) mit Gleichung (2.67) führt zu

$$\dot{m} \, Y_{F,u} = - \, \dot{\omega}_F \, V = \rho_u \, s_l \, A_t \, Y_{F,u}$$

$$\dot{\omega}_F = - \, \rho_u \, s_l \, Y_{F,u} \, \frac{A_t}{V} \tag{2.69}$$

Der Term $A_t/V$ wird als Flammenoberflächendichte $\Sigma$ bezeichnet und entspricht der turbulenten Flammenoberfläche pro Volumen. Die Brennstoffabbaurate ist damit über die Dichte und

[15] Gleichung (2.67) entspricht einer makroskopischen (globalen) Bilanz. Die Größen $A_t$ als auch $s_l$ werden dabei in dieser Arbeit als lokal definierte und statistisch voneinander unabhängige Größen betrachtet, vgl. Kapitel 3.4.

die Brennstoffmassefraktion des Frischgemischs, die (lokale) Flammengeschwindigkeit und die (lokale) Flammenoberflächendichte bestimmt.

$$\dot{\omega}_F = -\rho_u\, Y_{F,u} \underbrace{s_l}_{\text{molekulare Transportvorgänge/Reaktionskinetik}} \underbrace{\Sigma}_{\text{Strömung}} \tag{2.70}$$

Diesem Produktansatz des Brennstoffumsatzes entsprechend werden die durch die Flammengeschwindigkeit $s_l$ ausgedrückten, von molekularen Transportvorgängen und der Reaktionskinetik[16] dominierten Effekte, von den durch die Flammenoberflächendichte $\Sigma$ ausgedrückten, von der Strömung dominierten Effekten getrennt.
Bei der Untersuchung der vorgemischten, eingeschlossenen Gasturbinenkonfiguration des verbrennungsinduzierten Wirbelaufplatzens sind $\rho_u$ und $Y_{F,u}$ durch die Brennstoffwahl, die Brennstoff-Luft-Zusammensetzung, den thermodynamischen Druck und die Vorwärmtemperatur bestimmt und entsprechen den Werten am Einlassrand. Eine ähnliche Abhängigkeit gilt für die Flammengeschwindigkeit $s_l$ auf deren detailliertere Beschreibung in Kapitel 3.4.7 eingegangen wird. Die Flammenoberflächendichte $\Sigma$ wird in dieser Arbeit mittels einer zusätzlichen Transportgleichung ermittelt (tFSD), welche in Kapitel 2.4.4 beschrieben wird.

### 2.4.2 Die Reaktionsfortschrittsvariable - Beschreibung des Verbrennungsverlaufs

Der Reaktionsumsatz wird in dieser Arbeit für die Simulationen des isobar ablaufenden verbrennungsinduzierten Wirbelaufplatzens als irreversible Einschrittglobalreaktion[17] der Form

$$F + \nu \cdot Ox \rightarrow (\nu + 1) \cdot P \tag{2.71}$$

angenommen. Dabei steht $F$ für den Brennstoff, $Ox$ für den Oxidator, $P$ für die Produkte und $\nu$ für den stöchiometrischen Koeffizienten. Der Reaktionsgleichung (2.71) ensprechend kann aufgrund des bekannten, eindeutigen Ablaufes die lokale Spezieszusammensetzung bestimmt werden, wenn der lokale Brennstoffmassenbruch bekannt ist.
Der lokale Brennstoffmassenbruch kann dabei entsprechend Gleichung (2.4)[18] über die Transportgleichung

$$\frac{\partial (\rho\, Y_F)}{\partial t} + \frac{\partial (\rho\, u_i\, Y_F)}{\partial x_i} = \frac{\partial}{\partial x_i}\left(\rho\, D_F \frac{\partial Y_F}{\partial x_i}\right) + \dot{\omega}_F \tag{2.72}$$

ermittelt werden, wobei der Diffusionsstrom $J_i^{Y_\alpha}$ entsprechend des Fick´schen Gesetzes der Gleichung (2.9) angesetzt ist. Wird Gleichung (2.72) durch den Brennstoffmassenbruch des Frischgemischs $Y_{F,u}$ dividiert und dabei berücksichtigt, dass $Y_{F,u}$ = konstant d.h. $\partial Y_{F,u} = 0$ ist, so

[16] Die Prozesse, welche von der Überlagerung der molekularen Transportvorgänge von Stoff, Wärme, Impuls und der Reaktionskinetik bestimmt sind, werden in dieser Arbeit zusammenfassend auch als *chemisch* bezeichnet.

[17] Detaillierte, von der Reaktionskinetik und dem Wärme- und Strofftransport dominierte Vorgänge werden in dieser Arbeit in einem Pre-Processing-Schritt zur Beschreibung der laminaren Flammengeschwindigkeit berücksichtigt, vgl. Kapitel 3.4.7 und Kapitel 5.1.

[18] Mit dem Index $F$ für $\alpha$.

folgt:

$$\frac{\partial\left(\rho\, Y_F/Y_{F,u}\right)}{\partial t}+\frac{\partial\left(\rho\, u_i\, Y_F/Y_{F,u}\right)}{\partial x_i}=\frac{\partial}{\partial x_i}\left(\rho\, D_F\,\frac{\partial Y_F/Y_{F,u}}{\partial x_i}\right)+\frac{\dot{\omega}_F}{Y_{F,u}} \tag{2.73}$$

Diese Gleichung kann abermals umgeschrieben werden, in:

$$\underbrace{\frac{\partial\left(\rho\ (1-Y_F/Y_{F,u})\right)}{\partial t}}_{I}+\underbrace{\frac{\partial\left(\rho\, u_i\,(1-Y_F/Y_{F,u})\right)}{\partial x_i}}_{II}$$

$$=\underbrace{\frac{\partial}{\partial x_i}\left(\rho\, D_F\,\frac{\partial\,(1-Y_F/Y_{F,u})}{\partial x_i}\right)}_{III}-\frac{\dot{\omega}_F}{Y_{F,u}} \tag{2.74}$$

Im Einzelnen führt diese Erweiterung zu:

*Term I:*

$$\frac{\partial\left(\rho\ (1-Y_F/Y_{F,u})\right)}{\partial t}=\frac{\partial \rho}{\partial t}-\frac{\partial\left(\rho\, Y_F/Y_{F,u}\right)}{\partial t} \tag{2.75}$$

*Term II:*

$$\frac{\partial\left(\rho\, u_i\ (1-Y_F/Y_{F,u})\right)}{\partial x_i}=\frac{\partial \rho\, u_i}{\partial x_i}-\frac{\partial\left(\rho\, u_i\, Y_F/Y_{F,u}\right)}{\partial x_i} \tag{2.76}$$

*Term III:*

$$\frac{\partial}{\partial x_i}\left(\rho\, D_F\,\frac{\partial\,(1-Y_F/Y_{F,u})}{\partial x_i}\right)=\frac{\partial}{\partial x_i}\left(-\rho\, D_F\,\frac{\partial Y_F/Y_{F,u}}{\partial x_i}\right) \tag{2.77}$$

Die aufgrund der Umformung entstandenen zusätzlichen Beiträge bei Term I und Term II tragen wegen

$$\underbrace{\frac{\partial \rho}{\partial t}+\frac{\partial \rho\, u_i}{\partial x_i}=0}_{\text{Kontinuitätsgleichung (2.1)}} \tag{2.78}$$

zu keiner Veränderung des Ergebnisses bei.
Im Rahmen dieser Arbeit wird die Reaktionsfortschrittsvariable $c$ als dimensionsloser und normierter Brennstoffmassenbruch[19] gemäß

$$c=\frac{Y_{F,u}-Y_F}{Y_{F,u}-Y_{F,b}}=1-\frac{Y_F}{Y_{F,u}} \tag{2.79}$$

eingeführt[20], so wird Gleichung (2.74) zu

$$\frac{\partial\left(\rho\, c\right)}{\partial t}+\frac{\partial\left(\rho\, u_i\, c\right)}{\partial x_i}=\frac{\partial}{\partial x_i}\left(\rho\, D_c\,\frac{\partial c}{\partial x_i}\right)+\dot{\omega}_c \tag{2.80}$$

und in vektorieller Schreibweise zu

$$\frac{\partial\left(\rho\, c\right)}{\partial t}+\nabla\bullet\left(\rho\,\mathbf{u}\, c\right)=\nabla\bullet\left(\rho\, D_c\,\nabla c\right)+\dot{\omega}_c \tag{2.81}$$

[19] $c=c\left(\mathbf{x},t\right), Y_F=Y_F\left(\mathbf{x},t\right)$

[20] Des angenommenen vollständigen Verbrennungsverlaufs wegen gilt per Definition: $Y_{F,b}\equiv 0$

mit

$$\dot{\omega}_c = -\frac{\dot{\omega}_F}{Y_{F,u}} \tag{2.82}$$

und $D_c$ als der Diffusivität der Reaktionsfortschrittsvariablen[21].
In Gleichung (2.79) steht $Y_{F,u}$ für den Brennstoffmassenbruch des unverbrannten ($u$) und $Y_{F,b}$ für den des verbrannten ($b$) Zustands[22], wobei aufgrund der betrachteten vollständigen Reaktion $Y_{F,b} \equiv 0$ ist. Dieser Definition entsprechend variiert der Reaktionsfortschritt kontinuierlich, stetig und differenzierbar in dem eingeschlossenen Intervall $[0,1]$. Die Reaktionsfortschrittsvariable beschreibt damit den Verbrennungsverlauf in der Flammenzone.
Die Äquivalenzumformungen machen deutlich, dass die Bestimmung der lokalen Gemischzusammensetzung sowohl auf Basis des Brennstoffmassenbruchs als auch auf Basis der Reaktionsfortschrittsvariablen möglich ist, wobei letztere Variante in dieser Arbeit angewendet wird. Wichtige Unterschiede zwischen diesen beiden Varianten der Beschreibung der lokalen Gemischzusammensetzung sind die Rand- und Anfangsbedingungen zur Lösung der entsprechenden Transportgleichungen und die für magere Kohlenwasserstoff-Luftgemische um Größenordnungen unterschiedlichen Quellterme:

$$\left| \frac{\dot{\omega}_F}{\dot{\omega}_c} \right| = Y_{F,u}. \tag{2.83}$$

**Formulierung der Reaktionsfortschrittsvariablen auf Basis der Temperatur**
Wird vereinfacht davon ausgegangen, dass alle Spezies die gleiche Wärmekapazität $c_{p,\alpha} = c_p^{'}$, die gleiche Wärmeleitfähigkeit $\lambda_\alpha = \lambda^{'}$[23] und den gleichen Diffusionskoeffizienten $D_\alpha = D$ und damit die gleichen Lewis Zahlen $Le_\alpha = \lambda_\alpha / (\rho\ c_{p,\alpha}\ D_\alpha) = Le = \lambda / (\rho\ c_p\ D)$ haben, so folgt für $Le = 1$ und der betrachteten isobaren, irreversiblen Reaktion unter adiabaten Bedingungen eine Definition der Reaktionsfortschrittsvariablen als dimensionslose und normierte Temperatur.
Die Energiebilanz um ein Kontrollvolumen führt auf Basis der getroffenen Annahmen zu einem Gleichgewicht von fühlbarer Wärme zu reaktionsbedingt freigesetzter Energie.

$$\dot{m}\ c_p\ (T - T_u) = \dot{m}\ H_u\ (Y_{F,u} - Y_F) \tag{2.84}$$

$H_u$ steht dabei für den unteren Heizwert[24] in $[kJ/kg_F]$. Der Heizwert ist eine brennstoffspezifische Größe und stellt ein Maß für die pro kg-Brennstoff chemisch gebundene Energie dar. Die Energiebilanz führt unter der Annahme perfekten Gasverhaltens zusammen mit Gleichung (2.79) zu

$$c = \frac{(Y_{F,u} - Y_F)\ \dot{m}\ H_u}{\left(Y_{F,u} - Y_{F,b}\right)\ \dot{m}\ H_u} = \frac{c_p\ \dot{m}\ (T - T_u)}{c_p\ \dot{m}\ (T_b - T_u)} = \frac{(T - T_u)}{(T_b - T_u)} \tag{2.85}$$

[21] Aufgrund der Definition der Reaktionsfortschrittsvariablen gilt hierbei: $D_c = D_F$.

[22] Die Definition orientiert sich an der englischen Sprachgebung mit den Indizes $u$ für *unburnt* (=unverbrannt) und $b$ für *burnt* (=verbrannt)

[23] Für die Wärmekapazität des Gemischs folgt wegen $c_p = \sum_\alpha\ (c_{p,\alpha}\ Y_\alpha) = \sum_\alpha \left(c_p^{'}\ Y_\alpha\right) = c_p^{'}\ \sum_\alpha\ Y_\alpha = c_p^{'}$ und für die Wärmeleitfähigkeit des Gemischs folgt wegen $\lambda = \sum_\alpha\ (\lambda_\alpha\ X_\alpha) = \sum_\alpha \left(\lambda^{'}\ X_\alpha\right) = \lambda^{'}\ \sum_\alpha\ X_\alpha = \lambda^{'}$.

[24] Das durch die chemische Reaktion gebildete Wasser liegt im gasförmigen Aggregatzustand vor. Kann das Reaktionswasser kondensieren und die dabei gewonnene Kondensationsenthalpie anlagentechnisch genutzt werden, so ist der obere Heizwert der beschreibende Parameter für die im Brennstoff gebundene chemische Energie.

mit $T_b$ als der Temperatur der Rauchgase und $T_u$ als der Frischgastemperatur. In Anhang A.7 wird ausgehend von den Definitionen der Reaktionsfortschrittsvariablen zusätzlich gezeigt, dass unter den getroffenen Annahmen die (eindimensionalen) Bilanzgleichungen für Stoff und Energie identisch erfüllt werden.

### 2.4.3 Der Mischungsbruch

Der Allgemeingültigkeit wegen ist das entwickelte Verbrennungsmodell um die Berücksichtigung der Effekte sekundärer, einmischender Ströme modular erweitert. Einmischvorgänge sekundärer Fluidströme werden dabei mittels des Mischungsbruchs $f$ beschrieben, der als dimensionsloser, normierter Elementmassenbruch $Z$ des Kohlenstoffs (Index: $C$) und des Wasserstoffs (Index: $H$) definiert ist[25].

$$f = \frac{(Z_C + Z_H) - (Z_C + Z_H)_{sek}}{(Z_C + Z_H)_{prim} - (Z_C + Z_H)_{sek}} \tag{2.86}$$

Der Index "sek" steht für den einmischenden, sekundären Strom, der Index "prim" für den primären Strom und der Term ohne Index beschreibt den lokalen und momentanen Zustand. Die Elementmassen von Kohlenstoff und Wasserstoff werden zur Charakterisierung verwendet, da entsprechend der Einschrittglobalreaktion der Brennstoff (Kohlenwasserstoff) die maßgebliche Größe ist.

Der Elementmassenbruch $Z$ entspricht der Masse eines Elementes $j$ zur Masse der Mischung und berechnet sich gemäß

$$Z_j = \sum_{\alpha=1}^{N} \nu_\alpha^j \frac{\mathscr{M}_j}{\mathscr{M}_\alpha} Y_\alpha \tag{2.87}$$

als gewichteter Massenbruch $Y$ all derjeniger Spezies $\alpha$, die sich aus dem Element $j$ zusammensetzen. Für jede einzelne Spezies entspricht dabei das Verhältnis aus Elementmassen- zu Massenbruch dem Verhältnis der molaren Massen von Element zu Spezies $\mathscr{M}_j / \mathscr{M}_\alpha$, multipliziert mit der Anzahl der Elemente je betrachteter Spezies $\nu_\alpha^j$.

Die Beschreibung des Mischungszustands erfolgt aufgrund der Erhaltung der Elementmassen als quellenfreie Konvektions-Diffusionsgleichung

$$\frac{\partial \rho f}{\partial t} + \frac{\partial \rho u_i f}{\partial x_i} + \frac{\partial}{\partial x_i} J_i^f = 0 \tag{2.88}$$

bzw. in vektorieller Schreibweise notiert:

$$\frac{\partial \rho f}{\partial t} + \nabla \bullet (\rho \mathbf{u} f) + \nabla \bullet J^f = 0. \tag{2.89}$$

Das verbrennungsinduzierte Wirbelaufplatzen wird in einer eingeschlossenen Brennkammer untersucht, weshalb eine Einmischung eines sekundären Stroms nicht auftritt und für den Mischungsbruch

$$f(\mathbf{x},t) \equiv 1 \tag{2.90}$$

[25] $f = f(\mathbf{x},t), Z = Z(\mathbf{x},t)$

gilt. Der Mischungsbruch wird daher bei diesen Simulationen nicht mitgelöst.
Die Validierung des Flammenoberflächendichtemodells erfolgte anhand turbulenter, freibrennender Vormischsysteme (s. Kapitel 3.5 und vgl. HOFFMANN [50]). Diese Freistrahlflammen saugen kalte Umgebungsluft an, weshalb $Z_{C,sek} = Z_{H,sek} = 0$ gilt. Da nur der primäre Strom Kohlenwasserstoffe (Brennstoff) führt, ist die Summe der Elementmassen von Kohlenstoff und Wasserstoff gleich dem Brennstoffmassenbruch[26].

$$(Z_C + Z_H) = Y_F \qquad (Z_C + Z_H)_{prim} = Y_{F,prim} = Y_{F,u} \tag{2.91}$$

Der Mischungsbruch kann daher vereinfachend als

$$f = \frac{(Z_C + Z_H)}{(Z_C + Z_H)_{prim}} = \frac{Y_F}{Y_{F,u}} \tag{2.92}$$

geschrieben werden. Die Randbedingungen sind entsprechend $f = 1$ für den Primärstrom und $f = 0$ für die Umgebungsluft[27].

## 2.4.4 Die Gleichung der Flammenoberflächendichte

In diesem Abschnitt der Arbeit wird eine anschauliche Ableitung der Gleichung für die Flammenoberflächendichte FSD (engl. *Flame Surface Density*) auf Basis aerodynamischer Beziehungen gegeben. Betrachtet wird hierzu das dynamische Verhalten einer beliebigen, sich mit einer Eigengeschwindigkeit ausbreitenden und mit einer Strömung in Wechselwirkung tretenden Fläche.

### 2.4.4.1 Streckung und Krümmung

Streckung und Krümmung führen zu einer veränderten Ausdehnung und im Allgemeinen auch zu einer veränderten Gestalt einer beliebigen Raumfläche. Die unterschiedliche Wirkung von Streckung und Krümmung ist durch die relative Lage der Geschwindigkeitsgradienten der Strömung zur Orientierung der Fläche gegeben, wonach bei:

- Streckung der Geschwindigkeitsgradient **in** der Oberfläche wirkt
- Krümmung der Geschwindigkeitsgradient **normal** zur Oberfläche orientiert ist.

Zur Klärung der Begrifflichkeiten wird darauf hingewiesen, dass in dieser Arbeit zwischen dem Begriff der Streckung und dem Begriff der Krümmung strikt unterschieden wird. Diese Konvention orientiert sich an dem englischsprachigen Wortgebrauch, wonach Streckung als *strain* und Krümmung als *curvature* und der überlagerte Effekt als *stretch* bezeichnet werden.

stretch = strain (Streckung) + curvature (Krümmung)

[26] Für Methan $CH_4$ als Brennstoff gilt beispielsweise: $(Z_C + Z_H)_{prim} = 1\,\frac{\mathcal{M}_C}{\mathcal{M}_{CH_4}}\,Y_{CH_4} + 4\,\frac{\mathcal{M}_H}{\mathcal{M}_{CH_4}}\,Y_{CH_4} = \frac{Y_{CH_4}}{\mathcal{M}_{CH_4}}\,(\mathcal{M}_C + 4\,\mathcal{M}_H) = Y_{CH_4}$

[27] Für den Reaktionsfortschritt gilt im Falle vorgemischter Freistrahlflammen: $c = 0$ für den Primärstrom und $c = 1$ für die Umgebungsluft.

Abbildung 2.8 verdeutlicht schematisch den Unterschied zwischen Streckung und Krümmung anhand der an einem Flächenelement wirkenden Geschwindigkeitsgradienten.

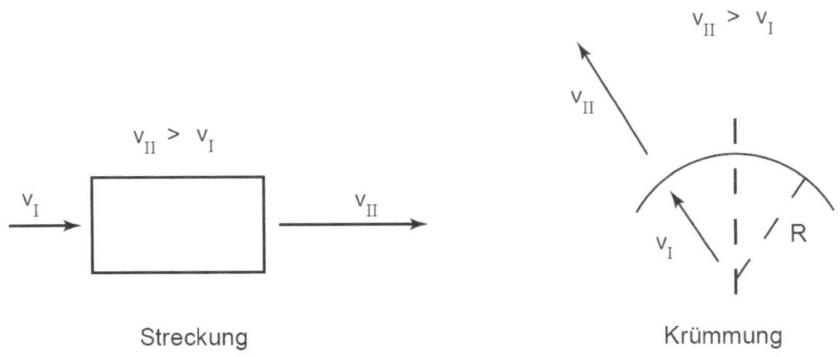


Abbildung 2.8: Streckung und Krümmung

Zur quantitativen Beschreibung des *stretch* Effektes dient die zeitliche Änderung des Logarithmus eines Flächenelements in differentieller Form.

$$K = \frac{d(\ln A)}{dt} = \frac{1}{A} \cdot \frac{dA}{dt} \tag{2.93}$$

Die gesamte zeitliche Änderung der Oberfläche setzt sich aus den Beiträgen der Streckung und Krümmung zusammen, so dass Gleichung (2.93) auch geschrieben werden kann als:

$$K = \frac{1}{A} \cdot \frac{dA}{dt} = \frac{1}{A} \cdot \frac{dA_s + dA_c}{dt} \tag{2.94}$$

mit den Subskripten $s$ für Streckung und $c$ für Krümmung.

#### 2.4.4.2 Gestreckte Flammenoberfläche

Ohne Beschränkung der Allgemeinheit wird der Raumfläche eine Eigengeschwindigkeit zugewiesen, die normal zur Oberfläche orientiert ist. Dies entspricht der Betrachtung einer Isofläche einer vorgemischten Flamme, z.B. einer Fläche konstanter Temperatur oder konstanter Spezieskonzentration.
Eine solche Isofläche mit Normalenvektor $\mathbf{n}$ bewegt sich in einer beliebigen Strömung der Geschwindigkeit $\mathbf{u}$ absolut mit der Geschwindigkeit $\mathbf{w}$ (vgl. Abbildung 2.9). Die Streckungsrate $K$ setzt sich entsprechend der Gleichung (2.94) aus einem Streckungsanteil $K_s$ und einem Krümmungsanteil $K_c$ zusammen und kann über den Normalenvektor $\mathbf{n}$ der Flammenoberfläche, über die Geschwindigkeit der Isofläche $\mathbf{w}$ und über die Frischgemischgeschwindigkeit $\mathbf{u}$ bestimmt

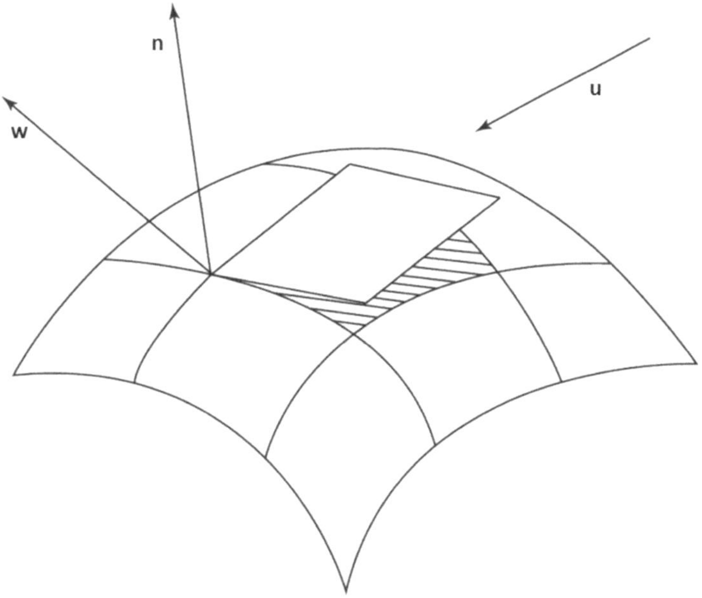


Abbildung 2.9: Gestreckte und gekrümmte Flammenoberfläche

werden [69, 70].[28]

$$K = K_s + K_c = \nabla_t \bullet \mathbf{u}_t + (\mathbf{w} \bullet \mathbf{n})(\nabla \bullet \mathbf{n}) \quad (2.95)$$

$$\nabla_t \bullet \mathbf{u}_t = -\mathbf{n} \bullet \nabla \times (\mathbf{u} \times \mathbf{n}) \quad (2.96)$$

$$\mathbf{w} \bullet \mathbf{n} = s_l \quad (2.97)$$

$$\nabla \bullet \mathbf{n} = \kappa \quad (2.98)$$

$$\Rightarrow K = -\mathbf{n} \bullet \nabla \times (\mathbf{u} \times \mathbf{n}) + s_l \nabla \bullet \mathbf{n} \quad (2.99)$$

Die abgeleiteten Beziehungen gelten ganz generell für jede Raumfläche mit Eigengeschwindigkeit $s_l$.

Wird die betrachtete Isofläche als Oberfläche konstanten Reaktionsfortschritts $c = c^*$ identifiziert, so gilt für den Normalenvektor per Definition:

$$\mathbf{n} = -\left(\frac{\nabla c}{|\nabla c|}\right)_{c=c^*} \quad (2.100)$$

und ist folglich stets in Richtung des Frischgemischs orientiert. Die Krümmung $\kappa$ der Oberfläche ist damit als

$$\kappa = \nabla \bullet \mathbf{n} \quad (2.101)$$

definiert[29]. In Richtung Frischgemisch gekrümmte Flammenabschnitte weisen eine negative und in Richtung Rauchgas gekrümmte Abschnitte eine positive Krümmung auf.

[28]Eine Interpretation der Gleichung (2.96) wird im Anhangskapitel A.9 gegeben.

[29]Das Anhangskapitel A.8 führt die Krümmung auf den Laplace Operator des Normalenvektors zurück.

#### 2.4.4.3 Transporttheorem einer vektoriellen Größe

Die Änderung des Flusses $\mathbf{\Phi}(\mathbf{x},t)$ über eine Fläche $A(\mathbf{x},t)$ lautet:

$$\frac{d}{dt}\int_{A(t)} \mathbf{\Phi} \bullet \mathbf{n}\, dA \tag{2.102}$$

Das Transporttheorem für eine vektorielle Größe bzw. einen Fluss $\mathbf{\Phi}(\mathbf{x},t)$ über die Fläche $A(\mathbf{x},t)$ lautet [13]:

$$\frac{d}{dt}\oint_{A(t)} \mathbf{\Phi} \bullet \mathbf{n}\, dA = \oint_{A(t)} \left[\frac{\partial \mathbf{\Phi}}{\partial t} + \mathbf{w} \bullet \nabla\mathbf{\Phi} - \mathbf{\Phi} \bullet \nabla\mathbf{w} + \mathbf{\Phi}\nabla \bullet \mathbf{w}\right] \bullet \mathbf{n}\, dA \tag{2.103}$$

Wird nun ohne Beschränkung der Allgemeingültigkeit $\mathbf{\Phi} = \mathbf{n}$ gesetzt, so folgt:

$$\frac{d}{dt}\oint_{A(t)} dA = \oint_{A(t)} \left[\frac{\partial \mathbf{n}}{\partial t} + \mathbf{w} \bullet \nabla\mathbf{n} - \mathbf{n} \bullet \nabla\mathbf{w} + \mathbf{n}\nabla \bullet \mathbf{w}\right] \bullet \mathbf{n}\, dA \tag{2.104}$$

Die skalare Multiplikation der rechten Gleichungsseite mit dem Normalenvektor $\mathbf{n}$ führt zu (s. Anhang A.10):

$$\frac{d}{dt}\oint_{A(t)} dA = \oint_{A(t)} \left[-\mathbf{nn} : \nabla\mathbf{w} + \nabla \bullet \mathbf{w}\right] dA \tag{2.105}$$

Für ein differentielles Flächenelement $\delta A$ folgt damit:

$$\frac{1}{\delta A}\frac{d(\delta A)}{dt} = K = -\mathbf{nn} : \nabla\mathbf{w} + \nabla \bullet \mathbf{w} \tag{2.106}$$

Die Flammenfront eines vorgemischten Verbrennungssystems kann durch $c(\mathbf{x},t) = c^* = \text{konstant}$, d.h. als eine Isofläche des Brennstoffmassenbruchs oder der Temperatur beschrieben werden. Jeder Punkt auf der sich mit $\mathbf{w}$ fortbewegenden Flammenfront bleibt auf der Fläche, für den die Bedingung

$$\frac{\partial c}{\partial t} + \mathbf{w} \bullet \nabla c = 0 \tag{2.107}$$

erfüllt ist. $\mathbf{w}$ ist dabei die Geschwindigkeit, mit der sich die Isofläche fortbewegt.

$$\mathbf{w} = \mathbf{u} + s_l\, \mathbf{n} \tag{2.108}$$

Einsetzen der Gleichung (2.108) in Gleichung (2.106) führt auf die Bestimmungsgleichung für die Streckungsrate $K$ in Abhängigkeit der Strömungsgeschwindigkeit $\mathbf{u}$ und der Flammengeschwindigkeit $s_l$.

$$K = \frac{1}{\delta A}\frac{d(\delta A)}{dt} = -\mathbf{nn} : \nabla\mathbf{u} + \nabla \bullet \mathbf{u} + s_l \nabla \bullet \mathbf{n} \tag{2.109}$$

Der Vergleich der Gleichung (2.99) mit Gleichung (2.109) zeigt:[30]

$$-\mathbf{nn} : \nabla\mathbf{u} + \nabla \bullet \mathbf{u} = -\mathbf{n} \bullet \nabla \times (\mathbf{u} \times \mathbf{n})$$

[30] Entgegen mancher Angaben in der Literatur (z.B. [11]) steht der gesamte Ausdruck $-\mathbf{nn} : \nabla\mathbf{u} + \nabla \bullet \mathbf{u}$ der Gleichung (2.110) für die Streckung nicht etwa nur der Ausdruck $-\mathbf{nn} : \nabla\mathbf{u}$.

#### 2.4.4.4 Transporttheorem einer skalaren Größe

Das Transporttheorem einer skalaren Größe $\phi$ (Reynold'sches Transporttheorem [16]) lautet[31]:

$$\frac{d}{dt}\int_{V(t)} \phi \, dV = \int_{V(t)} \frac{\partial \phi}{\partial t} \, dV + \oint_{A(t)} \phi \, \mathbf{w} \bullet \mathbf{n} \, dA \tag{2.110}$$

Wird ohne Beschränkung der Allgemeinheit $\phi = 1 \Leftrightarrow \partial \phi \equiv 0$ gesetzt, so führt dies zu:

$$\frac{d}{dt}\int_{V(t)} dV = \oint_{A(t)} \mathbf{w} \bullet \mathbf{n} \, dA \tag{2.111}$$

Das Rundlaufintegral über die Oberfläche des betrachteten Volumens kann mittels des Integralsatzes nach Gauß in ein Integral über das Volumen überführt werden, wonach sich die substantielle Ableitung zu

$$\frac{d}{dt}\int_{V(t)} dV = \int_{V(t)} \nabla \bullet \mathbf{w} \, dV \tag{2.112}$$

umformen lässt. Die relative Änderungsrate des sich mit der Geschwindigkeit $\mathbf{w}$ bewegenden Volumenelements ist nach Durchführung des Grenzübergangs

$$dV \rightarrow \delta V \text{ mit } \delta V \rightarrow 0 \tag{2.113}$$

gleich der differentiellen Bilanz:

$$\frac{1}{\delta V}\frac{d(\delta V)}{dt} = \nabla \bullet \mathbf{w} \tag{2.114}$$

Die Berücksichtigung der Gleichung (2.108) führt zu einer äquivalenten Formulierung auf Basis der Strömungs- und Flammengeschwindigkeit.

$$\frac{1}{\delta V}\frac{d(\delta V)}{dt} = \nabla \bullet \mathbf{u} + \nabla \bullet (s_l \, \mathbf{n}) = \nabla \bullet \mathbf{u} + s_l \, \nabla \bullet \mathbf{n} + \mathbf{n} \bullet \nabla s_l \tag{2.115}$$

#### 2.4.4.5 Definition der Flammenoberflächendichte

Die Flammenoberflächendichte $\Sigma$ beschreibt entsprechend der Abbildung 2.10 die pro differentiellem Volumen $\delta V$ vorhandene differentielle Flammenoberfläche $\delta A$.

$$\Sigma(c = c^*) = \left(\frac{\delta A_{c=c^*}}{\delta V}\right) \tag{2.116}$$

Die betrachtete Flammenoberfläche entspricht dabei einer beliebigen Isofläche, die mit $c^*$ indiziert wird. Der beliebigen Wahl und des verminderten Schreibaufwandes wegen wird im Folgenden auf diese explizite Darstellung verzichtet. Mit der Definition der Flammenoberflächendichte lässt sich die entsprechend der Gleichung (2.109) gegebene Streckungsrate $K$ als:

$$K = \frac{1}{\delta A}\frac{d(\delta A)}{dt} = \frac{1}{\Sigma \cdot \delta V}\frac{d(\Sigma \cdot \delta V)}{dt} = \frac{1}{\delta V}\frac{d(\delta V)}{dt} + \frac{1}{\Sigma}\frac{d(\Sigma)}{dt} \tag{2.117}$$

[31] Die Gleichung (2.110) kann unmittelbar von der Definition des totalen Differentials abgeleitet werden, s. Kapitel A.6.

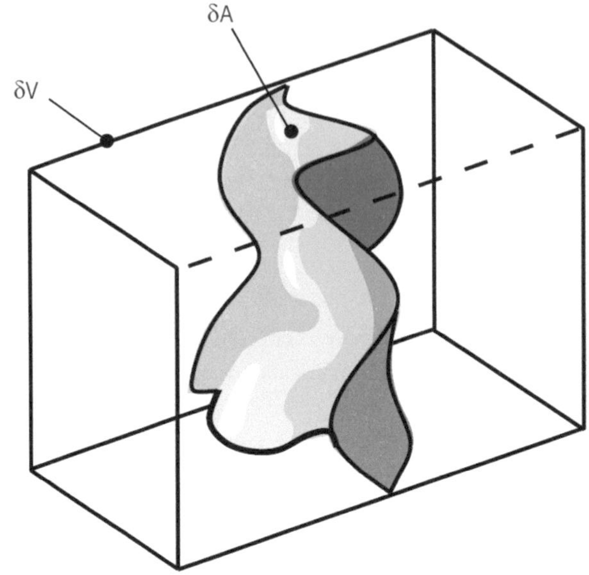


Abbildung 2.10: Veranschaulichung der Flammenoberflächendichte

ausdrücken. Die relative zeitliche Änderung der Flammenoberflächendichte folgt damit zu[32]:

$$\frac{1}{\Sigma}\frac{d(\Sigma)}{dt} = \frac{1}{\delta A}\frac{d(\delta A)}{dt} - \frac{1}{\delta V}\frac{d(\delta V)}{dt} \tag{2.118}$$

Die Terme der rechten Seite lassen sich nach Grenzübergang und unter Verwendung von Gleichung (2.109) und Gleichung (2.115) als Funktion der Strömungsgeschwindigkeit $\mathbf{u}$ und der Flammengeschwindigkeit $s_l$ oder äquivalent dazu mittels Gleichung (2.108) als Funktion der Absolutgeschwindigkeit $\mathbf{w}$ darstellen.

$$\frac{1}{\Sigma}\frac{d\Sigma}{dt} = -\,\mathbf{nn} : \nabla\mathbf{u} - \mathbf{n} \bullet \nabla s_l = -\,\mathbf{nn} : \nabla\mathbf{w} \tag{2.119}$$

$$\frac{d\Sigma}{dt} = -\,(\mathbf{nn} : \nabla\mathbf{u} + \mathbf{n} \bullet \nabla s_l)\,\Sigma = -\,(\mathbf{nn} : \nabla\mathbf{w})\,\Sigma \tag{2.120}$$

Die betrachtete Flammenoberflächendichte bewegt sich dabei entsprechend den Überlegungen des Kapitels 2.4.4.3 mit der Absolutgeschwindigkeit $\mathbf{w}$, was eine Äquivalenzumformung der Gleichung (2.120) ermöglicht.

$$\frac{d\Sigma}{dt} = \frac{\partial\Sigma}{\partial t} + (\mathbf{w} \bullet \nabla)\,\Sigma = -\,(\mathbf{nn} : \nabla\mathbf{w})\,\Sigma \tag{2.121}$$

Mittels Gleichung (2.108) folgt eine Formulierung des Transports der Flammenoberflächendichte auf Basis der Strömungsgeschwindigkeit $\mathbf{u}$, wodurch eine Implementierung in einen Strö-

[32]Die umgekehrte Betrachtungsweise führt zur selben Beziehung, vgl. Kapitel A.11.

mungslöser möglich wird.

$$\frac{\partial \Sigma}{\partial t} + (\mathbf{u} \bullet \nabla)\, \Sigma + (\mathbf{n}\, s_l \bullet \nabla)\Sigma = -\, (\mathbf{nn} : \nabla \mathbf{u} + \mathbf{n} \bullet \nabla s_l)\, \Sigma \tag{2.122}$$

$$\begin{aligned} \frac{\partial \Sigma}{\partial t} + (\mathbf{u} \bullet \nabla)\, \Sigma &= -\, (\mathbf{nn} : \nabla \mathbf{u})\Sigma \;-\; (\mathbf{n} \bullet \nabla s_l)\, \Sigma \;-\; (\mathbf{n}\, s_l \bullet \nabla)\Sigma \\ &= -\,(\mathbf{nn} : \nabla \mathbf{u})\Sigma \;-\; \mathbf{n} \bullet \nabla (s_l\, \Sigma) \end{aligned} \tag{2.123}$$

In kartesischen Koordinaten und Indexnotation schreibt sich die Gleichung für die Flammenoberflächendichte

$$\frac{\partial \Sigma}{\partial t} + u_i \frac{\partial \Sigma}{\partial x_i} = -\left(n_i n_j \frac{\partial u_i}{\partial x_j}\right) \Sigma - n_i \frac{\partial (s_l\, \Sigma)}{\partial x_i}. \tag{2.124}$$

### 2.4.5 Die Flammenoberflächendichte auf Basis statistischer Beschreibung

Die Gleichung der Flammenoberflächendichte wurde im vorhergehenden Kapitel der Anschauung wegen auf Basis von geometrischen Überlegungen abgeleitet. Die Wechselwirkung mit strömungsdynamischen Größen wird über die Terme der Flammenstreckung und Flammenkrümmung unmittelbar ersichtlich.
In diesem Kapitel soll aufbauend auf den Arbeiten von VEYNANTE ET AL. [123, 122] eine Ableitung auf Basis statistischer Betrachtungen gegeben werden, die die physikalische Exaktheit der FSD Gleichung mathematisch beschreibt. Gleichzeitig wird dadurch die Analogie zu den PDF[33] Methoden im Kontext vorgemischter Verbrennung aufgezeigt.

#### 2.4.5.1 Die PDF Transportgleichung

Die Wahrscheinlichkeitsdichtefunktion (PDF) stellt generell eine statistische nulldimensionale (Einpunktwahrscheinlichkeit) Beschreibung einer Zufallsvariablen dar. Im Fall turbulenter (vorgemischter) Flammen kann es sich um eine Spezies bestimmter Konzentration handeln, ähnlich zu der Betrachtungsweise der Flammenoberflächendichte des vorherigen Kapitels. Die PDF Transportgleichung wird daher auf Basis des Reaktionsfortschritts variablen aber definierten Wertes $c^*$ formuliert.
Die zeitliche Änderung der konditionierten Wahrscheinlichkeitsdichtefunktion $\overline{P}$ lässt sich über die Delta-Distribution

$$\overline{P}(c^*;\mathbf{x},t) = \overline{\delta\,(c^* - c\,(\mathbf{x},t))} \tag{2.125}$$

mit

$$\delta\,(c^* - c\,(\mathbf{x},t)) = \begin{cases} 1/\Delta c^* & \text{für} \quad c^* - \Delta c^*/2 < c < c^* + \Delta c^*/2 \\ 0 & \text{sonst} \end{cases} \tag{2.126}$$

[33]Wahrscheinlichkeitsdichtefunktion, engl. *Probability Density Function*

ausdrücken [74]. Die Variation der Delta-Distribution $\frac{\partial[\delta(c^*-c(\mathbf{x},t))]}{\partial\psi}$, mit $\psi$ als der Zeit oder einer Raumkoordinaten, führt nach Anwendung der Kettenregel zu

$$\frac{\partial\left[\delta\left(c^*-c\left(\mathbf{x},t\right)\right)\right]}{\partial\psi}=\frac{\partial}{\partial c}\left[\delta\left(c^*-c\left(\mathbf{x},t\right)\right)\right]\frac{\partial c\left(\mathbf{x},t\right)}{\partial\psi}=-\frac{\partial}{\partial c^*}\left[\delta\left(c^*-c\left(\mathbf{x},t\right)\right)\right]\frac{\partial c\left(\mathbf{x},t\right)}{\partial\psi} \quad (2.127)$$

Die Konditionierung der Gleichung (2.127) führt wegen Gleichung (2.125) und unter Berücksichtigung von

$$\frac{\partial\left(\left.\frac{\partial c(\mathbf{x},t)}{\partial t}\right|_{c=c^*}\right)}{\partial c^*}=0 \quad (2.128)$$

auf die Transportgleichung der PDF in der Form:

$$\frac{\partial}{\partial t}\left[\overline{P}\left(c^*;\mathbf{x},t\right)\right]=-\frac{\partial}{\partial c^*}\left[\overline{\left.\frac{\partial c\left(\mathbf{x},t\right)}{\partial t}\right|_{c=c^*}}\overline{P}\left(c^*;\mathbf{x},t\right)\right] \quad (2.129)$$

Die angesetzte konditionierte Mittelung schreibt sich hierbei für eine beliebige Variable $\varphi$ der Vorschrift

$$\overline{\varphi\left(c\right)\ \delta\left(c^*-c\left(\mathbf{x},t\right)\right)}=\left(\overline{\varphi\left(c\right)|_{c(\mathbf{x},t)=c^*}}\right)\overline{P}\left(c^*;\mathbf{x},t\right) \quad (2.130)$$

entsprechend. Die zeitliche Evolution der Wahrscheinlichkeitsdichtefunktion wird gemäß Gleichung (2.129) durch die Divergenz im Zustandsraum $c^*$ kontrolliert. Diese Divergenz (Fluss) wird über eine Geschwindigkeit gesteuert, die gleich dem konditionierten Mittel der Zeitabhängigkeit der Reaktionsfortschrittsvariablen ist. Dies wird unmittelbar aus der Transportgleichung der reaktiven Spezies $c$ ersichtlich, wonach für die zeitliche Entwicklung des Reaktionsfortschritts gilt:

$$\frac{\partial c}{\partial t}=-\mathbf{u}\bullet\nabla c+\frac{1}{\rho}\left[\nabla\bullet\left(\rho D_c\nabla c\left(\mathbf{x},t\right)\right)+\dot{\omega}_c\right] \quad (2.131)$$

Das bedeutet, dass sich die Wahrscheinlichkeit für $c=c^*$ ändert, wenn das Mittel von $\partial c\left(\mathbf{x},t\right)/\partial t$ für $c=c^*$ von Null verschieden ist.

Die Wahrscheinlichkeit für die Gesamtheit aller möglichen Zustände bleibt stets unverändert und vom Wert

$$\int_0^1\overline{P}\left(c^*;\mathbf{x},t\right)\,dc^*=1. \quad (2.132)$$

Die Konsequenz daraus ist, dass eine Änderung der Wahrscheinlichkeitsdichte für $c=c^*$ eine Variation anderer $c^*$-Werte nach sich zieht. Der konvektive Term beschreibt daher in konservativer Weise den Transport der Wahrscheinlichkeitsdichte im Zustandsraum $c^*$.

Dieser Fluss wird über das konditionierte Mittel der zeitlichen Evolution der Reaktionsfortschrittsvariablen nach

$$\overline{\left.\frac{\partial c}{\partial t}\right|_{c(\mathbf{x},t)=c^*}}=\overline{-\mathbf{u}\bullet\nabla c|_{c(\mathbf{x},t)=c^*}}+\frac{1}{\rho}\overline{\left[\nabla\bullet\left(\rho D\nabla\,c|_{c(\mathbf{x},t)=c^*}\right)\right]}+\overline{\dot{\omega}|_{c(\mathbf{x},t)=c^*}} \quad (2.133)$$

bestimmt.

Der konditionierte Quellterm ist eine Funktion der Reaktionsfortschrittsvariablen für $c=c^*$

$$\overline{\dot{\omega}|_{c(\mathbf{x},t)=c^*}}=\dot{\omega}\left(c^*\right) \quad (2.134)$$

und kann daher exakt bestimmt werden. Die in sich geschlossene, modellfreie Behandlung des Reaktionquellterms stellt dabei auch den Vorteil von Wahrscheinlichkeitsdichtefunktionen auf Basis einer Transportgleichung (engl. *transported pdf*) dar. Das Problem bei der Beschreibung turbulenter Verbrennungssysteme mittels PDF-Methode ist die Modellierung des konditionierten Diffusionsterms (zweiter Term der rechten Seite der Gleichung (2.133)), der wie alle Terme mit Ableitungen im physikalischen Raum ungeschlossen ist.
Die zeitliche Evolution der Wahrscheinlichkeitsdichtefunktion ergibt sich mit Gleichung (2.133) und Gleichung (2.134) zu

$$\frac{\partial}{\partial t}\left[\overline{P}(c^*;\mathbf{x},t)\right] = -\frac{\partial}{\partial c^*}\left[\left(\overline{-\mathbf{u}\bullet\nabla c|_{c(\mathbf{x},t)=c^*}} + \overline{\frac{1}{\rho}\left[\nabla\bullet\left(\rho D\nabla c|_{c(\mathbf{x},t)=c^*}\right)\right]} + \dot{\omega}(c^*)\right)\overline{P}(c^*;\mathbf{x},t)\right] \tag{2.135}$$

und daraus wegen $D\overline{P}(c^*;\mathbf{x},t)/Dt = \partial\overline{P}(c^*;\mathbf{x},t)/\partial t + \mathbf{u}\bullet\nabla\overline{P}(c^*;\mathbf{x},t)$ in Verbindung mit Gleichung (2.128) und Gleichung (2.127) die substantielle Ableitung der Wahrscheinlichkeitsdichtefunktion (Transportgleichung) zu

$$\frac{D}{Dt}\left[\overline{P}(c^*;\mathbf{x},t)\right] = -\frac{\partial}{\partial c^*}\left[\left(\overline{\frac{1}{\rho}\left[\nabla\bullet\left(\rho D\nabla c|_{c(\mathbf{x},t)=c^*}\right)\right]} + \dot{\omega}(c^*)\right)\overline{P}(c^*;\mathbf{x},t)\right]. \tag{2.136}$$

#### 2.4.5.2 Kopplung von FSD und PDF Methode

Die Oberflächendichtefunktion (engl. *surface density function*, SDF) wird als mittlere Dichte je Volumeneinheit der Oberfläche eingeführt, für die das reaktive Skalarfeld $c(\mathbf{x},t)$ den Wert $c^*$ einnimmt. Die SDF ist eine Funktion der Zustandsraumvariablen $c^*$ und ist ein Maß zur Charakterisierung der Isooberfläche des Skalarfelds $c(\mathbf{x},t)$. Dies wird im Folgenden über

$$SDF = \overline{\Sigma}(c,\mathbf{x},t) \tag{2.137}$$

zum Ausdruck gebracht und entspricht daher der Flammenoberflächendichte (FSD)[34].
Das Integral über ein Fluidvolumen $V$ mit zugehöriger instantanen Oberflächendichte $\Sigma(c,\mathbf{x},t)$ entspricht der Oberfläche $A_{c^*}$, welche Teilmenge der Gesamtisofläche $A_c(c^*)$ ist und für alle Raumpunkte des Strömungsfelds über $c(\mathbf{x},t)$ definiert ist.

$$A_{c^*} = \int_V \Sigma(c^*;\mathbf{x},t)\,dV \tag{2.138}$$

Das Volumenintegral einer mit dem Betrag des Gradienten des Skalarfeldes $|\nabla c(\mathbf{x},t)|$ gewichteten positiven Funktion $f(\mathbf{x},t)$ ist gleich dem Produkt aus der Summe über alle Zustände $c^*$ und dem Integral über diese mit der Funktion $f(\mathbf{x},t)$ gewichteten Oberflächen [61]

$$\int_V f(\mathbf{x},t)\;|\nabla c(\mathbf{x},t)|\;dV = \int_0^1 dc^* \int_{A_c(c^*)} f(\mathbf{x},t)\;dA(\mathbf{x}). \tag{2.139}$$

[34] Im Folgenden wird zwischen der Oberflächendichtefunktion (SDF) und der Flammenoberflächendichte (FSD) nicht unterschieden und beide Begriffe als gleichwertig behandelt.

Diese Umformung macht sich zunutze, dass sowohl die Isofläche $A_{c^*}$ selbst, als auch der Gradient des Skalarfeldes $\nabla c(\mathbf{x},t)$ nur für $c = c^* \in [0,1]$ definiert sind.
Wird nun ohne Beschränkung der Allgemeingültigkeit die Funktion $f(\mathbf{x},t)$ gleich der Delta-Distribution $\delta(c^* - c(\mathbf{x},t))$ der Gleichung (2.125) und damit gleich der unendlich fein aufgelösten PDF (engl. *fine grained PDF*) gesetzt, so folgt aus Gleichung (2.139)

$$\int_V \delta(c^* - c(\mathbf{x},t))\; |\nabla c(\mathbf{x},t)|\; dV = \int_0^1 dc^* \int_{A_c(c^*)} \delta(c^* - c(\mathbf{x},t))\; dA(\mathbf{x})$$

$$= \int_{A_c(c^*)} dA(\mathbf{x}) = A_{c^*}. \tag{2.140}$$

Die Kombination der Gleichung (2.138) mit Gleichung (2.140) drückt damit die lokale und instantane Dichte der Isokonzentrationsfläche pro Volumen über das Produkt des Betrags des Gradienten des Skalarfelds und der Delta-Distribution

$$\Sigma(c^*;\mathbf{x},t) = |\nabla c(\mathbf{x},t)|\; \delta(c^* - c(\mathbf{x},t)) \tag{2.141}$$

aus und entspricht dem Verhältnis $\delta A_{c^*}/\delta V$ für den Grenzfall $\delta V \to 0$. Die SDF bzw. FSD $\overline{\Sigma}(c^*;\mathbf{x},t)$ folgt aus Mittelung der Gleichung (2.141) und ist daher gleich dem konditionierten $(c = c^*)$ Erwartungswert des Betrags des Gradienten des Skalarfelds $|\nabla c(\mathbf{x},t)|_{c=c^*}$, multipliziert mit der Wahrscheinlichkeit, auf der Isofläche zu sein $\overline{P}(c^*;\mathbf{x},t)$.

$$\overline{\Sigma}(c^*;\mathbf{x},t) = \overline{|\nabla c(\mathbf{x},t)|\; \delta(c^* - c(\mathbf{x},t))}$$

$$= \underbrace{\overline{|\nabla c(\mathbf{x},t)|_{c=c^*}}}_{\text{konditionierter Gradientenbetrag}} \quad \underbrace{\overline{P}(c^*;\mathbf{x},t)}_{\text{Wahrscheinlichkeit für Isofläche}} \tag{2.142}$$

Diese Kopplungsbeziehung zwischen SDF bzw. FSD und PDF Methode kann auch als Verbundwahrscheinlichkeit des Skalarfelds $c(\mathbf{x},t)$ und des Betrags seines Gradienten $|\nabla c(\mathbf{x},t)| = \gamma$ ausgedrückt werden

$$\overline{\Sigma}(c^*;\mathbf{x},t) = \int^{\infty} \gamma\, \overline{P}(c^*,\gamma;\mathbf{x},t)\; d\gamma \tag{2.143}$$

wodurch eine Brücke zu den Arbeiten von beispielsweise Pope [92, 93, 94] geschlagen wird.

#### 2.4.5.3 Ableitung der FSD Transportgleichung

In diesem Kapitel wird die Ableitung der Transportgleichung der Flammenoberflächendichte auf Basis der Analogie zu den PDF Methoden beschrieben, wobei der Übersicht wegen nur die wesentlichen Beziehungen angegeben werden. Für eine Darstellung der Ableitung der Zwischenschritte wird auf das Anhangskapitel A.12 verwiesen.
Die Lagrangsche Betrachtung der Evolution der lokalen, instantanen Flammenoberflächendichte $\Sigma(\mathbf{x},t)$ folgt nach Gleichung (2.141) zu

$$\frac{D\Sigma(\mathbf{x},t)}{Dt} = \frac{D\left[|\nabla c(\mathbf{x},t)|\; \delta(c^* - c(\mathbf{x},t))\right]}{Dt} =$$

$$\delta(c^* - c(\mathbf{x},t)) \cdot \frac{D|\nabla c(\mathbf{x},t)|}{Dt} + |\nabla c(\mathbf{x},t)| \cdot \frac{D\delta(c^* - c(\mathbf{x},t))}{Dt}. \tag{2.144}$$

Wird die Transportgleichung der Reaktionsfortschrittsvariablen (2.133) in der Lagrangschen Form

$$\frac{Dc(\mathbf{x},t)}{Dt} = \Omega_c(\mathbf{x},t) = \frac{1}{\rho}\left[\nabla \bullet (\rho D\, \nabla c(\mathbf{x},t)) + \rho\dot{\omega}_c\right] \tag{2.145}$$

geschrieben und der diffusiv-reaktive Anteil in $\Omega_c(\mathbf{x},t)$ zusammengefasst, so folgt aus der Transportgleichung der Wahrscheinlichkeitsdichtefunktion (2.136) mit der Delta-Distribution als unendlich fein aufgelöste Wahrscheinlichkeitsdichte $P(c^*;\mathbf{x},t) \to \delta(c^* - c(\mathbf{x},t))$

$$\frac{D\delta(c^* - c(\mathbf{x},t))}{Dt} = -\frac{\partial}{\partial c^*}\left[\Omega_c(\mathbf{x},t)\ \delta(c^* - c(\mathbf{x},t))\right]. \tag{2.146}$$

Die substantielle Differentiation des Betrags des Gradienten des Skalarfelds wird wegen

$$\frac{\partial\,|\nabla c(\mathbf{x},t)|}{\partial\psi} = -\mathbf{n} \bullet \nabla\left(\frac{\partial c(\mathbf{x},t)}{\partial\psi}\right) \tag{2.147}$$

mit $\mathbf{n}$ als dem momentanen Normalenvektor auf die Isofläche definiert nach Gleichung (2.100) zu

$$\frac{D\,|\nabla c(\mathbf{x},t)|}{Dt} = -\,|\nabla c(\mathbf{x},t)|\ \mathbf{nn} : \nabla\mathbf{u} - \mathbf{n} \bullet \nabla\Omega_c(\mathbf{x},t). \tag{2.148}$$

Die Transportgleichung der lokalen, instantanen Flammenoberflächendichte $\Sigma(c^*;\mathbf{x},t)$ folgt aus Gleichung (2.144) mit Gleichung (2.147) und Gleichung (2.148) zu

$$\begin{aligned}\frac{D\Sigma(c^*;\mathbf{x},t)}{Dt} = &-(\mathbf{nn} : \nabla\mathbf{u})\ \Sigma(c^*;\mathbf{x},t) - \delta(c^* - c(\mathbf{x},t))\ (\mathbf{n} \bullet \nabla\Omega_c(\mathbf{x},t))\\ &- \frac{\partial}{\partial c^*}\left(\Omega_c(\mathbf{x},t)\ \Sigma(c^*;\mathbf{x},t)\right).\end{aligned} \tag{2.149}$$

Da der Gradient der Flammenoberflächendichte im Zustandsraum gleich dem Skalarprodukt von Normalenvektor und Gradient der Delta-Distribution ist

$$\mathbf{n} \bullet \nabla\delta(c^* - c(\mathbf{x},t)) = \frac{\partial\Sigma(c^*;\mathbf{x},t)}{\partial c^*} \tag{2.150}$$

kann Gleichung (2.149) auch über

$$\frac{D\Sigma(c^*;\mathbf{x},t)}{Dt} = (-\,\mathbf{nn} : \nabla\mathbf{u})\ \Sigma(c^*;\mathbf{x},t) - \ \mathbf{n} \bullet \nabla\left[\Omega_c(\mathbf{x},t)\ \delta(c^* - c(\mathbf{x},t))\right] \tag{2.151}$$

bzw. in Indexnotation über

$$\begin{aligned}\frac{D\Sigma(c^*;\mathbf{x},t)}{Dt} &= \left(-\,n_i n_j\frac{\partial u_i}{\partial x_j}\right)\Sigma(c^*;\mathbf{x},t)\\ &- \ n_i\frac{\partial}{\partial x_i}\left[\frac{1}{\rho}\left(\frac{\partial}{\partial x_j}\left(\rho D\frac{\partial c(\mathbf{x},t)}{\partial x_j}\right) + \rho\dot{\omega}_c\right)\delta(c^* - c(\mathbf{x},t))\right]\end{aligned} \tag{2.152}$$

beschrieben werden. Die Einführung eines auf die jeweils betrachtete Isooberfläche $c^*$ konditionierten Mittels

$$\left[\overline{\Omega_c}(\mathbf{x},t)\big|_{A_{c=c^*}}\right] = \frac{\overline{\Omega_c(\mathbf{x},t)\ \Sigma(c^*;\mathbf{x},t)}}{\overline{\Sigma(c^*;\mathbf{x},t)}} = \frac{\overline{\Omega_c(\mathbf{x},t)\ |\nabla c(\mathbf{x},t)|_{c(\mathbf{x},t)=c^*}}}{\overline{|\nabla c(\mathbf{x},t)|_{c(\mathbf{x},t)=c^*}}} \tag{2.153}$$

führt mit

$$\theta_s = -\,\mathbf{nn} : \nabla\mathbf{u} - \frac{1}{|\nabla c(\mathbf{x},t)|}\,\mathbf{n} \bullet \nabla\Omega_c(\mathbf{x},t) \tag{2.154}$$

auf die Transportgleichung der konditionierten Flammenoberflächendichte $\overline{\Sigma}(c^*;\mathbf{x},t)$.

$$\frac{D\overline{\Sigma}(c^*;\mathbf{x},t)}{Dt} = \left(\theta_s|_{A_{c=c^*}}\right)\overline{\Sigma}(c^*;\mathbf{x},t) - \frac{\partial}{\partial c^*}\left[\overline{\Omega_c}(\mathbf{x},t)|_{A_{c=c^*}}\,\overline{\Sigma}(c^*;\mathbf{x},t)\right] \tag{2.155}$$

#### 2.4.5.4 Vergleich von FSD mit PDF Transportgleichung

Wird der diffusiv-reaktive Term der Transportgleichung der Wahrscheinlichkeitsdichtefunktion (2.136) entsprechend der Gleichung (2.145) in $\Omega_c(\mathbf{x},t)$ zusammengefasst, so führt dies zu der Formulierung

$$\frac{D}{Dt}\left[\overline{P}(c^*;\mathbf{x},t)\right] = -\frac{\partial}{\partial c^*}\left[\overline{\Omega_c}(\mathbf{x},t)|_{c(\mathbf{x},t)=c^*}\,\overline{P}(c^*;\mathbf{x},t)\right]. \tag{2.156}$$

Der Vergleich der FSD-Transportgleichung (2.155) mit der PDF-Transportgleichung (2.156) zeigt, dass beide Größen im Zustandsraum über den gleichen Mechanismus transportiert werden. Sowohl $\Sigma(c^*;\mathbf{x},t)$ als auch $P(c^*;\mathbf{x},t)$ variieren im Zustandsraum $(\partial/\partial c^*)$ aufgrund des konditionierten Mittels des Ungleichgewichts aus Reaktion und Diffusion $(\Omega_c(\mathbf{x},t))$, welches die innere Struktur der Reaktionszone charakterisiert.
Da die FSD im Gegensatz zur PDF keine normierte Größe ist, wird der Transport der FSD noch zusätzlich durch $\theta_s$ kontrolliert, dem konditionierten Mittel der tangentialen Streckungsrate $\propto \mathbf{nn} : \nabla\mathbf{u}$ und dem Ungleichgewicht aus Reaktion und Diffusion normal zur Isooberfläche $\propto \mathbf{n} \bullet \nabla\Omega_c(\mathbf{x},t)$.

### 2.4.6 Abgrenzung des FSD-Modells zu alternativen Ansätzen

Aus Gründen der Abgrenzung zu dem in dieser Arbeit angewandten Flammenoberflächendichtemodell, geht dieses Kapitel in aller Kürze auf alternative Ansätze der Modellierung turbulenter Vormischflammen ein. Dabei wird auf die physikalisch-chemische Grundidee und die mathematische Formulierung und teilweise auch auf die Ableitung, nicht aber auf die geschlossene Darstellung der Modellierungsansätze eingegangen.

#### 2.4.6.1 Level-Set-Methode (G-Gleichung)

Die Level-Set-Methode beschreibt die Entwicklung der Flammenfront für gewöhnlich mittels eines Skalars $G$, weshalb dieser Ansatz auch häufig *G-Gleichung* genannt wird [82, 145]. Die Flammenfront wird hierbei im physikalischen Raum als eine unendlich dünne Oberfläche betrachtet, die über

$$G(\mathbf{x},t) = 0 \tag{2.157}$$

beschrieben wird. Dieser Null-Level (engl. *zero level set quantity*) teilt das Strömungsfeld in einen Bereich unverbrannten und einen Bereich verbrannten Gemischs. Die Evolution der Flammenoberfläche kann dann durch Verfolgung des Skalarfelds $G$ erreicht werden, wozu die Transportgleichung

$$\frac{DG}{Dt} = \frac{\partial G}{\partial t} + \nabla G \bullet \mathbf{w} = 0 \tag{2.158}$$

gelöst wird. $\mathbf{w} = \mathbf{u} + s_l\,\mathbf{n}$ ist hierbei entsprechend der Betrachtungen zum FSD-Modell (Kapitel 2.4.4.3, Gleichung (2.108)) die Geschwindigkeit, mit der sich die Flammenfront ($G = 0$) ausbreitet. Der Normalenvektor ist analog zu Gleichung (2.100) über den normierten Gradienten des Skalarfelds

$$\mathbf{n} = -\frac{\nabla G}{|\nabla G|} \tag{2.159}$$

definiert. Die Formulierung der Ausbreitungsgeschwindigkeit der Flammenfront $\mathbf{w}$ als Summe aus Strömungs- $\mathbf{u}$ und Flammenausbreitungsgeschwindigkeit $s_l$ führt gemeinsam mit dem Zusammenhang von Normalenvektor und Skalarfeld auf die G-Gleichung [82]

$$\frac{\partial G}{\partial t} + \nabla G \bullet \mathbf{u} = s_l\,|\nabla G| \tag{2.160}$$

Die G-Gleichung beschreibt die kinematische Entwicklung der Flammenfront aufgrund der aufgelösten strömungsmechanischen Vorgänge (Skalen). Neben der rein kinematischen Betrachtung der über $G = 0$ beschriebenen Flammenfront, wird die Turbulenz-Chemie Interaktion jedoch nur über die Flammengeschwindigkeit berücksichtigt. Streckungs- und Krümmungseffekte bleiben in der Formulierung mittels G-Gleichung nicht berücksichtigt. Dies hat zur Folge, dass das Modell grundsätzlich Effekte nicht beschreiben kann, die von der Turbulenzdynamik bedingt sind, wie beispielsweise lokale Aufdickung der Vorwärmzone zurückzuführen sind [109].

#### 2.4.6.2 Flammen-Faltungs-Modell

Das auf WELLER [141, 142] zurück gehende Flammen-Faltungs-Modell (*engl. Flame Wrinkling Model*) basiert auf der Schließung einer auf den unverbrannten Gemischzustand konditionierten Regressionsvariablen $b(\mathbf{x},t) = 1 - c(\mathbf{x},t)$ und eines dimensionslosen Faltungsmaßes $\Xi(c^*;\mathbf{x},t)$ der Flamme, das gleich dem Verhältnis der Flammenoberfläche $A(c = c^*;\mathbf{x},t)$ zur Projektionsfläche der Flammenoberfläche in Richtung der momentanen Flammenausbreitung $A(c = c^*;\mathbf{x},t)_\perp$ ist.

$$\Xi(c^*;\mathbf{x},t) = \frac{A(c = c^*;\mathbf{x},t)}{A(c = c^*;\mathbf{x},t)_\perp} \tag{2.161}$$

Für das Faltungsmaß $\Xi(c^*;\mathbf{x},t)$ wird die Transportgleichung

$$\begin{aligned}\frac{\partial \Xi(c^*;\mathbf{x},t)}{\partial t} + \mathbf{u} \bullet \nabla \Xi(c^*;\mathbf{x},t) = &-\mathbf{n} \bullet (\nabla \mathbf{u}) \bullet \mathbf{n}\,\Xi(c^*;\mathbf{x},t) \\ &+ \mathbf{n} \bullet (\nabla \mathbf{w}) \bullet \mathbf{n}\,\Xi(c^*;\mathbf{x},t) + s_l \cdot \frac{\nabla|\nabla b|}{|\nabla b|}\,\Xi(c^*;\mathbf{x},t)\end{aligned} \tag{2.162}$$

mit dem in Richtung Frischgemisch orientierten Normalenvektor

$$\mathbf{n} = \frac{\nabla b}{|\nabla b|} \tag{2.163}$$

gelöst [141]. Der Verbrennungsverlauf selbst wird über die Transportgleichung der Regressionsvariablen

$$\frac{\partial (\rho b)}{\partial t} + \nabla \bullet (\rho\, \mathbf{u}\, b) - \nabla (\rho\, D \nabla b) = -\, \rho_u\, s_l\, \Xi\, |\nabla b| \tag{2.164}$$

bestimmt. Die Gleichung der Regressionsvariablen ist dabei äquivalent zur Formulierung auf Basis der Reaktionsfortschrittsvariablen (s. Anhangskapitel A.16).
Das Flammen-Faltungs-Modell betrachtet den Einfluss von Chemie $s_l$ und Turbulenz $\Xi$ auf den Quellterm der Regressionsvariablen über einen Produktansatz getrennt von einander, ähnlich einem FSD-Modell. Da die Flammenfaltung $\Xi$ auch über

$$\Xi = \frac{\Sigma}{|\nabla b|} \tag{2.165}$$

als Funktion der Flammenoberflächendichte $\Sigma$ ausgedrückt werden kann [141], ist der enge Zusammenhang zwischen beiden Modellen gegeben. Im Unterschied zum FSD-Modell ist die Transportgleichung für $\Xi$ jedoch numerisch wesentlich aufwendiger zu lösen.

#### 2.4.6.3 Das Wirbelzerfallsmodell

Das Wirbelzerfallsmodell (engl. *Eddy-Break-Up Model*) geht auf SPALDING [103, 102] zurück und basiert auf der Annahme, dass bei hohen Reynolds und Damköhler Zahlen die chemische Reaktion vorgemischter Flammen nur durch den Mischungsvorgang bestimmt wird. Die turbulente Wirbeldynamik erhöht die Kontaktfläche der als Diskontinuität anzusehenden dünnen Flammenfronten und erhöht lokal die den Mischungsvorgang bestimmenden Gradienten, so dass die Moleküle des verbrannten und unverbrannten Zustands vermengt und auf Zündtemperatur gebracht werden. Die mittlere Brennstoffabbaurate $\overline{\dot{\omega}}_F$ (vgl. Gleichung (2.72)) bzw. der mittlere Produktionsterm der Reaktionsfortschrittsvariablen $\overline{\dot{\omega}}_c$ (vgl. Gleichung (2.80)) wird daher durch ein Mischungszeitmaß $\tau_{EBU}$ und über die Varianz des Brennstoffmischungsbruchs $\widetilde{Y_F''^2}$ bzw. über die Varianz der Reaktionsfortschrittsvariablen $\widetilde{c''^2}$ ermittelt.

$$\overline{\dot{\omega}}_F = -c_{EBU,F}\, \overline{\rho}\, \frac{\sqrt{\widetilde{Y_F''^2}}}{\tau_{EBU}} \qquad \text{bzw.} \qquad \overline{\dot{\omega}}_c = -c_{EBU,c}\, \overline{\rho}\, \frac{\sqrt{\widetilde{c''^2}}}{\tau_{EBU}} \tag{2.166}$$

In den gängigen Formulierungen des EBU-Modells wird insbesondere im Kontext von RANS Simulationen das charakteristische Zeitmaß $\tau_{EBU}$ für gewöhnlich über das turbulente Zeitmaß der Makroskalen $\tau_t = L_t/u'$ und die Ungemischtheit über die mittlere Verteilungsrate der Reaktionsfortschrittsvariablen $\tilde{c}\,(1-\tilde{c})$ modelliert.

$$\overline{\dot{\omega}}_c = c_{EBU,c}\, \overline{\rho}\, \frac{\tilde{\varepsilon}}{\tilde{k}}\, \tilde{c}\,(1-\tilde{c}) \tag{2.167}$$

Die Verteilungsfunktion für die Varianz des Reaktionsfortschritts ergibt sich der Mittelungsgleichung (3.1) nach Favre entsprechend wegen

$$\overline{\rho}\,\widetilde{c''^2} = \overline{\rho\,\left(\widetilde{c^2} - \tilde{c}^2\right)} \tag{2.168}$$

und wegen der mit der Annahme unendlich dünner Flammenfronten verbundenen bimodalen Wahrscheinlichkeitsverteilung[35] zu

$$\overline{\rho}\,\widetilde{c''^2} = \overline{\rho}\,\tilde{c}\,(1-\tilde{c}) \qquad \Leftrightarrow \qquad \widetilde{c''^2} = \tilde{c}\,(1-\tilde{c}) \tag{2.169}$$

Der auf phänomenologischer Betrachtung beruhender Gleichung (2.166) nach müsste aus Dimensionsgründen eigentlich die Quadratwurzel von $\tilde{c}\,(1-\tilde{c})$ in die Bestimmung des mittleren Reaktionsquellterms eingehen (Borghi, 1999, private communication, in [128]). Da jedoch für die Quelltermänderung im Zustandsraum

$$\frac{\partial \overline{\dot{\omega}}_c}{\partial \tilde{c}} \propto \frac{1-2\tilde{c}}{2\,\sqrt{\tilde{c}\,(1-\tilde{c})}} \tag{2.170}$$

gilt, ergibt sich für die Grenzübergänge $\tilde{c} \to 0$ und $\tilde{c} \to 1$ ein unphysikalisches, gegen unendlich strebendes Verhalten.

$$\lim_{\tilde{c}\to 0} \frac{\partial \overline{\dot{\omega}}_c}{\partial \tilde{c}} \to \infty \qquad \lim_{\tilde{c}\to 1} \frac{\partial \overline{\dot{\omega}}_c}{\partial \tilde{c}} \to \infty \tag{2.171}$$

Aus diesem Grund wird zur Schließung des Quellterms im Sinne des EBU-Modells auf Gleichung (2.167) bzw. in der Formulierung auf Basis des Brennstoffmassenbruchs auf

$$\overline{\dot{\omega}}_F = -c_{EBU,F}\,\overline{\rho}\,\frac{\tilde{\varepsilon}}{\tilde{k}}\,\frac{\tilde{Y}_F}{Y_{F,u}}\left(1-\frac{\tilde{Y}_F}{Y_{F,u}}\right) \tag{2.172}$$

zurückgegriffen. Alternativ besteht die Möglichkeit, die zur Schließung des Quellterms notwendige Kenntnis der Varianz des Reaktionsfortschritts (des Brennstoffmassenbruchs) nach Gleichung (2.166) über eine Transportgleichung (s. Anhang A.13) zu bestimmen. Der dabei zusätzlich auftretenden ungeschlossenen und zu modellierenden Terme, als auch des numerischen Aufwandes wegen, wird dieser Ansatz zur Bestimmung des mittleren Reaktionsquellterms des EBU-Modells im Allgemeinen nicht verfolgt.

Das EBU-Modell hat den Vorteil der numerischen Stabilität und der leichten Codeimplementierung. Neben der Beschränkung auf von der Chemie unabhängige und rein mischungsgesteuerte Konfigurationen, ist die direkte Proportionalität zu $\tilde{\varepsilon}/\tilde{k}$ ein Nachteil des Modells. Dieser Term führt in Bereichen hoher Gradienten zu einer deutlichen Überschätzung des mittleren Reaktionsquellterms, so auch in Wandnähe, wo $\tilde{\varepsilon}/\tilde{k} \to \infty$ strebt.

[35] d.h. $c \equiv 0$ oder $c \equiv 1$ für alle $\mathbf{x},t$ und damit wird $c^2 = c$

**Das BML Modell**
Das nach seinen Autoren BRAY, MOSS und LIBBY benannte Modell [9][36] kombiniert einen statistischen Schließungsansatz auf Basis einer Wahrscheinlichkeitsdichtefunktion mit physikalisch-analytischer Betrachtungsweise. Dieser Ansatz wird hier diskutiert, weil dieser den Zusammenhang der unterschiedlichsten Modelle einerseits zeigt [124] und andererseits eine physikalisch-mathematische Begründung für den semi-empirischen, auf phänomenologischen Betrachtungen begründeten Ansatz des EBU-Modells liefert.

Die Wahrscheinlichkeitsdichtefunktion $\overline{P}(\mathbf{x},t)$ der Reaktionsfortschrittsvariablen $c(\mathbf{x},t)$ wird im Rahmen des BML-Modells über die Summe der Einzelwahrscheinlichkeiten für vollständig unverbranntes $\alpha(\mathbf{x},t)$, vollständig verbranntes $\beta(\mathbf{x},t)$ und brennendes Gemisch $\gamma(\mathbf{x},t)$ ausgedrückt [9].

$$\begin{aligned}\overline{P}(c^*;\mathbf{x},t) &= \underbrace{\alpha(\mathbf{x},t)\ \delta(c^*)}_{\text{vollständig unverbranntes Gemisch}} + \underbrace{\beta(\mathbf{x},t)\ \delta(1-c^*)}_{\text{vollständig verbranntes Gemisch}} \\ &+ \underbrace{\gamma(\mathbf{x},t)\ f(c^*;\mathbf{x},t)}_{\text{brennendes Gemisch}}\end{aligned} \tag{2.173}$$

$\delta$ steht hierbei für die Delta-Distribution nach Gleichung (2.126) und $f$ für eine (beliebige) Funktion, welche die Normierungsbedingung

$$\int_0^1 f(c^*;\mathbf{x},t) = \begin{cases} 0 & \forall \quad c^* = 0 \wedge \forall \quad c^* = 1 \\ 1 & \forall \quad c^* \in \,]0,1[ \end{cases} \tag{2.174}$$

erfüllt [8]. Dies führt zusammen mit der Normierungsbedingung der Verbundwahrscheinlichkeitsfunktion

$$\int_0^1 \overline{P}(c^*;\mathbf{x},t)\ dc^* = 1 \tag{2.175}$$

auf

$$\begin{aligned}\alpha(\mathbf{x},t)\cdot\int_0^1 \delta(c^*)\ dc^* + \beta(\mathbf{x},t)\cdot\int_0^1 \delta(1-c^*)\ dc^* + \gamma(\mathbf{x},t)\cdot\int_0^1 f(c^*;\mathbf{x},t)\ dc^* = 1 \\ \Leftrightarrow \alpha+\beta+\gamma = 1\end{aligned} \tag{2.176}$$

Der mittlere Quellterm der Reaktionsfortschrittsvariablen $\overline{\dot{\omega}}_c$ (vgl. Gleichung (2.80)) kann daher entsprechend dem Ansatz der transportierten Wahrscheinlichkeitsdichtefunktion der Gleichung (2.135) über

$$\overline{\dot{\omega}}_c(\mathbf{x},t) = \int_0^1 \dot{\omega}(c^*)\ \overline{P}(c^*;\mathbf{x},t)\ dc^* \tag{2.177}$$

ausgedrückt werden, was auf Basis der angenommenen Wahrscheinlichkeitsdichtefunktion (2.173) wegen

$$\overline{\dot{\omega}}_c = 0 \quad \forall \quad c = 0 \quad \wedge \quad \forall \quad c = 1 \tag{2.178}$$

[36] Gelegentlich wird das Modell aufgrund des physikalisch-chemischen Anwendungsgebiets auch als *BiModal Limit* bezeichnet.

auf

$$\overline{\dot{\omega}}_c\,(\mathbf{x},t) = \gamma(\mathbf{x},t)\,\int_0^1 \dot{\omega}\,(c^*)\;f\,(c^*;\mathbf{x},t) \tag{2.179}$$

führt. Die Bestimmung des Reaktionsquellterms ist daher auf die Einzelwahrscheinlichkeit $\gamma$ des Zustands brennenden Gemischs zurückgeführt, wofür entweder eine Transportgleichung gelöst werden kann oder Verteilungen angenommenen werden können.

*Zusammenhang zwischen BML und EBU Modell:*

Der Reaktionsquellterm des BML-Modells (2.179) kann verallgemeinernd als

$$\overline{P}\,(c^*;\mathbf{x},t) = \alpha\,(\mathbf{x},t)\;\delta\,(c^*) + \beta\,(\mathbf{x},t)\;\delta\,(1-c^*) + \gamma(\mathbf{x},t)\;\frac{c_{BML}}{Da_t}\;f\,(c^*;\mathbf{x},t) \tag{2.180}$$

geschrieben werden [128], mit $c_{BML}$ als einer Konstante und $Da_t$ als der turbulenten Damköhler Zahl. Im Grenzfall hoher Reynolds ($Re_t >>$) und hoher Damköhler Zahlen ($Da_t >>$) ergibt sich daraus unmittelbar eine bimodale Verbundwahrscheinlichkeitsfunktion.
Die nach Favre gemittelte Reaktionsfortschrittsvariable $\tilde{c}$ kann über

$$\overline{\rho}\;\tilde{c} = \overline{\rho\;c} = \int_0^1 \rho\;c\,\overline{P}\,(c^*)\;dc^* = \rho_b\;\beta \tag{2.181}$$

bestimmt werden, mit $\rho_b$ als der Dichte des verbrannten Gemischs[37]. Daraus ergeben sich für die Einzelwahrscheinlichkeitsfunktionen

$$\beta = \frac{\overline{\rho}\;\tilde{c}}{\rho_b}. \tag{2.182}$$

Wegen der Normierungsbedingung (2.176) folgt $\alpha + \beta = 1$ und damit

$$\alpha = 1 - \frac{\overline{\rho}\;\tilde{c}}{\rho_b}. \tag{2.183}$$

Wird der Wärmefreisetzungsparameter (2.239) und die Reaktionsfortschrittsvariable (2.85) über das ideale Gasgesetz (2.17) als Funktion der Dichten des Gasgemischs ausgedrückt

$$\tau = \frac{\rho_u - \rho_b}{\rho_b} \qquad\qquad \tilde{c} = \frac{\rho_b}{\overline{\rho}}\;\frac{\rho_u - \overline{\rho}}{\rho_u - \rho_b} \tag{2.184}$$

so folgen die Einzelwahrscheinlichkeiten $\alpha$ und $\beta$ zu:

$$\beta = \frac{(1+\tau)\;\tilde{c}}{1+\tau\;\tilde{c}} \qquad\qquad \alpha = \frac{1-\tilde{c}}{1+\tau\;\tilde{c}} \tag{2.185}$$

Die angenommene bimodale Wahrscheinlichkeitsverteilung des BML-Modells beschreibt nur absolut unverbrannte $c \equiv 0$ oder absolut verbrannte $c \equiv 1$ Zustände. Daraus folgt, dass $c\;(1-c) \equiv$

37

$$\int_0^1 \rho\;c\,\overline{P}\,(c^*)\;dc^* = \underbrace{[\,\rho\;c\,\beta\,(c^*)\;\delta\,(1-c^*)\,]_{c^*=1}}_{=\rho_b\,\beta} + \underbrace{[\,\rho\;c\,\alpha\,(c^*)\;\delta\,(c^*)\,]_{c^*=0}}_{=0}$$

0 gilt. Auf diese Weise reduziert sich die Transportgleichung der (momentanen) Verteilungsfunktion $c\ (1-c)$ (vgl. Gleichung (2.169) des EBU-Modells und für eine Ableitung s. Anhang A.14)

$$\frac{\partial}{\partial t}(\rho\, c\ (1-c)) + \nabla \bullet (\rho\, \mathbf{u}\, c\ (1-c)) = \nabla \bullet (\rho\, D\, \nabla [c\ (1-c)]) + 2\,\rho\, D\, \nabla c \bullet \nabla c - 2\, c\, \dot{\omega} + \dot{\omega}. \tag{2.186}$$

auf:

$$2\,\rho\, D\, \nabla c \bullet \nabla c = 2\, c\, \dot{\omega} - \dot{\omega} \quad \text{bzw. nach Mittelung} \quad 2\,\overline{\rho\, D\, \nabla c \bullet \nabla c} = (2\, c_m - 1)\ \overline{\dot{\omega}}. \tag{2.187}$$

Die Variable $c_m$ wurde hierbei als gemittelte Reaktionsfortschrittsvariable eingeführt [128] und beschreibt die chemische Reaktion. Diese Beziehungsgleichung kann unter Einführung der die turbulente Mischung (Ungemischtheit) beschreibenden skalaren Dissipationsrate $\chi$

$$\overline{\rho\, \chi} = \overline{\rho}\, \tilde{\chi} = \overline{\rho\, D\, \nabla c \bullet \nabla c} = \overline{\rho\, D\, \frac{\partial c}{\partial x_i} \frac{\partial c}{\partial x_i}} \tag{2.188}$$

auf

$$\overline{\dot{\omega}} = 2\, \frac{\overline{\rho\, \chi}}{2\, c_m - 1} \tag{2.189}$$

reduziert werden. Wird für die skalare Dissipationsrate ein linearer Zusammenhang mit den Fluktuationen der Mikromischung $\propto c''^2$ gemäß

$$\overline{\rho\, \chi} = \frac{\overline{\rho\, c''^2}}{\tau_t} \tag{2.190}$$

postuliert [128], so führt dies der bimodalen Wahrscheinlichkeitsverteilung wegen und mit Gleichung (2.169) auf den Schließungsansatz des EBU-Modells:

$$\overline{\dot{\omega}} = \frac{2}{2\, c_m - 1}\, \frac{\overline{\rho}\, \tilde{c}\ (1-\tilde{c})}{\tau_t} \tag{2.191}$$

Das BML-Modell liefert daher unter der Annahme einer bimodalen Wahrscheinlichkeitsverteilung eine physikalisch-mathematische Ableitung des EBU-Modells.

#### 2.4.6.4 Algebraische Flammenoberflächendichtemodelle

Algebraische Flammenoberflächendichtemodelle basieren, wie alle Modelle dieser Klasse, auf der Schließung des Quellterms der Reaktionsfortschrittsvariablen $\overline{\dot{\omega}}_c = \rho_u\, s_l\, \Sigma$.[38] Demnach wird der Produktionsterm über die laminare Flammengeschwindigkeit $s_l$ in einen von chemischen Effekten dominierten und über die Flammenoberflächendichte $\Sigma$ in einen von turbulenten Strömungseffekten dominierten Anteil nach einem Produktansatz aufgesplittet[39]. Dieses Charakteristikum weisen alle Flammenoberflächendichtemodelle auf, unabhängig von der letztendlich

[38] Der Schließungsansatz folgt aus Gleichung (2.82) kombiniert mit Gleichung (2.69) und anschließender Mittelung.

[39] Das Produkt aus Flammengeschwindigkeit und Flammenoberflächendichte wird als statistisch unabhängig von einander betrachtet, so dass das statistische Mittel des Produktes gleich dem Produkt der gemittelten Einzelterme entspricht $\overline{s_l\, \Sigma} = \overline{s_l}\, \overline{\Sigma}$. Dabei ist $\overline{s_l} = \langle s_l \rangle \approx s_l$ mit $s_l$ als der lokalen und instantanen Flameletgeschwindigkeit.

angewandten Modellierungsstrategie. Der Unterschied liegt in der Behandlung des Terms der Flammenoberflächendichte[40], welcher im Rahmen der algebraischen Modelle über eine Korrelationsfunktion $\mathscr{H}$ auf Basis örtlich und zeitlich bekannter Strömungsgrößen ($Re_t$) und in manchen Modellen auch auf Basis globaler chemischer Größen ($Da_t$) bestimmt wird.

$$\overline{\dot{\omega}}_c = \rho_u\, s_l\, \Sigma = \rho_u\, s_l\, \underbrace{\mathscr{H}\,(Re_t, Da_t)}_{=\Sigma} \tag{2.192}$$

Nachfolgend wird das Lindstedt-Váos Modell als ein typischer Vertreter der algebraischen Flammenoberflächendichtemodelle vorgestellt und die hauptsächlichen Unterscheidungsmerkmale zu dem in dieser Arbeit angewandten Modell diskutiert.

**Das Lindstedt-Váos Modell**

Das nach seinen Autoren LINDSTEDT und VÁOS [72] benannte Modell schließt den Reaktionsquellterm $\overline{\dot{\omega}}_c$ über die laminare, ebene und ungestreckte Flammengeschwindigkeit $s_l^0$ und über eine auf Turbulenzgrößen zurückgeführte Flammenoberflächendichte $\overline{\Sigma}$

$$\overline{\dot{\omega}}_c = \rho_u\, s_l^0\, \overline{\Sigma} = c_{LV}\, \rho_u\, \frac{s_l^0}{u_k}\, \frac{\tilde{\varepsilon}}{\tilde{k}}\, \tilde{c}\,(1-\tilde{c})\,. \tag{2.193}$$

Die Flammenoberflächendichte $\Sigma$ wird dabei ähnlich dem Ansatz des EBU-Modells nach Gleichung (2.166) proportional der mittleren Verteilungsfunktion der Reaktionsfortschrittsvariablen $\tilde{c}\,(1-\tilde{c})$ und dem reziproken turbulenten Zeitmaß $\tilde{\varepsilon}/\tilde{k}$ gesetzt. Die aus Dimensionsgründen eingeführte Größe $u_k$ entspricht der statistisch mittleren Geschwindigkeit der kolmogorovschen Skala [72, 113].

Das kolmogorovsche Geschwindigkeitsmaß $u_k$ wird über die Reynolds Zahl der kleinsten Turbulenzskalen $Re_k = \mathscr{O}\,(1)$ und der Beziehung des kolmogorovschen Längenmaßes $\eta_k$ als Funktion der Dissipation $\tilde{\varepsilon}$ und der Stoffgröße $\nu$ ausgedrückt,

$$Re_k = \tfrac{u_k \cdot \eta_k}{\nu} = 1 \tag{2.194a}$$

$$\eta_k = \frac{\nu^{3/4}}{\tilde{\varepsilon}^{1/4}} \tag{2.194b}$$

$$\Leftrightarrow \quad u_k = \nu^{-1/4} \cdot \tilde{\varepsilon}^{-1/4} \tag{2.194c}$$

was zu der Formulierung des Reaktionsquellterms

$$\overline{\dot{\omega}}_c = c_{LV}\, \rho_u\, \frac{s_l^0}{\nu^{1/4}}\, \frac{\tilde{\varepsilon}^{3/4}}{\tilde{k}}\, \tilde{c}\,(1-\tilde{c}) \tag{2.195}$$

führt [113].

Das Lindstedt-Váos Modell ist aufgrund der algebraischen Formulierung leicht in Strömungscodes zu implementieren und berücksichtigt im Gegensatz zu dem EBU-Modell über die Flammengeschwindigkeit grundsätzlich chemische Einflüsse. Das Modell ist jedoch nicht in der Lage, Effekte der Interaktion der Chemie-Wirbeldynamik, wie beispielsweise lokales Verlöschen,

[40] In diesem Zusammenhang wird von Unterschieden der Beschreibung der laminaren Flammengeschwindigkeit abgesehen.

zu modellieren. Der algebraischen Formulierung der Flammenoberflächendichte wegen wird das elliptische Verhalten (Gedächtniseffekte) nur über das statistisch mittlere Turbulenzfeld und die Reaktionsfortschrittsvariable erfasst. Dadurch werden Konvektions- und Annihilierungseffekte der Flammenoberfläche nur unzureichend beschrieben. Da das Modell direkt vom inversen Zeitmaß der makroskopischen Turbulenzstrukturen $\tilde{\varepsilon}/\tilde{k}$ abhängt, weist auch das Lindstedt-Váos Modell den Nachteil zu hoch vorhergesagter Reaktionsraten in Bereichen hoher Strömungsgradienten auf.

#### 2.4.6.5 Modelle auf Basis der turbulenten Flammengeschwindigkeit

Die Modelle auf Basis der turbulenten Flammengeschwindigkeit (engl. *Turbulent Flamespeed Closure, TFC*) bestimmen den Quellterm $\overline{\dot{\omega}}_c$ der gemittelten Reaktionsfortschrittsvariablen entsprechend der Gleichung (2.81) über halb-empirisch abgeleitete Zusammenhänge der Form

$$\overline{\dot{\omega}}_c \propto \frac{s_t^2}{u'\,L_t} \tag{2.196}$$

als Funktion der turbulenten Flammengeschwindigkeit $s_t$ korreliert mit den makroskopischen Skalen der turbulenten Geschwindigkeitsfluktuationen $u'$ und der turbulenten Mischungslänge $L_t$. Dieser Ansatz geht auf Betrachtungen der Dimensionsanalyse zurück, wonach die mittlere Reaktionsrate analog zur laminaren, ebenen und ungestreckten Vormischflamme angesetzt wird (vgl. Kapitel 2.5).
Die Schließung des Quellterms des Reaktionsfortschritts ist über Gleichung (2.196) auf die Bestimmung der turbulenten Flammengeschwindigkeit $s_t$ zurück geführt, wofür in der Literatur verschiedene Ansätze existieren, die sich im Wesentlichen als Korrelationsfunktionen der laminaren, ungestreckten und ebenen Flammengeschwindigkeit $s_l^0$ und den turbulenten Makroskalen $u'$ und $L_t$ darstellen lassen

$$\frac{s_t}{s_l^0} = 1 + c_{st,1} \cdot \left(\frac{u'}{s_l^0}\right)^{c_{st,2}} \tag{2.197a}$$

bzw. in auf Basis charakteristischer Kenngrößen

$$\frac{s_t}{s_l^0} = 1 + c_{st,3} \cdot Re_t^{c_{st,4}} \cdot Da_t^{c_{st,5}} \tag{2.197b}$$

wobei $c_{st,1}..c_{st,5}$ Modellkonstanten sind. Die turbulente Reynolds Zahl $Re_t$ beschreibt den Einfluss des Strömungsfeldes und die turbulente Damköhler Zahl $Da_t$ beschreibt die Wirkung der Strömung auf die Flamme.
An dieser Stelle sei angemerkt, dass die TFC-Modelle aufgrund des algebraischen Schließungsansatzes auf Basis von $Re_t$ und $Da_t$ formal zur Klasse der algebraischen Flammenoberflächendichtemodelle gezählt werden können.

Im Folgenden werden die Modelle von SCHMID [99, 100] und von ZIMONT [149] als zwei typische Vertreter der Klasse der Verbrennungsmodelle auf Basis der turbulenten Flammengeschwindigkeit vorgestellt.

**Das Schmid-Modell**

Das Verbrennungsmodell von SCHMID [99, 100] geht bei der semi-empirischen Ableitung von der Überlegung aus, dass sich die mittlere Reaktionsrate als Summe aller spektralen turbulenten Reaktionsumsätze ausdrücken lässt. Der spektrale Umsatz lässt sich dabei als Folge (Serienschaltung) von skalarer Dissipation[41] $\dot{\omega}_{Diss}$ und chemischer Reaktion $\dot{\omega}_c^w$ auffassen.

$$\dot{\omega} = \left[ \left( \frac{1}{\dot{\omega}_{Diss}} \right)^2 + \left( \frac{1}{\dot{\omega}_c^w} \right)^2 \right]^{-1/2} \tag{2.198}$$

Die Dissipationsrate als Maß der Ungemischtheit wird aus Dimensionsbetrachtungen isotroper Turbulenz proportional zu dem Zeitmaß der turbulenten Makroskalen $\tau_t$ gesetzt

$$\dot{\omega}_{Diss} = c'_{Diss} \frac{1}{\tau_t} = c_{Diss} \cdot \frac{\varepsilon}{u'^2} \tag{2.199}$$

Die durch skalare Dissipation vermischten und auf Zündtemperatur gebrachten Moleküle reagieren mit dem charakteristischen globalen Zeitmaß der Wärmefreisetzung $\tau_c^w$, weshalb die chemische Umsatzrate zu

$$\dot{\omega}_c^w = c_c^w \frac{1}{\tau_c^w} \tag{2.200}$$

angesetzt wird[42]. Die zeitlich gemittelte Rate der Wärmefreisetzung $\overline{\dot{\omega}}$ wird damit zu

$$\overline{\dot{\omega}} = \left[ \frac{\tau_c^{w\,2}}{c_c^{w\,2}} + \frac{\tau_t^2}{c_{Diss}^2} \right]^{-1/2} = \frac{c_{Diss}}{\tau_t} \cdot \left[ 1 + \left( \frac{c_{Diss}}{c_c^w} \right)^2 \cdot Da_t^{-2} \right]^{-1/2} , \tag{2.201}$$

wobei $Da_t = \frac{\tau_t}{\tau_c^w}$ die turbulente Damköhler Zahl ist.

Die turbulente Flammengeschwindigkeit ermittelt SCHMID als Gleichgewichtsgröße zwischen turbulentem Wärmetransport und reaktionskinetischer Energieumwandlung, analog zu den dimensionsanalytischen Betrachtungsweisen der laminaren Flamme (Gleichung (2.218)), wonach über

$$s_t \propto \sqrt{u' \, L_t \, \overline{\dot{\omega}}} \tag{2.202}$$

[41] Die skalare Dissipation ist ein Maß für die Mischung der Reaktanten auf molekularer Ebene. Diese Vermischung ist mit einem konvektiv-diffusiven Wärmeaustausch verbunden, wodurch die Reaktanten auf Zündtemperatur gebracht werden.

[42] Der Ansatz geht ursprünglich von einer diskreten (Wellenzahl bezogenen) Betrachtung aus:
Für die spektrale chemische Umsatzrate geht SCHMID davon aus, dass der chemisch reagierende Anteil der Moleküle proportional dem Produkt aus Zeitmaß der Wärmefreisetzung $\tau_c^w$ und Oberfläche der mischenden Wirbelfäden $\mathscr{S}$ ist. Die spektrale Dissipation $D(\kappa)$ turbulenter kinetischer Energie wird auf die molekularen Reibungskräfte zurück geführt. Da die Wirkfläche der Reibungskräfte gleich der Oberfläche der Wirbelfäden ist, folgt die gesuchte Oberfläche $\mathscr{S}$ des reagierenden Molekülvolumens dem Verhältnis von direkter Dissipation $D(\kappa)$ zur gesamten Dissipation $\varepsilon$

$$\mathscr{S} = \frac{D(\kappa)}{\varepsilon}$$

Da die Summe über alle skalaren Dissipationsraten gleich der gesamten Dissipation ist,

$$\varepsilon = \int_{(\kappa)} D(\kappa) \, d\kappa$$

folgt $\mathscr{S} = 1$ und damit Gleichung (2.200)

der funktionale Zusammenhang mit den turbulenten Größen (Geschwindigkeits- und Längenmaß) gegeben ist. Da die turbulente Flammengeschwindigkeit $s_t$ für verschwindende turbulente Reynolds Zahlen in die laminare Flammengeschwindigkeit $s_l^0$ übergehen muss

$$\lim_{Re_t \to 0} s_t = s_l^0$$

wird von SCHMID der Ansatz

$$s_t = s_l^0 + \left(u' \, L_t \, \overline{\dot{\omega}}\right)^{1/2} \tag{2.203}$$

gewählt, der mit dem Ausdruck für die mittlere Reaktionsrate der Gleichung (2.201) auf

$$\frac{s_t}{s_l^0} = 1 + \sqrt{c_{Diss}} \cdot \frac{u'}{s_l^0} \left[1 + \left(\frac{c_{Diss}}{c_c^w}\right)^2 \cdot Da_t^{-2}\right]^{-1/4} \tag{2.204}$$

führt. Rücksubstitution dieser Beziehungsgleichung für die turbulente Flammengeschwindigkeit in den Ansatz der Gleichung (2.202) führt zunächst auf[43]

$$\overline{\dot{\omega}} \propto \frac{s_t^2}{u' \, L_t} \propto \frac{u'}{L_t} \left(\frac{s_l^0}{u'} + Da_t^{*\,-1/4}\right)^2 \tag{2.205}$$

mit $Da_t^* = 1 + Da_t^{-2}$ und durch Kopplung mit dem EBU-Ansatz (vgl. Gleichung (2.167)) zu

$$\overline{\dot{\omega}} = 4{,}96 \cdot \frac{\tilde{\varepsilon}}{\tilde{k}} \left(\frac{s_l^0}{\sqrt{\frac{2}{3}\,\tilde{k}}} + Da_t^{*\,-1/4}\right)^2 \cdot \tilde{c}\,\left(1 - \tilde{c}\right) \cdot \rho_u \cdot \sigma_{Fu,u} \tag{2.206}$$

Die Schwankungsgeschwindigkeit $u'$ und das Makromaß $L_t$ isotroper Gleichgewichtsstruktur wurde dabei nach

$$u' = \sqrt{\frac{2}{3}\,\tilde{k}} \qquad\qquad L_t = c_\mu^{0,75} \cdot \frac{\tilde{k}^{3/2}}{\tilde{\varepsilon}} \tag{2.207}$$

auf $\tilde{k}$ und $\tilde{\varepsilon}$ zurückgeführt, und für die Reaktionsfortschrittsvariable wird das Verhältnis der Stoffmengen des Brennstoffs angesetzt $\tilde{c} = \frac{\sigma_{Fu}}{\sigma_{Fu,u}}$.

**Das Zimont-Modell**

Der von ZIMONT [149] vorgeschlagene Ansatz drückt den mittleren Reaktionsquellterm $\overline{\dot{\omega}}$ als Produkt des Betrags des Gradienten des Skalarfelds $|\nabla\tilde{c}|$ und der turbulenten Flammengeschwindigkeit $s_t$ aus.

$$\overline{\dot{\omega}}_c = \rho \; s_t \; |\nabla\tilde{c}| \tag{2.208}$$

Die turbulente Flammengeschwindigkeit wird hierbei bestimmt als Funktion der turbulenten Damköhler Zahl $Da_t$ und des rms-Wertes der Schwankungsbewegung $u'$ über die Korrelation

$$\frac{s_t}{s_l^0} = c_Z \cdot u' \; (Da_t)^{1/4} \tag{2.209}$$

[43] Diese Formulierung folgt identisch dem Vorgehen von SCHMID, wonach die Konstanten ohne Beschränkung der Allgemeingültigkeit in der Damköhler Zahl verrechnet werden.

Der Vorteil der TFC-Modelle liegt in ihrer einfachen Formulierung, was eine leichte Implementierung in numerische Löser ermöglicht. Die Modelle sind dem Ansatz nach numerisch recht stabil, da die einzige zusätzlich zu lösende Transportgleichung (Reaktionsfortschrittsvariable) nach oben und unten beschränkt ist und nur einen stets positiven Quellterm besitzt. Dadurch ist der Zentralkoeffizient per se stets positiv, wodurch numerische Oszillationen vermieden werden.
Die Quellterme der TFC-Modelle sind auf Basis phänomenologischer Betrachtungen abgeleitet und auf Basis experimenteller Befunde („globale“ Experimente ohne Betrachtung im Detail ablaufender Vorgänge)[44] formuliert. Dies hat zur Folge, dass physikalisch-chemische Detailvorgänge nicht beschrieben werden können. Problematisch ist zudem, dass die messtechnisch erfasste Abhängigkeit der turbulenten Flammengeschwindigkeit von der turbulenten Schwankungsbewegung aufgrund von großen Schwankungsbreiten mit einer hohen Unsicherheit versehen sind (z.B. in [99]). Diese Schwankungsbreite wird auf die mit nur dem rms-Wert der turbulenten Geschwindigkeitsschwankung unzureichend beschriebenen Turbulenzstruktur zurückgeführt, weshalb die (auf diese Weise definierte) turbulente Flammengeschwindigkeit auch keine eindeutig festgelegte Größe ist [41]. Dies ist auch der Grund, weshalb nach POINSOT und VEYNANTE [89] die Funktionsbestimmung der turbulenten Flammengeschwindigkeit als $s_t = s_t(u')$ kein quantitatives Qualitätsmerkmal eines Modells darstellen kann.
Die Schließung des Quellterms ist eine Adaption des EBU-Modells, mit Erweiterung um chemische Einflüsse, welche mittels der Flammengeschwindigkeit bzw. der Damköhler Zahl beschrieben werden. Insbesondere die auf die Verteilungsfunktion der Reaktionsfortschrittsvariablen zurückzuführenden Nachteile des EBU-Modells treten daher grundsätzlich auch in den TFC-Modellen auf.

## 2.5 Die Flammengeschwindigkeit

Abbildung 2.11 zeigt das Temperaturprofil $T$ und die Reaktionsrate $\dot{\omega}_{CH_4}$ einer ebenen, laminaren, eindimensionalen, stationären und ungestreckten Methan-Luft Vormischflamme in einem Strömungsfeld konstanter Axialgeschwindigkeit $v_0$ des Frischgemischs thermodynamischen Zustandes $T_u, p_u$[45].

Die Struktur der laminaren Vormischflamme lässt sich dabei grundsätzlich in eine *Vormwärmzone* des Abmaßes $\delta_{l,V} = \mathcal{O}(1)$, in eine *Reaktionszone* der Abmessung $\delta_{l,R} = \mathcal{O}(\delta)$ und in eine *Ausbrandzone* der Mächtigkeit $\delta_{l,A} = \mathcal{O}(\varepsilon)$ einteilen, mit fließend ineinander übergehenden Zonen [82]. Die Vorwärm- und Ausbrandzonen sind dabei maßgeblich durch molekulare Konvektions- und Diffusionsvorgänge bestimmt, während sich die Reaktionszone durch chemischen Umsatz des Brennstoffs $\dot{\omega}_{CH_4}$ charakterisieren lässt. Diese bereichsweise unterschiedlichen Vorgänge führen wegen $\delta << \varepsilon \approx 1$ zu Reaktionszonen, die nach $\delta_{l,R} \approx 0{,}1 \cdot \delta_{l,V}$ für die meisten

[44] Grundlage bilden hierzu häufig Messungen des degressiven Anwachsens der turbulenten Flammengeschwindigkeit mit steigender Turbulenzintensität (engl. *bending effect*).

[45] Die in dieser Arbeit behandelten Verbrennungsvorgänge laufen bei atmosphärischen Druckbedingungen $p_u = 1\,bar$ ab.

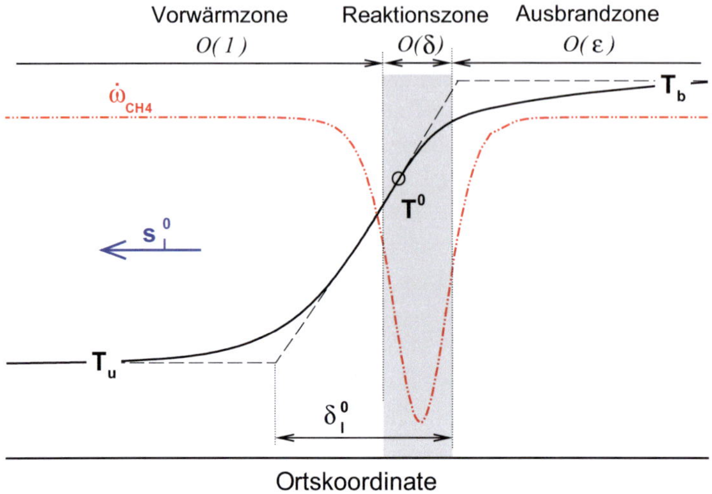


Abbildung 2.11: Phänomenologische Betrachtung der laminaren, ebenen und ungestreckten Vormischflamme

Kohlenwasserstoff-Luft Gemische um etwa eine Größenordnung kleiner sind, als die Vorwärmzone[46]. Das Frischgemisch wird innerhalb der Vorwärmzone durch den molekularen Transport von Wärme (Diffusion) bis auf Zündtemperatur $T_z$ erwärmt, welche in guter Näherung mit der *Inner-Layer Temperatur* $T^0$ zusammenfällt und den Übergang von der Kettenverzweigungs- zur Kettenabbruchreaktion repräsentiert und die Grenze zwischen Vorwärm- und Reaktionszone markiert [82]. Diese Stelle entspricht der maximalen Steigung des Temperaturprofils (verschwindende Krümmung) und liegt unmittelbar stromauf der maximalen Brennstoff-Reaktionsrate (vgl. Abbildung 5.10). Stromab der Inner-Layer Temperatur nehmen die Rekombinationsreaktionen zu und die Reaktion läuft in der Ausbrandzone asymptotisch in den thermodynamischen Gleichgewichtszustand mit $T = T_b$. Die Produkttemperatur $T_b$ entspricht dabei der adiabaten Flammentemperatur, wenn der Verbrennungsverlauf vollständig und adiabat verläuft. Die in dieser Arbeit betrachteten Reaktionen verlaufen dabei isobar $p_u = p_b$, eine Konsequenz die sich aus den Impulsgleichungen im Grenzfall kleiner Mach Zahlen ergibt [78].
Die charakteristischen Parameter der laminaren, ebenen und ungestreckten Vormischflamme werden nachfolgend anhand grundsätzlicher, teilweise simplifizierter Betrachtungen abgeleitet und dienen damit der Beschreibung der maßgebenden Vorgänge. Daran anschließend wird in Kapitel 2.5.4 eine mathematische Ableitung der Flammengeschwindigkeit der planaren und ungestreckten Vormischflamme gegeben und in Kapitel 2.5.5 der Einfluss von Strömunginhomogenitäten auf das Verhalten laminarer, vorgemischter Flammen diskutiert.

[46]Die Reaktionszone laminarer, ebener und ungekrümmter Vormischflammen erstreckt sich für die meisten Kohlenwasserstoff-Luft Gemische unter atmosphärischen Bedingungen über etwa 0,1 mm.

### 2.5.1 Kinematische Betrachtungsweise

Die Flammengeschwindigkeit ist entsprechend der Gleichung (2.67) auf den unverbrannten Zustand bezogen und entspricht im Falle einer laminaren, gleichförmigen Frischgemischzuströmung exakt der sich ins Unverbrannte mit Relativgeschwindigkeit $s_l^0$ ausbreitenden eindimensionalen, planaren und ungestreckten Flamme. Dies ist eine Konsequenz aus der Stationarität der Flamme, welches das kinematische Gleichgewicht

$$v_0\, \rho_u = s_l^0\, \rho_u \;\leftrightarrow\; v_0 = s_l^0 \tag{2.210}$$

fordert.

### 2.5.2 Energiebilanz

Die chemisch im Brennstoff gebundene Energie wird innerhalb der Reaktionszone freigesetzt, wodurch der Brennstoff mit dem Luftsauerstoff über unterschiedliche Reaktionspfade und intermediäre Spezies zu den Produkten reagiert. Bei vollständiger und adiabater Verbrennungsführung[47] kann die Energiebilanz als

$$\dot{H}_u - \dot{H}_{b'} + J^h = 0 \tag{2.211}$$

geschrieben werden, mit den relevanten Systemgrenzen normal zur Strömungsrichtung. $\dot{H}_u$ ist der frischgasseitig in das Kontrollvolumen eintretende Enthalpiestrom und $\dot{H}_{b'}$ ist der auf der stromab gelegenen Bilanzfläche aus dem Kontrollvolumen austretende Enthalpiestrom. Die bei der stofflichen Umsetzung der chemischen Reaktion freiwerdende Energie $J^h$ entspricht der chemisch im zugeführten Brennstoff gebundenen Energie

$$J^h = \dot{m}_{Br} \cdot H_u \tag{2.212}$$

mit $\dot{m}_{Br}$ als dem Brennstoffmassenstrom und $H_u$ als dem unteren Heizwert des Brennstoffs in $[kJ/kg]$. Diese ehemals chemisch gebundene Energie dient bei dem chemischen Umsatz des Brennstoffs mittels des molekularen (Fourie´schen) Wärmetransports (vgl. Gleichung (2.8)) der Erwärmung des Frischgemischs auf Zündtemperatur $T_z \approx T^0$. Des angenommenen vollständigen Brennstoffumsatzes wegen gilt daher näherungsweise

$$-\;\dot{m}_{Br} \cdot H_u = -\;\lambda|_{T^0} \cdot \frac{\partial T}{\partial ax} \cdot A \tag{2.213}$$

worduch sich mit $\dot{H}_u - \dot{H}_{b'} = \bar{c}_p|_{T_u}^{T^0}\; v_0\, \rho_u A \cdot \left(T_u - T^0\right)$[48] die Energiebilanz der Gleichung (2.211) als

$$\lambda|_{T^0} \cdot \frac{\partial T}{\partial ax} \cdot A = \bar{c}_p|_{T_u}^{T^0}\; v_0\, \rho_u\, A \cdot \left(T^0 - T_u\right) \tag{2.214}$$

[47] Keine Wärmeabfuhr aus dem betrachteten System, keine Dissoziationsreaktionen.

[48] Für die betrachtete eindimensionale, ebene und ungestreckte Flamme gilt aufgrund der Kontinuität und $A = konst.$: $v_0\, \rho_u = v_{b'}\, \rho_b = v\, \rho$

schreibt. Hierbei steht $A$ für die jeweilige Systemgrenze, die aufgrund des laminar und ebenen Strömungsverlaufs gleichen Ausmaßes ist. $\overline{c}_p\big|_{T_u}^{T^0}$ ist die über das treibende Temperaturgefälle gemittelte spezifische Wärmekapazität des Gemischs und $\lambda|_{T^0}$ die Wärmeleitfähigkeit des Gemischs an der Stelle $T^0$.
Wird der Temperaturgradient wie in Abbildung 2.11 skizziert, über einen linearen Verlauf[49] angenähert, mit $T^0 - T_u$ als dem treibenden Temperaturgradienten und $C_\delta\ \delta_l^0$ mit $C_\delta = \mathcal{O}(1)$ als der charakteristischen Längenskala, so kann die Differentialgleichung in die algebraische Bilanzgleichung

$$v_0\, \rho_u\, \overline{c}_p\big|_{T_u}^{T^0} \cdot \left(T^0 - T_u\right) \propto \lambda|_{T^0}\, \frac{\left(T^0 - T_u\right)}{\delta_l^0} \tag{2.215}$$

überführt werden. Dies führt unmittelbar auf

$$v_0\, \underbrace{\frac{\rho_u\, \overline{c}_p\big|_{T_u}^{T^0}}{\lambda|_{T^0}}}_{=1/a\propto 1/\nu} \propto \frac{1}{\delta_l^0}, \tag{2.216}$$

wodurch sich das charakteristische Ausbreitungsmaß der laminaren, ebenen und ungestreckten Flamme wegen $v_0\, \rho_u = s_l^0\, \rho_u$ über

$$s_l^0 \propto \frac{a}{\delta_l^0} \tag{2.217}$$

beschreiben lässt.

### 2.5.3 Dimensionsanalytische Betrachtung

Die charakteristische Ausbreitungsgeschwindigkeit $s_l^0$ der laminaren, ebenen und ungestreckten Vormischflamme ist, wie einleitend in diesem Kapitel erläutert, von molekularen Transportvorgängen bestimmt, wodurch nach der kinetischen Theorie verdünnter Gase die mittlere freie Weglänge $\overline{\Lambda}$ und die mittlere Molekülgeschwindigkeit $\overline{c}$ die charakterisierenden Einflussgrößen sind. Diese relevanten molekularen Transportprozesse lassen sich über die Diffusionskoeffizienten $D_\alpha$ der Spezies $\alpha$ und über die Temperaturleitzahl $a$ ausdrücken, die sich wiederum über die Schmidt Zahl $Sc$ und über die Prandtl Zahl $Pr$ auf die kinematischen Viskosität $\nu$ zurückführen lassen. Da $\nu \propto D_\alpha \propto a \propto \overline{\Lambda}\, \overline{c}$ gilt, kann die Temperaturleitzahl $a$ als entsprechender charakteristischer Einflussparameter aufgefasst werden.
Der mit den molekularen Transportprozessen verbundene Reaktionsumsatz verläuft über unterschiedliche Reaktionspfade, mit von den Elementarreaktionen abhängigen charakteristischen Zeitskalen $\tau_c^i$. Da das Frischgemisch mittels der Reaktionswärme auf Zündtemperatur gebracht werden muss, können die bestimmenden Prozesse des Wärmetransports und der Reaktionswärmefreisetzung zu einem Zeitmaß der Wärmefreisetzung $\tau_c$ reduziert werden, das von Brennstoff, der Stöchiometrie und der Thermodynamik abhängt [99].

[49]Die numerischen Simulationsergebnisse detaillierter Berechnungen laminarer Vormischflammen des Kapitels 5.1 rechtfertigen die Annahme eines linearen Verlaufs im Bereich um $T^0$ als Approximation zur Ableitung der grundsätzlichen Vorgänge.

| $CH_4$ | $C_2H_5$ | $C_3H_8$ | $H_2$ |
|---|---|---|---|
| 1,2 | 1,3 | 1,5 | 2,4 |

Tabelle 2.2: Ähnlichkeitsparameter $\Pi_1^{'}$ für unterschiedliche Brennstoffe (nach [139])

Die $m$ unabhängigen physikalischen Größen sind damit die charakteristische Ausbreitungsgeschwindigkeit $s_l^0$ mit Basiseinheit $L/t$, die Temperaturleitzahl $a$ mit Basiseinheit $L^2/t$ und das charakteristische Zeitmaß der Wärmefreisetzung $\tau_c$ mit Basiseinheit $t$. Die $n$ unabhängigen Basiseinheiten sind daher die Länge $L$ und die Zeit $t$ in den SI-Einheiten $[m]$ und $[s]$. Dimensionsanalytisch lässt sich damit gemäß des $\Pi$-Theorems von Buckingham [12] $m-n=1$ dimensionslose, das System der laminaren, ebenen und ungestreckten Vormischflamme beschreibende Ähnlichkeitszahl $\Pi_1$ ableiten.

$$\Pi_1 = \frac{\left(s_l^0\right)^2 \tau_c}{a} \tag{2.218}$$

Die charakteristische Ausbreitungsgeschwindigkeit $s_l^0$ ergibt sich daher zu

$$s_l^0 = \underbrace{\Pi_1^{'}}_{=\Pi_1^{1/2}} \cdot \sqrt{\frac{a}{\tau_c}} \tag{2.219}$$

mit $\Pi_1^{'}$ als einer kinetischen Konstanten der Größenordnung $\mathcal{O}(1)$ [99, 11], die von der Wahl des Brennstoffs abhängt, aber nur in geringem Maße von der Luftzahl [139]. Tabelle 2.2 listet für einige Kohlenwasserstoffe und zum Vergleich auch für Wasserstoff die Werte des Ähnlichkeitsparameters $\Pi_1^{'}$ auf. Die auf Basis dimensionsanalytischer Überlegungen mittels der thermischen Theorie verdünnter Gase abgeleitete Beziehung für die laminare Flammengeschwindigkeit $s_l^0$ berücksichtigt nicht den realen Einfluss der Diffusion der Spezies. Der grundlegende Zusammenhang zwischen Flammengeschwindigkeit und thermischen Transportprozessen ist jedoch korrekt wiedergegeben, weshalb die formulierte Abhängigkeit der Flammengeschwindigkeit von der Stöchiometrie richtig beschrieben wird [104, 143].

### 2.5.4 Ableitung der Flammengeschwindigkeit

Die Flammengeschwindigkeit $s_l$ stellt einen Sonderfall der Flammenfrontgeschwindigkeit $s_f(c=c^*)$ dar, die ein Maß für die Ausbreitungsgeschwindigkeit einer beliebigen Isofläche $c=c^*$ relativ zur Strömungsgeschwindigkeit ist.
Die Dynamik einer Isofläche wird gemäß der kinematischen Gleichung (2.220) beschrieben, wonach jeder beliebige Punkt auf der Zustandsfläche $c=c^*$ erhalten bleibt, der die Bedingung

$$\frac{\partial c}{\partial t} + \mathbf{w} \bullet \nabla c = 0 \tag{2.220}$$

erfüllt. Wird der Gradient der Zustandsvariablen $\nabla c$ entsprechend Gleichung (2.100) durch $-|\nabla c|\,\mathbf{n}$ mit $\mathbf{n}$ als dem in Richtung Frischgemisch orientierten Normalenvektor der Isofläche

$c = c^*$ ersetzt, so folgt die Flammenfrontgeschwindigkeit $s_f(c = c^*)$ zu

$$s_f(c = c^*) = \mathbf{w} \bullet \mathbf{n} = \frac{1}{|\nabla c|} \frac{\partial c}{\partial t}\bigg|_{c=c^*} \tag{2.221}$$

Diese auch als Absolutgeschwindigkeit $s_a$ der Flamme bezeichnete Größe ist für gewöhnlich über die Flamme hinweg konstant, wenn die Flamme durch die Strömung weder aufgedickt noch verdünnt wird. Dies liegt an der konstanten Ausbreitungsgeschwindigkeit aller Isoflächen, wenn die Flammendicke konstant bleibt.
Die Flammenfrontgeschwindigkeit $s_f$ kann auch aus der Konvektions-Diffusionsgleichung (2.80) für die Reaktionsfortschrittsvariable $c$ abgeleitet werden:

$$\frac{\partial \rho\, c}{\partial t} + \nabla \bullet (\rho\, \mathbf{u}\, c) = \nabla (\rho\, D\, \nabla c) + \dot{\omega}_c \tag{2.222}$$

$$\frac{\partial c}{\partial t} + \mathbf{u} \bullet \nabla c = \frac{1}{\rho} \left[ \frac{\nabla (\rho\, D\, \nabla c) + \dot{\omega}_c}{|\nabla c|} \right] \cdot |\nabla c| = s_f \cdot |\nabla c| \tag{2.223}$$

$$s_f(c = c^*) = \left[ \frac{1}{\rho} \left[ \frac{\nabla (\rho\, D\, \nabla c) + \dot{\omega}_c}{|\nabla c|} \right] \right]_{c=c^*} = \left[ \frac{1}{|\nabla c|} \frac{Dc}{Dt} \right]_{c=c^*} \tag{2.224}$$

Diese Größe ist ein Maß der auf der Isofläche $c = c^*$ ausgewerteten Relativgeschwindigkeit von Flammenfront zur Strömung $s_d$[50] und kann daher auch über

$$s_f(c = c^*) = s_d = (\mathbf{w} - \mathbf{u}) \bullet \mathbf{n} \tag{2.225}$$

ausgedrückt werden.
Eine weitere Beziehung für die Flammenfrontgeschwindigkeit ist über die in der fühlbaren Wärme $h_s$ der kalorischen Zustandsgleichung (2.18)

$$h = h_0 + h_s = \sum_{\alpha=1}^{N} h_{0,\alpha} + \sum_{\alpha=1}^{N} h_{s,\alpha} \leftrightarrow h_s = h - h_0 \tag{2.226}$$

gegebenen Formulierung der Energiegleichung (2.3)

$$\frac{\partial \rho h_s}{\partial t} + \frac{\partial \rho u_i h_s}{\partial x_i} = -\frac{\partial \rho h_0}{\partial t} - \frac{\partial \rho u_i h_0}{\partial x_i} - \frac{\partial}{\partial x_i} J_i^{h_0+h_s} + \tau_{ij} \frac{\partial u_i}{\partial x_j} + \frac{Dp}{Dt} + \dot{q} \tag{2.227}$$

ableitbar. Die diffusiven Flüsse lassen sich entsprechend der Gleichung (2.8) und Gleichung (2.9) als Summe der einzelnen Diffusionsflüsse darstellen.

$$\frac{\partial}{\partial x_i} J_i^{h_0+h_s} = \frac{\partial}{\partial x_i} \left( \lambda \frac{\partial T}{\partial x_i} \right) + \frac{\partial}{\partial x_i} \sum_{\alpha=1}^{N} h_{0,\alpha} J_i^{h_0} + \frac{\partial}{\partial x_i} \sum_{\alpha=1}^{N} h_{s,\alpha} J_i^{h_s} \tag{2.228}$$

[50] Die Relativgeschwindigkeit der Flammenfront wird hier als $s_d$ bezeichnet und geht auf die englisch sprachige Literatur zurück, in welcher diese Größe als *displacement speed* bezeichnet wird.

Ferner kann die Speziestransportgleichung (2.4) mit der Bildungsenthalpie $h_{0,\alpha}$ =konst., d.h. $\partial h_{0,\alpha} = 0$ erweitert und nach dem Quellterm aufgelöst werden.

$$\sum_{\alpha=1}^{N} \dot{\omega}_\alpha h_{0,\alpha} = \sum_{\alpha=1}^{N} \frac{\partial}{\partial t}\rho Y_\alpha h_{0,\alpha} + \sum_{\alpha=1}^{N} \frac{\partial}{\partial x_i}\rho u_i Y_\alpha h_{0,\alpha} + \sum_{\alpha=1}^{N} \frac{\partial}{\partial x_i} h_{0,\alpha} J_i^{Y_\alpha} \tag{2.229}$$

Mittels der Gleichungen (2.228) und (2.229) kann die Energiegleichung (2.227) in

$$\frac{\partial \rho h_s}{\partial t} + \frac{\partial \rho u_i h_s}{\partial x_i} = -\sum_{\alpha=1}^{N} \dot{\omega}_\alpha h_{0,\alpha} + \frac{\partial}{\partial x_i}\left(\lambda \frac{\partial T}{\partial x_i}\right) - \frac{\partial}{\partial x_i}\sum_{\alpha=1}^{N} h_{s,\alpha} J_i^{h_s} + \tau_{ij}\frac{\partial u_i}{\partial x_j} + \frac{Dp}{Dt} + \dot{q} \tag{2.230}$$

umgeschrieben werden. Die linke Seite der Gleichung (2.230) entspricht dem totalen Differential der fühlbaren Wärme, was nach Umformung in

$$\rho \frac{Dh_s}{Dt} = \rho \frac{D \sum_{\alpha=1}^{N} \left(h_{s,\alpha} Y_\alpha\right)}{Dt} = \sum_{\alpha=1}^{N} \frac{D}{Dt}\left(h_{s,\alpha} Y_\alpha\right) = \sum_{\alpha=1}^{N} h_{s,\alpha} \frac{D Y_\alpha}{Dt} + \rho c_p \frac{DT}{Dt} \tag{2.231}$$

übergeht, wobei die Identität $\sum_{\alpha=1}^{N} (Y_\alpha \, c_{p,\alpha}) = c_p$ mit $c_p = c_p(T)$ eingesetzt wurde. Die Speziesgleichung liefert die Beziehung

$$\rho \frac{D Y_\alpha}{Dt} = \frac{\partial \rho Y_\alpha}{\partial t} + \frac{\partial \rho u_i Y_\alpha}{\partial x_i} = -\frac{\partial}{\partial x_i} J_i^{Y_\alpha} + \dot{\omega}_\alpha \tag{2.232}$$

was zusammen mit Gleichung (2.231) zu

$$\rho \frac{Dh_s}{Dt} = \sum_{\alpha=1}^{N} \left(h_{s,\alpha} \dot{\omega}_\alpha - \frac{\partial}{\partial x_i}\left(h_{s,\alpha} J_i^{Y_\alpha}\right)\right) + \rho c_p \frac{DT}{Dt} \tag{2.233}$$

führt. Wegen

$$\frac{\partial}{\partial x_i}\sum_{\alpha=1}^{N} h_{s,\alpha} J_i^{Y_\alpha} = \sum_{\alpha=1}^{N} h_{s,\alpha} \frac{\partial}{\partial x_i} J_i^{Y_\alpha} + \sum_{\alpha=1}^{N} J_i^{Y_\alpha} \frac{\partial h_{s,\alpha}}{\partial x_i} = \sum_{\alpha=1}^{N} h_{s,\alpha} \frac{\partial}{\partial x_i} J_i^{Y_\alpha} + \sum_{\alpha=1}^{N} J_i^{Y_\alpha} c_{p,\alpha} \frac{\partial T}{\partial x_i} \tag{2.234}$$

lässt sich schließlich die Energiegleichung auf Basis der Temperatur ableiten:

$$\rho c_p \frac{DT}{Dt} = -\sum_{\alpha=1}^{N} h_\alpha \dot{\omega}_\alpha + \frac{\partial}{\partial x_i}\left(\lambda \frac{\partial T}{\partial x_i}\right) - \frac{\partial T}{\partial x_i}\left(\sum_{\alpha=1}^{N} J_i^{Y_\alpha} c_{p,\alpha}\right) + \tau_{ij}\frac{\partial u_i}{\partial x_j} + \frac{Dp}{Dt} + \dot{q} \tag{2.235}$$

$\sum_{\alpha=1}^{N} h_\alpha \dot{\omega}_\alpha$ steht dabei für $\sum_{\alpha=1}^{N} h_{0,\alpha} \dot{\omega}_\alpha + \sum_{\alpha=1}^{N} h_{s,\alpha} \dot{\omega}_\alpha$. Die aufgrund geringen Beitrags erfolgte Vernachlässigung der letzten drei Terme der rechten Seite der Gleichung (2.235) führt bei eindimensionaler Formulierung und der Berücksichtigung von

$$\left(\frac{1}{|\nabla c|}\frac{Dc}{Dt}\right)_{c=c^*} = \left(\frac{1}{|\nabla T|}\frac{DT}{Dt}\right)_{T=T^*} \tag{2.236}$$

mit Gleichung (2.224) zu der Formulierung der Flammenfrontgeschwindigkeit als:

$$s_f\left(c=c^*\right) = \left[\frac{1}{\rho \, c_p \, |\nabla T|}\left(\frac{\partial}{\partial x_i}\left(\lambda \frac{\partial T}{\partial x_i}\right) - \frac{\partial T}{\partial x_i}\left(\sum_{\alpha=1}^{N} J_x^{Y_\alpha} c_{p,\alpha}\right) - \sum_{\alpha=1}^{N} h_\alpha \dot{\omega}_\alpha\right)\right]_{c=c^*} \tag{2.237}$$

$$= \left[ \frac{1}{\rho\, c_p} \frac{1}{(T_b - T_u)\, |\nabla c|} \left( \frac{\partial}{\partial x_i} \left( \lambda \frac{\partial T}{\partial x_i} \right) - \frac{\partial T}{\partial x_i} \left( \sum_{\alpha=1}^{N} J_x^{Y_\alpha} c_{p,\alpha} \right) - \sum_{\alpha=1}^{N} h_\alpha \dot{\omega}_\alpha \right) \right]_{c=c^*} \quad (2.238)$$

Die Flammenfrontgeschwindigkeit $s_f(c^*)$ variiert aufgrund der Dichtefreisetzung in der Flamme von $s_l^0 = s_{f,u} = s_f(c=0)$ zu $s_{f,b} = s_f(c=1)$ und ist damit aufgrund der Abhängigkeit von der Wahl der Isofläche $c^*$ messtechnisch schwer ermittelbar.
Der Wärmefreisetzungsparameter $\tau$ ist ein auf den Frischgemischzustand bezogenes Maß für den relativen, über die Flammendicke integral betrachteten Temperaturanstieg, definiert über

$$\tau = \frac{T_b - T_u}{T_u} = \frac{T_b}{T_u} - 1. \quad (2.239)$$

Die Flammenfrontgeschwindigkeit $s_f(c^*)$ kann damit näherungsweise über

$$s_f\,(c^*) = s_l^0\ (1 + \tau\, c^*) \quad (2.240)$$

bestimmt werden [50], wodurch thermische Expansionseffekte berücksichtigt werden. Dieser Abschätzung liegt eine konstante Impulsdichte[51] über die planare, ungekrümmte Flamme hinweg zugrunde.

$$\rho\, V_{char} = \text{konstant} = \rho_u\, s_l^0 \quad (2.241)$$

Dem idealen Gasgesetz (2.17) zufolge variiert die Dichte umgekehrt proportional zur Temperatur $\rho \propto 1/T$, wonach für die betrachteten isobaren Zustandsänderungen aus dem konstanten Impulsstrom die Flammenfrontgeschwindigkeit $s_f$ für einen beliebigen Wert $c = c^*$ entsprechend $\rho_u\, s_l^0 = \rho\,(c=c^*)\ s_f\,(c=c^*)$ zu

$$\frac{\rho_u}{\rho(c=c^*)} = \frac{T(c=c^*)}{T_u} = \frac{s_f(c=c^*)}{s_l^0} \leftrightarrow s_f(c=c^*) = s_l^0 \cdot \frac{T(c=c^*)}{T_u} \quad (2.242)$$

folgt. Dies entspricht der Gleichung (2.240) für $c^* = (T\,(c=c^*) - T_u)\,/\,(T_b - T_u)$. Erwähnenswert ist in diesem Zusammenhang, dass der Wärmefreisetzungsparameter nach Gleichung (2.239) ein Parameter der chemischen Reaktion und unabhängig vom Verbrennungsverlauf ist. Die in dieser Arbeit untersuchten Vormischflammen nehmen dabei Werte zwischen $\tau = 2$ und $\tau = 7$ ein und weisen einen in Abbildung 2.12 gezeigten von der Luftzahl abhängigen Verlauf auf.

Wird die integrale Wärmefreisetzung über die gesamte Flammendicke betrachtet, so kann ein weiteres charakteristisches Geschwindigkeitsmaß der laminaren Vormischflamme die Brenngeschwindigkeit $s_c$[52] definiert werden.

$$s_c = -\frac{1}{\rho_u\, Y_{F,u}} \int_{-\infty}^{\infty} \left( \sum_{\alpha=1}^{N} h_\alpha\, \dot{\omega}_\alpha \right) dn \quad (2.243)$$

$s_c$ wird dabei mittels Integration in Normalenrichtung ($n$) der momentanen Flammenlage vom Frischgemisch ($-\infty$) bis in den ausgebrannten Gemischzustand ($\infty$) gewonnen. Im Gegensatz

[51] Entsprechend der Definition (vgl. Gleichung 2.34) gilt: Impuls $\mathbf{I} = m \cdot \mathbf{u}$. Die Impulsdichte folgt daher zu $\mathbf{I}/V = m/V \cdot \mathbf{u} = \rho \cdot \mathbf{u}$.

[52] engl.: *consumption speed*

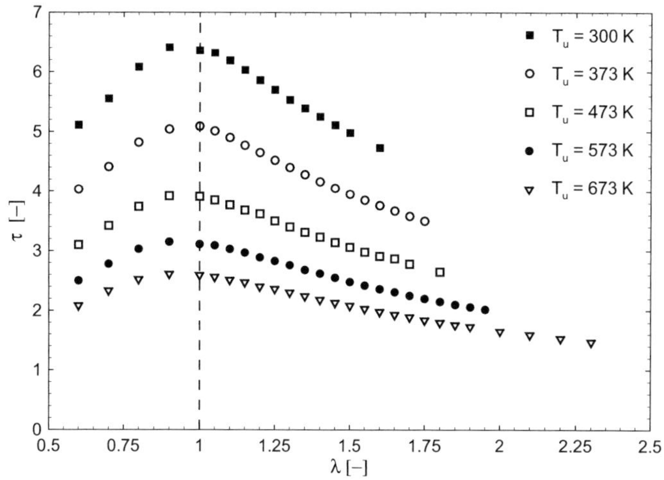


Abbildung 2.12: Verlauf des Wärmefreisetzungsparameters $\tau$ als Funktion der Luftzahl $\lambda$ bei unterschiedlichen Vorwärmtemperaturen $T_u$ für die in dieser Arbeit untersuchten Methan-Luft Vormischflammen bei einem thermodynamischen Druck von $p_u = 1 bar$

zur Flammenfront- und Flammengeschwindigkeit ist die Brenngeschwindigkeit damit eine von der Isofläche unabhängige integrale Größe, weshalb eine exakte Korrelation zueinander nicht hergestellt werden kann. Eine näherungsweise Gleichheit von Brenngeschwindigkeit und Flammenfrontgeschwindigkeit besteht jedoch für die Isofläche der maximalen Reaktionsrate [50].

$$s_c = s_f(c = c^{\dot{\omega}_{max}}). \tag{2.244}$$

Der Zusammenhang zwischen Brenngeschwindigkeit und Flammenfrontgeschwindigkeit an der Stelle maximaler Reaktionsrate kann auf Basis großer Aktivierungsenergien und damit auf Basis hoher Zel'dovich Zahlen (vgl. Gleichung (2.246)) interpretiert werden, denn für $Ze \to \infty$ degeneriert die Verteilungsfunktion der Reaktionsrate zu einer Diskontinuität. Abbildung 2.13 zeigt die Interpretation der Flammenstruktur der ebenen, ungestreckten Vormischflamme für unendlich schnelle Chemie und bei Vernachlässigung molekularer Transportvorgänge (a.)) und unter der Annahme unendlich großer Zel'dovich Zahlen nach der Methode der Aktivierungsenergieasymptote (AEA von engl. *Activation Energy Asymptotics*) [50, 145] (b.)).

Abbildung 2.14 (c.)) zeigt den realitätsnahen Verlauf einer diskreten Reaktionszone unter Berücksichtigung molekularer Transportvorgänge. Eine solche Struktur ergibt sich auch im Rahmen asymptotischer Betrachtungen unter Berücksichtigung von Mehrschrittreaktionen bei Anwendung der Reaktionsgeschwindigkeitsverhältnisasymptote (RRA von engl. *Reaction Rate Asymptotics*), [50].

Im Rahmen der Modellierung mittels Flammenoberflächendichtemodell wird die Struktur der Flamme durch die Isofläche $c = c^*$ beschrieben. Diese Annahme ist für unendlich schnelle

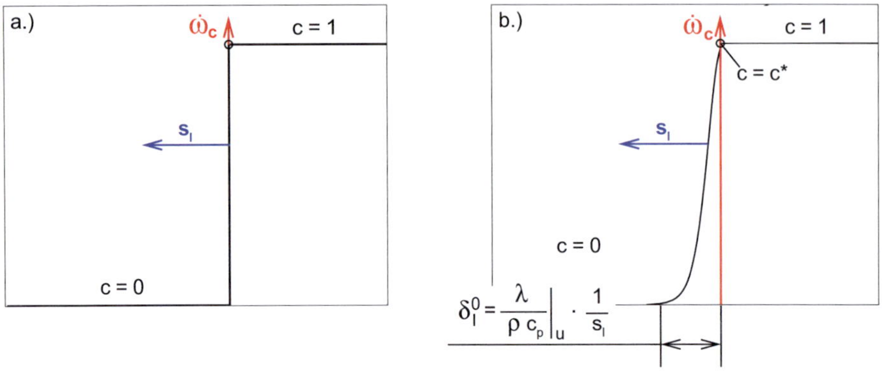


Abbildung 2.13: Variation der Flammenstruktur

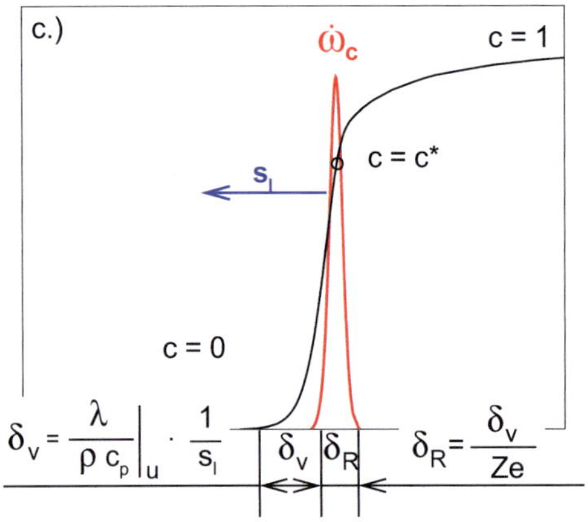


Abbildung 2.14: Flammenstruktur nach RRA

Chemie immer erfüllt und für den erweiterten Flamelet Bereich eine sinnvolle und eindeutige Beschreibung. Der Flamelet Bereich lässt dabei eine Charakterisierung der inneren Struktur der Flamme durch Modellierung der Ausbreitungsgeschwindigkeit des Flamelets als Funktion der Streckung und Krümmung zu [50, 122].

### 2.5.5 Die Flammengeschwindigkeit unter dem Einfluss von Strömungsinhomogenitäten

Die Flammengeschwindigkeit $s_l^0$ ist der Sonderfall der sich ins Frischgemisch ausbreitenden ebenen, ungestreckten Flamme. Treten Strömungsinhomogenitäten in Form von Gradienten der Strömungsgeschwindigkeit auf, so verändert sich die Eigendynamik der Flamme. Die beschreibende Größe ist die Flammengeschwindigkeit $s_l$, die damit auch bei konstanten thermodynami-

schen Verhältnissen und konstanter Gemischzusammensetzung örtlich und zeitlich variiert.
Die relevanten Strömungsinhomogenitäten werden als *Streckung* und *Krümmung* bezeichnet und mittels der Streckungsrate $K$ beschrieben (vgl. Kapitel 2.4.4.1). Die Inhomogentitäten können dabei je nach Wirkrichtung, thermodynamischem Zustand, Brennstoff und Gemischzusammensetzung grundsätzlich sowohl zu einem Anstieg als auch zu einer Abnahme der Flammengeschwindigkeit führen.
In dieser Arbeit wird dabei der Bereich negativer Streckungsraten nicht berücksichtigt, da aufgrund der höchst turbulenten Strömung der untersuchten Gasturbinenkonfiguration im statistischen Mittel nur positive Streckungen wirken [139, 147, 97, 45].
Desweiteren sind Abhängigkeiten der Flammengeschwindigkeit von Krümmungseffekten aufgrund des gleichen qualitativen und quantitativen Verhaltens wie unter Streckungseinfluss nicht explizit erfasst. Motivation hierfür ist, dass der Schwerpunkt der Interaktion zwischen Flamme und turbulentem Strömungsfeld auf die Wirkung der Streckung zurückzuführen ist, da sich im statistischen Mittel die positiven und negativen Flammenkrümmungen gegenseitig nahezu aufheben [89].
Da die Flammengeschwindigkeit durch molekulare Transportvorgänge der Wärme und des Stoffes dominiert wird, sind deren Diffusivitäten ein Maß für die Variation der Flammengeschwindigkeit unter dem Einfluss von Strömungsinhomogenitäten. Die diesen Sachverhalt ausdrückende charakteristische Kennzahl ist die Lewis Zahl *Le*. Diese drückt das Verhältnis der Temperaturleitzahl $a$ zur Stoffdiffusivität der bezüglich des Geschwindigkeitsmaximums im *Unter*schuss vorliegenden Komponente $D_{unter}$ aus [139].

$$Le = \frac{\lambda}{\rho\, c_p\, D_{unter}} = \frac{a}{D_{unter}} \tag{2.245}$$

Nach diesem Ansatz sind die unterschiedlichen Diffusivitäten die Erklärung der veränderlichen Flammengeschwindigkeit unter dem Einfluss von Strömungsinhomogenitäten. Nachstehende Tabelle 2.3 listet die entsprechend der Definitionsgleichung (2.245) gebildeten maßgebenden Lewis Zahlen für die in dieser Arbeit untersuchten Methan-Luft-Gemische auf.

| Gemischbeschreibung | Lewis Zahl | Diffusivität |
|---|---|---|
| Mager $\lambda > 1$ | $Le_{CH_4} < 1$ | |
| | | $D_{CH_4} > D_{O_2}$ |
| Fett $\lambda < 1$ | $Le_{O_2} > 1$ | |

Tabelle 2.3: Lewis Zahlen und Diffusivitäten der Hauptspezies eines Methan-Luft Gemischs (nach [70])

Entsprechend der kinetischen Theorie verdünnter Gase [48, 53] variieren die Temperaturleitzahl und der Diffusionskoeffizient in gleicher Weise mit der Temperatur[53], weshalb die Lewis Zahl

[53]Wärmeleitfähigkeit: $\lambda = \frac{1}{3}\, n\, c_v\, \overline{c}\, \overline{\Lambda}$; mit Anzahldichte: $n = \rho/m$
Dynamische Viskosität: $\eta = \frac{1}{3}\, m\, n\, \overline{c}\, \overline{\Lambda}$
Wämeleitfähigkeit: $\lambda = \frac{1}{3}\, n\, c_v\, \overline{c}\, \overline{\Lambda}$
Diffusionskoeffizient: $D = \frac{1}{3}\, \overline{c}\, \overline{\Lambda}$
Damit folgt für die Temperaturleitzahl: $\frac{\lambda}{\rho\, c_p} \propto \overline{c}\, \overline{\Lambda} \frac{c_v}{c_p} \propto \overline{c}\, \overline{\Lambda}$

in guter Näherung unabhängig von der Temperatur und damit auch unabhängig von der Position im Strömungsfeld ist.
Da die Flammengeschwindigkeit $s_l$ eines Brennstoffs bei Variation nur einer Einflussgröße (Druck oder Temperatur oder Gemischzusammensetzung oder Streckungsrate) unter ansonsten konstant gehaltenen Bedingungen unterschiedliche Werte annimmt, kann die für einen Brennstoff als näherungsweise konstant anzusehende Lewis Zahl[54] nicht der quantifizierende Parameter sein.
Asymptotische Annahmen ermöglichen für *Zeldovich* Zahlen

$$Ze = \frac{E}{\mathscr{R}\, T_b^2}\,(T_b - T_u) \;\rightarrow\; \infty \tag{2.246}$$

die Beschreibung der Flamme als auf einen infinetesimal kleinen Bereich beschränkt, da die Dicke der chemischen Reaktionszone mit $\delta_l^0/Ze$ skaliert und die Flamme daher zu einer Diskontinuitätsfläche degeneriert. Die Betrachtung eines geringen Störfaktors

$$\varepsilon = \delta_l^0/\Lambda \tag{2.247}$$

mit $\varepsilon \rightarrow 0$ ermöglicht darüber hinaus eine Trennung der Flammenstruktur $\delta_l^0$ von aerodynamischen Effekten $\Lambda$[55]. Diese Betrachtungsweise lässt eine analytische Ableitung der Flammengeschwindigkeit $s_l$ in Abhängigkeit der Streckungsrate $K = 1/A \cdot dA/dt$ (vgl. Kapitel 2.4.4.1) zu, was auf

$$s_l = s_l^0 - \mathscr{L} \cdot K + s_l^0 \cdot \mathscr{O}(\varepsilon^2) \tag{2.248}$$

führt [19]. Der Faktor $\mathscr{L}$ steht für die von Brennstoff, Gemischzusammensetzung, Druck und Temperatur abhängige Marksteinlänge. Der letzte Term ist von der Ordnung $\mathscr{O}(\varepsilon^2)$ und kann als ein Effekt höherer Ordnung ($\varepsilon <<$) vernachlässigt werden, was zu einem linearen Zusammenhang zwischen gestreckter und ungestreckter Flammengeschwindigkeit führt.
Der lineare Zusammenhang zwischen Flammengeschwindigkeit und Streckungsrate ist dementsprechend über den gesamten Bereich der (positiven) Streckungsraten hinweg eine sinnvolle Beschreibung, auch wenn für Streckungsraten $K^+$ nahe der aerodynamischen Extinktion $K_{ext}$ aufgrund der Effekte zweiter Ordnung Abweichungen auftreten. Dies ist in Abbildung 2.15 für den in dieser Arbeit relevanten Bereich positiver Streckungsraten $K > 0$ graphisch interpretiert.

Der nicht-lineare Bereich ist dabei durch $(K_{ext} - K^+)/K_{ext} << 1$ charakterisiert, weshalb die Flammengeschwindigkeit in dieser Arbeit auch über

$$s_l = s_l^0 - \mathscr{L} \cdot K \quad \forall \quad K \leq K_{ext} \tag{2.249}$$

beschrieben wird.
Die auf den ungestreckten Wert bezogene, entdimensionierte Flammengeschwindigkeit $s_l/s_l^0$

Der statistisch mittlere Molekülabstand und die statistisch mittlere Molekülgeschwindigkeit sind: $\overline{c} = \sqrt{\frac{8\,k_B\,T}{\pi\,m}}$ und $\overline{\Lambda} = \frac{1}{\sqrt{2}\,\pi\,\sigma^2\,m}$ wobei $k_B$ die Boltzmann Konstante und $\sigma$ der Moleküldurchmesser (Starrkörperdurchmesser) sind.

[54] Entsprechend Gleichung (2.245) eine näherungsweise als kontant anzusehende Lewis Zahl jeweils bezüglich der über- und unterstöchiometrischen Gemischzusammensetzung.

[55] $\Lambda$ entspricht hierbei der Wellenlänge der Störung bzw. dem Krümmungsradius

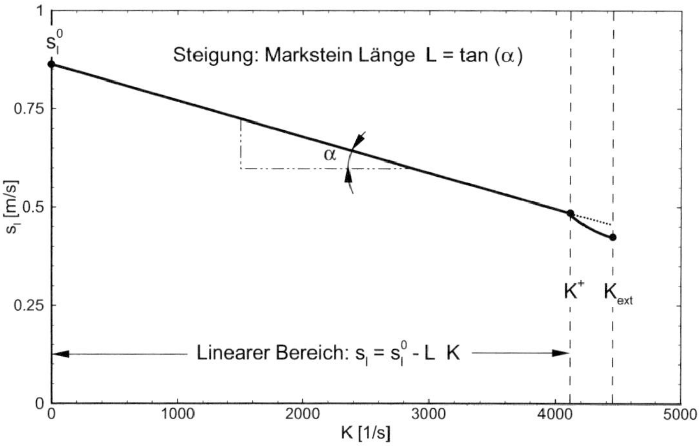


Abbildung 2.15: Zusammenhang zwischen Flammengeschwindigkeit $s_l$ und aerodynamischer Streckungsrate $K$ laminarer, ebener Vormischflammen

schreibt sich daher als

$$\frac{s_l}{s_l^0} = 1 - \mathscr{L} \cdot \frac{K}{s_l^0}, \tag{2.250}$$

was mittels Erweiterung zu

$$\frac{s_l}{s_l^0} = 1 - \frac{\mathscr{L}}{\delta_l^0} \cdot K \frac{\delta_l^0}{s_l^0} \tag{2.251}$$

führt. Die mit der Dicke der ebenen und ungestreckten Vormischflamme $\delta_l^0$ entdimensionierte Marksteinlänge $\mathscr{L}$ wird als Markstein Zahl $Ma$ bezeichnet

$$Ma = \frac{\mathscr{L}}{\delta_l^0} \tag{2.252}$$

und ist abhängig von Brennstoff, Gemischzusammensetzung, Vorwärmtemperatur und thermodynamischen Druck. Der in Gleichung (2.251) auftretende dimensionslose Streckungsparameter $K \cdot \delta_l^0 / s_l^0$ wird als Karlovitz Zahl $Ka$ bezeichnet und ist auch als Verhältnis des charakteristischen chemischen Zeitmaßes $\tau_{ch}$ zu dem charakteristischen Zeitmaß der Strömung $\tau_{ff}$ auffassbar.

$$Ka = K \cdot \frac{\delta_l^0}{s_l^0} = \frac{\tau_{ch}}{\tau_{ff}} \tag{2.253}$$

Die entdimensionierte Flammengeschwindigkeit $s_l$ laminarer, ebener und gestreckter Vormischflammen kann daher über

$$s_l = s_l^0 \cdot (1 - Ma \cdot Ka) \quad \forall \quad Ka \leq Ka_{ext} \tag{2.254}$$

über den gesamten Bereich laminarer Karlovitz Zahlen bis hin zur Extinktions-Karlovitz Zahl $Ka_{ext}$ mittels eines linearen Zusammenhangs bestimmt werden [140, 25, 26, 59, 110].

#### 2.5.5.1 Wirkungsweise der Strömungsinhomogenitäten

Das mittels der Markstein Zahl beschreibbare Verhalten laminarer Vormischflammen unter dem Einfluss stationärer Strömungsinhomogenitäten kann auf Basis relativer Luftzahl- und Energieverschiebungen interpretiert werden.
Abbildung 2.16 zeigt den Verlauf der ebenen und ungestreckten Flammengeschwindigkeit $s_l^0$ über der Zusammensetzung $\lambda$ eines Methan-Luft Gemischs. Strömungsinhomogenitäten in Form von (positiver) Streckung führen zu einer von der Diffusivität der Spezies (Methan, $D_{CH_4}$ und Luftsauerstoff, $D_{O_2}$) abhängigen Luftzahlverschiebung, die wegen $D_{CH_4} > D_{O_2}$ zu einer Absenkung der Luftzahl führt. Dieser Vorgang ist in Abbildung 2.16 durch den Zustandswechsel *I*-a zu *II*-a für $\lambda > 1$ und durch den Zustandswechsel *I*-b zu *II*-b für $\lambda < 1$ graphisch verdeutlicht. Die Verschiebung muss dabei entlang der Flammengeschwindigkeitskurve erfolgen, da der Zustandswechsel als eine effektiv veränderte Luftzahl des Frischgemischs auffassbar ist. Die bevorzugte Diffusion der beteiligten Spezies führt daher für die in dieser Arbeit untersuchten Methan-Luft-Gemische zu einer allgemein über

$$\frac{s_l|_{\lambda_u}}{s_l|_{\lambda_{u,eff}}} \begin{cases} <1 & \forall \quad \lambda > 1 \\ >1 & \forall \quad \lambda < 1 \end{cases} \tag{2.255}$$

beschreibbaren Änderung der Flammengeschwindigkeit. Dabei ist $\lambda_u$ die Luftzahl des Frischgemischs (Zustand *I*) und $\lambda_{u,eff} = f(K)$ die von der Streckungsrate abhängige, sich effektiv einstellende Luftzahl (Zustand *II*). Die Streckung der ebenen Vormischflamme führt der Variation der Bezugsfläche (Kontrollvolumen mit Stromlinien als Berandung) wegen zu einem lateralen Energietransport, weshalb die Flammentemperatur $T_b$ eine von dem Ausmaß der Strömungsinhomogenitäten abhängige Größe ist. Der Energietransport führt dabei für die in dieser Arbeit betrachteten positiven Streckungsraten zu einer Absenkung der Temperatur.[56] Abbildung 2.16 verdeutlicht die Wirkung des Energietransports durch den vertikalen Zustandswechsel *II*-a zu *III*-a für $\lambda > 1$ und durch den Zustandswechsel *II*-b zu *III*-b für $\lambda < 1$. Das Ausmaß der Verschiebung ist dabei von der Höhe der Streckungsrate abhängig.
Der Energietransport kann daher in seiner Wirkung als eine effektiv verringerte Vorwärmtemperatur $T_{u,eff}$ interpretiert werden, weshalb die Änderung der Flammengeschwindigkeit unter dem isoliert betrachteten Einfluss des Energietransports allgemein über

$$\frac{s_l|_{T_u}}{s_l|_{T_{u,eff}}} > 1 \tag{2.256}$$

beschrieben werden kann.[57]

Abbildung 2.17 zeigt als ein Simulationsergebnis dieser Arbeit den Verlauf der Temperatur $T$ (schwarze, strich-doppelpunktierte Linie) und den gemäß

$$\lambda = \frac{X_O}{2\,X_C + 0{,}5\,X_H} \tag{2.257}$$

[56]Die Temperatur ebener, gestreckter Vormischflammen nimmt zunächst für nur sehr kleine Streckungsraten zu, da die Stoffdiffusion in diesem sehr kleinen Bereich den Effekt des Energietransports überkompensiert. Der überwiegende und für diese Arbeit relevante Bereich weist eine Temperaturabnahme des Rauchgases mit zunehmender Streckungsrate auf, vgl. Abbildung 5.5.

[57]Die Betrachtung ist auf den Bereich innerhalb der Zündgrenzen beschränkt.

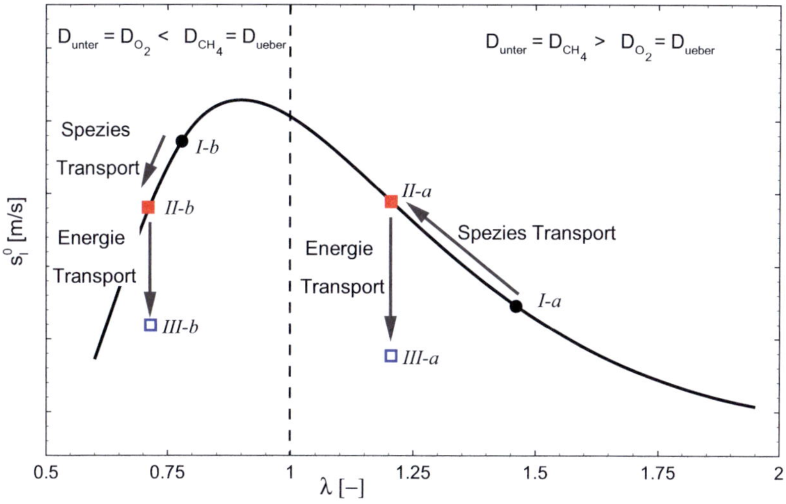


Abbildung 2.16: Zur Erklärung des Einflusses von Spezies- und Energietransport auf die Flammengeschwindigkeit

bestimmten Verlauf der Luftzahl $\lambda$ (schwarze, durchgezogene Linie) [139] entlang der Ortskoordinaten als Abstand zur Staupunktsebene für unterschiedliche Streckungsraten $K_1..K_4$ bei einer Frischgemischzusammensetzung $\lambda_u = 1{,}25$ und einer Vorwärmtemperatur $T_u = 373K$ unter atmosphärischen Druckbedingungen $p_u = 1bar$. Die Stelle der Inner-Layer Temperatur $T = T^0$ ist dabei zusätzlich als vertikale, gestrichelte Linie eingetragen und dient als Referenz zu einer Isofläche, die in etwa auch dem Maximum der Reaktionsrate von Methan entspricht. Gleichung (2.257) ermöglicht dabei die Bestimmung der lokalen Gemischzusammensetzung auch in der Reaktionszone und auch bei unvollständiger Verbrennung [139].

Die Luftzahl weicht aufgrund der unterschiedlichen Elementarreaktionen und aufgrund der von der Spezies abhängigen Diffusivitäten im Bereich des Reaktionsumsatzes von der eingestellten Frischgemischzusammensetzung $\lambda_u$ ab, was hier als $\Delta\lambda_F$ bezeichnet wird. Die Luftzahl des Rauchgases verschiebt sich der unterschiedlichen Diffusivitäten wegen in Richtung stöchiometrischer Zusammensetzung, was zu einer relativen Luftzahlverschiebung $\Delta\lambda_b$ führt, die mit der Streckungsrate anwächst. Qualitativ gilt daher der Zusammenhang

$$\frac{\lambda_b(K_4)}{\lambda_b(K_1)} \leq 1 \quad \forall \quad K_4 \geq K_1. \tag{2.258}$$

Die Temperatur des Rauchgases $T_b$ nimmt wie Abbildung 2.17 illustriert mit zunehmender Streckungsrate aufgrund des effektiv abgeführten Energieflusses ab, weshalb für die rauchgasseitige Temperaturdifferenz qualitativ gilt:

$$\frac{\Delta T_b(K_4)}{\Delta T_b(K_1)} \geq 1 \quad \forall \quad K_4 \geq K_1. \tag{2.259}$$

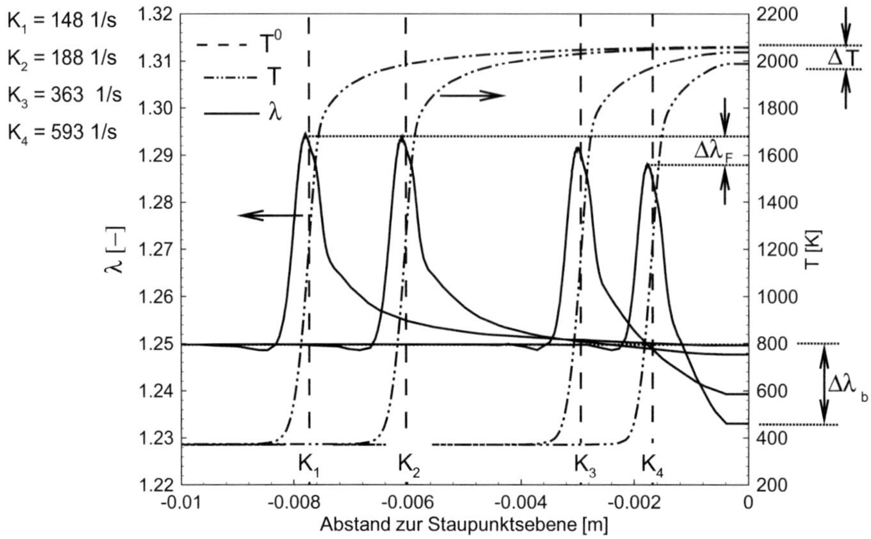


Abbildung 2.17: Verlauf der Luftzahl $\lambda$ und der Temperatur $T$ als Funktion der Ortskoordinate für unterschiedlich stark gestreckte, ebene Vormischflammen

### 2.5.5.2 Bestimmung der Markstein Zahl

Die den (linearen) Verlauf der Flammengeschwindigkeit $s_l$ unter laminar, stationärem Streckungseinfluss $Ka$ beschreibende Markstein Zahl $Ma$ wird in dieser Arbeit auf Basis numerisch simulierter, stationärer, ebener und gestreckter Vormischflammen unter Verwendung eines detaillierten Reaktionsmechanismus bestimmt, da aufgrund sich gegenseitig nicht-linear überlagernder Effekte eine Berechnung der Markstein Zahl mittels Korrelationsvorschriften ungenau ist. Dies ist in Kapitel 5.1.3 anhand des Vergleichs der Simulationsergebnisse dieser Arbeit mit Literaturwerten demonstriert.

Der Vollständigkeit halber wird an dieser Stelle dennoch ein kurzer Überblick über Korrelationsvorschriften laminarer Markstein Zahlen gegeben.

**Korrelationen zur Bestimmung der Markstein Zahl**

CLAVIN und JOULIN [20] geben die Korrelation für die Markstein Zahl gemäß

$$Ma = \frac{\mathscr{L}}{\delta_l^0} = \frac{T_b}{T_b - T_u} \ln\left(\frac{T_b}{T_u}\right) + \frac{1}{2}(Le-1)\,\frac{T_u}{T_b - T_u}\int_0^{\frac{T_b-T_u}{T_u}} \frac{\ln(1+x)}{x}\,dx \tag{2.260}$$

an, welche die Autoren auf Basis theoretischer Überlegungen ableiten. MUELLER ET AL. [78] geben basierend auf einer asymptotischen Analyse für schwach gestreckte, stöchiometrische Methan-Luft Vormischflammen die Beziehung

$$Ma = \frac{1+\Delta}{\Delta}\left[\ln(1+\Delta) + \frac{Ze}{2}\frac{(Le-1)}{Le}\int_0^{\Delta} \frac{\ln(1+x)}{x}\,dx\right] \tag{2.261}$$

mit $\Delta$ als der von der Inner-Layer Temperatur $T^0$ und der Temperatur des Frischgemischs $T_u$ abhängigen Funktion

$$\Delta = \frac{T^0 - T_u}{T_u} \tag{2.262}$$

an. Die effektive Zeldovich Zahl $Ze$ wird in diesem Zusammenhang mittels der Temperaturen des Frisch- und Rauchgases über

$$Ze = 4\,\frac{T_b - T_u}{T_b - T^0} \tag{2.263}$$

bestimmt. Korrelationsvorschriften für die Markstein Zahl nach Gleichung (2.261) finden sich beispielsweise auch in PETERS [84] und in CLAVIN [21] mit gleicher Abhängigkeit der Markstein Zahl $Ma$ von der Lewis Zahl $Le$.

#### 2.5.5.3 Die Streckungsrate als Feldgröße

Die Streckungsrate $K$ ist in dieser Arbeit als differentielle Flächenänderung $K = \frac{1}{A}\frac{dA}{dt}$ definiert und orientiert sich damit unter anderem an den Arbeiten von KARLOVITZ ET AL. [57], WILLIAMS [145] und POINSOT und VEYNANTE [89] und den dort zitierten Literaturstellen. Die Streckungsrate kann mittels des Normalenvektors $\mathbf{n}$ der Flammenoberfläche, der Flammengeschwindigkeit $s_l$ und der Strömungsgeschwindigkeit $\mathbf{u}$ entsprechend der Gleichung (2.99) über

$$K = K_A = \nabla_t \bullet \mathbf{u}_t + s_l\,\nabla \bullet \mathbf{n} \tag{2.264}$$

auf bekannte (Feld-)Größen zurück geführt werden (vgl. Kapitel 2.4.4.2).
In dieser Arbeit ist die Berücksichtigung der Streckungsrate sowohl auf die Flamelets als auch auf die Flammenoberflächendichte von besonderer Bedeutung. Aus diesem Grund wird nachfolgend der Vollständigkeit halber die Definition der Streckungsrate auf Basis differentieller Masseänderung diskutiert.

DE GOEY und TEN THIJE BOONKKAMP [40] betrachten ein sich mit der Geschwindigkeit $\mathbf{w}$ ausbreitendes Kontrollvolumen $V(t)$ der Masse

$$M(t) = \int_{V(t)} \rho\, dV \tag{2.265}$$

in der Flammenregion anstelle eines infinitesimalen Flächenelements $A$. Die Streckungsrate $K = K_M$ wird von den Autoren auf Basis relativer Masseänderungen

$$K_M = \frac{1}{M}\frac{dM}{dt} \tag{2.266}$$

definiert und ist damit grundsätzlich eine Feldgröße.[58]
Die Änderung des Masseinhalts kann in analoger Weise zu der Ableitung des Kapitels 2.4.4.2

[58] Die Streckungsrate $K_A$ ist als relative Änderung der Flammenoberfläche nur auf der Isofläche $c = c^*$ definiert, wohingegen die Streckungsrate $K_M$ auf Basis der Masseänderung einer solchen Restriktion nicht unterliegt und daher im gesamten Feld definiert ist.

mittels des Reynolds´schen Transporttheorems [16] im mitbewegten Koordinatensystem über

$$\frac{dM}{dt} = \int_{V(t)} \left( \frac{\partial \rho}{\partial t} + \nabla \bullet (\rho\, \mathbf{w}) \right) dV \tag{2.267}$$

formuliert und daher mit Gleichung (2.266) über

$$\frac{dM}{dt} = \int_{V(t)} \rho\, K_M\, dV \tag{2.268}$$

ausgedrückt werden. Die Streckungsrate $K_M$ selbst kann durch Gleichsetzen von Gleichung (2.268) und Gleichung (2.267) zu

$$K_M = \frac{\frac{\partial \rho}{\partial t} + \nabla \bullet (\rho\, \mathbf{w})}{\rho} \tag{2.269}$$

bestimmt werden. Da das totale Differential der Dichte über

$$\frac{d\rho}{dt} = \frac{\partial \rho}{\partial t} + \mathbf{w} \bullet \nabla \rho \tag{2.270}$$

formuliert werden kann, gilt für die Streckungsrate $K_M$:

$$K_M = \frac{1}{\rho} \frac{d\rho}{dt} + \nabla \bullet \mathbf{w} \tag{2.271}$$

Die Ausbreitungsgeschwindigkeit $\mathbf{w}$ ist dabei entsprechend

$$\mathbf{w} = \mathbf{w}_n + \mathbf{w}_t = \underbrace{(\mathbf{w} \bullet \mathbf{n})\, \mathbf{n}}_{=\mathbf{w}_n} + \underbrace{\mathbf{u}_t}_{=\mathbf{w}_t} \tag{2.272}$$

vektoriell mit der tangential wirkenden Komponente der Strömungsgeschwindigkeit $\mathbf{u}_t$ und der normal wirkenden Komponente der Ausbreitungsgeschwindigkeit $\mathbf{w}_n$ verknüpft. Die massebezogene Streckungsrate $K_M$ wird damit zu

$$K_M = \frac{1}{\rho} \frac{d\rho}{dt} + \nabla \bullet ((\mathbf{w} \bullet \mathbf{n})\, \mathbf{n} + \mathbf{u}_t) = \frac{1}{\rho} \frac{d\rho}{dt} + (\mathbf{w} \bullet \mathbf{n})\, \nabla \bullet \mathbf{n} + \mathbf{n} \bullet \nabla (\mathbf{w} \bullet \mathbf{n}) + \nabla_t \bullet \mathbf{u}_t. \tag{2.273}$$

Da die Projektion der Ausbreitungsgeschwindigkeit in Normalenrichtung gleich der Flammengeschwindigkeit ist $\mathbf{w} \bullet \mathbf{n} = s_l$, wird die Streckungsrate auf Basis relativer Masseänderung zu

$$K_M = \underbrace{\frac{1}{\rho} \frac{d\rho}{dt}}_{(I)} + \underbrace{s_l \nabla \bullet \mathbf{n}}_{(II)} + \underbrace{\mathbf{n} \bullet \nabla s_l}_{(III)} + \underbrace{\nabla_t \bullet \mathbf{u}_t}_{(IV)}. \tag{2.274}$$

Die Streckungsrate $K_M$ gemäß Gleichung (2.274) weist im Vergleich zur Definition der Streckungsrate auf Basis relativer Flächenänderung $K_A$ gemäß Gleichung (2.264) zwei zusätzliche Anteile, Term $(I)$ und Term $(III)$ auf.

Der Term $(III)$ ist hierbei nur dann von Relevanz, wenn die Flammendicke zeitlich variiert. Denn nur unter dieser Voraussetzung ist die auf eine beliebige aber konstante Isofläche bezogene Flammengeschwindigkeit $s_l\,(c = c^*) \neq konst.$

Der Term $(I)$ tritt nur für zeitliche Dichtevariationen entlang der Isofläche auf.
Beide Terme sind auf instationäre Vorgänge zurückzuführen, die in dieser Arbeit aufgrund der betrachteten laminaren, stationären Vormischflammen ohne Einfluss bleiben[59]. Davon unabhängig konnten DE GOEY ET AL. [40] nachweisen, dass beide Terme auch im Falle laminarer, instationarer Flammen von vernachlässigbarem Einfluss sind.

[59]Bei der Simulation des verbrennungsinduzierten Wirbelaufplatzens werden instationäre Effekte berücksichtigt, jedoch unter turbulenzbedingter Instationarität, wofür ein erweiterter Modellansatz (FLTC) angewendet wird, vgl. Kapitel 5.4.3.

# 3 Modellierung

Die Transportgleichungen des Kapitels 2 erfordern zur numerischen Integration Schließungs- bzw. Modellierungsansätze. Dieses Kapitel fasst die gewählten Modellierungsansätze zusammen und verdeutlicht die Motivation für die angewandten Strategien. Dabei wird eine klare Abgrenzung zu alternativen Formulierungen gezogen und die Bedeutung und Konsequenz der eingesetzten Schließungstheoreme gegeben.

## 3.1 Mittelungsvorschriften

Die aus der Bilanzierung hervorgehenden Systeme von Differentialgleichungen werden numerisch gelöst, wozu in dieser Arbeit ein auf der Methode der Finite-Volumen [121] basierender Strömungslöser [1] verwendet wird. Die phyikalischen Größen werden damit an den durch das Rechengitter vorgegebenen Knotenpunkten durch Integration in einem iterativen Verfahren bestimmt.

Die untersuchte Brennkammer ist durch eine Strömung ausgezeichnet, die hoch-turbulent und anisotrop ist. Das Problem der numerischen Simulation turbulenter Stömungen ist das zugrundeliegende Spektrum energietragender Wirbel unterschiedlichen Längen- und Zeitmaßes, wie es schematisch in Abbildung 3.1 anhand des Energie- und Dissipationsspektrums ausgebildeter turbulenter Strömungen unterschiedlicher Reynolds Zahlen gezeigt ist. Die Auflösung des gesamten Spektrums mittels Direkter Numerischer Simulation (DNS) erfordert eine Feinheit des Rechengitters in der Weise, dass auch die kleinsten Wirbel höchster Wellenzahl erfasst werden können. Ist $L_{char}$ das charakteristische Längenmaß der Konfiguration, $L_t$ das integrale Längenmaß (Längenmaß der energietragenden Wirbel), $\eta_\kappa$ das Längenmaß der kleinsten Turbulenzwirbel (Kolmogorov Maß) und $\Delta x$ der mittlere Gitterpunktsabstand je Raumrichtung, so skaliert die Gitterpunktsanzahl $N$ je Raumrichtung mit der turbulenten Reynolds Zahl $Re_t$ der Strömung, wodurch konservativ abschätzend:

$$\Delta x \leq \eta_\kappa \quad L_t \propto L_{char}$$

$$\eta_\kappa \propto Re_t^{-3/4}\, L_t \quad \leftrightarrow \quad \eta_\kappa \propto Re_t^{-3/4}\, L_{char}$$

$$L_{char} = \Delta x \cdot N \quad \leftrightarrow \quad L_{char} \leq \eta_\kappa \cdot N \quad \leftrightarrow \quad L_{char} \leq Re_t^{-3/4}\, L_{char} \cdot N$$

$$\Rightarrow \quad N \geq Re_t^{3/4}$$

gilt. Die Gesamtanzahl Gitterpunkte skaliert daher mit $Re_t^{9/4}$ was bereits bei einer Reynolds Zahl von $Re_t = 1000$ zu einer notwendigen Gitterpunktsanzahl von $N \geq 5 \cdot 10^6$ führt[1].
DNS mit überlagerter Verbrennung erfordert zusätzlich eine Auflösung der inneren Flammenstruktur $\propto \delta_l^0$ von etwa $N_\delta = 20$ [89], wodurch sich die Abhängigkeit $L_{char} \propto (N/N_\delta)\ \delta_l^0$ ergibt,

[1] Bezüglich des numerischen Simulationsaufwandes ist noch die Zeit zu berücksichtigen, wodurch für CFL-Zahlen (vgl. Seite 106) $CFL \leq 1$ die Skalierung proportional $Re_t^{12/4}$ ist

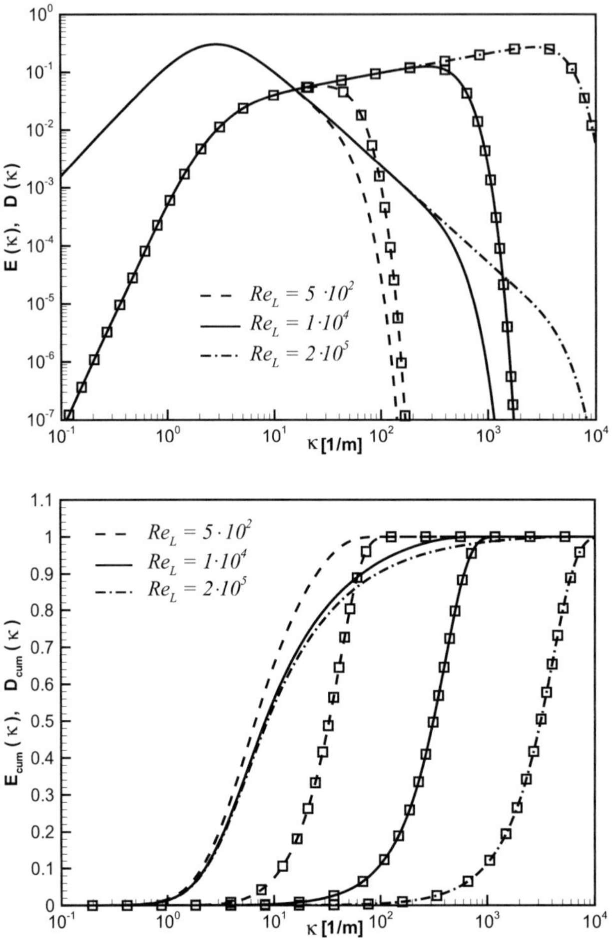


Abbildung 3.1: Turbulenzspektrum als Funktion der Wellenzahl $\kappa$ und in Abhängigkeit der mit dem geometrischen Makromaß $L$ gebildeten Reynolds Zahl $Re_L$
Oben: Energie- und Dissipationsspektrum (□)
Unten: Kummuliertes Energie- und Dissipationsspektrum (□)

was für $N = 1024$ bei einem Wert von $\delta_l^0 \approx 0{,}5\ mm$ (für die meisten Kohlenwasserstoffe bei Raumtemperatur) zu einer charakteristischen Länge der Konfiguration von $L_{char} \cong 25mm$ führt und damit weit unter angewandt-wissenschaftlichen Dimensionen liegt.[2]
Den in dieser Arbeit untersuchten Konfigurationen liegen höchst turbulente Strömungsfelder

[2]Wird $\delta_l^0$ durch die Diffusionsdicke $\delta \propto \nu/s_l^0$ ersetzt und die turbulente Damköhler Zahl $Da_t$ mit $Da_t = (L_t/u')/(\delta/s_l^0) = (L_t/u')/(\nu/s_l^{0^2})$ eingeführt, so wird $Re_t\, Da_t = (L_t/\delta)^2$ bzw. $Re_t\, Da_t < (N/N_\delta)^2$, was bei gegebener turbulenter Reynolds Zahl zu einer oberen Grenze für die Damköhler Zahl führt.

$Re_t > 1000$ zugrunde, wodurch eine Lösung des kompletten Differentialgleichungssystems, bestehend aus Kontinuitätsgleichung, Impulsgleichungen, Energiegleichung und die dem Verbrennungsmodell zugrunde liegenden Gleichungen, mittels DNS nicht möglich ist. Die Berechnung größerer Rechengebiete und wie in dieser Arbeit noch bei unterschiedlichen thermodynamischen Zuständen, Gemischzusammensetzungen und Betriebsbedingungen ist nur bei geeigneter Vereinfachung möglich.
Ein Verfahren hierfür ist die Large Eddy Simulation (LES), bei der die von der Geometrie vorgegebenen Makroskalen der Turbulenz bis zu einer von der Filterweite vorgegebenen Wellenzahl direkt gelöst werden und nur an diese Eckfrequenz anschließende, höher frequente Wellenzahlen modelliert werden (z.B. [36]). Der recht hohen Auflösung und Genauigkeit steht der hohe Rechenaufwand gegenüber, weswegen dieses Verfahren nur bedingt für Parameteruntersuchungen geeignet ist und deswegen auch kaum für industrielle Zwecke eingesetzt wird.

Modelle auf Basis zweier zusätzlicher Transportgleichungen, je einer zur Beschreibung des turbulenten Längenmaßes $L_t$ und zur Beschreibung des turbulenten Zeitmaßes $\tau_t$, sind die am häufigsten in der Industrie eingesetzten Modelle, allen voran das $k,\varepsilon$-Modell. Diese Klasse von Turbulenzmodellen sind numerisch robust und zeichnen sich durch einen relativ geringen Rechenaufwand aus. Damit eignet sich dieser Typ Turbulenzmodell zu Parameterstudien, insbesondere bei hinreichend bekannten Strömungsfeldern. Nachteilig ist die bedingt zuverlässige Vorhersage bei komplexen Strömungskonfigurationen, die sich stark von den Validierungsfällen (z.B. turbulenter Freistrahl) unterscheiden.

Eigenschaften der Turbulenz können teilweise mittels sogenannter Reynoldspannungsmodelle erfasst werden, die neben einer Transportgleichung für das turbulente Längenmaß noch zusätzlich sechs weitere Transportgleichungen für jede der unabhängigen Reynoldspannungen lösen. Dadurch lassen sich anisotrope Effekte berücksichtigen, ohne hierfür das Spektrum der Turbulenz auflösen zu müssen.
Da die Zweigleichungs- und die Reynoldspannungsturbulenzmodelle das Spektrum der Turbulenz nicht auflösen, müssen die Bilanzgleichungen der Masse, des Impulses, der Energie, der Spezies und des Verbrennungsmodells in geeigneter Weise gemittelt werden. In dieser Arbeit erfolgt die Mittelung wegen der auf den Reaktionsumsatz zurückzuführende Wärmefreisetzung Dichte gewichtet, was im Folgenden als Mittelung nach FAVRE [34] bezeichnet wird. Die Mittelungsvorschrift für eine skalare Variable $\phi$ lautet:

$$\widetilde{\phi} = \frac{\overline{\rho\phi}}{\overline{\rho}} \qquad \phi(\mathbf{x},t) = \widetilde{\phi}(\mathbf{x}) + \phi''(\mathbf{x},t) \tag{3.1}$$

mit $\phi$ als dem Momentan-, $\widetilde{\phi}$ als dem Mittel- und $\phi''$ als dem Schwankungswert[3]. Im Falle

[3]Der gemittelte Wert entspricht im mathematischen Sinn dem Erwartungswert einer stochastischen Variablen, für deren Berechnung die Wahrscheinlichkeitsdichtefunktion (PDF) notwendig wäre. Da die PDF a priori nicht bekannt ist, wird in dieser Arbeit eine Zeitmittelung angewandt, welche wiederum auf den allgemeinen Fall der Ensemble-Mittelung zurück geführt werden kann.

isothermer Strömung[4] kann die Dichte als konstant angesehen werden und Gleichung (3.1) schreibt sich:

$$\overline{(\rho\phi)}/\overline{\rho} \overset{\rho=\text{konst.}}{\overbrace{=}} \overline{\phi} \tag{3.2}$$

Dies entspricht einer Mittelung nach REYNOLDS [95], gemäß:

$$\overline{\phi} = \frac{1}{\Delta t}\int_{\Delta t} \phi(\mathbf{x},t)dt \qquad\qquad \phi(\mathbf{x},t) = \overline{\phi}(\mathbf{x}) + \phi'(\mathbf{x},t) \tag{3.3}$$

mit $\Delta t$ als dem relevanten Zeitintervall.
Bei den den Verbrennungsprozessen inherent zugrunde liegenden Dichteschwankungen ist eine Mittelung nach Favre vorteilhaft, da dadurch zusätzliche ungeschlossene Terme der Form $\rho'\phi'$ und $\rho'\overline{\phi}$ genauso wie Tripelkorrelationen der Form $\overline{\rho' u_i' \phi'}$ vermieden werden. Wichtig ist zu beachten, dass $\overline{\phi'(\mathbf{x})} = 0$[5] aber $\overline{\phi''(\mathbf{x},t)} \neq 0$ und $\overline{\rho\phi''(\mathbf{x},t)} = 0$[6] gilt. Der Zusammenhang zwischen nach Favre und nach Reynolds gemittelten Werten ist in Anhang A.17 gegeben.

## 3.2 Die gemittelten Bilanzgleichungen

Werden die abhängigen Variablen des Gleichungssystems (2.1)-(2.3) mittels der Vorschriften des Kapitels 3.1 über die nach FAVRE bestimmten Mittel- und Schwankungswerte ausgedrückt und die Gleichungen anschließend gemittelt, so führt dies auf die *Favre Averaged Navier-Stokes (FANS)* Gleichungen.

**Gemittelte Kontinuitätsgleichung:**

$$\overline{\frac{\partial\rho}{\partial t}} + \overline{\frac{\partial\rho\left(\widetilde{u}_i + u_i''\right)}{\partial x_i}} = \frac{\partial\overline{\rho}}{\partial t} + \frac{\partial\overline{\rho\widetilde{u}_i}}{\partial x_i} + \frac{\partial\overline{\rho u_i''}}{\partial x_i} = \frac{\partial\overline{\rho}}{\partial t} + \frac{\partial\overline{\rho}\widetilde{u}_i}{\partial x_i} = 0 \tag{3.4}$$

**Gemittelte Impulsgleichungen:**

$$\overline{\frac{\partial\rho u_j}{\partial}} + \overline{\frac{\partial\rho u_i u_j}{\partial x_i}} + \overline{\frac{\partial p}{\partial x_j}} - \overline{\frac{\partial}{\partial x_j}\tau_{ij}} = \frac{\partial\overline{\rho\left(\widetilde{u}_i + u_i''\right)}}{\partial t} + \frac{\partial\overline{\rho\left(\widetilde{u}_i + u_i''\right)\left(\widetilde{u}_j + u_j''\right)}}{\partial x_j} + \frac{\partial\overline{p}}{\partial x_i} - \frac{\partial}{\partial x_j}\overline{\tau_{ij}} = 0$$

$$\frac{\partial\overline{\rho\widetilde{u}_i}}{\partial t} + \underbrace{\frac{\partial\overline{\rho u_i''}}{\partial t}}_{=0} + \frac{\partial\overline{\rho\widetilde{u}_i\widetilde{u}_j}}{\partial x_j} + \underbrace{\frac{\partial\overline{\rho\widetilde{u}_i u_j''}}{\partial x_j}}_{=0} + \underbrace{\frac{\partial\overline{\rho u_i''\widetilde{u}_j}}{\partial x_j}}_{=0} + \frac{\partial\overline{\rho u_i'' u_j''}}{\partial x_j} + \frac{\partial\overline{p}}{\partial x_i} - \frac{\partial}{\partial x_j}\overline{\tau_{ij}} = 0$$

$$\frac{\partial\overline{\rho}\widetilde{u}_i}{\partial t} + \frac{\partial\overline{\rho}\widetilde{u}_i\widetilde{u}_j}{\partial x_j} + \frac{\partial\overline{\rho u_i'' u_j''}}{\partial x_j} + \frac{\partial\overline{p}}{\partial x_i} - \frac{\partial}{\partial x_j}\overline{\tau_{ij}} = 0$$

---

[4]Die im Rahmen dieser Arbeit untersuchten Strömungen weisen im isothermen Fall in sehr guter Näherung inkompressibles Verhalten auf, d.h. $\rho = konst.$

[5]$\overline{\phi} = \overline{\overline{\phi}} + \overline{\phi'} = \overline{\phi} + \overline{\phi'} \rightarrow \overline{\phi'} = 0$

[6]$\rho\phi = \rho\widetilde{\phi} + \rho\phi''$; $\quad \overline{\rho\phi} = \overline{\rho\widetilde{\phi}} + \overline{\rho\phi''} \quad$ mit $\quad \overline{\rho\widetilde{\phi}} = \overline{\rho\frac{\overline{\rho\phi}}{\overline{\rho}}} = \overline{\rho}\frac{\overline{\rho\phi}}{\overline{\rho}} = \overline{\rho\phi} \quad$ d.h. $\quad \overline{\rho\phi} = \overline{\rho\phi} + \overline{\rho\phi''} \rightarrow \overline{\rho\phi''} = 0$

$$\text{mit} \quad \overline{\rho u_i'' u_j''} = \overline{\rho}\, \frac{\overline{\rho u_i'' u_j''}}{\overline{\rho}} = \overline{\rho}\, \widetilde{u_i'' u_j''}$$

$$\frac{\partial \overline{\rho} \widetilde{u}_i}{\partial t} + \frac{\partial \overline{\rho} \widetilde{u}_i \widetilde{u}_j}{\partial x_j} = - \frac{\partial \overline{\rho} \widetilde{u_i'' u_j''}}{\partial x_j} - \frac{\partial \overline{p}}{\partial x_i} + \frac{\partial}{\partial x_j} \overline{\tau_{ij}} \tag{3.5}$$

In analoger Weise wird für die Energiegleichung (2.3) und die Speziestransportgleichungen (2.4) vorgegangen.

**Gemittelte Energiegleichung:**

$$\frac{\partial \overline{\rho} \widetilde{h}}{\partial t} + \frac{\overline{\rho} \widetilde{u}_i \widetilde{h}}{\partial x_i} = \overline{\tau_{ij} \frac{\partial u_i}{\partial x_j}} + \overline{\frac{Dp}{Dt}} - \frac{\partial}{\partial x_i} \overline{J_i^h} - \frac{\partial \overline{\rho} \widetilde{u_i'' h''}}{\partial x_i} + \overline{\dot{q}} \tag{3.6}$$

**Gemittelte Speziesgleichung:**

$$\frac{\partial \overline{\rho} \widetilde{Y}_\alpha}{\partial t} + \frac{\partial \overline{\rho} \widetilde{u}_i \widetilde{Y}_\alpha}{\partial x_i} = - \frac{\partial}{\partial x_i} \overline{J_i^{Y_\alpha}} - \frac{\partial \overline{\rho} \widetilde{u_i'' Y_\alpha''}}{\partial x_i} + \overline{\dot{\omega}_\alpha} \tag{3.7}$$

## 3.3 Schließung der gemittelten Bilanzgleichungen

Die in den gemittelten Impulsgleichungen (3.5) auftretenden sogenannten Reynoldspannungen[7] $\overline{\rho}\, \widetilde{u_i'' u_j''}$

$$\tau_{ij} = -\, \overline{\rho u_i' u_j'} = -\, \overline{\rho}\, \widetilde{u_i'' u_j''} = -\, \overline{\rho} \begin{pmatrix} \widetilde{u_1'' u_1''} & \widetilde{u_1'' u_2''} & \widetilde{u_1'' u_3''} \\ \widetilde{u_2'' u_1''} & \widetilde{u_2'' u_2''} & \widetilde{u_2'' u_3''} \\ \widetilde{u_3'' u_1''} & \widetilde{u_3'' u_2''} & \widetilde{u_3'' u_3''} \end{pmatrix} \tag{3.8}$$

werden über Turbulenzmodelle bestimmt, in dieser Arbeit mittels eines Reynoldspannungturbulenzmodells (s. Kapitel 3.3.2). Wärmefreisetzungsbedingte Turbulenzeffekte werden dabei nicht explizit berücksichtigt.

Die in den Speziesgleichungen (3.7) und der Energiegleichung (3.6) durch Mittelung auftretenden turbulenten Speziesflüsse $\widetilde{u_i'' Y_\alpha''}$ und Enthalpieflüsse $\widetilde{u_i'' h''}$ werden in dieser Arbeit über einen Gradientenansatz der Form

$$\overline{\rho} \widetilde{u_i'' \phi''} = - \frac{\mu_t}{C_\phi} \frac{\partial \widetilde{\phi}}{\partial x_i} \tag{3.9}$$

und damit des Ansatzes nach BOUSSINESQ ([47], [115]) folgend, in Analogie zur Beschreibung des laminaren Diffusionsterms (vgl. Gleichung (2.9)) bestimmt. $C_\phi$ ist hierbei eine Konstante der Größenordnung $\mathcal{O}(1)$.

Bezüglich des Stofftransports entspricht die Konstante der turbulenten Schmidt Zahl (vgl. Gleichung (2.12)) $C_\phi = C_Y = Sc_{t,Y} = \nu_t / D_{t,Y}$, die das Verhältnis von turbulenter kinematischer Viskosität $\nu_t$ zu turbulenter Diffusivität (von $\widetilde{Y}$) $D_{t,Y}$ und damit die Ähnlichkeit zu den Impulsgleichungen beschreibt.

[7] Der Vorteil der Mittellung nach Favre ist einerseits, dass Dichteschwankungen nicht mehr explizit in den Gleichungen erscheinen und andererseits, dass die gemittelten Gleichungen dennoch formal die gleiche Gestalt annehmen wie die nach Reynolds gemittelten. Aus diesem Grund wird auch trotz Mittelung nach Favre der Begriff des *Reynolds Spannungstensors* beibehalten.

Bezüglich der Energie entspricht die Konstante je nach konkreter Formulierung der relevanten Bilanzgleichung der turbulenten Prandtl Zahl (vgl. Gleichung (2.11)) und der turbulenten Lewis Zahl (vgl. Gleichung (2.10)).
In dieser Arbeit wird zur Beschreibung des Gemischzustandes anstelle von $N-1$ Speziesgleichungen (vgl. Seite 6) eine zusätzliche Transportgleichung für die Reaktionsfortschrittsvariable (vgl. Kapitel 2.4.2 und Kapitel 3.4.4) gelöst, die des verwendeten Lösers [1] wegen einen der Speziesgleichung (3.7) entsprechenden Aufbau hat (vgl. Gleichung (3.98)). Der (turbulente) Diffusionsterm muss in diesem Zusammenhang spezifiziert werden, was gemäß Gleichung (3.9) mit $C_\phi = Sc_c = 0{,}7$ (vgl. Gleichung (3.29)) erfolgt.
Die Energiegleichung wird mit den Standardeinstellungen gelöst, wozu an dieser Stelle auf [1] verwiesen wird.

### 3.3.1 Das $k$,$\varepsilon$-Turbulenzmodell

Das $k$,$\varepsilon$-Turbulenzmodell[8] wurde in dieser Arbeit für die Validierungsrechnungen des Flammenoberflächendichtemodells (vgl. HOFFMANN [50]) und im Rahmen einer Sensitivitätsstudie für die Berechnung des verbrennungsinduzierten Wirbelaufplatzens eingesetzt (vgl. Seite 75), weshalb an dieser Stelle auf die dahinter stehende Idee und die Modellgleichungen eingegangen wird.
Das $k$,$\varepsilon$-Turbulenzmodell führt die Schließung der Reynoldspannungen auf einen auf BOUSSINESQ (vgl. [47], [115]) zurückgehenden Ansatz zurück, der die turbulenten (Schein-) Spannungen über einen Gradientenansatz der mittleren, bekannten Strömungsgrößen ausdrückt, entsprechend des laminaren Spannungstensors eines Newton´schen Fluids.

$$\overline{\rho u_i'' u_j''} = \overline{\rho}\, \widetilde{u_i'' u_j''} = -\,\mu_t \left( \frac{\partial \widetilde{u}_i}{\partial x_j} + \frac{\partial \widetilde{u}_j}{\partial x_i} - \frac{2}{3} \delta_{ij} \frac{\partial \widetilde{u}_k}{\partial x_k} \right) + \frac{2}{3} \overline{\rho} \widetilde{k} \tag{3.10}$$

$\delta_{ij}$ ist das Kronecker Symbol, das bei allen ungleichen Indizes identisch Null und für gleiche Indizes identisch Eins ist.

$$\delta_{ij} = \begin{cases} 1 & : \forall\ i = j \\ 0 & : \forall\ i \neq j \end{cases} \tag{3.11}$$

$\widetilde{k}$ ist die mittlere kinetische Energie der turbulenten Bewegung und entspricht der Hälfte der Summe der Normalspannungen des Reynoldspannungstensors:

$$\widetilde{k} = \frac{1}{2} \sum_{k=1}^{3} \widetilde{u_k'' u_k''} \tag{3.12}$$

Die turbulente dynamische Viskosität $\mu_t$ der Gleichung (3.10) wird bei dem $k$,$\varepsilon$-Turbulenzmodell über die turbulente kinetische Energie $\widetilde{k}$ und deren Dissipation $\widetilde{\varepsilon}$ nach einem Ansatz von JONES und LAUNDER [56] bestimmt.

$$\mu_t = \overline{\rho}\, C_\mu \frac{\widetilde{k}^2}{\widetilde{\varepsilon}} \tag{3.13}$$

[8] Die Formulierung erfolgt auf Basis der nach FAVRE gemittelten Turbulenzgrößen, $\widetilde{k}$ und $\widetilde{\varepsilon}$

Die turbulente kinetische Energie und deren Dissipation werden zur Schließung von Gleichung (3.13) jeweils mittels einer Transportgleichung bestimmt:

$$\frac{\partial \overline{\rho}\tilde{k}}{\partial t} + \frac{\partial \overline{\rho}\tilde{u}_i\tilde{k}}{\partial x_i} = \frac{\partial}{\partial x_i}\left[\left(\mu + \frac{\mu_t}{Sc_k}\right)\frac{\partial \tilde{k}}{\partial x_i}\right] + \underbrace{P_k}_{Quellterm} - \underbrace{\overline{\rho}\tilde{\varepsilon}}_{Senkenterm} \tag{3.14}$$

$$\frac{\partial \overline{\rho}\tilde{\varepsilon}}{\partial t} + \frac{\partial \overline{\rho}\tilde{u}_i\tilde{\varepsilon}}{\partial x_i} = \frac{\partial}{\partial x_i}\left[\left(\mu + \frac{\mu_t}{Sc_\varepsilon}\right)\frac{\partial \tilde{\varepsilon}}{\partial x_i}\right] + \underbrace{C_{\varepsilon,1}\frac{\tilde{\varepsilon}}{\tilde{k}}P_k}_{Quellterm} - \underbrace{C_{\varepsilon,2}\overline{\rho}\frac{\tilde{\varepsilon}^2}{\tilde{k}}}_{Senkenterm} \tag{3.15}$$

Der Quellterm $P_k$ ist dabei eine Funktion der Reynoldspannungen und der Hauptströmung.

$$P_k = -\,\overline{\rho}\,\widetilde{u_i''u_j''}\,\frac{\partial \tilde{u}_i}{\partial x_j} \underbrace{=}_{\text{nach Gleichung (3.10)}} \left[\mu_t\left(\frac{\partial \tilde{u}_i}{\partial x_j} + \frac{\partial \tilde{u}_j}{\partial x_i} - \frac{2}{3}\delta_{ij}\frac{\partial \tilde{u}_k}{\partial x_k}\right) - \frac{2}{3}\overline{\rho}\tilde{k}\right]\frac{\partial \tilde{u}_i}{\partial x_j} \tag{3.16}$$

Die Konstanten des Gleichungssystems haben die in Tabelle 3.1 aufgelisteten Werte.

| $C_\mu$ | $Sc_k$ | $Sc_\varepsilon$ | $C_{\varepsilon,1}$ | $C_{\varepsilon,1}$ |
|---|---|---|---|---|
| 0,09 | 1,0 | 1,3 | 1,44 | 1,92 |

Tabelle 3.1: Konstanten des $k$,$\varepsilon$-Turbulenzmodells

**Die Unzulänglichkeiten des $k$,$\varepsilon$-Turbulenzmodells**

Das $k$,$\varepsilon$-Turbulenzmodell hat die Eigenschaft, jeden Gradienten der Hauptströmungsgeschwindigkeitskomponenten entsprechend dem Produktionsterm $P_k$ der Gleichung (3.16) gleich einer Quelle turbulenter kinetischer Energie zu interpretieren. Daher steigt in Bereichen hoher Scherschichten die Energie der Turbulenzkaskade, was wiederum zu einer Erhöhung des Queraustauschs führt. Mathematisch wird dies durch die turbulente Viskosität $\mu_t \propto k^2$ ausgedrückt.
Der modellbedingt erhöhte Impulsaustausch resultiert in einer Vergleichmäßigung mittlerer axialer Geschwindigkeiten und zu einer radial auswärts gerichteten Diffusion des Wirbelkerns[9]. Dieser Sachverhalt ist anhand der Abbildung 3.2 für die axialen (obere Reihe) und tangentialen (untere Reihe) Geschwindigkeitsprofile ausgewählter axialer Positionen innerhalb der Vormischstrecke der in dieser Arbeit zum verbrennungsinduzierten Wirbelaufplatzen untersuchten Strömung gezeigt. Die auf Basis des $k$,$\varepsilon$-Turbulenzmodells erzielten Simulationsergebnisse (durchgezogene Linien) sind im Vergleich zu den Messwerten [37] (offene Kreise) gezeigt.

## 3.3.2 Reynoldspannungturbulenzmodell

Die numerischen Simulationen zur Nachbildung, Analyse und Interpretation des verbrennungsinduzierten Wirbelaufplatzens erfolgen in dieser Arbeit auf Basis eines Baseline (BSL) Reynold-

[9] Als Wirbelkern wird der Ortsbereich verstanden, welcher sich vom Drehzentrum bis zum Maximum der tangentialen Geschwindigkeitskomponente erstreckt. Der zugehörige Radius wird als Wirbelkernradius $r_c$ bezeichnet und liegt für die in dieser Arbeit untersuchten isothermen Strömungen bei $r_c \approx 0.07\ D$ (vgl. Abbildung 5.29). Bei überlagerter Verbrennung wird im Rahmen dieser Arbeit auch der Radius der sich ausbildenden, stromaufpropagierenden Rückströmblase als Wirbelkernradius $r_c$ bezeichnet.

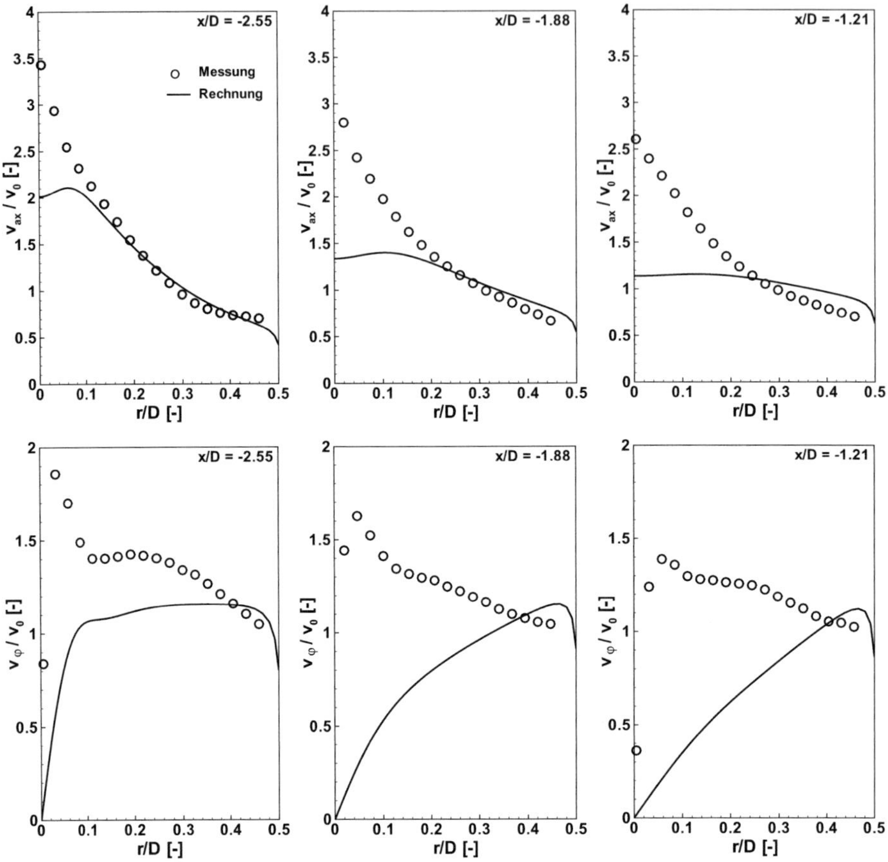


Abbildung 3.2: Mit dem $k,\varepsilon$-Turbulenzmodell berechnete Profile der Axial- und Tangentialgeschwindigkeit im Vergleich mit den Messwerten von FRITZ [37]

spannungturbulenzmodells [1, 67, 68, 105, 106][10] Dieses Modell löst für jede der sechs unabhängigen Komponenten[11] $\tau_{ij}$ des symmetrischen Reynoldspannungstensors eine Transportgleichung:

$$\frac{\partial \tau_{ij}}{\partial t} + \overline{u}_k \frac{\partial \tau_{ij}}{\partial x_k} = \underbrace{P_{ij}}_{\text{Produktion}} + \underbrace{\varepsilon_{ij}}_{\text{Dissipation}} - \underbrace{\Pi_{ij}}_{\text{Umverteilung}} + \underbrace{D_{ij}}_{\text{Diffusion}} \tag{3.17}$$

Die Terme der Produktion, Dissipation, Umverteilung und Diffusion der Gleichung (3.17) werden dabei durch teilweise Rückführung auf bekannte Größen gemäß:

$$P_{ij} = -\tau_{ik} \frac{\partial \overline{u}_j}{\partial x_k} - \tau_{jk} \frac{\partial \overline{u}_i}{\partial x_k} \tag{3.18}$$

[10] Zweigleichungsturbulenzmodelle wie das $k,\varepsilon$-Modell beschreiben die turbulente Strömung unzulänglich, vgl. Kapitel 3.3.1.

[11] Momentenbilanz um freigeschnittenes Fluidvolumen führt zu: $\tau_{ij} = \tau_{ji}$

$$\varepsilon_{ij} = 2\nu \overline{\frac{\partial u'_i}{\partial x_k} \frac{\partial u'_j}{\partial x_k}} \tag{3.19}$$

$$\Pi_{ij} = \overline{\frac{p'}{\rho}\left(\frac{\partial u'_i}{\partial x_j} + \frac{\partial u'_j}{\partial x_i}\right)} \tag{3.20}$$

$$D_{ij} = \frac{\partial}{\partial x_k}\left[\nu \frac{\partial \tau_{ij}}{\partial x_k} + \overline{u'_i u'_j u'_k} + \frac{\overline{p' u'_i}}{\rho}\delta_{jk} + \frac{\overline{p' u'_j}}{\rho}\delta_{ik}\right] = \frac{\partial}{\partial x_k}\left[\nu \frac{\partial \tau_{ij}}{\partial x_k} + C_{ijk}\right] \tag{3.21}$$

bestimmt. Um dieses ungeschlossene Gleichungssystem lösen zu können, müssen der Tensor der Dissipation ($\varepsilon_{ij}$), der Druck-Scherkorrelationstensor ($\Pi_{ij}$) und der als $C_{ijk}$ bezeichnete Tensor modelliert werden.

Bei den hohen Reynolds Zahlen der in dieser Arbeit untersuchten Strömungskonfigurationen kann der Dissipationstensor in guter Näherung als isotrop[12] betrachtet werden und durch

$$\varepsilon_{ij} = \frac{2}{3}\varepsilon\delta_{ij} \tag{3.22}$$

ausgedrückt werden. $\varepsilon$ ist dabei die Dissipation turbulenter kinetischer Energie für die ebenfalls eine Transportgleichung gelöst wird. Der Einfluss geringer Reynoldszahlen tritt in dieser Arbeit nur in Wandnähe in Erscheinung, worauf in Kapitel 3.3.3 eingegangen wird.

Der Tensor $C_{ijk}$ wird mittels eines Gradiententransport Ansatzes modelliert:

$$C_{ijk} = \frac{2}{3}C_s\frac{k^2}{\varepsilon}\left[\frac{\partial \tau_{jk}}{\partial x_i} + \frac{\partial \tau_{ik}}{\partial x_j} + \frac{\partial \tau_{ij}}{\partial x_k}\right] \tag{3.23}$$

Der Ansatz mittels Reynoldsspannungsturbulenzmodells ermöglicht durch die Terme der Umverteilung und Diffusion die Beschreibung anisotroper Effekte. Diese Formulierung vermeidet zudem die Interpretation von Stromlinienkrümmungen als eine unmittelbare Quelle turbulenter kinetischer Energie, wie es im Falle des $k$,$\varepsilon$-Modells dem Gradientenansatz nach entspricht[13]. Strömungen mit ausgeprägter tangentialer Komponente und allgemein anisotropem Verhalten lassen sich daher mittels Reynoldspannungmodell genauer beschreiben.

### 3.3.3 Strömung entlang fester Wände

Die Wandgrenzschicht der Strömung ist durch die Haftbedingung unmittelbar an der Wand, einer sich anschließenden Zone laminar gleicher, von viskosen (molekulare Viskosität) Effekten dominierter Strömungsverhältnisse bestimmt, der ein Bereich nach außen hin zunehmenden turbulenten Einflusses mit Übergang zur vollturbulenten Kernströmung folgt [98].

Die Strömungsgrenzschicht müsste aufgrund sehr steiler Gradienten der abhängigen Variablen

[12] $Re_t >> \Leftrightarrow \kappa >>$ mit $\kappa$ als der Wellenzahl; damit verbunden ist ein ausgebildetes Turbulenzspektrum das durch eine zunehmende Isotropie mit zunehmender Wellenzahl charakterisiert ist.

[13] Der Produktionsterm $P_k$ der Gleichungen des $k$,$\varepsilon$-Turbulenzmodells ist proportional der Gradienten der mittleren Strömung $\propto \partial\widetilde{u_i}/\partial\widetilde{x_j}$ und ist daher auch bei reiner Stromlinienkrümmung positiv.

sehr fein aufgelöst werden, wodurch ein extrem hoher Rechenaufwand entstünde. Da das in dieser Arbeit schwerpunktsmäßig untersuchte Phänomen des verbrennungsinduzierten Wirbelaufplatzens den experimentellen Beobachtungen zur Folge [65, 37] eine in der von Wandeinflüssen unabhängigen Kernströmung auftretende Erscheinungsform einer strömungsmechanischen Instabilität ist, wird in dieser Arbeit von einer (im Allgemeinen von der Reynolds Zahl abhängigen) Auflösung der Wandgrenzschicht abgesehen. Stattdessen wird die Grenzschicht mittels einer Wandfunktion [1] mit der Abstandsbedingung des wandnächsten Gitterpunkts

$$20 \leq \Delta y^{+} \leq 100 \tag{3.24}$$

beschrieben. Da die Modellierung des strömungsmechanischen Einflusses fester Wände nicht Schwerpunkt dieser Arbeit ist, wird an dieser Stelle auf die Fachliteratur, beispielsweise LAUNDER und SPALDING [68] verwiesen.

## 3.4 Verbrennungsmodellierung

Das in dieser Arbeit angewandte Verbrennungsmodell beschreibt, wie in Abbildung 3.3 graphisch verdeutlicht, den chemischen Umsatz auf Basis einer angenommenen irreversiblen Einschrittglobalreaktion mittels einer nach *Favre* gemittelten und modellierten Reaktionsfortschrittsvariablen $c$, deren Quellterm $\dot{\omega}_c$ durch die Flammenoberflächendichte $\Sigma$ und durch die laminare Flammengeschwindigkeit $s_l$ geschlossen wird. Die Flammenoberflächendichte wird dabei mittels einer Transportgleichung bestimmt und beschreibt über mehrere Quellterme physikalische Effekte, wodurch im Wesentlichen der Einfluss der Strömung auf das Verhalten der vorgemischten Flamme berücksichtigt wird. Die laminare Flammengeschwindigkeit wird mittels eines Ansatzes nach DAMKÖHLER [22] ohne Berücksichtigung $s_l = s_l^0$ und mittels eines erweiterten Ansatzes mit Berücksichtigung der Wirkung von Strömungsinhomogenitäten $s_l = s_l(K)$ erfasst. Die Flammengeschwindigkeit wird dabei auf Basis numerischer Simulationen stationär gestreckter, laminarer Flammen unter Berücksichtigung eines detaillierten chemischen Reaktionsmechanismus gewonnen.

### 3.4.1 Physikalische Motivation des Flammenoberflächenmodells

Die physikalische Motivation für das Flammenoberflächenmodell liegt darin begründet, dass die Turbulenz des Strömungsfeldes das Ausmaß der betrachteten Flammenoberfläche aufgrund der Flamme-Wirbel-Interaktion im statistischen Mittel aufgrund von Flammenstreckung [89] verändert. Die Flammenoberfläche wird dabei auf der Frischgasseite aufgrund der für gewöhnlich vorliegenden positiven Korrelation der Interaktion generiert, also vergrößert. Physikalisch wird dabei das Ausmaß der Flammenoberflächenvergrößerung aufgrund von Streckung nach oben durch die Extinktionsstreckungsrate begrenzt, ab der es zu lokalem Verlöschen der Flamme kommt. Zur Produktseite hin nimmt hingegen die Flammenoberfläche aufgrund von Annihilierungseffekten unabhängig von unmittelbaren Interaktionseinflüssen der Strömungsdynamik ab.

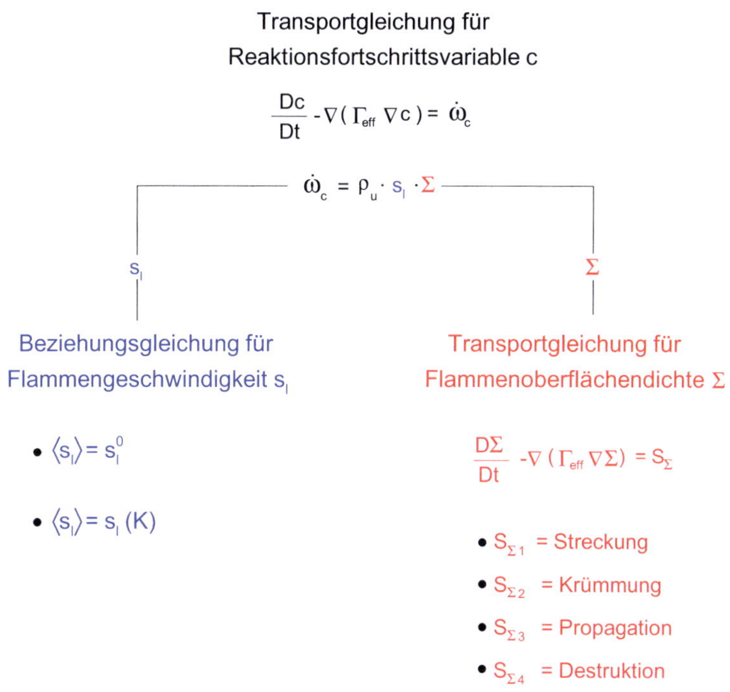


Abbildung 3.3: Graphische Darstellung und Verallgemeinerung des in dieser Arbeit angewandten Verbrennungsmodells
$\Gamma_{eff}$ steht für den effektiven Diffusionskoeffizienten

Die Prozesse der Flamme-Wirbel-Interaktion werden in dieser Arbeit ihrer physikalischen Wirkungsweise entsprechend auf Basis einer Transportgleichung für die statistisch mittlere Flammenoberflächendichte $\overline{\Sigma}$ bestimmt, die durch Betrachtung der Interaktionsprozesse Streckung, Krümmung, Propagation und Annihilation das lokale Ausmaß der Flammenoberfläche $\delta A$ pro Volumeneinheit $\delta V$ (vgl. Gleichung (2.116)) beschreibt.
Die Turbulenz (Strömung) beeinflusst allerdings neben dem bloßen Ausmaß der Flammenoberfläche auch deren Dynamik, die konditionierte Flammengeschwindigkeit $\langle s_l \rangle$. Das Verhalten des laminaren Flamelets unter Streckung ist dabei von der spezifischen, d.h. von Mischung, Temperatur und Druck abhängigen Markstein Zahl $Ma$ bestimmt.
Die Ergebnisse detailliert vermessener turbulenter Vormischflammen zeigen in Übereinstimmung mit DNS-Simulationen, dass über einen weiten Bereich turbulenter Damköhler und Karlovitz Zahlen die Flamme sich auch innerhalb des höchstturbulenten Strömungsfeldes auf submakroskopischer Ebene wie eine laminare Flamme, ein sog. (laminares) Flamelet verhält. Diese Interpretation ist in Abbildung 3.4 schematisch verdeutlicht. Demnach wird die ebene, ungestreckte und laminare Flamme aufgrund der Wechselwirkung mit den Wirbeln des turbulenten

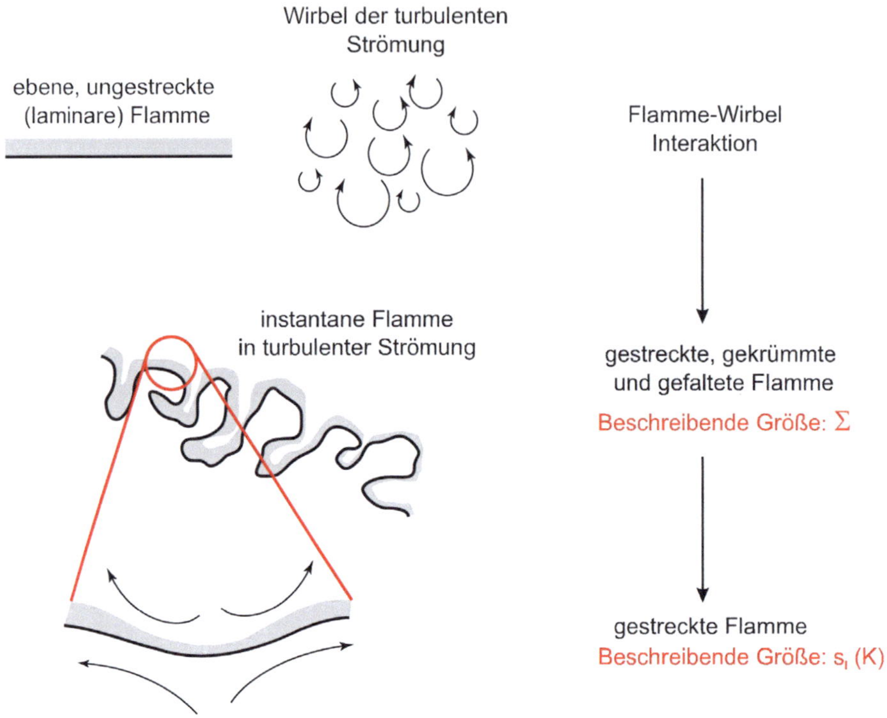


Abbildung 3.4: Illustration der Flamelet Gültigkeit

Strömungsfeldes gestreckt und gekrümmt, was zu einer deutlichen Änderung des Ausmaßes der Oberfläche führt und mittels der Flammenoberflächendichte $\Sigma$ erfasst wird. Die lokalen, im kleinskaligen Bereich ablaufenden Flamme-Strömung Interaktionsprozesse führen zu einer überlagerten Variation der Flammendynamik.
Dabei ist ein auch in dieser Arbeit untersuchter Modellierungsansatz, Effekte der Strömung auf die eingebettete laminare Flamme zu vernachlässigen, wonach sich die turbulente Flammenfront lokal mit der laminaren, ebenen und ungestreckten Flammengeschwindigkeit $s_l^0$ ausbreitet. Ein weiterer, ebenfalls in dieser Arbeit untersuchter Ansatz ist, Effekte der Wirbeldynamik auf die laminare Flamme mit zu berücksichtigen, wonach die auf die Flammenoberfläche konditionierte Flammengeschwindigkeit $\langle s_l \rangle$ lokal entsprechend der örtlichen Streckungsraten $K$ variiert:

$$\langle s_l \rangle = s_l(K) \neq s_l^0$$

### 3.4.2 Gültigkeitsbereich des Verbrennungsmodells

Das sich an den Arbeiten von BORGHI [6] und PETERS [85, 82] orientierende und in Abbildung 3.5 gezeigte Verbrennungsdiagramm dient auf Basis der dimensionslosen Kenngrößen turbulente Reynolds Zahl $Re_t$, turbulente Damköhler Zahl $Da_t$ und turbulente Karlovitz Zahl $Ka_t$ der Klassifizierung turbulenter Vormischflammen. Die charakteristischen Parameter lassen

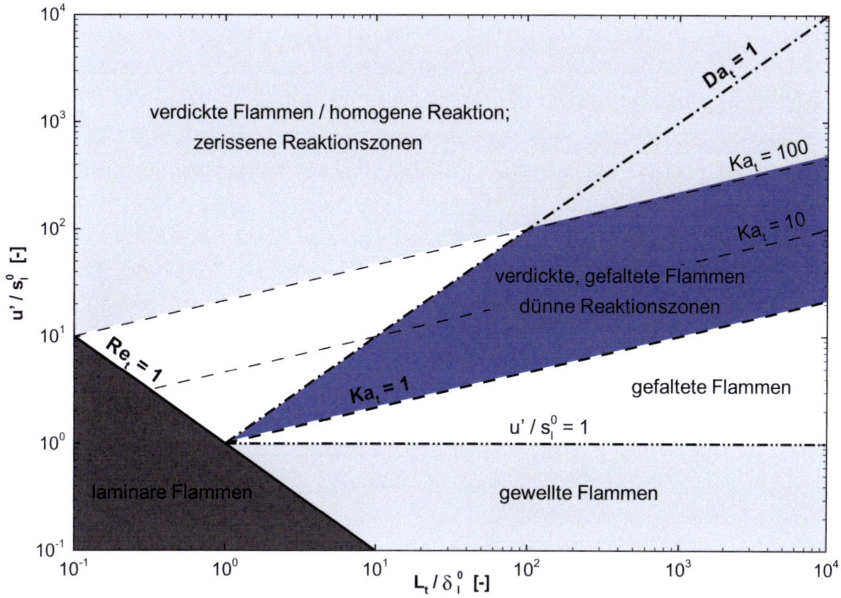


Abbildung 3.5: Diagramm zur grundsätzlichen Einordnung/Klassifizierung turbulenter Vormischflammen

sich dabei mittels Umformung als Funktion der dimensionslosen Geschwindigkeits- $u'/s_l^0$ und Längenverhältnisse $L_t/\delta_l^0$ über

$$Da_t = \frac{L_t}{\delta_l^0}\frac{s_l^0}{u'} \qquad Ka_t = \left(\frac{u'}{s_l^0}\right)^{3/2}\left(\frac{L_t}{\delta_l^0}\right)^{-1/2} \tag{3.25}$$

$$Re_t = \frac{u'}{s_l^0}\frac{L_t}{\delta_l^0} = Da_t^2\,Ka_t^2 \tag{3.26}$$

ausdrücken. Die Einteilung der Flammentypen erfolgt in den Bereichen

- der *laminaren Flammen*, der durch die Kennlinie $Re_t = 1$ begrenzt ist
- der *gewellten Flammen*, der zu kleinen Reynolds Zahlen durch den Bereich der laminaren Flammen nach links und durch die Kennlinie eines konstanten Geschwindigkeitsverhältnisses $u'/s_l^0 = 1$ begrenzt ist

- der *gefalteten Flammen*, der durch die Kennlinie $Ka_t = 1$, das sogenannte KLIMOV-WILLIAMS [145] Kriterium begrenzt ist. Die Flammendicke ist unterhalb dieser Linie kleiner, als das Kolmogorov´sche Längenmaß, weshalb die turbulenten Skalen die Flamme wellen und falten, jedoch nicht die Diffusions-Reaktions-Zone stören können. Die innere Flammenstruktur bleibt daher unverändert und auf mikroskopischer Ebene gleich der laminaren Flammenstruktur. Dieser Zustand der großskaligen Turbulenz ist in Abbildung 3.6 anhand der Vergrößerung der instantanen Flammenfront gezeigt.
- der *verdickten, gefalteten Flammen / dünnen Reaktionszonen*, der durch die Kennlinien $Da_t = 1$, $Ka_t = 100$ und $Ka_t = 1$ gekennzeichnet ist. Die Größenordnung der Kolmogorov´schen Wirbel entspricht der Dicke der inneren Reaktionszone für $1 \leq Ka_t \leq 100$, wenn davon ausgegangen wird, dass die innere Reaktionszone etwa ein Zehntel der Abmessung der Flammendicke besitzt. PETERS [82] zur Folge beeinflussen in diesem Bereich die turbulenten Skalen die Vorwärmzone, nicht jedoch die Reaktionszone. Diese Zone wird daher von PETERS als *verdickte, gefaltete Flammen* [82] und von POINSOT und VEYNANTE [89] als *dünne Reaktionszonen* bezeichnet. Abbildung 3.6 interpretiert diesen kleinskaligen Zustand graphisch in einer vergrößerten Aufnahme einer Flammenfront.

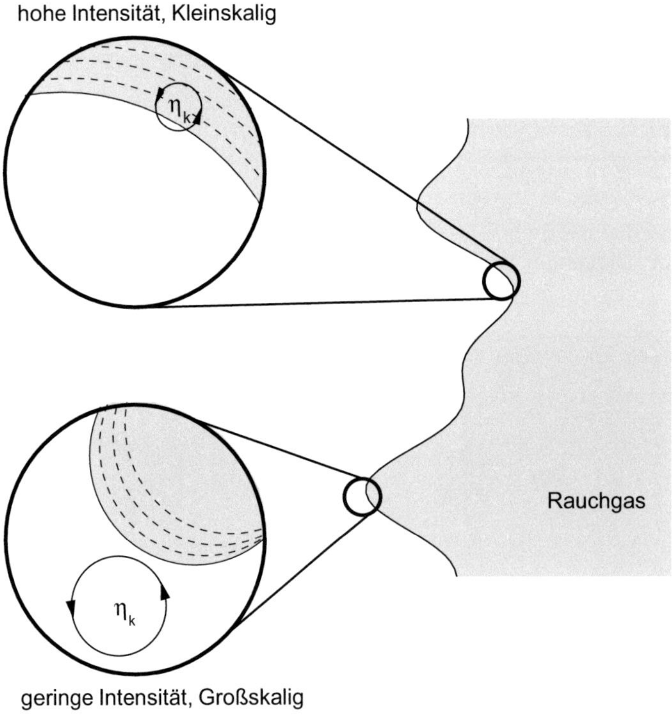


Abbildung 3.6: Graphische Deutung der Interaktion der Kolmogorov´schen Wirbel $\eta_k$ mit der instantanen Flammenfront

- ○ der *verdickten Flammen / homogenen Reaktionen; zerrissene Reaktionszonen*, der durch $Ka_t \geq 100$ bzw. $Da_t \leq 1$ gekennzeichnet ist. Die innere Reaktionszone ist oberhalb von $Ka_t = 100$ durch die Turbulenz gestört, weshalb eine Flamme nicht mehr als einheitlich und dünn identifizierbar ist. Dieser Bereich wird daher als *zerrissene Reaktionszonen* bezeichnet. Die turbulenzbedingte Mischungszeit wird für $Da_t \leq 1$ bedeutend kleiner als das charakteristische Zeitmaß der Wärmefreisetzung, weshalb dieser Bereich als *verdickte Flammen / homogene Reaktionen* bezeichnet wird. Dieser Bereich ist in praktischen Anwendungen fast nicht zu erreichen [39]. Die Annahme eines homogenen (ideal gemischten) Reaktors ist jedoch für die Abschätzung der maximalen volumetrischen Wärmefreisetzungsrate geeignet.

Die hier vorgestellte Klassifizierung turbulenter Vormischflammen entspricht einer grundsätzlichen Einteilung, weshalb die verschiedenen Bereiche nicht (notwendigerweise) exakt durch die begrenzenden Kennlinien des Verbrennungsdiagramms beschrieben sind. Dies wird nicht zuletzt durch die in der Literatur vielfältig diskutierten Einteilungskriterien, z.B. [90, 91, 87] verdeutlicht.
Die Gültigkeit des Flammenoberflächendichtemodells dieser Arbeit ist der zugrunde liegenden physikalischen Betrachtungsweise wegen der erweiterte Flamelet-Bereich, wie er durch turbulente Karlovitz Zahlen $Ka_t \leq \mathcal{O}\left(10^2\right)$ beschrieben ist.

### 3.4.3 Umfang des Verbrennungsmodells

Das auf Basis des Flammenoberflächendichtemodells dieser Arbeit zu lösende Gesamtsystem partieller Differentialgleichungen besteht aus den Transportgleichungen für die:

- Massebilanz (Kontinuitätsgleichung, s. Kapitel 2.1 und Kapitel 3.2)
- Impulsbilanz (Navier-Stokes Gleichungen, s. Kapitel 2.1, Kapitel 2.3.1 und Kapitel 3.2)
    - ○ Bilanz turbulenter Prozesse (s. Kapitel 3.2 und insbesondere Kapitel 3.3)
- Energiebilanz (Enthalpiebilanz, s. Kapitel 2.1 und Kapitel 3.2)
- Speziesbilanz (Massenbrüche $Y_\alpha$, s. Kapitel 3.6)
- Reaktionsfortschrittsvariable ($c$, s. Kapitel 3.4.4)
- Flammenoberflächendichte ($\Sigma$ / $\sigma$, s. Kapitel 3.4.5.1).

Das Verbrennungsmodell setzt sich dabei aus den letzten drei Punkten zusammen: Der Berücksichtigung der Wechselwirkung der durch Reaktionsumsatz bedingten Wärmefreisetzung auf die Strömung (Speziesbilanz), der Beschreibung des Reaktionsfortschritts, sowie der Flammenoberflächendichte. Die beschreibenden Differentialgleichungen lassen sich jedoch nicht in einer geschlossenen Form darstellen und müssen aus diesem Grund mittels Modellierung auf bekannte Größen zurückgeführt werden. Ausgangspunkt der Modellierung sind die nach FAVRE gemittelten Transportgleichungen der Reaktionsfortschrittsvariablen (Gleichung (2.81)) und der Flammenoberflächendichte (Gleichnung (2.123)). Die nicht unmittelbar geschlossenen Terme dieser Gleichungen werden über im Folgenden vorgestellte Ansätze geschlossen und damit mittels eines Strömungslösers numerisch bestimmbar.

### 3.4.4 Die modellierte Gleichung der Reaktionsfortschrittsvariablen

Die gemäß der Vorschriften des Kapitels 3.1 nach FAVRE gemittelte Transportgleichung der Reaktionsfortschrittsvariablen (2.80) lautet in kartesischen Koordinaten und Indexnotation

$$\underbrace{\frac{\partial(\overline{\rho}\tilde{c})}{\partial t}}_{(\mathrm{I})}+\underbrace{\frac{\partial}{\partial x_i}(\overline{\rho}\,\tilde{u}_i\tilde{c})}_{(\mathrm{II})}+\underbrace{\frac{\partial}{\partial x_i}\left(\overline{\rho}\,\widetilde{u_i''c''}\right)}_{(\mathrm{III})}=\underbrace{\frac{\partial}{\partial x_i}\left(\overline{\rho}\,D_c\,\frac{\partial\tilde{c}}{\partial x_i}\right)}_{(\mathrm{IV})}+\underbrace{\overline{\dot{\omega}_c}}_{(\mathrm{V})} \tag{3.27}$$

und in allgemeiner Vektornotation

$$\underbrace{\frac{\partial(\overline{\rho}\,\tilde{c})}{\partial t}}_{(\mathrm{I})}+\underbrace{\nabla\bullet(\overline{\rho}\,\tilde{\mathbf{u}}\tilde{c})}_{(\mathrm{II})}+\underbrace{\nabla\bullet\left(\overline{\rho}\,\widetilde{\mathbf{u}''c''}\right)}_{(\mathrm{III})}=\underbrace{\nabla\bullet(\overline{\rho}\,D_c\,\nabla\tilde{c})}_{(\mathrm{IV})}+\underbrace{\overline{\dot{\omega}_c}}_{(\mathrm{V})}\ . \tag{3.28}$$

Diese Konvektions-Diffusions-Reaktionsgleichung der statistisch mittleren Reaktionsfortschrittsvariablen ist durch die Terme der (I) zeitlichen Änderung, der (II) Konvektion, des (III) turbulenten Transports, der (IV) molekularen Diffusion, sowie durch den (V) Quellterm aufgrund chemischer Reaktion bestimmt.

Die Terme (I) und (II) sind unmittelbar geschlossen und der Term der molekularen Diffusivität (IV) wird über das Fick´sche Gesetz (vgl. Gleichung (2.80) und Gleichung (2.4) mit Gleichung (2.9)) auf bekannte Größen zurückgeführt. Die Terme des (III) turbulenten Transports und des (V) Reaktionsquellterms erfordern Modellierungsansätze zu deren Schließung.

- *Modellierung des turbulenten Transports* (III)*:*
  Die turbulente Diffusion wird mittels eines Gradientenansatzes und in Analogie zur Boussinesq Hypothese mittels eines turbulenten Diffusionskoeffizienten $\mu_t/Sc_c$ gemäß

  $$\frac{\partial}{\partial x_i}\left(\overline{\rho}\,\widetilde{u_i''c''}\right)=\frac{\partial}{\partial x_i}\left(-\frac{\mu_t}{Sc_c}\frac{\partial\tilde{c}}{\partial x_i}\right) \tag{3.29}$$

  modelliert. Die turbulente dynamische Viskosität wird dabei über $\mu_t = C_\mu\,\overline{\rho}\,\tilde{k}^2/\tilde{\varepsilon}$ (vgl. Gleichung 3.13) als von den turbulenten Skalen abhängige, lokale Größe ausgedrückt und $Sc_c$ entspricht nach Gleichung (2.12) der Schmidt Zahl der Reaktionsfortschrittsvariablen, wodurch der turbulente Diffusionskoeffizient aufgrund der Analogie zu der molekularen Betrachtungsweise auf den mittels der turbulenten Viskosität ausgedrückten Impulsaustauschkoeffizient bezogen wird. Die turbulente Schmidtzahl der Reaktionsfortschrittsvariablen wird in dieser Arbeit zu $Sc_c = 0.7$ gesetzt [50].

  Aufgrund des gleichartigen Aufbaus wird der modellierte Term des turbulenten Transports dem modellierten Term der molekularen Diffusion additiv überlagert, so dass der dem Gradienten der mittleren Reaktionsfortschrittsvariablen proportionale Transport insgesamt über

$$\frac{\partial}{\partial x_i}\left(\overline{\rho}\, D_c\, \frac{\partial \tilde{c}}{\partial x_i}\right) - \frac{\partial}{\partial x_i}\left(\overline{\rho}\, \widetilde{u_i'' c''}\right) = \frac{\partial}{\partial x_i}\left(\left(\overline{\rho}\, D_c + \frac{\mu_t}{Sc_c}\right)\frac{\partial \tilde{c}}{\partial x_i}\right) \tag{3.30}$$

erfasst wird.
Der Gradientenansatz ist physikalisch motiviert und entspricht den Kenntnissen der Thermodynamik, wonach dem zweiten Hauptsatz der Austausch entgegen dem Gradienten erfolgt. Die im Zusammenhang mit dem BML Modell durchgeführten Untersuchungen von LIBBY und BRAY [71] zeigen jedoch für manche niederturbulente Vormischflammen eine positive Korrelation zwischen dem Reynoldsfluss $\overline{\rho\, \mathbf{u}'' c''}$ und dem Gradienten der mittleren Reaktionsfortschrittsvariablen $\nabla\, \tilde{c}$. Dieses Phänomen wird als *Gegengradientendiffusion* bezeichnet, da der (Stoff-) Austausch in Richtung des Gradienten der Skalaren selbst erfolgt.
Eine positive (negative) Fluktuation der Reaktionsfortschrittsvariablen $c''$ führt aufgrund der Kopplung über die Wärmefreisetzung zu einer positiven (negativen) Fluktuation der Geschwindigkeit $\mathbf{u}''$, weshalb die Korrelation $\overline{\rho\, \mathbf{u}'' c''}$ positiv ist. Da der Gradient der mittleren Reaktionsfortschrittsvariablen positiv in Richtung der Produkte ist, wird in diesen Fällen niederturbulenter vorgemischter Flammen $\overline{\rho\, \mathbf{u}'' c''}/\nabla\, \tilde{c} > 0$, d.h. Gegengradientendiffusion tritt auf. Ursache ist demnach die Wärmefreisetzung, welche über die Flamme hinweg zu einer Verringerung der Dichte und aufgrund des näherungsweise konstanten Impulsstromverhältnisses zu einer deutlichen Steigerung der Geschwindigkeit führt. Bei ausreichend hoher Turbulenzintensität überwiegt jedoch der turbulente Transport dieser Expansionswirkung, wodurch $\overline{\rho\, \mathbf{u}'' c''}/\nabla\, \tilde{c} < 0$ wird, also Gradientendiffusion vorliegt.
VEYNANTE ET. AL [127] konnten auf Basis von DNS ein abschätzendes Kriterium für das Auftreten von Gegengradientendiffusion angeben. Demnach tritt Gradientendiffusion für $N_B \leq 1$ und Gegengradientendiffusion für $N_B \geq 1$ auf. $N_B$ steht hierbei für die *Bray* Zahl und wird über

$$N_B = \frac{\tau\, s_l^0}{2\alpha\, u'} \tag{3.31}$$

mit dem Wärmefreisetzungsparameter $\tau$ (vgl. Gleichung (2.239)), der ebenen, ungestreckten Flammengeschwindigkeit $s_l^0$ und dem rms-Wert der charakteristischen turbulenten Fluktuation $u'$ gebildet. $\alpha$ ist ein Parameter der Ordnung $\mathcal{O}(1)$, welcher die verringerte Fähigkeit kleinskaliger Wirbel berücksichtigt, mit der Flamme in wesentliche Interaktion zu treten. Die Abhängigkeit des Parameters $\alpha$ von dem Längenverhältnis des charakteristischen Turbulenzlängenmaßes $L_t$ zu laminarer, ungestreckter Flammendicke $\delta_l^0$ kann näherungsweise über

$$\alpha = e^{-\frac{16{,}6}{\left(L_t/\delta_l^0+0{,}4\right)^{3/2}}} \tag{3.32}$$

abgeschätzt werden [50, 127]. Wird die Bedingung für Gradientendiffusion $N_B \leq 1$ berücksichtigt, so folgt aus Gleichung (3.31)

$$\frac{u'}{s_l^0} \geq \frac{\tau}{2\alpha} \approx \tau \tag{3.33}$$

eine Bedingung die für die in dieser Arbeit untersuchten hochturbulenten Flammen mit hinreichendem Abstand nach oben erfüllt ist.

- *Modellierung des Reaktionsquellterms* (V):
Die Modellierung des gemittelten Reaktionsquellterms $\overline{\dot{\omega}}$ erfolgt unmittelbar aus der Mittelung des instantanen Reaktionsquellterms $\dot{\omega}$ (vgl. Gleichung (2.82) kombiniert mit Gleichung (2.69)) zu[14]:
$$\overline{\dot{\omega}_c} = \overline{\rho_u\, s_l\, \Sigma} = \rho_u\, s_l\, \overline{\Sigma} \tag{3.34}$$
mit $s_l$ als dem lokalen, charakteristischen Geschwindigkeitsmaß des in das turbulente Strömungsfeld eingebetteten Flamelets und mit $\overline{\Sigma}$ als der lokalen, mittleren Flammenoberflächendichte.

Die in dieser Arbeit numerisch gelöste, dichtegewichtete Gleichung der Reaktionsfortschrittsvariablen ergibt sich damit unter Berücksichtigung der Modellierungsansätze für den turbulenten Transport und den Reaktionsquellterm in Indexnotation zu

$$\frac{\partial\left(\overline{\rho}\tilde{c}\right)}{\partial t} + \frac{\partial}{\partial x_i}\left(\overline{\rho}\,\widetilde{u_i}\tilde{c}\right) = \frac{\partial}{\partial x_i}\left(\left(\overline{\rho}D_c + \frac{\mu_t}{Sc_c}\right)\frac{\partial \tilde{c}}{\partial x_i}\right) + \rho_u\, s_l\, \overline{\Sigma} \tag{3.35}$$

und in Vektornotation zu

$$\frac{\partial\left(\overline{\rho}\;\tilde{c}\right)}{\partial t} + \nabla\bullet\left(\overline{\rho}\;\widetilde{\mathbf{u}}\tilde{c}\right) = \nabla\bullet\left(\left(\overline{\rho}D_c + \frac{\mu_t}{Sc_c}\right)\nabla\tilde{c}\right) + \rho_u\, s_l\, \overline{\Sigma} \tag{3.36}$$

Die Flameletgeschwindigkeit $s_l$ wird mittels laminarer, stationär gestreckter Flammen unter Berücksichtigung eines detaillierten Reaktionsmechanismus und geeigneter Ansätze integriert, während die lokale, mittlere Flammenoberflächendichte mittels einer zu lösenden Transportgleichung bestimmt wird. Die Modellierung dieser beiden Größen wird im Folgenden beschrieben.

### 3.4.5 Die modellierte Gleichung der Flammenoberflächendichte

Dieses Kapitel beschreibt die in dieser Arbeit gewählte Modellierung der Transportgleichung der Flammenoberflächendichte (2.124)

$$\frac{\partial\Sigma}{\partial t} + u_i\,\frac{\partial\Sigma}{\partial x_i} = -\left(n_i n_j \frac{\partial u_i}{\partial x_j}\right)\Sigma - n_i\,\frac{\partial\left(s_l\,\Sigma\right)}{\partial x_i} \tag{3.37}$$

welche zunächst zu

$$\underbrace{\frac{\partial\Sigma}{\partial t} + \frac{\partial\left(u_i\,\Sigma\right)}{\partial x_i} - \Sigma\,\frac{\partial u_i}{\partial x_i}}_{=u_i\,\frac{\partial\Sigma}{\partial x_i}} = -\left(n_i n_j \frac{\partial u_i}{\partial x_j}\right)\Sigma \underbrace{-\frac{\partial\left(s_l\,n_i\,\Sigma\right)}{\partial x_i} + s_l\,\frac{\partial n_i}{\partial x_i}\,\Sigma}_{=-\,n_i\,\frac{\partial\left(s_l\,\Sigma\right)}{\partial x_i}} \tag{3.38}$$

[14]Der Flameletansatz geht von statistischer Unabhängigkeit zwischen der Flameletgeschwindigkeit $s_l$ und der Flammenoberflächendichte $\Sigma$ aus, z.B. [89]. Daher gilt $\overline{s_l\,\Sigma} = s_l\,\overline{\Sigma}$.
$s_l$ ist in diesem Zusammenhang die lokal und zeitlich variierende Flameletgeschwindigkeit und entspricht im Kontext der Flammenoberflächendichtemodellierung der oberflächengewichteten Flameletgeschwindigkeit $\langle s_l\rangle \approx s_l$ (vgl. Seite 94).

und weiter zu

$$\frac{\partial \Sigma}{\partial t} + \frac{\partial (u_i \Sigma)}{\partial x_i} + \frac{\partial (s_l\, n_i\, \Sigma)}{\partial x_i} = \left(\delta_{ij} - n_i n_j\right) \frac{\partial u_i}{\partial x_j} \Sigma + s_l \frac{\partial n_i}{\partial x_i} \Sigma \tag{3.39}$$

umgeformt wird.

Diese Bilanzgleichung der Flammenoberflächendichte $\Sigma$ ist den Definitionen der Gleichung (2.116) und der Gleichung (2.141) wegen an der Stelle $c = c^*$ definiert, wie das in nachstehender Abbildung 3.7 gezeigt ist. Die auftretenden Terme sind daher auf die betrachtete Oberfläche kondi-

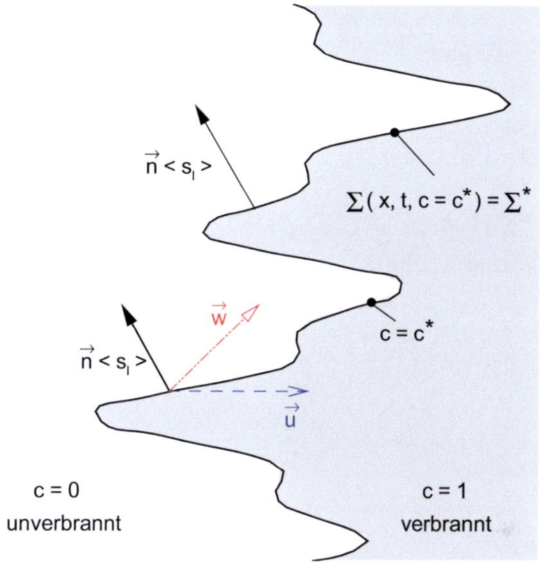


Abbildung 3.7: Zur Konditionierung der Flammenoberflächendichte

tionierte Mittel, für die gemäß Gleichung (2.153) der Operator $\langle\rangle_s$ eingeführt wird, der für eine beliebige Größe $Q$ über

$$\langle Q \rangle_s = \frac{\overline{Q\ |\nabla c|\ \delta\,(c - c^*)}}{\overline{|\nabla c|\ \delta\,(c - c^*)}} \tag{3.40}$$

definiert wird [89] und daher als eine Mittelung entlang der durch $c = c^*$ definierten Flammenoberfläche aufgefasst werden kann. Ferner wird gemäß Gleichung (2.142) die Oberflächendichtefunktion $\overline{\Sigma} = \overline{\Sigma}\,(c^*; \mathbf{x}, t)$ als Erwartungswert der Flammenoberflächendichte an der Stelle $c = c^*$ eingeführt. Die Transportgleichung (3.39) wird damit unter Berücksichtigung der oberflächengewichteten Betrachtungsweise zu

$$\frac{\partial \overline{\Sigma}}{\partial t} + \frac{\partial \left( \langle u_i \rangle_s \overline{\Sigma} \right)}{\partial x_i} + \frac{\partial \left( \langle s_l\, n_i \rangle_s \overline{\Sigma} \right)}{\partial x_i} = \left\langle \left(\delta_{ij} - n_i n_j\right) \frac{\partial u_i}{\partial x_j} \right\rangle_s \overline{\Sigma} + \left\langle s_l \frac{\partial n_i}{\partial x_i} \right\rangle_s \overline{\Sigma}. \tag{3.41}$$

Diese Transportgleichung der Flammenoberflächendichte muss für die numerische Simulation in geeigneter Weise umgeformt werden. Im Rahmen der in dieser Arbeit angewandten uRANS (uFANS) Simulationen werden hierzu die abhängigen Variablen zunächst nach FAVRE gemäß den Vorschriften des Kapitels 3.1 in einen Mittel- und Schwankungswert aufgeteilt. Die instantane Geschwindigkeit $u_i$ wird damit zu

$$u_i = \tilde{u}_i + u_i^{''} \tag{3.42}$$

wodurch der Konvektionsterm (zweiter Term der linken Seite der Gleichung (3.41)) sich gemäß

$$\frac{\partial}{\partial x_i}\left( \langle u_i \rangle_s \,\overline{\Sigma}\right) = \frac{\partial}{\partial x_i} \underbrace{\left( \tilde{u}_i \,\overline{\Sigma}\right)}_{\text{Mittlerer Transport}} + \frac{\partial}{\partial x_i} \underbrace{\left( \left\langle u_i^{''} \right\rangle_s \overline{\Sigma}\right)}_{\text{Turbulenter Transport}} \tag{3.43}$$

additiv aus einem von der mittleren Strömung kontrollierten (erster Term der rechten Seite) und einen von der turbulenten Strömung (zweiter Term der rechten Seite) bestimmten Anteil zusammensetzt. Der Quellterm durch Streckung (erster Term der rechten Seite der Gleichung (3.41)) wird durch die Mittelung zu

$$\left\langle \left(\delta_{ij} - n_i n_j\right) \frac{\partial u_i}{\partial x_j} \right\rangle_s \overline{\Sigma} = \underbrace{\left(\delta_{ij} - \left\langle n_i n_j \right\rangle_s\right) \frac{\partial \tilde{u}_i}{\partial x_j} \overline{\Sigma}}_{\text{Mittlere Streckung } \langle K_m \rangle} + \underbrace{\left\langle \left(\delta_{ij} - n_i n_j\right) \frac{\partial u_i^{''}}{\partial x_j} \right\rangle_s \overline{\Sigma}}_{\text{Turbulente Streckung } \langle K_t \rangle}, \tag{3.44}$$

wonach sich die Streckung aus einem von dem mittleren Strömungsfeld hervorgerufenen (erster Term der rechten Seite) und einem von dem Feld der überlagerten turbulenten Fluktuationsbewegungen herrührenden (zweiter Term der rechten Seite) Anteil zusammensetzt.
Die gemittelte Transportgleichung der Flammenfrontoberflächendichte kann daher in

$$\begin{aligned} \underbrace{\frac{\partial \overline{\Sigma}}{\partial t}}_{(\mathrm{I})} + \underbrace{\frac{\partial}{\partial x_i}\left( \tilde{u}_i \,\overline{\Sigma}\right)}_{(\mathrm{II})} &= \underbrace{- \frac{\partial}{\partial x_i}\left( \left\langle u_i^{''} \right\rangle_s \overline{\Sigma}\right)}_{(\mathrm{III})} + \underbrace{\left(\delta_{ij} - \left\langle n_i n_j \right\rangle_s\right) \frac{\partial \tilde{u}_i}{\partial x_j} \overline{\Sigma}}_{(\mathrm{IV})} \\ &\underbrace{+ \left\langle \left(\delta_{ij} - n_i n_j\right) \frac{\partial u_i^{''}}{\partial x_j} \right\rangle_s \overline{\Sigma}}_{(\mathrm{V})} \underbrace{- \frac{\partial}{\partial x_i}\left( \langle s_l\, n_i \rangle_s \,\overline{\Sigma}\right)}_{(\mathrm{VI})} + \underbrace{\left\langle s_l \frac{\partial n_i}{\partial x_i} \right\rangle_s \overline{\Sigma}}_{(\mathrm{VII})} \end{aligned} \tag{3.45}$$

überführt werden. In der vom Koordinatensystem unabhängigen vektoriellen Notation schreibt sich die gemittelte Transportgleichung der Flammenoberflächendichte als:

$$\begin{aligned} \underbrace{\frac{\partial \overline{\Sigma}}{\partial t}}_{\mathrm{I}} + \underbrace{\nabla \bullet \left( \tilde{\mathbf{u}}\, \overline{\Sigma}\right)}_{(\mathrm{II})} &= \underbrace{- \nabla \bullet \left( \left\langle \mathbf{u}^{''} \right\rangle_s \overline{\Sigma}\right)}_{(\mathrm{III})} + \underbrace{\left(\nabla \bullet \tilde{\mathbf{u}} - \langle \mathbf{nn} \rangle_s : \nabla \tilde{\mathbf{u}}\right) \overline{\Sigma}}_{(\mathrm{IV})} \\ &\underbrace{+ \left\langle \left( \nabla \bullet \mathbf{u}^{''} - \mathbf{nn} : \nabla \mathbf{u}^{''}\right) \right\rangle_s \overline{\Sigma}}_{(\mathrm{V})} \underbrace{- \nabla \bullet \left( \langle s_l\, \mathbf{n} \rangle_s\right) \overline{\Sigma}}_{(\mathrm{VI})} + \underbrace{\langle s_l\, \nabla \bullet \mathbf{n} \rangle_s \,\overline{\Sigma}}_{(\mathrm{VII})}. \end{aligned} \tag{3.46}$$

Diese Gleichung der statistisch mittleren Flammenoberflächendichte ist durch die Terme der (I) zeitlichen Änderung, des (II) Transports aufgrund der mittleren Strömung (Konvektion), des (III) turbulenten Transports, der (IV) Streckung aufgrund der mittleren Strömung, der

(V) turbulenten Streckung, der (VI) Propagation und der (VII) Krümmung der Flamme gegeben. Die Terme der rechten Seite erfordern zur numerischen Behandlung eine Beschreibung auf Basis mittlerer Größen. Die im Folgenden vorgestellte Modellierung basiert auf Ansätzen, die sich vor allem an Ergebnissen von DNS-Simulationen aus der Literatur orientieren, wodurch die mittels der unterschiedlichen Terme der Transportgleichung beschreibbaren physikalischen Wechselwirkungen von Strömung und vorgemischter Flamme jeweils für sich genommen und mit einer hohen Allgemeingültigkeit beschrieben sind. Die Schließungsannahmen sind dennoch Modellvorstellungen, weshalb es in der Literatur Ansätze gibt, die von den in dieser Arbeit vorgestellten abweichen. Eine Diskussion der unterschiedlichen Beschreibungen der ungeschlossenen Terme würde über den Rahmen dieser Arbeit hinausgehen, weshalb für eine Darstellung unterschiedlicher Modellierungsansätze an dieser Stelle auf die Übersichtsartikel von DUCLOS, VEYNANTE und POINSOT [28], von VEYNANTE und VERVISCH [128], von VEYNANTE ET AL. [125] als auch auf das Buch von POINSOT und VEYNANTE [89], sowie auf HOFFMANN [50] und die jeweils angegebenen Literaturstellen verwiesen wird.

- *Modellierung des turbulenten Transports* (III)*:*
  VEYNANTE ET AL. [127] konnten auf Basis von mittels DNS gewonnenen Daten nachweisen, dass der turbulente Transport der Flammenoberflächendichte und der turbulente Transport der Reaktionsfortschrittsvariablen positiv korreliert sind. Die auf die Flammenoberfläche konditionierte Strömungsgeschwindigkeit $\langle \tilde{\mathbf{u}} \rangle_s$ kann als lineare Funktion der auf den unverbrannten $\overline{\mathbf{u}}^u$ und den verbrannten Zustand $\overline{\mathbf{u}}^b$ konditionierten Geschwindigkeit im Allgemeinen annähernd und im Falle einer bimodalen Wahrscheinlichkeitsdichteverteilung exakt ausgedrückt werden,

$$\langle \tilde{\mathbf{u}} \rangle_s = \overline{\mathbf{u}}^u + c^* \left( \overline{\mathbf{u}}^b - \overline{\mathbf{u}}^u \right) \tag{3.47}$$

  wobei $c^*$ den Definitionszustand der Auswertung der Flammenoberfläche beschreibt. Diese Beziehung kann mittels des Zusammenhangs des BML Ansatzes [128]

$$\tilde{\mathbf{u}} = (1 - \tilde{c})\, \overline{\mathbf{u}}^u + \tilde{c}\, \overline{\mathbf{u}}^b \tag{3.48}$$

  zu

$$\left\langle \mathbf{u}'' \right\rangle_s = \langle \mathbf{u} \rangle_s - \tilde{\mathbf{u}} = (c^* - \tilde{c}) \left( \overline{\mathbf{u}}^b - \overline{\mathbf{u}}^u \right) \tag{3.49}$$

  umformuliert werden, wodurch eine Beschreibung der oberflächengewichteten Geschwindigkeitsfluktuation gegeben ist. Der turbulente Transport der Reaktionsfortschrittsvariablen

$$\overline{\rho} \widetilde{\mathbf{u}'' c''} = \overline{\rho} \left( \widetilde{\mathbf{u}\, c} - \tilde{\mathbf{u}}\, \tilde{c} \right) \tag{3.50}$$

  folgt mit Gleichung (3.48) zu (s. Anhangskapitel A.18)

$$\overline{\rho} \left( \tilde{c}\, \overline{\mathbf{u}}^b - \tilde{\mathbf{u}}\, \tilde{c} \right) = \overline{\rho} \tilde{c} (1 - \tilde{c}) \left( \overline{\mathbf{u}}^b - \overline{\mathbf{u}}^u \right), \tag{3.51}$$

  woraus der folgende Zusammenhang zwischen den turbulenten Flüssen der Flammenoberflächendichte und der Reaktionsfortschrittsvariablen gemäß

$$\left\langle \mathbf{u}'' \right\rangle_s \Sigma = \frac{(c^* - \tilde{c})}{\tilde{c}\, (1 - \tilde{c})} \widetilde{\mathbf{u}'' c''}\, \Sigma \tag{3.52}$$

formuliert werden kann. Ein Ergebnis, das von den detaillierten Ergebnissen von VEYNANTE ET AL. [127] bestätigt wird. Damit gelten äquivalente Bedingungen, wie für die Reaktionsfortschrittsvariable (vgl. Kapitel 3.4.4). Der turbulente Transportterm der Flammenoberflächendichte wird aus diesem Grund in analoger Weise zum turbulenten Transport der Reaktionsfortschrittsvariablen (vgl. Gleichung (3.29)) mittels eines Gradientenansatzes modelliert.

$$\left\langle u_i'' \right\rangle_s \overline{\Sigma} = -\frac{\nu_t}{Sc_\Sigma} \cdot \frac{\partial \left(\overline{\Sigma}\right)}{\partial x_i} \tag{3.53}$$

In der vom zugrundeliegenden Koordinatensystem unabhängigen Vektordarstellung schreibt sich dieser Gradientenansatz als

$$\left\langle \mathbf{u}'' \right\rangle_s \overline{\Sigma} = -\frac{\nu_t}{Sc_\Sigma} \cdot \nabla \overline{\Sigma} \tag{3.54}$$

mit $Sc_\Sigma$ als der Schmidt Zahl der Flammenoberflächendichte, welche in dieser Arbeit zu $Sc_\Sigma = 0{,}7$ gesetzt ist [50].

- *Streckung durch gemitteltes Strömungsfeld* (IV)*:*
  Der auf die Wirkung des mittleren Strömungsfeldes zurückgehende Quellterm wird auf Basis der Arbeiten von MANTEL und BORGHI [76] und VEYNANTE ET AL. [126] modelliert. Hierbei wird das als Orientierungsfaktor bezeichnete Tensorprodukt $\langle \mathbf{nn} \rangle_s$ auf den Tensor der Geschwindigkeitsfluktuationen $\widetilde{\mathbf{u}''\mathbf{u}''}$ zurückgeführt.

$$\langle \mathbf{nn} \rangle_s = \overline{\overline{\mathbf{E}}}\, \frac{\widetilde{\mathbf{u}''\mathbf{u}''}}{4\,\tilde{k}} + \left(\overline{\overline{\mathbf{I}}} - \overline{\overline{\mathbf{E}}}\right) \cdot \frac{\widetilde{\mathbf{u}''\mathbf{u}''}}{2\,\tilde{k}} \tag{3.55}$$

Der Berücksichtigung des Dichteeinflusses wegen werden in dieser Arbeit die Orientierungsfaktoren mittels des Reynoldsspannungstensors $\rho\widetilde{\mathbf{u}''\mathbf{u}''}$ geschlossen [50], was zu

$$\left(\frac{\partial \tilde{u}_i}{\partial x_i} - \left\langle n_i n_j \right\rangle_s \frac{\partial \tilde{u}_i}{\partial x_j}\right) \cdot \overline{\Sigma}$$

$$= C_{Km} \cdot \left(\frac{\partial \tilde{u}_i}{\partial x_i} - \left(\delta_{ij} \cdot \frac{\rho \widetilde{u_i'' u_i''}}{4\rho\tilde{k}} + \left(1 - \delta_{ij}\right) \cdot \frac{\rho \widetilde{u_i'' u_i''}}{2\rho\tilde{k}}\right) \frac{\partial \tilde{u}_i}{\partial x_j}\right) \cdot \overline{\Sigma} \tag{3.56}$$

führt. Die invariante Darstellung lautet entsprechend:

$$\left(\nabla \bullet \tilde{\mathbf{u}} - \langle \mathbf{nn} \rangle_s : \nabla \tilde{\mathbf{u}}\right) \cdot \overline{\Sigma}$$

$$= C_{Km} \cdot \left(\nabla \bullet \tilde{\mathbf{u}} - \left(\overline{\overline{\mathbf{E}}}\, \frac{\rho\, \widetilde{\mathbf{u}''\mathbf{u}''}}{4\rho\tilde{k}} + \left(\overline{\overline{\mathbf{I}}} - \overline{\overline{\mathbf{E}}}\right) \cdot \frac{\rho \widetilde{\mathbf{u}''\mathbf{u}''}}{2\rho\tilde{k}}\right) \nabla \tilde{\mathbf{u}}\right) \cdot \overline{\Sigma} \tag{3.57}$$

mit $\overline{\overline{\mathbf{E}}}$ als der Einheitsmatrix und $\overline{\overline{\mathbf{I}}}$ als der Matrix mit $I_{ij} = 1\ \forall\ i,j$ und $C_{Km}$ als einer Modellkonstanten von der Größenordnung $\mathscr{O}(C_{Km}) = 1$.

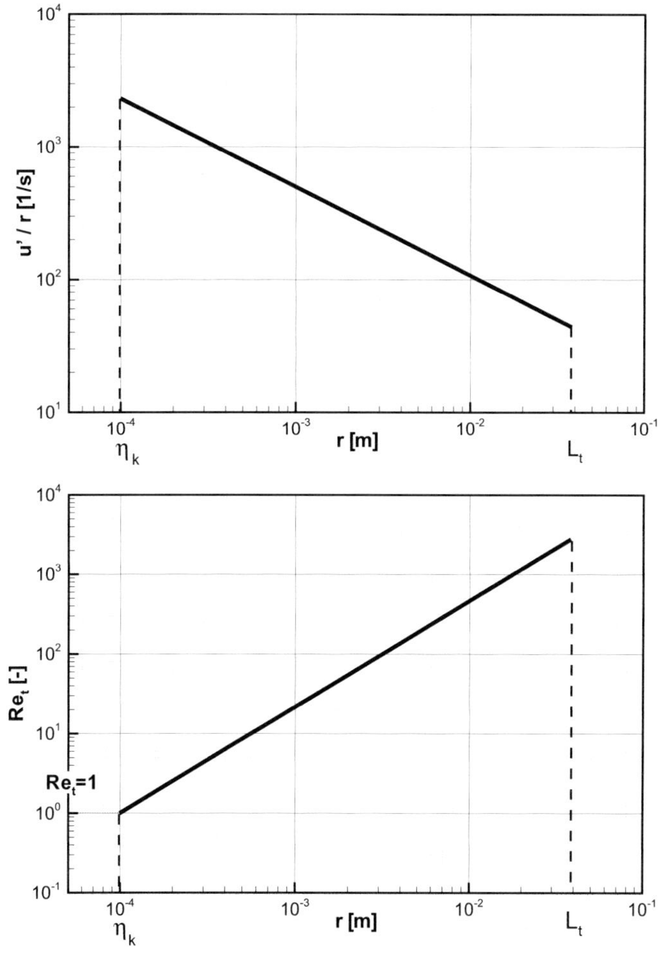


Abbildung 3.8: Verlauf der wirbelklassenabhängigen turbulenten Streckungrate $u'/r$ (oben) und der Reynoldszahl $Re_t$ (unten) als Funktion der charakteristischen Wirbelabmessung $r$

- *Turbulente Streckung* (V)*:*
  Das grundsätzliche Problem der Modellierung der turbulenten Streckung liegt in seiner Wirbelklassenabhängigkeit, wie es Abbildung 3.8 anhand der turbulenten Streckungsrate $u'/r$ (oben) und der turbulenten Reynoldszahl $Re_t$ (unten) als Funktion der Wirbelabmessungen $r$ der turbulenten Strukturen zeigt. Der Turbulenzkaskade entsprechend skaliert die turbulente Streckungsrate reziprok zum charakteristischen Wirbelabmaß $r$ und nimmt folglich für die Kolmogorov´schen Skalen $\eta_k$ die größten und für die Makroskalen $L_t$ die kleinsten Werte an. Gegenläufig hierzu nimmt die turbulente Reynoldszahl die größ-

ten Werte bei den Makroskalen und die kleinsten Werte der Ordnung $\mathcal{O}(Re_t) = 1$ bei den Kolmogorov´schen Skalen ein. Da die turbulente Reynoldszahl dem Verhältnis von turbulenter zu laminarer (molekularer) Viskosität entspricht $Re_t \propto \nu_t/\nu$, ist der molekulardissipative Einfluss bei den kleinen Skalen dominant, weshalb die Wirkzeit der kleinsten Wirbel nur gering ist. Die effektive Streckungsrate ist daher nicht allein von der wirbelklassenspezifischen Streckungsrate $u'/r$, sondern auch von der effektiven Wirkzeit der betrachteten Streckungsrate und von dem Verhältnis der charakteristischen Abmessung des betrachteten Turbulenzwirbels $r$ zu der lokal vorliegenden Flammendicke $\delta_l$ und der charakteristischen Geschwindigkeit des Wirbels $u'$ zu der Flammengeschwindigkeit $s_l$ abhängig. Die beiden letzteren Einflüsse sind unmittelbar aus der Diskussion zur Klassifizierung vorgemischter Flammen (vgl. Kapitel 3.4.2) verständlich.

Der Quellterm der turbulenten Streckung wird in dieser Arbeit aufgrund seiner Komplexität mittels des auf MENEVEAU und POINSOT [77] zurückgehenden ITNFS[15] Modells berechnet und nicht auf Basis einer einzigen wirbelklassenspezifischen Streckungsrate. Grundlage des ITNFS Modells bilden DN-Simulationen der Wechselwirkung einer ebenen Flamme mit jeweils zwei entgegengesetzt rotierenden Wirbeln. Dabei zeigte sich, dass die Wechselwirkung eines repräsentativen Turbulenzspektrums auf eine ebene Flamme über die abgeleitete Effektivitätsfunktion $\overline{\Gamma_K}$ erfasst werden kann. Damit werden nicht nur die Effekte einer einzigen Wirbelklasse, sondern die integrale Wirkung des gesamten Spektrums erfasst. Die Effektivitätsfunktion ist über die Geschwindigkeits- $u'/s_l^0$ und Längenverhältnisse $L_t/\delta_l^0$ parametrisiert und mit der Streckungsrate der Makrowirbel $\tilde{\varepsilon}/\tilde{k}$ entdimensioniert. Die turbulente Streckungsrate $\langle K_t \rangle$ wird damit über

$$\langle K_t \rangle = \overline{\Gamma_K}\left(\frac{u'}{s_l^0}, \frac{L_t}{\delta_l^0}\right)\frac{\tilde{\varepsilon}}{\tilde{k}} \tag{3.58}$$

berechnet. Abbildung 3.9 zeigt die mit der Streckungsrate der Makrowirbel $\tilde{\varepsilon}/\tilde{k}$ entdimensionierte effektive turbulente Streckungsrate (Netto-Streckungsrate), der eine Flamme in vollständig ausgebildeter turbulenter Strömung[16] ausgesetzt ist. Der Einfluss des Geschwindigkeitsverhältnisses $u'/s_l^0$ und damit der kinetischen Energie der Wirbel ($u' \propto \sqrt{\tilde{k}}$) auf die turbulente Streckung der Flamme ist demnach näherungsweise unabhängig von der Flammendynamik ($s_l^0$)[17].
Im Gegensatz dazu ist der Einfluss des Längenverhältnisses $L_t/\delta_l^0$ sehr stark ausgeprägt. Integral betrachtet steigt daher mit steigendem Makrolängenmaß die Anzahl derjenigen Wirbel, die bei hinreichend hoher Streckungsrate lange genug existieren, um eine effektive Nettostreckung auf die Flammen auszuüben. Dementsprechend veranschaulicht der Graph der Effektivitätsfunktion auch die geringe Bedeutung kleiner Turbulenzwirbel auf

[15] *Intermittent Turbulence Net Flame Stretch*

[16] Turbulenzspektrum mit Inertialbereich (*engl. inertial subrange*), d.h. $-5/3$-Steigung des Energiespektrums

[17] Die näherungsweise Unabhängigkeit der turbulenten Streckung von dem Geschwindigkeitsverhältnis ist in Anhang A.19 auf Basis einfacher Überlegungen gezeigt. Diese Darstellung berücksichtigt keine spektrumsspezifischen Merkmale, wodurch sich ein linearer Zusammenhang anstelle des in Abbildung 3.9 veranschaulichten ergibt.

die Netto-Streckung, was auf deren geringe Wirkzeit zurückgeführt werden kann. Dieser Effekt ist vollständig unabhängig von der Energie dieser Wirbel, wie für kleiner werdende Abmessungen anhand der stark asymptotisch zusammenlaufenden Kurvenschar erkennbar ist (sich von dem als *I* gekennzeichneten Punkt in der Abbildung 3.9 aus nach links erstreckenden Bereich).

Der in der Abbildung als *II* gekennzeichnete Zustand beschreibt den Übergang von bezüglich der Makrostreckung $\tilde{\varepsilon}/\tilde{k}$ überschätzender (graue Fläche in Abbildung 3.9) zu unterschätzender Wirkung. Im erst (zweit) genannten Fall würde die turbulente Streckung folglich auf Basis der Makroskalen überschätzt (unterschätzt) werden und wird daher nach dem ITNFS-Modell entsprechend gedämpft (verstärkt).

Die Effektivitätsfunktion besitzt keine obere Schranke, da die turbulente Reynoldszahl $Re_t = u' L_t / \nu$ auch bei konstant gehaltenem Geschwindigkeitsverhältnis mit zunehmendem Längenverhältnis anwächst.

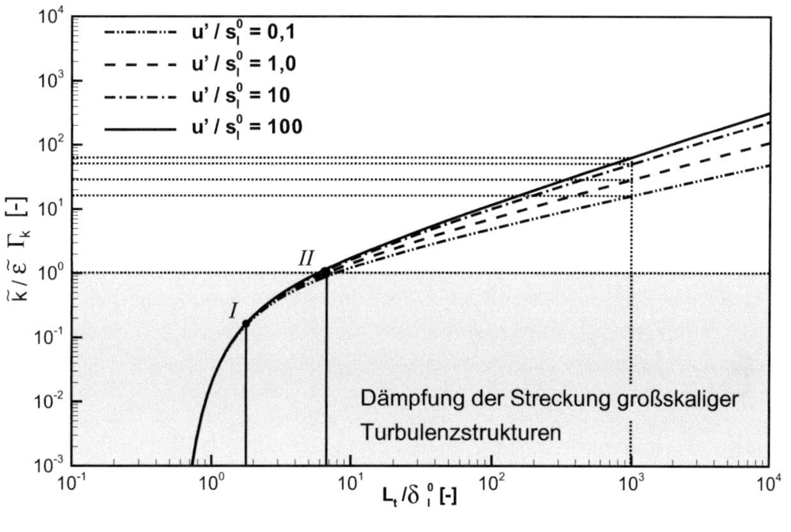


Abbildung 3.9: Mit der Streckungsrate der Makrowirbel $\tilde{\varepsilon}/\tilde{k}$ entdimensionierte, effektive turbulente Streckungsrate $\Gamma_k$ in Abhängigkeit der entdimensionierten Geschwindigkeits- $u'/s_l^0$ und Längenverhältnisse $L_t/\delta_l^0$

Die Schließung der turbulenten Streckungsrate über die ITNFS-Formulierung erfasst daher den intermittenten Charakter des Turbulenzspektrums mit der damit verbundenen Netto Streckungsrate der Flamme. Dieser Ansatz berücksichtigt folglich die Vorgänge:

- der Generierung von Flammenoberfläche aufgrund der Faltung, Streckung und Krümmung
- des Verlöschens von Flammenoberfläche aufgrund zu hoher Streckungsraten (aerodynamisches Quenchen).

Die Effektivitätsfunktion $\overline{\Gamma_K}$ des ITNFS Modells wird nach der Vorschrift [77]

$$\log_{10}\left(\overline{\Gamma_K}\right) = -\frac{1}{s+0{,}4} \cdot e^{-(s+0{,}4)} + \left(1 - e^{-(s+0{,}4)}\right) \cdot (\sigma_1\, s - 0{,}11) \tag{3.59}$$

$$\text{mit} \quad s = \log_{10}\left(\frac{L_t}{\delta_l^0}\right) \quad \text{und} \quad \sigma_1 = \frac{2}{3}\left(1 - \frac{1}{2} e^{\left(u_t/s_l^0\right)^{1/3}}\right) \tag{3.60}$$

bestimmt, wodurch sich die turbulente Streckungsrate zu

$$\left\langle \frac{\partial u_i''}{\partial x_i} - n_i n_j \frac{\partial u_i''}{\partial x_j} \right\rangle_s \cdot \overline{\Sigma} = C_{Kt} \cdot \frac{\tilde{\varepsilon}}{\tilde{k}} \cdot \overline{\Gamma_K}\left(\frac{u'}{s_l^0}, \frac{L_t}{\delta_l^0}\right) \cdot \overline{\Sigma} \tag{3.61}$$

mit $C_{Kt}$ als einer Modellkonstanten ergibt. In Vektornotation schreibt sich der Term der turbulenten Streckungsrate als:

$$\left\langle \nabla \bullet \mathbf{u}'' - \mathbf{nn} : \nabla \mathbf{u}'' \right\rangle_s \cdot \overline{\Sigma} = C_{Kt} \cdot \frac{\tilde{\varepsilon}}{\tilde{k}} \cdot \overline{\Gamma_K}\left(\frac{u'}{s_l^0}, \frac{L_t}{\delta_l^0}\right) \cdot \overline{\Sigma} \tag{3.62}$$

- *Propagation* (VI)*:*
Der Propagationsterm beschreibt die Flammenausbreitung normal zur statistisch mittleren Position der Flamme. POINSOT ET AL. [87] und CHEN und IM [17] konnten auf Basis von direkter numerischer Simulationen von Methan-Luft Vormischflammen zeigen, dass sich die Oberflächen gewichtete Flammengeschwindigkeit $\langle s_l \rangle_s$ nur wenig von der nicht Oberflächen gewichteten Flammengeschwindigkeit $s_l$ unterscheidet[18]. Die Arbeit von HOFFMANN [50] konnte diesen Ansatz anhand von RANS Simulationen turbulenter Methan-Luft-Vormischflammen bestätigen. Der Normalenvektor **n** ist daher unkorreliert und damit unabhängig von der laminaren Flammengeschwindigkeit

$$\langle \mathbf{n}\, s_l \rangle_s = s_l \, \langle \mathbf{n} \rangle_s . \tag{3.63}$$

Der Normalenvektor **n** der Flammenoberfläche wird einem Vorschlag von CANT ET AL. [14] folgend in einen Mittelwert **M** und einen Schwankungswert **m** geteilt

$$\mathbf{n} = \mathbf{M} + \mathbf{m}. \tag{3.64}$$

Der fluktuierende Anteil des Normalenvektors **m** ist dabei den Grundideen der Mittelungsvorschriften folgend per Definition unkorreliert zum Oberflächenmittel $\langle \mathbf{m} \rangle_s \equiv 0$, wodurch sich

$$\langle \mathbf{n} \rangle_s \, \overline{\Sigma} = \langle \mathbf{M} \rangle_s \, \overline{\Sigma} = \mathbf{M}\, \overline{\Sigma} \tag{3.65}$$

ergibt [128]. Die Flammenoberflächendichte kann mit Gleichung (2.141) als generalisierte Größe über den Gradienten der mittleren Reaktionsfortschrittsvariablen

$$\overline{\Sigma} = \int_0^1 \Sigma \, dc^* = \int_0^1 \overline{|\nabla c| \; \delta(c - c^*)} \, dc^* = \overline{|\nabla c|} \tag{3.66}$$

[18] Die Betrachtung des Einflusses lokaler und instantaner Strömungsinhomogenitäten auf die Flammengeschwindigkeit schließt das nicht aus, siehe Kapitel 5.4.3.

ausgedrückt werden. Der generalisierte Oberflächenoperator $\langle\rangle_s$ kann damit über

$$\langle Q\rangle_s = \frac{\overline{Q\,|\nabla c|}}{\overline{|\nabla c|}} \tag{3.67}$$

eingeführt werden [89], wodurch Gleichung (3.65) zu

$$\langle \mathbf{n}\rangle_s\,\overline{\Sigma} = \langle \mathbf{n}\rangle_s\,\overline{|\nabla c|} = \overline{\mathbf{n}\,|\nabla c|} \tag{3.68}$$

und mit der Definition des Normalenvektors $\mathbf{n} = -\nabla c/|\nabla c|$ (vgl. Gleichung (2.100)) schließlich zu

$$\langle \mathbf{n}\rangle_s\,\overline{\Sigma} = -\,\overline{\nabla c} = -\,\nabla\overline{c} \tag{3.69}$$

umgeformt werden kann. Dies führt für die Schließung des Propagationsterms mit der Konstanten $C_P$ der Ordnung $\mathcal{O}(C_P) = 1$ zu [50, 128]:

$$\frac{\partial\left(\langle n_i\, s_l\rangle_s \cdot \overline{\Sigma}\right)}{\partial x_i} = C_P\, s_l\,\overline{\Sigma}\,\frac{\partial n_i}{\partial x_i} = -\,C_P\, s_l\,\overline{\Sigma}\,\frac{\partial}{\partial x_i}\left(\frac{\partial \overline{c}}{\partial x_i}\right) \tag{3.70}$$

In vektorieller, invarianter Darstellung stellt sich dieser Zusammenhang in der Form

$$\nabla\bullet\left(\langle \mathbf{n}\, s_l\rangle_s \cdot \overline{\Sigma}\right) = C_P\, s_l\,\overline{\Sigma}\,(\nabla\bullet\mathbf{n}) = -\,C_P\, s_l\,\overline{\Sigma}\,(\nabla\bullet\nabla\overline{c}) = -\,C_P\, s_l\,\overline{\Sigma}\,\nabla^2\overline{c} \tag{3.71}$$

dar.

- *Krümmung* (VII)*:*
Da entsprechend der Gleichung (3.63) der Normalenvektor als unkorreliert von der Flammengeschwindigkeit angesetzt wird, folgt der Krümmungsterm zu

$$\left\langle s_l\left(\frac{\partial n_i}{\partial x_i}\right)\right\rangle_s \cdot\overline{\Sigma} = s_l\left\langle\frac{\partial n_i}{\partial x_i}\right\rangle_s \cdot\overline{\Sigma} = s_l\,\langle\nabla\bullet\mathbf{n}\rangle_s\cdot\overline{\Sigma} \tag{3.72}$$

weshalb $\langle\nabla\bullet\mathbf{n}\rangle_s$ die einzige modellseitig zu schließende Größe darstellt. Dieser Krümmungsterm ist wie in Abbildung 3.10 verdeutlicht *konvex* in Richtung des Frischgases $\overline{c}\approx 0$ und *konkav* in Richtung des Rauchgases $\overline{c}\approx 1$.

Das Krümmungsmaß kann in erster Ordnung als proportional zum reziproken Flammenfaltungslängenmaß $L_y$ (vgl. Abbildung 3.10) angesetzt werden

$$\lim_{\overline{c}\to 0}\langle\nabla\bullet\mathbf{n}\rangle_s \propto \frac{1}{L_y} \qquad\qquad \lim_{\overline{c}\to 1}\langle\nabla\bullet\mathbf{n}\rangle_s \propto -\,\frac{1}{L_y}. \tag{3.73}$$

VEYNANTE und VERVISCH [128] schlagen entsprechend

$$\langle\nabla\bullet\mathbf{n}\rangle_s \propto \frac{c^{eq}-\overline{c}}{L_y} \tag{3.74}$$

einen linearen Verlauf zwischen den Grenzen vollständigen Frisch- und Rauchgases vor. $c^{eq}$ steht in diesem Zusammenhang für diejenige Reaktionsfortschrittsvariable, für die im Mittel keine Krümmung der betrachteten Flammenoberfläche $c = c^*$ vorliegt. Dieser

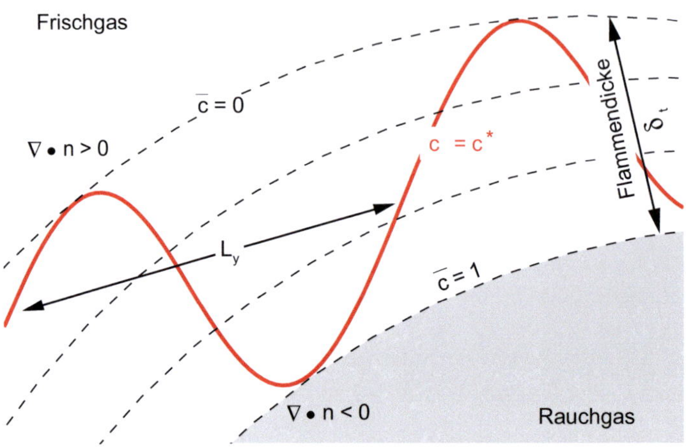


Abbildung 3.10: Zur Modellierung des Krümmungsterms

Ausdruck kann mittels des Ansatzes nach dem BML-Modell [9] auf die Flammenoberflächendichte zurückgeführt werden, was zu

$$\frac{c^{eq} - \bar{c}}{L_y} \propto s_l \; \frac{c^{eq} - \bar{c}}{\bar{c}\,(1 - \bar{c})} \, \overline{\Sigma} \tag{3.75}$$

führt. Der Krümmungsterm der Flammenoberfläche nimmt diesen Ansatzes entsprechend zur Frischgasseite der turbulenten Flammendicke positive

$$s_l \; \frac{c^{eq}}{\bar{c}\,(1 - \bar{c})} \, \overline{\Sigma}^2 \tag{3.76}$$

und zur Rauchgasseite negative

$$- \; \frac{s_l}{1 - \bar{c}} \, \overline{\Sigma}^2 \tag{3.77}$$

Werte an, was sowohl von Direkten Numerischen Simulationen [116] als auch von experimentellen Daten [126] bestätigt wird. Das Zeitmaß des positiven Anteils wird mittels eines empirischen Ansatzes auf das Zeitmaß der turbulenten Makroskalen $\tilde{k}/\tilde{\varepsilon}$ bezogen [50] und wird im Rahmen dieser Arbeit mittels der effektiven turbulenten Streckungsrate bestimmt.

$$s_l \, \frac{c^{eq}}{\bar{c}\,(1 - \bar{c})} \, \overline{\Sigma}^2 = C_{Kt} \cdot \frac{\tilde{\varepsilon}}{\tilde{k}} \cdot \overline{\Gamma_K} \left( \frac{u_t}{s_l^0}, \frac{L_t}{\delta_l^0} \right) \tag{3.78}$$

Die Konstante $C_{Kt}$ berücksichtigt dabei den Einfluss aus beiden Anteilen, der modellierten turbulenten Streckungsrate und des modellierten positiven Krümmungsanteils.
Der im weiteren als Krümmungsterm bezeichnete Modellterm ist daher über

$$\left\langle s_l \left( \frac{\partial n_i}{\partial x_i} \right) \right\rangle_s \cdot \overline{\Sigma} = - \; C_D \, s_l \frac{\overline{\Sigma}^2}{1 - \bar{c}} \tag{3.79}$$

bestimmt. Dieser Zusammenhang schreibt sich in vektorieller Darstellung als:

$$\langle s_l \, \nabla \bullet \mathbf{n} \rangle_s \cdot \overline{\Sigma} = - \, C_D \, s_l \, \frac{\overline{\Sigma}^2}{1 - \overline{c}} \tag{3.80}$$

Der Krümmungsterm ist immer negativ und wirkt daher als Senke für die Flammenoberflächendichte. Dieser Destruktionsterm wirkt auf der Seite der Produkte,

$$\lim_{\overline{c} \to 1} \; -s_l \frac{\overline{\Sigma}^2}{1 - \overline{c}} \;\to\; -\infty \tag{3.81}$$

weshalb dieser Term in der numerischen Berechnung dieser Arbeit für Werte nahe dem vollständigen Ausbrand $\tilde{c} \to 1$ durch seine Tangente linearisiert wird. Der Destruktionsterm hat daher den in Abbildung 3.11 dargestellten Verlauf, wobei um den Zustand $1 - c_\varepsilon$ mit $c_\varepsilon = 1e^{-4}$ entwickelt wird.

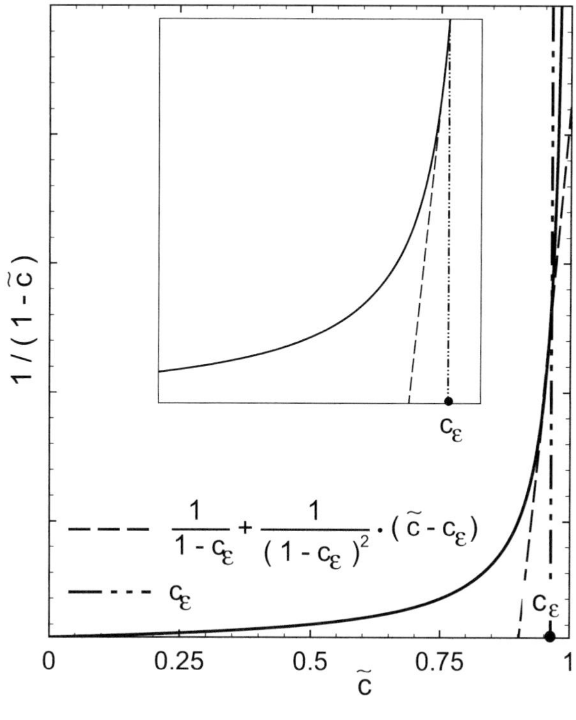


Abbildung 3.11: Modellierung des Verlaufs des Destruktionsterms des FSD-Modells

#### 3.4.5.1 Die Konstanten des Flammenoberflächendichtemodells

Die im Rahmen der Modellierung der ungeschlossenen Flammenoberflächendichtegleichung (3.45) eingeführten Konstanten nehmen die in Tabelle 3.2 zusammengefassten Werte an.

| $C_{Km}$ | $C_{Kt}$ | $C_P$ | $C_D$ |
|---|---|---|---|
| 0,44 | 2,00 | 1,00 | 2,00 |

Tabelle 3.2: Konstanten des FSD Modells

#### 3.4.5.2 Zusammenhang zwischen $\overline{c}$ und $\tilde{c}$

Die modellierten Quellterme der Krümmung (Gleichung (3.81)) und der Propagation (Gleichung (3.71)) der Flammenoberflächendichtegleichung sind über die nach Reynolds gemittelte Reaktionsfortschrittsvariable $\overline{c}$ bestimmt. Zur Schließung der Quellterme der Flammenoberflächendichtegleichung muss ein Zusammenhang zwischen $\overline{c}$ und $\tilde{c}$ geschaffen werden, da in dieser Arbeit die statistisch mittlere Reaktionsfortschrittsvariable selbst mittels einer Transportgleichung als dichtegewichtete Größe $\tilde{c}$ ermittelt wird.
Hierzu wird zunächst von der nach *Reynolds* gemittelten Reaktionsfortschrittsvariablen ausgegangen, die über

$$\overline{c} = \int_0^1 c\, P(c^*)\; dc^* \tag{3.82}$$

definiert ist, was bei Annahme einer bimodalen Wahrscheinlichkeitsdichtefunktion nach Gleichung (2.181) zu $\overline{c} = \beta$ führt. Damit ist über Gleichung (2.185) eine direkte Beziehung zwischen nach *Reynolds* und nach *Favre* gemittelter Reaktionsfortschrittsvariable geben:

$$\overline{c} = \frac{(1+\tau)\; \tilde{c}}{1+\tau\, \tilde{c}} \tag{3.83}$$

Die Korrelation zwischen diesen beiden Mittelungsvorschriften ist in Abbildung 3.12 in Abhängigkeit des Wärmefreisetzungsparameter $\tau$ gegeben[19]. Erwähnenswert ist in diesem Zusammenhang, dass der Wertebereich des Wärmefreisetzungsparameters der in dieser Arbeit untersuchten Vormischflammen bei $2 \leq \tau \leq 6$ liegt, wie dies in Abbildung 2.12 graphisch gezeigt ist.

#### 3.4.5.3 Die Quellterme der FSD-Gleichung auf Basis von $\tilde{c}$

Die Berücksichtigung des Zusammenhangs zwischen nach *Reynolds* und nach *Favre* gemittelter Reaktionsfortschrittsvariablen führt nach Gleichung (3.83) zu den folgenden geschlossenen Modelltermen des Propagations- und Krümmungsquellterms der Transportgleichung der Flammenoberflächendichte.

- *Propagation:*
  Der auf Basis der nach *Reynolds* gemittelten Reaktionsfortschrittsvariablen formulierte Propagationsterm der Gleichung (3.70)

$$-\; C_P\, s_l\, \overline{\Sigma}\, \frac{\partial}{\partial x_i}\left(\frac{\partial \overline{c}}{\partial x_i}\right)$$

[19] Mittels des Wärmefreisetzungsparameter wird der Dichteeinfluss und damit der Effekt der Wärmefreisetzung berücksichtigt.

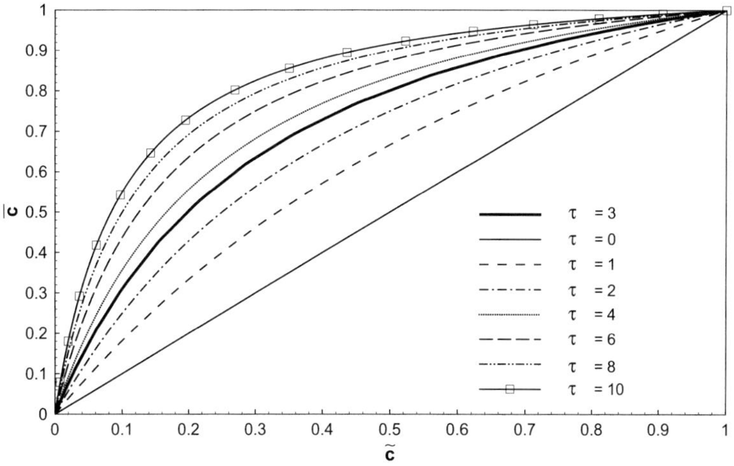


Abbildung 3.12: Nach Reynolds gemittelte Reaktionsfortschrittsvariable $\overline{c}$ als Funktion der nach Favre gemittelten Reaktionsfortschrittsvariablen $\tilde{c}$ in Abhängigkeit des variierenden Wärmefreisetzungsparameters $\tau$

kann auf Basis der nach *Favre* gemittelten Reaktionsfortschrittsvariblen in

$$-\ C_P\, s_l\, \overline{\Sigma}\, \frac{1+\tau}{(1+\tau\cdot\tilde{c})^2} \left[ \frac{\partial}{\partial x_i}\left(\frac{\partial \tilde{c}}{\partial x_i}\right) - \frac{2\tau\, \left(\frac{\partial \tilde{c}}{\partial x_i}\right)^2}{(1+\tau\cdot\tilde{c})^2} \left((1+\tau\cdot\tilde{c})^2+\tau\cdot\tilde{c}\right)\right] \tag{3.84}$$

überführt und dadurch geschlossen modelliert werden. Die Vektordarstellung dieses Zusammenhangs schreibt sich als

$$-\ C_P\, s_l\, \overline{\Sigma}\, \frac{1+\tau}{(1+\tau\cdot\tilde{c})^2} \left[ \nabla^2\tilde{c} - \frac{2\tau\, (\nabla\tilde{c})^2}{(1+\tau\cdot\tilde{c})^2} \left((1+\tau\cdot\tilde{c})^2+\tau\cdot\tilde{c}\right)\right] \tag{3.85}$$

- *Krümmung:*
  Der auf Basis der nach *Reynolds* gemittelten Reaktionsfortschrittsvariablen formulierte Krümmungsterm (3.79)

$$-\ C_D\, s_l \frac{\overline{\Sigma}^2}{1-\overline{c}}$$

kann auf Basis der nach *Favre* gemittelten Reaktionsfortschrittsvariblen in

$$-\ C_D\, s_l \frac{(1+\tau\cdot\tilde{c})\,\overline{\Sigma}^2}{1-\tilde{c}} \tag{3.86}$$

überführt und dadurch geschlossen modelliert werden.

### 3.4.5.4 Modellierung der Gleichung der Flammenoberflächendichte in Wandnähe

Die Transportgleichung der Flammenoberflächendichte (3.45) ist für den Kernbereich der Strömung abgeleitet, verliert aber in der Nähe fester Wände aufgrund der sich dort ausbildenden Grenzschicht seine Gültigkeit. Die Effekte dieser Wandgrenzschicht [98] werden in dieser Arbeit mittels des *Flame Interaction with Surface and Turbulence* (FIST) Modells berücksichtigt. Dieser Ansatz geht auf DNS-Ergebnisse von POINSOT ET AL. [88] zurück, wonach die Flammenoberflächendichte einen zur strömungsdynamischen Grenzschicht ähnlichen Verlauf annimmt, wie in Abbildung 3.13 schematisch als Funktion des dimensionslosen Wandabstands $n^+$ gezeigt. Das Modell unterteilt den Wandbereich in die:

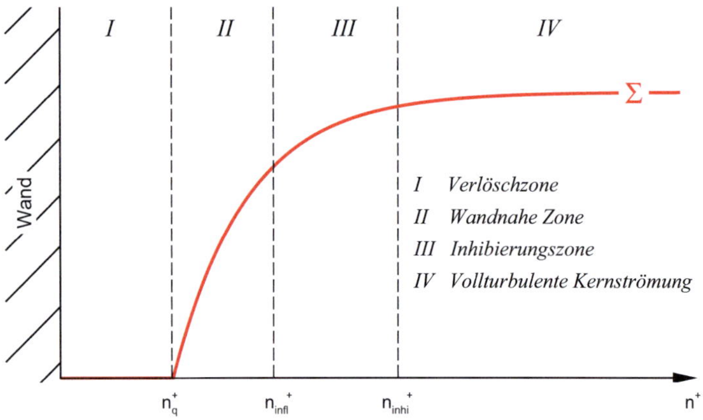


Abbildung 3.13: Verlauf der Flammenoberflächendichte Σ als Funktion des dimensionslosen Wandabstands $n^+$
Das FIST-Modell teilt den Bereich in vier Zonen auf: Verlöschzone, Wandnahe Zone, Inhibierungszone und die Zone der vollturbulenten Kernströmung

*I*: *Verlöschzone (Quenchzone)*

*II*: *Wandnahe Zone* (engl. *Influence Zone*)

*III*: *Inhibierungszone* (engl. *Inhibition Zone*)

*IV*: *Vollturbulente Kernströmung.*

Die Produktionsterme $S_{\Sigma,i} \geq 0$ der für die Kernströmung formulierten Transportgleichung der Flammenoberflächendichte (3.45) werden dabei für die Zonen I-III zu Null gesetzt und die als Destruktionsterm $D$ bezeichneten Senkenterme $S_{\Sigma,i} < 0$ werden wie im Folgenden vorgestellt zonenabhängig modelliert.
Innerhalb der *Verlöschzone* wird die Flammenoberflächendichte insgesamt zu Null gesetzt, um

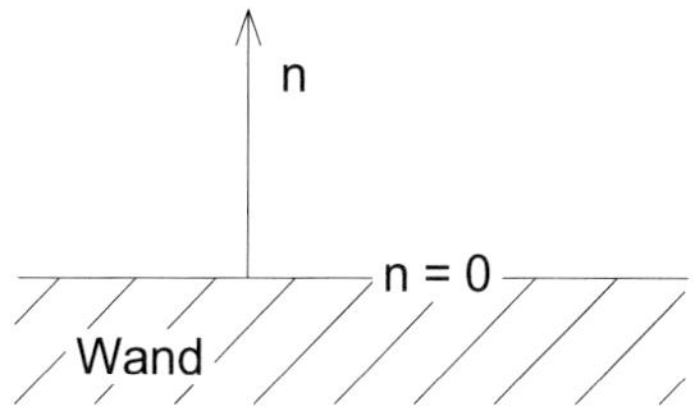


Abbildung 3.14: Wandabstandsermittlung mit $n$ als Richtung normal zur Wand

auch bei den in dieser Arbeit gültigen adiabaten Bedingungen den physikalisch wirkenden Effekt der Wärmeabfuhr zu erfassen, der zu einem Verlöschen der Flamme führt.

$$\overline{\Sigma} = 0 \tag{3.87}$$

Die *Wandnahe Zone* ermöglicht erst die Ausbildung einer von laminaren Austauschvorgängen dominierten Flamme. Der Verlauf der Flammenoberflächendichte wird in diesem Bereich durch Gleichung (3.88) beschrieben.

$$\begin{aligned} S_{\Sigma,i} &= 0 \\ D &= \frac{s_l}{\nu}\left(\overline{\Sigma}\right) \end{aligned} \tag{3.88}$$

Innerhalb der sich anschließenden *Inhibierungszone* nimmt der Einfluss turbulenter Vorgänge mit wachsendem Wandabstand immer weiter zu und geht schließlich an der Stelle $n^+_{inhi}$ in die *vollturbulente Kernströmung* über. Aufgrund zunehmenden Turbulenzeinflusses wird der Destruktionsterm innerhalb der *Inhibierungszone* als Funktion der turbulenten kinetischen Energie $\tilde{k}$ beschrieben.

$$\begin{aligned} S_{\Sigma,i} &= 0 \\ D &= C_D \cdot \sqrt{s_l} \cdot \tilde{k}^{1/4} \cdot \left(\overline{\Sigma}\right)^2 \end{aligned} \tag{3.89}$$

Die entsprechend der Abbildung 3.13 zuordbaren Wandabstände $n^+$ der einzelnen Zonen werden als Funktion der Dicke der ebenen, ungestreckten Flamme $\delta_l^0$ über

$$n_q = Pe_q \cdot \delta_l^0$$

$$n_{infl} = Pe_{infl} \cdot \delta_l^0$$

$$n^+_{inhi} = \frac{n}{l_\nu} = 50$$

ausgedrückt. Die dabei auftretenden freien Parameter entsprechen der Peclet Zahl des Verlöschbereichs $Pe_q = 3{,}4$, der den Abstand der wandnahen Zone beschreibenden Peclet Zahl $Pe_{infl} = 8{,}0$ und der viskosen Längenskala des wandnahen Bereichs $l_\nu = \nu\sqrt{Re/6}/u$ [88, 50].

Die notwendige Ermittlung des normalen Abstandes $n$ eines jeden Gitterpunkts relativ zur nächsten Wand erfolgt in dieser Arbeit mittels einer Poisson-Gleichung, die sich entsprechend der eindimensionalen Betrachtung der Abbildung 3.14 als

$$\frac{d^2 \psi_{WDP}}{dn^2} = -1 \tag{3.90}$$

schreibt. Integration der Gleichung (3.90) führt zu:

$$\frac{d\psi_{WDP}}{dn} = -n + C_1 \tag{3.91}$$

und nach nochmaliger Integration zu:

$$\psi_{WDP} = -\frac{n^2}{2} + C_1\, n + C_2 \tag{3.92}$$

$\psi_{WDP}$[20] steht hierbei für den Wandabstandsparameter der Dimension $[m^2]$. Als Randbedingung nimmt der Wandabstandsparameter an der Wand den Wert Null an (Dirichlet´sche Randbedingung $\psi_{WDP,w} = 0$), wodurch mit den Gleichungen (3.91) und (3.92) die Bestimmungsgleichung für den Wandabstand

$$\frac{1}{2} n^2 + n\, \frac{d\psi_{WDP}}{dn} - \psi_{WDP} = 0 \tag{3.93}$$

mit Lösung[21]

$$n = -\frac{d\psi_{WDP}}{dn} + \sqrt{\left(\frac{d\psi_{WDP}}{dn}\right)^2 + 2\, \psi_{WDP}} \tag{3.94}$$

folgt. Die Gleichungen für den allgemeinen, dreidimensionalen Fall lauten analog dazu und in vektorieller Schreibweise:

$$\nabla^2 \psi_{WDP} = -1 \tag{3.95}$$

$$n = -\left|\nabla \psi_{WDP}\right| + \sqrt{\left|\nabla \psi_{WDP}\right|^2 + 2\, \psi_{WDP}} \tag{3.96}$$

Der Gradient des Wandabstandsparameters wird betragsmäßig berücksichtigt, da er in physikalischer Hinsicht nur positiv sein kann. Die Poisson Gleichung einer skalaren Variablen $\phi$ hat bei dem in dieser Arbeit eingesetzten Strömungslöser [1] die allgemeine Form

$$\nabla \bullet (\rho\, D_\phi\, \nabla\phi) = -\, S_\phi. \tag{3.97}$$

Wegen Gleichung (3.95) wird daher die kinematischen Diffusivität zu $D_\phi = 1\ [m^2/s]$ und der Quellterm zu $S_\phi = \rho \cdot 1\ [m^2/s]$ festgelegt.

### 3.4.6 Integration in den Strömungslöser

Der verwendete Finite-Volumen Strömungslöser [1] löst die allgemeine Transportgleichung des massegewichteten passiven Skalars $\Phi = \phi/\rho$

$$\frac{\partial(\rho\,\phi)}{\partial t} + \frac{\partial(\rho\, u_i\, \phi)}{\partial x_i} = \frac{\partial}{\partial x_i}\left(\rho\, D_\Phi + \frac{\mu_t}{Sc_\phi}\right)\frac{\partial\phi}{\partial x_i} + S_\phi \tag{3.98}$$

[20] engl.: *Wall Distance Parameter*

[21] Die zweite, mathematisch richtige Lösung liefert unphysikalische negative Wandabstandswerte.

bzw. die in Vektorschreibweise notierte allgemein gehaltene Transportgleichung

$$\frac{\partial\,(\rho\,\phi)}{\partial t} + \nabla \bullet (\rho\,\mathbf{u}\,\phi) = \nabla \left(\rho\,D_\Phi + \frac{\mu_t}{Sc_\phi}\right) \nabla\phi + S_\phi \tag{3.99}$$

mit $D_\Phi$ als der molekularen Diffusivität des Skalars $\Phi$ und $Sc_\phi$ als einer turbulenten Schmidt Zahl des massegewichteten Skalars. Der Term der Diffusion kann entsprechend

$$\frac{\partial}{\partial x_i}\left(\rho\,D_\Phi + \frac{\mu_t}{Sc_\phi}\right)\frac{\partial\phi}{\partial x_i} = \frac{\partial}{\partial x_i}\left(\frac{\mu_{eff}}{Sc_\phi}\right)\frac{\partial\phi}{\partial x_i} \tag{3.100}$$

zu einer effektiven Diffusivität $\mu_{eff}$ zusammengefasst werden, für die aufgrund der Turbulenzintensitäten der in dieser Arbeit untersuchten Vormischflammen in guter Näherung

$$\mu_{eff} = \mu_t + \mu \approx \mu_t \tag{3.101}$$

gilt[22].

Die modellierte, allgemein gehaltene Transportgleichung[23] der gemittelten Flammenoberflächendichte $\overline{\Sigma}$ kann strukturell auf die Form

$$\frac{\partial\overline{\Sigma}}{\partial t} + \frac{\partial}{\partial x_i}\left(u_i\,\overline{\Sigma}\right) = \frac{\partial}{\partial x_i}\left(\frac{\nu_t}{Sc_\Sigma}\frac{\partial\overline{\Sigma}}{\partial x_i}\right) + \overline{S}_\Sigma \tag{3.102}$$

bzw. in der vektoriellen Schreibweise auf

$$\frac{\partial\overline{\Sigma}}{\partial t} + \nabla \bullet \left(\mathbf{u}\,\overline{\Sigma}\right) = \nabla\left(\frac{\nu_t}{Sc_\Sigma}\nabla\,\overline{\Sigma}\right) + \overline{S}_\Sigma \tag{3.103}$$

reduziert werden, wobei $\nu_t$ an dieser Stelle analog zu Gleichung (3.101) der effektiven Diffusivität entspricht. Der mittlere Gesamtquellterm $\overline{S}_\Sigma$ setzt sich im Einzelnen zusammen aus:

$$\begin{aligned}\overline{S}_\Sigma = {} & \overline{S}_{\Sigma,\text{Streckung durch gemitteltes Strömungsfeld}} + \overline{S}_{\Sigma,\text{turbulente Streckung}} \\ & + \overline{S}_{\Sigma,\text{Krümmung}} + \overline{S}_{\Sigma,\text{Propagation}} - \overline{S}_{\Sigma,\text{Destruktion, Annihilation}}\end{aligned}$$

wobei der stets positive Anteil des Krümmungsquellterms des gleichen Zusammenhangs mit der Effektivitätsfunktion wegen der turbulenten Streckung additiv überlagert wird und der stets negative Anteil den modellierten Destruktionsbeitrag liefert. Wird dies berücksichtigt, so kann der allgemein gehaltene Gesamtquellterm der modellierten Flammenoberflächendichte zusammenfassend über

$$\overline{S}_\Sigma = \underbrace{\overline{S}_{\Sigma,\text{Streckung durch gemitteltes Strömungsfeld}}}_{=\overline{S}_{\Sigma,1}} + \underbrace{\overline{S}_{\Sigma,\text{turbulente Streckung}}}_{=\overline{S}_{\Sigma,2}}$$

[22] Der molekulare Anteil skaliert reziprok zur Reynolds Zahl (vgl. die Betrachtungsweise der dimensionslosen Wirbeltransportgleichung (2.51)). Die Betrachtungsweise ist jedoch allgemein gültig und unabhängig von der Reynolds Zahl. Die Vernachlässigung des molekularen (Diffusions-) Anteils wird hierdurch gerechtfertigt und erfolgt in dieser Arbeit des verringerten Schreibaufwands wegen.

[23] Der Übersicht halber wird an dieser Stelle mit Ausnahme der Flammenoberflächendichte auf die Mittelungskennzeichen verzichtet.

$$+\underbrace{\overline{S}_{\Sigma,\text{Propagation}}}_{=\overline{S}_{\Sigma,3}} - \underbrace{\overline{S}_{\Sigma,\text{Destruktion, Annihilation.}}}_{=\overline{S}_{\Sigma,4}} \tag{3.104}$$

ausgedrückt werden.

Die Erweiterung des instationären und konvektiven Terms (rechte Gleichungsseite) der Modellgleichung (3.103) der Flammenoberflächendichte mit der mittleren Massendichte $\rho$ ergibt

$$\rho\,\frac{\partial\overline{\Sigma}}{\partial t} + \rho\,\nabla\bullet\left(\mathbf{u}\,\overline{\Sigma}\right) = \frac{\partial\left(\rho\,\overline{\Sigma}\right)}{\partial t} - \overline{\Sigma}\,\frac{\partial\rho}{\partial t} + \nabla\bullet\left(\rho\,\mathbf{u}\,\overline{\Sigma}\right) - \mathbf{u}\,\overline{\Sigma}\bullet\nabla\rho.$$

Die mit negativem Vorzeichen behafteten Terme können entsprechend

$$-\,\overline{\Sigma}\left[\frac{\partial\rho}{\partial t} + \mathbf{u}\bullet\nabla\rho\right] = -\,\overline{\Sigma}\left[\frac{\partial\rho}{\partial t} + \nabla\bullet(\rho\,\mathbf{u}) - (\rho\,\nabla\bullet\mathbf{u})\right] \tag{3.105}$$

zu

$$-\,\overline{\Sigma}\underbrace{\left[\frac{\partial\rho}{\partial t} + \nabla\bullet(\rho\,\mathbf{u})\right]}_{=0\ \text{Kontinuität}} + \overline{\Sigma}\,\rho\,\nabla\bullet\mathbf{u} \tag{3.106}$$

zusammengefasst werden.
Der modellierte Diffusionsterm der Transportgleichung der Flammenoberflächendichte folgt nach Erweiterung mit der mittleren Massendichte zu

$$\rho\,\nabla\left(\frac{\nu_t}{Sc_\Sigma}\,\nabla\overline{\Sigma}\right) = \nabla\left(\frac{\mu_t}{Sc_\Sigma}\,\nabla\overline{\Sigma}\right) - \frac{\nu_t}{Sc_\Sigma}\,\nabla\overline{\Sigma}\,\nabla\rho \tag{3.107}$$

Die modellierte und um die Massendichte erweiterte Gleichung (3.103) der Flammenoberflächendichte kann daher als

$$\rho\,\frac{\partial\overline{\Sigma}}{\partial t} + \rho\,\nabla\bullet\left(\mathbf{u}\,\overline{\Sigma}\right) =$$
$$\underbrace{\frac{\partial\left(\rho\,\overline{\Sigma}\right)}{\partial t} + \nabla\bullet\left(\rho\,\mathbf{u}\,\overline{\Sigma}\right) = \nabla\left(\frac{\mu_t}{Sc_\Sigma}\,\nabla\overline{\Sigma}\right)}_{\text{Transportgl. eines Skalars, vgl. Gleichung (3.99) mit } \Phi=\overline{\Sigma}} + \overline{S}_\Sigma \underbrace{-\,\frac{\nu_t}{Sc_\Sigma}\,\nabla\overline{\Sigma}\,\nabla\rho - \overline{\Sigma}\,\rho\,\nabla\bullet\mathbf{u}}_{\text{Korrekturterme}} \tag{3.108}$$

geschrieben werden. Diese Formulierung macht die Integration in den in dieser Arbeit angewandten Strömungslöser möglich, wobei die Terme negativen Vorzeichens der Gleichung (3.108) ein Resultat der Äquivalenzumformung sind und zu berücksichtigenden Korrekturtermen entsprechen.

#### 3.4.6.1 Massegewichtete Flammenoberflächendichte

Die Integration der Transportgleichung der Flammenoberflächendichte in den in dieser Arbeit angewandten numerischen Strömungslöser [1] erfordert neben der Erweiterung um die mittlere Massendichte auch die Formulierung auf Basis Massen gewichteter Größen $\phi = \Phi/\rho$ (vgl. Gleichung (3.98)). Die Konsequenz für die numerische Simulation ist die Einführung der Masse gewichteten Flammenoberflächendichte $\sigma$, welche gemäß

$$\sigma = \Sigma/\rho \tag{3.109}$$

definiert ist. Die in dieser Arbeit numerisch gelöste Transportgleichung der Flammenoberflächendichte schreibt sich daher mit allgemein gehaltenem Quellterm

$$\frac{\partial(\rho\,\sigma)}{\partial t} + \nabla \bullet (\rho\,\mathbf{u}\,\sigma) = \nabla\left(\frac{\mu_t}{Sc_\sigma}\nabla\sigma\right) + S_\sigma - \frac{\nu_t}{Sc_\Sigma}\,\nabla(\rho\,\sigma)\,\nabla\rho - (\rho\,\sigma)\,\rho\,\nabla \bullet \mathbf{u} \qquad (3.110)$$

### 3.4.6.2 Quelltermlinearisierung

Der angewandte Strömungslöser [1] basiert auf der Methode der Finiten Volumen. Die für einen allgemeinen Skalar formulierte Transportgleichung (3.98) wird hierbei über ein Kontrollvolumen $\delta V$ beliebiger Gestalt integriert, was zu

$$\int_{\delta V} \frac{\partial(\rho\,\phi)}{\partial t}\,dV + \int_{\delta V} \frac{\partial(\rho\,u_i\,\phi)}{\partial x_i}\,dV - \int_{\delta V} \frac{\partial D_i(\phi)}{\partial x_i}\,dV = \int_{\delta V} S_\phi\,dV \qquad (3.111)$$

führt. Hierbeit steht $D_i(\phi) = \left(\rho\,D_\Phi + \frac{\mu_t}{Sc_\phi}\right)\frac{\partial\phi}{\partial x_i}$ für den von den Skalaren $\phi$ abhängigen Diffusionsterm. Die Variable $\phi$ steht in diesem Zusammenhang je nach Betrachtungsfall für eine physikalisch-chemische Größe, für deren Beschreibung die betrachtete Konvektions-Diffusions-Reaktionsgleichung formuliert werden kann. $\phi$ entspricht beispielsweise der Massendichte $\rho$ im Falle der Konitinuitätsgleichung mit $S_\rho \equiv 0$, oder einer der Komponenten des Geschwindigkeitsvektors $\mathbf{u}$ mit $S_\mathbf{u} = S_{\text{Druck}} + S_{\text{Gravitation}} + S_{\text{Reynoldsspannungen}}$ im Falle der Impulsgleichungen oder entspricht der Flammenoberflächendichte $\sigma$ bzw. der Reaktionsfortschrittsvariable $c$ mit zugehörigen Quelltermen im Falle des in dieser Arbeit angewandten Verbrennungsmodells.
Anwendung des Integrationssatzes nach Gauß überführt Gleichung (3.111) in eine Bilanzgleichung über die Oberflächen $A = \partial(\delta V)$ der Kontrollvolumen

$$\int_{\delta V} \frac{\partial(\rho\,\phi)}{\partial t}\,dV + \int_{\partial(\delta V)} (\rho\,u_i\,\phi\,n_i)\,dA - \int_{\partial(\delta V)} D_i(\phi)\,n_i\,dA = \int_{\delta V} S_\phi\,dV \qquad (3.112)$$

mit $n_i$ als den Einheitsvektoren der zugehörigen Teilflächen $A$ der Kontrollvolumina. Diese Bilanz der konvektiven $K$ und diffusiven $D$ Flüsse $F_i$ über die ebenen Begrenzungsflächen $A$ der finiten Volumenelemente $\delta V$ kann entsprechend

$$\int_{\delta V} \frac{\partial(\rho\,\phi)}{\partial t}\,dV + \sum_{i=1}^{N} F_{i,C} - \sum_{i=1}^{N} F_{i,C} = \int_{\delta V} S_\phi\,dV \qquad (3.113)$$

als Summengleichung über alle Teilflächen $N$ geschrieben werden.
Die Flüsse über die Kontrollvolumenflächen der Gleichung (3.113) werden durch Interpolation auf die Werte an den Stützstellen gewonnen, wobei in dieser Arbeit ein Verfahren angewendet wird, das im Generellen zweiter Ordnung genau ist (Zentraldifferenzen) und für den Konvektionsterm lokal an Stellen momentanen oszillatorischen Verhaltens der Lösung einen intermittenten Faktor (engl. *blending factor*) $\beta$ bestimmt [1], der das Verfahren in Richtung erster Ordnung (Upwind) verschiebt. Die Intermittenz ist über

$$\beta = \begin{cases} 0 & \text{Verfahren erster Ordnung, Upwind} \\ 1 & \text{Verfahren zweiter Ordnung, Zentraldifferenzen} \end{cases} \qquad (3.114)$$

definiert und wird lokal für jeden Integrationsstützpunkt und jede Iteration bestimmt, wobei $1-\beta$ minimal gehalten wird. Der zeitabhängige Term wird in dieser Arbeit im Falle der instationären Simulationen mittels eines voll-impliziten Diskretisierungsschema (erste Ordnung Euler Rückwärts) bestimmt, das keiner Zeitschrittbegrenzung unterliegt. Die zeitliche Schrittweite wird in dieser Arbeit aus Genauigkeitsgründen dennoch auf Werte beschränkt, die zu Gitter CFL Zahlen

$$CFL = \frac{u \cdot \Delta t}{\Delta x} \tag{3.115}$$

der Größenordnung $\mathscr{O}\left(10^0\right)..\mathscr{O}\left(10^1\right)$ führen. $u$ steht hierbei für das lokale charakteristische Geschwindigkeitsmaß, $\Delta x$ für den lokalen charakteristischen Gitterpunktabstand und $\Delta t$ für den physikalischen Zeitschritt.

Für eine detaillierte Diskussion der Diskretisierungsschema wird auf die Dokumentation des angewandten Strömungslösers [1] und die Literaturstellen [80, 121] verwiesen. Wesentlich ist, dass die Differentialgleichungen auf die beschriebene Weise in algebraische Summengleichungen überführt werden, die sich für einen beliebigen Stützstellenpunkt $P$ im Falle des vollimpliziten Diskretisierungsschemas über

$$a_P \, \phi_P = \sum_{nP} a_{nP} \, \phi_{nP} + b \tag{3.116}$$

mit $a_P = \sum_{nP} a_{nP} + a_P^0 - S_{\phi,P} \, \Delta V$, $b = S_{\phi,C} \, \Delta V + a_P^0 \phi_P^0$ ausdrücken lassen [80, 121]. $nP$ steht dabei für die Koeffizienten der Nachbarstützstellenpunkte, $a_P^0$ für den aus einer vorherigen Zeitintegration bekannten Koeffizienten des Stützstellenpunktes $P$, $a_{nP}$ für den aus konvektivem und diffusiven Anteil zusammengesetzten Koeffizienten der Nachbarstützstellen und $S_{\phi,i}$ für einen Anteil des linearisierten Quellterms der Variablen $\phi$. Der Quellterm $S_\phi$ wird dabei aus Stabilisierungsgründen nach

$$S_\phi = S_{\phi,C} + S_{\phi,P} \, \phi \tag{3.117}$$

in einen Konstantanteil $S_{\phi,C}$ und einen von der Variablen $\phi$ selbst abhängigen Anteil der Steigung $S_{\phi,P}$ linearisiert. Stabiles Konvergenzverhalten kann nur für stets negative Werte von $S_{\phi,P}$ erfolgen, da alle Koeffizienten stets größer Null sein müssen. Insbesondere muss das Scarborough Kriterium erfüllt sein [80], das für den Zentralkoeffizienten $a_P$ die hinreichende Bedingung

$$\frac{\sum |a_{nP}|}{|a_P|} \begin{cases} \leq 1 & \text{für alle Gleichungen} \\ < 1 & \text{für mindestens eine Gleichung} \end{cases} \tag{3.118}$$

erfordert. Dies ist mit Allgemeingültigkeit nur für $S_{\phi,P} \leq 0$ erfüllt.

### Quellterm der Flammenoberflächendichte

Der Quellterm der Flammenoberflächendichte kann entsprechend Gleichung (3.104) als

$$\mathscr{L} = \frac{D\overline{\Sigma}}{Dt} - \nabla D_{\overline{\Sigma}}\left(\overline{\Sigma}\right) = \overline{S}_{\Sigma,1} + \overline{S}_{\Sigma,2} + \overline{S}_{\Sigma,3} - \overline{S}_{\Sigma,4} \tag{3.119}$$

geschrieben werden. Der Diffusionsterm ist in dieser Beziehungsgleichung über $D_{\overline{\Sigma}}$ mit der instantanen Änderung $\frac{D\overline{\Sigma}}{Dt}$ der Übersicht halber zum Transportoperator $\mathscr{L}$ zusammengefasst.

Aufgrund der turbulenten Strömung $\overline{S}_{\Sigma,2}$ ist der Quellterm ebenso wie der Destruktionsterm (Krümmungsterm) $\overline{S}_{\Sigma,4}$ dem Betrag nach stets positiv. Sowohl der Beitrag des gemittelten Strömungsfeldes $\overline{S}_{\Sigma,1}$ als auch der Anteil durch die Propagation des Flamelets $\overline{S}_{\Sigma,3}$ können negative und positive Werte annehmen. Der Gesamtquellterm $\overline{S}_{\Sigma}$ kann aus diesem Grund theoretisch unbeschränkte negative und positive Werte einnehmen. Davon unabhängig muss jedoch für die statistisch mittlere Flammenoberflächendichte $\overline{\Sigma} \geq 0$ im gesamten Strömungsfeld gelten. Der Gesamtquellterm wird daher aus Stabilitätsgründen nach

$$\mathscr{L} = \overline{S}_{\Sigma}^{pos} - \overline{S}_{\Sigma}^{neg} \tag{3.120}$$

in einen positiven

$$\overline{S}_{\Sigma}^{pos} = \overline{S}_{\Sigma,2} + max\left(\overline{S}_{\Sigma,2}, 0\right) + max\left(\overline{S}_{\Sigma,3}, 0\right) \tag{3.121}$$

und einen negativen Beitrag

$$\overline{S}_{\Sigma}^{neq} = \overline{S}_{\Sigma,4} - min\left(\overline{S}_{\Sigma,2}, 0\right) - min\left(\overline{S}_{\Sigma,3}, 0\right) \tag{3.122}$$

aufgesplittet. Die Quelltermlinearisierung kann daher über

$$S_{\overline{\Sigma},P} = \frac{\left(\overline{S}_{\Sigma}^{pos} - \overline{S}_{\Sigma}^{neg}\right) \overline{\Sigma}}{max\left(\overline{\Sigma}, c_{Q,\varepsilon}\right)} \tag{3.123}$$

$$S_{\overline{\Sigma},C} = - \left| \frac{min\left(\left(\overline{S}_{\Sigma}^{pos} - 2\,\overline{S}_{\Sigma}^{neg}\right), 0\right) \overline{\Sigma}}{max\left(\overline{\Sigma}, c_{Q,\varepsilon}\right)} \right| \tag{3.124}$$

mit $c_{Q,\varepsilon}$ als einer Konstanten der Größenordnung $\mathscr{O}\left(c_{Q,\varepsilon}\right) = 1e^{-6}$ erfolgen [80, 50].

### Quellterm der Reaktionsfortschrittsvariablen

Der Quellterm der Reaktionsfortschrittsvariablen $\overline{\dot{\omega}_c}$ kann aufgrund der in dieser Arbeit betrachteten irreversiblen Reaktionen nur positive Werte $\overline{\dot{\omega}_c} \geq 0$ einnehmen. Die Linearisierung erfolgt daher in Anlehnung an [80, 50] gemäß

$$S_{\tilde{c},P} = min\left(\frac{\left|\overline{\dot{\omega}_c}\right| \tilde{c}}{max\left(\tilde{c}, c_{Q,\varepsilon}\right)}, \frac{\left|\overline{\dot{\omega}_c}\right| (1-\tilde{c})}{max\left((1-\tilde{c}), c_{Q,\varepsilon}\right)}\right) \tag{3.125}$$

$$S_{\tilde{c},C} = - \frac{\left|\overline{\dot{\omega}_c}\right|}{max\left(min\left(\tilde{c}, (1-\tilde{c})\right), c_{Q,\varepsilon}\right)} \tag{3.126}$$

mit $c_{Q,\varepsilon}$ als einer Konstanten der Größenordnung $\mathscr{O}\left(c_{Q,\varepsilon}\right) = 1e^{-6}$.

### 3.4.7 Bestimmung der Flammengeschwindigkeit

Die auf molekularer Ebene ablaufenden, kombinierten Effekte der Reaktionskinetik, des Wärme- und des Stofftransports werden innerhalb des Flammenoberflächendichtemodells über die Flammengeschwindigkeit $s_l$ erfasst. Unter der Annahme eines sich laminar verhaltenen Flamelets werden hierbei als Ausgangspunkt in dieser Arbeit zwei Ansätze betrachtet:

- *Ansatz nach* DAMKÖHLER *[22]:*
  Die innere Flammenstruktur bleibt unverändert, weshalb der Eigenwert $s_l^0$ angesetzt wird. Die Eigendynamik der laminaren Flamelets wird als strömungsunabhängig angesehen, wonach entsprechend des Ansatzes nach DAMKÖHLER [22] der in turbulenter Strömung auftretende erhöhte Reaktionsumsatz auf die vergrößerte, turbulente Flammenoberfläche zurückzuführen ist. Aus diesem Grund wird die Oberflächen gewichtete Flammgeschwindigkeit gleich der laminaren, ungestreckten Flammengeschwindigkeit gesetzt.

$$\langle s_l \rangle = s_l^0 \tag{3.127}$$

- *Erweiterter* DAMKÖHLER *Ansatz:*
  Die mit der Wechselwirkung Flamme-Strömung verbundene Streckung führt zu einer Veränderung des Ausbreitungsverhaltens der Flamelets, weshalb mit dem Wert ebener, gestreckter Flamelets $s_l$ gerechnet wird.
  Der erweiterte DAMKÖHLER Ansatz geht von einem strömungsabhängigen Verhalten der Flammengeschwindigkeit aus. Dieser Ansatz führt die mit turbulenten Größen veränderliche Reaktionsrate ebenfalls wie der einfache Ansatz nach DAMKÖHLER auf eine Flammenoberflächenvergrößerung zurück, berücksichtigt aber zusätzlich die strömungsmechanisch wirkende Streckung in der momentanen Isofläche der Flamme. Aus diesem Grund wird die Oberflächen gewichtete Flammgeschwindigkeit gleich der laminaren, gestreckten Flammengeschwindigkeit gesetzt.

$$\langle s_l \rangle = s_l \tag{3.128}$$

Vom Ansatz unabhängig wird dabei in dieser Arbeit sowohl die ebene, laminare und ungestreckte Flammengeschwindigkeit $s_l^0$, als auch die laminar gestreckte Flammengeschwindigkeit $s_l$ mit dem Programmpaket INSFLA[24] [75, 54] ermittelt, auf dessen genauere Beschreibung mit den zugrunde liegenden Gleichungen im Folgenden eingegangen wird. Eine ausführlichere und auf weitere als die Gegenstromvormischflammenkonfiguration beschränkte Beschreibung des Programmpaketes kann in [75, 54, 108], sowie in [107] nachgelesen werden.

**Das Programmpaket INSFLA:**
Der Vorstellung des Flamelet-Ansatzes entsprechend, ist die turbulente Vormischflamme aus einem Ensemble laminarer Flämmchen, der Flamelets zusammengesetzt. Damit wird die Problematik der Beschreibung der Flammengeschwindigkeit auf das laminare Äquivalent verschoben. Da die Vormischflamme aufgrund der Interaktion mit dem (turbulenten) Strömungsfeld im

[24] Instationäre Flammenausbreitung

statistischen Mittel positiven Streckungsraten ausgesetzt ist [139, 147, 97, 45], wirken die Gradienten des Strömungsfeldes in der Ebene der Flamme, als Resultierende der sich im Gegenstrom wirkenden Wirbel, wie in Abbildung 3.4 illustriert. Die abstrahierte Modellvorstellung dazu ist eine Gegenstromvormischflammenanordnung, wie sie in Abbildung 3.15 gezeigt ist.

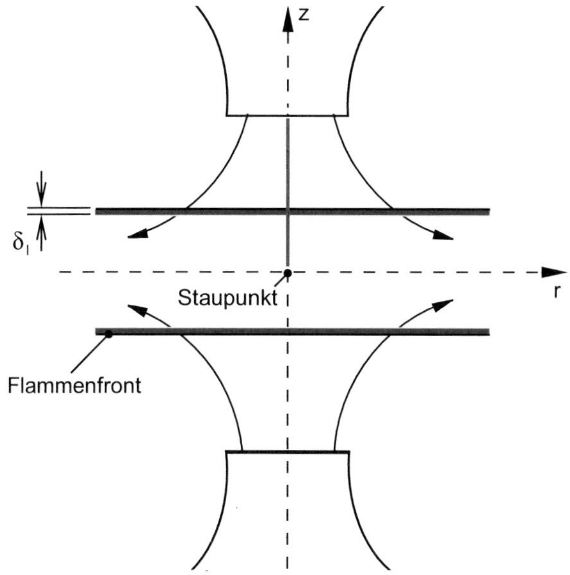


Abbildung 3.15: Numerisch untersuchte Gegenstromvormischflammenanordnung

Dabei strömt perfekt vorgemischtes Brennstoff-Luft-Gemisch des selben thermodynamischen Zustandes stationär aus den sich gegenüberliegenden Düsen. Aufgrund der symmetrischen Anordnung bilden sich symmetrisch zur Staupunktsebene zwei ebene, gestreckte Flammen aus (grau schaffiert). Die Position der ebenen Flamme verschiebt sich mit zunehmender Streckungsrate (zunehmender Ausströmgeschwindigkeit des Frischgemischs) zur Staupunktsebene.
Die Rotations- und Axialsymmetrie der Anordnung ermöglichen zusammen mit der Grenzschichtapproximation nach PRANDTL (vgl. [98]) die Reduktion der Ordnung auf ein eindimensionales Problem [108, 107]. Das Differentialgleichungssystem schreibt sich mittels dieser Reduktionen:

$$\rho a f' + \frac{\partial (\rho v_z)}{\partial z} = 0 \tag{3.129}$$

$$a\left(f'^2 - \frac{\rho_k}{\rho}\right) + v_z \frac{\partial f'}{\partial z} - \frac{1}{\rho}\frac{\partial}{\partial z}\left(\mu \frac{\partial f'}{\partial z}\right) = 0 \tag{3.130}$$

$f$ steht hierbei für eine dimensionslose Stromfunktion, die mit dem Streckungsparameter $a$ einen funktionalen Zusammenhang für die radiale Geschwindigkeitskomponente liefert.

$$v_r(z,r) = a\, r\, \frac{\partial f(z)}{\partial z} = a\, r\, f'\,(z) \tag{3.131}$$

$f'$ ist die Ableitung der Stromfunktion in axialer Strömungsrichtung $f' = \frac{\partial f}{\partial z}$ und wird am kalten Strömungsrand zu eins gesetzt $f'_k \equiv 1$.

$$-\frac{1}{\rho c_p}\frac{\partial}{\partial z}\left(\lambda\frac{\partial T}{\partial z}\right) + \frac{1}{\rho c_p}\frac{\partial T}{\partial z}\sum_{i=1}^{n_s} c_{pi} j_{i,z} + \frac{1}{\rho c_p}\sum_{i=1}^{n_s} \dot{\omega}_i h_i \mathscr{M}_i + v_z\frac{\partial T}{\partial z} = 0 \tag{3.132}$$

$$\frac{1}{\rho}\frac{\partial}{\partial z}(j_{i,z}) - \frac{\dot{\omega}_i \mathscr{M}_i}{\rho} + v_z\frac{\partial Y_i}{\partial z} = 0 \tag{3.133}$$

Der Diffusionsstrom $j_{i,z}$ setzt sich aus einem Massediffusions- (Fick´sche Diffusion) $j_i^D$ und einem Thermodiffusionsanteil $j_i^T$ zusammen[25].

$$\mathbf{j}_i = \mathbf{j}^D + \mathbf{j}^T \quad \leftrightarrow \quad j_{i,z} = j_{i,z}^D + j_{i,z}^T \tag{3.134}$$

Der Massediffusionsfluss wird nach einer Näherungsformel von CURTISS und HIRSCHFELDER [49] berechnet, die die Diffusion einer Komponente durch einen Diffusionskoeffizienten $D_i^D$ dieser Komponente in die Mischung beschreibt.

$$\mathbf{j}_i^D = -\,\rho\,\frac{Y_i}{X_i}\,D_i^D\, gradX_i \quad \leftrightarrow \quad j_{i,z}^D = -\,\rho\,\frac{Y_i}{X_i}\,D_i^D\,\frac{\partial X_i}{\partial z} \tag{3.135}$$

$$D_i^D = \frac{1-Y_i}{\sum_{j\neq i}\frac{X_i}{D_{ij}}} \tag{3.136}$$

Die Berechnung des Diffusionskoeffizienten $D_{ij}$ basiert auf der von CHAPMAN und ENSKOG (vgl. [107]) unabhängig voneinander entwickelten Theorie verdünnter Gase. Diese Theorie beschreibt die Transportkoeffizienten in Abhängigkeit von ihrem intermolekularen Potential, das näherungsweise durch das Lennard-Jones-(6-12)-Potential ausgedrückt wird [5].
Für die Thermodiffusion folgt aus der kinetischen Theorie der Gase

$$\mathbf{j}_i^T = -\,D_i^T\, grad\,(\ln T) \quad \leftrightarrow^{26} \quad j_{i,z}^T = -\,D_i^T\,\frac{1}{T}\,\frac{\partial T}{\partial z} \tag{3.137}$$

mit $D_i^T$ als dem Thermodiffusionskoeffizienten der i-ten Spezies. Das Gemisch wird als eine binäre Mischung eines Stoffes *i* mit einer Mischung aller anderer Stoffe betrachtet, wodurch die Berechnung des Thermodiffusionskoeffizienten auf die Konzentration und die mittlere molare Masse der Mischung aller Stoffe (ohne Stoff *i*) sowie auf die Masse- und Molfraktion des *i*-ten Stoffes zurückgeführt wird [136].
Der Diffusionsfluss $j_{i,z}$ der Gleichung (3.134) setzt sich damit aus bekannten Größen zusammen.

$$j_{i,z} = -\left(\rho D_i^D \frac{Y_i}{X_i}\frac{\partial X_i}{\partial z} + \frac{D_i^T}{T}\frac{\partial T}{\partial z}\right) \tag{3.138}$$

Die Zustandsvariablen Druck, Dichte und Temperatur sind von einander abhängig und werden entsprechend Gleichung (2.17) über das ideale Gasgesetz in Beziehung zueinander gesetzt.

$$\rho - \frac{p\overline{M}}{RT} = 0 \quad \text{mit:} \quad \overline{M} = \frac{1}{\sum \frac{Y_i}{\mathscr{M}_i}} \tag{3.139}$$

[25] Druckdiffusionsanteile sind vernachlässigt

[26] $\partial \ln T = \partial T / T$

Zur numerischen Integration des Gleichungssystems (3.129)-(3.133) wird das Extrapolationsverfahren LIMEX [32] verwendet. Der Lösungsalgorithmus berücksichtigt durch ein adaptives Gitterverfeinerungsverfahren die Variation der Gradienten in der Flamme, die sich je nach Frischgemisch, Zusammensetzung, thermodynamischem Zustand und Streckungsrate im Ort und dem Betrag nach ändern. Abbildung 3.16 zeigt die lokale Vergrößerung der Stützstellenanzahl anhand des Temperaturgradienten einer gestreckten Vormischflamme.

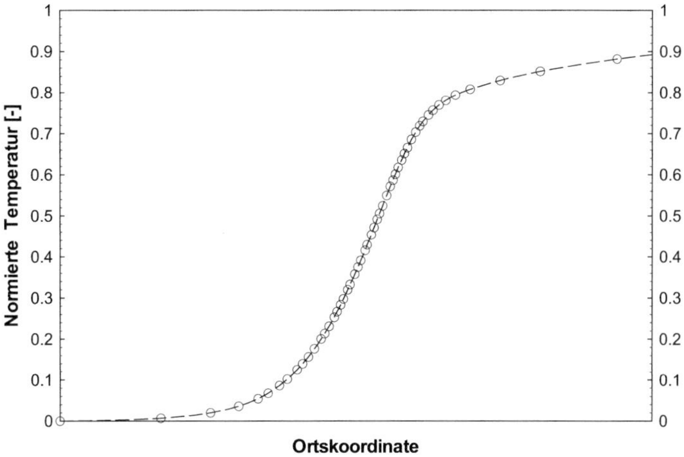


Abbildung 3.16: Adaptive Gitterverfeinerung (Punkte) anhand des Temperaturgradienten einer gestreckten Vormischflamme

Die Reaktionsquellterme $\dot{\omega}_i$ werden über einen detaillierten Reaktionsmechanismus[27] mit mehr als 30 Spezies und mehr als 250 Elementarreaktionen auf Basis eines erweiterten Arrhenius Ansatzes für die Geschwindigkeitskoeffizienten $k(T)$ ermittelt.

$$k(T) = A \cdot T^n \cdot \exp\left(-\frac{E_a}{RT}\right) \tag{3.140}$$

mit $A$ als den präexponentiellen Faktor, $n$ als den Temperaturexponenten und $E_a$ als die Aktivierungsenergie. Diese Parameter wurden durch Anpassung an experimentell bestimmte Geschwindigkeitskoeffizienten ermittelt [108] und sind im Anhang in Tabelle A.3 für den in dieser Arbeit angewendeten Methan-Luft-Reaktionsmechanismus aufgelistet.

## 3.5 Validierung des Verbrennungsmodells

Das weiterentwickelte und in den kommerziellen Strömungslöser [1] implementierte Verbrennungsmodell auf Basis der zu lösenden modellierten Transportgleichungen für die mittlere Re-

[27] Der verwendete Mechanismus unterscheidet sich nur wenig von dem weit verbreiteten und im Zusammenhang mit der CHEMKIN Software der Sandia National Laboraties verwendeten Mechanismus (GRI-Mech 3.0).

aktionsfortschrittsvariable und die Flammenoberflächendichte ist anhand detailliert vermessener Freistrahl-Vormischverbrennungssysteme validiert [50, 129]. Einzelheiten über die Testfälle und das Verhalten des Modells sind in [50] zu finden.

## 3.6 Schnittstelle zwischen Verbrennungsmodell und Strömungslöser

Die Enthalpie des Fluids wird auf Basis der Massebrüchen der stabilen Spezies der Verbrennungsprozesse und deren spezifischen Wärmekapazitäten bestimmt[28].
Die durch die exotherme, isobare Verbrennungsreaktion des Brennstoff-Luft-Gemischs umgewandelte chemische Energie führt zu einem Enthalpieanstieg, der für die in dieser Arbeit betrachteten idealen Gase nach Gleichung (2.17) und gemäß

$$dh_s = \bar{c}_p \, dT \qquad \text{mit} \qquad \bar{c}_p = \int_\alpha^N c_{p,\alpha} \, Y_\alpha \tag{3.141}$$

eine eindeutige Funktion der Spezieszusammensetzung und der Temperatur ist (vgl. Anhangskapitel A.3). Die Wärmekapazitäten werden in Abhängigkeit der Temperatur mittels NASA Polynome der Form

$$\frac{c_{p,\alpha}}{\mathfrak{R}} = a_{1,\alpha} + a_{2,\alpha} \, T/K + a_{3,\alpha} \, (T/K)^2 + a_{4,\alpha} \, (T/K)^3 + a_{5,\alpha} \, (T/K)^4 \tag{3.142}$$

mit von der Spezies abhängigen Koeffizieten $a_{1..5,\alpha}$ bestimmt. Die Massefraktionen $Y_\alpha$ sind über die lokale, statistisch mittlere Reaktionsfortschrittsvariable $\tilde{c}$ entsprechend der globalen Einschrittreaktion eines Kohlenwasserstoff $C_nH_m$, Oxidator $Ox$ Gemischs

$$C_nH_m + r\,Ox \rightarrow (1+r)\,p\,Pr_1 \,+\, (1+r)\,(1-p)\,Pr_2 \tag{3.143}$$

beschrieben, wonach die Edukte des Erhalts der Elementmassen wegen zu den im massenspezifischen Verhältnis stehenden thermodynamisch stabilen Hauptprodukten $Pr_1$ und $Pr_2$ reagieren. Dieses chemische Gleichgewicht kann bei der in dieser Arbeit als irreversibel ablaufenden Methan $CH_4$, Luft(sauerstoff) $O_2$ Reaktion über die algebraischen Beziehungsgleichungen

$$Y_F = Y_{CH_4} = (1-\tilde{c}) \cdot Z \tag{3.144}$$

$$Y_{Ox} = Y_{O_2} = (1-Z) \cdot o - \, r \cdot \tilde{c} \cdot Z \tag{3.145}$$

$$Y_{Pr_1} = Y_{CO_2} = (1+r) \cdot p \cdot \tilde{c} \cdot Z \tag{3.146}$$

$$Y_{Pr_2} = Y_{H_2O} = (1+r) \cdot (1-p) \cdot \tilde{c} \cdot Z \tag{3.147}$$

$$Y_{inert} = Y_{N_2} = 1 - (Y_{CH_4} + Y_{O_2} + Y_{CO_2} + Y_{H_2O}) \tag{3.148}$$

beschrieben werden. Die dimensionslosen Größen $r$, $o$ und $p$ sind dabei als massegewichtete Verhältniszahlen der an der Reaktion teilhabenden Spezies definiert und lauten für das in dieser Arbeit betrachtete Frischgemisch:

$$r = \frac{N_{O_2} \cdot \mathscr{M}_{O_2}}{N_{CH_4} \cdot \mathscr{M}_{CH_4}} = \frac{m_{O_2}}{m_{CH_4}} \tag{3.149}$$

[28] Vorgehensweisen dieser Art sind in der Literatur geläufig, siehe z.B. [144]

$$p = \frac{N_{CO_2} \cdot \mathscr{M}_{CO_2}}{N_{CO_2} \cdot \mathscr{M}_{CO_2} + N_{H_2O} \cdot \mathscr{M}_{H_2O}} = \frac{m_{Pr_1}}{m_{Pr_1} + m_{Pr_2}} \tag{3.150}$$

$$o = \frac{N_{O_2} \cdot \mathscr{M}_{O_2}}{N_{O_2} \cdot \mathscr{M}_{O_2} + N_{N_2} \cdot \mathscr{M}_{N_2}} = \frac{m_{O_2}}{m_{O_2} + m_{inert}} \tag{3.151}$$

Der Zustand der Mischung $Z$ wird mittels des statistisch mittleren Mischungsbruchs $\tilde{f}$ (vgl. Kapitel 2.4.3) über

$$Z = Z_{Ox} + \tilde{f} \cdot (Z_R - Z_{Ox}) \tag{3.152}$$

als Funktion der Elementmassenbrüche $Z_i$ ausgedrückt.
Da in dieser Arbeit die Energiegleichung (vgl. Gleichung (2.3) und [1]) mitgelöst wird, kann mittels der durch den Mischungszustand[29] ($\tilde{f}$) und den Reaktionszustand ($\tilde{c}$) beschriebenen Speziesaktualisierung mit Gleichung (3.141) die lokale Gastemperatur und wegen der isobaren Zustandsänderung mittels des idealen Gasgesetzes (2.17) die lokale Dichte bestimmt werden. Da der eingesetzte Strömungslöser [1] ein unmittelbares Überschreiben des Dichtefeldes nicht zulässt, wird die Rückwirkung der Verbrennung auf die Strömung somit erfasst.

## 3.7 Der Lösungsalgorithmus

Das weiterentwickelte und in den kommerziellen Löser ANSYS CFX [1] implementierte Verbrennungsmodell beruht auf der Bestimmung der Flammenoberflächendichte mittels einer Transportgleichung (tFSD Modell) und besteht aus den Routinen

- *tFSD-Kernmodell:*
  Das tFSD-Kernmodell entspricht dem für freie Strömungen und Kernströmungen eingeschlossener Konfigurationen abgeleiteten Algorithmus mit den Transportgleichungen der Flammenoberflächendichte $\overline{\Sigma}$ bzw. $\tilde{\sigma}$ (vgl. Kapitel 3.4.5.1) und der statistisch mittleren Reaktionsfortschrittsvariablen $\tilde{c}$ (vgl. Kapitel 3.4.4) mit den optionalen Modulen für die Erfassung von:
  - Einmischung: Mischungsvorgänge werden mittels zusätzlichen Lösens des statistisch mittleren Mischungsbruchs $\tilde{f}$ erfasst, wie dies beispielsweise für die Simulation vorgemischter Freistrahlflammen notwendig ist.
  - Wandeffekte: Wandeffekte werden inherent mittels des *ITNFS*-Modells (vgl. Gleichung (3.59)) und explizit mittels des *FIST*-Modells (vgl. Kapitel 3.4.5.4) erfasst. Hierbei handelt es sich um kinematische Modelle zur Beschreibung der Flammendynamik, Effekte die unmittelbar auf den Wärmeaustausch zurückzuführen wären (nicht-adiabates System), werden nicht berücksichtigt.

- Flamelet-Berechnung:
  Bereitstellung der von der Reaktionskinetik dominierten Größen $s_l^0$, $s_l$, $\delta_l^0$, $Ma$, $Ka_{ext}$ aus dem Pre-Processing Schritt. Dies erfolgt anhand der Simulation laminarer, stationär

[29] Das in dieser Arbeit untersuchte verbrennungsinduzierte Wirbelaufplatzen ist durch eine perfekt vorgemischte, eingeschlossene Strömung charakterisiert, weshalb für den Mischungsbruch per Definition $f \equiv 1$ gilt.

gestreckter Vormischflammen (vgl. Kapitel 3.4.7 für eine Beschreibung des numerischen Modells und Kapitel 5.1 für eine Darstellung der aus den Rechnungen bereitgestellten Größen).

- Speziesaktualisierung:
  Bestimmung der lokalen Zusammensetzung des Gemischs (vgl. Kapitel 3.6).
- Strömungslöser:
  Transportgleichungen der Geschwindigkeiten und Turbulenzgrößen werden gelöst (vgl. [1]).

Der Zusammenhang zwischen den einzelnen Routinen ist in Abbildung 3.17 anhand einer Übersichtsdarstellung des Programmablaufs dargestellt. Mittels des Pre-Processing-Schritts werden die Werte der laminaren, ebenen, gestreckten und ungestreckten Flammengeschwindigkeiten bereitgestellt (Flamelet Berechnung), die für die Berechnung des Krümmungs- und der Propagationsquellterms der Flammenoberflächendichte und für die Berechnung des Quellterms des Reaktionsfortschritts benötigt werden (Verbrennungsmodell, Wandmodell). Die strömungsdynamischen Größen (Strömungslöser) werden vom Hauptprogramm über eine Schnittstelle an das tFSD-Verbrennungsmodell übergeben. Der Reaktionsfortschritt bestimmt die Zusammensetzung des Gemischs (Speziesaktualisierung), welche wiederum mittels der Energiegleichung zur Temperaturanpassung verwendet wird.

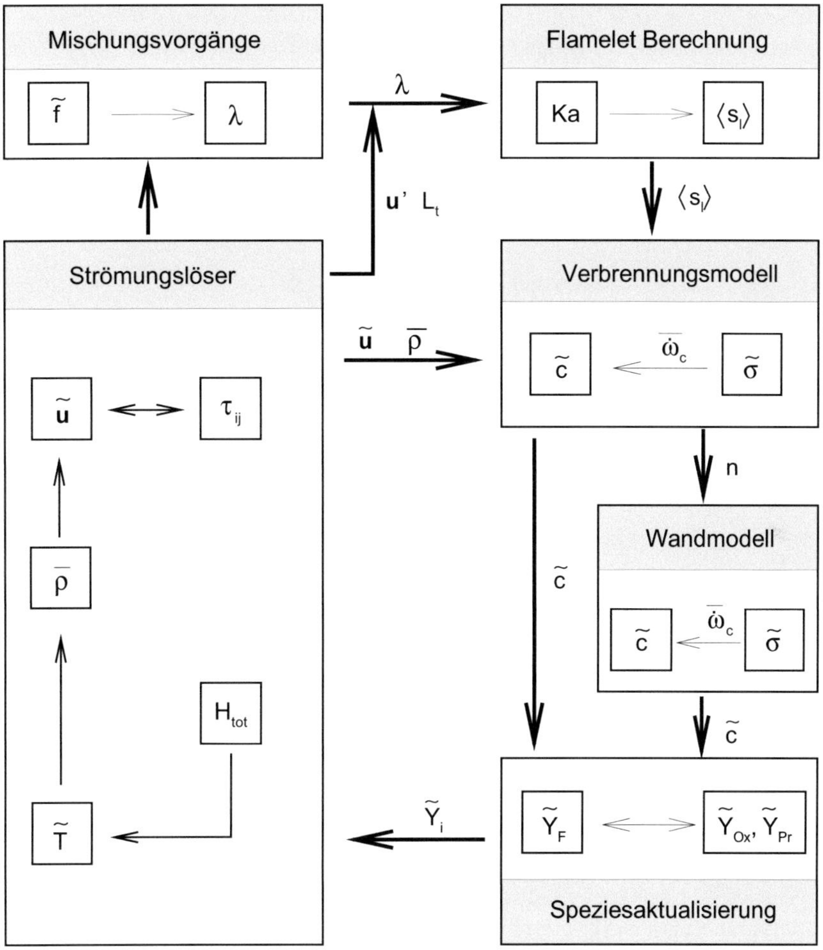


Abbildung 3.17: Ablaufschema der numerischen Modellierung mittels des entwickelten tFSD-Modells
Gesamtmodell bestehend aus den eigenständigen Routinen des STRÖMUNGSLÖSERS, der FLAMELET-BERECHNUNG, des VERBRENNUNGSMODELLS, des WANDMODELLS und der SPEZIESAKTUALISIERUNG
Die Wechselwirkung wird mittels (teilweise dargestellter) Austauschgrößen über Schnittstellen hinweg ermöglicht (Pfeile und relevante Parameter)

# 4 Verbrennungsinduziertes Wirbelaufplatzen: Konfiguration

Dieses Kapitel beschreibt die Geometrie, die Randbedingungen und das den numerischen Analysen des verbrennungsinduzierten Wirbelaufplatzens zugrunde liegende Rechengitter.

## 4.1 Geometrie

Die in dieser Arbeit numerisch simulierte dreidimensionale Konfiguration entspricht der von KRÖNER und FRITZ [65, 37, 38, 66] experimentell untersuchten Geometrie, welche in Abbildung 4.1 bei vernachlässigtem Drallerzeuger im meridionalem Schnitt gezeigt ist.

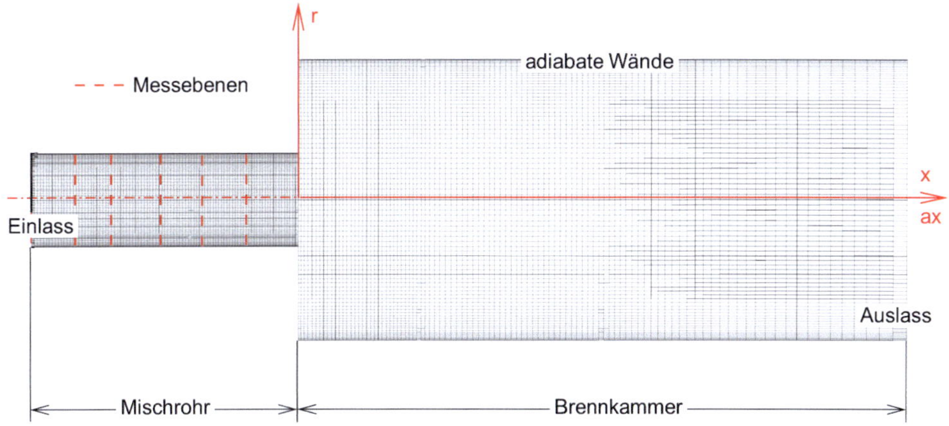


Abbildung 4.1: Numerisch simulierte Konfiguration, bestehend aus zylindrischem Mischrohr und zylindrischer Brennkammer

Da die Flammenstabilisierung des stationären Zustands in der Brennkammer und der Flammenrückschlag Bereiche innerhalb des Mischrohrs einnimmt, ist eine Berücksichtigung vorgelagerter, stromauf gelegener Geometrien (Drallerzeuger, Plenum) nur in dem Maße für das zu untersuchende Phänomen des verbrennungsinduzierten Wirbelaufplatzens relevant, wie die isotherme Strömung davon bestimmt ist. Da in dieser Arbeit die physikalische Untersuchung unter Berücksichtigung der Wirbel-Flamme Interaktionen *Streckung, Krümmung, Propagation* bei gleichzeitiger Erfassung der auf molekularer Ebene ablaufenden Prozesse im Vordergrund steht und gleichzeitig der Einfluss unterschiedlicher Prozessparameter beurteilt werden soll, wird auf die Simulation des Volumens stromauf des Mischrohrs verzichtet.
Die für die numerischen Simulationen dieser Arbeit relevante Geometrie erstreckt sich daher

über die als *Mischrohr* und als *Brennkammer* bezeichneten Bereiche der Abbildung 4.1. Ergänzend wird an dieser Stelle darauf hingewiesen, dass für die Ergebnisdarstellung auf ein $r,x$ ($r,ax$)-Zylinderkoordinatensystem mit Ursprung im Übergang von Mischrohr zu Brennkammer zurückgegriffen wird[1], wie es in Abbildung 4.1 gezeigt ist.

## 4.2 Rechennetz

Das dreidimensionale Rechengebiet setzt sich aus dem koaxial und ineinander übergehenden zylindrischen Mischrohr und der zylindrischen Brennkammer zusammen (vgl. Abbildung 4.1), wodurch die Geometrie eindeutig über den Radius und die Länge des Mischrohrs sowie den Radius und die Länge der Brennkammer festgelegt ist. Die entsprechenden mit dem Durchmesser $D$ des Mischrohrs entdimensionierten Maße können der nachstehenden Tabelle 4.1 entnommen werden.

| | *Länge* $L/D[-]$ | *Radius* $r/D[-]$ |
|---|---|---|
| Mischrohr | 2,93 | 0,50 |
| Brennkammer | 6,67 | 1,50 |

Tabelle 4.1: Abmessungen des Rechengebiets (Durchmesser $D$ des Mischrohrs $D = 0{,}075\ m$)

Das strukturiert hexaedrische Rechennetz ist in Abbildung 4.2 im Bereich des Übergangs von Mischrohr zu Brennkammer in isometrischer Darstellung anhand eines Volumenausschnittes gezeigt. Das numerische Gitter ist dabei so beschaffen, dass der Kernbereich der Strömung aufgrund der hohen Gradienten der abhängigen Variablen, insbesondere im Bereich des Mischrohrs und im Bereich des Übergangs von Mischrohr zu Brennkammer fein aufgelöst ist. Das Mischrohr ist mit ca. 100 Stützstellen in axialer und ca. 70 Stützstellen in radialer Richtung diskretisiert, was zu einem axialen Gitterpunktsabstand von ca. $0{,}03 \cdot D$ und einem radialen Gitterpunktsabstand von ca. $0{,}007 \cdot D$ führt.

Der Axialschnitt der Abbildung 4.3 zeigt das numerische Gitter stromab des Übergangs von Mischrohr zu Brennkammer. Der innere Bereich verdeutlicht dabei die Gitterstruktur des Mischrohrs (schwarz) und der äußere Bereich zeigt die Stützstellenverteilung der Brennkammer (grau). Der Skalierungsfaktor der radialen und axialen Gittervergröberung ist so gewählt, dass der Gitterübergang vom Kernbereich radial nach außen und vom Bereich zwischen dem Geometriesprung axial stromab kontinuierlich erfolgt. Die Kontrollvolumina weisen folglich eine regelmäßige Form mit nahezu rechtwinkligen Schnittkanten und Seitenverhältnissen nahe eins auf. Numerische Diffusion und Interpolationsfehler können auf diese Weise gering gehalten werden. Für eine Darstellung des Rechengitters mit überlagerter radialer Stützstellenverteilung der aufgeprägten Randbedingungsprofile wird auf das Anhangskapitel A.21 verwiesen.

[1] Die axiale Koordinate wird in dieser Arbeit gleichbedeutend mit $x$ oder im Sinne einer deutlichen Abgrenzung mit $ax$ bezeichnet.

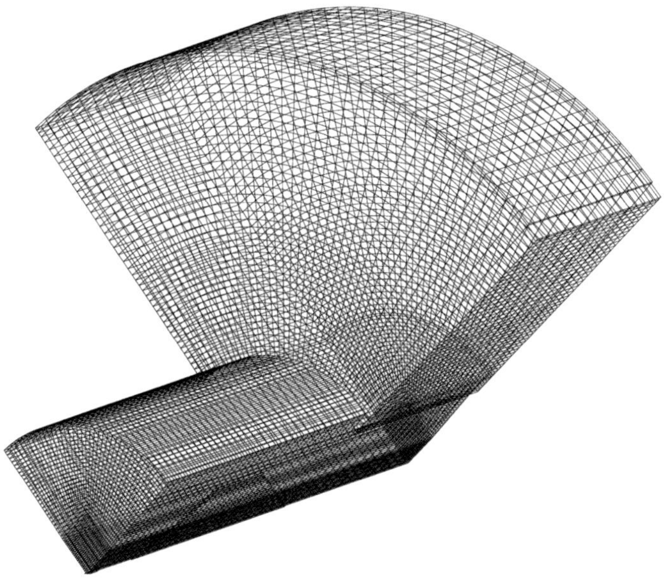

Abbildung 4.2: Isometrische Ansicht eines Volumenausschnitts des Rechengitters im Bereich des Übergangs von Mischrohr zu Brennkammer

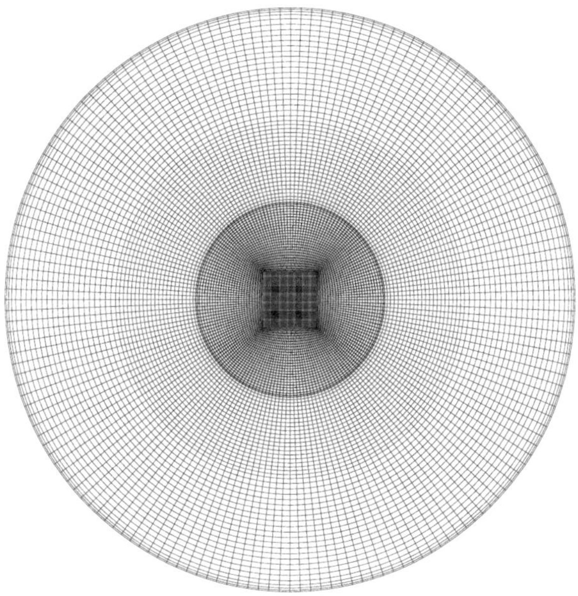

Abbildung 4.3: Axialschnitt durch das Rechengitter
Der innere Bereich (schwarz) kennzeichnet den Block des Mischrohrs

## 4.3 Randbedingungen

Die Einlassrandbedingungen[2] setzen sich aus den von FRITZ [37] gemessenen und soweit experimentell nicht ermittelbar, von KIESEWETTER [60] rechnerisch bestimmten Profilen der Geschwindigkeiten **u**, des turbulenten Längenmaßes $L_t$, der Komponenten des Reynolds´schen Spannungstensors $\tau_{ij}$ und der als konstant über den Querschnitt angenommenen Temperatur $T$ zusammen. Für die Simulationen mit überlagerter Verbrennung wird an der Stelle des Einlasses in das Rechengebiet zusätzlich der Wandabstandsparameter $\phi$, sowie die Spezieskonzentrationen $Y_i$, die Reaktionsfortschrittsvariable $c$ und der Flammenoberflächendichte $\sigma$ als über den Querschnitt konstante Größe vorgegeben. Am Auslassrand sind von Neumann´sche Randbedingungen und an den Wänden Dirichlet´sche Randbedingungen[3] gesetzt.

| *Variable* | *Einheit* | *Einlass* | *Auslass* | *Wand* |
|---|---|---|---|---|
| $v_{ax}, v_r, v_\varphi$ | $[m/s]$ | Profil | ——— | 0.0 |
| $\tau_{ij}$ | $[N/m^2]$ | Profil | ——— | Wandgesetz |
| $\varepsilon$ | $[m^2/s^3]$ | Profil | ——— | Wandgesetz |
| $c$ | $[-]$ | 0.0 | ——— | $\nabla\tilde{c} = 0$ |
| $\sigma$ | $[m^2/kg]$ | 0.0 | ——— | 0.0 |
| $\phi$ | $[m]$ | $\nabla\phi = 0$ | $\nabla\phi = 0$ | 0.0 |
| $T$ | $[K]$ | $T_u$ | ——— | $\nabla T = 0$ |
| $p$ | $[N/m^2]$ | ——— | $\nabla p = 0$ | ——— |
| $Y_i$ | $[kg_i/kg_{tot}]$ | $\tilde{Y}_{i,u}$ | ——— | ——— |

Tabelle 4.2: Randbedingungen der numerischen Simulationen zum verbrennungsinduzierten Wirbelaufplatzen
$v_{ax}, v_r, v_\varphi$ = Geschwindigkeitskomponenten in axialer, radialer und zirkumferentieller Richtung, $T_u$ = Umgebungstemperatur (Frischgemischtemperatur), $p$ = thermodynamischer Druck

Die entdimensionierten Profile der axialen $v_{ax}$ und tangentialen $v_\varphi$ Hauptgeschwindigkeiten und der entdimensionierten (massenbezogenen) turbulenten kinetischen Energie $k$ und dessen Dissipationsrate $\varepsilon$ sind in Abbildung 4.4 als Funktion des entdimensionierten Mischrohrradius $r/D$ gezeigt. Die Bezugsgrößen sind der Durchmesser des Mischrohrs $D$, die vom untersuchten Fall abhängige massegemittelte Axialgeschwindigkeit $v_0$ (vgl. Tabelle 4.3) und Linearkombinationen beider Parameter. Die Geschwindigkeitskomponenten und die turbulente kinetische Energie sind gemessene Größen [37], wohingegen die Dissipationsrate der turbulenten kinetischen Energie über numerische Simulationen [60] bestimmt sind. Die turbulente kinetische Energie ist hierbei aus den Elementen der Hauptdiagonalen des Spannungstensors abgeleitet. Die Komponenten des Spannungstensors werden in den Simulationen dieser Arbeit ebenfalls als Einlassprofil vorgegeben und sind in nachstehender Abbildung 4.5 als dimensionslose Größen gezeigt.

[2] Auf eine Darstellung als gemittelte Größen wird an dieser Stelle verzichtet.
[3] In den Rechnungen werden die Wände als adiabat betrachtet.

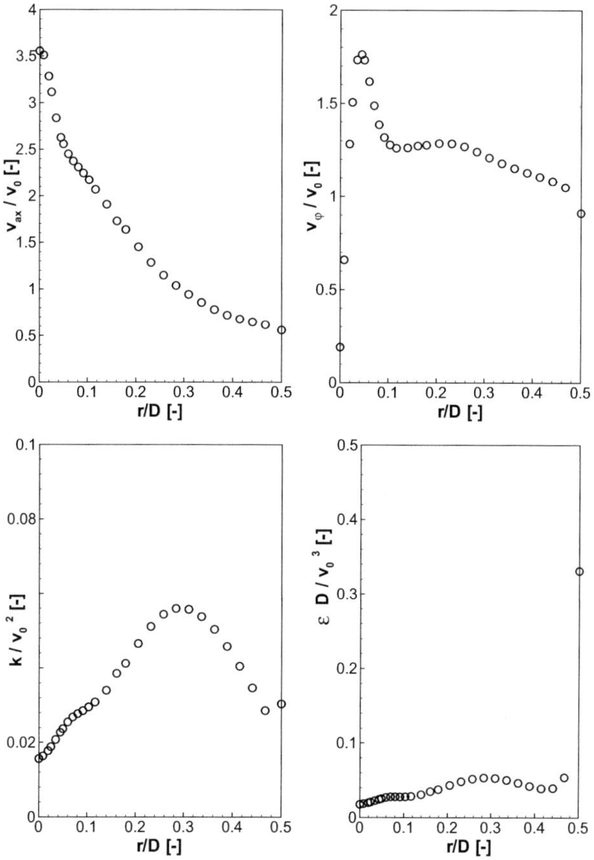


Abbildung 4.4: Entdimensionierte axiale (oben links) und entdimensionierte tangentiale (oben rechts) Geschwindigkeitskomponenten und entdimensionierte (massebezogene) turbulente kinetische Energie (unten links) und dessen entdimensionierte Dissipationsrate (unten rechts) der Einlassrandbedingungen aufgetragen über dem entdimensionierten Mischrohrradius

Die Strömung der Konfiguration zur Untersuchung des verbrennungsinduzierten Wirbelaufplatzens ist für alle Betriebsparameter einander ähnlich, weshalb die entdimensionierten Profile deckungsgleich sind.

Abbildung 4.6 zeigt den Verlauf der turbulenten Reynolds Zahl (oben), die gemäß

$$Re_t = \frac{u_t \cdot L_t}{\nu} = \frac{\sqrt{2/3\,k} \cdot k^{3/2}/\varepsilon}{\nu} \tag{4.1}$$

auf die turbulente kinetische Energie $k$ und die Dissipation turbulenter kinetischer Energie $\varepsilon$ zurückgeführt ist. Die kinematische Viskosität $\nu = \mu/\rho$ ist über die Massendichte mittels des idealen Gasgesetzes (vgl. Gleichung (2.17)) und die dynamische Viskosität ist mittels des *Suther-*

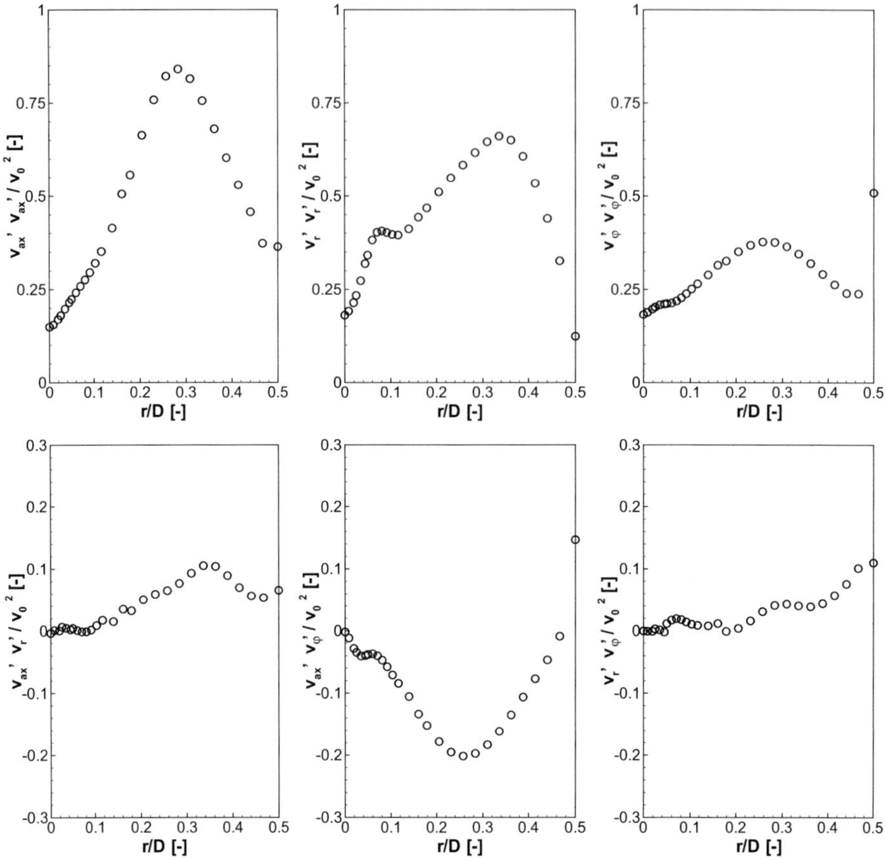

Abbildung 4.5: Dimensionslose Komponenten des Reynoldsspannungstensors als Funktion des entdimensionierten Radius $r/D$

*land Gesetzes*

$$\mu(T) = \mu_{ref} \left( \frac{T}{T_{ref}} \right)^{3/2} \cdot \frac{T_{ref} + T_s}{T + T_s} \tag{4.2}$$

bestimmt. $\mu_{ref}$ ist darin die Viskosität bei der Referenztemperatur $T_{ref}$ und $T_s$ eine stoffabhängige Konstante. SUTHERLAND [111] gibt dabei für Luft die Werte

$$T_s = 110{,}4\,K \qquad T_{ref} = 273{,}15\,K \qquad \mu_{ref} = 1{,}716 \cdot 10^{-5} kg/(m\,s)$$

an (vgl. [50]). Der in Abbildung 4.6 dargestellte Verlauf des Turbulenzgrades $Tu$ (unten) ist über

$$Tu = \frac{u_t}{v_0} = \frac{\sqrt{2/3\,k}}{v_0} \tag{4.3}$$

auf die turbulente kinetische Energie $k$ und die massegemittelte Geschwindigkeit $v_0$ zurückgeführt. Der Verlauf des Turbulenzgrades ist dabei der entdimensionierten turbulenten kinetischen

Energie entsprechend unabhängig vom untersuchten Rechenfall. Das relative Niveau der turbulenten Schwankungsbewegungen ist demnach am Einlassrand ungleich verteilt mit Werten zwischen 15% und 20%. Die turbulente Reynolds Zahl hingegen variiert bei ähnlichem radialen Verlauf im lokalen Absolutwert mit dem betrachteten Rechenfall. Der Grund für die unterschiedlichen Reynolds Zahl Verläufe ist, dass die Profile der turbulenten kinetischen Energie und dessen Dissipationsrate dimensionsbehaftet in die Berechnung eingehen.

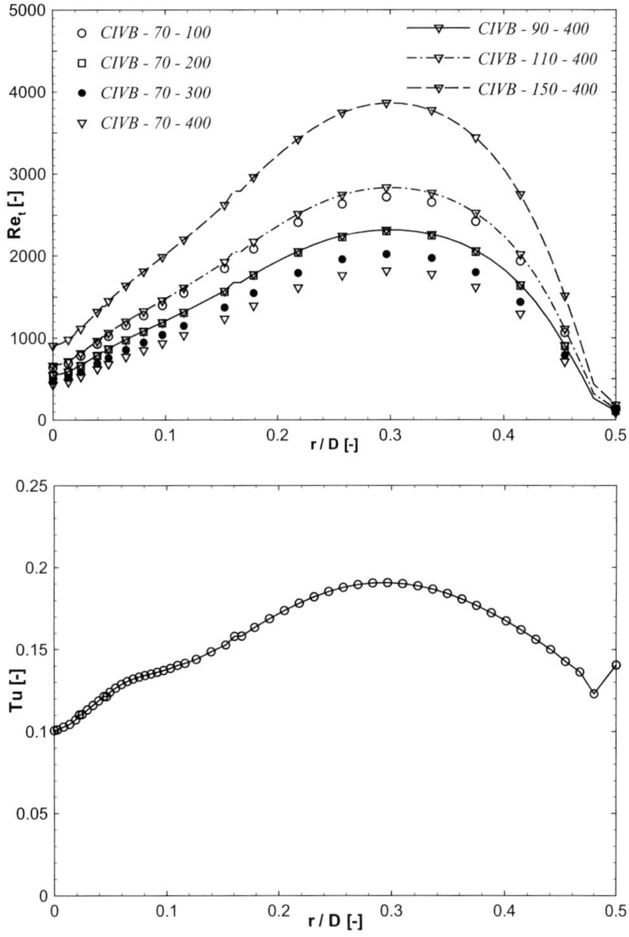


Abbildung 4.6: Turbulente Reynoldszahl $Re_t$ (oben) und Turbulenzgrad $Tu$ (unten) am Einlassrand, aufgetragen über dem dimensionslosen Radius $r/D$ für die untersuchten Rechenfälle

## 4.4 Betriebsparameter

Die Betriebsbedingungen der verschiedenen Rechenfälle sind in Tabelle 4.3 aufgelistet. Darin bezeichnet $\dot{m}_{Luft}$ den Luftmassenstrom in $[g/s]$, $T_u$ die Vorwärmtemperatur des Frischgemischs in $[K]$ und $v_0$ die massegemittelte Axialgeschwindigkeit[4] in $[m/s]$. Die Luftzahl wird über den Brennstoffmassenstrom reguliert.

| *Rechenfall* | $\dot{m}_{Luft}$ $[g/s]$ | $T_u$ $[°C]$ | $v_0$ $[m/s]$ |
|---|---|---|---|
| $CIVB-70\_100$ | 70 | 100 | 16.81 |
| $CIVB-70\_200$ | 70 | 200 | 21.32 |
| $CIVB-70\_300$ | 70 | 300 | 25.82 |
| $CIVB-70\_400$ | 70 | 400 | 30.33 |
| $CIVB-90\_400$ | 90 | 400 | 39.00 |
| $CIVB-110\_400$ | 110 | 400 | 47.66 |
| $CIVB-150\_400$ | 150 | 400 | 64.99 |

Tabelle 4.3: Betriebsparameter der untersuchten Konfiguration

[4] Im Englischen als *bulk velocity* bezeichnet.

# 5 Ergebnisse und deren Interpretation

Die Ergebnisse gliedern sich in einen Teil, der den Pre-Processing Schritt und damit die unter Verwendung eines detaillierten Reaktionsmechanismus ermittelten Resultate der numerischen Simulationen der laminaren und stationären Gegenstromvormischflammen (Flamelet Berechnung) beinhaltet (Kapitel 5.1) und einen Teil, der die numerischen Simulationen zum verbrennungsinduzierten Wirbelaufplatzen thematisiert (Kapitel 5.2). Die Ergebnisse der Simulationen der Gegenstromvormischflammen tragen über den Wert der Flammengeschwindigkeit zur Schließung der Terme der Propagation (*VII*) und der Krümmung (*VI*) der Transportgleichung der Flammenoberflächendichte (3.45) bei. Phyikalisch-chemisch interpretiert beschreibt die Flammengeschwindigkeit dabei die Eigendynamik der auf submakroskopischer Ebene betrachteten laminaren Flamme (in turbulenter Strömung).

## 5.1 Ergebnisse der Flamelet Berechnungen

Die Ergebnisse der unter Verwendung eines detaillierten Reaktionsmechanismus (s. Anhangskapitel A.29) bestimmten numerischen Simulationen der laminaren und stationären Gegenstromvormischflammen[1] lassen eine genaue Interpretation des Flammenverhaltens ohne und mit überlagerter stationärer Streckung zu. Das Verhalten der laminaren Flamme ist auf Vorgänge auf der molekularen Ebene, namentlich der Wärme- und Stoffdiffusion zurückzuführen. Diese Abläufe sind von makroskopischen Bedingungen, wie dem Impulsstrom und der Geschwindigkeitsgradienten abhängig. Den molekularen Effekten ist daher ein makroskopischer Strömungszustand überlagert, der in erster Linie Einfluss durch Variation der charakteristischen Längen- und Zeitmaße beispielsweise durch Veränderung treibender Gradienten ausübt. Die modellhafte Vorstellung von in turbulenter Strömung eingebetteter laminarer Flamelets verschiebt die Systemgrenzen auf submakroskopische Größen, wonach die Betrachtung laminarer Flammen bei strömungsmechanisch gesteuerter Randbedingungen Gültigkeit besitzt. In diesem Zusammenhang ist die laminare, gestreckte Flammengeschwindigkeit $s_l$ der essentielle, maßgeblich von molekularen Vorgängen bestimmte Parameter zur Modellierung turbulenter Vormischflammen.

### 5.1.1 Eigenschaften laminar-stationär gestreckter Vormischflammen

Abbildung 5.1 zeigt den Verlauf der Majoritäts- (oben) und einiger Minoritätsspezies (unten) im physikalischen Raum als Funktion der Ortskoordinate (links)[2] und im Zustandsraum (rechts) für eine moderat gestreckte laminare Vormischflamme bei atmosphärischen Druckbedingungen $p_u = 1\ bar$ und einer Vorwärmtemperatur $T_u = 673\ K$. Normiert wurde hierbei mittels des je-

[1] Der in dieser Arbeit betrachtete Brennstoff ist Methan, der Oxidator Luft. Der thermodynamische Druck des Frischgemischs ist für alle Simulationen $p_u = 1\ bar$.

[2] Der dargestellte Bereich beschränkt sich im Ortsraum auf einen Ausschnitt um die Hauptreaktionszone.

weiligen Maximalwertes

$$\phi^* = \frac{\phi}{\phi_{max}} \tag{5.1}$$

wodurch alle Größen miteinander vergleichbar werden und im Intervall [0,1] liegen. Die Strömung ist für alle im physikalischem Raum dargestellten Flameletergebnisse von links (Frischgasseite) nach rechts (Rauchgasseite).

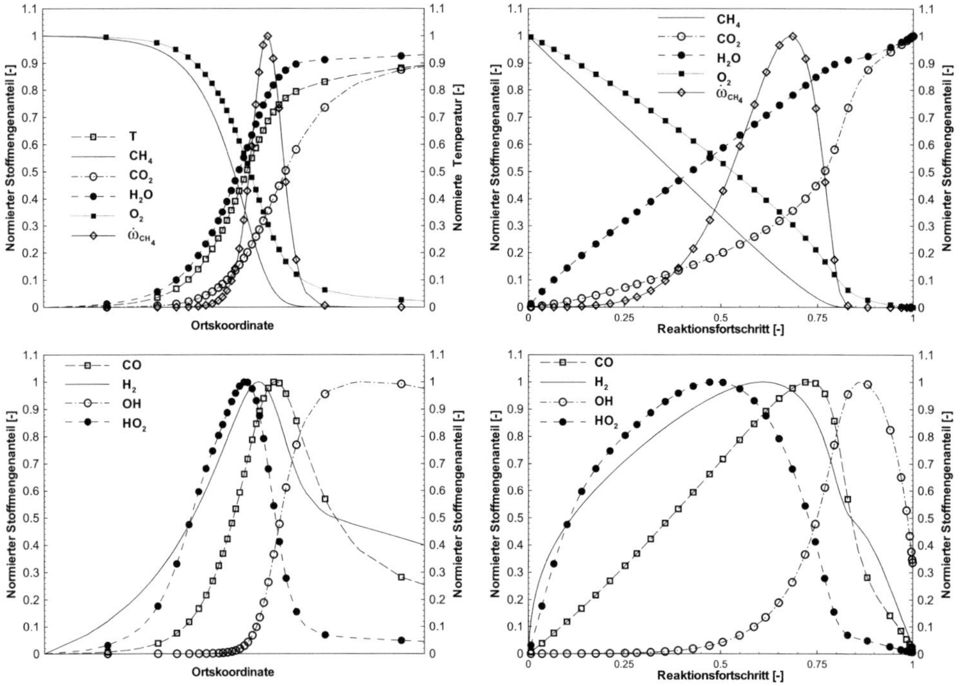


Abbildung 5.1: Verlauf der normierten Majoritätsspezies, der normierten Reaktionsrate und der normierten Temperatur (oben) sowie der normierten Minoritätsspezies (unten) einer moderat gestreckten Methan-Luft Vormischflamme der Gemischzusammensetzung $\lambda = 1{,}50$ als Funktion der Ortskoordinate (links) und im Zustandsraum (rechts) für eine Vorwärmtemperatur $T_u = 673\ K$ und atmosphärischen Druckbedingungen $p_u = 1\ bar$

Dem Reaktionsumsatz des $CH_4$-Moleküls und der Wärmeleitung aus der Hauptreaktionszone entsprechend, steigt die Temperatur in der Vorwärmzone steil an. Der sich anschließende Bereich der Hauptreaktionszone ist durch das Maximum der (normierten) Reaktionsrate und der Maxima der $H_2$ und $HO_2$ Radikale geprägt. Die Verteilung des $H_2$ Radikals erstreckt sich aufgrund des hohen Diffusionskoeffizienten $D_{H_2}$ weit in den Bereich der Vorwärmzone und erstreckt sich aufgrund der kombinierten Effekte der Diffusion und Konvektion ebenfalls weit in den Bereich der Ausbrandzone. Das $HO_2$ Radikal ist demgegenüber weniger diffusiv und mit

der Reaktionsrate des Brennstoffs korreliert, weshalb das $HO_2$ Radikal aufgrund seiner recht diskreten Verteilungsfunktion auch als Referenzspezies zur Flammenfrontverfolgung geeignet ist [139]. Das $OH$ Radikal dagegen wird im Bereich des Maximums der Reaktionsrate gebildet (vgl. Gradient des Verlaufs des $OH$-Radikals und die Korrelation zur Rate des $CH_4$-Moleküls in Abbildung 5.1, rechts), nimmt aber in Richtung Rauchgas hauptsächlich aufgrund konvektiven Transports und des geringen Konversionszeitmaßes wegen nur langsam ab, was zu einer breiten Verteilungsfunktion führt und daher die Detektion eines bestimmten Isoniveaus erschwert.
Der Verlauf des $CO$ Moleküls korreliert aufgrund der mit den ablaufenden Elementarreaktionen verbundenen Wärmefreisetzung im Bereich der Vorwärmzone mit der Temperatur. Stromab der Reaktionszone wird $CO$ durch Aufspaltung und Einlagerung von $O_2$ Molekülen in Richtung thermodynamisches Gleichgewicht umgesetzt, wodurch die Temperatur (asymptotisch) ansteigt. Diese die Ausbrandzone charakterisierende Konversion ist durch ein deutlich größeres Zeitmaß der maßgebenden Reaktionen bestimmt, weshalb der Temperaturgradient in diesem Bereich deutlich kleiner ist.
Die für die stofflichen Umsätze charakterisierenden Zeitmaße sind in Abbildung 5.2 anhand der gemäß

$$t(z_i) = t(z_{i-1}) + \frac{z_i - z_{i-1}}{v(z_i)} \tag{5.2}$$

in eine Aufenthaltszeit $t_{transformiert}$ tranformierten Verläufe der Majoritäts- und einiger Minoritätsspezies beschrieben. Demnach läuft die $CH_4 - CO$ Konversion in einem Zeitmaß der Ordnung $\mathcal{O}\left(10^{-4}\,s\right)$ ab, ebenso der nachgeschaltete $CO$-Abbau und die $H_2$-Reaktion. Dieser Bereich ist dabei durch einen Temperaturanstieg um weitere ca. 250 $K$ verbunden. Der sich diesen Vorgängen anschließende Ausbrandbereich ist hingegen durch ein Zeitmaß der Größenordnung $\mathcal{O}\left(10^{-3}\,s\right)$ bis zum Erreichen des Gleichgewichtszustands ausgezeichnet. Die Gleichgewichtsthermodynamik ist daher um mehr als eine Größenordnung langsamer, als die Konversionsreaktionen der Reaktionszone.
Die in den Zustandsraum transformierten Verläufe (vgl. Abbildung 5.1 rechts) zeigen die Sensitivität der Spezies mit der Wärmefreisetzung, welche wiederum insbesondere mit der Umsatzrate des $CH_4$ Moleküls verbunden ist. Der Verlauf des $CO_2$ Moleküls verdeutlicht die Konversion des $CO$ Moleküls anhand des im Bereich und leicht stromab der Reaktionszone wesentlich steiler werdenden Gradienten. Der Elementarvorgänge wegen ist diese Hochtemperaturzone ebenfalls durch eine starke Krümmung der Verläufe des $H_2O$ und des $O_2$ Moleküls bestimmt.
Die intermediären Spezies weisen entsprechend des Bildungsmechanismus ein zur Reaktionsrate korreliertes Maximum auf, erstrecken sich allerdings aufgrund hoher Diffusivität auch nennenswert in die Vorwärm- und Ausbrandzone. Daher sind alle Bereiche der laminaren (gestreckten) Vormischflamme der Diffusionsprozesse wegen reich an Radikalen [137].
Das charakteristische chemische Zeitmaß der Wärmefreisetzung $\tau_c$ ist in Abhängigkeit des Stützstellenwerts $i$ als Funktion der axialen Geschwindigkeitskomponente $v_{ax}$ und der lokalen Temperatur $T$ über

$$\tau_c(i) = \frac{T(i)}{\frac{\partial T(i)}{\partial ax(i)} \cdot v_{ax}(i)} \tag{5.3}$$

berechnet und in Abbildung 5.3 für drei verschiedene Luftzahlen $\lambda$ und jeweils zwei unterschiedliche Streckungsraten $K$ für eine Vorwärmtemperatur von $T_u = 673\ K$ und atmosphäri-

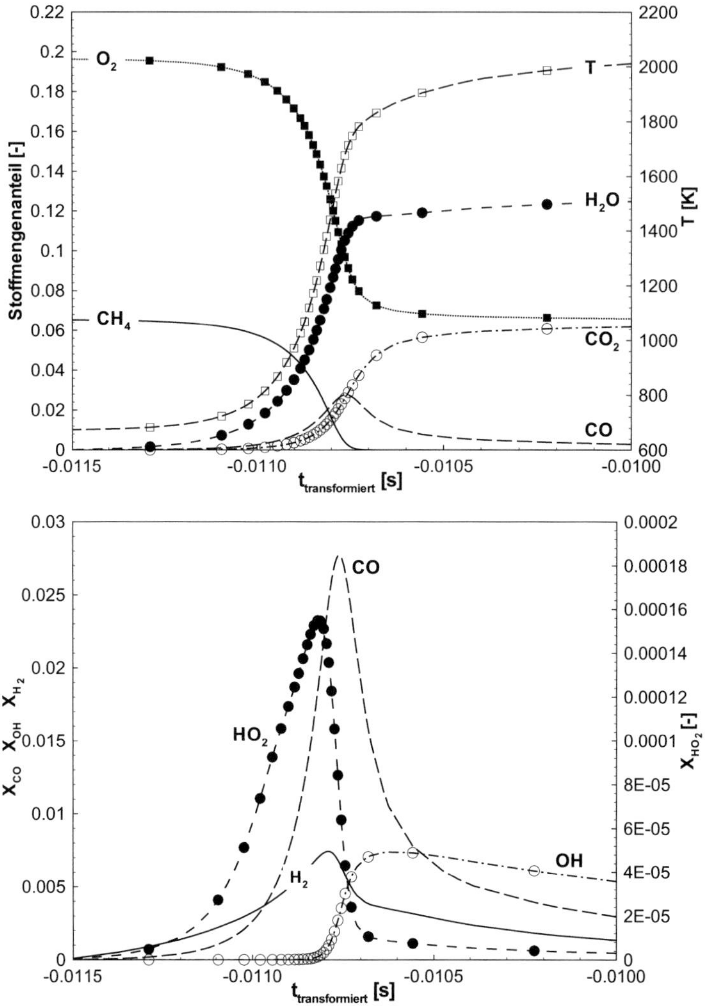


Abbildung 5.2: Majoritätsspezies und Temperatur (oben) und Minoritätsspezies (unten) als Funktion der Aufenthaltszeit einer moderat gestreckten Methan-Luft Vormischflamme der Gemischzusammensetzung $\lambda = 1{,}50$ für eine Vorwärmtemperatur $T_u = 673\ K$ und atmosphärischen Druckbedingungen $p_u = 1\ bar$

schen Druckbedingungen $p_u = 1\ bar$ logarithmisch über der Temperatur aufgetragen. Die Verhältnisse einer nur moderat gestreckten Flamme sind durch die jeweils kleinere Streckungsrate repräsentiert und die Charakteristika einer stark gestreckten Flamme sind durch die jeweils größere Streckungsrate beschrieben.

Der Anstieg des Zeitmaßes im Niedertemperaturbereich gibt den abfallenden Temperaturgradienten in der Vorwärmzone wieder, wohingegen der Anstieg im Hochtemperaturbereich auf die Verlangsamung der Reaktion im Ausbrand zurückzuführen ist. Der Bereich des nahezu konstan-

ten Zeitmaßes entspricht schließlich der Hauptreaktionszone.
Die minimalen Zeitmaße verschieben sich mit abnehmender Luftzahl und bei konstanter Frischgemischzusammensetzung mit abnehmender Streckungsrate zu kleineren Werten, was gemäß

$$s_l \propto \sqrt{\frac{a}{\tau_c}} \tag{5.4}$$

zu größeren Flammengeschwindigkeiten führt.
Das aus Abbildung 5.3 für den Bereich mittlerer Temperaturen ableitbare minimale chemische Zeitmaß entspricht in guter Näherung dem charakteristischen Zeitmaß der Reaktionsrate des Brennstoffs $\dot{\omega}_{CH_4}$. Dies ist durch den Vergleich der Abbildung 5.3 mit der in Abbildung 5.4 für den mittels Gleichung (5.2) als Funktion der Aufenthaltszeit transformierten Verlauf der Umsatzrate des Brennstoffs für eine Vormischflamme der Stöchiometrie $\lambda = 1{,}50$, der Vorwärmtemperatur $T_u = 673\ K$, bei einer Streckungsrate von $K = 218\ 1/s$ gezeigt.

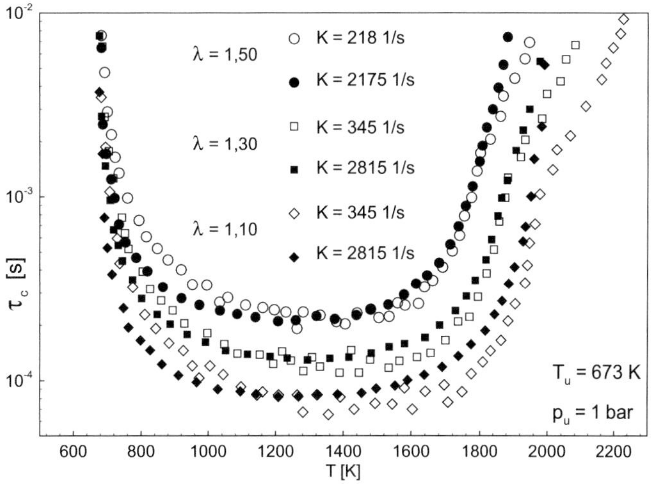


Abbildung 5.3: Zeitmaß $\tau_c$ der Wärmefreisetzung als Funktion der Temperatur $T$ für drei unterschiedliche Luftzahlen bei jeweils einer geringen und einer der Extinktion nahen Streckungsrate $K$

Abbildung 5.5 stellt den Verlauf der Rauchgastemperatur der laminaren Methan-Luft Vormischflammen über der Streckungsrate[3] für unterschiedliche Gemischzusammensetzungen dar. Die Temperatur der Rauchgase nimmt mit steigender Streckungsrate zunächst leicht zu, was auf Effekte der bevorzugten Diffusion und der damit verbundenen Stöchiometrieverschiebung hindeutet (vgl. Abbildung 2.17). Innerhalb dieses Bereichs kleiner Streckungsraten überwiegt daher die stoffgebundene Temperaturerhöhung gegenüber des lateralen Energietransports. Der weitaus größte Einfluss aerodynamischer Inhomogenitäten führt jedoch aufgrund der Wärmeabfuhr zu einer Absenkung der Rauchgastemperatur mit steigender Streckungsrate. Die Ab-

[3]Die Streckungsrate ist in dieser Arbeit als axialer Gradient der Axialgeschwindigkeit definiert (vgl. Kapitel 5.1.2).

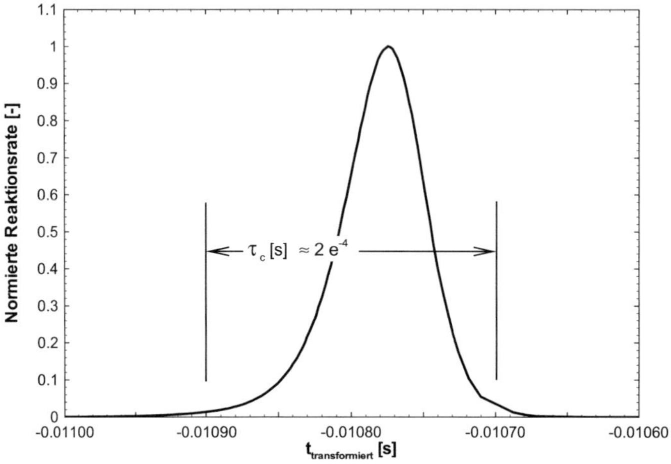


Abbildung 5.4: Normierte Reaktionsrate des Brennstoffs $\dot{\omega}^*_{CH_4}$ als Funktion der Aufenthaltszeit einer mit $K = 218\ 1/s$ moderat gestreckten Methan-Luft Vormischflamme der Gemischzusammensetzung $\lambda = 1{,}50$ für eine Vorwärmtemperatur $T_u = 673\ K$

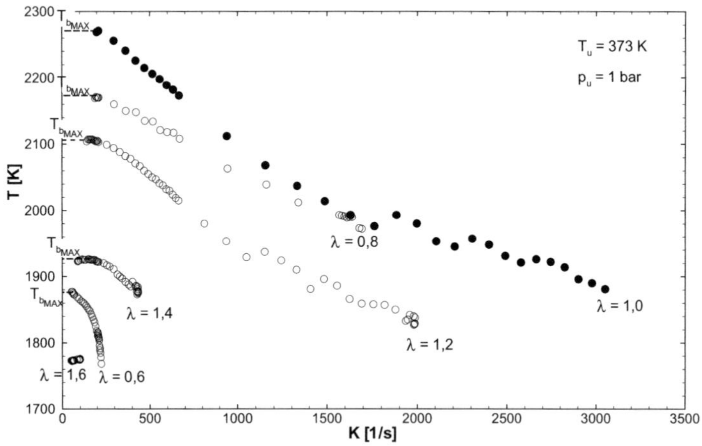


Abbildung 5.5: Verlauf der Abgastemperatur $T_b$ für verschiedene Luftzahlen $\lambda$ als Funktion der Streckungsrate $K$ bei einer Vorwärmtemperatur $T_u = 373\ K$ und atmosphärischem Druck $p_u = 1\ bar$

nahme erfolgt dabei über weite Bereiche linear und fällt nahe der Extinktions-Streckungsrate $K = K_{ext}$ steil ab, da das laminare Flamelet aufgrund aerodynamischen Quenschens erlischt. Die Ausdehnung des linearen Zusammenhangs zwischen Temperatur und Streckungsrate ist dabei für Gemische im Bereich stöchiometrischer Zusammensetzung am größten. Die Absenkung der Rauchgastemperatur im Bereich des Erlöschens ist für Flammen dieser Zusammensetzung nicht detektierbar. Anstelle dessen kommt es zu einem abrupten Verlöschen der laminaren Vormischflamme. Zusammenhänge dieser Art werden beispielsweise auch von EGOLFOPOULOS [29] diskutiert.

Die thermische Flammendicke $\delta_{th}$ als Funktion der Streckungsrate $K$ ist in Abbildung 5.6 für unterschiedliche Luftzahlen gezeigt. Das charakteristische Längenmaß wird mittels linearer Approximation des Temperaturprofils über die (thermische) Flammendicke auf Basis des maximalen Temperaturgradienten gemäß

$$\delta_{th} = \frac{T_b - T_u}{\frac{dT}{dax}\big|_{max}} \tag{5.5}$$

gewonnen (vgl. Abbildung 2.11). $T_b$ steht dabei für die maximale Temperatur des Rauchgases und $T_u$ für die Temperatur des Frischgases. Der Ort des maximalen Temperaturgradienten fällt in guter Näherung mit der Inner-Layer Temperatur $T^0$ zusammen (vgl. Abbildung 5.10), welche wiederum in guter Näherung mit dem Ort mittleren Reaktionsfortschritts $c \approx 0{,}45$ zusammenfällt. Abbildung 5.6 entsprechend variiert die (thermische) Flammendicke dabei linear abnehmend mit zunehmender Streckungsrate. Die Flammendicke nimmt unabhängig von der Streckungsrate für Gemische um den stöchiometrischen Punkt ein lokales Minimum an.

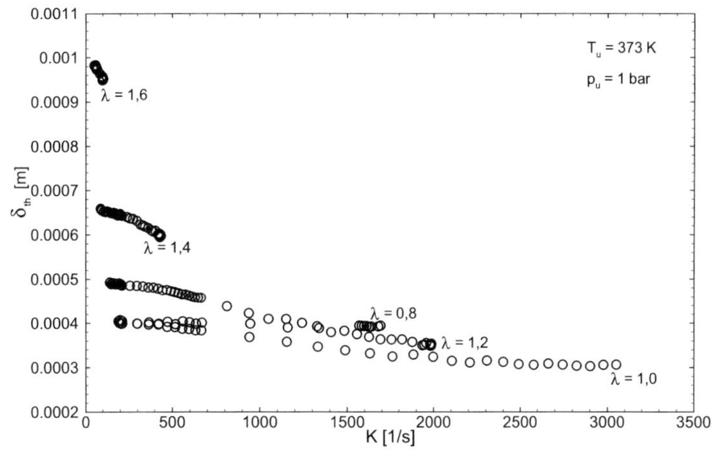


Abbildung 5.6: Verlauf der thermischen Flammendicke $\delta_{th}$ für verschiedene Luftzahlen $\lambda$ als Funktion der Streckungsrate $K$ bei einer Vorwärmtemperatur $T_u = 373\ K$ und atmosphärischem Druck $p_u = 1\ bar$

## 5.1.2 Bestimmung modellrelevanter Größen

Die für das Flammenfrontoberflächendichte (tFSD) Modell relevanten, von der Reaktion bestimmten Größen sind abgeleitete Parameter, die insgesamt das Verhalten laminarer Flammen unter dem Einfluss von Strömungsinhomogenitäten vollständig beschreiben. Die in dieser Arbeit betrachtete Wechselwirkung berücksichtigt anhand numerisch simulierter Gegenstromvor-

mischflammen die stationär wirkende Streckung bis hin zum Verlöschen des laminaren Flamelets. Hierbei wird ein weiter Bereich unterschiedlicher Vorwärmtemperaturen berücksichtigt, für einen Luftzahlbereich der sich fast bis hin zu den fetten und mageren Verlösch-/Zündgrenzen erstreckt.
Die für die vollständige numerische Beschreibung eines laminaren Flamelets notwendigen Parameter (vgl. Gleichung (2.251) und Gleichung (2.254)) sind in Tabelle 5.1 zusammengestellt.

| Flammengeschwindigkeit | Markstein Zahl | Extinktions-Karlovitz Zahl | ebene, ungestreckte Flammendicke | Markstein Länge |
|---|---|---|---|---|
| $s_l$ | $Ma$ | $Ka_{ext}$ | $\delta_l^0$ | $\mathscr{L}$ |

Tabelle 5.1: Modellrelevante Größen zur Erfassung der Flammendynamik

Auf die in dieser Arbeit gewählte Methode der Ableitung dieser modellrelevanten Parameter wird nachfolgend eingegangen.
Das Verhalten laminarer, gestreckter Flamelets ist in Abbildung 5.7 anhand des axialen Geschwindigkeitsverlaufs $v_{ax}$ (links oben), des Temperaturverlaufs $T$ (rechts oben), des Verlaufs der Reaktionsrate von Methan $\dot{\omega}_{CH_4}$ (links unten) und des Impulsdichteverlaufs $\rho\ v_{ax}$ (rechts unten) für unterschiedliche Streckungsraten $K$ als Funktion des Abstands zur Staupunktsebene gezeigt. Die den Verläufen zuordbaren Streckungsraten sind dabei exemplarisch so gewählt, dass näherungsweise der Bereich $K <<$ bis $K \approx K_{ext}$ abgedeckt ist. Generell verschieben sich dabei die Profile mit zunehmender Streckungsrate hin zur Staupunktsebene. Die Variation der Streckungsrate erfolgt in dieser Arbeit auf Basis veränderter Frischgemischgeschwindigkeiten, weshalb sich die stromab Verschiebung der Flamme als kinematische Gleichgewichtsbedingung einstellt.
Die Geschwindigkeit nimmt ausgehend vom Frischgemischwert (Randbedingung) einen zunächst linear abnehmenden Verlauf hin zur Staupunktsebene ein, um im Bereich der Reaktionszone aufgrund der Wärmefreisetzung fast sprunghaft anzuwachsen. Der sich anschließende Abfall ist stromab auf den Effekt des sich ausbildenden Staupunkts (Randbedingung) zurückzuführen. Die Temperatur steigt im Bereich der Reaktionszone aufgrund der mit dem exothermen Reaktionsumsatz verbundenen Wärmefreisetzung stark an und nimmt in der Ausbrandzone einen asymptotisch-degressiven Verlauf mit der adiabaten Flammentemperatur als Grenzwert an. Die Abgastemperatur $T_b$ nimmt dabei mit steigender Streckungsrate aufgrund des zunehmenden lateralen Energieflusses bei vollständigem Reaktionsablauf ab[4].

$$\frac{T_b(K_1)}{T_b(K_2)} > 1 \quad \forall \quad K_1 < K_2 < K_{ext} \tag{5.6}$$

Der vollständige Reaktionsablauf kommt durch die näherungsweise indifferente Änderung des Betrags der Reaktionsrate gegenüber einer Variation der Streckungsrate zum Ausdruck, wie dies auch in [70] für magere Methan-Luft Gemische unter Streckung ermittelt ist.

[4]Im Bereich kleiner Streckungsraten kann es in Abhängigkeit der Vorwärmtemperatur und der Gemischzusammensetzung zunächst zu einem Anstieg der maximalen Rauchgastemperatur kommen, vgl. Abbildung 5.5.

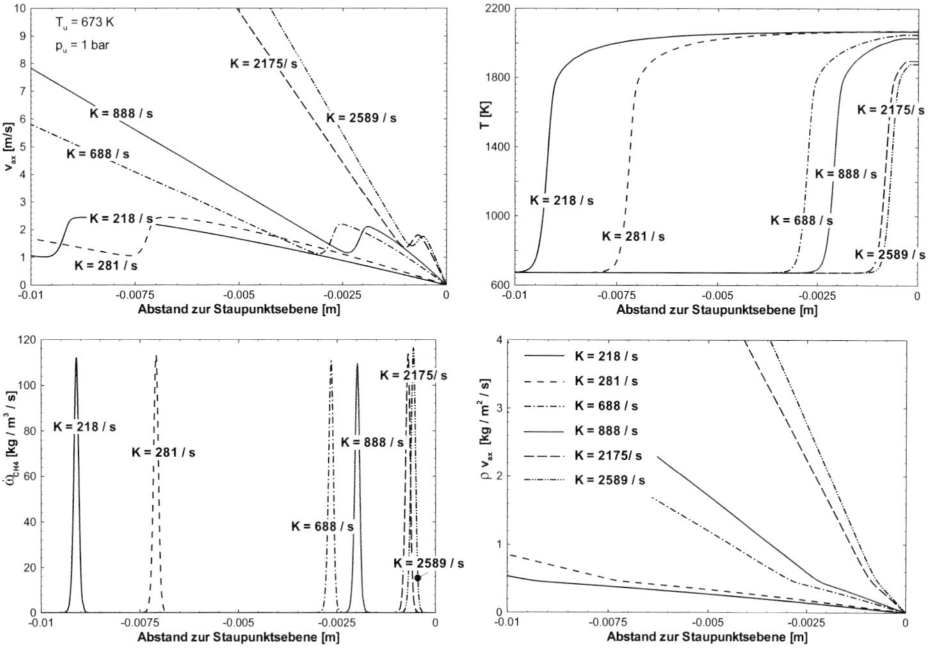


Abbildung 5.7: Axialgeschwindigkeit $v_{ax}$ (links oben), Temperatur $T$ (rechts oben), Reaktionsrate $\dot{\omega}_{CH_4}$ (links unten) und Impulsstrom $\rho\ v_{ax}$ (rechts unten) als Funktion des Abstands zur Staupunktsebene (Strömung von links nach rechts) für unterschiedliche Streckungsraten $K$ einer laminaren Methan-Luft Vormischflamme der Luftzahl $\lambda = 1{,}50$ bei einer Vorwärmtemperatur $T_u = 673\ K$ und atmosphärischen Druckbedingungen $p_u = 1\ bar$

Die Impulsströme verlaufen im Fernfeld äquivalent zu den Geschwindigkeiten, weisen aber aufgrund der berücksichtigten Dichtevariation eine Änderung des Gradienten nur unmittelbar im Bereich der Reaktionszone auf.

Abbildung 5.8 zeigt den Verlauf des Stoffmengenanteils der Majoritätsspezies $X_{CH_4}$ (oben links), $X_{CO_2}$ (unten links), $X_{H_2O}$ (unten rechts) und der Minoritätsspezies $X_{CO}$ (oben rechts) der laminaren Methan-Luft Vormischflamme der Luftzahl $\lambda = 1{,}50$ des Frischgemischs bei den thermodynamischen Bedingungen $T_u = 673\ K$, $p_u = 1\ bar$ und für unterschiedliche stationär wirkende Streckungsraten, vgl. Abbildung 5.7. Der Einfluss der Streckungsrate wird unabhängig von der Wahl der betrachteten Spezies in einer stromab Verschiebung (Strömung von links nach rechts) der Profile deutlich. Der Brennstoff wird dabei auch für hohe Streckungsraten vollständig abgebaut, wobei der Verlauf sich zu höheren Streckungsraten hin aufsteilt. Während die Konversion innerhalb der Vorwärm- und Reaktionszone nahezu unabhängig von der Streckungsrate ist, verläuft der stoffliche Wandel in der Ausbrandzone mit zunehmender Streckungsrate langsamer, wie an den abnehmenden Gradienten in diesem Bereich erkenntlich. Der Umsatz zu den Hauptprodukten $CO_2$ und $H_2O$ läuft folglich nicht mehr vollständig ab und der Anteil der interme-

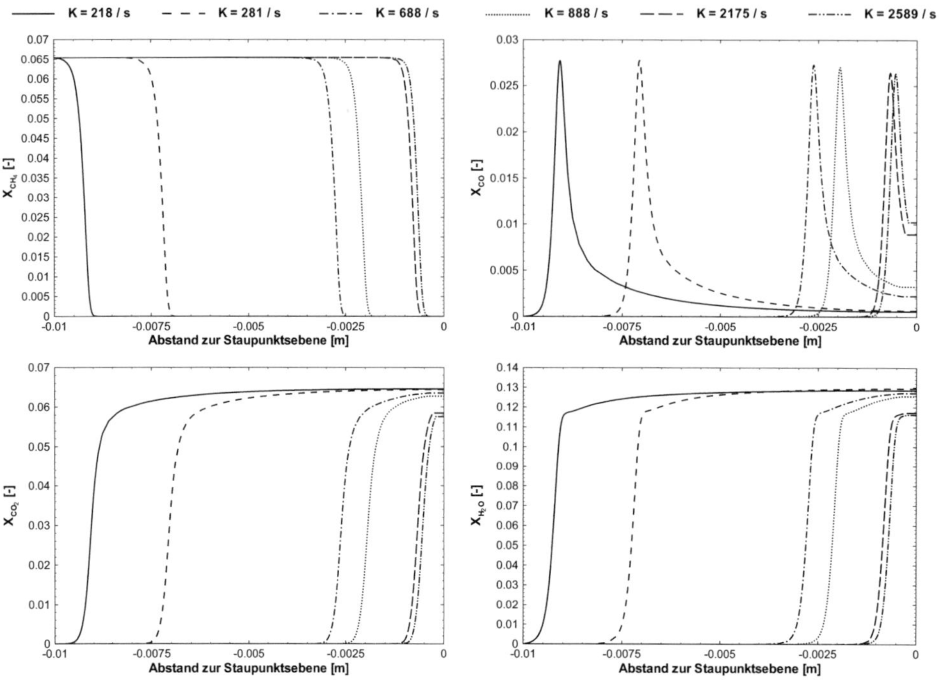


Abbildung 5.8: Verlauf verschiedener Spezies einer laminaren Methan-Luft Vormischflamme der Luftzahl $\lambda = 1{,}50$ als Funktion des Abstands zur Staupunktsebene für verschiedene Streckungsraten $K$ bei einer Vorwärmtemperatur $T_u = 673\ K$

diären Spezies $CO$ wächst entsprechend an. Da die chemisch in den intermediären Spezies gebundene Energie nicht vollkommen umgewandelt wird, trägt neben dem lateralen Energiefluss die in den intermediären Spezies chemisch gebundene Energie dazu bei, dass die Temperatur $T_b$ des Rauchgases sinkt, wie in Abbildung 5.7 verdeutlicht.

**Bestimmung der Streckungsrate**

Die Streckungsrate $K$ wird in dieser Arbeit über

$$K = \left.\frac{dv_{ax}}{dax}\right|_u \tag{5.7}$$

als axialer Geschwindigkeitsgradient auf der Frischgasseite (Index: u) definiert, wie es Abbildung 5.9 in der oberen Hälfte zeigt.

Die Auswertung der Flammengeschwindigkeit unter Streckungseinfluss erfolgt in dieser Arbeit mittels des Impulsstroms an der Stelle maximaler Reaktionsrate

$$s_l = \frac{\rho\ v_{ax}\big|_{\dot{\omega}_{CH_4}}^{max}}{\rho_u}, \tag{5.8}$$

wie in Abbildung 5.9 unten gezeigt ist. Diese Art der Determinierung der Flammengeschwindig-

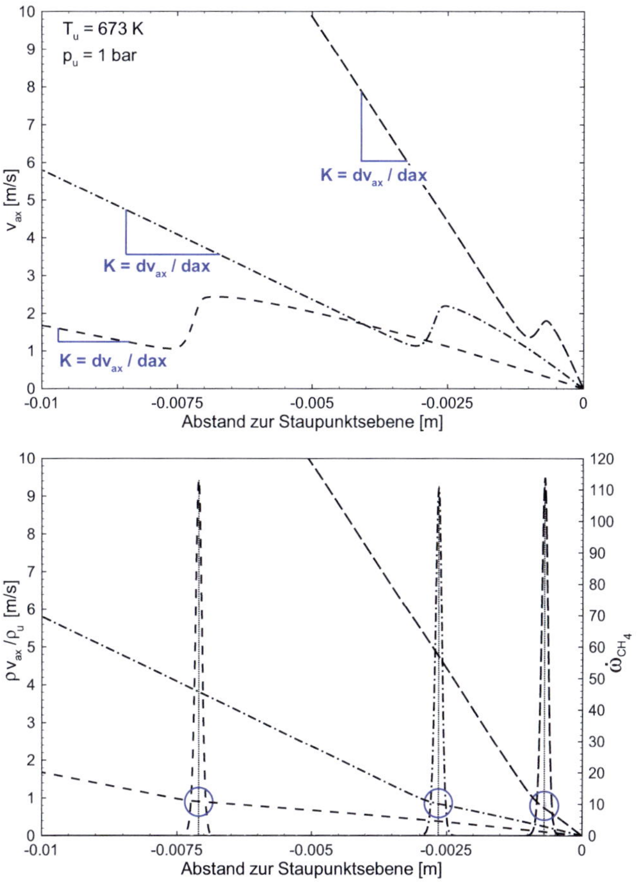


Abbildung 5.9: Geschwindigkeitsverläufe (oben) und Impulsstromverläufe mit Reaktionsrate (unten) über dem Abstand zur Staupunktsebene für unterschiedliche Streckungsraten

keit ist physikalisch sinnvoll, da im Gegensatz zum bloßen Geschwindigkeitsabgriff der Markstein Zahl Effekt uneingeschränkt berücksichtigt bleibt. Würde nur die Geschwindigkeit $v_{ax}$ herangezogen, so würden unabhängig von Gemischzusammensetzung, Brennstoff und Thermodynamik stets nur positive Markstein Zahlen ermittelt werden (wie in [30]). Da mit dem Impulsstrom an der Stelle maximaler Rate ein lokales Maß zur Bestimmung der Flammendynamik herangezogen wird, ist die Korrelation der Flammengeschwindigkeit mit der Streckungsrate hoch, wie die Ergebnisse des Kapitels 5.1.3 verdeutlichen.

**Auswerteposition**

Abbildung 5.10 zeigt den Verlauf der massegewichteten Geschwindigkeit $\rho\ v_{ax}/\rho_u$ überlagert von den Verläufen der Reaktionsrate des Brennstoffs $\dot{\omega}_{CH_4}$, der Temperatur $T$ und der Stoffmengen der Spezies $CH_4$, $HO_2$ und $OH$ für zwei Streckungsraten einer laminaren Methan-Luft Vormischflamme des thermodynamischen Frischgemischzustands $T_u = 673\ K$, $p_u = 1\ bar$ bei einer Luftzahl $\lambda = 1{,}50$.

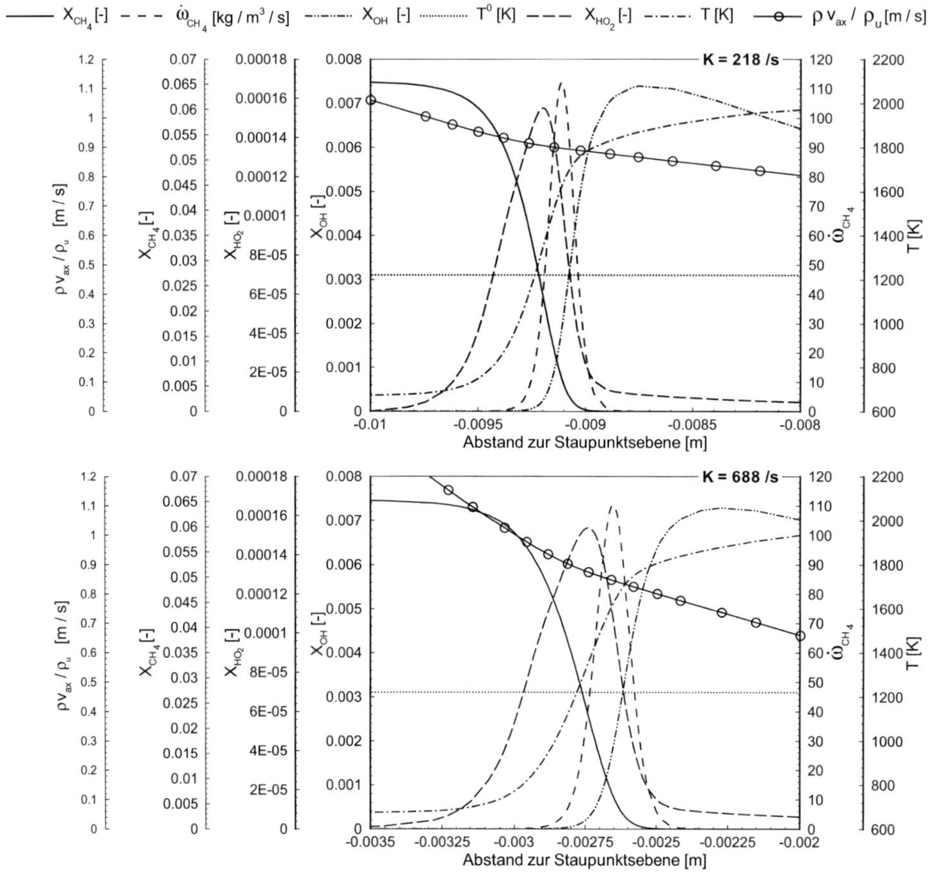


Abbildung 5.10: Molenfraktionen, Temperatur, Reaktionsrate und Impulsstromdichte über der Ortskoordinaten für unterschiedliche Streckungsraten

Das Profil des $OH$ Radikals ist stark von Transportprozessen bestimmt, was zu einer breiten Verteilungsfunktion führt, die sich bis in den Ausbrandbereich erstreckt. Der damit verbundenen flachen Gradienten wegen ist das Maximum als mögliches Kriterium der Flammenposition nur schwer bestimmbar. Das $OH$-Radikal ist daher wenig zur Detektion der Referenzposition zur Ermittlung der Flammengeschwindigkeit geeignet. Die Verläufe der Stoffmenge $X_{HO_2}$ und der Reaktionsrate $\dot{\omega}_{CH_4}$ sind hingegen schmalbandig mit einer eindeutig bestimmbaren Lage des Maximums und eignen sich daher grundsätzlich ebenso wie die Inner-Layer Temperatur $T^0$ als Definitionsgröße der Flammenposition. Da die letztgenannte Größe als ein in der Literatur genanntes Maß (vgl. [78]) nicht unmittelbar aus den Simulationsergebnissen folgt und der Verlauf des $HO_2$ Radikals breitbandiger[5] ist, wird in dieser Arbeit zur Ermittlung der Flammenposition das Maximum der Reaktionsrate des Brennstoffs $\dot{\omega}_{CH_4}$ gewählt. Diese Vorgehensweise wird teilweise auch in der Literatur, wie beispielsweise von DAVIS ET AL. [25, 26] vorgeschlagen. Abbildung 5.10 zeigt unabhängig von der getroffenen Wahl des Markers für die Flammenposition, dass aufgrund der hohen Korrelation der drei Größen $X_{HO_2}$, $T^0$ und $\dot{\omega}_{CH_4}$ der Unterschied in der Flammengeschwindigkeit $s_l = \rho\ v_{ax}/\rho_u$ von untergeordneter Rolle ist.

Der Stationarität der in dieser Arbeit betrachteten Gegenstromvormischflammen wegen, ist die Ausbreitungsgeschwindigkeit **w** der Isoflächen identisch Null, wodurch die in Kapitel 2.5.4 als absolute Flammengeschwindigkeit bezeichnete Größe $s_a$ (vgl. Gleichung (2.221)) ebenfalls identisch Null ist.

$$\mathbf{w} \equiv 0 \leftrightarrow s_a \equiv 0 \tag{5.9}$$

Die in dieser Arbeit ausgewertete Flammengeschwindigkeit $s_l$ entspricht daher gemäß Gleichung (2.225) der Relativgeschwindigkeit $s_d$ an der Stelle maximaler Reaktionsrate $c = c|^{max}_{\dot{\omega}_{CH_4}}$.

$$s_l = s_f \left( c = c|^{max}_{\dot{\omega}_{CH_4}} \right) = s_d \tag{5.10}$$

## 5.1.3 Flameletparameter

Abbildung 5.11 zeigt den Verlauf der ebenen, ungestreckten Flammengeschwindigkeit $s_l^0$ als Funktion der Luftzahl $\lambda$, wobei die Kurvenschar durch die Vorwärmtemperatur $T_u$ parametrisiert ist. Das Maximum der Flammengeschwindigkeit liegt jeweils nahe des stöchiometrischen Punktes, etwas in den unterstöchiometrischen Bereich verschoben[6]. Der Abfall mit zunehmender Luftzahl erklärt sich durch den von der Flamme selbst aufzubringenden Enthalpiestrom zur Erwärmung des Frischgemischs und dabei vor allem wegen des Stickstoffs. Da Stickstoff sich näherungsweise chemisch inert verhält, trägt er nicht zur Wärmefreisetzung durch Reaktionsumsatz bei, wirkt aber energetisch als Senke, da Stickstoff als Bestandteil der Luft gleichfalls auf Zündtemperatur erwärmt werden muss. In der Nettobetrachtung wird der Flamme daher mit steigender Luftzahl auch bei vollständigem Umsatz des Brennstoffs immer mehr Energie entzogen, ähnlich einer externen Wärmesenke und vergleichbar mit einer erniedrigten Vorwärmtemperatur. Dieser Effekt führt schließlich dazu, dass auch ohne die Berücksichtigung der Effekte überlagerter Strömungsinhomogenitäten die Flamme ab einer bestimmten Luftzahl, der (mageren/fetten) Verlöschgrenze, erlischt.

[5] Der Verlauf des $HO_2$ Radikals weist im Hochtemperaturbereich zudem einen Verlauf auf, der nicht differenzierbar ist (vgl. Abbildung 5.1).

[6] Bezüglich des Brennstoff-Luft Gemischs weist Sauerstoff eine verringerte Diffusionsgeschwindigkeit als der Brennstoff (Methan) auf, weshalb das Maximum leicht in den überstöchiometrischen Bereich verschoben ist. Der Verlauf der Wärmekapazität der Produkte verschiebt das Maximum der Rauchgastemperatur leicht in den unterstöchiometrischen Bereich (vgl. Seite 299), was gleichfalls eine Verschiebung des Maximums der Flammengeschwindigkeit zur Folge hat.

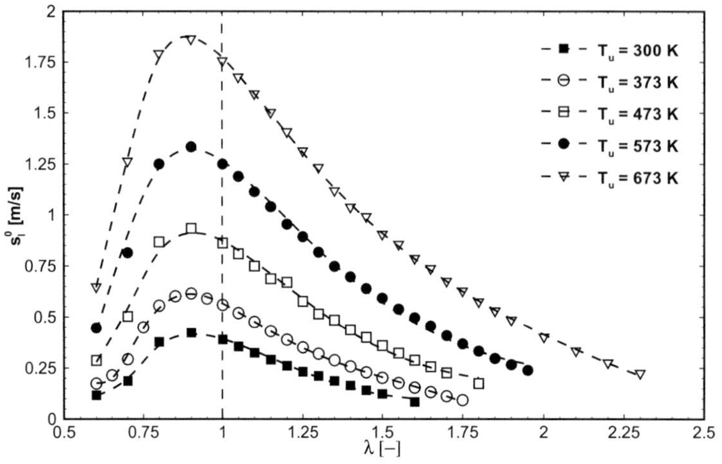


Abbildung 5.11: Ebene, ungestreckte Flammengeschwindigkeit als Funktion der Luftzahl $\lambda$ für unterschiedliche Vorwärmtemperaturen $T_u$

Der Überschuss an Brennstoff führt wiederrum auf der unterstöchiometrischen Seite zu einem schnellen Abfall der Flammengeschwindigkeitswerte, weil die Kettenverzweigungsreaktionen von dem Radikalenpool abhängt, welcher mit Brennstoffüberschuss abnimmt. Die Moleküle des Brennstoffs müssen mit den Sauerstoffmolekülen der Luft zusammentreffen und weiterreagieren. Dieser Vorgang erfordert eine ausreichend hohe thermische Bewegungsenergie der Moleküle, bzw. den Kontakt mit Radikalen. Aufgrund der Abweichung zum stöchiometrischen Punkt wird auch in diesem Fall der Flamme Energie zur Erwärmung eines immer weiter anwachsenden und zur Wärmefreisetzung nicht beitragenden Anteils des Frischgemischs entzogen und gleichzeitig sinkt die Wahrscheinlichkeit für jedes Brennstoffmolekül das zur Reaktion notwendige Sauerstoffmolekül zu treffen.
Abbildung 5.12 vergleicht die mittels Extrapolation gewonnenen Werte der ebenen, ungestreckten Flammengeschwindigkeiten $s_l^0$ dieser Arbeit mit Literaturdaten von DAVIS und LAW [24], FARRELL ET AL. [33], AUNG ET AL. [3], GU ET AL. [42], NASTROLL [79], IIJIMA ET AL. [51], ROZENCHAN ET AL. [96], SHARMA ET AL. [101] (links) und PETERS [84]. PETERS vergleicht dabei seine auf einer für den mageren Bereich gültigen Korrelation (vgl. Anhangskapitel A.20 für eine Darstellung der Korrelationsvorschrift) beruhenden Werte mit einer Vielzahl von Literaturdaten, wobei die Übereinstimmung für unterschiedliche thermodynamische Randbedingungen zufriedenstellend ist.
Die geringe Abweichung zwischen den Werten dieser Arbeit und den Literaturdaten verdeutlicht die Qualität der gewählten Auswertung und die hohe Aussagekraft der ermittelten Flammengeschwindigkeitswerte.

Abbildung 5.13 zeigt den Verlauf der laminaren, ebenen und gestreckten Flammengeschwindigkeiten als Funktion der Streckungsrate $K = dv_{ax}/dax$ exemplarisch für ein Methan-Luft Gemisch bei einem thermodynamischen Umgebungsdruck von $p_u = 1{,}0\ bar$ und einer Vorwärm-

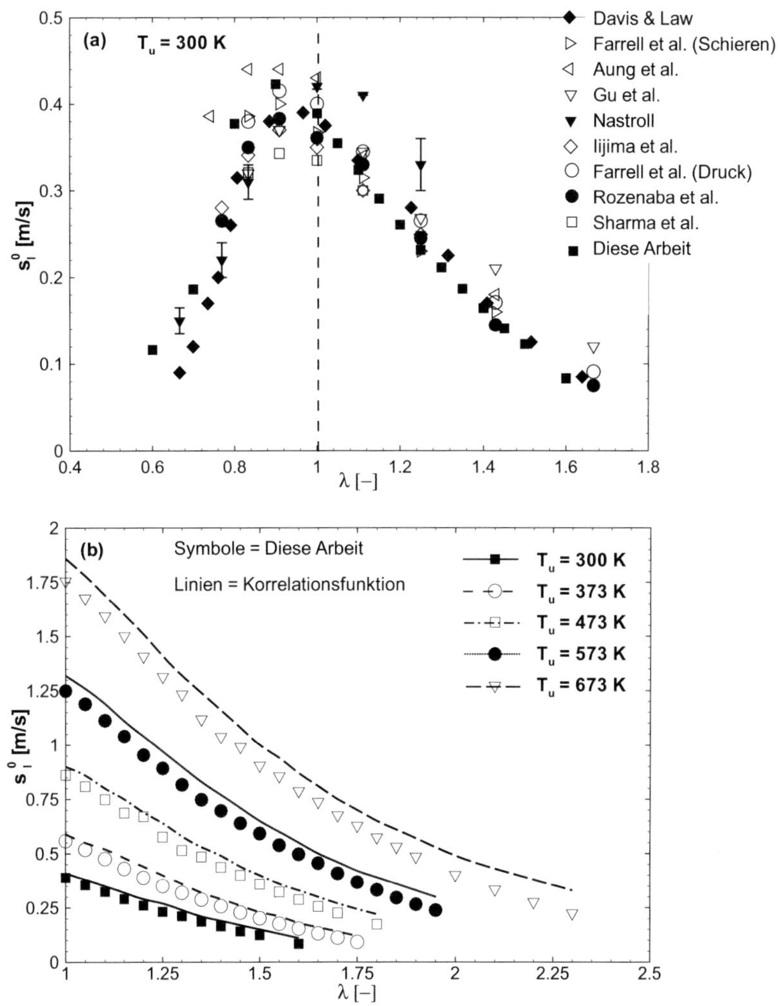


Abbildung 5.12: Ebene, ungestreckte Flammengeschwindigkeit $s_l^0$ als Funktion der Luftzahl $\lambda$ bei atmosphärischen Druckbedingungen $p_u = 1\ bar$ für eine Vorwärmtemperatur $T_u = 300\ K$ (obere Teilabbildung, (a)) und für unterschiedliche Vorwärmtemperaturen $T_u$ (untere Teilabbildung, (b))
Vergleich der in dieser Arbeit erzielten Daten mit Literaturwerten von DAVIS und LAW [24], FARRELL ET AL. [33], AUNG ET AL. [3], GU ET AL. [42], NASTROLL [79], IIJIMA ET AL. [51], ROZENCHAN ET AL. [96], SHARMA ET AL. [101] (oben, (a)) und PETERS [84] (unten, (b))

temperatur des Gemischs von $T_u = 373\ K$. Jedes einzelne Simulationsergebnis der Gegenstromvormischflammen ist als offener Kreis dargestellt und wird entsprechend der Ausführungen des Kapitels 5.1.2 über die Massenstromdichte an der Stelle des Maximums der Reaktionsrate ermittelt. Der Bereich der Luftzahlen reicht dabei von unter- zu überstöchiometrischen Werten, um das Verhalten repräsentativ[7] abzubilden.

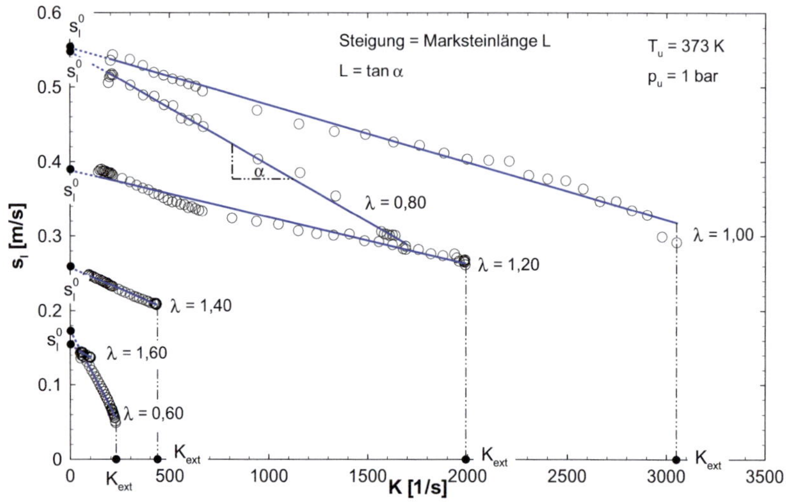


Abbildung 5.13: Ebene, gestreckte Flammengeschwindigkeit $s_l$ als Funktion der Streckungsrate $K$ für unterschiedliche Luftzahlen $\lambda$

Der Verlauf der Flammengeschwindigkeiten über der Streckungsrate zeigt eine lineare Abhängigkeit. Dies verdeutlichen die durchgezogenen Linien, die als Ausgleichsgerade der numerischen Einzelergebnisse ermittelt sind. Desweiteren ist anhand der Verläufe erkennbar, dass die absoluten Beträge der Flammengeschwindigkeit bei stöchiometrischer Zusammensetzung am höchsten sind. In gleicher Weise verhalten sich die Streckungsgrenzen $K_{ext}$, welche ausgehend vom Maximum im stöchiometrischen Punkt sowohl in den mageren als auch in den fetten Bereich hin deutlich abnehmen.

Das Verlöschen der laminaren Vormischflammen erfolgt aufgrund aerodynamisch bedingten lateral gerichteten Energieflusses, der dazu führt, dass die Reaktion zunächst nicht vollständig abläuft und schließlich die Wärmeabfuhr so hoch wird, dass die konduktiv stromauf transportierte Reaktionswärme nicht zum Erreichen der Zündtemperatur des Gemischs ausreicht. Die aerodynamische Streckungsrate, die zum Verlöschen der Flamme führt, wird als Extinktions-Streckungsrate $K_{ext}$ und als dimensionslose Größe als Extinktions-Karlovitz Zahl $Ka_{ext}$ bezeichnet. Beide Größen sind in Abbildung 5.14 als Funktion der Luftzahl aufgetragen[8].

Abbildung 5.13 verdeutlicht anhand der gestrichelten Linien, dass die ebenen, ungestreckten Flammengeschwindigkeitswerte $s_l^0$ durch lineare Extrapolation auf die Ordinate, d.h. auf den Wert der Streckungsrate $K = 0$, gewonnen werden. Die Steigung $tan\,(\alpha)$ der Ausgleichsgeraden

[7]Die numerischen Simulationen zum verbrennungsinduzierten Wirbelaufplatzen laufen im überstöchiometrischen Bereich ab, weshalb hierfür die Untersuchung unterstöchiometrischer Gemische nicht erforderlich wäre.

[8]Für eine entdimensionierte Darstellung wird auf den Anhang A.23 verwiesen.

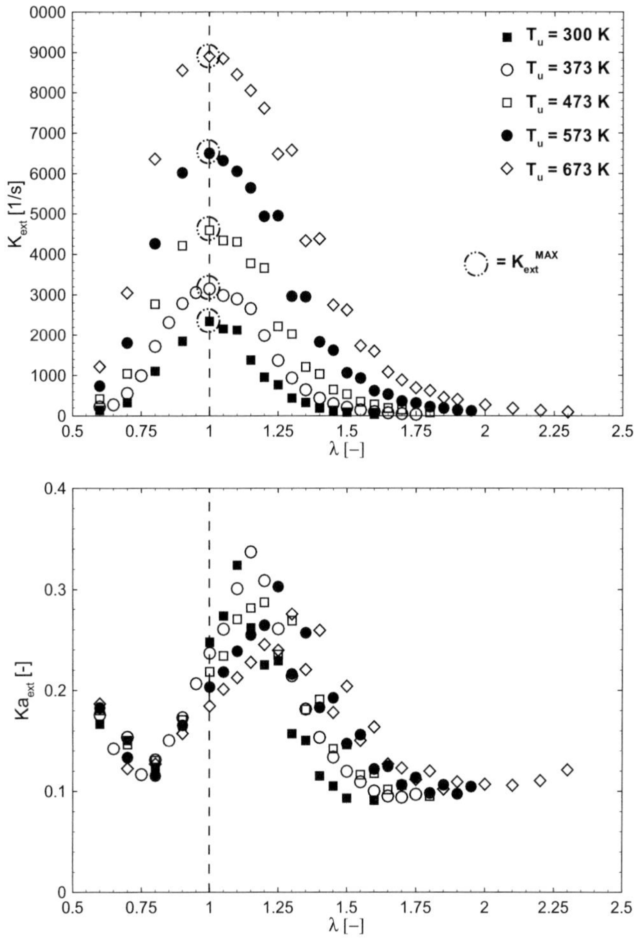


Abbildung 5.14: Verlauf der Extinktions-Streckungsrate $K_{ext}$ und der Extinktions-Karlovitz Zahl $Ka_{ext}$ als Funktion der Luftzahl $\lambda$ für unterschiedliche Vorwärmtemperaturen $T_u$

entspricht gemäß

$$s_l = s_l^0 - \mathscr{L} \cdot K \tag{5.11}$$

der Marksteinlänge $\mathscr{L}$. Abbildung 5.15 zeigt die in dieser Arbeit ermittelten Markstein Längen über der Gemischzusammensetzung laminarer Methan-Luft Vormischflammen unterschiedlicher Vorwärmtemperatur. Der für die numerische Untersuchung des verbrennungsinduzierten Wirbelaufplatzens relevante Bereich überstöchiometrischer Zusammensetzungen ist explizit im unteren Teilbild dargestellt.

Die Markstein Länge weist für alle Frischgastemperaturen ein lokales Minimum im Bereich leicht überstöchiometrischer Gemische auf, weshalb Vormischflammen dieses Brennstoff-Luft

Verhältnisses bezüglich der Flammengeschwindigkeit vergleichsweise insensitiv gegenüber strömungsmechanischer Inhomogenitäten reagieren (vgl. Abbildung 5.13).

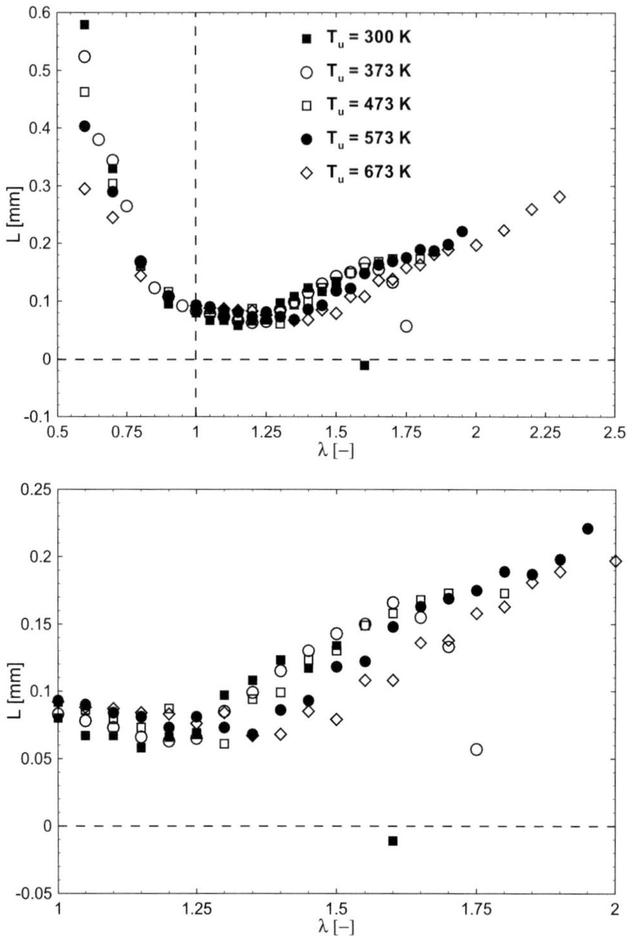


Abbildung 5.15: Marksteinlänge $\mathscr{L}$ als Funktion der Luftzahl $\lambda$ für unterschiedliche Vorwärmtemperaturen $T_u$
oben: über- und unterstöchiometrischer Luftzahlbereich
unten: der für die numerischen Simulationen des verbrennungsinduzierten Wirbelaufplatzens relevante Bereich überstöchiometrischer Luftzahlen

Die im überstöchiometrischen Bereich ansteigende Markstein Länge fällt ab einem kritischen Wert rapide ab und erreicht sogar negative Werte. Dieser Verlauf ist für steigende Vorwärmtemperaturen zu höheren Luftzahlen und zu höheren Markstein Längen verschoben, weshalb negative Werte der Markstein Länge nur für die niedrigen Frischgastemperaturen detektierbar sind.

Die entdimensionierte Flammengeschwindigkeit folgt Gleichung (2.251) entsprechend zu

$$\frac{s_l}{s_l^0} = 1 - \underbrace{\frac{\mathscr{L}}{\delta_l^0}}_{=Ma} \cdot \underbrace{K \frac{\delta_l^0}{s_l^0}}_{=Ka} \tag{5.12}$$

als lineare Funktion der dimensionslosen Streckungsrate $Ka = K \cdot \delta_l^0 / s_l^0$.
Da sich die Flammendicke $\delta_l^0$ insbesondere messtechnisch nur schwer exakt bestimmen lässt, wird die Flammendicke in der Literatur (z.B. [140]) häufig mittels der kinematischen Viskosität auf Basis der Ähnlichkeit der molekularen Austauschgrößen ermittelt. Der Vergleichbarkeit wegen wird diese Art auch in der vorliegenden Arbeit angewendet, wodurch die Flammendicke gemäß

$$\delta_l^0 = \frac{a}{s_l^0} = \frac{1}{Pr} \cdot \frac{\nu}{s_l^0} \tag{5.13}$$

bestimmt wird, wobei von einer Prandtl Zahl $Pr = 1{,}0$ ausgegangen wird. Der Wert der ungestreckten, ebenen Flammengeschwindigkeit $s_l^0$ wird als unmittelbares Ergebnis der numerischen Simulationen der laminaren, ebenen und stationär gestreckten Vormischflammen dieser Arbeit angesetzt. Die kinematische Viskosität $\nu$ wird dabei in dieser Arbeit der Vorgehensweise von WEISS ET AL. [140] folgend, mittels des Programmpakets GASEQ [18] auf Basis der thermodynamischen Zustandsgrößen und der Gemischzusammensetzung, bezogen auf den unverbrannten Zustand, bestimmt. Abbildung 5.16 zeigt den nach Gleichung (5.13) ermittelten Verlauf der laminaren, ungestreckten Flammendicke $\delta_l^0$, aufgetragen über der Luftzahl $\lambda$. Im überstöchiometrischen Bereich nimmt die Flammendicke bei Absenkung der Luftzahl ab, weil die Temperaturleitzahl weniger steigt, als das Zeitmaß der Wärmefreisetzung abnimmt (vgl. Kapitel 2.5.3).

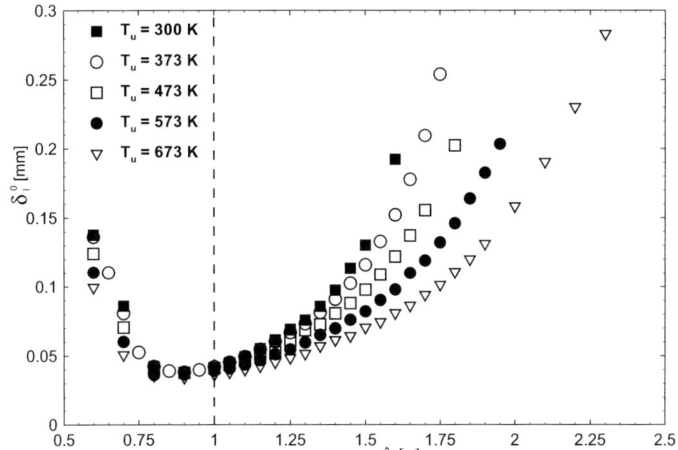


Abbildung 5.16: Verlauf der ebenen, ungestreckten Flammendicke $\delta_l^0$ als Funktion der Luftzahl $\lambda$ für ein Methan-Luft Gemisch bei $p_u = 1\ bar$

Abbildung 5.17 zeigt den Verlauf der Flammengeschwindigkeit als Funktion der Streckungsrate[9] bei unterschiedlichen Vorwärmtemperaturen für eine laminare Methan-Luft Vormischflamme stöchiometrischer Gemischzusammensetzung unter atmosphärischen Druckbedingungen in dimensionsbehafteter (oben) und dimensionsloser (unten) Auftragung. Die Verläufe $s_l$ über $K$ liefern als Steigung der Ausgleichsgeraden die Marksteinlänge $\mathscr{L}$ und mittels Extrapolation auf $K = 0$ die Flammengeschwindigkeit $s_l^0$ der ebenen, ungestreckten Vormischflamme (vgl. Abbildung 5.13). Die Auftragung der dimensionslosen Flammengeschwindigkeit $s_l/s_l^0$ über der

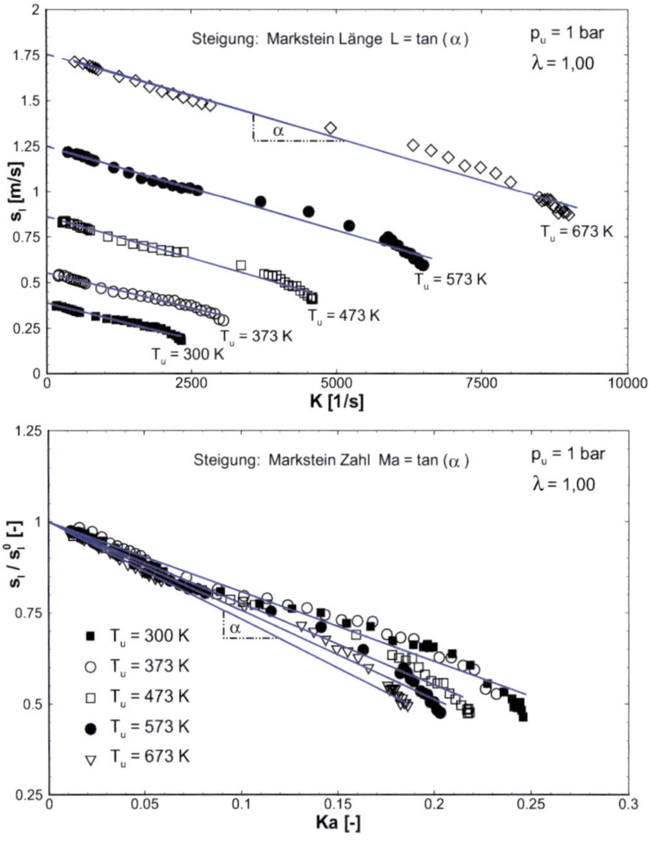


Abbildung 5.17: Ebene, gestreckte Flammengeschwindigkeit $s_l/s_l^0$ und $s_l$ als Funktion der Streckungsrate $K$ und der Karlovitz Zahl $Ka$ für unterschiedliche Luftzahlen $\lambda$ und Vorwärmtemperaturen $T_u$

dimensionslosen Streckungsrate $Ka$ liefert als Steigung der Ausgleichsgeraden entsprechend Gleichung (5.12) die Markstein Zahl $Ma$.

In dieser Arbeit wird der systematischen und mit der Literatur vergleichbaren Vorgehensweise wegen die Markstein Zahl durch Entdimensionierung der aus den numerischen Simulationen ge-

[9]Siehe ergänzend Abbildung A.8 des Anhangskapitels A.24.

wonnenen Marksteinlängen $\mathscr{L}$ mit der ebenen, ungestreckten Flammendicke $\delta_l^0$, bezogen auf den selben thermodynamischen Frischgemischzustand, ermittelt. Mit Gleichung (5.13) folgt die Markstein Zahl daher zu:

$$Ma = \frac{\mathscr{L}}{\delta_l^0} = \underbrace{Pr}_{=1} \cdot \frac{\mathscr{L}}{\nu} s_l^0 \tag{5.14}$$

Die auf diese Weise ermittelten Markstein Zahlen sind in Abbildung 5.18 als Funktion der Luftzahl dargestellt, mit der Vorwärmtemperatur als Variationsparameter. Die Abbildung zeigt eine

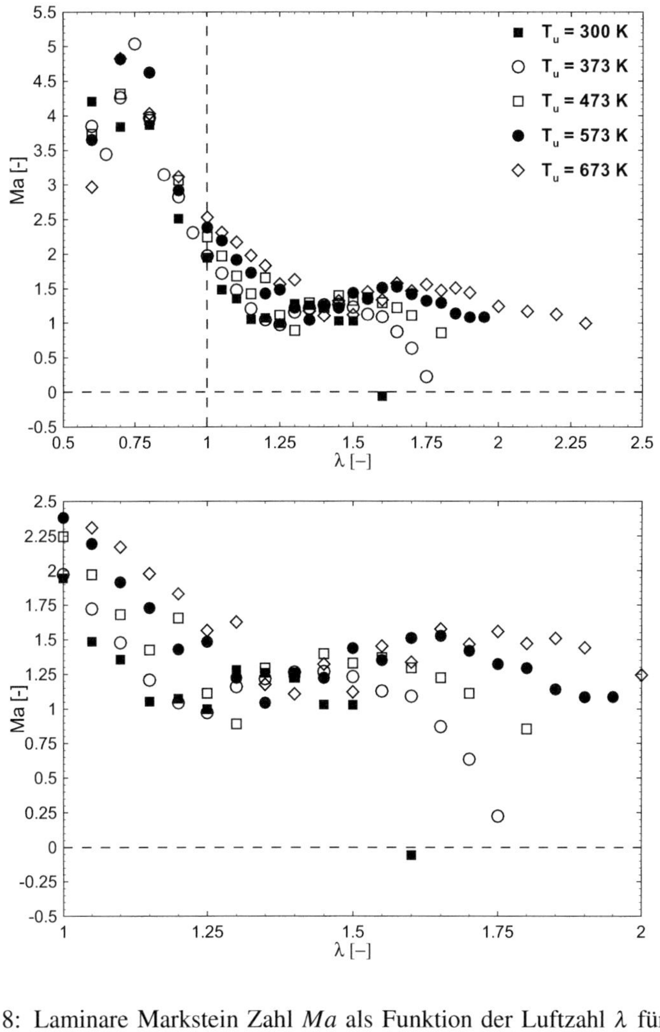


Abbildung 5.18: Laminare Markstein Zahl $Ma$ als Funktion der Luftzahl $\lambda$ für verschiedene Vorwärmtemperaturen $T_u$ bei atmosphärischen Druckbedingungen $p_u = 1\ bar$
oben: über- und unterstöchiometrischer Luftzahlbereich
unten: der für die numerischen Simulationen des verbrennungsinduzierten Wirbelaufplatzens relevante Bereich überstöchiometrischer Luftzahlen

Ähnlichkeit der Verläufe untereinander in der Art, als dass eine erhöhte Vorwärmtemperatur zu einer Verschiebung hin zu höheren Werten der Markstein Zahlen, zu einer Verschiebung des relativen Minimums zu höheren Luftzahlen und im deutlich überstöchiometrischen Bereich zu einer Abflachung des Profils führt.

Abbildung 5.19 zeigt zu Validierungszwecken den Vergleich der laminaren Markstein Zahlen dieser Arbeit (volle, blaue Kreise) mit Literaturwerten von AUNG ET. AL [3], WEISS ET. AL [140], MÜLLER ET. AL [78], TSENG ET. AL [117] und TAYLOR [114] sowie mit einer auf DRISCOLL [27] zurückgehenden semi-empirischen Korrelationsfunktion

$$Ma = \frac{3,3}{\lambda} - 2,3 \qquad 0,5 \leq 1/\lambda \leq 1,4 \tag{5.15}$$

über der Luftzahl für ein Methan-Luft Gemisch bei einem Druck von $p_u = 1,0\ bar$ und einer Vorwärmtemperatur von $T_u = 300\ K$.

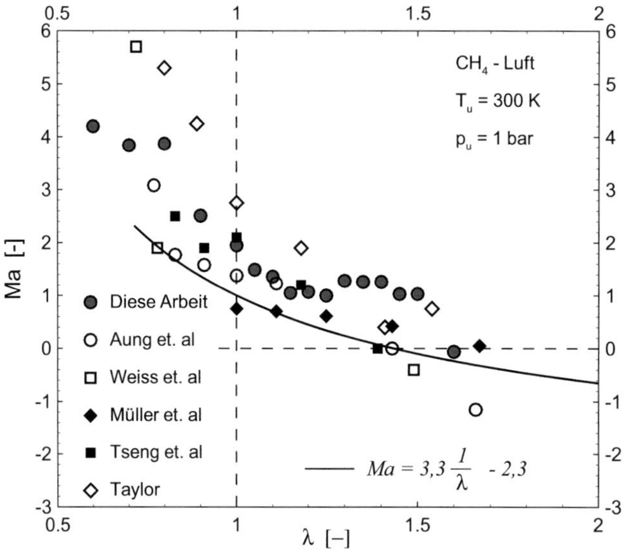


Abbildung 5.19: Laminare Marksteinzahlen $Ma$ als Funktion der Luftzahl $\lambda$ für ein Methan-Luft Gemisch bei einer Vorwärmtemperatur von $T_u = 300\ K$ und Umgebungsdruck $p_u = 1\ bar$
Vergleich der in dieser Arbeit ermittelten Werte (volle, blaue Kreise) mit Daten aus der Literatur von AUNG ET. AL [3], WEISS ET. AL [140], MÜLLER ET. AL [78], TSENG ET. AL [117], TAYLOR [114] und der auf DRISCOLL [27] zurückgehenden Korrelationsfunktion (durchgezogene Linie)

Die Markstein Zahlen sind fast durchweg positiv und nur für sehr hohe Luftzahlen, $\lambda \geq 1,4$, nimmt die Markstein Zahl negative Werte an, was gemäß $s_l = s_l^0 (1 - Ma \cdot Ka)$ einer Zunahme der Flammengeschwindigkeit unter dem Einfluss aerodynamischer (positiver) Streckungsraten entspricht. LAW und SUNG [70] leiten auf Basis theoretischer Überlegungen positive Markstein

Zahlen für (leicht magere) Methan-Luft Gemische ab, was von allen Simulationsergebnissen und Messungen bestätigt wird. Die in Abbildung 5.19 deutlich werdende, teilweise recht starke Streuung der Absolutwerte, liegt dabei in erster Linie an der unterschiedlichen Auswertung, was vor allem die Ermittlung der laminaren Flammendicke betrifft. Darüberhinaus ist generell von Einfluss, auf welchen thermodynamischen Zustand Bezug genommen wird (verbrannter oder unverbrannter Zustand) und auch die Art des Experiments (Gegenstrom-Anordnung mit/ohne Potentialströmung, sphärisch expandierende Flamme, etc.).

### 5.1.4 Einfluss stationärer Streckungsrate auf die Flammengeschwindigkeit

Die mittels der numerischen Simulationen laminarer, stationär gestreckter Vormischflammen ermittelten und in das Flammenoberflächendichtemodell (tFSD) eingehenden Flammengeschwindigkeitswerte $s_l$ werden in Abhängigkeit der Luftzahl und des thermodynamischen Zustands des Frischgemischs in Tabellen zusammengestellt. Die Hauptroutine des Flammenoberflächendichtemodells greift auf die von diesem Pre-Processing Schritt bereitgestellten Informationen zurück und bestimmt die lokale Flammengeschwindigkeit für ein laminares Flamelet innerhalb einer Unterroutine gemäß

$$s_l = \underbrace{s_l^0}_{Pre-Processing} \left( 1 - \underbrace{Ma}_{Pre-Processing} \cdot Ka \right). \tag{5.16}$$

Die auf den ungestreckten Zustand bezogene Flammengeschwindigkeit $s_l/s_l^0$ variiert demnach für eine konstante Luftzahl bei gleichbleibendem thermodynamischem Zustand linear mit der Karlovitz Zahl[10] $Ka$. Die nachstehenden Abbildungen 5.20 bis 5.24 zeigen den Verlauf der entdimensionierten Flammengeschwindigkeiten in Abhängigkeit der Luftzahl und als Funktion der Streckungsrate für eine jeweils konstante Vorwärmtemperatur des Frischgemischs. Die zum Verlöschen des Flamelets führenden Extinktions-Karlovitz Zahlen $Ka_{ext}$ sind dabei in den Abbildungen als volle Kreise dargestellt.
Die Abbildungen zeigen

- den Markstein Zahl Effekt gemäß Gleichung (5.16)
- die mit zunehmender Luftzahl abnehmenden Streckungsgrenzen $Ka_{ext}$
- den Einfluss der Vorwärmtemperatur auf die (entdimensionierte) Flammengeschwindigkeit $s_l/s_l^0$

und beschreiben damit die Dynamik eines (laminaren) Flamelets unter dem Einfluss stationärer Streckung.
Abbildung 5.25 zeigt schließlich als eine exemplarische Zusammenstellung die Werte der dimensionslosen Flammengeschwindigkeit $s_l/s_l^0$ als Funktion der Luftzahl $\lambda$ für die in dieser Arbeit zur numerischen Simulation des verbrennungsinduzierten Wirbelaufplatzens relevanten Vorwärmtemperaturen $373\ K \leq T_u \leq 673\ K$ und für drei unterschiedliche Karlovitz Zahlen $Ka = 0{,}02$, $Ka = 0{,}10$ und $Ka = 0{,}20$.

[10] Für eine Bestimmung der Karlovitz Zahl (entdimensionierte Streckungsrate) als Feldgröße im Zusammenhang der numerischen Simulationen zum verbrennungsinduzierten Wirbelaufplatzen, als auch auf die Erweiterung des hier vorgestellten laminaren Ansatzes zur Erfassung turbulenter und instationärer Streckungsraten (FLTC), wird auf Kapitel 5.4.3 verwiesen.

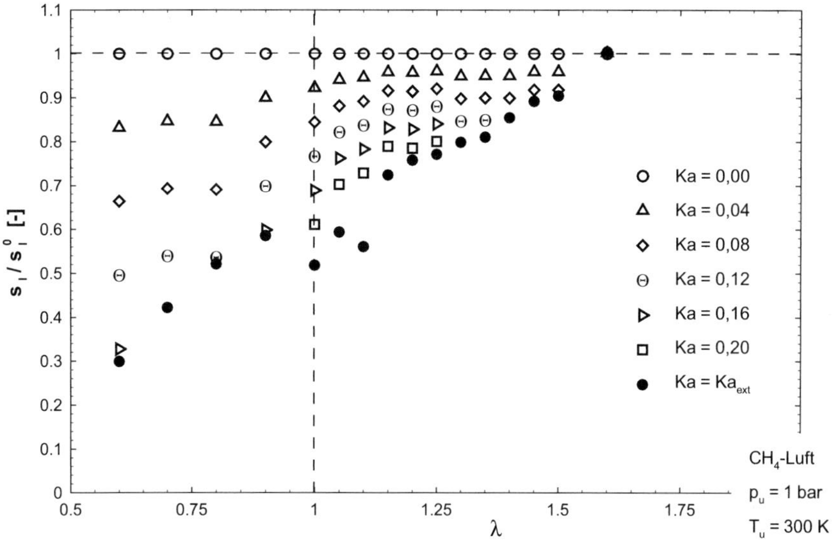


Abbildung 5.20: Entdimensionierte Flammengeschwindigkeit $s_l/s_l^0$ als Funktion der Luftzahl $\lambda$ für unterschiedliche Karlovitz Zahlen $Ka$ und für eine Vorwärmtemperatur von $T_u = 300\ K$

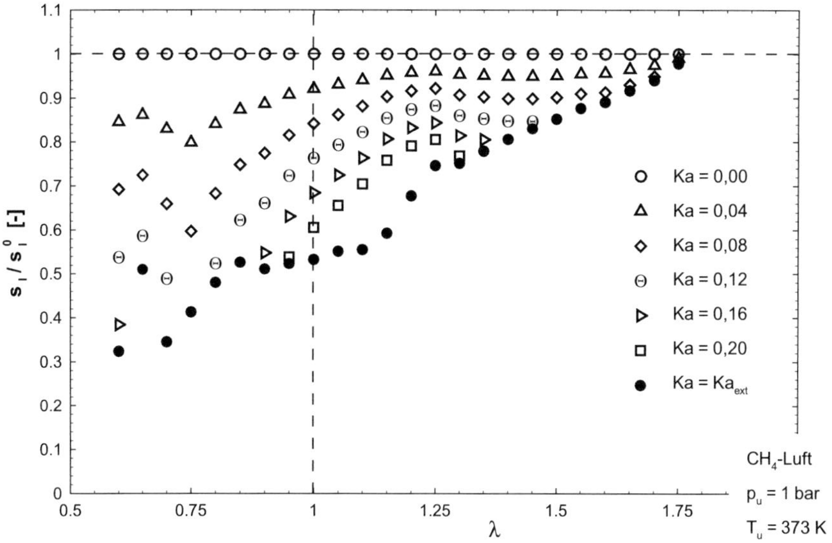


Abbildung 5.21: Entdimensionierte Flammengeschwindigkeit $s_l/s_l^0$ als Funktion der Luftzahl $\lambda$ für unterschiedliche Karlovitz Zahlen $Ka$ und für eine Vorwärmtemperatur von $T_u = 373\ K$

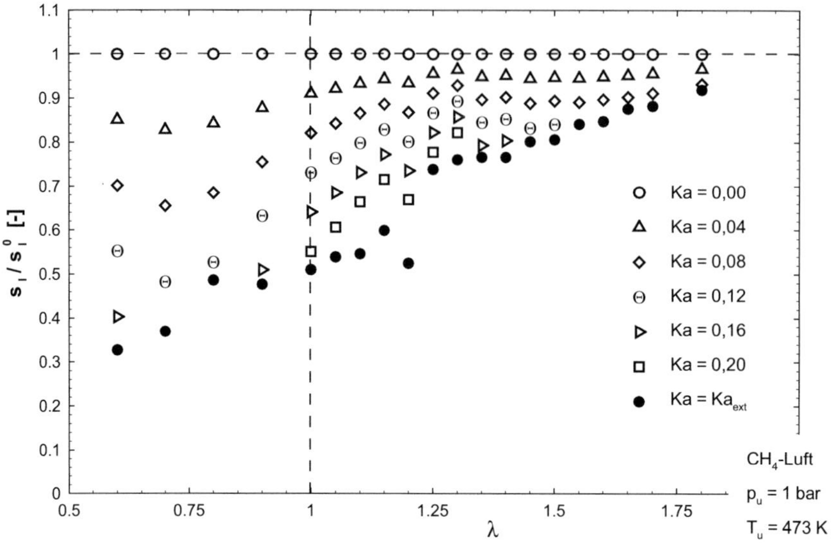


Abbildung 5.22: Entdimensionierte Flammengeschwindigkeit $s_l/s_l^0$ als Funktion der Luftzahl $\lambda$ für unterschiedliche Karlovitz Zahlen $Ka$ und für eine Vorwärmtemperatur von $T_u = 473\ K$

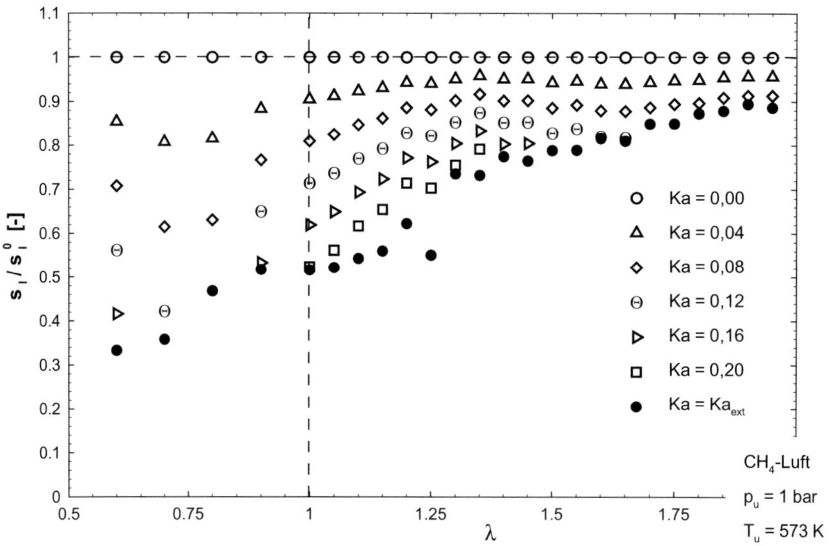


Abbildung 5.23: Entdimensionierte Flammengeschwindigkeit $s_l/s_l^0$ als Funktion der Luftzahl $\lambda$ für unterschiedliche Karlovitz Zahlen $Ka$ und für eine Vorwärmtemperatur von $T_u = 573\ K$

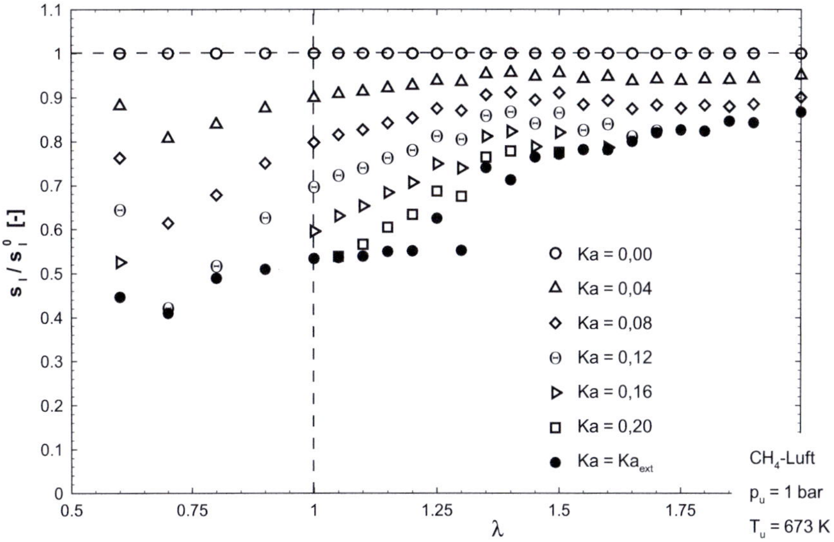


Abbildung 5.24: Entdimensionierte Flammengeschwindigkeit $s_l/s_l^0$ als Funktion der Luftzahl $\lambda$ für unterschiedliche Karlovitz Zahlen $Ka$ und für eine Vorwärmtemperatur von $T_u = 673\ K$

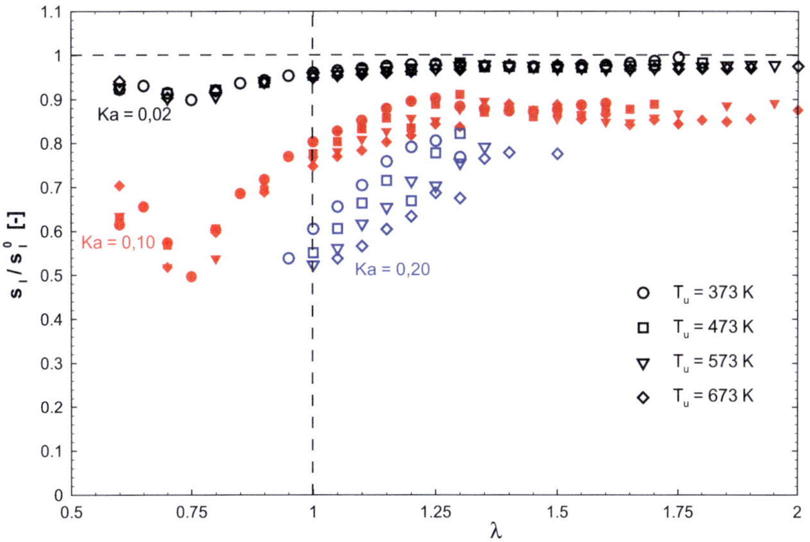


Abbildung 5.25: Entdimensionierte Flammengeschwindigkeit $s_l/s_l^0$ als Funktion der Luftzahl $\lambda$ für unterschiedliche Karlovitz Zahlen $Ka$ und unterschiedliche Vorwärmtemperaturen $T_u$

**Gesamtdarstellung**

Als zusammenfassende Gesamtdarstellung verdeutlicht Abbildung 5.26 die Abhängigkeit der entdimensionierten Flammengeschwindigkeit $s_l/s_l^0$ von Luftzahl $\lambda$, laminar und stationärer Karlovitz Zahl $Ka$ (Streckungsrate) und Vorwärmtemperatur $T_u$ in einer isometrischen, dreidimensionalen Darstellung. Der Übersicht halber sind dabei nur so viele der numerischen Simulationsergebnisse berücksichtigt, als dass sich der physikalische Gesamtzusammenhang erkennen lässt.

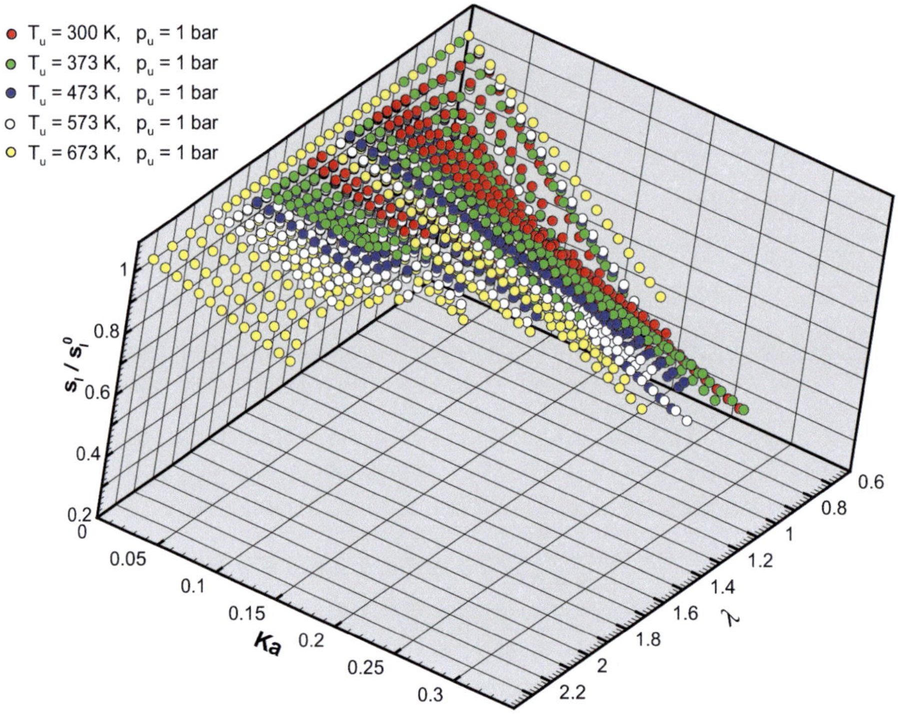


Abbildung 5.26: Isometrische Darstellung der entdimensionierten Flammengeschwindigkeit $s_l/s_l^0$ als Funktion der Luftzahl $\lambda$ und als Funktion der Karlovitz Zahl $Ka$, parametrisiert mittels unterschiedlicher Vorwärmtemperaturen $T_u$

## 5.2 Isothermes Strömungsfeld der untersuchten Konfiguration

Abbildung 5.27 zeigt die unter stationär isothermen Bedingungen resultierende zweidimensionale mit der massengemittelten Geschwindigkeit $v_0$ (vgl. Tabelle 4.3) entdimensionierte Verteilung der axialen $v_{ax}/v_0$ (oben), zirkumferentiellen $v_\varphi/v_0$ (mittig) und radialen $v_r/v_0$ (unten) Geschwindigkeitskomponente der numerischen Simulation der Konfiguration zur Untersuchung des verbrennungsinduzierten Wirbelaufplatzens mittels Reynolds Spannungs Turbulenzmodell. Das Rezirkulationsgebiet ist durch die überlagerte schwarze, strichpunktierte Linie der Isotachen des Wertes $v_{ax} = 0$ kenntlich gemacht und reicht aufgrund der hohen Wirbelstärke der achsnahen Fluidpartikel bereits im isothermen Fall in das Mischrohr hinein. Das Strömungsfeld ist mittels der Streichlinien (durchgezogene, graue Linien) dem Konturbild überlagert, wodurch die Wirbelstruktur im Bereich der Rezirkulationszone als auch der Geometrie bedingte Eckenwirbel deutlich wird.

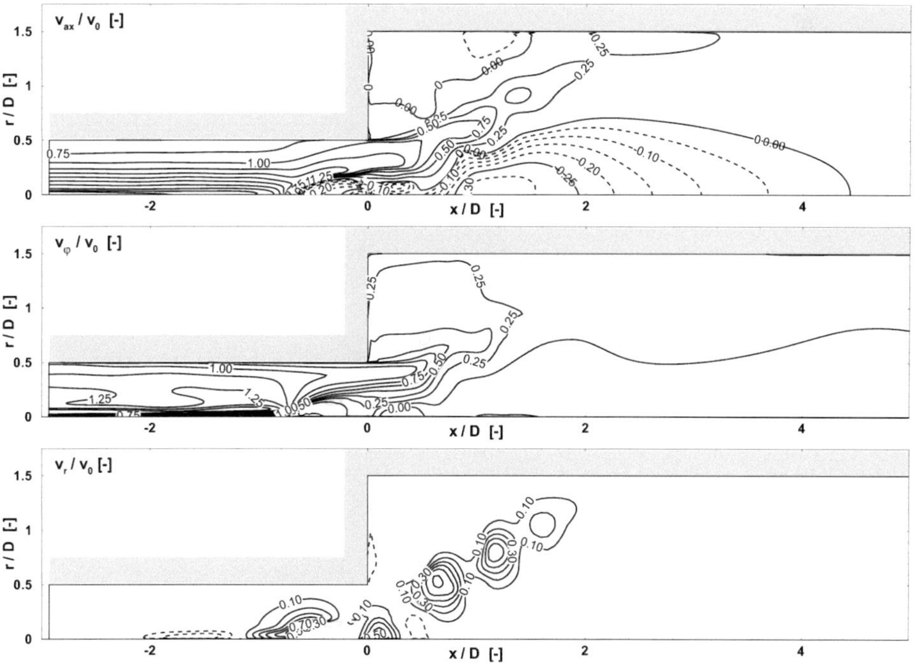


Abbildung 5.27: Geschwindigkeitsfelder der isothermen Strömung

Abbildung 5.28(a) zeigt die Korrelationen der dimensionslosen Geschwindigkeitsfluktuationen in den normalen Richtungen $v'_{ax}v'_{ax}/v_0^2$ (axiale Richtung, oben), $v'_\varphi v'_\varphi/v_0^2$ (tangentiale Richtung, mittig) und $v'_r v'_r/v_0^2$ (radiale Richtung, unten) überlagert von Linien konstanter Intensität (schwarze Linien) und den Streichlinien (graue Linien). Die Korrelation der Geschwindigkeitskomponenten ist der anisotropen Strömung entsprechend betragsmäßig ungleich verteilt bei ähnlicher Struktur der Feldgrößen. Dieser Struktur entsprechend sind die turbulente kinetische Energie

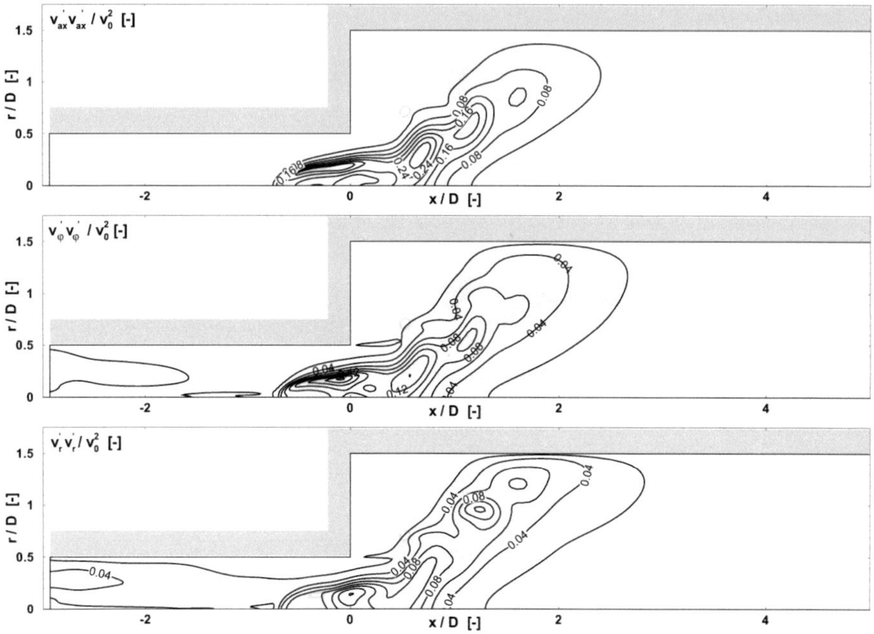


**(a)** Reynoldsspannungen des isothermen Strömungsfelds

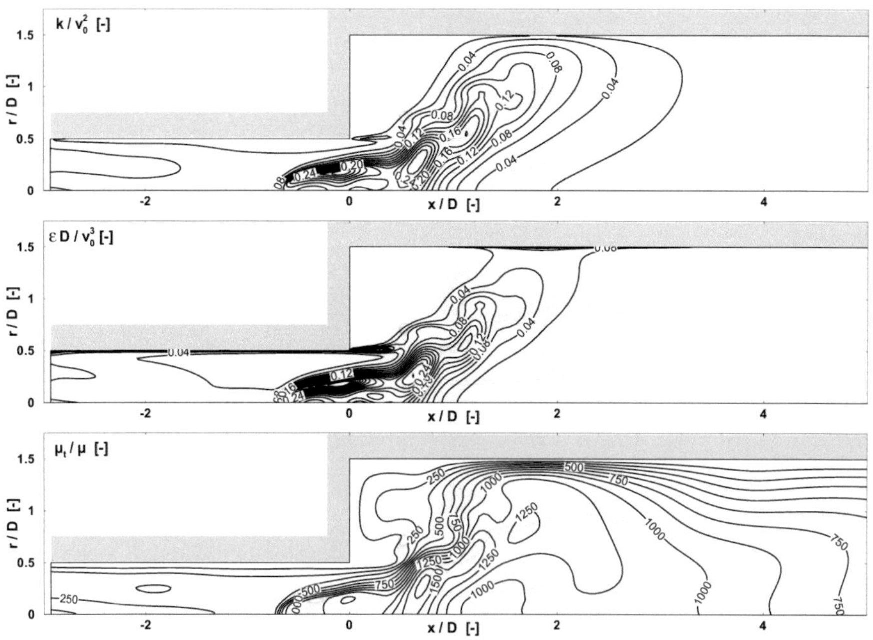


**(b)** Turbulente kinetische Energie, Dissipationsrate und Viskositätsverhältnis des isothermen Strömungsfelds

Abbildung 5.28: Isothermes Strömungsfeld: Reynoldsspannungen (oben, (a)), Turbulente kinetische Energie, Dissipationsrate und Viskositätsverhältnis (unten, (b))

$k/v_0^2$ und aufgrund der engen Kopplung der Modellgleichungen (3.15) auch die Dissipationsrate der turbulenten kinetischen Energie $\varepsilon\, D/v_0^3$ von gleicher Erscheinung, mit dem Maximum im Bereich des vorderen Staupunkts der ins Mischrohr hinein reichenden Rezirkulationszone. Diese makroskopischen Turbulenzgrößen sind in Abbildung 5.28(b) dargestellt, wobei die Entdimensionierung mittels der massengemittelten Hauptströmungsgeschwindigkeit $v_0$ und im Falle der Dissipationsrate zusätzlich mittels des Durchmessers $D$ des Mischrohrs erfolgte.
Der Bedeutung wegen wird die turbulente Reynolds Zahl als Verhältnis der turbulenten zur laminaren Viskosität $\mu_t/\mu$ in Abbildung 5.28(b) als charakteristische Größe des Strömungsfeldes mit aufgeführt (unten). Des Modellierungsansatzes wegen im Kontext der RANS Simulationen, ist die Verteilung des Viskositätsverhältnisses strukturell entsprechend der Verteilung von turbulenter kinetischer Energie und Dissipationsrate. Abbildung 5.29 zeigt die entdimensionierten, radialen Profile der statistisch mittleren Axialströmung (oben) und Tangentialströmung (unten) innerhalb des Mischrohrs im Vergleich zu den Messwerten [37].
Die Geschwindigkeitsverläufe der numerischen Simulation sind über den gesamten Messbereich[11] übereinstimmend mit den experimentellen Befunden, was die modellseitige Berücksichtigung der anisotropen Effekte mittels Turbulenzmodelle höherer Ordnung motiviert (vgl. Kapitel 3.3.1). Die anisotrope Verteilung der Reynoldsspannung ist nachstehend in Abbildung 5.30 anhand der Korrelation der entdimensionierten axialen Geschwindigkeitsfluktuationen (oben) und anhand der in tangentialer Richtung orientierten entdimensionierten Tangentialgeschwindigkeitsfluktuationen (unten) gezeigt.

Charakteristisch für das isotherme Strömungsfeld ist die ausgeprägte, einem Rankine-Wirbel entsprechende tangentiale Geschwindigkeitskomponente, dessen Wirbelkern innerhalb des Bereichs maximaler axialer Strömung liegt. Dieser Geschwindigkeitsverteilung ist eine anisotrope Turbulenzverteilung überlagert, was insgesamt ursächlich für den geringen radialen Impulsaustausch ist. Die Geschwindigkeitsprofile bleiben daher innerhalb des Mischrohrs erhalten und die Wirbelfäden werden erst unmittelbar stromauf des geometrischen Querschnittsprungs radial ausgelenkt. Der hohe Auslenkungsgradient der Wirbelfäden ist in Abbildung 5.31 anhand des Verlaufs des entdimensionierten relativen Totaldrucks $p_t$ (oben, mittig) und des entdimensionierten statischen Relativdrucks $p$ (unten) illustriert. Die Isobaren des Wertes $p = 0$ sind als gepunktete Linie dargestellt, Isobaren negativen Wertes als gestrichelte Linie. Die untere Darstellung der Verteilung des Totaldrucks ist aus illustrativen Gründen auf den entsprechenden negativen Wertebereich beschränkt. Die Entdimensionierung des Drucks erfolgte dabei nach

$$p^* = \frac{p}{1/2\,\rho\, v_0^2}$$

auf Basis der massengemittelten Haupströmungsgeschwindigkeit $v_0$ und der Dichte des Frischgemischs $\rho$.

[11] Messergebnisse der Strömung liegen nur innerhalb des Mischrohrs vor.

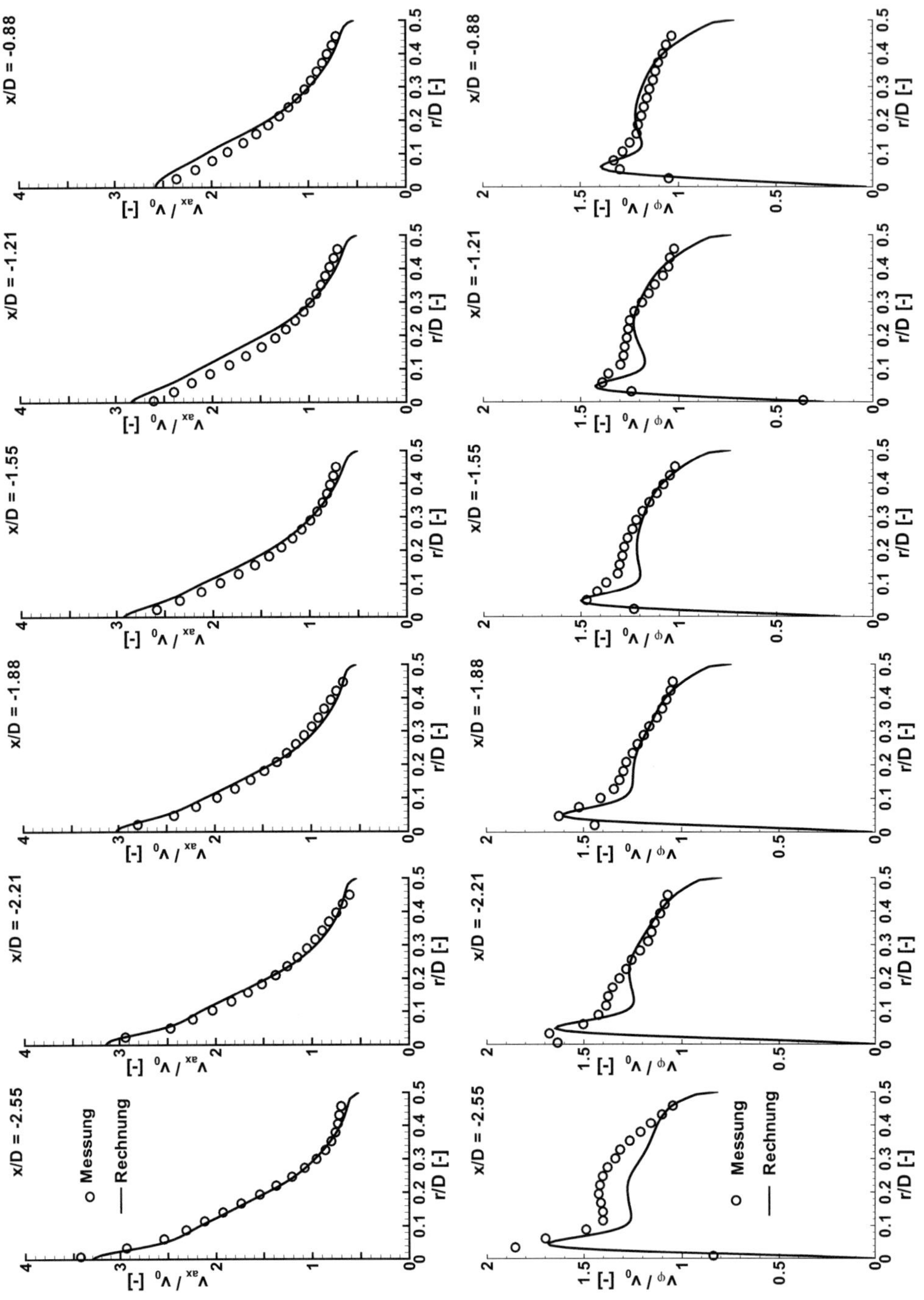


Abbildung 5.29: Entdimensionierte Profile der axialen (oben) und der tangentialen (unten) Geschwindigkeitskomponente im Mischrohr - Vergleich mit Messdaten [37]

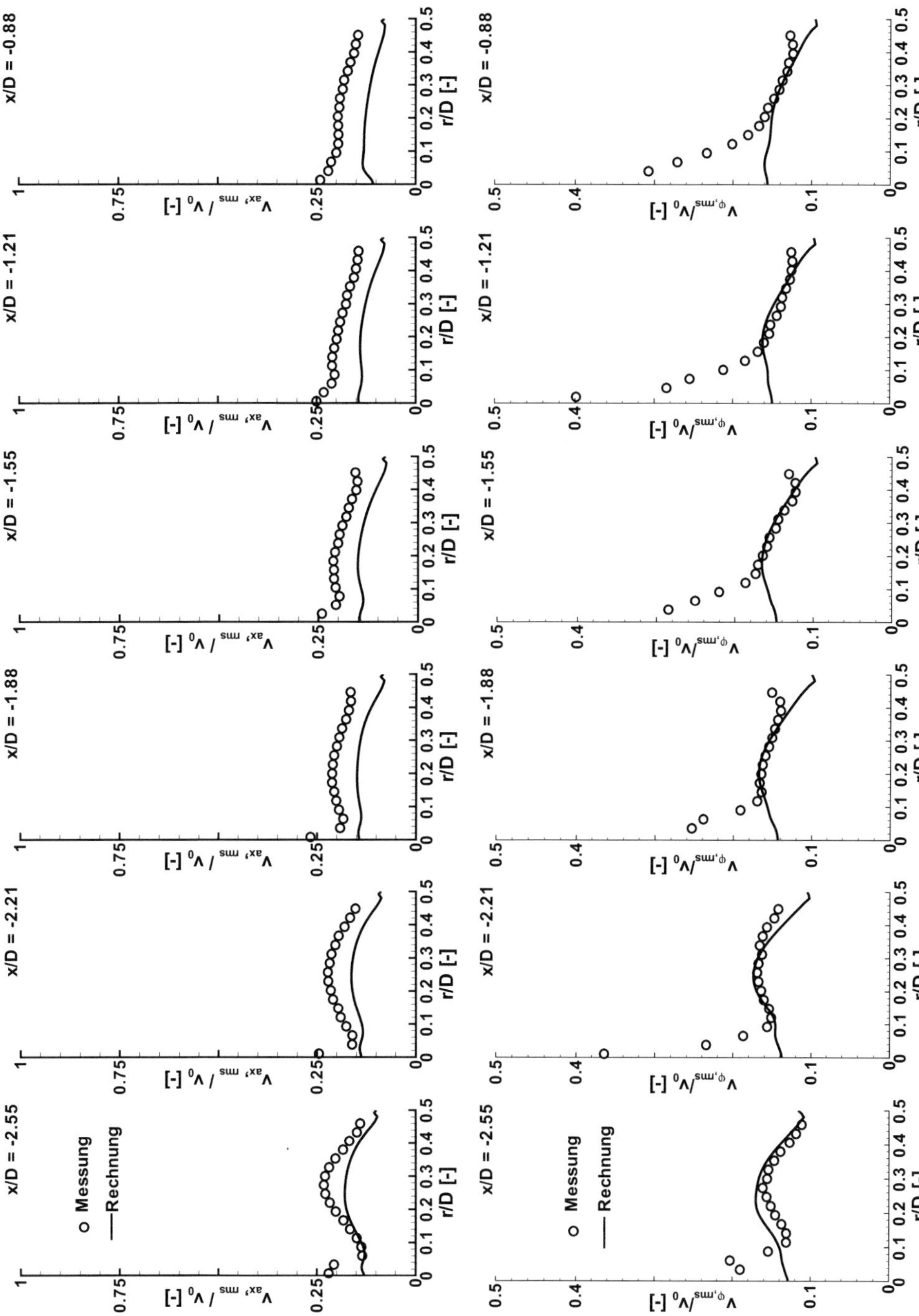


Abbildung 5.30: Entdimensionierte Profile axialer und tangentialer Reynoldsspannungen - Vergleich mit Messdaten [37]

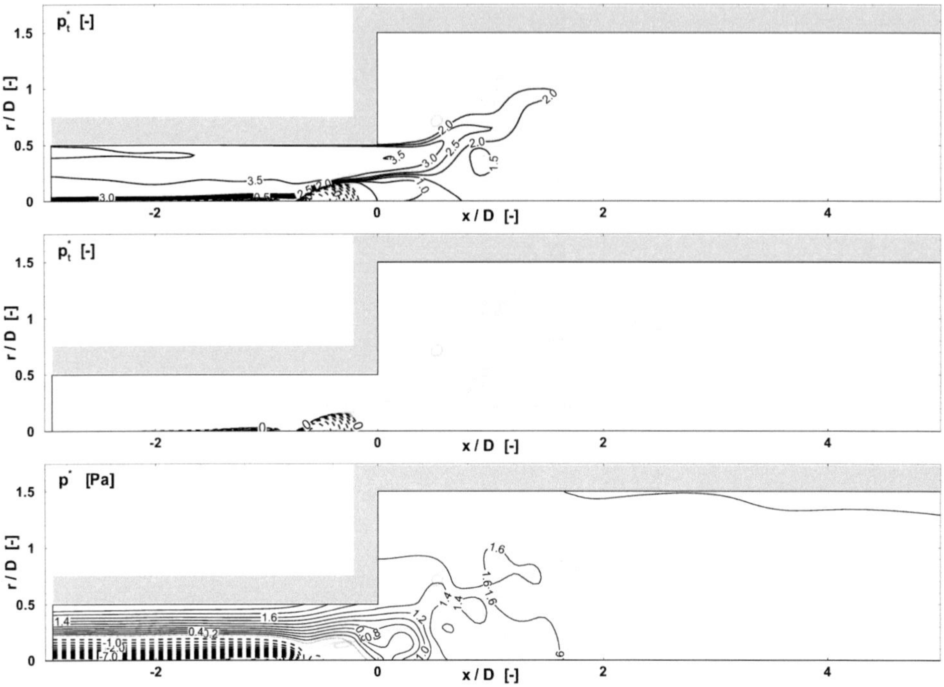


Abbildung 5.31: Dimensionsloser relativer Totaldruck (oben: unbeschränkter Wertebereich, mittig: auf $p_t^* \leq 0$ beschränkter Wertebereich) und dimensionsloser relativer statischer Druck (unbeschränkter Wertebereich) des isothermen Strömungsfelds

### 5.2.1 Die Mechanismen des isothermen Wirbelaufplatzens

Das der untersuchten Konfiguration zum verbrennungsinduzierten Wirbelaufplatzen zugrundeliegende isotherme Wirbelaufplatzen (engl. *vortex breakdown*) resultiert aus dem Querschnittssprung von Mischrohr zu Brennkammer. Die von der geometrischen Kontur induzierte Expansionsströmung lenkt die Wirbelfäden radial aus, was zu einer Aufweitung des Wirbelkerns und aufgrund der Drehimpulserhaltung in diesem Bereich zu einer Reduktion der azimutalen Geschwindigkeitskomponente führt. Die verminderte Umfangsgeschwindigkeit des Wirbelkerns führt wiederum zu einem Druckanstieg mit Maximum um die Rotationsachse (Querdruckgleichung). Dieser positive Druckgradient ist über die Impulsgleichungen mit der axialen Strömung gekoppelt und führt zu einer Reduktion der stromab gerichteten Ausbreitungsgeschwindigkeit und daher auch aufgrund der Massenerhaltung zu einem radial nach außen gerichteten Materiefluss. Der beschriebene Vorgang wiederholt sich nun solange, bis die Strömung ein Gleichgewicht herstellt, was nur durch die Ausbildung eines vorderen Staupunkts um die Rotationsachse und der damit verbundenen (blasenförmigen) Rezirkulationszone erfolgen kann. Dieser Vorgang ist entsprechend des in dieser Arbeit untersuchten Wirbelsystems anhand der Druckverteilung $p_{stat}$ (links), der tangentialen Geschwindigkeitsverteilung $v_\varphi$ (mittig) und der axialen Geschwindigkeitsverteilung $v_{ax}$ (rechts) eines Rankine ähnlichen Wirbels in Abbildung 5.32 an unterschiedlichen axialen Positionen $x/D$ im Mischrohr verdeutlicht.

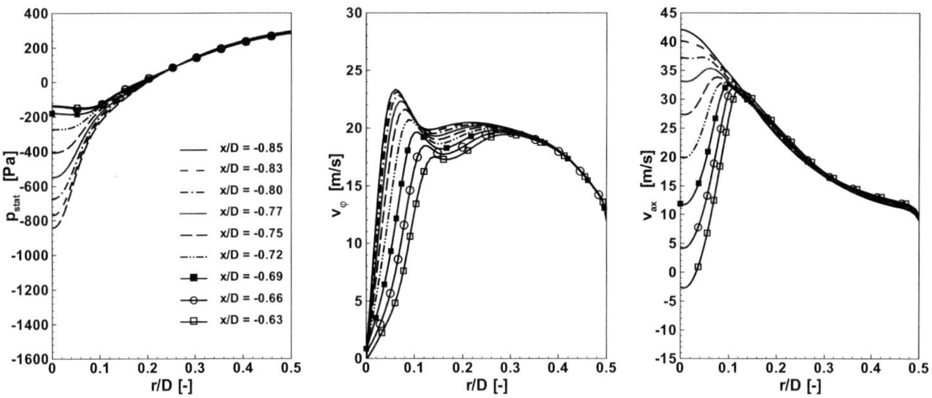


Abbildung 5.32: Radiale Verläufe des statischen Relativdrucks, der Tantentialgeschwindigkeit und der Axialgeschwindigkeit als Funktion der axialen Position im Mischrohr

Abbildung 5.33 zeigt die radialen Profile der Tangentialgeschwindigkeit und des statischen Drucks stromauf des Querschnittsprungs $x/D = -2.55$ als durchgezogene Linien, während die gestrichelten Graphen den Verläufen um der Stelle der Aufweitung der Stromfäden $x/D = -0.88$ entspricht. Der Wirbelkern wird durch die radiale Auslenkung zu größeren Radien verschoben und das Maximum aufgrund der Drehimpulskonstanz verringert. Der Zusammenhang zwischen Tangentialgeschwindigkeit und Druck kann auf Basis der Bernoulli Gleichung normal und in Richtung des Stromfadens hergeleitet werden. Dabei wird von isoenergetischen

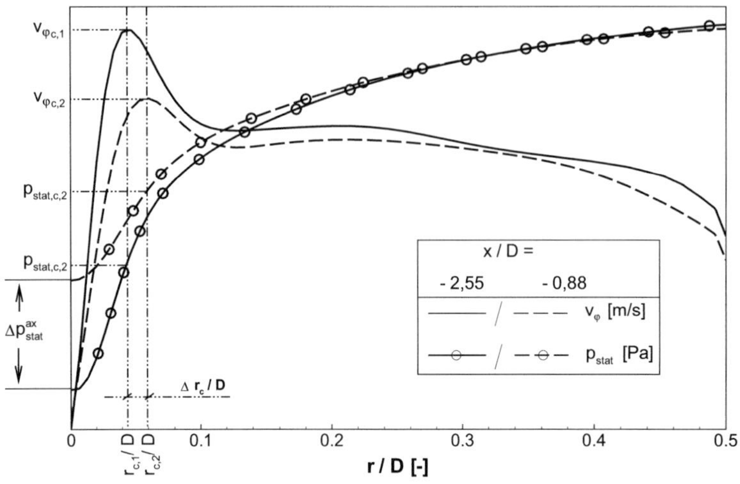


Abbildung 5.33: Erklärung des isothermen Wirbelaufplatzens anhand der Druck- und Geschwindigkeitsverteilung des untersuchten Rankine ähnlichen Wirbels
Radiale Geschwindigkeits- und Druckverläufe an den axialen Positionen $x/D = -2{,}55$ (durchgezogene Linien) und $x/D = -0{,}88$ (gestrichelte Linien)

Strömungen ausgegangen, d.h. der Energieinhalt der Strömung wird durch den thermodynamischen Druck und die kinetische Energie der Hauptströmung beschrieben. Ferner werden der instationäre Anteil und der Einfluss der Erdschwere vernachlässigt. Das Kräftegleichgewicht in Richtung des Stromfadens

$$\frac{v_\varphi^2}{2} + \int^p \frac{d\,p}{\rho} = \text{konstant} \tag{5.17}$$

führt unter diesen Voraussetzungen zusammen mit der Querdruckgleichung (Kräftegleichgewicht senkrecht zum Stromfaden)

$$\frac{v_\varphi^2}{r} = \frac{1}{\rho}\frac{\partial p}{\partial r} \tag{5.18}$$

zu den Gleichungen[12]

$$v_\varphi = \frac{v_{\varphi,c}\, r_c}{r} \qquad p = p_c + \frac{\rho}{2} v_{\varphi,c}^2\, r_c^2 \left(\frac{1}{r_c^2} - \frac{1}{r^2}\right) \quad \text{für } r \geq r_c \tag{5.19}$$

$$v_\varphi = \Omega\, r = \frac{v_{\varphi,c}}{r_c}\, r \qquad p = p_c + \frac{\rho}{2}\frac{v_{c,\varphi}^2}{r_c^2}\left(r^2 - r_c^2\right) \quad \text{für } r \leq r_c \tag{5.20}$$

welche die Druck- und Tangentialgeschwindigkeitsverteilung im Wirbel beschreiben [148]. Obige Lösung ergibt sich dabei, wenn als Integrationsgrenze die Tangentialgeschwindigkeit $v_{\varphi,c}$ und der Radius $r_c$ des Wirbelkerns (von engl. *core*) angesetzt werden[13].

[12] Differentiation der Gleichung (5.17) nach dem Radius ($d/dr$) und Einsetzen von Gleichung (5.18) führt auf die Differentialgleichung $dv_\varphi/dr = -v_\varphi/r$, die nach Trennung der Veränderlichen integriert werden kann.

[13] Der Wirbelkern ist dabei an der Stelle maximaler Tangentialgeschwindigkeit definiert.

### 5.2.2 Zusammenhang zwischen axialem Druckgradienten und azimutaler Wirbelstärke

Die betrachtete isotherme Strömung ist in guter Näherung rotationssymmetrisch[14], inkompressibel und von hoher Reynolds Zahl. Die Gleichung für die azimutale Wirbelstärke folgt unter diesen Voraussetzungen (s. Anhang, Gleichung (A.78)) zu:

$$\frac{D\omega_\varphi}{Dt} = \omega_r \frac{\partial v_\varphi}{\partial r} + \omega_\varphi \frac{v_r}{r} + \omega_{ax} \frac{\partial v_\varphi}{\partial ax} \tag{5.21}$$

Werden die Definitionsgleichungen für die Wirbelstärke in radialer $\omega_r$ und axialer Richtung $\omega_{ax}$ gemäß

$$\omega_r = -\frac{\partial v_\varphi}{\partial ax} \qquad \omega_{ax} = \frac{1}{r}\frac{\partial}{\partial r}(r\, v_\varphi) = \frac{v_\varphi}{r} + \frac{\partial v_\varphi}{\partial r} \tag{5.22}$$

berücksichtigt (vgl. Gleichung (A.69)), schreibt sich das totale Differential der azimutalen Wirbelstärke zusammengesetzt aus einem Anteil der Umorientierung (T, von engl. *tilting*) und einem Anteil der Streckung (S, von engl. *stretch*) als

$$\frac{D\omega_\varphi}{Dt} = \underbrace{\frac{v_\varphi}{r} \cdot \frac{\partial v_\varphi}{\partial ax}}_{T} + \underbrace{\omega_\varphi \cdot \frac{v_r}{r}}_{S} \tag{5.23}$$

Der Anteil der Umorientierung der azimutalen Wirbelstärke kann daher auch als

$$\left.\frac{D\omega_\varphi}{Dt}\right|_T = \frac{v_\varphi}{r} \cdot \frac{\partial v_\varphi}{\partial ax} = \frac{1}{2r}\frac{\partial v_\varphi^2}{\partial ax} \tag{5.24}$$

geschrieben werden. Die Zirkulation $\Gamma = v_\varphi \cdot r$ als charakteristisches Maß eines Wirbelfadens ermöglicht die anschauliche Formulierung

$$\left.\frac{D\omega_\varphi}{Dt}\right|_T = \frac{1}{2r}\frac{\partial}{\partial ax}\left(\frac{\Gamma^2}{r^2}\right) = \frac{1}{2r^3}\frac{\partial \Gamma^2}{\partial ax} \tag{5.25}$$

Die Integration der Querdruckgleichung (5.18) von der Rotationsachse (Wirbelzentrum) unbegrenzt radial nach außen führt auf

$$\int_{p=p_0}^{p_\infty} dp = \int_{r=r_0}^{r_\infty} \rho \frac{v_\varphi^2}{r} dr \tag{5.26}$$

wodurch sich der Druck im Wirbelzentrum in Abhängigkeit eines von außen aufgeprägten Drucks $p_\infty$ ergibt, der von einem betragsmäßig stets positiven Anteil der zentripetal wirkenden Rotationsströmung überlagert ist.

$$p = p_0 = p_\infty - \rho \int_{r=r_0}^{r_\infty} \frac{v_\varphi^2}{r} dr \tag{5.27}$$

Der für das Wirbelaufplatzen entscheidende axiale Druckgradient folgt damit zu

$$\frac{\partial p}{\partial ax} = \frac{\partial p_\infty}{\partial ax} - \frac{\partial}{\partial ax}\left(\rho \int_{r=r_0}^{r_\infty} \frac{v_\varphi^2}{r}\, dr\right). \tag{5.28}$$

[14] $\partial/\partial\varphi \equiv 0$

Der von außen aufgeprägte Druck $p_\infty$ ist mit der axialen Position veränderlich, aber in Analogie zur Grenzschichtströmung (Quasizylindrische Gleichungen [43]) nicht über den Radius[15], weshalb der axiale Druckgradient zu

$$\frac{\partial p}{\partial ax} = \frac{dp_\infty}{dax} - \frac{\partial}{\partial ax}\left(\rho \int_{r=r_0}^{r_\infty} \frac{v_\varphi^2}{r}\, dr\right) \tag{5.29}$$

wird. Die Transformation hinzu der Betrachtungsweise einzelner Wirbelfäden erfolgt mittels der Zirkulation.

$$\frac{\partial p}{\partial ax} = \frac{dp_\infty}{dax} - \rho \int_{r=r_0}^{r_\infty} \frac{\partial}{\partial ax}\left(\frac{\Gamma^2}{r^3}\right) dr \tag{5.30}$$

Verknüpfung mit Gleichung (5.25) zeigt schließlich den Zusammenhang zwischen axialem Druckgradienten (im Wirbelkern) und der Umorientierung der Wirbelfäden,

$$\frac{\partial p}{\partial ax} = \frac{dp_\infty}{dax} - \rho \int_{r=r_0}^{r_\infty} 2 \cdot \left.\frac{D\omega_\varphi}{Dt}\right|_T dr \tag{5.31}$$

wonach der statische Druck, den die Strömung überwinden muss, mit abnehmender azimutaler Wirbelstärke in axialer Richtung zunimmt (und umgekehrt).

Da die Zirkulation nur eine Funktion der Stromfunktion $\psi$ ist[16] [23]

$$\Gamma = \Gamma(\psi) \tag{5.32}$$

mit

$$\psi = \psi(r, ax) \tag{5.33}$$

kann Gleichung (5.25) als Funktion der Stromfunktion selbst geschrieben werden.

$$\left.\frac{D\omega_\varphi}{Dt}\right|_T = \frac{1}{2r^3}\frac{d\Gamma^2}{d\psi} \cdot \frac{\partial \psi}{\partial ax} \tag{5.34}$$

Da jeder Stromfunktion $\psi$ eine Strömungsröhre konstanter Masse entspricht, ist über deren Grenzen hinweg kein Austausch von Fluidpartikeln möglich. Die Geschwindigkeitskomponenten der betrachteten Strömung erfüllen daher formuliert auf Basis der Stromfunktion die Kontinuitätsgleichung.

$$v_r = -\frac{1}{r}\frac{\partial \psi}{\partial ax} \qquad v_{ax} = \frac{1}{r}\frac{\partial \psi}{\partial r} \tag{5.35}$$

Damit folgt die azimutale Wirbelstärkenänderung durch Umorientierung zu:

$$\left.\frac{D\omega_\varphi}{Dt}\right|_T = -\frac{v_r}{2r^2}\frac{d\Gamma^2}{d\psi} \tag{5.36}$$

[15] $p = p(r, ax)$ reduziert sich für den von außen aufgeprägten Druck zu $p_\infty = p_\infty(ax)$, weshalb $\frac{\partial p_\infty}{\partial ax} = \frac{dp_\infty}{dax}$ gilt.

[16] Die hier abgeleiteten Beziehungen verdeutlichen die Zusammenhänge zwischen Druckgradienten und azimutaler Wirbelstärke. An dieser Stelle wird angemerkt, dass die Betrachtung auf Basis der Stromfunktion streng nur für isodense, reibungsfreie Strömungen gültig ist, eine quantitative Übertragung auf reale Strömungen daher eingeschränkt ist.

Die Umorientierung von axialer und radialer Wirbelstärke in azimutale Wirbelstärke ist demnach gleichbedeutend mit der Bildung eines axialen Zirkulationsgradienten, der wiederum nur durch eine (radial) divergente Strömung hervorgerufen werden kann. Das Wirbelaufplatzen der betrachteten Strömung tritt demnach bei einem kritischen axialen Druckgradienten auf, der folglich äquivalent zur Bildung negativer azimutaler Wirbelstärke durch Umorientierung und auch äquivalent zu einer divergenten Strömung ist.

## 5.3 Verbrennung - stationärer Zustand

Die statistisch stationäre Flamme hat die für vorgemischte, eingeschlossene und drallbehaftete Brennkammerströmungen typische Erscheinungsform, mit der im achsnahen Bereich aufgrund des blasenförmigen Wirbelaufplatzens verbundenen Ausbildung einer inneren Rezirkulationszone (IRZ). Die Außenform der Vormischflamme ist Folge der Scherströmungen, die sich aufgrund der Eckenwirbel ausbilden, die wiederum als Konsequenz aus dem geometrischen Übergang von Mischrohr zu Brennkammer resultieren. Der in Abbildung 5.34 gezeigte Verlauf der statistisch mittleren Reaktionsfortschrittsvariablen $\tilde{c}$ (Konturbild) variiert kontinuierlich vom Frischgemischzustand $\tilde{c} = 0$ zum Zustand totalen Ausbrands $\tilde{c} = 1$. Die Strömungsform in Gestalt der Gebiete rückströmender Massen ist mittels der überlagerten Darstellung der Isotachen des Wertes $v_{ax} = 0$ (durchgezogene Linie) gegeben.

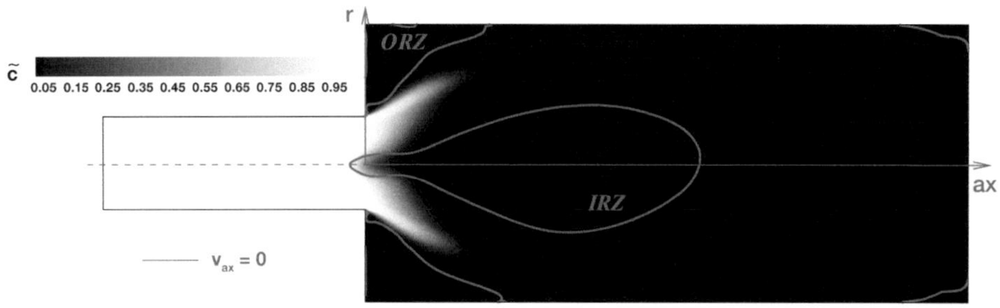


Abbildung 5.34: Statistisch mittlere Reaktionsfortschrittsvariable für eine statistisch stationäre Flamme

Das Längenmaß normal zu den Isolinien konstanten Reaktionsfortschritts entspricht der statistisch mittleren Flammenfrontdicke, die aufgrund der turbulenten Schwankungsbewegung gegenüber der laminaren Flammenfrontdicke deutlich aufgedickt ist (engl. *turbulent flame brush thickness*). Der Reaktionsumsatz wird durch die statistisch mittlere Flammenoberflächendichte und über die (laminare) Flammengeschwindigkeit bestimmt, weshalb die Kontur der Reaktionsfortschrittsvariablen dem Verlauf der inneren Rezirkulationsströmung (IRZ) folgt. Im Bereich des Querschnittsübergangs von Mischrohr zu Brennkammer wirkt zusätzlich die sich aufgrund des geometrischen Sprungs ausbildende äußere Rezirkulationszone auf den Verlauf des Reaktionsumsatzes ein. Die im Bereich des Übergangs von Mischrohr zu Brennkammer radial expandierenden Stromfäden können dem geometrischen Sprung nicht folgen, weshalb sich die Strömung selbst behilft und eine torusförmige äußere Rückströmzone (ORZ) ausbildet.

Die sich aufgrund der Rezirkulationszonen einstellenden Geschwindigkeitsgradienten tragen zu einer starken Vermischung bei, wirken also als Produktionsterm für die turbulente kinetische Energie (vgl. Gleichung (3.16)) und sind daher Bereiche erhöhter Flammenoberflächendichten. Grund hierfür sind die den Strömungsinhomogenitäten zu zuschreibenden Effekte der Verwinklung, Streckung und Krümmung der Flammenoberfläche. Die mit den Scherschichten der Geschwindigkeiten zusammenhängenden makroskopischen Mischungsvorgänge sind dabei

auf die Bildung von Wirbelstärke zurückzuführen.
Die vorgemischte Flamme brennt stabil, weil die von der Reaktionszone diffusiv in Richtung unverbranntem Zustand transportierte Energie ausreichend hoch ist, um das konvektiv zur Flamme transportierte Frischgemisch auf Zündtemperatur zu erwärmen. Dieses Gleichgewicht verschiebt sich aufgrund der sich mit der Rezirkulationsströmung einstellenden makroskopischen Konvektionsströmung der heißen Abgase von der Brennkammer zur Flammenwurzel auf die Seite des Frischgemischs; d.h. die Flamme wird durch die Rückströmung heißer Abgase stabilisiert. Diese Rückströmung wirkt dabei einerseits als Energie- und aufgrund des Transports teilreagierter Spezies auch als Radikalenquelle.

## 5.4 Verbrennung - instationärer Zustand

Diese Kapitel beschreibt die Ergebnisse zu den numerischen Simulationen des verbrennungsinduzierten Wirbelaufplatzens in eingeschlossenen Wirbelröhren unter Berücksichtigung detaillierter phyikalisch-chemischer Vorgänge auf submakroskopischer Ebene.

### 5.4.1 Ablauf der numerischen Simulationen

Die instationären Simulationen werden ausgehend von der statistisch stationären Lösung (vgl. Kapitel 5.3) initiiert, wobei die Luftzahl des Frischgemischs so lange wiederholend um $0{,}05 \leq \Delta\lambda \leq 0{,}1$ erniedrigt wird, bis die kritische Luftzahl $\lambda_{krit}$ erreicht ist und die Flamme stromauf, entlang der Rotationsachse durch das Mischrohr propagiert (CIVB). Dieser zyklische Ablauf ist in Abbildung 5.35 schematisch gezeigt.

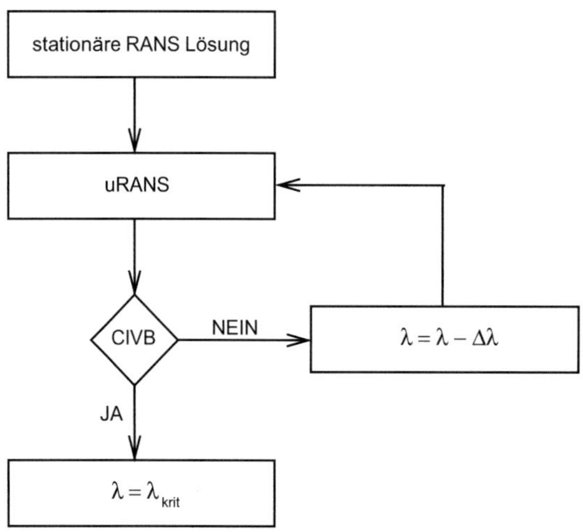


Abbildung 5.35: Ablaufschema der numerischen Simulationen zum Einleiten des verbrennungsinduzierten Wirbelaufplatzens (CIVB)

### 5.4.2 Generalisierte Beschreibung des numerisch simulierten Vorgangs des verbrennungsinduzierten Wirbelaufplatzens

Der mittels Luftzahlabsenkung eingeleitete Flammenrückschlag der numerischen Simulation ist in Abbildung 5.36 in zeitlicher Abfolge anhand der statistisch mittleren Reaktionsfortschrittsvariablen $\tilde{c}$ illustriert. Der Ausgangszeitpunkt (a) zeigt den Zustand der Konfiguration zu Beginn des stetigen, stromauf entlang der Rotationsachse durch das Mischrohr propagierens der Flamme. Charakteristisch ist, dass sich mit dem Rückschlag der Flamme eine kleine Rezirkulations-

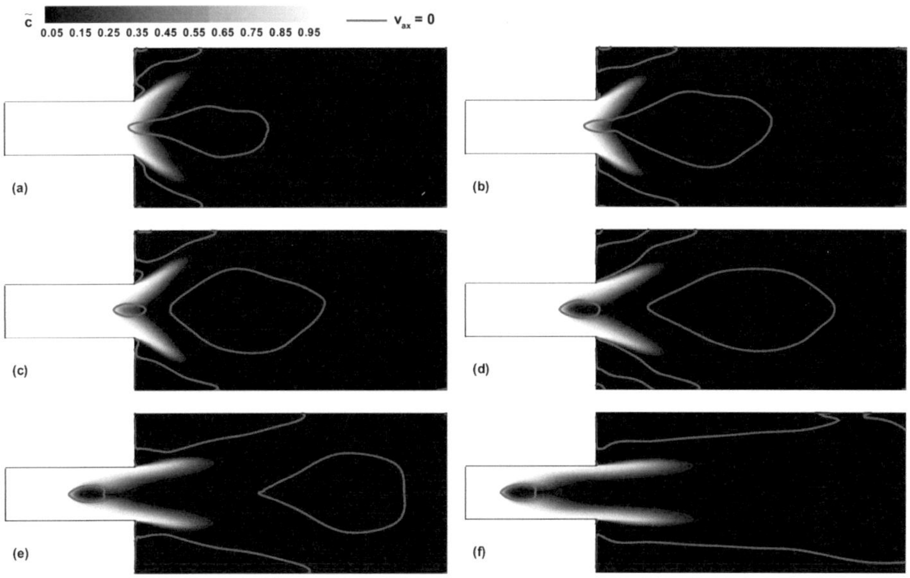


Abbildung 5.36: Numerisch simulierter Flammenrückschlag in zeitlich konsekutiver Abfolge; Auszug einzelner Momentaufnahmen unmittelbar vor Initialisierung (a) bis zu einem Zeitpunkt fortgeschrittener stromauf Propagation der Flamme (f)

blase von dem im statistisch stationären Fall erhöhter Luftzahl ursprünglich zusammenhängenden Rückströmgebiet abtrennt und im Übergangsbereich von Mischrohr zu Brennkammer um die Rotationsachse im Bereich der Flammenwurzel stabilisiert hat. An dieser Rückströmblase wiederum stabilisiert sich die Flamme während des Vorgangs des verbrennungsinduzierten Wirbelaufplatzens.

Die durchgezogenen, dunkelgrauen Linien der Abbildung 5.36 entsprechen Isotachen des Wertes $v_{ax} = 0$ und bilden daher geschlossene Kurvenzüge. Rückströmgebiete als Inhalt dieser Kurvenzüge bilden sich in den Ecken der Brennkammer (torusförmiger Eckenwirbel, ORZ, vgl. Abbildung 5.34) und des aerodynamisch bedingten Wirbelaufplatzens wegen im Bereich der Achse in der Brennkammer (blasenförmige innere und torusförmige Rezirkulationszone, IRZ, vgl. Abbildung 5.34) aus.

Die innerhalb der Brennkammer lokalisierte Rückströmblase wird in der zeitlichen Folge während des Flammenrückschlags aufgrund des temperaturbedingt hohen stromab gerichteten Axialimpulses des brennenden/verbrannten Gemischs konvektiv in Richtung Auslass transportiert (Bildabfolge (c) bis (d)) und wird während des Übergangs von (e) nach (f) aus dem Rechengebiet geschoben.

Die beschriebenen Merkmale der numerischen Simulationen entsprechen dabei den experimentellen Beobachtungen [37, 38].

### 5.4.3 Einfluss der Flamelet Modellierung

Gemäß des klassischen Flamelet Ansatzes (z.B. [82, 85, 83, 84, 81, 89, 124, 28, 128, 90, 125]) erfolgt die Modellierung der Flamelets auf Basis rein laminarer Verhältnisse.
Eine kritische Betrachtung dieser Vorstellung und ein Ansatz zur Erweiterung auf turbulente/instationäre Effekte erfolgt in diesem Kapitel.

**Grenzen des rein laminaren Flamelet Ansatzes**

Wie Abbildung 5.37 anhand der Verteilungen der Karlovitz Zahlen und anhand des Vergleichs mit den laminaren Extinktions-Karlovitz Zahlen zeigt, ist die Beschreibung der Flammengeschwindigkeit über den Ansatz rein laminarer Flamelets gemäß des einfachen Ansatzes nach Damköhler [22] (vgl. Kapitel 3.4.7) nicht geeignet. Der einfache Ansatz nach Damköhler führt die Interaktion der Flamme mit dem turbulenten Strömungsfeld auf eine Flammenoberflächenvergrößerung aufgrund von Streckungs- und Krümmungseffekten zurück, die Ausbreitung der Flamelets entspricht dabei laminar-stationären Verhaltens. Diese Voraussetzung ist im Falle der zurückschlagenden Flamme nicht mehr erfüllt, da die laminaren Flamelets längst hätten verlöschen müssen[17]: $Ka_t > Ka_{ext}$.
Dies wird anhand der Abbildung 5.37 deutlich, die zu drei Momentaufnahmen während eines numerisch simulierten Flammenrückschlags im jeweils oberen Abschnitt als ebenen Schnitt durch das Mischrohr die Lage und Position der Rezirkulationsblase, illustriert mittels der Isotachen des Wertes $v_{ax} = 0$ (schwarze, durchgezogene Linie) und der statistisch mittleren Reaktionsfortschrittsvariablen, illustriert mittels der Isolinien im Wertebereich $0{,}2 \leq \tilde{c} \leq 0{,}8$ mit $\Delta\tilde{c} = 0{,}1$ (rote, strichpunktierte Linie) darstellt. Die Aufnahmen entsprechen dabei einem Zustand unmittelbar vor Beginn des Abschnürens der im stabilen Zustand zusammenhängenden Rezirkulationsblase (links), einem Zustand nach erfolgter Abschnürung und einsetzender stromauf Propagation des sich aus Vormischflamme und Rezirkulationsblase zusammensetzenden Systems (mittig) als auch einem Zustand vorangeschrittener stromauf Propagation des Systems (rechts).
Der untere Bildabschnitt zeigt als Linienplot den Verlauf der nach Gleichung (5.45) bestimmten turbulenten Karlovitz Zahlen, aufgetragen über der radialen, entdimensionierten Ortskoordinate $r/D$. Die Daten sind entlang der im oberen Abschnitt eingezeichneten radialen Linien an den Positionen 1 (strich-doppelpunktierte Linie), 2 (gestrichelte Linie) und 3 (strich-punktierte Linie) extrahiert. Als Referenzgröße ist im Linienplot zusätzlich die zugeordnete laminare Extinktions-Karlovitz Zahl $Ka_{ext}$ (vgl. Abbildung 5.14) aufgetragen, welche durchweg zu allen Momentbetrachtungen und über den gesamten Bereich als nicht erreichte, untere Grenze aufzufassen ist[18].
Das sich rein laminar-stationär verhaltene Flamelet würde folglich erlöschen.
Da dies nicht den Beobachtungen entspricht, folgt daraus, dass die Flamme trotz der hohen Stre-

[17] Die Karlovitz Zahl selbst kann auf unterschiedliche Weise bestimmt werden. In dieser Arbeit wird der Vergleichbarkeit und vor allem der Validität zu den Annahmen der Gleichung (5.47) wegen auf den in der Literatur verbreiteten Ansatz zurückgegriffen, der unter anderem auch in [140, 139] Anwendung findet. Die Bestimmung der turbulenten Karlovitz Zahl $Ka_t$ erfolgt in diesem Zusammenhang unter der Annahme isotroper Gleichgewichtsturbulenz, vgl. Tabelle 5.2 auf Seite 179.

[18] Dies gilt unabhängig von der Vorwärmtemperatur und Gemischzusammensetzung, vgl. Verlauf der Extinktions-Karlovitz Zahl der laminaren Flamelets, Abbildung 5.14.

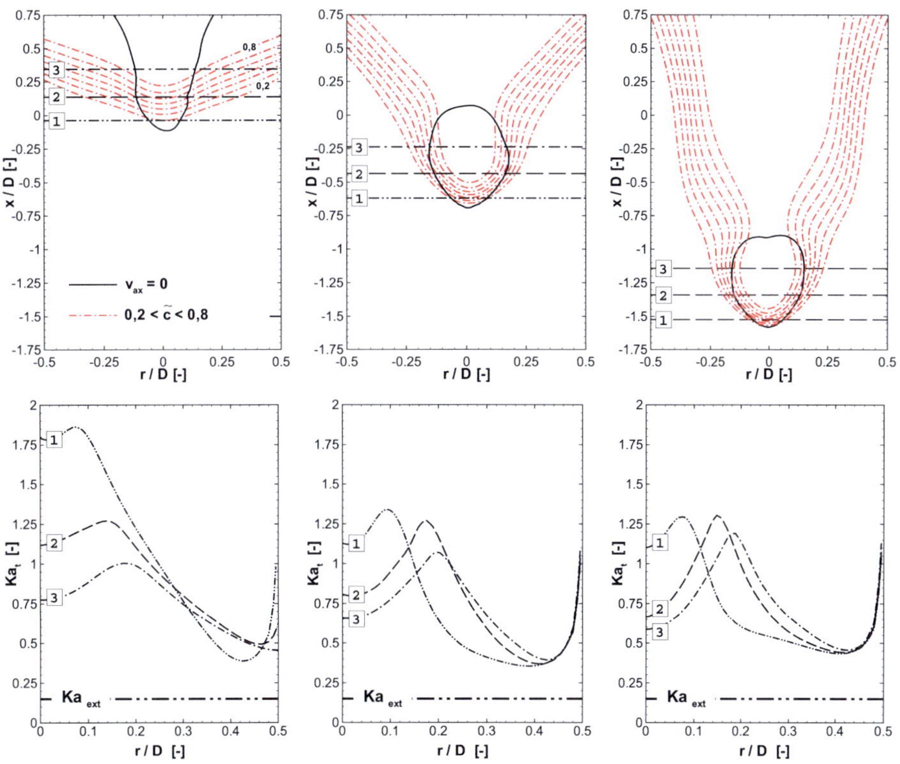


Abbildung 5.37: Turbulente Karlovitz Zahlen während eines numerisch simulierten Flammenrückschlags

ckungsraten nicht erlischt. Diese Erkenntnis deckt sich mit experimentellen Befunden sphärisch expandierender Flammen [140].

**Rein laminarer Flamelet Ansatz: Schlussfolgerungen und Konsequenzen**

Die numerischen Simulationsergebnisse mittels des einfachen Ansatzes nach Damköhler [22] (s. Kapitel 3.4.7) zeigen ein mit den experimentellen Befunden übereinstimmendes Verhalten, sowohl hinsichtlich der ablaufenden Einzelheiten während des Flammenrückschlags, wie Bildung der Rezikulationsblase, als auch in Abhängigkeit der Einflussparameter Luftmassenstrom und Vorwärmtemperatur. Die Differenz zwischen numerisch vorhergesagter und gemessener Stabilitätsgrenze[19] kann darauf zurück geführt werden, dass die Hypothese des Vorliegens laminarer, von der Turbulenz unbeeinflusster Flammen für das untersuchte verbrennungsinduzierte Wirbelaufplatzen nicht mehr zutrifft. Der erweiterte Ansatz nach Damköhler (vgl. Gleichung (2.254) und Gleichung (5.16)) erfasst zwar den Einfluss der laminaren Strömungsinhomogenitäten auf das Ausbreitungsverhalten der Flamme, ist aber ebenfalls ungeeignet, da die

[19]Anhangskapitel A.25 stellt die kritischen Rückschlagsgrenzen der numerischen Simulationen nach dem einfachen Flamelet Ansatz den gemessenen Werten gegenüber.

laminare Streckgrenze kleiner ist als die im Mischrohr vorliegende Streckungsrate, wie Abbildung 5.37 zeigt. Die Simulation der Flammengeschwindigkeit auf Basis der linearen Abhängigkeit von der Streckungsrate wäre folglich unphysikalisch. Die Theorie quasi stationär gestreckter Flamelets muss daher um (turbulenzbedingte) instationäre Wirkeffekte erweitert werden, wenn in hochturbulenten Strömungen Verbrennungsvorgänge physikalisch korrekt beschrieben werden sollen, die stark von der Wechselwirkung zwischen Strömungsinhomogenität und Flammendynamik abhängen, so wie es für das verbrennungsinduzierte Wirbelaufplatzen der Fall ist. Nachfolgend wird ein Ansatz vorgestellt, der effektiv die Wirkung von Turbulenz bedingter Instationaritäten berücksichtigt. Dabei werden laminare Flamelets in turbulenter Strömung in physikalisch sinnvoller Weise beschreibbar.

**Beschreibung des Turbulenzeinflusses auf die Flammengeschwindigkeit**

Auf Basis messtechnischer Untersuchungen isochorer, turbulenter Flammenausbreitungen konnten WEISS ET AL. [140] den sich makroskopisch als Verschiebung der (laminaren) Verlöschgrenze einstellenden Effekt auf das effektiv wirkende turbulente Zeitmaß zurückführen. Die Strömungsinhomogenitäten wirken demnach effektiv in unterschiedlichem Maße auf die Flamme ein. Grund hierfür ist, dass insbesondere die diffusiven Prozesse des chemischen Reaktionsvorgangs sich entsprechend der variierten äußeren Bedingungen einstellen. Verändert sich ein bestimmter Zustand der Zuströmung, beispielsweise eine ausgesprochen hohe Streckungsrate in kurzer Zeit, so reagiert die Flamme nur eingeschränkt oder gar nicht auf diesen kurzzeitigen Zustandswechsel. Verstanden werden kann dieses Verhalten auch, wenn das System Flamme als Bestandteil eines Regelkreises mit der Strömung als Steuerglied interpretiert wird und das System Flamme durch ein charakteristisches, von thermodynamischem Zustand, Brennstoff und Brennstoff-Luft Zusammensetzung abhängiges Zeitmaß (Totzeit) beschrieben wird. Ein Zustand kurzzeitiger hoher Streckungsrate liegt physikalisch beispielsweise dann vor, wenn als Folge des Wirbelzerfallsprozesses der Turbulenzkaskade die Flamme mit Wirbeln der Abmessung nahe des Kolmogorov´schen Längenmaßes wechselwirkt. Wirbel dieser Abmessung weisen eine auf die (näherungsweise erfüllte) Drehimpulserhaltung zurückzuführende Zunahme des Geschwindigkeitsmaßes und daher hohe Streckungsraten auf, wirken allerdings aufgrund des zunehmenden Einflusses molekularer Reibung nur von kurzer Dauer, da die Energie der Turbulenz am Ende der Turbulenzkaskade in Wärme dissipiert wird.

**Erfassung des Turbulenzeinflusses auf die Flammengeschwindigkeit**

Der von Brennstoff, Gemischzusammensetzung und thermodynamischem Zustand abhängige lineare Zusammenhang zwischen Flammengeschwindigkeit und Streckungsrate bleibt auch für laminar-instationäre Zuströmbedingungen des Frischgemischs quasi erhalten [52]. Die Markstein Zahl ist daher auch für der Hauptströmung überlagerte gleichförmige Schwingungen niedriger Frequenzen gültig, fällt jedoch mit zunehmender Frequenz ab einer kritischen Größe, der Grenzfrequenz $f_c$ (engl. *cut-off frequency*) drastisch ab. Beschrieben wird dieses Flammenverhalten mittels der Markstein-Transferfunktion, die dem effektiv wirkenden Zeitmaß der Strömung Rechnung trägt [52].

Bei veränderlicher Anregungsfrequenz $f$ der Strömungsgrößen skaliert die Amplitude der Flammenantwort ab der Grenzfrequenz reziprok zum Stokes Parameter [7]

$$\eta = \sqrt{\frac{\pi \cdot f}{K}}. \tag{5.37}$$

Die effektiv auf die Flamme wirkende Streckungsrate sinkt dabei mit zunehmender Frequenz und daher mit wachsendem Stokes Parameter [139]. Die Frequenz der Instationarität kann über das reziproke Turbulenzzeitmaß $\tau_\lambda$ der Wirbel des Taylorlängenmaßes $\lambda$ bestimmt werden [140, 139]

$$f \propto \frac{1}{\tau_\lambda} = \frac{u_t}{\lambda}. \tag{5.38}$$

BRADELY ET AL. [7] interpretieren das Zeitmaß der Taylorwirbel als die mittlere Streckungsrate, die auf eine beliebig orientierte Flammenfläche wirkt. Physikalisch kann das Taylorlängenmaß auch als die Länge interpretiert werden, um die ein Turbulenzwirbel Kolmogorov´schen Abmaßes während seiner Rotationszeit $\tau_\eta$ von den größten Wirbelstrukturen konvektiv transportiert wird [146].

Zur Erfassung der auf die Turbulenz zurückzuführenden Instationarität wird in dieser Arbeit ein Ansatz zur Beschreibung der Flammengeschwindigkeit gewählt, der von laminaren Flamelets in turbulenter Strömung ausgeht [140]. Die laminare Markstein Zahl $Ma$ wird hierbei mittels einer Effektivitätsfunktion $I$ zu einer effektiven Markstein Zahl $Ma_{eff}$ erweitert,

$$Ma_{eff} = I \cdot Ma \tag{5.39}$$

welche das spezifische, frequenzabhängige Flammenverhalten (Antwort der Flamme) als Funktion des Stokes Parameters beschreibt.

$$I = C_{I,1} \cdot \eta^{C_{I,2}} \tag{5.40}$$

Die Konstanten der Effektivitätsfunktion sind dabei auf Basis einer breiten, experimentell ermittelten Datenmenge durchgeführter isochorer Flammenausbreitungsuntersuchungen unterschiedlicher Brennstoffe, Gemischzusammensetzung, thermodynamischer Zustände und Turbulenzgrade zu

$$C_{I,1} = 1{,}241 \qquad C_{I,2} = -1{,}832 \tag{5.41}$$

bestimmt worden[20] [140, 139]. Der Gültigkeitsbereich ist hierbei über

$$\eta > 1 \qquad Re_t > 100 \qquad Ka_t > 0.1 \tag{5.42}$$

gegeben.

**Laminare Flamelets in turbulenter Strömung**

Wird die Streckungsrate $K$ nach oben mittels der Extinktions-Streckungsrate $K_{ext}$ des laminaren, stationären Flamelets abgeschätzt und entsprechend

$$Ka_{ext} = K_{ext} \cdot \frac{\delta_l^0}{s_l^0} \tag{5.43}$$

[20]Grundlage der Gleichung (5.41) sind positive laminare Markstein Zahlen.

durch die Extinktions-Karlovitz Zahl $Ka_{ext}$ des laminaren, stationären Flamelets ersetzt und wird ferner die Frequenz $f$ der Anregung als von der Turbulenz bedingte Instationarität verstanden, so kann der Stokes Parameter $\eta$ mittels des Taylorlängenmaßes $\lambda$[21] und der Schwankungsgeschwindigkeit $u_t$ nach Gleichung (5.38) auf

$$\eta = \sqrt{\frac{\pi \cdot f}{K_{ext}}} = \sqrt{\frac{\pi \cdot u_t/\lambda}{Ka_{ext} \cdot s_l^0/\delta_l^0}} = \sqrt{\frac{\pi \cdot Ka_t}{Ka_{ext}}} \tag{5.44}$$

zurück geführt werden, wenn die turbulente Karlovitz Zahl $Ka_t$ gemäß

$$Ka_t = \frac{u_t}{\lambda} \cdot \frac{\delta_l^0}{s_l^0} \tag{5.45}$$

angesetzt wird [140, 139]. Die Reaktion einer vorgemischten Flamme ist demnach bei einer konstanten Anregungsfrequenz einer der Zuströmung überlagerten Schwingung von der quasi stationär wirkenden (laminaren) Streckungsrate $K_{ext}$ ($Ka_{ext}$) abhängig [31].
Abbildung 5.38 zeigt den Verlauf der Intermittenzfunktion $I$ nach Gleichung (5.40) in Abhängigkeit des Stokes Parameters $\eta$ (links) und als Funktion der turbulenten Karlovitz Zahl $Ka_t$ (rechts) anhand der Daten eines numerisch simulierten Flammenrückschlags. $Ka_t$ ist dabei gemäß Gleichung (5.45) berechnet ([140, 139]) und $Ka_{ext}$ ist auf Basis der numerischen Simulationen der laminaren und stationären Gegenstromvormischflammen (Kapitel 5.1.3) bestimmt.

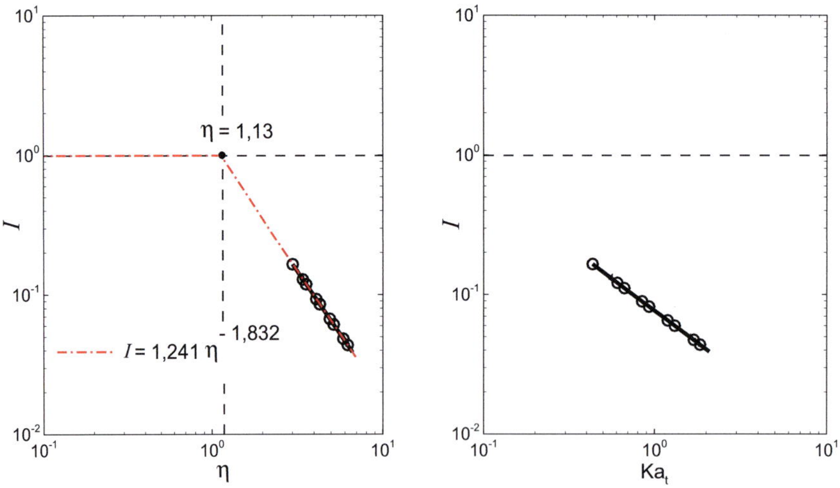


Abbildung 5.38: Intermittenzfunktion $I$ in Abhängigkeit von Instationaritäten der Strömung ausgedrückt über $\eta$ (links) und über $Ka_t$ (rechts)
Instantane Werte während eines numerisch simulierten Flammenrückschlag

[21] Für eine formelmäßige Bestimmung des Taylorlängenmaßes $\lambda$ wird auf die Übersichtstabelle 5.2 verwiesen.

Die Einführung der effektiven Markstein Zahl[22] $Ma_{eff}$ ermöglicht analog zur rein laminar-stationären Theorie gestreckter Flamelets (Gleichung (5.16)) die Bestimmung der Flammengeschwindigkeit $s_l$ gestreckter Flamelets in turbulenter Strömung über

$$s_l = s_l^0 \cdot (1 - I \cdot Ma \cdot Ka_t) \tag{5.46}$$

und verändert den linearen Zusammenhang zwischen (laminarer) Flammengeschwindigkeit und dimensionsloser (turbulent, instationärer) Streckungsrate formal nicht, was auch durch

$$s_l = s_l^0 \cdot \left(1 - Ma_{eff} \cdot Ka_t\right) \tag{5.47}$$

zum Ausdruck kommt. Die Effektivitätsfunktion $I$ ist dabei so gewählt[23], dass

$$s_l/s_l^0 = \begin{cases} 1 - 1{,}241 \cdot Ma \cdot Ka_t & \text{für} \quad \eta \leq 1 \\ 1 - I(\eta) \cdot Ma \cdot Ka_t & \text{für} \quad \eta > 1 \end{cases} \tag{5.48}$$

erfüllt ist [140, 139], mit $I$ gemäß Gleichung (5.40). Dadurch kann der gewählte Ansatz als Erweiterung der laminaren Flamelet-Theorie um instationäre (von der Turbulenz bedingte) Effekte angesehen werden. Diese Modellierungsstrategie wird aus diesem Grund als FLTC-Ansatz (von engl. *Flamelet to Turbulent Condition*) bezeichnet [135].

Die Bedeutung des FLTC-Ansatzes ist in Abbildung 5.39 anhand der Gegenüberstellung zum laminaren Ansatz verdeutlicht. Der rein laminare Modellierungsansatz ist hierbei durch die Geradenverläufe beschrieben, wohingegen der um turbulente, instationäre Effekte erweiterter Ansatz (FLTC) durch einen asymptotisch abnehmenden Verlauf charakterisiert ist. Die Graphen zeigen die Abhängigkeit der entdimensionierten Flammengeschwindigkeit $s_l/s_l^0$ von der turbulenten Karlovitz Zahl $Ka_t$ für Methan-Luft Gemische unterschiedlicher Zusammensetzung exemplarisch bei einer Vorwärmtemperatur $T_u = 473\ K$ und atmosphärischem Umgebungsdruck $p_u = 1\ bar$.

Die obere Darstellung ist auf den Bereich turbulenter Karlovitz Zahlen ausgedehnt, wie er im Rahmen der numerischen Simulationen zum verbrennungsinduzierten Wirbelaufplatzen vorkommt und der untere Bereich ist der Verdeutlichung der Unterschiede beider Ansätze wegen nach oben auf einen Bereich um die laminaren Extinktionsstreckungsraten begrenzt. Die dimensionslose Flammengeschwindigkeit $s_l/s_l^0$ fällt[24] gemäß des laminaren Ansatzes mit der Markstein Zahl $Ma$ als Steigung, ehe das Flamelet an der Stelle maximaler laminarer Karlovitz Zahl, d.h. bei Erreichen der Extinktions-Karlovitz Zahl $Ka_{ext}$ erlischt und die Flammengeschwindigkeit eine undefinierte Größe wird.

[22] In der Literatur wird gelegentlich anstelle von der effektiven Markstein Zahl auch von der turbulenten Markstein Zahl gesprochen, z.B. [27].

[23] Der Vorgehensweise von WEISS [139] folgend, wird die Effektivitätsfunktion $I$ zu $I = 1{,}241$ gesetzt, wenn $\eta < 1{,}0$ ist. Dadurch wird das Flamelet unter kleinen turbulenten Streckungsraten nicht identisch der laminaren (linearen) Theorie, wonach $I = 1{,}0$ gilt. Da für die in dieser Arbeit analysierten hochturbulenten Flammen stets $\eta > 1{,}0$ gilt, wird dieser Grenzzustand nie erreicht und daher der Literaturansatz unverändert übernommen.

[24] Die in dieser Arbeit untersuchten Methan-Luft Gemische weisen für den Betriebsbereich des numerisch untersuchten verbrennungsinduzierten Wirbelaufplatzens stets positive Markstein Zahlen $Ma > 0$ auf, d.h. die Flammengeschwindigkeit wird im Rahmen der getroffenen Annahmen unter dem Einfluss von Strömungsinhomogenitäten (positiver Streckungsraten) erniedrigt.

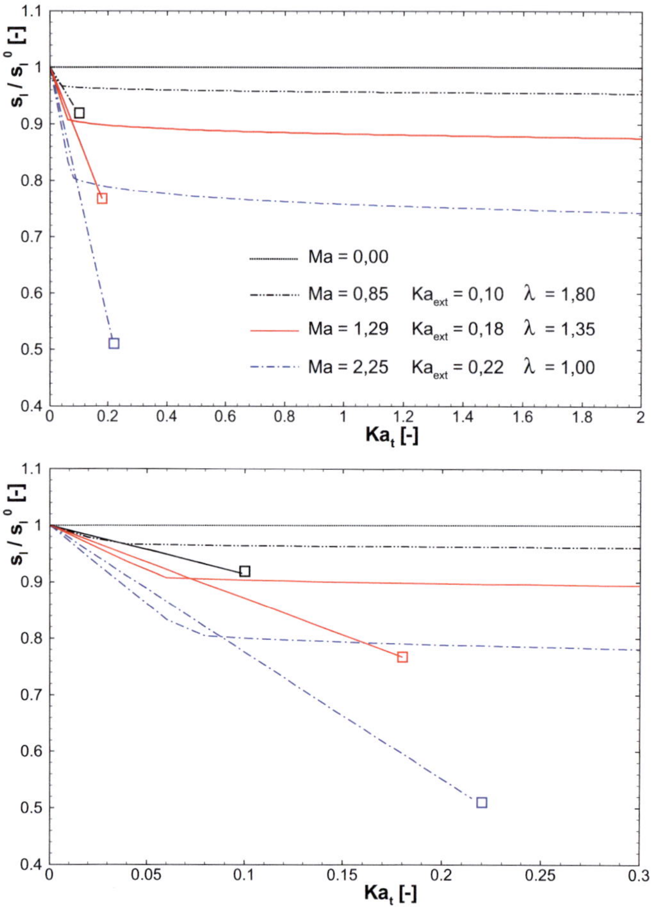


Abbildung 5.39: Flammengeschwindigkeit als Funktion der Karlovitz Zahl: Laminarer Modellierungsansatz (reine Geradengleichungen) und um turbulente Effekte erweiterter Ansatz (FLTC)
oben: $Ka_t$-gesamter relevanter Bereich; unten: $Ka_t$-Bereich bis stationär-laminarer Streckgrenze $Ka_{ext}$

Der erweiterte Ansatz sagt hingegen unter den in dieser Arbeit untersuchten Bedingungen entsprechend experimenteller Studien [140, 139] kein Verlöschen voraus. Der Verlauf der entdimensionierten Flammengeschwindigkeit wird dementsprechend immer insensitiver gegenüber der Strömungsdynamik, je höher die turbulente Karlovitz Zahl wird/ist, da die Flamme den hochfrequenten Wechselzuständen nur in limitierter Weise folgen kann. Diese effektiv stark abnehmende Wirkung der turbulenten Streckungsrate auf das Verhalten der Vormischflamme ist in Abbildung 5.41 anhand des hyperbolischen Abfalls der effektiven Markstein Zahl $Ma_{eff} = I \cdot Ma$ und entsprechend zugeordneter Abnahme der entdimensionierten Flammengeschwindigkeit $s_l / s_l^0$ mit anwachsender turbulenter Karlovitz Zahl verdeutlicht.

**Exemplarische Darstellung des erweiterten Flamelet Ansatzes (FLTC)**

Abbildung 5.40 stellt anhand einer isometrischen Darstellung den Verlauf der entdimensionierten Flammengeschwindigkeit $s_l/s_l^0$ als Funktion der turbulenten Karlovitz Zahl $Ka_t$ und als Funktion der Luftzahl $\lambda$ entsprechend des FLTC-Ansatzes der Gleichung (5.48) für eine Vorwärmtemperatur $T_u = 300K$ und atmosphärischen Druckbedingungen $p_u = 1bar$ dar.

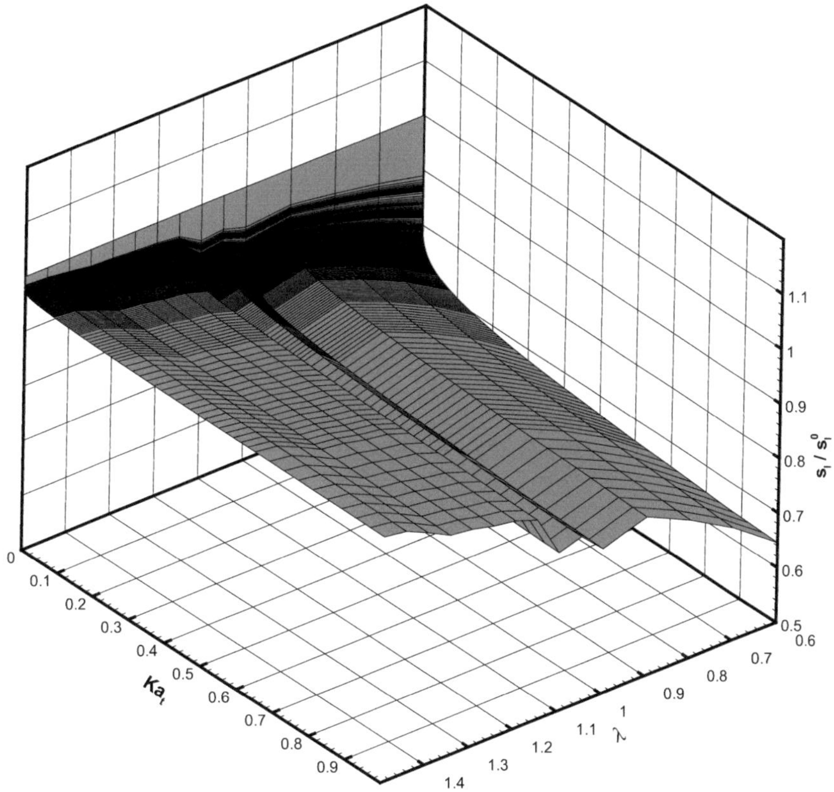


Abbildung 5.40: Isometrische Darstellung der entdimensionierten Flammengeschwindigkeit als Funktion von Luftzahl und turbulenter Streckungsrate (FLTC-Ansatz)

Der Abfall der Flammengeschwindigkeit erfolgt unabhängig von der Luftzahl mit beginnender Streckung des Flamelets steil und geht nach einer von der laminaren Extinktions-Karlovitz Zahl abhängigen Transitionsphase (Krümmung) in einen mit steigender Streckungsrate nur noch schwach fallenden Bereich der Flammengeschwindigkeitswerte über. Der letztgenannte Verlauf ist entsprechend der Ausführungen des Kapitels 5.4.3 auf die Entkopplung des chemisch dominierten vom strömungsmechanisch dominierten Zeitmaß zurückzuführen.

**Bedeutung des FLTC Ansatzes für das verbrennungsinduzierte Wirbelaufplatzen**

Die Wirkung des um instationäre, Turbulenz bedingte Effekte erweiterten Ansatzes (FLTC) zur Beschreibung laminarer Flamelets in turbulenter Strömung ist im Zusammenhang der numerischen Simulationen zum verbrennungsinduzierten Wirbelaufplatzen anhand des Produkts aus Intermittenzfunktion und laminarer Markstein Zahl $I \cdot Ma$ (schwarze, durchgezogene Linie), sowie anhand der entdimensionierten Flammengeschwindigkeit $s_l/s_l^0$ (rote, strich-doppelpunktierte Linie) in Abbildung 5.41 aufgezeigt.

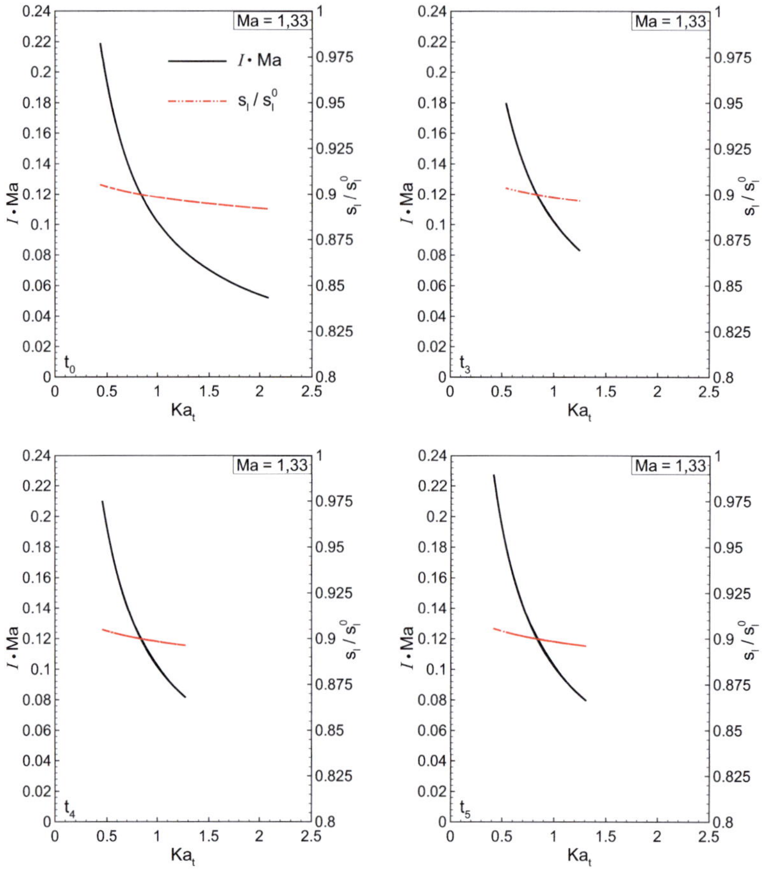


Abbildung 5.41: Effektive Markstein Zahl und entdimensionierte Flammengeschwindigkeit zu unterschiedlichen Momentaufnahmen während eines numerisch simulierten Flammenrückschlags

Dabei handelt es sich um Daten, die entlang der Rotationsachse des Mischrohrs $r/D = 0$ als Momentaufnahmen zu den Zeiten[25] $t_0$, $t_3$, $t_4$ und $t_5$ während eines numerisch simulierten Flammenrückschlags extrahiert und als entdimensionierte Funktion der turbulenten Karlovitz Zahl

[25] $t_0$ stellt den Zustand unmittelbar vor der Abschnürung der kleinen, in der zeitlichen Folge stromauf propagie-

$Ka_t$ dargestellt sind.

In Abbildung 5.42 ist das Produkt aus (laminarer) Markstein Zahl und (turbulenter) Karlovitz Zahl $Ma \cdot Ka_t$ (schwarze, durchgezogene Linie) entlang der Rotationsachse $r/D = 0$ im Bereich des Mischrohrs und des vorderen Brennkammerbereichs $-2{,}5 \leq x/D \leq 0{,}5$ zu ausgewählten Momentaufnahmen während des Vorgangs eines numerisch simulierten Wirbelaufplatzens aufgetragen. Zusätzlich ist mit $v_{ax} = 0$ als strich-doppelpunktierte vertikale Linie der vordere Staupunkt der stromauf propagierenden Rezirkulationsblase gekennzeichnet.

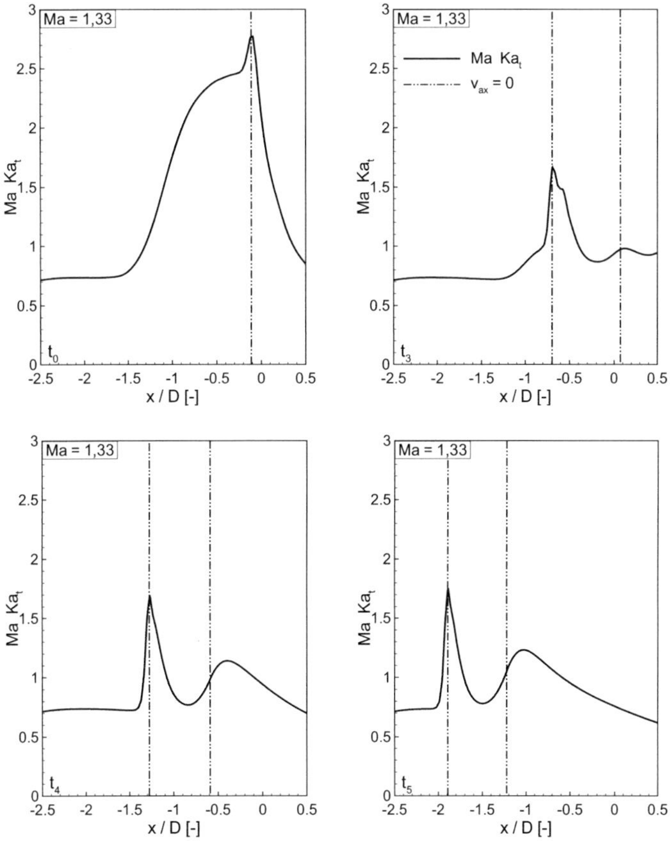


Abbildung 5.42: Profile der Flammengeschwindigkeit und der effektiven Markstein Zahl entlang der Rotationsachse während eines simulierten Flammenrückschlags

Entlang der Rotationsachse des Mischrohrs ist die Streckungsrate im Bereich der Zuströmung moderat ausgebildet ($Ma \cdot Ka_t|_0 \approx 0{,}70$), steigt jedoch stromauf des vorderen Staupunkts signifikant an, $2 \cdot Ma \cdot Ka_t|_0 \leq Ma \cdot Ka_t \leq 4 \cdot Ma \cdot Ka_t|_0$, was auf die Umorientierung und Streckung der Wirbelfäden zurückzuführen ist.

renden Rückströmblase dar, $t_3$, $t_4$ und $t_5$ sind exemplarisch gewählte Momentaufnahmen während des erfolgenden Flammenrückschlags, vgl. zur Veranschauung beispielsweise Abbildung 5.45.

**Erweiterter Flamelet Ansatz (FLTC) - Stabilitätsdiagramm**

Die Bestimmung der Flammengeschwindigkeit der gestreckten Flamelets in turbulenter Strömung (FLTC-Ansatz) nach Gleichung (5.47) führt zu kritischen Luftzahlen, die in Abbildung 5.43 anhand der Stabilitätskarte für die untersuchte Konfiguration im Vergleich zu den messtechnisch erfassten Rückschlagsgrenzen [37] gezeigt sind.

Hierbei sind die Ergebnisse der kritischen Luftzahlen aus der numerischen Simulation (S) als offene Symbole gezeigt und als Referenz die aus den experimentellen Untersuchungen bestimmten Grenzwerte als Messwerte (M) und als ausgefüllte Symbole in die Stabilitätskarte eingetragen. Da der Eintritt eines verbrennungsinduzierten Wirbelaufplatzens von der Wechselwirkung zwischen Strömung und Flammendynamik bestimmt ist, führen Vorgänge wie beispielsweise lokales Flammenverlöschen zu einer natürlichen Variation der kritischen Luftzahl. Darüber hinaus führen auch messtechnische Limitationen zu einer Verteilungsfunktion der Auftrittswahrscheinlichkeit, was hier vereinfacht für die messtechnisch detektierten Rückschlagsgrenzen mittels des Erwartungswertes (Mittelwert, Symbol) und überlagertem Toleranzband (vertikale Linien) dargestellt ist. Der Variationsparameter Vorwärmtemperatur $T_u$ ist über unterschiedliche Symbole beschrieben, siehe Legende.

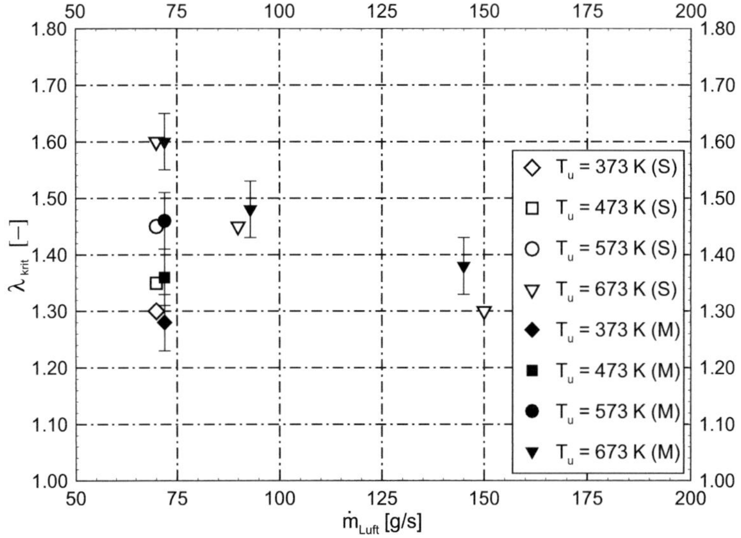


Abbildung 5.43: Erweiterter Flamelet Ansatz (FLTC) - Stabilitätsdiagramm

Die im Rahmen der numerischen Simulationen mittels kombinierten tFSD (RANS Formulierung) und FLTC Ansatzes ermittelten kritischen Luftzahlen, liegen im Bereich der experimentell erfassten Werte bei korrekter Abhängigkeit von Vorwärmtemperatur und Luftmassenstrom. Die mittels des FLTC Ansatzes gegebene Erfassung turbulenzbedingter Instationaritäten ist damit eine physikalisch, chemisch motivierte Erweiterung des Verbrennungsmodells. Die Plausibilität des kombinierten Ansatzes ist dabei über die verbesserte Vorhersage kritischer Absolutwerte gegeben.

### 5.4.4 Einordnung der untersuchten Konfiguration

Dieses Kapitel dient der Einordnung der Konfiguration, wie sie in dieser Arbeit zur Analyse des verbrennungsinduzierten Wirbelaufpatzens numerisch untersucht wird, in das Verbrennungsdiagramm nach BORGHI (vgl. Kapitel 3.4.2).

**Dimensionslose Kenngrößen**

Abbildung 5.44 zeigt die Verläufe des mit der ungestreckten, ebenen Flammendicke $\delta_l^0$ entdimensionierten Kolmogorov´schen Längenmaßes $\eta_k/\delta_l^0$, des turbulenten Makrolängenmaßes $L_t/\delta_l^0$ und des Taylor Längemaßes $\lambda/\delta_l^0$ (alle links) sowie die turbulente Karlovitz Zahl $Ka_t$, die turbulente Reynolds Zahl $Re_t$ und die turbulente Damköhler Zahl $Da_t$ (alle rechts) zu zwei unterschiedlichen Zeiten während eines numerisch simulierten Flammenrückschlags entlang der Rotationsachse der untersuchten Konfiguration, $x/D$. Mit $v_{ax} = 0$ sind die Positionen der Staupunkte der Rezirkulationsblase gekennzeichnet. Im Rahmen dieser Arbeit werden diese Kenngrößen mittels der in Tabelle 5.2 zusammengefassten Beziehungsgleichungen ermittelt. Die

| NAME | FORMEL | REFERENZ |
|---|---|---|
| Reynolds Zahl | $Re_t = \frac{u_t \cdot L_t}{\nu}$ | Gleichung (4.1) |
| Damköhler Zahl | $Da_t = \frac{L_t}{u_t} \cdot \frac{s_l^0}{\delta_l^0}$ | |
| Karlovitz Zahl | $Ka_t = \frac{u_t}{\lambda} \cdot \frac{\delta_l^0}{s_l^0}$ | Gleichung (5.45) |
| Turbulentes Längenmaß | $L_t = \frac{k^{3/2}}{\varepsilon}$ | |
| Turbulentes Geschwindigkeitsmaß | $u_t = \sqrt{2/3\, k}$ | |
| Taylor Längenmaß | $\lambda = 4 \cdot \frac{L_t}{\sqrt{Re_t}}$ | |
| Kolmogorov'sches Längenmaß | $\eta_k = \frac{\nu^{3/4}}{\varepsilon^{1/4}}$ | Gleichung (2.194b) |

Tabelle 5.2: Kenngrößen der turbulenten, reaktiven Strömung

höchsten turbulenten Reynolds Zahlen treten aufgrund der radialen Auslenkung der Wirbelfäden im Bereich des vorderen Staupunkts der stromauf propagierenden Rezirkulationsblase auf. Gleiches gilt für die turbulente Karlovitz Zahl, insbesondere aufgrund der Umorientierung und Streckung der Wirbelfäden. Die statistisch mittlere turbulente Flammenoberfläche und die statistisch mittlere Reaktionsfortschrittsvariable sind in den Bereichen hoher Strömungsgradienten, stromab des ersten Staupunkts lokalisiert. Der vordere Bereich der stromauf propagierenden Rezirkulationsblase ist aufgrund der hohen Streckungsraten mit einer erhöhten Wahrscheinlichkeit des (aerodynamischen) Verlöschens verbunden. Stromab dieses Bereichs weisen die Flammenoberflächendichte und die Reaktionsfortschrittsvariable die größten Werte auf. Dies liegt an den moderaten Gradienten der Strömungsgrößen und an dem stromauf gerichteten Transport teilrea-

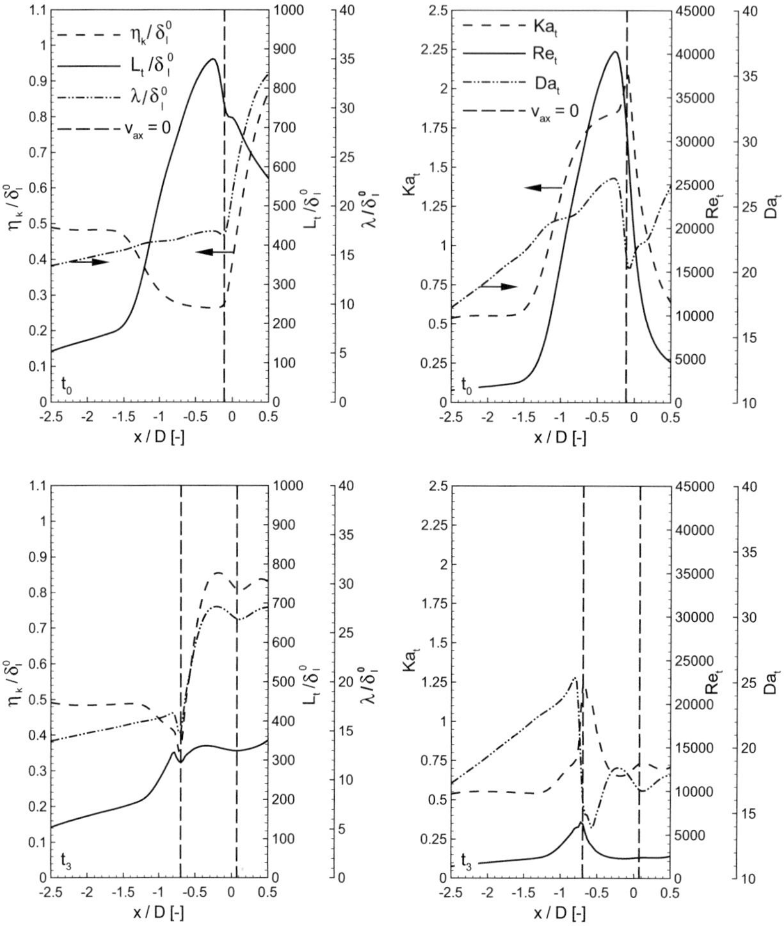


Abbildung 5.44: Verlauf unterschiedlicher entdimensionierter Längenskala (links) und dimensionsloser Kennzahlen (rechts) als Funktion der axialen Position für unterschiedliche Momentbetrachtungen während eines Flammenrückschlags

gierter Spezies und Wärme der rezirkulierenden Masse. Anschaulich werden die Verhältnisse anhand von Abbildung 5.45, welche die zweidimensionale Verteilung der turbulenten Karlovitz Zahl $Ka_t$ (strichpunktierte, grüne Linie), der turbulenten Reynolds Zahl $Re_t$ (strichdoppelpunktierte, blaue Linie), des Verhältnisses turbulenter Oberfläche zur ebenen Projektionsfläche[26] $\propto A_t/A = \Sigma \cdot V^{1/3}$ (gestrichelte, rote Linie) und der statistisch mittleren Isotachen $v_{ax} = 0$ (durchgezogene, schwarze Linie) überlagert von den Streichlinien (durchgezogene, graue Linien) in zeitlicher Abfolge während eines numerisch simulierten Flammenrückschlags zeigt. Aufgetragen sind die Isolinien mit $\Delta Re_t = 10000$, $\Delta(A_t/A) = 0{,}5$, $\Delta Ka_t = 0{,}5$.

[26] $V$ steht in diesem Zusammenhang für das Zellvolumen

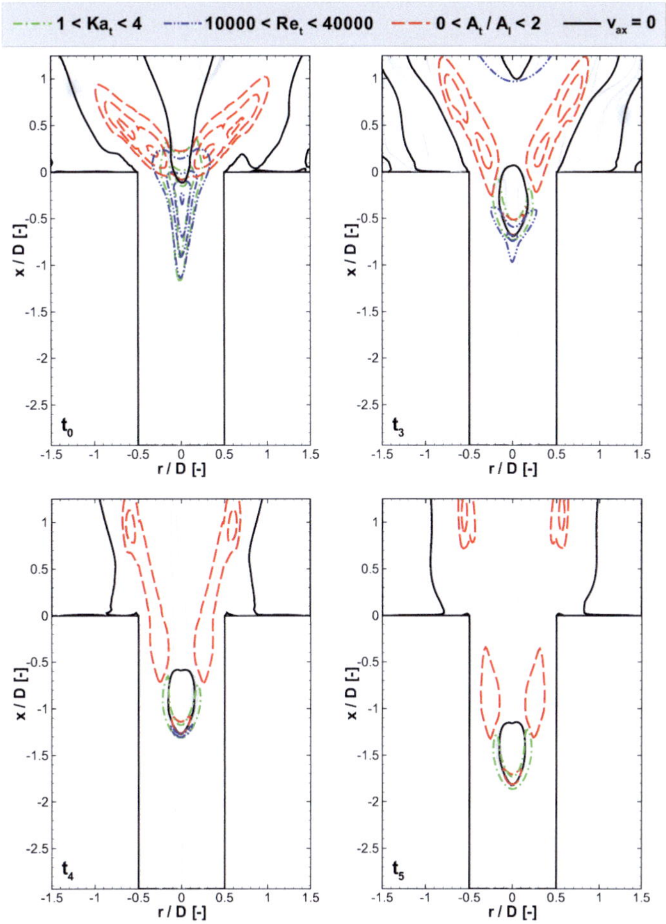


Abbildung 5.45: Verteilung von $Ka_t, Re_t, A_t/A$ während eines numerisch simulierten Flammenrückschlags

**Das Verbrennungsdiagramm**

Die Einordnung der numerisch untersuchten Konfiguration zum verbrennungsinduzierten Wirbelaufplatzen erfolgt mit Abbildung 5.46 in das erweiterte Borghi Diagramm (vgl. auch Kapitel 3.4.2) auf Basis der in Abbildung 5.44 dargestellten dimensionslosen Längenmaße und der in Abbildung 5.45 dargestellten charakteristischen Kenngrößen.

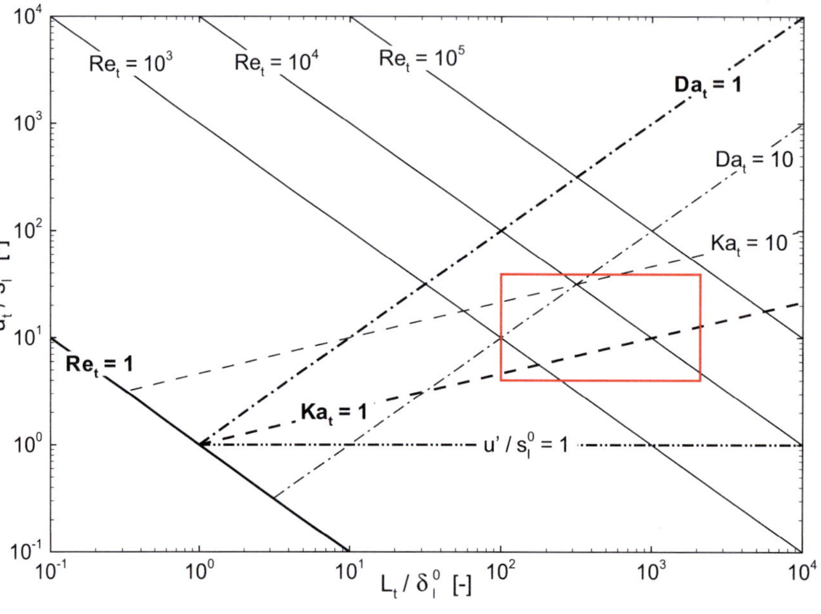


Abbildung 5.46: Einordnung der untersuchten Konfiguration in das Verbrennungsdiagramm

Der für diese Arbeit relevante Bereich ist dabei in Abbildung 5.46 durch ein Rechteck hervorgehoben. Diese Zone ist dem erweiterten Flameletbereich zu zuordnen, wonach die kleinsten Strukturen in die Vorwärmzone eindringen können und den Wärme- und Stofftransport jedoch nicht die Reaktionszone beeinflussen, siehe Seite 81 und [82].

## 5.4.5 Charakteristika des verbrennungsinduzierten Wirbelaufplatzens

Der numerisch simulierte Flammenrückschlag ist durch einige charakteristische Merkmale gekennzeichnet, die anhand der Abbildung 5.36, der Abbildung 5.47 und der Detailbetrachtung der Abbildung 5.48 der im Mischrohr stromauf propagierenden Flamme nachvollzogen werden können und sich mit experimentellen Befunden [37, 38] decken:

- ○ Der Flammenrückschlag verläuft entlang der Rotationsachse und wandnahes Brennen tritt nicht auf

- Initialisierungsvorgang: Eine kleine Rezirkulationsblase schnürt sich von der im stationären Fall zusammenhängenden und in die Brennkammer hinein reichenden inneren Rezirkulationszone ab, welche in der zeitlichen Folge stromauf propagiert
- Die Hauptreaktionszone stabilisiert sich stromab des vorderen Staupunkts innerhalb der kleinen, stromauf propagierenden Rezirkulationsblase
- Die Flamme ($0{,}1 \leq \tilde{c} \leq 0{,}9$) verbreitet sich zunächst stromab des ersten Staupunkts, kontrahiert im Bereich des zweiten (stromabgelegenen) Staupunkts, um weiter stromab wieder zu expandieren (Ursache: Wirkung der Wirbeldynamik, vgl. Kapitel 5.4.9)
- Die kleine Rezirkulationsblase bildet zusammen mit der Flamme ein im statistischen Mittel relativ zueinander fest stehendes, stromauf propagierendes System

Der Flammenrückschlag tritt entlang der Rotationsachse auf, obwohl dies der Bereich der ursprünglich höchsten stromab gerichteten Axialgeschwindigkeiten ist, vgl. Abbildung 5.29 und Abbildung 5.47. Der Grund liegt in den ebenfalls hohen zirkumferentiellen Geschwindigkeiten, d.h. der hohen Wirbelstärkendichte[27]. Sichtbar ist dies im unteren Teil der Abbildung 5.29 anhand der radialen Tangentialgeschwindigkeitsprofilen der isothermen Strömung im Mischrohr, anhand der Konturbilder der Tangentialgeschwindigkeit $v_{\varphi}/v_0$ im mittleren Teil der Abbildung 5.47 und mittels der Konturbilder der axialen Wirbelstärke $\omega^*_{ax}$ dargestellt im unteren Teil der Abbildung 5.47. Die Abbildungen zeigen die entdimensionierten Größen als ebenen Schnitt zu den Momentaufnahmen während der Initialisierung des numerisch simulierten Flammenrückschlags ($t_0$) und zu zwei ausgewählten Momentaufnahmen fortgeschrittener stromauf Propagation ($t_3, t_4$). Die Ausdehnung und Lage der statistisch mittleren Rückströmzonen sind hierbei mittels der Isotachen $v_{ax} = 0$ (schwarze, durchgezogene Linie) gekennzeichnet. Die divergenten Streichlinien stromauf der Flammenwurzel (vgl. Abbildung 5.84) bedingen ein Rezirkulationsgebiet, das die Flamme stabilisiert. Da die Strömung im Einflussbereich der Wärmefreisetzung der Flamme axial beschleunigt, schließt sich die Rückströmblase nach der Ausbildung eines zweiten Staupunkts stromab der Flammenwurzel.
Abbildung 5.48 zeigt die beschriebenen Vorgänge des numerisch simulierten Wirbelaufplatzens im Detail anhand ausgewählter Momentaufnahmen der stromauf propagierenden Flamme im Mischrohr. Im linken Teil der Abbildung ist als Konturvariable die statistisch mittlere Reaktionsfortschrittsvariable $\tilde{c}$ dargestellt und dazu Linien konstanter statistisch mittlerer Flammenoberflächendichte $1000 \leq \tilde{\sigma} \leq 2000$ mit $\Delta\tilde{\sigma} = 1000$ (schwarze, strichpunktierte Linie). Der rechte Teil der Abbildung zeigt die Verteilung der statistisch mittleren Flammenoberflächendichte $\tilde{\sigma}$ als Konturvariable, zusammen mit Linien konstanter statistisch mittlerer Reaktionsfortschrittsvariablen $0{,}4 \leq \tilde{c} \leq 0{,}8$ mit $\Delta\tilde{c} = 0{,}2$ (schwarze strichpunktierte Linie). Den Darstellungen ist jeweils die Isotache $v_{ax} = 0$ (schwarze, durchgezogene Linie) zur Beschreibung der Lage und Form der Rezirkulationsblase und die Isolinien konstanter mittlerer Reaktionsrate $150 \leq \overline{\dot{\omega}}_c \leq 200$ mit $\Delta\overline{\dot{\omega}}_c = 50$ (rote, gestrichelte Linien) überlagert.

[27] Die axiale Wirbelstärke ist die dominierende Komponente stromauf des vorderen Staupunkts. Diese ist innerhalb eines radial beschränkten Bereichs um die Rotationsachse konzentriert, weshalb diese Zonen einer hohen Wirbelstärkedichte entsprechen.

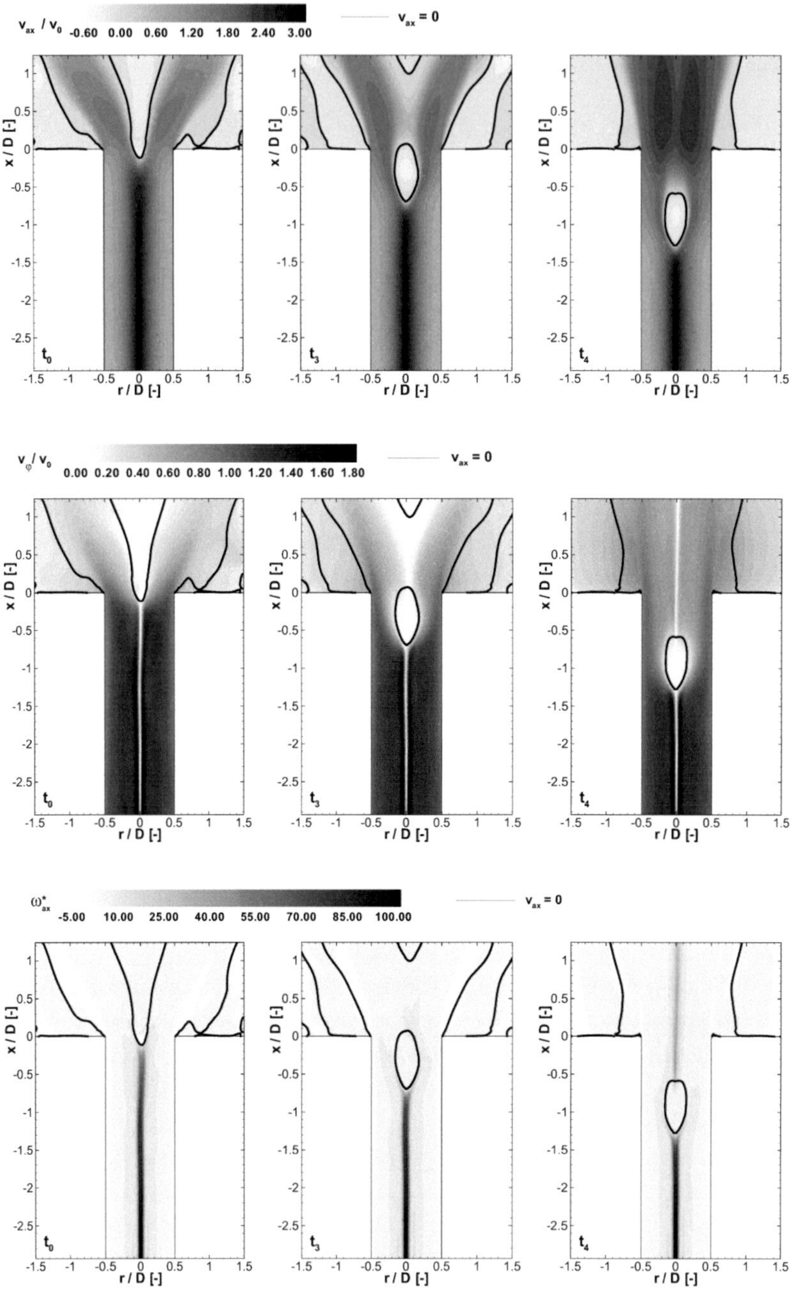


Abbildung 5.47: Konturbild der entdimensionierten Axialgeschwindigkeit $v_{ax}/v_0$ (oben), der entdimensionierten Tangentialgeschwindigkeit $v_\varphi/v_0$ (mittig) und der entdimensionierten axialen Wirbelstärke $\omega_{ax}^*$ (unten)

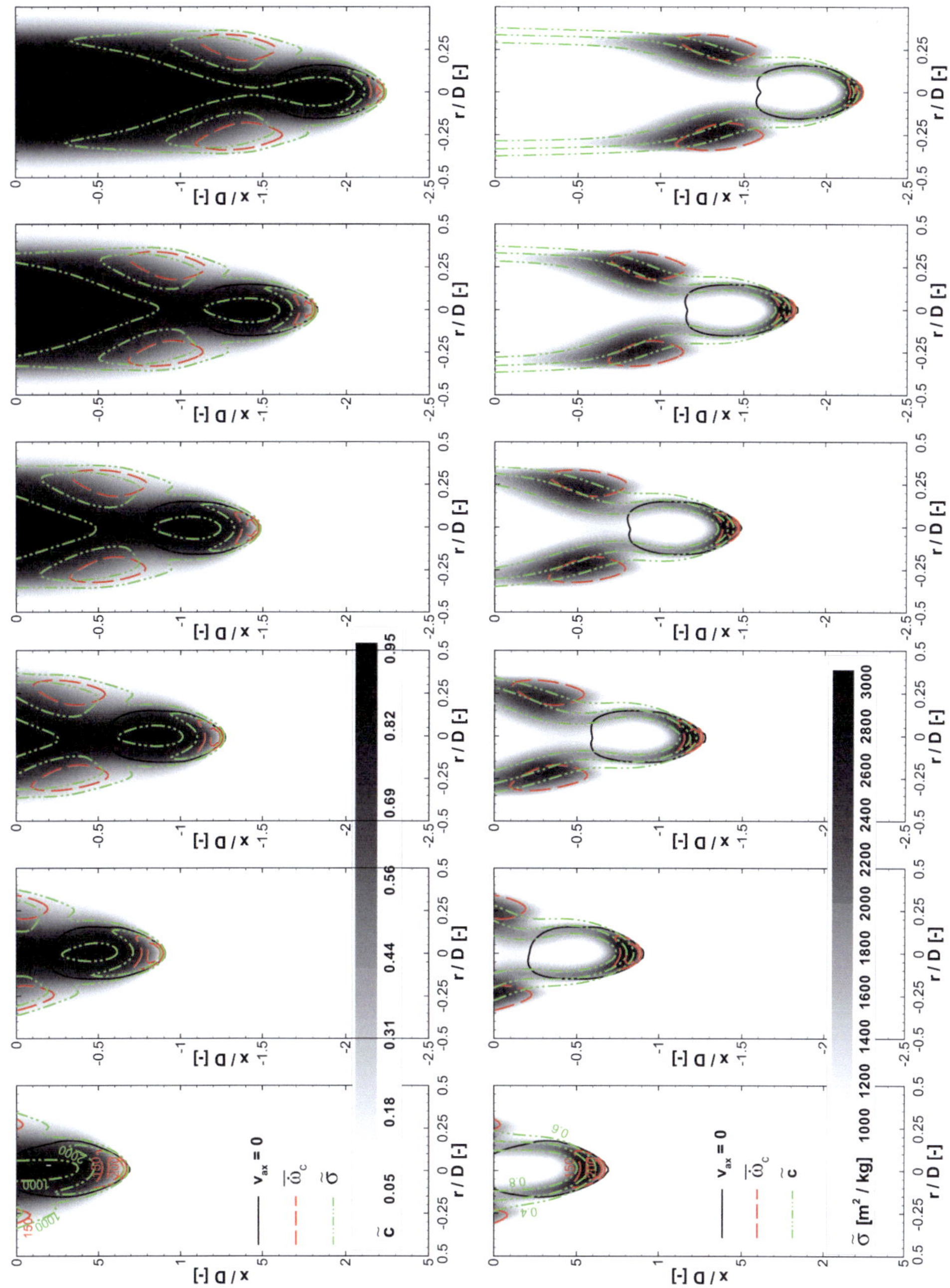


Abbildung 5.48: Detaildarstellung des numerisch simulierten Flammenrückschlags im Mischrohr: (a) Statistisch mittlere Reaktionsfortschrittsvariable, (b) Statistisch mittlere Flammenoberflächendichte

### 5.4.6 Flammenoberflächendichte und deren Quellterme während eines numerisch simulierten Flammenrückschlags

Die Beschreibung der Wirkungsweise des Flammenoberflächendichtemodells (tFSD) im Kontext der numerischen Simulationen des verbrennungsinduzierten Wirbelaufplatzens erfolgt in diesem Kapitel, zunächst anhand einer Beschreibung auf Basis zweidimensionaler Verteilungen, anschließend der Quantifizierung wegen auf Basis eindimensionaler Darstellungen.

**Zweidimensionale Verteilung**

In Abbildung 5.49(a) sind die Isolinien der entdimensionierten Flammenoberflächendichte $\Sigma^* = \Sigma \cdot \delta_l^0$ (durchgezogene, schwarze Linien) mit $\Delta\Sigma^* = 0{,}02$, die Isolinien der dimensionslosen Reaktionsrate $\overline{\dot{\omega}}_c^* = s_l/s_l^0 \cdot \Sigma \cdot \delta_l^0$ (gestrichelte, rote Linien) mit $\Delta\overline{\dot{\omega}}_c^* = 0{,}04$ zusammen mit der die Gebiete rezirkulierender Massen kennzeichnenden Isotache des Wertes $v_{ax} = 0$ (strichpunktierte, blaue Linie) über der axialen $x/D$ und radialen $r/D$ Erstreckung des Mischrohrs und des Mischrohr-Brennkammer Übergangs aufgetragen. Die Darstellungen sind von den Steichlinien (durchgezogene, graue Linien) überlagert, wodurch die momentane Strömungscharakteristik, mit der Ausbildung der Eckenwirbel und der induzierten Rezirkulationsgebiete, sowie die Strömungsgradienten insgesamt beschrieben werden. Die Darstellung zeigt den instationären Ablauf des verbrennungsinduzierten Wirbelaufplatzens anhand einzelner, zeitlich-konsekutiver Momentaufnahmen zu den entdimensionierten Zeiten $t_0$, $t_3$, $t_4$ und $t_5$.
Die Reaktionsrate ist im Bereich der abgeschnürten und entlang der Rotationsachse stromauf propagierenden Rezirkulationsblase und stromab im divergent davon verlaufenden, dem Frischgemisch zugewandten Bereich erhöhter Strömungsgradienten maximal. Die Flammenoberflächendichte korreliert mit der Reaktionsrate, erstreckt sich jedoch aufgrund konvektiver und turbulent-diffusiver Prozesse auch in davon stromab gelegene Gebiete. Die Produktions- und Senkenterme der Gleichung der Flammenoberflächendichte sind in Abbildung 5.49(b) anhand der Verteilung der dimensionslosen Streckung der Flammenoberfläche aufgrund der zeitlich mittleren Strömung $K_m^* = K_m \cdot \Sigma \left(\delta_l^0\right)^2 / s_l^0$ (durchgezogene, schwarze Linie), anhand der Verteilung der kombinierten Effekte der dimensionslosen Streckung aufgrund turbulenter Schwankungsbewegungen und der als Produktionsterm wirkenden dimensionslosen Krümmung der Flammenoberfläche $K_t^* = K_t \cdot \Sigma \left(\delta_l^0\right)^2 / s_l^0$ (strich-doppelpunktierte, blaue Linie), anhand der Verteilung der dimensionslosen Propagation $K_p^* = K_p \cdot \Sigma \left(\delta_l^0\right)^2 / s_l^0$ mit $K_p = \nabla \bullet \left(\langle \mathbf{n} s_l \rangle_s \cdot \Sigma\right)$ (gestrichelte, rote Linie) und anhand der Verteilung der als Destruktionsterm wirkenden dimensionslosen Krümmung der Flammenoberfläche $D^* = D \cdot \Sigma \left(\delta_l^0\right)^2 / s_l^0$ (strich-punktierte, grüne Linie) gezeigt. Die formelmäßige Beschreibung dieser dimensionslosen Größen ist über Gleichung (3.46) mit $K_m = \langle K_m \rangle_s$ als dem Term $(IV)$, $K_t = \langle K_t \rangle_s$ als der Summe des Terms $(V)$ und des positiv wirkenden Anteils des Terms $(VII)$, $K_p = \langle K_p \rangle_s$ als dem Term $(VI)$ und $D = \langle D \rangle_s$ als dem negativ wirkenden Anteil des Terms $(VII)$ gegeben. Die Auftragung der Isolinien ist so gewählt, dass $-0{,}2 \leq K_m^* \leq -0{,}05$ mit $\Delta K_m^* = 0{,}05$, $0{,}0 \leq K_t^* \leq 0{,}2$ mit $\Delta K_t^* = 0{,}05$, $-0{,}00036 \leq K_p^* \leq 0{,}0018$ mit $\Delta K_p^* = 0{,}00043$ und $-0{,}13 \leq D^* \leq -0{,}01$ mit $\Delta D^* = 0{,}03$ gilt.

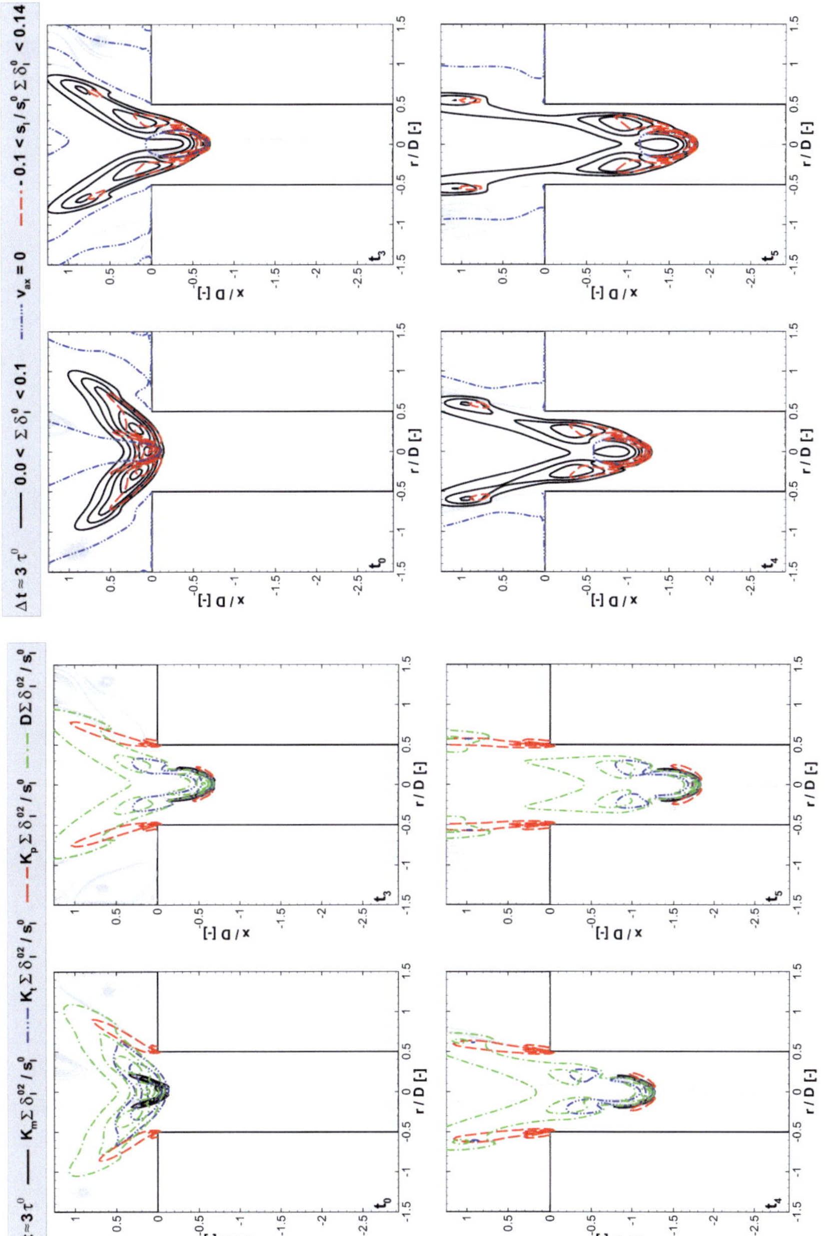

(a) Flammenoberflächendichte und Reaktionsrate

(b) Quellterme der tFSD

Abbildung 5.49: Verteilung der entdimensionierten Flammenoberflächendichte und der entdimensionierten Reaktionsrate (a)
Verteilung der entdimensionierten Quellterme der Flammenoberflächendichtegleichung (b)

Abbildung 5.49(b) lässt aufgrund der Größenordnungen der aufgetragenen dimensionslosen Terme und im Vergleich mit der in Abbildung 5.49(a) dargestellten Ausbildung der dimensionslosen Flammenoberflächendichte im Wesentlichen ein Gleichgewicht zwischen Produktion aufgrund turbulenter Schwankungsbewegungen, Destruktion und Konduktion (nicht in den Abbildungen separat dargestellt) schließen. Dies bestätigen auch die entlang der Rotationsachse des Mischrohrs während eines numerisch simulierten Flammenrückschlags extrahierten Quellterme der Flammenoberflächendichte, vgl. Abbildung 5.50.

**Eindimensionale Verteilung**

Abbildung 5.50 zeigt je Momentaufnahme im jeweils linken Teilbild die Verläufe der entdimensionierten Flammenoberflächendichte $\Sigma^* = \Sigma \cdot \delta_l^0$ (durchgezogene, schwarze Linie) und der statistisch mittleren Reaktionsfortschrittsvariablen $\tilde{c}$ (strich-doppelpunktierte, schwarze Linie) und im jeweils rechten Teilbild die Verläufe der entdimensionierten Quellterme der modellierten Transportgleichung der Flammenoberflächendichte (tFSD), jeweils aufgetragen über der entdimensionierten Axialkoordinate $x/D$ zu ausgewählten Momentaufnahmen während eines numerisch simulierten Flammenrückschlags.

Der Quellterm aufgrund der Wechselwirkung der Flamme mit dem turbulenten Strömungsfeld $S_\Sigma^* - a_t$ ist mittels blauer, durchgezogener Linie, der Quellterm aufgrund der Wechselwirkung mit dem statistisch mittleren Strömungsfeld $S_\Sigma^* - a_m$ ist mittels schwarzer, strich-doppelpunktierter Linie, der Quellterm aufgrund von Krümmungseffekten $S_\Sigma^* - \kappa$ ist mittels grüner, strich-punktierter Linie, der Quellterm aufgrund von Propagation $S_\Sigma^* - P$ ist mittels schwarzer, gestrichelter Linie gekennzeichnet und der als Summe der Einzelquellterme ermittelte Gesamtquellterm $S_{\Sigma_{tot}}^*$ ist mittels roter, gestrichelter Linie hervorgehoben. Die Position der Staupunkte ist jeweils mittels der vertikalen Linie der Isotachen $v_{ax} = 0$ kenntlich gemacht. Das Maximum der entdimensionierten Flammenoberflächendichte ist stets stromab des vorderen Staupunkts und fällt bis etwa zur Mitte der stromauf propagierenden Rezirkulationszone in einem steilen Gradienten ab. Im Bereich des zweiten Staupunkts erreicht die Flammenoberflächendichte ein zweites, jedoch deutlich kleineres Maximum und fällt stromab asymptotisch auf den Wert Null des Rauchgases ab. Die statistisch mittlere Reaktionsfortschrittsvariable wächst der Verteilung der Flammenoberflächendichte entsprechend zunächst stromab des vorderen Staupunkts steil an. Im Bereich des zweiten Staupunkts nimmt die Reaktionsfortschrittsvariable ein relatives Minimum ein und wächst stromab davon in einem degressiven Verlauf asymptotisch auf den Wert $\tilde{c} = 1$ des vollständigen Ausbrands an. Die Flammenoberflächendichte folgt dabei dem strukturellen Verlauf des Quellterms aufgrund der Wechselwirkung mit dem turbulenten Strömungsfeld $S_\Sigma^* - a_t$. Dies ist der dominierende Anteil, der hinsichtlich der Quellterme im Wesentlichen mit dem Destruktionsterm $S_\Sigma^* - \kappa$ im Gleichgewicht steht. Im Bereich des vorderen Staupunkts trägt während der Initialisierung des Flammenrückschlags ($t_0$) teilweise auch der Quellterm aufgrund der Wechselwirkung mit dem statistisch mittleren Strömungsfeld $S_\Sigma^* - a_m$ zur Ausbildung der Verteilungsfunktion der Flammenoberflächendichte bei. Letztgenannter Quellterm ist dabei aufgrund der im statistischen Mittel positiven Korrelation der Orientierungsfaktoren $\langle \mathbf{nn} \rangle_s$ zu den Gradienten des statistisch mittleren Strömungsfelds $\nabla \tilde{\mathbf{u}}$ dem Betrage nach negativ und wirkt daher auf der Seite des Destruktionsterms.

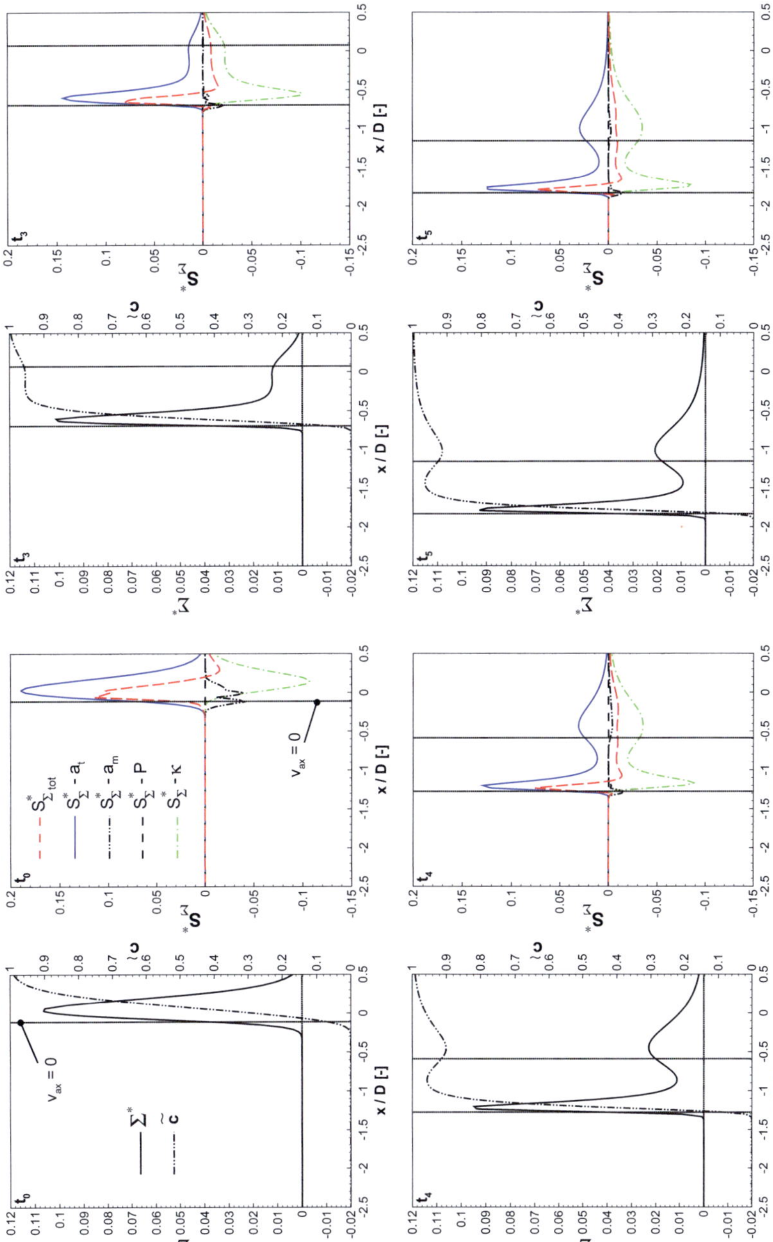


Abbildung 5.50: Profile der entdimensionierten Flammenoberflächendichte $\Sigma^*$ und deren entdimensionierten Quellterme $S_\Sigma^*$ entlang der Rotationsachse als Funktion der entdimensionierten axialen Ortskoordinaten $x/D$ als Folge von Momentaufnahmen während eines numerisch simulierten Flammenrückschlags

**Profile der Rate und der Axialgeschwindigkeit entlang der Rotationsachse**

Die Beschreibung des Flammenrückschlags als ein sich wiederholender Vorgang der Bildung eines lokalen Gebiets stark reduzierter stromab gerichteter Axialgeschwindigkeit unmittelbar stromauf der Flammenwurzel mit anschließender stromauf Propagation des aus Rezirkulationsblase und Vormischflamme bestehenden Systems erfordert, dass das Maximum der Reaktionsrate stromab des vorderen Staupunkts liegt.

Dieser Sachverhalt ist mit Abbildung 5.51 anhand des Verlaufs der entdimensionierten Axialgeschwindigkeit $v_{ax}/v_0$ (durchgezogene, schwarze Linie), anhand der statistisch mittleren Reaktionsfortschrittsvariablen $\tilde{c}$ (strichdoppelpunktierte, grüne Linie) und anhand der, mit der ebenen, ungestreckten Flammendicke $\delta_l^0$ und der dimensionslosen Flammengeschwindigkeit $s_l/s_l^0$ entdimensionierten Reaktionsrate $\dot{\omega}_c^* = s_l/s_l^0 \cdot \Sigma\, \delta_l^0$ (gestrichelte, rote Linie) gezeigt. Die als Funktion der entdimensionierten axialen Ortskoordinate $x/D$ zu unterschiedlichen Momenten eines numerisch simulierten Flammenrückschlags aufgetragenen Verläufe beschreiben die Vorgänge entlang der Rotationsachse des Mischrohrs. Die Axialgeschwindigkeit nimmt ausgehend vom Einströmrand zunächst aufgrund des recht geringen Queraustauschs nur moderat ab (vgl. Abbildungen des Kapitels 5.2). Unmittelbar stromauf der Flammenwurzel bricht die Strömung dann zusammen und bildet den vorderen Staupunkt (Nulldurchgang der Axialgeschwindigkeit).

Die Hauptreaktionszone ist durch das Maximum des Quellterms der Reaktionsfortschrittsvariablen charakterisiert und liegt während des Flammenrückschlags stromab des ersten Staupunkts, im vorderen Bereich der sich bildenden Rückströmzone, vgl. auch Abbildung 5.59.

Die zeitliche Entwicklung der axialen Geschwindigkeit und der Reaktionsrate entlang der Symmetrieachse zeigen[28] (vgl. Abbildung 5.51, Abbildung 5.59):

- Das Maximum des Reaktionsumsatzes liegt stromab des ersten Staupunkts.
- Die Strömung bricht unmittelbar stromauf des vorderen Staupunkts innerhalb eines kurzen axialen Abmaßes zusammen, was mit der Ausbildung hoher Gradienten der Strömungsgrößen verbunden ist.
- Der prinzipielle Verlauf der physikalischen Größen (Axialgeschwindigkeit, Reaktionsrate) ändert sich während des Flammenrückschlags nicht. Die Rezirkulationszone bildet mit der Reaktionsrate ein zeitlich und räumlich zueinander korreliertes System, das im statistischen Mittel gleichartig und gleichförmig stromauf propagiert.

Abbildung 5.52 verdeutlicht in einer kombinierten Darstellung (links) und in jeweils einer Einzeldarstellung (mittig, rechts) die Korrelation von entdimensionierter Flammenoberflächendichte $\Sigma^*$ und entdimensionierter Axialgeschwindigkeit $v_{ax}/v_0$ entlang der Rotationsachse des Mischrohrs $r/D = 0$ zu unterschiedlichen entdimensionierten Zeiten $t^*$ eines numerisch simulierten Flammenrückschlags. Die über der entdimensionierten axialen Koordinate $x/D$ aufgetragenen Profile der entdimensionierten Axialgeschwindigkeit sind mittels der offenen Kreise gekennzeichnet, während die Profile der entdimensionierten Flammenoberflächendichte ohne überlagerte Symbole beschrieben sind. Charakteristisch ist, dass das Maximum der Flammeno-

[28] So weit experimentell zugänglich, gleichen die beschriebenen Charakteristika aus den numerischen Simulationen dieser Arbeit den Beschreibungen der Messungen [37].

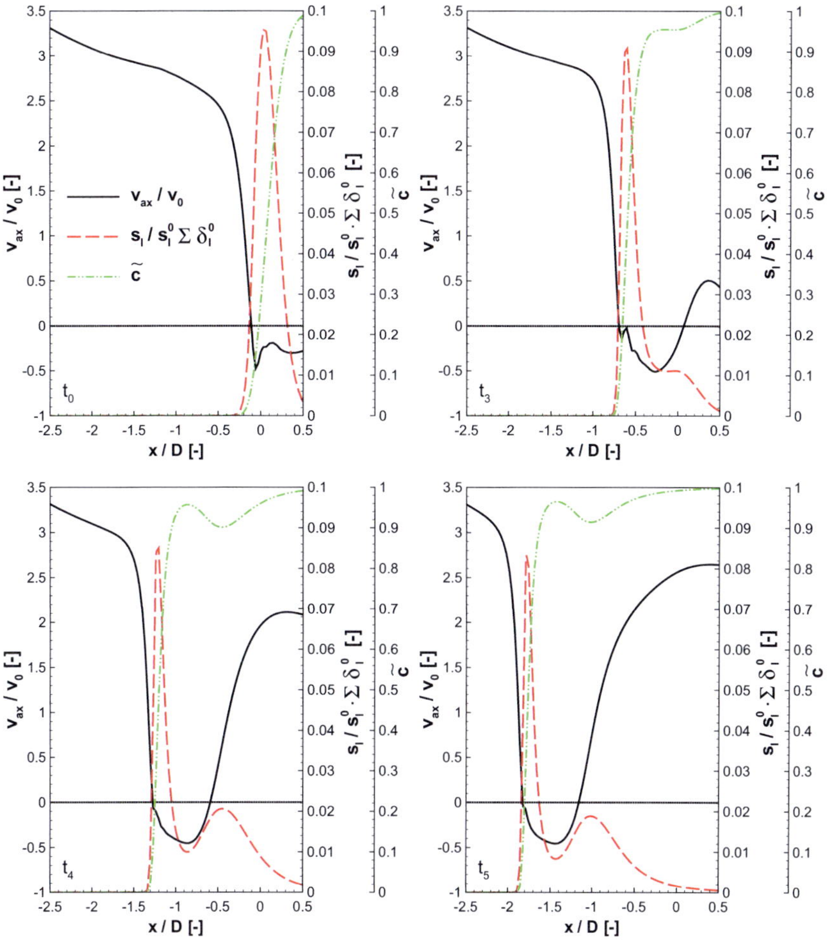


Abbildung 5.51: Verlauf von $v_{ax}/v_0$, $\tilde{c}$, $\dot{\omega}_c^* = s_l/s_l^0 \cdot \Sigma\ \delta_l^0$ als Funktion der entdimensionierten axialen Ortskoordinaten $x/D$ zu unterschiedlichen Momentaufnahmen eines numerisch simulierten Flammenrückschlags

berflächendichte stets stromab des vorderen Staupunkts liegt. Desweiteren ist der Verlauf der Flammenoberflächendichte durch einen steilen Abfall innerhalb der stromauf propagierenden Rezirkulationsblase gekennzeichnet, mit der Ausbildung eines zweiten, lokalen Maximums im Bereich des hinteren Staupunkts. Stromab davon klingt die Flammenoberflächendichte aufgrund des zunehmend wirkenden Destruktionsterms (vgl. Abbildung 5.50) ab. Diese Form des Verlaufs der Flammenoberflächendichte bleibt während des Flammenrückschlags erhalten, bei leicht abfallendem absoluten Maximum, d.h. die Profile sind ähnlich.

Der Verlauf der Axialgeschwindigkeit weist gleichfalls eine sich erhaltende, ähnliche Struktur auf. Die Axialgeschwindigkeit fällt dabei ausgehend vom Einlassrand aufgrund der Ausbildung des vorderen Staupunkts ab, durchläuft innerhalb der stromauf propagierenden Rezirkulations-

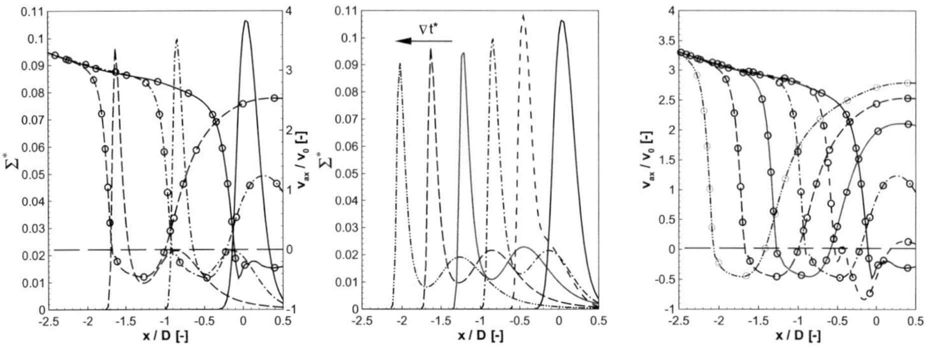


Abbildung 5.52: Kombinierte und einzelne Darstellung der entdimensionierten Flammenoberflächendichte und der entdimensionierten, mittleren Axialgeschwindigkeit

blase ein Minimum und wächst stromab des zweiten Staupunkts aufgrund des von der Wärmefreisetzung induzierten Axialimpulses asymptotisch auf den Wert der Brennkammerströmung an. Dabei bleibt die durch die beiden Staupunkte beschriebene Ausdehnung der Rezirkulationsblase unverändert und das absolute Minimum bleibt erhalten.

**Profile der Flammenoberflächendichte im Zustandsraum**

Die Verläufe der entdimensionierten Flammenoberflächendichte $\Sigma^*$ und die entdimensionierten Quellterme der Flammenoberflächendichte $S_\Sigma^*$ sind in Abbildung 5.53 als Funktion der statistisch mittleren Reaktionsfortschrittsvariablen $\tilde{c}$ und damit im Zustandsraum aufgetragen. Die im jeweils linken Teilbild dargestellten Profile entsprechen der mit der ebenen, ungestreckten Flammendicke $\delta_l^0$ entdimensionierten Flammenoberflächendichte $\Sigma^*$ (durchgezogene, schwarze Linie) und dem entdimensionierten Gesamtquellterm $S_{\Sigma,tot}^*$ (gestrichelte, rote Linie). Im je Momentaufnahme zugeordneten rechten Teilbild sind die Verläufe der einzelnen Komponenten des entdimensionierten Gesamtquellterms $S_\Sigma^*$ dargestellt; dabei handelt es sich um den dimensionslosen Quellterm aufgrund turbulenter Flammenstreckung $S_\Sigma^* - a_t$ (durchgezogene, blaue Linie), aufgrund mittlerer Flammenstreckung $S_\Sigma^* - a_m$ (strich-doppelpunktierte, schwarze Linie), aufgrund von Propagation $S_\Sigma^* - P$ (gestrichelte, schwarze Linie) und aufgrund von Krümmungseffekten $S_\Sigma^* - a_\kappa$ (strich-punktierte, grüne Linie).
Die je Momentaufnahme im jeweils rechten Teil der Abbildung 5.53 über der Reaktionsfortschrittsvariablen aufgetragenen Verläufe der Quellterme der Flammenoberflächendichte weisen im Wesentlichen ein Gleichgewicht zwischen turbulenter Streckung $S_\Sigma^* - a_t$ und turbulenter Krümmung $S_\Sigma^* - \kappa$ auf. Der Quellterm aufgrund der Streckung der Flamme durch das statistisch mittlere Strömungsfeld $S_\Sigma^* - a_m$ nimmt nach der Initialisierung des stromauf propagierens der Flamme ein Niveau an, das um zwei Größenordnungen kleiner ist, als der Term der Streckung der Flamme aufgrund des turbulenten Strömungsfelds und kleiner ist als der Term der Flammenkrümmung. Die Wechselwirkung der Vormischflamme mit der statistisch mittleren Strömung ist daher für Zeiten $t > t_0$ ohne merklichen Einfluss auf die Evolution der Flammenoberflächendichte.

Für den Propagationsterm gilt ähnliches, dieser ist jedoch abweichend zum Term aufgrund der mittleren Streckung stets um Größenordnungen kleiner als die anderen Quellterme.
Die Änderung der Flammenoberflächendichte wird aus diesem Grund von der turbulenten Flammenfrontdehnung, der Flammenfrontkrümmung und dem (nicht dargestellten) turbulenten Transportterm kontrolliert. Letzterer führt auf der Frischgasseite der Flammenfront ($\tilde{c} = 0$) zu einer Abnahme, auf der Rauchgasseite ($\tilde{c} = 1$) zu einer Zunahme der Flammenoberflächendichte. Als Folge davon verschiebt sich das Gleichgewicht von Produktion und Destruktion von Flammenoberflächendichte hin zu einem Wert des statistisch mittleren Reaktionsfortschritts von $\tilde{c} \approx 0{,}45$. Diese Verteilung bleibt aufgrund der Ähnlichkeit des Strömungsfelds während des Flammenrückschlags erhalten.

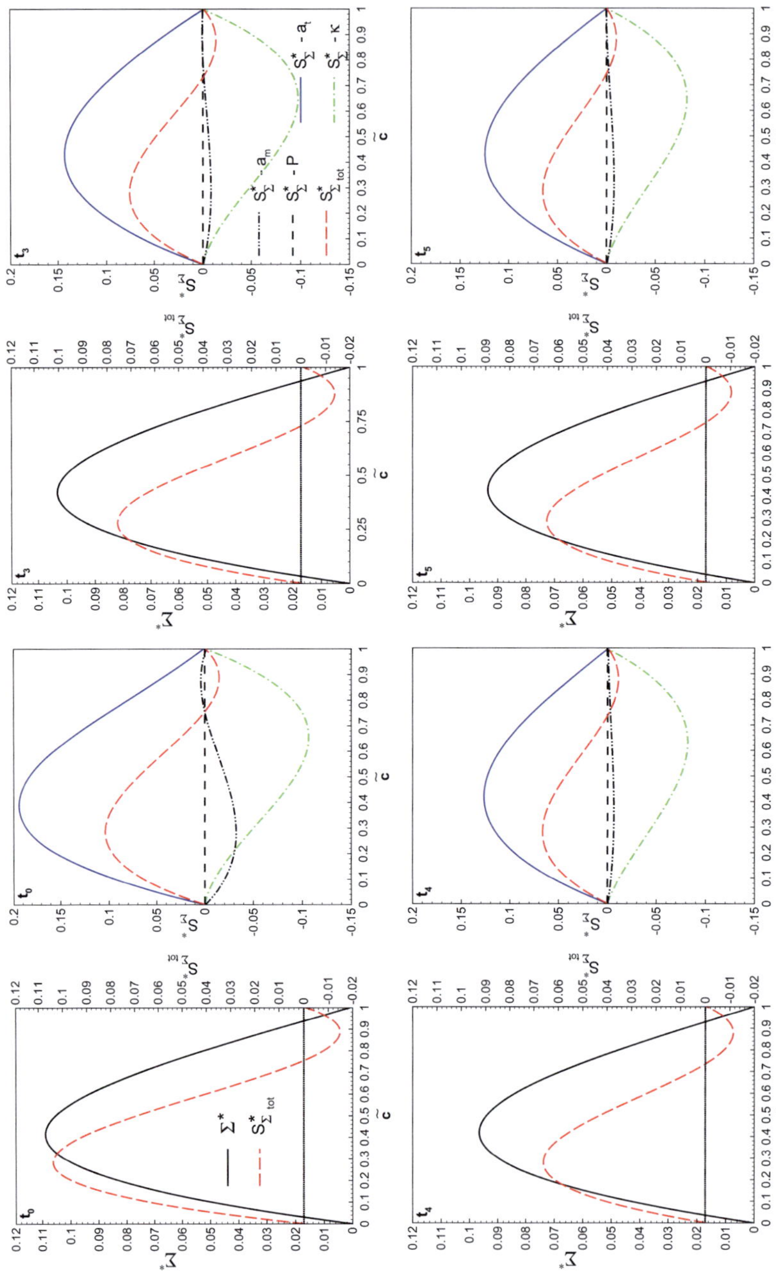


Abbildung 5.53: Entdimensionierte Flammenoberflächendichte und entdimensionierte Quellterme der Transportgleichung der Flammenoberflächendichte als Funktion der Reaktionsfortschrittsvariablen während eines numerisch simulierten Flammenrückschlags

## 5.4.7 Relative Lage von Reaktion zu Rezirkulationsblase

Dieses Kapitel geht im Detail auf die Frage ein, wie der Verlauf des Reaktionsumsatzes nach Betrag und Lage während eines numerisch simulierten Vorgangs des verbrennungsinduzierten Wirbelaufplatzens relativ zur Rezirkulationsblase ausgebildet ist.

**Reaktionsfortschritt und Rezirkulationsblase**

Abbildung 5.54 zeigt den Verlauf der entdimensionierten Axialgeschwindigkeit $v_{ax}/v_0$ (durchgezogene, schwarze Linie), der mittels der ebenen, ungestreckten Flammendicke $\delta_l^0$ und der dimensionslosen Flammengeschwindigkeit $s_l/s_l^0$ entdimensionierten Reaktionsrate $\overline{\dot{\omega}_c} = s_l/s_l^0 \cdot \overline{\Sigma}\, \delta_l^0$ (gestrichelte, rote Linie), sowie den Verlauf der statistisch mittleren Reaktionsfortschrittsvariable $\tilde{c}$ (strichdoppelpunktierte, grüne Linie) entlang der Rotationsachse des Mischrohrs als Funktion der dimensionslosen axialen Ortskoordinate $x/D$ zu zwei ausgewählten Momentaufnahmen während eines numerisch simulierten Flammenrückschlags:

(a) zu einem Zustand unmittelbar nach Initialisierung des Flammenrückschlags

(b) zu einem Zustand während des stromauf propagierens: Abgeschnürte Rezirkulationsblase vollständig im Mischrohr

Die Abbildungen zeigen, dass die Reaktionsrate bereits unmittelbar stromauf des vorderen Staupunkts einsetzt, was auf die Stoff- und Wärmediffusion zurückzuführen ist (vgl. auch Abbildung 5.58). Dies ist in Abbildung 5.55 anhand sukzessiv vergrößerter Darstellung des Bereichs

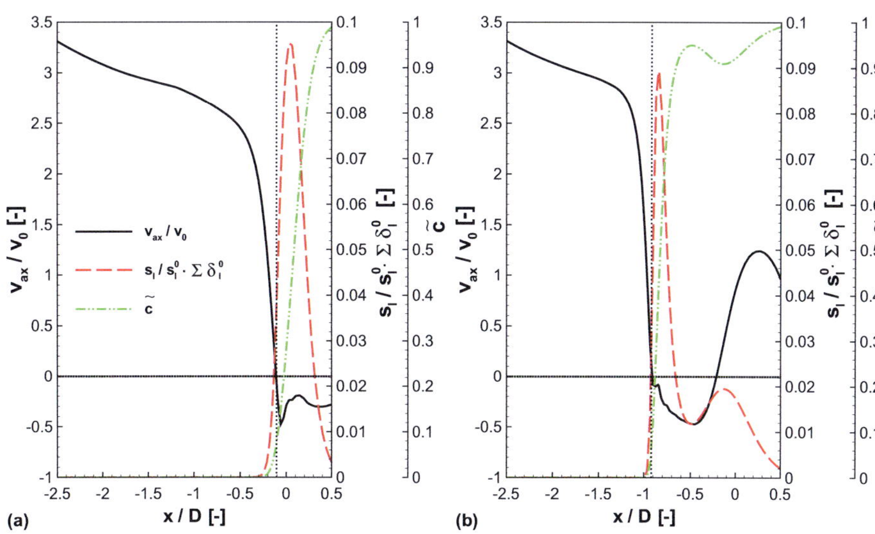


Abbildung 5.54: Verlauf von $v_{ax}/v_0$, $\tilde{c}$, $\dot{\omega}_c^* = s_l/s_l^0 \cdot \Sigma\, \delta_l^0$ als Funktion der entdimensionierten axialen Ortskoordinaten $x/D$ zu zwei ausgewählten Zeipunkten während eines numerisch simulierten Flammenrückschlags

um den stromauf gelegenen Staupunkt verdeutlicht. Ausgangspunkt hierfür ist die Momentaufnahme (b) der Abbildung 5.54. Das dargestellte Konturbild entspricht dabei dem Linienplot maximaler Vergrößerung und verdeutlicht die relativen Verhältnisse im Zweidimensionalen. Zusätzlich ist dem Konturbild das zugrunde liegende Rechennetz überlagert (weiß-graue Linien), welches die Größenordnung der maximalen Gradientenauflösung bestimmt. Mit Abbildung 5.55 wird deutlich, dass unmittelbar stromauf des vorderen Staupunkts der statistisch mittlere Reaktionsfortschritt Werte zwischen $0 \leq \tilde{c} \leq 0{,}05$ und die statistisch mittlere Reaktionsrate Werte zwischen $0 \leq \overline{\dot{\omega}_c^*} = s_l/s_l^0 \cdot \Sigma \cdot \delta_l^0 \leq 0{,}04$ einnehmen. Diese Größenordnungen sind mit diffusiven Prozessen verbunden, wie für die (turbulent aufgedickte) Vorwärmzone charakteristisch, vgl. Abbildung 5.1. Modellseitig wird der Wärme- und Stofftransport durch die Beschreibung der statistisch mittleren Reaktionsfortschrittsvariablen und der statistisch mittleren Flammenoberflächendichte auf Basis einer Transportgleichung berücksichtigt.
Das Maximum der Flammenoberflächendichte und damit das Maximum der Reaktionsrate sind stromab des vorderen Staupunkts gelegen, in Bereichen mäßiger statistisch mittlerer Streckungsraten und reduzierter mittlerer Axialgeschwindigkeiten. Davon ausgehend, sind die Verläufe der statistisch mittleren Flammenoberflächendichte und der statistisch mittleren Reaktionsfortschrittsvariablen in Richtung stromauf abnehmend, weshalb die Diffusion als Prozess entgegen der Richtung des Gradientens der mittleren Größe stromauf gerichtet ist, vgl. Abbildung 5.58. Neben den beschriebenen diffusiven Vorgängen ist der Bereich stromauf des Stagnationspunkts gleichfalls maßgebend durch konkurrierende Prozesse der Generierung und Destruktion der Flammenoberflächendichte gekennzeichnet. Grund hierfür sind die sich wegen des Strömungszusammenbruchs ausbildenden Gradienten der Feldgrößen. Modellseitig werden die beschriebenen Vorgänge über die

- (turbulente) Diffusion
- Bildungsterme des Verbrennungsmodells
- Destruktionsterme des Verbrennungmodells

bestimmt. Die Diffusion ist dabei über die statistisch mittlere Reaktionsfortschrittsvariable auch für die Enthalpiegleichung und damit für die Temperatur gültig und auf den Transport der Reaktionswärme zurückzuführen.

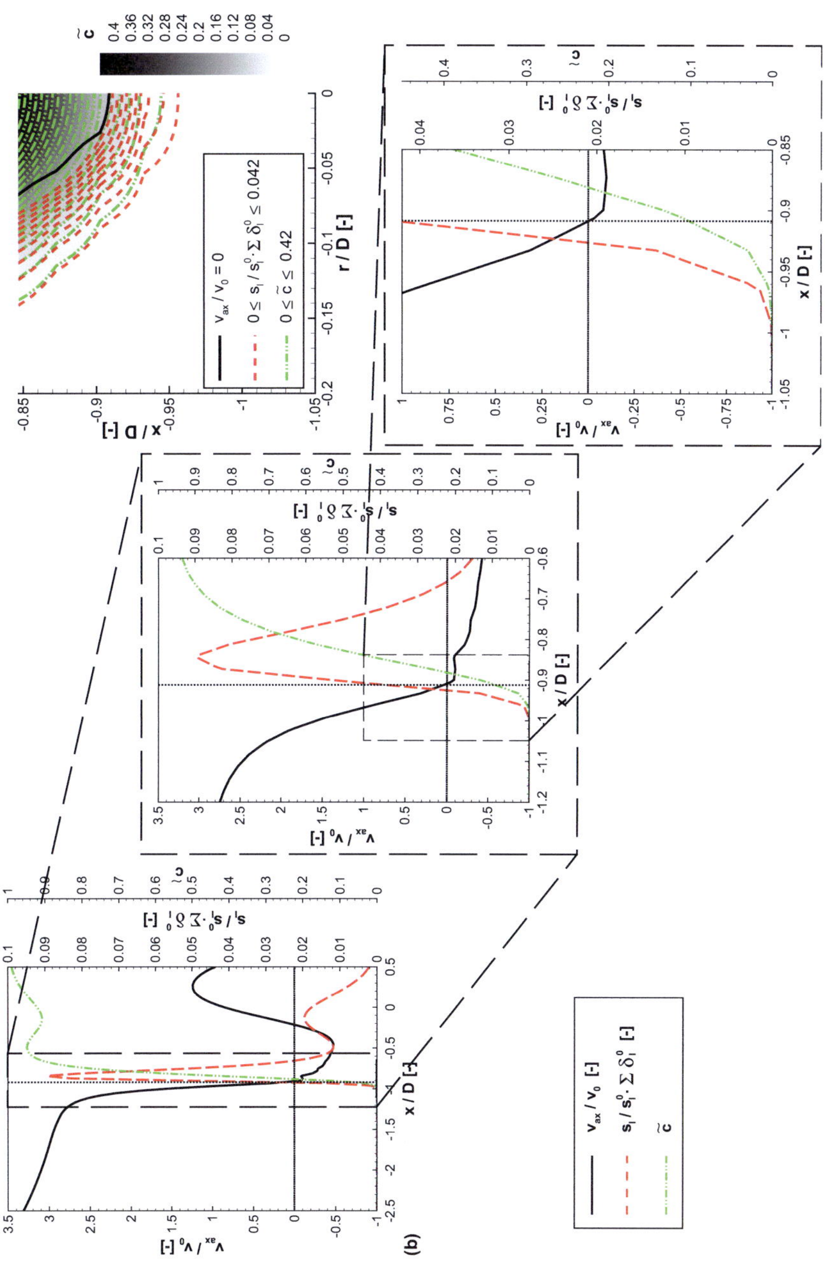


Abbildung 5.55: Verdeutlichung des Verlaufs der Reaktion relativ zur abgeschnürten Rezirkulationsblase anhand einer Momentaufnahme während eines numerisch simulierten Flammenrückschlags

**Reaktionsfortschritt und Rezirkulationsblase: Relative Lage-Zeit Diagramm**

Abbildung 5.56 zeigt den Verlauf der relativen Lage der statistisch mittleren Reaktionszone zum stromauf gelegenen Staupunkt auf der Rotationsachse der Konfiguration über der mit $\tau_0 = \delta_l^0 / s_l^0$ entdimensionierten Zeit während eines numerisch simulierten Flammenrückschlags aufgetragen.

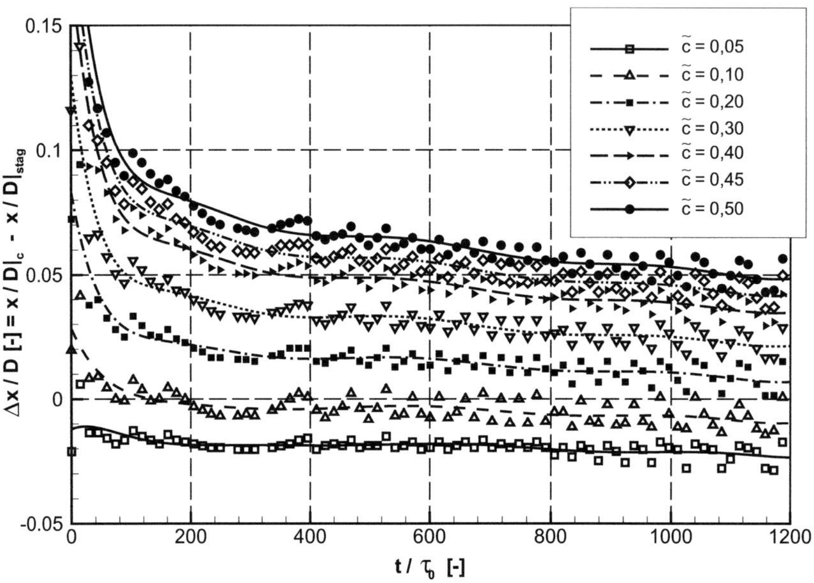


Abbildung 5.56: Relativer axialer Abstand entlang der Rotationsachse zwischen statistisch mittlerem Reaktionsfortschritt und vorderem Staupunkt während eines numerisch simulierten Flammenrückschlags

Der Relativabstand ist dabei über

$$\Delta x/D = x/D|_c - x/D|_{stag} \tag{5.49}$$

bestimmt. Der Index $c$ steht hierbei für einen konstanten Wert der statistisch mittleren Reaktionsfortschrittsvariablen (s. Legende) und der Index $stag$ für den stromauf gelegenen Stagnationspunkt (Staupunkt), der entlang der Rotationsachse mit $v_{ax} = 0$ beschrieben ist. Der Definition entsprechend sind Isolinien der Reaktionsfortschrittsvariablen $\tilde{c} = konstant$ stromauf (stromab) der Rezirkulationsblase gelegen, wenn $\Delta x/D < 0$ ($\Delta x/D > 0$) ist. Die Linien entsprechen Ausgleichskurven der als einzelne Symbole charakterisierten Momentaufnahmen.

Nach einem Abfall um den Initilisierungsprozess bleibt der Relativabstand unabhängig vom betrachteten Niveau der Isolinie konstanten Reaktionsfortschritts näherungsweise konstant. Dieser Abfall erfolgt dabei mit wachsendem Reaktionsfortschritt steiler, was den Vorgang der Abschnürung der ursprünglich zusammenhängenden Rezirkulationsblase beschreibt. Die Reaktionszone, wie sie entsprechend der numerischen Simulationen der stationär-laminaren Gegenstromvormischflammen (vgl. Abbildung 5.1) für Werte des Reaktionsfortschritts $c >> 0{,}25$ beschrieben ist, liegt dabei während des numerisch simulierten Flammenrückschlags stets stromab des vorderen Staupunkts. Einzig Werte der Reaktionsfortschrittsvariablen $\tilde{c} \leq 0{,}1$ sind stromauf des Staupunkts lokalisiert. Entsprechend der Theorie laminarer Flamelets und entsprechend der numerischen Simulationen der laminar-stationären Gegenstromvormischflammen, handelt es sich hierbei um die (turbulent aufgedickte) Vorwärmzone, welche vorwiegend durch konvektive und diffusive Vorgänge beschrieben ist, vgl. Abbildung 5.1.

**Einfluss turbulenter Diffusion**

Die statistisch mittlere Reaktionsfortschrittsvariable ($\tilde{c}$, links) und deren wesentliche Gradienten (radialer Gradient $\nabla_r \tilde{c}$ (mittig), axialer Gradient $\nabla_{ax} \tilde{c}$ (rechts)) sind in Abbildung 5.57 als Konturbild mit überlagerten Isolinien (schwarze, gestrichelte Linien) und überlagerter Rezirkulationsblase (rote, durchgezogene Linie) zu einer Momentaufnahme während fortgeschrittener numerisch simulierter stromauf Propagation dargestellt.

Entsprechend der Lage der Hauptreaktionszone (vgl. beispielsweise Abbildung 5.48) und der Verteilung der statistisch mittleren Reaktionsfortschrittsvariablen, ist der Bereich um den stromauf gelegenen Staupunkt über einen Gradienten in axialer Richtung gekennzeichnet, wohingegen die Bereiche entlang der Flanken der Einhüllenden der Rezirkulationsblase durch einen radial auswärts gerichteten Gradienten geprägt sind.

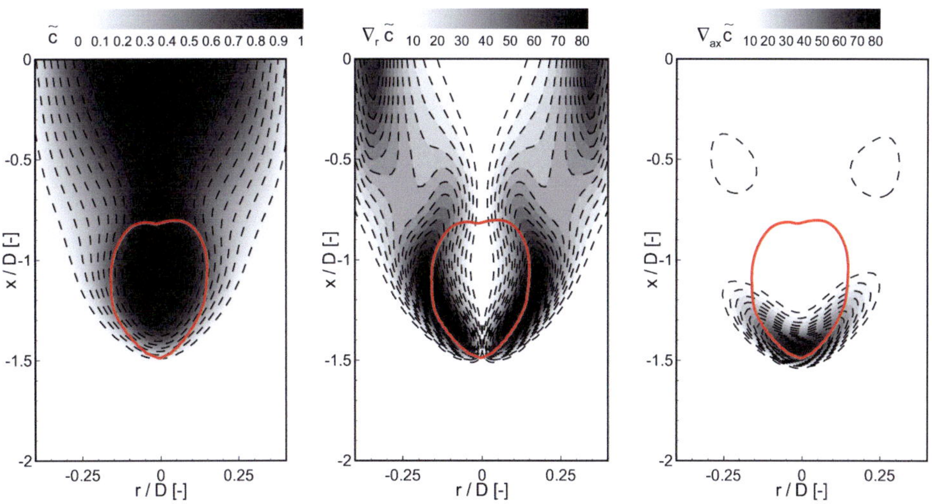


Abbildung 5.57: Reaktionsfortschrittsvariable $\tilde{c}$ und Gradienten der Reaktionsfortschrittsvariablen $\nabla\tilde{c}$

Der Lage und Verteilung der Gradienten entsprechend bildet sich die turbulente Diffusion

$$\frac{\mu_t}{Sc_c}\,\Delta\tilde{c} = \frac{\mu_t}{Sc_c}\,\frac{\partial^2\tilde{c}}{\partial x_i^2} \tag{5.50}$$

um den Bereich des stromauf gelegenen Staupunkts und entlang der Flanken der Einhüllenden der Rezirkulationsblase, wie dies in Abbildung 5.58 anhand eines Konturbilds zu einer der Ab-

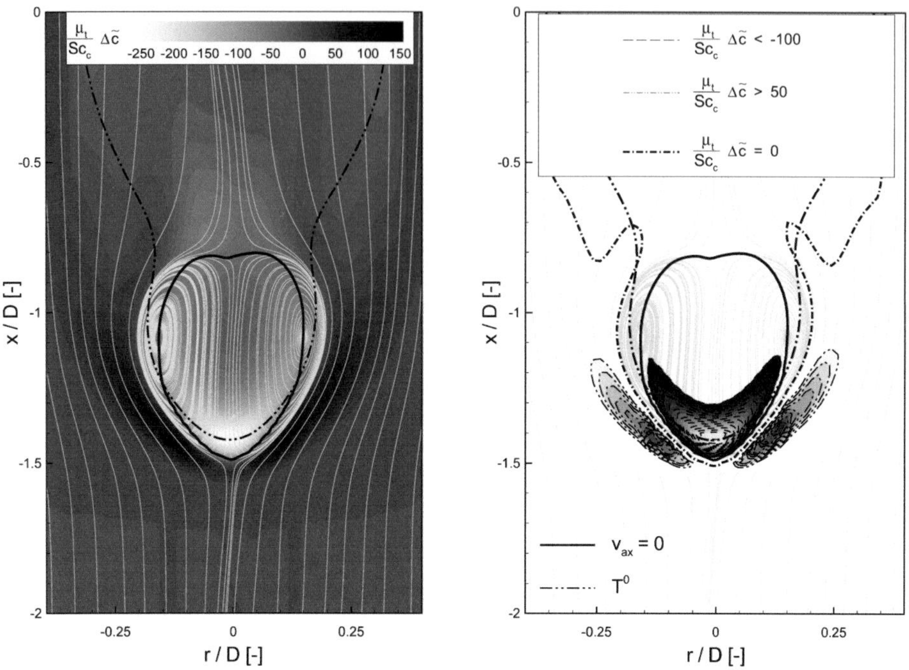


Abbildung 5.58: Turbulente Diffusion der Reaktionsfortschrittsvariablen

bildung 5.57 entsprechenden Momentaufnahme gezeigt ist. Während das linke Teilbild als Konturdarstellung den Wertebereich $-250 \leq \mu_t/Sc_c\,\Delta\tilde{c} \leq 150$ überspannt, entspricht der rechtseitigen Darstellung ein ausgewählter Bereich, der sich mittig, innerhalb der Rezirkulationsblase auf $50 \leq \mu_t/Sc_c\,\Delta\tilde{c} \leq 150$ begrenzt (gestrichelte Linien) und an den stromauf gelegenen Seiten außerhalb der Rezirkulationsblase auf einen Wertebereich von $-250 \leq \mu_t/Sc_c\,\Delta\tilde{c} \leq -100$ begrenzt (strich-doppelpunktierte Linien). Die Rezirkulationszone ist mittels der Isotachen $v_{ax} = 0$ (durchgezogene, schwarze Linie) und die Hauptreaktionszone ist mittels des Verlaufs der Inner-Layer Temperatur $T^0$ (strich-doppelpunktierte, schwarze Linie) beschrieben[29]. Der Strömungsverlauf ist durch die überlagerten Streichlinien (durchgezogene, graue Linien) charakterisiert.

Der turbulente Transport erfolgt im Wesentlichen entlang der Kontur der stromauf propagierenden Rezirkulationsblase im Bereich des vorderen Staupunkts. Ausgehend von der entdimensionierten Gleichung der modellierten Reaktionsfortschrittsvariablen (vgl. Anhangskapitel A.15) kann das Gleichgewicht

$$\frac{D\left(\bar{\rho}\tilde{c}\right)}{Dt} = \frac{\partial}{\partial x_i}\left(\frac{\mu_t}{Sc_{c,t}}\right)\frac{\partial \tilde{c}}{\partial x_i} + \overline{\dot{\omega}_c} \qquad (5.51)$$

formuliert werden. Demnach wirkt ein positiver (negativer) Diffusionsterm lokal in (entgegen der) Richtung des Quellterms. Anders ausgedrückt führt ein negativer Diffusionsterm lokal zu

[29]Der statistisch mittlere Ort der Inner-Layer Temperatur $T^0$ fällt in guter Näherung mit der Lage der statistisch mittleren Reaktionsfortschrittsvariablen des Wertes $\tilde{c} = 0{,}45$ zusammen, vgl. beispielsweise Abbildung 5.51.

einem Abtransport von teilreagierter Spezies und Wärme in die Umgebung. Umgekehrtes gilt für positive Werte, die zu einer lokalen Akkumulation von teilreagierter Spezies und von Wärme führt.
Die Krümmung der Streichlinien ist in der Umgebung des stromauf gelegenen Staupunkts maximal, was die Umorientierung und Streckung der Wirbelfäden und damit einhergehend die Induktion stromauf gerichteter Axialgeschwindigkeit einerseits und die Produktion von Flammenoberfläche andererseits begründet. Der Austausch des Frischgemischs und des teilreagierten Gemischs erfolgt infolge der Geschwindigkeitsinduktion durch Verschiebung des Staupunkts stromauf und durch den turbulenten Transport entlang der Rezirkulationsblase. Innerhalb des Rückströmgebiets erfolgt ein axialer Austausch reagierender Massen zusätzlich aufgrund des konvektiven Transports des torusförmigen Wirbels (vgl. Abbildung 5.84).
Diese Prozesse sind der Grund für die Stabilisierung der Flamme innerhalb der Rezirkulationsblase, der ohne den überlagerten (turbulent) diffusiven und (turbulent) konvektiven Transport nicht möglich wäre. Die Wärmefreisetzung des Reaktionsumsatzes trägt umgekehrt zur Stabilisierung der Rezirkulationsblase bei und zwar in dem Sinn, als dass die Wärmefreisetzung die stromauf des Staupunkts initialisierte Expansion der Wirbelfäden begünstigt.

### 5.4.8 Zeitfolge der stromauf Propagation

Abbildung 5.59 zeigt den numerisch simulierten Vorgang des verbrennungsinduzierten Wirbelaufplatzens als Ort-Zeit-Diagramm, mit der entdimensionierten Ortskoordinaten $x/D$ und der mit $\tau_0 = \delta_l^0/s_l^0$ entdimensionierten Zeit. Dargestellt sind die Isotache $v_{ax} = 0$ (schwarze, durchgezogene Linie) des vorderen Staupunkts und die mittels $\tilde{c} = 0{,}45$ (grüne, gestrichelte Linie) charakterisierte Hauptreaktionszone, extrahiert entlang der Rotationsachse $r/D = 0$.
Zur besseren Einordnung sind im oberen Teil der Abbildung die Verläufe im Zweidimensionalen für die ausgewählten Momentaufnahmen $t/\tau_0 = 0$, $t/\tau_0 = 44$, $t/\tau_0 = 250$ und $t/\tau_0 = 484$ dargestellt. Die Propagationsgeschwindigkeit ist über weite Bereiche näherungsweise konstant und nimmt zum Einlassrand hin aufgrund der Wirkung der Randbedingungen asymptotisch ab. Verläufe dieser Art sind unter anderem in [113] zu finden, welche auch experimentell detektiert wurden [62].
Weiterhin wird deutlich, dass die Hauptreaktionszone während des gesamten Vorgangs des numerisch simulierten verbrennungsinduzierten Wirbelaufplatzens stromab des vorderen Staupunkts liegt, mit einem näherungsweise konstanten Relativabstand, vgl. Abbildung 5.56.

### 5.4.9 Mechanismen zur Initialisierung des Flammenrückschlags

Das verbrennungsinduzierte Wirbelaufplatzen wird durch das Abschnüren einer kleinen Rezirkulationsblase eingeleitet (vgl. Kapitel 5.4.5), an der sich die Vormischflamme stabilisiert. Die Bildung eines (vorderen) Staupunkts im Bereich der Rotationsachse ist daher notwendige Bedingung für die Einleitung des untersuchten Flammenrückschlags. Die Bildung negativer azimutaler Wirbelstärke (kritischen Betrags) ist ganz analog zu den Überlegungen zum isothermen Wirbelaufplatzen (vgl. Kapitel 5.2.1 und Kapitel 5.2.2) auch für das verbrennungsinduzierte Wir-

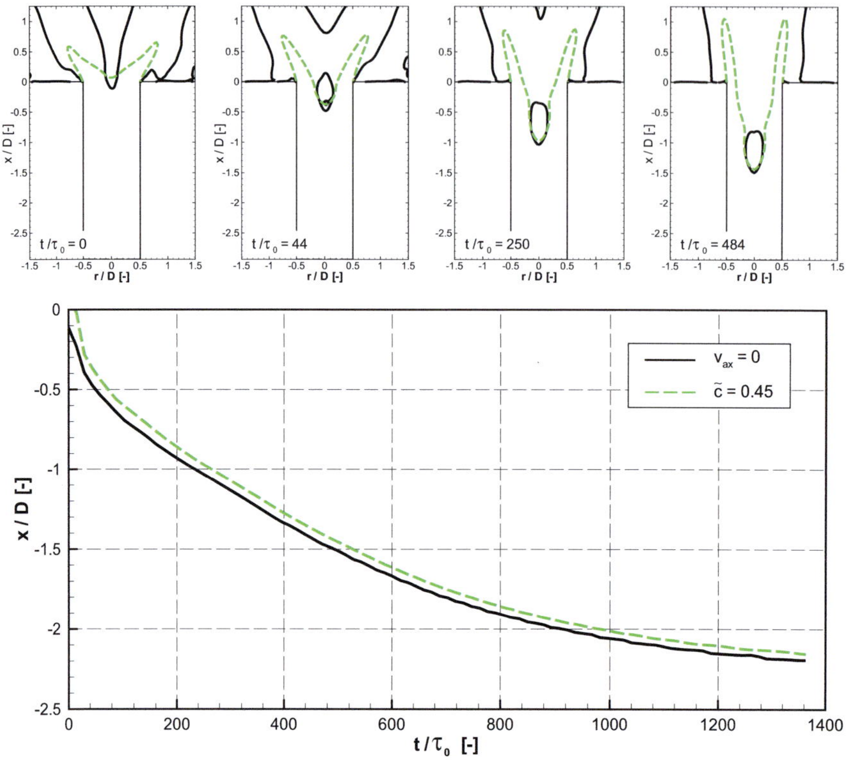


Abbildung 5.59: Verlauf der stromauf Propagation entlang der Rotationsachse der Brennkammer: Vormischflamme charakerisiert mittels der Hauptreaktionszone $\tilde{c} = 0{,}45$ und Rezirkulationsblase charakterisiert mittels $v_{ax} = 0$

belaufplatzen die hinreichende Bedingung[30] für die Bildung eines (lokalen) Rückströmgebiets, wie durch Gleichung (5.31) und gemäß des Biot-Savart Gesetzes nach Gleichung (2.66) mathematisch formuliert. Die notwendige Bedingung ist im Unterschied zum isothermen Mechanismus allerdings nicht mehr die geometrisch induzierte, sondern die mit der Rezirkulationsblase verbundene Expansion der axialen Wirbelröhren. Die Analyse der Ursachen und Wirkungen des verbrennungsinduzierten Wirbelaufplatzens ist daher an die Entwicklung azimutaler Wirbelstärke gekoppelt.

[30]Zur Begrifflichkeit *notwendig* und *hinreichend* im Zusammenhang des numerisch simulierten verbrennungsinduzierten Wirbelaufplatzens:
Als *notwendiges* Kriterium wird ein Kriterium verstanden, das erfüllt ist, wenn ein verbrennungsinduziertes Wirbelaufplatzen eintritt. Als *hinreichendes* Kriterium wird ein Kriterium verstanden, das ursächlich für das verbrennungsinduzierte Wirbelaufplatzen ist. Gemäß dieser Definition ist beispielsweise die Rezirkulationsblase ein notwendiges Kriterium des verbrennungsinduzierten Wirbelaufplatzens, aber nicht ursächlich, daher auch nicht hinreichend. Die Bildung negativer azimutaler Wirbelstärke ist hingegen ursächlich und damit ein hinreichendes Kriterium.

**Entwicklung der Wirbelstärke**

Abbildung 5.60 zeigt im oberen Konturbild die Verteilung und Größenordnung der entdimensionierten, azimutal wirkenden Wirbelstärken als Konturbild mit beschränktem Wertebereich $-25 \leq \omega_{\varphi}^{*} \leq -5$, im unteren Konturbild die entdimensionierte axiale Wirbelstärke mit beschränktem Wertebereich $125 \leq \omega_{ax}^{*} \leq 5$, jeweils überlagert von der Isotachen des Wertes $v_{ax} = 0$ (schwarze, durchgezogene Linien). Ebenfalls beiden Konturbildern sind die jeweils eingezeichneten Wirbelröhren (graue, durchgezogene Linie) gemeinsam. In der untersten Reihe sind als Linienplot die entdimensionierten Wirbelstärken entlang der, mit der maximalen Länge entdimensionierten Strecken der Wirbelröhren $s/s_{max}$ aufgetragen. Dabei ist die zirkumferentielle Wirbelstärke mittels der gestrichelten, roten Linie (Symbol: Quadrat) gekennzeichnet, die radiale Wirbelstärke mittels schwarzer, strich-doppelpunktierter Linie und die axiale Wirbelstärke ist mittels blauer, durchgezogener Linie beschrieben. Die Einzeldarstellungen entsprechen Momentaufnahmen zum Initialisierungsvorgang, $t_0$-$t_2$.
Die axiale Wirbelstärke nimmt ausgehend vom Einlassrand stromab aufgrund diffusiver Prozesse auf einen in der Folge (näherungsweise) konstanten Wert ab. Davon ausgehend wird die axiale Wirbelstärke im Bereich des vorderen Staupunkts der Rezirkulationsblase aufgrund der Auslenkung in vorwiegend zirkumferentielle Wirbelstärke umgelagert. Wegen der auf kurzem axialen Abstand erfolgenden Umlenkung der Wirbelfäden, sind die Gradienten groß. Die radiale Wirbelstärke steigt wegen der Auslenkung der Wirbelfäden im Bereich des vorderen Staupunkts an, bleibt aber durchweg auf niedrigem Niveau.

**Generelle Beschreibung des Initialisierungsvorgangs**

Abbildung 5.61 und Abbildung 5.62 zeigen die Verteilung und die Größenordnung der Quellterme der Wirbeltransportgleichung (2.49) zu drei aufeinander folgenden, den Initialisierungsvorgang des Flammenrückschlags beschreibenden Momentaufnahmen. Die als durchgezogene, schwarze Linie dargestellte Isotache der Axialgeschwindigkeit des Wertes $v_{ax} = 0$ kennzeichnet das Rückströmgebiet und die strich-doppelpunktierten, grünen Linien sind Isolinien der statistisch mittleren Reaktionsfortschrittsvariablen $\tilde{c}$. Das Rezirkulationsgebiet ist zum Zeitpunkt $t_0$ (linkes Bild) zusammenhängend und im Übergangsbereich von Mischrohr zu Brennkammer positioniert. Die Form des Rückströmgebiets ist grundsätzlich charakteristisch für das blasenförmige Wirbelaufplatzen (z.B. [10]). Dabei ist der stromauf gelegene Teil der Rezirkulationszone aufgrund des Geschwindigkeitsprofils (Geschwindigkeitsüberhöhung) im Bereich der Rotationsachse in die Länge gezogen. Dieses Merkmal des Rückströmgebiets wurde auch messtechnisch detektiert [37] und ist ein dem verbrennungsinduzierten Wirbelaufplatzen zugrunde liegendes Merkmal. Zum Zeitpunkt $t_1$ (mittleres Bild) schnürt sich die Rezirkulationszone im Bereich der Reaktionsfortschrittsvariablen $\tilde{c} \approx 0{,}8$ ein und bildet eine trichterförmige Gestalt. Die mittlere Lage der Isotachen hat sich dabei leicht in das Mischrohr hinein bewegt $x/D \approx -0{,}2$. Zum Zeitpunkt $t_2$ (rechtes Bild) hat sich eine kleine Rezirkulationsblase von dem ehemals zusammenhängenden Gebiet vollständig abgetrennt und propagiert stromauf in das Mischrohr. Die mittels der Reaktionsfortschrittsvariablen gekennzeichnete Flamme stabilisiert sich dabei an der abgeschnürten Blase. Die Strömung außerhalb des Bereichs der Rückströmblase wird nach außen auf kleineren Querschnitt verdrängt und dadurch axial beschleunigt, was dazu beiträgt, dass ein Brennen des Gemischs im äußeren Radiusbereich unterbunden wird.

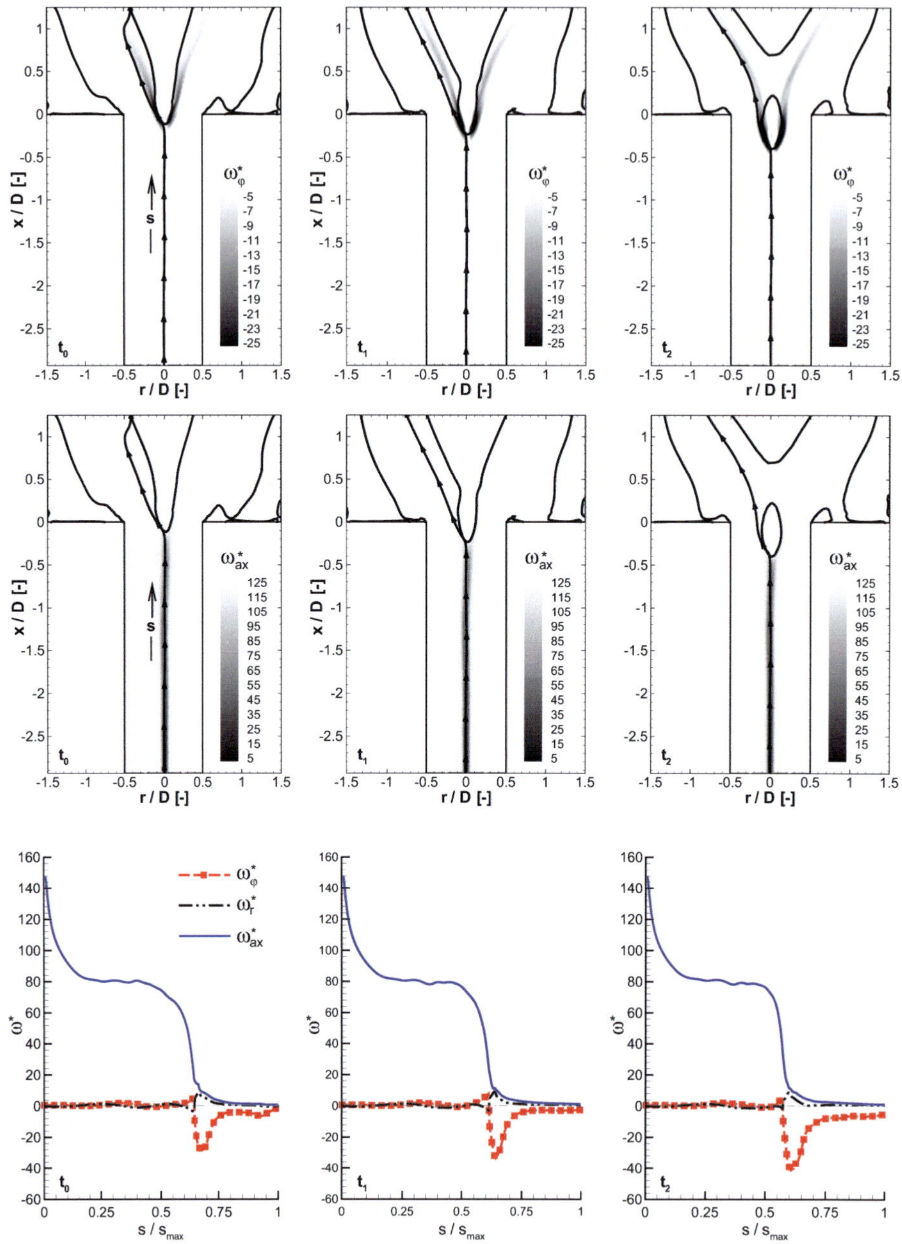


Abbildung 5.60: Verteilung der entdimensionierten Wirbelstärken $\omega^*$ während des Initialisierungsvorgangs eines numerisch simulierten Vorgangs des verbrennungsinduzierten Wirbelaufplatzens

**Quellterm azimutaler Wirbelstärke: Barokline Moment**

Abbildung 5.61 zeigt die Verteilung des Quellterms der azimutalen Wirbelstärke aufgrund des baroklinen Moments $\dot{\omega}_{\varphi}^{Baro} = \frac{1}{\rho^2}(\nabla\rho \times \nabla p)\Big|_{\varphi}$ (vgl. Gleichung (2.51)) im oberen Bildabschnitt und die für die Bildung des baroklinen Anteils maßgebliche Verteilung und Orientierung des Drucks $p$ anhand von Isobaren und der Dichte $\rho$ anhand von Isodensen im unteren Bildabschnitt zu den, den Initialisierungsprozess des verbrennungsinduzierten Wirbelaufplatzens beschreibenden dimensionslosen Zeiten $t_0, t_1$ und $t_2$. Die Abbildung zeigt die Isobaren $-300 \leq p \leq 2100$ mit $\Delta p = 41$ (unten, blaue gestrichelte Linie) und die Isodensen $0{,}15 \leq \rho \leq 0{,}75$ mit $\Delta\rho = 0{,}05$ (unten, rote strichpunktierte Linie) vor dem Abschnüren und dem stromauf Propagieren der Flamme ($t_0$, links) zum Zeitpunkt der Einschnürung der zusammenhängenden Rezirkulationszone ($t_1$, mittig) und unmittelbar nach Abschnürung und zum Beginn der stromauf Propagation der Rezirkulationsblase ($t_2$, rechts). Negative azimutale Wirbelstärke aufgrund des baroklinen Moments $-600000 \leq \dot{\omega}_{\varphi}^{Baro} \leq -400000$ mit $\Delta\dot{\omega}_{\varphi}^{Baro} = -100000$ ist im oberen Bildabschnitt mittels blauer, gestrichelter Linie und positive Werte des baroklinen Moments $400000 \leq \dot{\omega}_{\varphi}^{Baro} \leq 600000$ mit $\Delta\dot{\omega}_{\varphi}^{Baro} = 100000$ sind mittels roter, strichpunktierter Linie kenntlich gemacht. Die Rezirkulationsbereiche sind mittels der Isotachen des Wertes $v_{ax} = 0$ und die mittlere Lage der Flamme mittels der Isolinien konstanter statistisch mittlerer Reaktionsfortschrittsvariablen $0{,}2 \leq \tilde{c} \leq 0{,}8$ mit $\Delta\tilde{c} = 0{,}2$ (strichdoppelpunktierte, grüne Linie) gekennzeichnet. Das barokline Moment ist dabei entlang der Einhüllenden der Rückströmblase orientiert, was auf die von der Wärmefreisetzung des Reaktionsumsatzes bedingten Dichtegradienten zurückzuführen ist. Da der Druckgradient im Wesentlichen stromauf des vorderen Staupunkts ausgebildet ist (vgl. Abbildung 5.65 und Abbildung 5.66), ist die Korrelation der Gradienten von Dichte und Druck während des numerisch simulierten Flammenrückschlags insbesondere im Bereich um den stromauf gelegenen Staupunkt stets gering.

Der überwiegende Anteil des baroklinen Moments ist im Bereich der Rezirkulationszone negativen Wertes und wirkt damit im Sinne der induzierten stromauf gerichteten Geschwindigkeit (vgl. Gleichung (2.66) und Gleichung (5.31)) als Quelle für die dafür notwendige Generierung negativer azimutaler Wirbelstärke. Der Beitrag des baroklinen Moments zur negativen azimutalen Wirbelstärke ist jedoch von untergeordneter Bedeutung; im Bereich des vorderen Staupunkts der Rezirkulationsblase ist der Term der Umorientierung/Streckung maßgebend, im Bereich um den hinteren Staupunkt der Rezirkulationsblase sind konvektive Vorgänge maßgebend [135].

**Quellterm azimutaler Wirbelstärke: Umorientierung/Streckung und Dilatation**

Abbildung 5.62 zeigt mit der azimutalen Wirbelstärke aufgrund von Dilatation $-\dot{\omega}_{\varphi}^{Dilat} = -\boldsymbol{\omega}(\nabla \bullet \mathbf{u})|_{\varphi}$ (oberer Bildabschnitt[31]) und mit der azimutalen Wirbelstärke aufgrund von Umorientierung / Streckung $\dot{\omega}_{\varphi}^{ReSt} = (\boldsymbol{\omega} \bullet \nabla)\mathbf{u}|_{\varphi}$ (unterer Bildabschnitt) die Verteilung der zwei übrigen, relevanten Quellterme der Wirbeltransportgleichung (2.51) zu den den Initialisierungsvorgang des verbrennungsinduzierten Wirbelaufplatzens beschreibenden dimensionslosen Zeiten $t_0$, $t_1$ und $t_2$. Negative azimutale Wirbelstärkeänderungen sind mittels blauer, gestrichelter Linie und positive Werte der Wirbelstärkeänderung sind mittels roter, strichpunktierter Linie

[31] Der Term der Dilatation $\dot{\omega}_{\varphi}^{Dilat}$ ist entsprechend der Wirbeltransportgleichung (2.51) invertiert aufgetragen, d.h. seines effektiven Wirkbeitrags entsprechend.

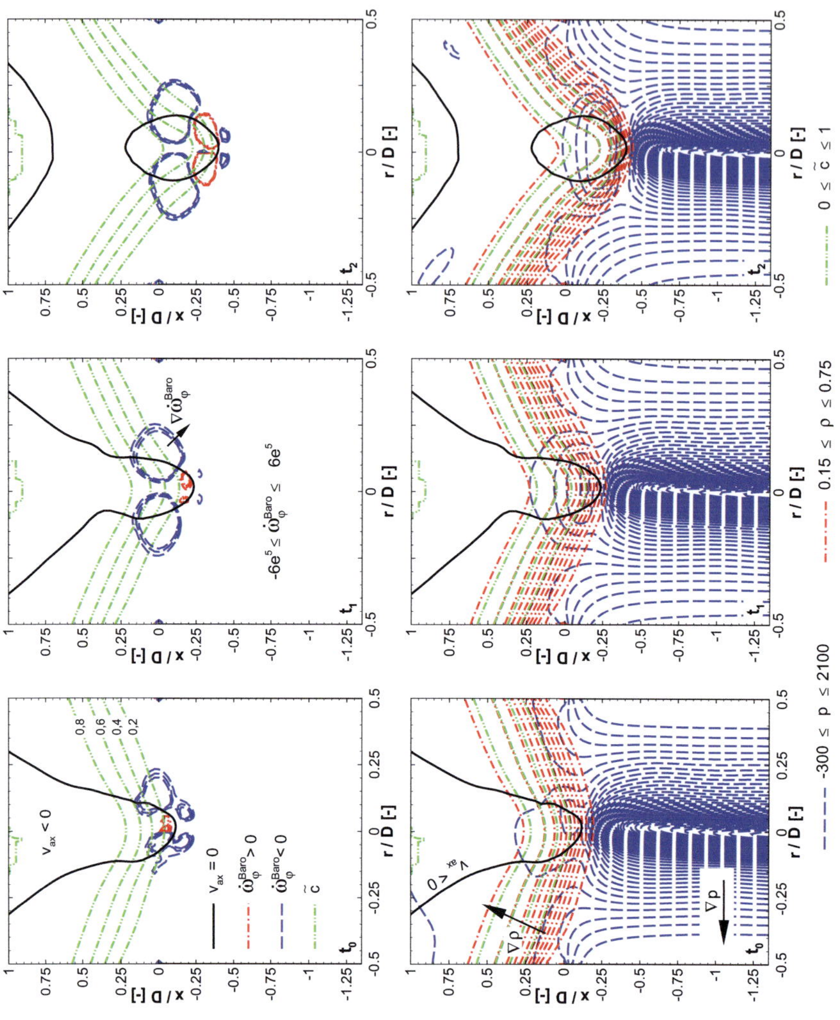


Abbildung 5.61: Verteilung des baroklinen Moments (oben), der Isobaren und der Isodensen (unten) als Momentaufnahmen während des Initialisierungsvorgangs des numerisch simulierten Flammenrückschlags

kenntlich gemacht. Der Wertebereich ist dabei für die Dilatation über $-1e^6 \leq \dot{\omega}_{\varphi}^{Dilat} \leq -1e^5$ mit $\Delta\dot{\omega}_{\varphi}^{Dilat} = -4{,}5e^5$ bzw. über $1e^5 \leq \dot{\omega}_{\varphi}^{Dilat} \leq 1e^6$ mit $\Delta\dot{\omega}_{\varphi}^{Dilat} = 4{,}5e^5$ und für die Umorientierung/Streckung über $-1e^7 \leq \dot{\omega}_{\varphi}^{ReSt} \leq -2{,}5e^6$ mit $\Delta\dot{\omega}_{\varphi}^{ReSt} = 3{,}75e^6$ bzw. über $2{,}5e^6 \leq \dot{\omega}_{\varphi}^{ReSt} \leq 1e^7$ mit $\Delta\dot{\omega}_{\varphi}^{ReSt} = 3{,}75e^6$ gegeben. Die Rezirkulationsbereiche sind mittels der Isotache des Wertes $v_{ax} = 0$ gekennzeichnet und die Lage der Flamme ist mittels der Isolinien konstanter, statistisch mittlerer Reaktionsfortschrittsvariablen $0{,}0 \leq \tilde{c} \leq 1{,}0$ mit $\Delta\tilde{c} = 0{,}2$ (strichdoppelpunktierte, grüne Linie) gekennzeichnet. Der Quellterm aufgrund der Dilatation ist im Wesentlichen positiv (rote, strichpunktierte Linien) und wirkt daher im Sinne der Generierung negativer azi-

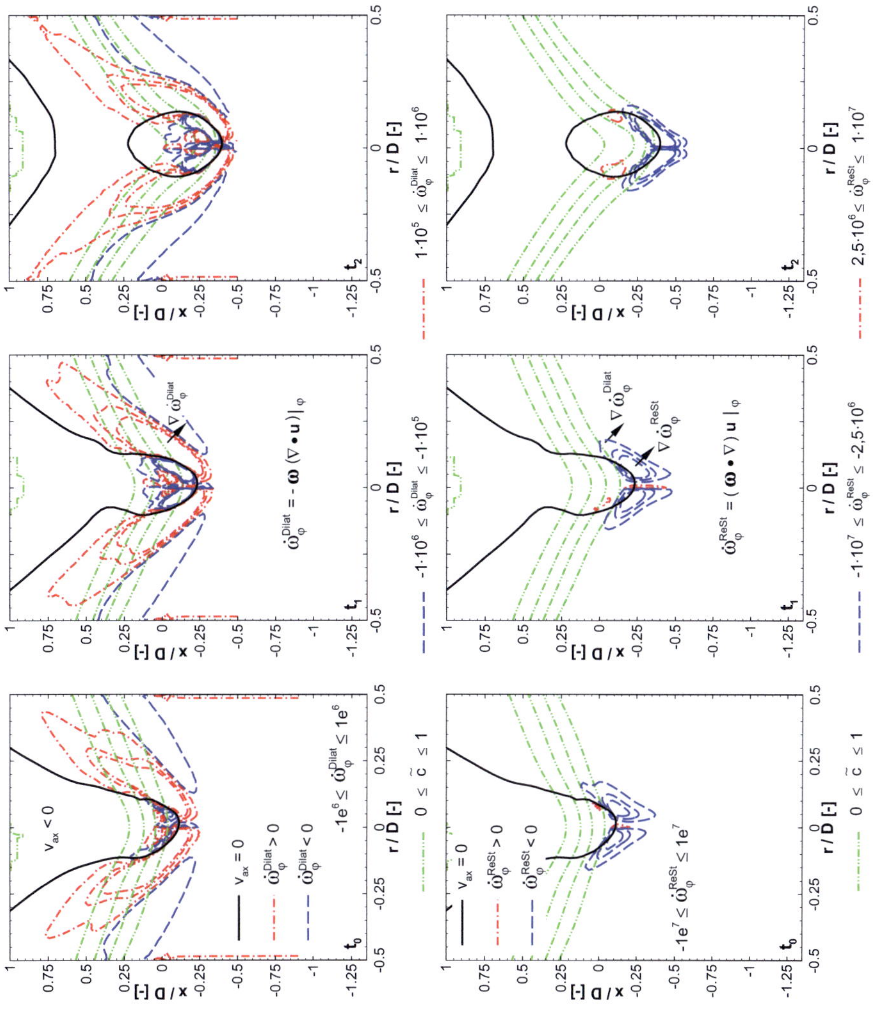

Abbildung 5.62: Verteilung azimutaler Wirbelstärkeänderung aufgrund von Dilatation (oben) und azimutale Wirbelstärkeänderung aufgrund von Streckung/Umorientierung (unten) zu Beginn des numerisch simulierten Flammenrückschlags

mutaler Wirbelstärke als Destruktionsterm. Dabei ist der Dilatationsterm insbesondere entlang der stromauf gelegenen Kontur der Rezirkulationsblase bei positiver Divergenz des Strömungsfelds aufgrund negativer azimutaler Wirbelstärke (vgl. Abbildung A.13 und Abbildung 5.76) der Inversion wegen (vgl. Wirbeltransportgleichung (2.51)) positiv.

Der Term der Umorientierung/Streckung ist überwiegend negativ und entlang der Einhüllenden der Rezirkulationszone im Bereich des vorderen Staupunkts und insbesondere auch stromauf davon dominant. Die Ursache für die Generierung azimutaler Wirbelstärke aufgrund von Um-

orientierung und Streckung der Wirbelfäden ist dabei auf die Wirkung der radialen Expansion der Wirbelfäden hoher (axialer) Wirbelstärke zurückzuführen, vgl. Kapitel 5.4.9.
Des überwiegend negativen Vorzeichens wegen sind die Terme der Umorientierung/Streckung und des baroklinen Moments als Quelle negativer azimutaler Wirbelstärke wirksam und die Dilatation aufgrund des überwiegend positiven Vorzeichens als Senke. Der strukturelle Vergleich als auch der Skalenvergleich der Quellterme der Wirbeltransportgleichung der Abbildung 5.61 und der Abbildung 5.62 verdeutlicht, dass der Term der Umorientierung/Streckung der dominierende Anteil zur Generierung negativer azimutaler Wirbelstärke ist. Das barokline Moment ist hingegen orts- und zeitunabhängig um mindestens eine Größenordnung kleiner, weshalb dieses für die Gesamtbilanz eine untergeordnete Rolle spielt.

**Formgebung der Rezirkulationsblase**

Die negative azimutale Wirbelstärke ist vorwiegend um den Bereich des vorderen Staupunkts lokalisiert, vgl. Abbildung 5.65 und Abbildung 5.66. Dies ist auf die Korrelation von negativer azimutaler Wirbelstärke und deren wesentlichem Quellterm, der Umorientierung/Streckung der Wirbelfäden zurückzuführen. Stromauf gerichtete induzierte Axialgeschwindigkeit korreliert gemäß Gleichung (2.66) und Gleichung (5.31) mit der negativen azimutalen Wirbelstärke, weshalb die Volumina im Bereich des vorderen Staupunkts eine erhöhte Induktionswirkung erfahren als stromab gelegene Volumina. Die Geschwindigkeit ist daher über die Rezirkulationsblase ungleich verteilt, weshalb die Einhüllende des Rückströmgebiets die zum Zeitpunkt $t_0$ dargestellte langezogene Form einnimmt. Das stromab des vorderen Staupunkts gelegene Volumen bleibt in der zeitlichen Folge zurück, so dass es zum Zeitpunkt $t_1$ zu der Einschnürung und zum Zeitpunkt $t_2$ zu der Abschnürung der kleinen Rezirkulationsblase kommt. Dieser Vorgang ist in Abbildung 5.63 anhand der Änderung der Lage und Gestalt der Rückströmblase bei numerischer Initialisierung des verbrennungsinduzierten Wirbelaufplatzens gezeigt. Dabei wird der Abschnürvorgang mittels der Isotachen des Wertes $v_{ax} = 0$ zu den dimensionslosen Zeiten $t_0$ (durchgezogene, schwarze Linie), $t_1$ (gestrichelte, schwarze Linie) und $t_2$ (strich-doppelpunktierte Linie) dargestellt. In diesem Zusammenhang stellt $t_0$ eine Momentaufnahme vor, $t_1$ eine Momentaufnahme unmittelbar vor und $t_2$ eine Momentaufnahme umittelbar nach der numerischen Initialisierung (im Sinne einer stromauf Propagation) des Flammenrückschlags dar.

**Quellterm azimutaler Wirbelstärke: Zustandswechsel**

Ausgehend vom metastabilen Gleichgewichtszustand ($t_0$) zeigt Abbildung 5.64 die relative Änderung relevanter Feldgrößen (blaue, gestrichelte Linien kennzeichnen negative Änderungen und rote, strich-punktierte Linien kennzeichnen positive Änderungen) während des Vorgangs der Initialisierung des numerisch simulierten Flammenrückschlags. Dies erfolgt auf Basis des Übergangs von Zustand $t_0$ zu Zustand $t_1$, die mittels der Ausbildung des Rückströmgebiets (Isotachen des Wertes $v_{ax} = 0$, schwarze durchgezogene Linie) als Momentaufnahmen in den Teilabbildungen a.) und b.) gezeigt sind. Die mit dem Zustandswechsel verbundene Änderung der (negativen) Axialgeschwindigkeit ist in Teilabbildung c.) gezeigt. Die stromauf Verlagerung und Elongation der Rezirkulationsblase ist mit der Bildung eines Gebietes negativer Axialgeschwindigkeit verbunden, was entsprechend der Teilabbildung d.) mit der relativen Ände-

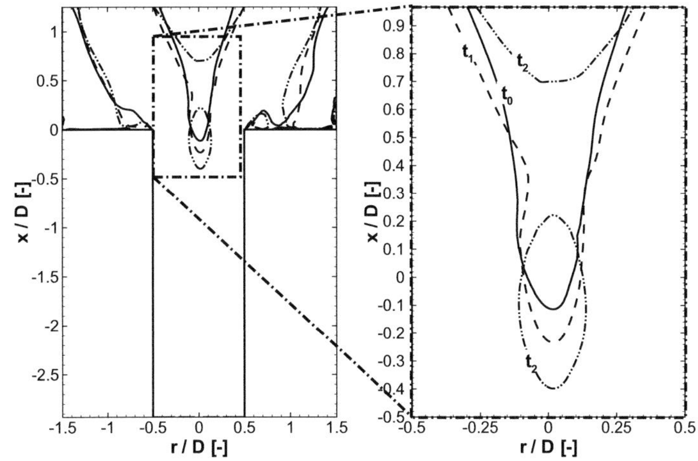


Abbildung 5.63: Änderung der Lage und Gestalt der Rückströmblase bei numerischer Initialisierung des verbrennungsinduzierten Wirbelaufplatzens

rung azimutaler Wirbelstärke korreliert. Demnach ist der Bereich entstandener negativer Axialgeschwindigkeit auf die Bildung negativer azimutaler Wirbelstärke zurückzuführen (vgl. Gleichung (2.66), Gleichung (5.31), Abbildung 5.65 und Abbildung 5.66), was die Verteilung der relativen Änderung des entdimensionierten (azimutal wirkenden) Gesamtquellterms der Wirbeltransportgleichung $\Delta\ \dot{\omega}_{\varphi}^{*}$, dargestellt in Teilabbildung h.), verdeutlicht.
Teilabbildung e.) bis g.) stellen auf Basis von Isolinien der Reihe nach die relative Änderung des Quellterms des baroklinen Moments $\Delta\ \dot{\omega}_{\varphi}^{*\,Baro} = \dot{\omega}_{\varphi,t1}^{*\,Baro} - \dot{\omega}_{\varphi,t0}^{*\,Baro}$, des Quellterms der Umorientierung/Streckung $\Delta\ \dot{\omega}_{\varphi}^{*\,ReSt} = \dot{\omega}_{\varphi,t1}^{*\,ReSt} - \dot{\omega}_{\varphi,t0}^{*\,ReSt}$ und des Quellterms der Dilatation $\Delta\ \dot{\omega}_{\varphi}^{*\,Dilat} = \dot{\omega}_{\varphi,t1}^{*\,Dilat} - \dot{\omega}_{\varphi,t0}^{*\,Dilat}$ dar. Da die Quellterme ausgehend vom metastabilen Zustand $t_0$ stromauf der Rezirkulationsblase betragsmäßig von vernachlässigender Größenordnung sind, entsprechen die blau eingezeichneten Isolinien im Wesentlichen der Generierung negativen Beitrags.
Die örtliche und zeitliche Korrelation des Quellterms der Umorientierung/Streckung mit dem Gesamtquellterm einerseits und der negativen azimutalen Wirbelstärke andererseits, verdeutlichen deren maßgebende Rolle für den numerisch simulierten Flammenrückschlag. Andererseits wird hierdurch belegt, dass auch im Sinne der relativen Änderungen der Beitrag des baroklinen Moments insgesamt von untergeordneter Rolle ist. Den Ausführungen vorstehender Kapitel enstprechend wird abermals deutlich, dass das barokline Moment stromab des vorderen Staupunkts wirkt und damit zu einer Elongation der Rezirkulationsblase beiträgt, wenngleich von geringem Absolutmaß.
Der Vollständigkeit halber ist im Anhangskapitel A.26 mit Abbildung A.10 analog zu Abbildung 5.64 die relative Änderung beschrieben, wie sie beim Übergang von $t_1$ nach $t_2$ eintritt.

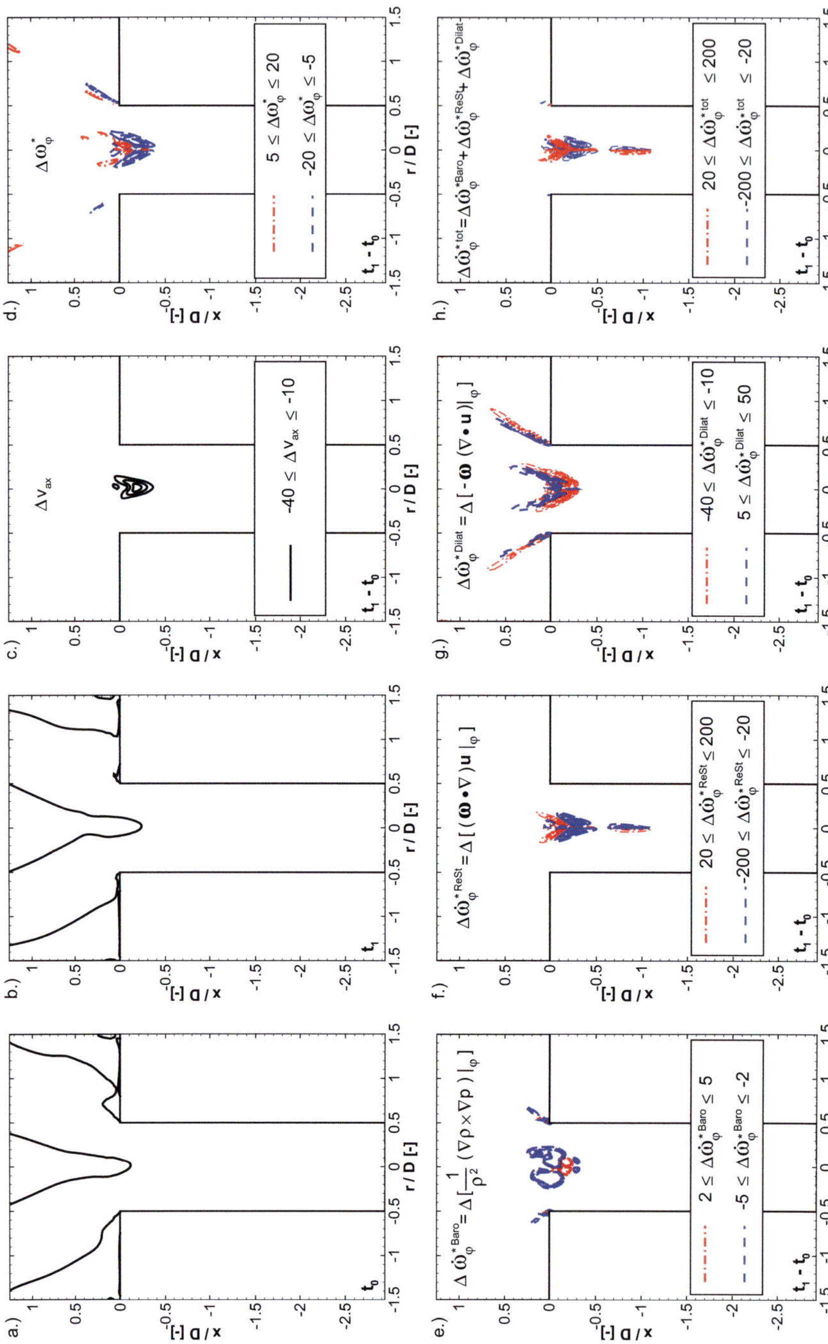


Abbildung 5.64: Verteilung der Änderungen relevanter Größen beim Übergang von $t_0$ nach $t_1$

**Ursache relativ betrachtet geringen baroklinen Moments**

Das barokline Moment ist über die Interaktion von Dichte- und Druckgradient definiert

$$\dot{\omega}_{\varphi}^{Baro} = \frac{1}{\rho^2} \nabla\rho \times \nabla p \bigg|_{\varphi} = \frac{1}{\rho^2} \left(\nabla_{ax}\rho \; \nabla_r p - \nabla_r \rho \; \nabla_{ax} p\right)$$

und effektiv nur bei eingeschlossenem Winkel zwischen den Gradienten wirksam. Der Grund vergleichsweise geringen baroklinen Moments im Bereich um den vorderen Staupunkt der Rezirkulationsblase liegt, wie der obere Teil der Abbildung 5.65 und der Abbildung 5.66 zu den Zuständen $t_0$ (Momentaufnahme vor der Einschnürung des zusammenhängenden und bis in die Brennkammer hineinreichenden Rezirkulationsgebiets), $t_1$ (Beginn der Abschnürung des zentralen Rezirkulationsgebiets) und $t_2$ (Momentaufnahme nach erfolgter Abschnürung und stromauf Propagation der kleinen Rezirkulationsblase) zeigt daran, dass die für das in zirkumferentieller Richtung wirkende barokline Moment $\dot{\omega}_{\varphi}^{Baro}$ entscheidenden Dichtegradienten (axialer Dichtegradient $\nabla_{ax}\,\rho$, Teilabbildung $a.$), radialer Dichtegradient $\nabla_r\,\rho$, Teilabbildung $e.$)) und Druckgradienten (axialer Druckgradient $\nabla_{ax}\,p$, Teilabbildung $f.$), radialer Druckgradient $\nabla_r\,p, b.$)) weitestgehend örtlich und zeitlich unkorreliert sind. Während die Teilabbildungen $a.$), $b.$), $e.$) und $f.$) kombinierte Kontur- und Linienplots sind, stellen die Teilabbildungen $c.$) und $g.$) jeweils als Linienplot die überlagerten Zusammenhänge von axialem Dichte- und radialem Druckgradienten ($c.$)) bzw. von radialem Dichte- und axialem Druckgradienten ($g.$)) dar. Teilabbildung $d.$) zeigt jeweils die Verteilung des azimutal wirkenden baroklinen Moments und Teilabbildung $h.$) zeigt die auf den negativen Wertebereich begrenzte Verteilung der azimutalen Wirbelstärke.

Das Dichtefeld und damit die Dichtegradienten sind unmittelbar an die Flamme gekoppelt, welche sich an der Rezirkulationsblase stabilisiert und daher entlang der Kontur der Isotachen des Wertes $v_{ax} = 0$ orientiert ist. Das Druckfeld ist im Bereich stromauf des Rückströmgebiets aufgrund der drallbehafteten Strömung und dem damit verbundenen radialen Druckgradienten entsprechend in radialer Richtung orientiert. Die Ausbildung des stromauf gelegenen Staupunkts der propagierenden Rezirkulationsblase ist zwangsläufig mit einem kollabierenden Druckfeld verbunden, wie die Konturbilder des axialen Druckgradienten $\nabla_{ax}p$ illustrieren. Insbesondere bezüglich des stromauf gelegenen Staupunkts bedeutet dies, dass Druck- und Dichtegradient zeitinvariant nur schwach zueinander korreliert sind.

Da die Strömung im Bereich radial außerhalb der Rezirkulationsblase aufgrund dessen Verdrängungswirkung und aufgrund des wärmeinduzierten Impulses beschleunigt wird, schließen sich die Isolinien des radialen Druckgradienten $\nabla_r p$, so dass im Bereich geringer Krümmung der Einhüllenden der Rezirkulationsblase eine Interaktion von Dichte- und Druckgradient besteht, wie jeweils Teilbild c.) zeigt.

Zur quantitativen Verdeutlichung sind im unteren Teil der Abbildung 5.65 die Dichte- und Druckgradienten sowie der Anteil azimutal wirkenden baroklinen Moments für die Momentaufnahme zu einem Zustand der Einschnürung der zusammenhängenden IRZ, unmittelbar vor dem Einsetzen der stromauf Propagation ($t_1$) als Funktion radialer Erstreckung aufgetragen. Die Daten sind entlang der in den Konturbildern eingezeichneten und durchnummerierten $(1,2,3)$ radialen Linien extrahiert, wobei die axialen Positionen so gewählt sind, dass sowohl der Bereich relativ stromab (1), als auch der Bereich unmittelbar stromab (2) und unmittelbar stromauf

(3) des vorderen Staupunkts der Rezirkulationsblase erfasst sind. Die Linienplots quantifizieren den Umstand, dass Dichte- und Druckgradient im Wesentlichen unkorreliert sind. Der Vollständigkeit halber sind die radialen Profile zu den Zeiten unmittelbar vor der Einschnürung ($t_0$) und der erfolgten Abschnürung und der unmittelbar erfolgten stromauf Propagation der Rezirkulationsblase ($t_2$) im Anhangskapitel A.27 aufgeführt.

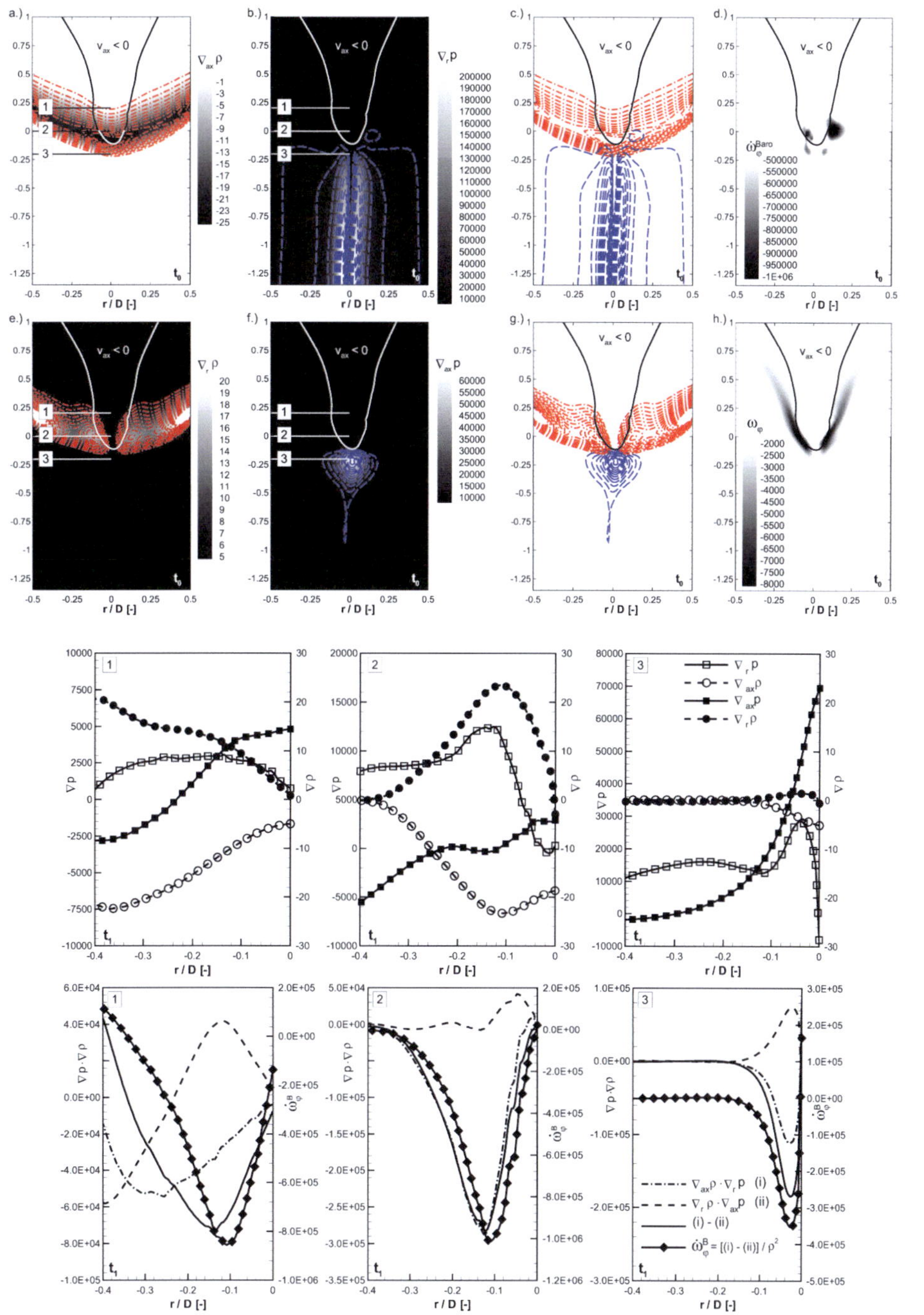


Abbildung 5.65: Korrelation von Dichte- und Druckgradient, azimutal wirkendes baroklines Moment und azimutale Wirbelstärke als Momentaufnahme vor der Einschnürung der IRZ (oben) und extrahierte Profildaten (unten)

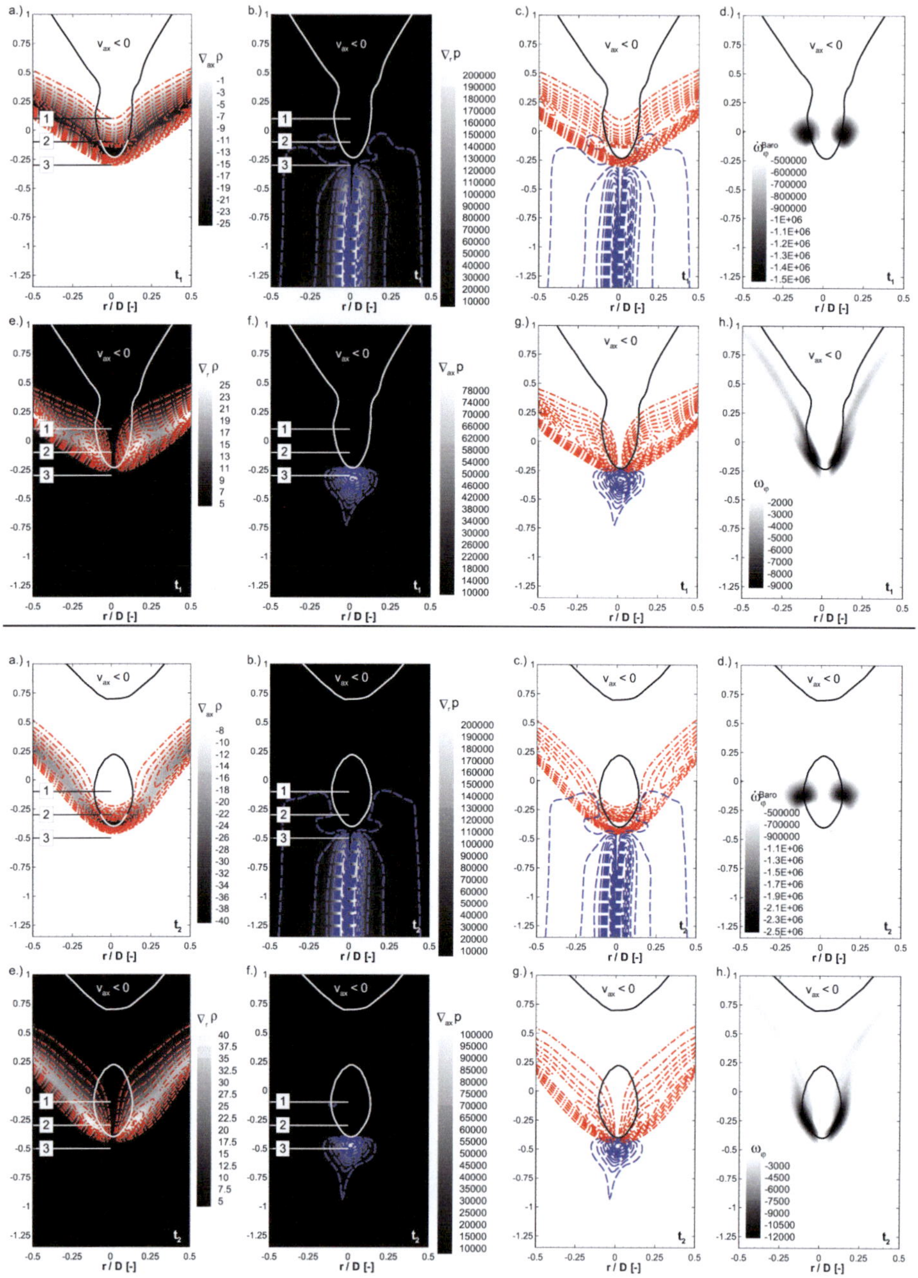


Abbildung 5.66: Korrelation von Dichte- und Druckgradient, azimutal wirkendes baroklines Moment und azimutale Wirbelstärke als Momentaufnahme unmittelbar vor der Abschnürung der IRZ (oben) und als Momentaufnahme nach erfolgter Abschnürung der IRZ und der Initialisierung des numerisch simulierten stromauf Propagieren der Flamme (unten)

**Gegenüberstellung der Quellen azimutaler Wirbelstärke**

In Abbildung 5.67 sind die entdimensionierten, in azimutaler Richtung orientierten Quellterme der Wirbeltransportgleichung (Baroklines Moment $\dot{\omega}_{\varphi}^{*\,Baro}$, Streckung/Umorientierung $\dot{\omega}_{\varphi}^{*\,ReSt}$, Dilatation $\dot{\omega}_{\varphi}^{*\,Dilat}$) neben der entdimensionierten azimutalen Wirbelstärke $\omega_{\varphi}^{*}$ (von links nach rechts) überlagert von der Isotachen des Wertes $v_{ax} = 0$ (schwarze, durchgezogene Linien) zu Zeiten vor Beginn des numerisch simulierten Wirbelaufplatzens $(t_0, t_1)$ und zu einer Zeit unmittelbar nach erfolgter Initialisierung des Flammenrückschlags $(t_2)$ gegenüber gestellt (von oben nach unten). Die Konturbilder sind dabei auf die negativen Wertebereiche um die stromauf propagierende Rezirkulationsblase beschränkt.

Der Term der Streckung/Umorientierung ist der dominierende Quellterm und korreliert daher mit der Verteilung der (minimalen) negativen azimutalen Wirbelstärke, die insbesondere im Bereich des stromauf gelegenen Staupunkts ausgebildet ist. Dahingegen ist der Term des baroklinen Moments insbesondere um den stromauf gelegenen Staupunkt von untergeordneter Rolle. Der Term der Dilatation ist um die Rezirkulationsblase fast durchgängig positiven Vorzeichens und wirkt daher als Destruktionsterm im Sinne der Generierung negativer azimutaler Wirbelstärke[32].

Eine detaillierte Quantifizierung erfolgt mit Abbildung 5.68, die im oberen Bildabschnitt die zu den jeweiligen Zeiten vorliegende Verteilung der entdimensionierten negativen azimutalen Wirbelstärke $\omega_{\varphi}^{*}$ als Konturbild mit beschränktem Wertebereich zeigt. Dem Konturbild überlagert sind die Isotachen des Wertes $v_{ax} = 0$ und die Verbindungslinie ($s$, rote, gestrichelte Linie) durch die Minima tangentialer Wirbelstärke ($min\left(\omega_{\varphi}^{*}\right)$). Entlang dieser mit der Gesamtlänge[33] normierten Kurvenzüge $s/s_{max}$ sind die azimutale Wirbelstärke und die Quellterme der azimutalen Wirbelstärke extrahiert und im unteren Bildabschnitt vergleichend aufgetragen.

Im Bereich des stromauf gelegenen Staupunkts ist die Umorientierung/Streckung der Wirbelfäden als Quellterm der Wirbeltransportgleichung für den Gesamtquellterm zeitinvariant bestimmend. Stromab, für eine Lauflänge von $s/s_{max} \approx 0.2$, ist der Gesamtquellterm maßgebend durch die Dilatation bestimmt und nimmt folglich in diesem Bereich positive Werte ein. Die azimutale Wirbelstärke nimmt dabei aufgrund der konvektiven Vorgänge (nicht dargestellt) stets negative Werte an. Das barokline Moment ist zur Zeit $t_0$ ohne Bedeutung und für wachsende Zeiten nur stromab in einem kleinen Bereich um $s/s_{max} \approx 0{,}2$ bildet das barokline Moment Werte aus, die von ähnlicher Größenordnung sind, wie der Dilatationsterm. Der betragsmäßige Einfluss auf den Gesamtquellterm und auf die azimutale Wirbelstärke ist jedoch stets von untergeordneter Rolle.

Die für den Vorgang des verbrennungsinduzierten Wirbelaufplatzens erforderliche Induktion stromauf gerichteter Axialgeschwindigkeit aufgrund der Bildung negativer azimutaler Wirbelstärke erfolgt dem zur Folge im Wesentlichen durch die Umorientierung und Streckung der Wirbelfäden. Dieser Mechanismus erfordert einen hohen axialen Gradienten der Tangentialgeschwindigkeit bei hoher axialer Wirbelstärke und wirkt aus diesem Grund bei kleinem Krümmungsradius der Rezirkulationszone um den stromauf gelegenen Staupunkt. Dieser Zustand tritt für die untersuchte Konfiguration ein, wenn sich die Flamme aufgrund der Gemischanfet-

[32]In Abbildung 5.67 ist der Dilatationsterm entsprechend der Wirbeltransportgleichung invertiert dargestellt, wirkt daher gemäß der dargestellten Skala.

[33]Die Gesamtlänge entspricht der in Abbildung 5.68 dargestellten Länge.

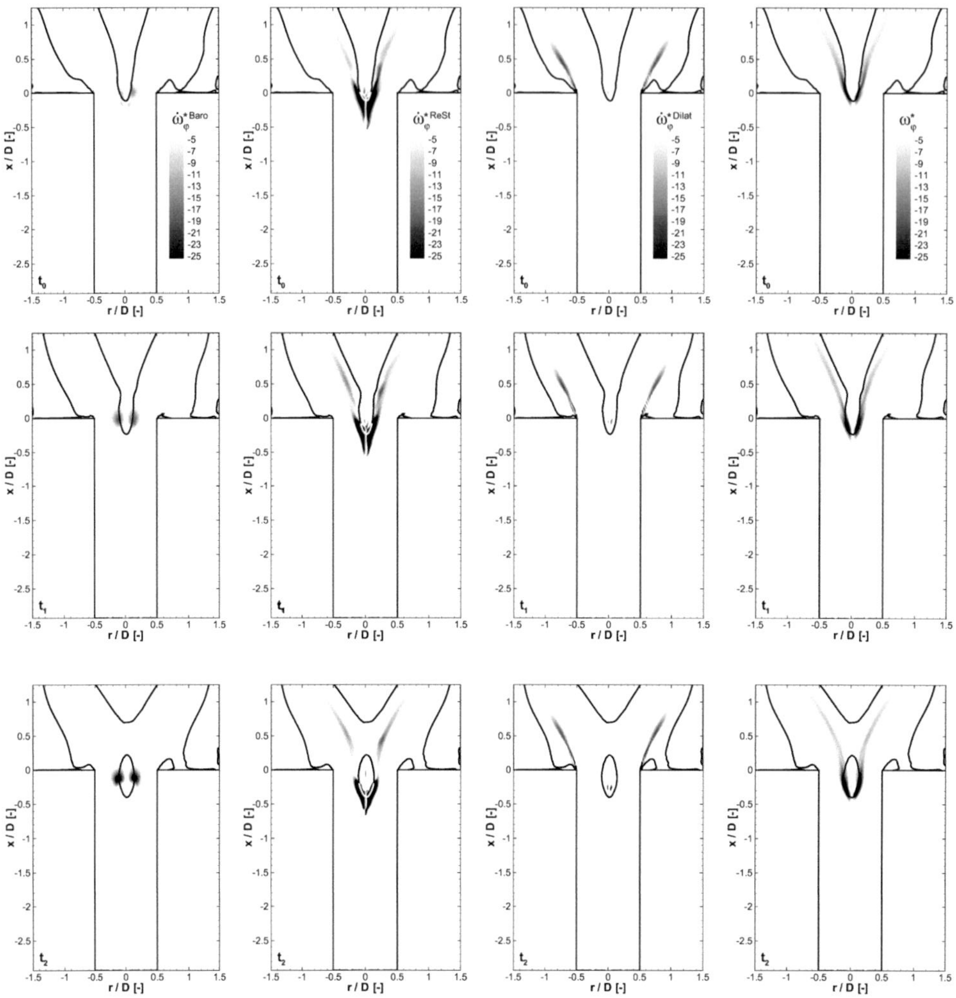

Abbildung 5.67: Verteilung der entdimensionierten Quellterme der Wirbelstärken als Konturbild zu Beginn des numerisch simulierten verbrennungsinduzierten Wirbelaufplatzens

tung stromauf im Bereich des geometrischen Querschnittssprungs stabilisiert. Die bei mageren Gemischzusammensetzungen mit Luftzahlabsenkung verbundene stromauf gerichtete Verschiebung der Flammenwurzel erfolgt aufgrund Luftzahl bedingter Erhöhung der Flammengeschwindigkeit (vgl. Abbildung 5.11) einerseits und andererseits aufgrund des axialen Impulses, induziert durch wirbeldynamische Vorgänge. Im Wesentlichen führt der letztgenannte Effekt zu einer betragsmäßig ungleichen Verteilung stromauf gerichteter Axialgeschwindigkeit, insbesondere um den vorderen Staupunkt des inneren Rezirkulationsgebietes, was schließlich in der Abschnürung des stromaufgelegenen Fluidvolumens resultiert: es bildet sich die beobachtete

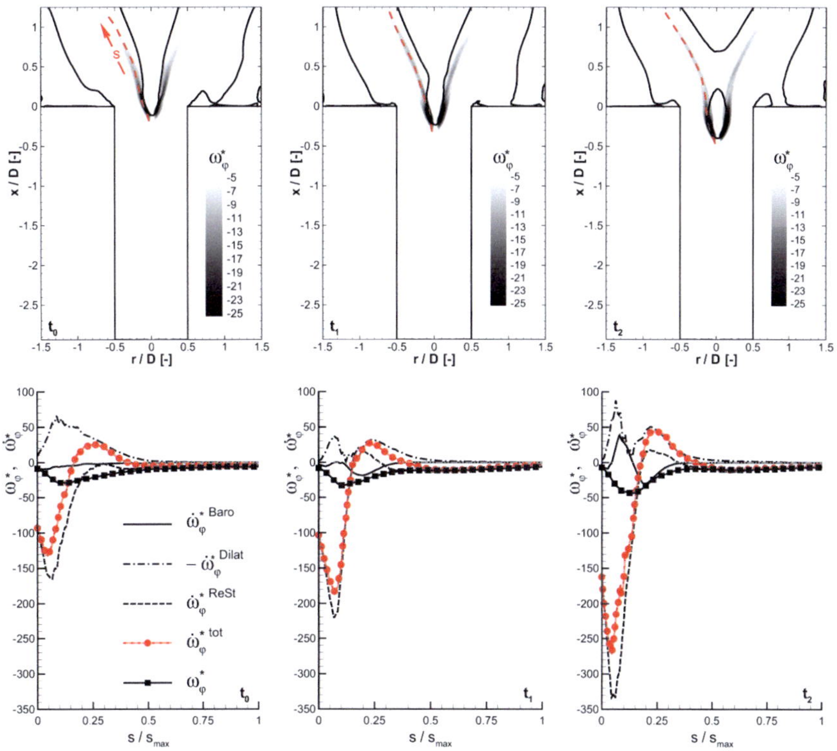


Abbildung 5.68: Verteilung der azimutalen Quellterme der Wirbelstärke als Kontur- und Linienplot zu Beginn des verbrennungsinduzierten Wirbelaufplatzens

kleine Rezirkulationsblase, vgl. Kapitel 5.4.9. Ist die Flamme durch die mit der Luftzahlabsenkung verbundenen Mechanismen in den Bereich des Querschnittsprungs verschoben, werden vor allem die Streckungs- und Umorientierungsvorgänge maßgebend und die damit verbundene induzierte Geschwindigkeit führt zu dem stromauf Propagieren des aus abgeschnürter Rezirkulationsblase und Vormischflamme zusammengesetzten Systems.

**Zusammenfassung: Bildung negativer azimutaler Wirbelstärke**

Durch die beschriebenen elementaren Wechselvorgänge zwischen Wirbeldynamik und vorgemischter Flamme wird negative (positive) azimutale Wirbelstärke gebildet, die mit der Induktion negativer (positiver) Axialbeschleunigungen auf das Strömungsfeld zurück wirkt (vgl. Kapitel 5.4.11).

Dem verbrennungsinduzierten Wirbelaufplatzen liegen axiale und tangentiale Geschwindigkeitsprofile zugrunde, die in der Zuströmung zu einer hohen axialen Wirbelstärkedichte im Bereich um die Rotationsachse führen. Die Versperrung dieser achsnahen Wirbelröhren ist ein notwendiges Kriterium für die Umlenkung und Streckung der Wirbelfäden, wodurch azimutale Wirbelstärke gebildet wird, welche mittels einer induzierten, axial orientierten Geschwindigkeit auf die Strömung zurück wirkt. Erreicht die Umlenkung der Wirbelfäden und damit die azimutale Wirbelstärke ein kritisches negatives Maß, ist die Induktionswirkung ausreichend, um das aus Rezirkulationsblase und Vormischflamme bestehende System stromauf entgegen der Hauptströmung zu verschieben. Damit ist der Vorgang des verbrennungsinduzierten Wirbelaufplatzens initiiert.

Wie die Analyse des Strömungsfelds belegt, ist dabei der in radialer Richtung orientierte Gradient der Auslenkung der Wirbelfäden der wesentliche Einflussparameter zur Generierung negativer azimutaler Wirbelstärke und damit zur Ausbildung eines Staupunkts. Aus diesem Grund ist einzig die Wirkungsweise der Versperrung auf die Strömungs- bzw. Wirbeldynamik relevant. Als Versperrung kann daher ein Staukörper (auch die Strömung selbst) oder ein von außen aufgeprägter Druckgradient wirken. Letztgenannter Effekt führt aufgrund des geometrischen Querschnittssprungs von Mischrohr zu Brennkammer zu der in Kapitel 5.2.2 beschriebenen Ausbildung eines Rezirkulationsgebiets.

Die Ortsgebundenheit des Staupunkts (Rezirkulationsgebiets) ist dann aufgehoben, wenn die aufgrund der Ausbildung hinreichend hoher azimutaler Wirbelstärke induzierte axiale Geschwindigkeit zu einer Verschiebung der effektiv wirkenden Versperrung führt[34]. Im konkret vorliegenden Fall des verbrennungsinduzierten Wirbelaufplatzens in eingeschlossenen Wirbelröhren wirkt dabei das aus Rückströmblase und Vormischflamme bestehende System effektiv als Versperrung. Die Bedingung eines sich selbst erhaltenden (ggf. verstärkenden) und fortschreitenden Vorgangs ist in der Folge dann erfüllt, wenn nach Initialisierung die axiale Verschiebung des Systems mit dem Ursprung der Quelle azimutaler Wirbelstärke (induzierte Axialgeschwindgkeit) gekoppelt ist. Dieser im weitesten Sinne als Instabilität aufzufassende Vorgang läuft daher nach einmaliger Initialisierung solange ab, bis der geschlossene Koppelkreis unterbrochen wird und das System ein stabiles Gleichgewicht findet.

Die zur Initialisierung notwendige Aufweitung der Wirbelfäden (vgl. Abbildung 5.83) kann nur stromauf des Übergangsbereichs von Mischrohr zu Brennkammer erfolgen. Die hierfür erforderliche stromauf Verschiebung des aus statistisch mittlerer Rezirkulationsblase und statistisch mittlerer Flamme bestehenden Systems erfolgt dabei für die in dieser Arbeit untersuchten überstöchiometrischen Methan-Luft Gemische mittels Absenkung der Luftzahl. Das Anfetten des Gemischs führt zu einer effektiv erhöhten Flammengeschwindigkeit (vgl. Abbildung 5.11), was zusammen mit den wirbeldynamischen Wechselwirkungsvorgängen (induzierte Axialgeschwindigkeit) zur Ausbildung einer neuen kinematisch bedingten Gleichgewichtslage des aus Rezirkulationsblase und Vormischflamme bestehenden Systems führt.

Die Ausbildung azimutaler Wirbelstärke erfolgt nach Gleichung (5.21) über Streckungs- und Umorientierungsprozesse gemäß

$$\frac{D\omega_\varphi}{Dt} = \underbrace{\omega_r \frac{\partial v_\varphi}{\partial r}}_{(I)} + \underbrace{\omega_\varphi \frac{v_r}{r}}_{(II)} + \underbrace{\omega_{ax} \frac{\partial v_\varphi}{\partial ax}}_{(III)}. \tag{5.52}$$

Die Komponenten der radialen und der zirkumferentiellen Wirbelstärke sind in der Zuströmung

[34] Das Phänomen des verbrennungsinduzierten Wirbelaufplatzens ist aus diesem Grund nicht an eingeschlossene Konfigurationen gebunden, sondern kann auch in freien Wirbelröhren auftreten [64].

(Index: *zu*) von untergeordneter Größenordnung (vgl. Abbildung 5.60)

$$\omega_r\big|_{zu} \approx 0 \qquad\qquad \omega_\varphi\big|_{zu} \approx 0$$

wodurch sich die Komponentengleichung der azimutalen Wirbelstärke zu

$$\frac{D\omega_\varphi}{Dt} = \underbrace{\omega_r}_{\omega_r|_{zu}\approx 0} \frac{\partial v_\varphi}{\partial r} + \underbrace{\omega_\varphi}_{\omega_\varphi|_{zu}\approx 0} \frac{v_r}{r} + \omega_{ax} \frac{\partial v_\varphi}{\partial ax} \approx \omega_{ax} \frac{\partial v_\varphi}{\partial ax} \tag{5.53}$$

ergibt, weshalb der Umorientierungsterm (*III*) $\omega_{ax} \frac{\partial v_\varphi}{\partial ax}$ die maßgebende Größe zur Initialisierung azimutaler Wirbelstärke darstellt. Damit dieser Term von bedeutender Größenordnung wird und negative azimutale Wirbelstärke generiert, muss die axiale Wirbelstärke $\omega_{ax}$ mit dem axialen Gradienten des Tangentialgeschwindigkeitsfelds invers korrelieren. Da die axiale Wirbelstärke der Zuströmung positiv ist, muss folglich die Umfangsgeschwindigkeit in axialer Richtung abnehmen, damit negative azimutale Wirbelstärke generiert wird:

$$\frac{D\omega_\varphi}{Dt} < 0 \Longleftrightarrow \frac{\partial v_\varphi}{\partial ax} < 0 \quad \forall \quad \omega_{ax} > 0$$

Anders ausgedrückt muss der Wirbelfaden ursprünglich rein axialer Wirbelstärke so umorientiert werden, dass er entlang seiner axialen Ersteckung in Gebiete kleiner werdender Tangentialgeschwindigkeit gelangt. Entsprechend des zugrunde liegenden Geschwindigkeitsfelds (Drallströmung) ist hierfür ein radiales Auslenken des Wirbelfadens notwendig (vgl. Abbildung 5.33 und Abbildung 5.83). Dabei ist der axiale Gradient der Tangentialgeschwindigkeit betragsmäßig umso höher, je steiler die radiale Auslenkung erfolgt.
Neben azimutaler Wirbelstärke $\omega_\varphi$ wird bei Aufweitung der Wirbelröhre auch radiale Wirbelstärke $\omega_r = -\frac{\partial v_\varphi}{\partial ax}$ generiert (vgl. Gleichung (5.22) und Gleichung (A.78)), so dass nach dem Initialisierungsvorgang auch die Terme (*I*) und (*II*) der Gleichung (5.52) zum Prozess der Produktion azimutaler Wirbelstärke beitragen (vgl. Abbildung 5.60).
Die Wirkungsweise der Umorientierung kann hierbei interpretiert werden, wenn der Wirbelfaden stückweise als ein Vektor betrachtet wird, der in Wirkrichtung orientiert ist und eine seinem Betrag nach entsprechende Länge hat. Die in axialer Richtung erfolgende radiale Auslenkung bedingt eine Umorientierung in zirkumferentieller Richtung, wodurch der Wirbelfaden von der einachsigen in den allgemein dreidimensionalen Zustand ausgerichtet wird. Die Wirbelstärke kann daher als eine vektorielle Überlagerung der in die drei Raumrichtungen orientierten Wirbelstärken

$$\boldsymbol{\omega} = \boldsymbol{\omega}_{ax} + \boldsymbol{\omega}_r + \boldsymbol{\omega}_\varphi \tag{5.54}$$

aufgefasst werden, vgl. Abbildung 5.69. Der Vorgang der stromauf Verschiebung des aus Rezirkulationsgebiet und Vormischflamme bestehenden Systems in das Mischrohr der untersuchten Konfiguration und der ablaufende und sich selbst erhaltende Prozess der Generierung negativer azimutaler Wirbelstärke mit dadurch induzierter axialer stromauf Verschiebung des Systems entspricht dem positiven Rückkopplungsmechanismus, der in Abbildung 5.79 graphisch interpretiert ist.

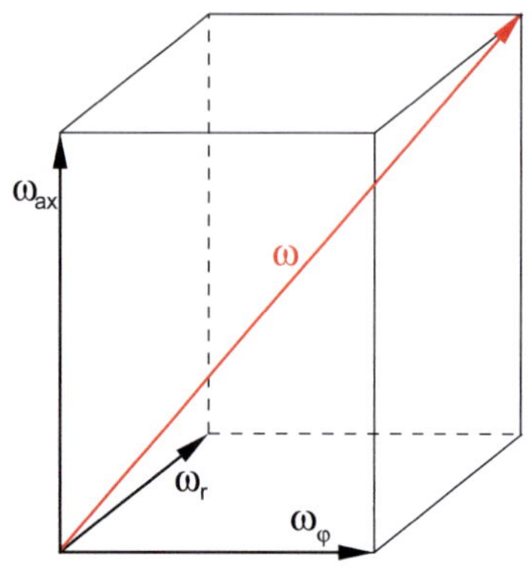


Abbildung 5.69: Vektorielle Überlagerung der Wirbelstärkevektoren

Dieser sich wiederholende Vorgang kann nur unterbrochen werden, wenn sich die Strömungscharakteristik ändert. Dies ist im betrachteten Fall nur möglich, wenn das System in den Einflussbereich der Einströmrandbedingung gelangt oder wenn sich die relative Lage von Vormischflamme zu Rezirkulationsblase verschiebt. Die erst genannte Bedingung enspricht dem stationären Gleichgewichtszustand, den das System für lange Simulationszeiten einnimmt. Die zweit genannte Bedingung tritt für deutlich variierte Ausbreitungsgeschwindigkeit der Flamme ein.

### 5.4.10 Mechanismen während des Flammenrückschlags

Dieses Kapitel geht auf die Beschreibung der Mechanismen und Ursachen der Bildung negativer azimutaler Wirbelstärke während des Vorgangs des numerisch simulierten verbrennungsinduzierten Wirbelaufplatzens ein. Damit wird insbesondere geklärt, inwiefern sich die Vorgänge während des Flammenrückschlags von denen unterscheiden, die zur Initialisierung (vgl. Kapitel 5.4.9) führen.

**Quellterm azimutaler Wirbelstärke: Baroklines Moment**

Abbildung 5.70 und Abbildung 5.72 zeigen die Verteilung und die Größenordnung der Quellterme der Wirbeltransportgleichung anhand dreier in näherungsweise gleichem Zeitabstand zueinander stehenden Momentaufnahmen $t_3$, $t_4$ und $t_5$ während eines ablaufenden, numerisch simulierten Vorgangs des verbrennungsinduzierten Wirbelaufplatzens. Die sich manifestierte stromauf propagierende Rückströmblase ist mittels der Isotachen $v_{ax} = 0$ (schwarze, durchgezogene Linie) kenntlich gemacht. Abbildung 5.70 zeigt das barokline Moment $\dot{\omega}_{\varphi}^{Baro}$ (obere Bildabschnitte) und mit der Distribution der Isodensen (strichpunktierte, rote Linie: unterer Bildabschnitt) und der Isobaren (gestrichelte, blaue Linie: unterer Bildabschnitt) die das barokline Moment bestimmenden Größen. Die Isolinien konstanter statistisch mittlerer Reaktionsfortschrittsvariablen $\tilde{c}$ (strichdoppelpunktierte, grüne Linie) kennzeichnen die mittlere Lage der Flamme. Die mittels des baroklinen Moments generierte negative azimutale Wirbelstärke ist dabei um die stromauf propagierende Rezirkulationsblase angeordnet. Die Gradienten des Druckfelds bilden sich im Bereich stromauf der Rezirkulationszone aufgrund des Einflusses der Drallströmung, und die Gradienten des Dichtefelds sind Ausdruck der reaktionsbedingten Wärmefreisetzung. Die Strömung wird aufgrund der als Querschnittsversperrung wirkenden Rezirkulationsblase und aufgrund der reaktionsbedingten Wärmefreisetzung im äußeren Bereich des Mischrohrs axial beschleunigt, weshalb der Druckgradient von der radialen in die axiale Richtung umorientiert wird. Das Minimum baroklinen Moments bildet sich daher im Bereich stromab des vorderen Staupunkts aus, da neben den Dichtegradienten die statistisch mittlere Hauptströmung in diesem Bereich einen radialen Druckgradienten ausbildet. Da die Orientierung des Druckfeldes aufgrund des lateral wirkenden Impulsübertrags relativ zum Dichtefeld dreht[35], entsteht in diesem Bereich ein positiv wirkendes Moment. Dies ist in Abbildung 5.71 für eine Momentaufnahme während eines ablaufenden, numerisch simulierten Flammenrückschlags ($t_4$) anhand der Verteilung der Isobaren (blaue, gestrichelte Linien) und der Isodensen (rote, strichpunktierte Linien) gezeigt. Das Rezirkulationsgebiet ist dabei mittels der Isotachen des Wertes $v_{ax} = 0$ (schwarze, durchgezogene Linie) gekennzeichnet. Die eingezeichneten Pfeile (links, mittig) kennzeichnen die Gradienten des Druckfelds (blau) und die Gradienten des Dichtefelds (rot) und verdeutlichen daher das relative Drehen des Gradienten des Druckfelds in axialer Richtung.
Dies ist quantitativ anhand des Graphen der Axialgeschwindigkeit (schwarz) und des statischen Relativdrucks (blau) dargestellt, aufgetragen entlang der Rotationsachse im Bereich der Rezirkulationsblase (rechts).

[35] In $\dot{\omega}_{\varphi}^{Baro} = \frac{1}{\rho^2}\,(\nabla_{ax}\rho\;\nabla_r p - \nabla_r \rho\;\nabla_{ax} p)$ dreht der Gradient $\nabla_{ax} p$.

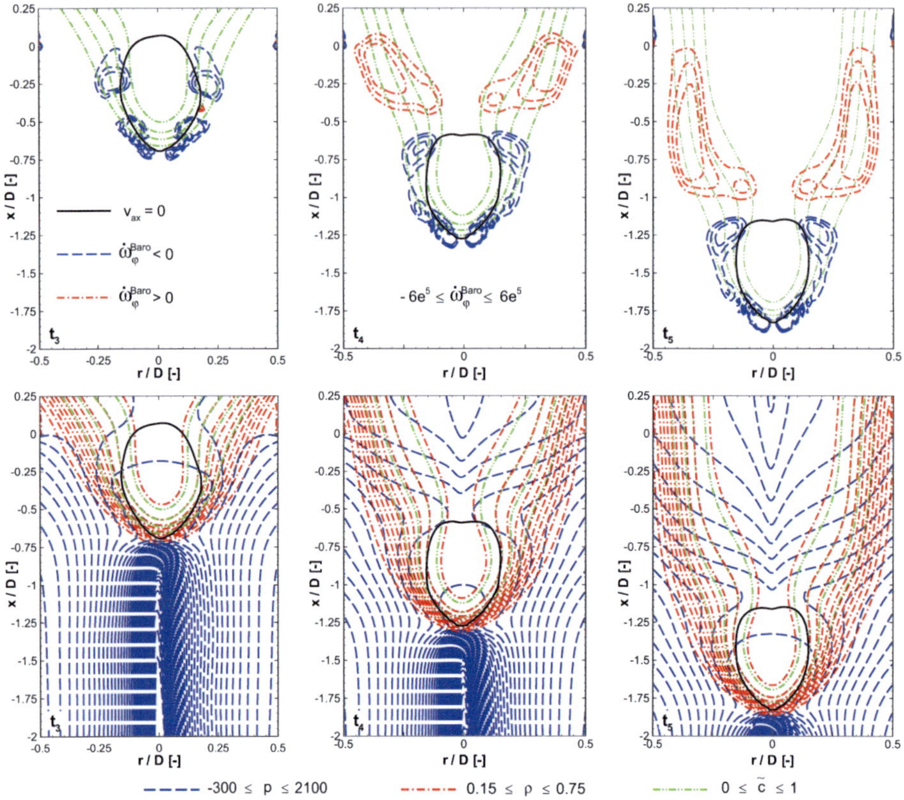


Abbildung 5.70: Verteilung des baroklinen Moments, der Isobaren und der Isodensen während eines numerisch simulierten Flammenrückschlags

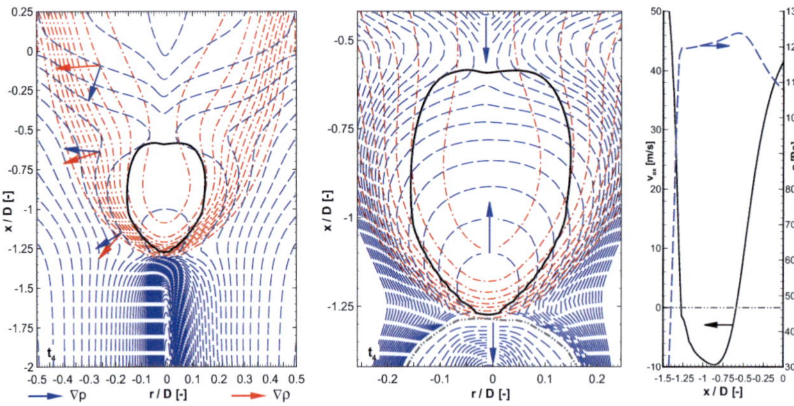


Abbildung 5.71: Verteilung der Isobaren und der Isodensen während eines numerisch simulierten Flammenrückschlags im Bereich der Rezirkulationsblase

**Quellterm azimutaler Wirbelstärke: Umorientierung/Streckung und Dilatation**

Abbildung 5.72 zeigt die Verteilung und Größenordnung des in azimutaler Richtung wirkenden Quellterms der Wirbeltransportgleichung (2.51) aufgrund der Dilatation $-\dot{\omega}_{\varphi}^{Dilat}$ (obere Bildabschnitte[36]) und aufgrund der Umorientierung/Streckung $\dot{\omega}_{\varphi}^{ReSt}$ (untere Bildabschnitte) zu den dimensionslosen Zeiten $t_3$, $t_4$ und $t_5$ während eines numerisch simulierten Flammenrückschlags. Die Isotache des Wertes $v_{ax} = 0$ (durchgezogene, schwarze Linie) kennzeichnet die stromauf propagierende Rezirkulationsblase und die Isolinien konstanter statistisch mittlerer Reaktionsfortschrittsvariablen $\tilde{c}$ (strichdoppelpunktierte, grüne Linie) kennzeichnen die Lage der Flamme.

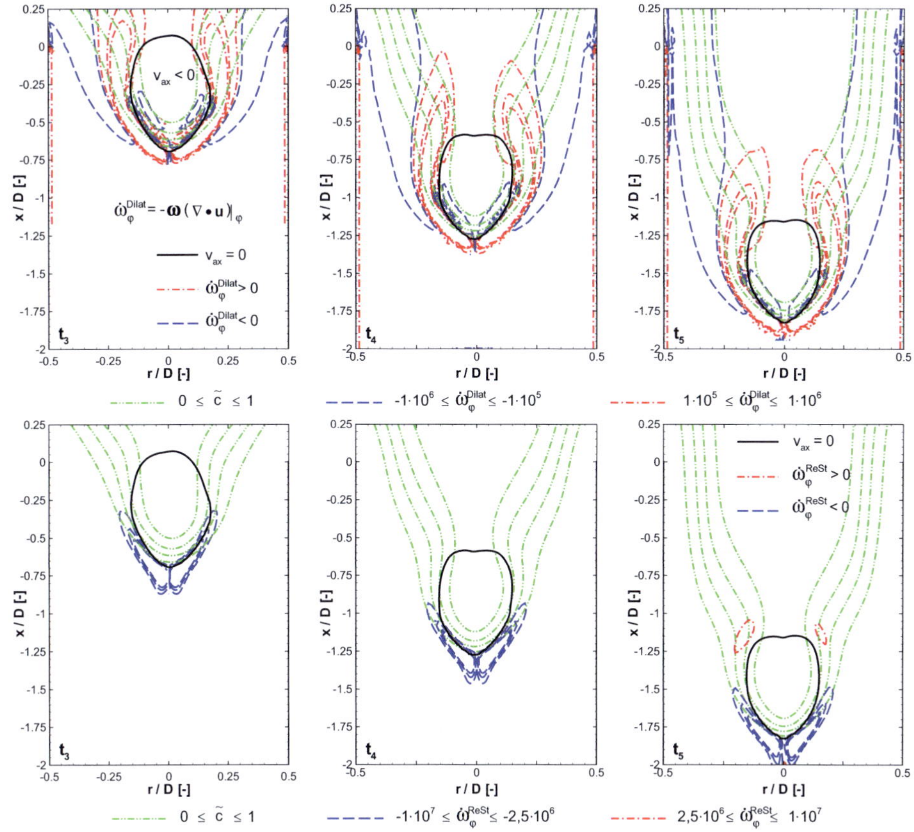


Abbildung 5.72: Die Verteilung der Quellterme der Wirbeltransportgleichung aufgrund der Umorientierung/Streckung und der Dilatation während eines numerisch simulierten Flammenrückschlags

[36]Der Term der Dilatation $\dot{\omega}_{\varphi}^{Dilat}$ ist entsprechend der Wirbeltransportgleichung (2.51) invertiert aufgetragen, d.h. seines effektiven Wirkbeitrags entsprechend.

Die Vormischflamme ist im Bereich der Rückströmung stabilisiert, weshalb dort die Divergenz der Strömung aufgrund der reaktionsbedingten Dichteabsenkung positiv ist. Da effektiv in diesem Bereich aber negative azimutale Wirbelstärke vorliegt (vgl. Abbildung A.13 und Abbildung 5.76), wird der azimutal wirkende entsprechend der Wirbeltransportgleichung (2.51) invertierte Dilatationsterm positiv. Die auf die Wirkung des Dilatationsterms zurückzuführende azimutale Wirbelstärkeänderung ist daher im Bereich der Rezirkulationsblase positiv, wirkt also der axial stromauf induzierten Geschwindigkeit entgegen und hat daher überwiegend die Funktion eines Destruktionsterms.
Die Umorientierung/Streckung ist ganz analog zu den bisherigen Analysen aufgrund der Aus- und Umlenkung der Wirbelfäden im Bereich des stromauf gelegenen Staupunkts ausgeprägt und bezüglich der Quellterme der Wirbeltransportgleichung der betragsmäßig dominante Term.

**Gegenüberstellung der Quellen azimutaler Wirbelstärke**

Die Verteilung und Größenordnung der azimutal wirkenden Quellterme der Wirbeltransportgleichung und der azimutalen Wirbelstärke sind in Abbildung 5.73 in Schnitten normal zur Rotationsachse des Mischrohrs relativ zur stromauf propagierenden Rezirkulationsblase dargestellt, mit Blickrichtung stromab. Die relativen Positionen der Schnittebenen sind anhand des in der seitlichen Teilabbildung dargestellten meridionalen Schnitts mit der statistisch mittleren Reaktionsfortschrittsvariablen $\tilde{c}$ als Konturvariable und der Isotachen des Wertes $v_{ax} = 0$ (weiße, durchgezogene Linie) verdeutlicht. Die Momentaufnahme entspricht dabei einem Zustand bereits deutlich stromauf propagierter Flamme und Rezirkulationsblase.
Abbildung 5.73 zeigt als Konturbild die Quellterme der Wirbeltransportgleichung: Dilatation $-\dot{\omega}_{\varphi}^{*\,Dilat}$, Baroklines Moment $\dot{\omega}_{\varphi}^{*\,Baro}$, Umorientierung/Streckung $\dot{\omega}_{\varphi}^{*\,ReSt}$, Gesamtquellterm (total) $\dot{\omega}_{\varphi}^{*\,tot}$ und in zirkumferentieller Richtung orientierte Komponente der Wirbelstärke $\omega_{\varphi}$, von links nach rechts. Die Begrenzung des Rezirkulationsgebiets ist mittels der Isotachen des Wertes $v_{ax} = 0$ (schwarze Linie) gekennzeichnet, nach [135]. Der Term aufgrund Umorientierung/Streckung ist im Bereich um den vorderen Staupunkt und stromauf davon lokalisiert und überwiegend negativen Vorzeichens, weshalb dieser Term vorwiegend als Quelle negativer azimutaler Wirbelstärke wirkt. Der Ort des Minimums ist dabei an die Krümmung der Wirbelfäden und damit auf den Bereich der radialen Expansion der Strömung gebunden.
Die radiale Auslenkung der Wirbelfäden bedingt aufgrund der Drehimpulserhaltung eine Verringerung der zirkumferentiellen Geschwindigkeitskomponente, was durch Gleichung (5.20) ausgedrückt wird. Da die stromauf propagierende Rezirkulationsblase im Bereich des vorderen Staupunkts einen kleinen Krümmungsradius aufweist, werden die Wirbelfäden auf kurzem axialem Abstand in radialer und der Drehimpulserhaltung wegen auch in zirkumferentieller Richtung umgelenkt, was hohen Gradienten enstpricht, vgl. Abbildung 5.60. Dieses Umstands wegen ist die Umorientierung/Streckung der treibende Term der Bildung negativer azimutaler Wirbelstärke (vgl. Abbildung 5.74 und Abbildung 5.77).

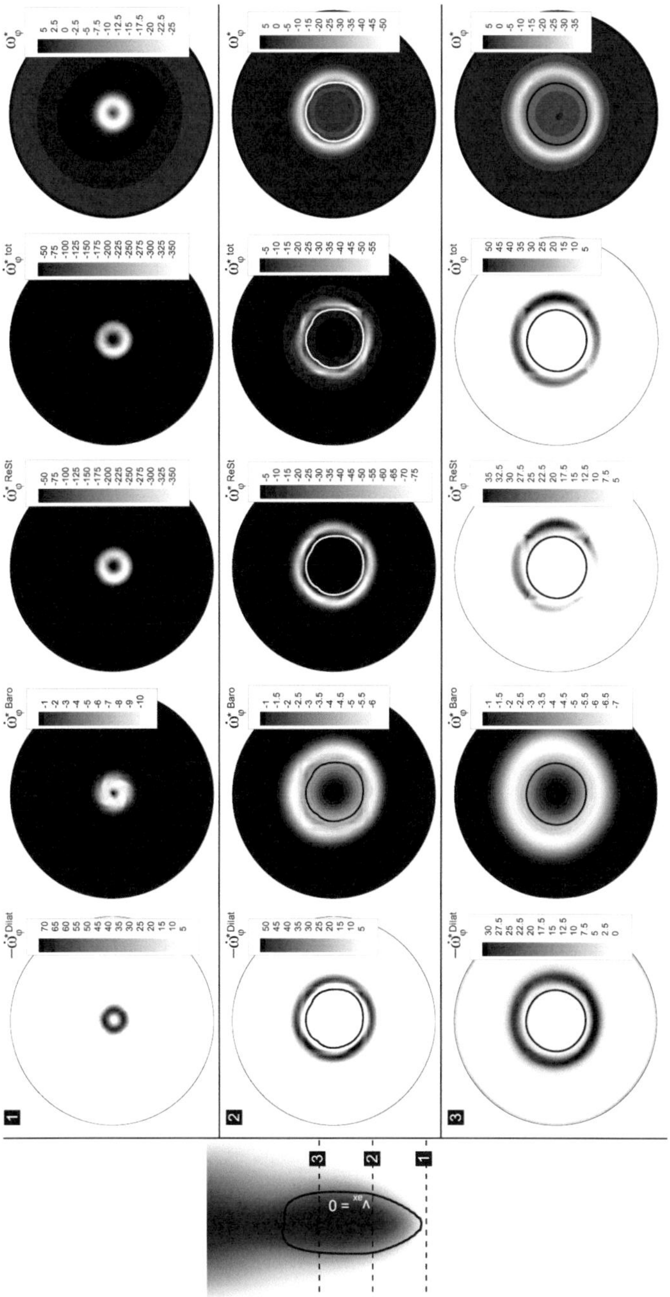

Abbildung 5.73: Quellterme der zirkumferentiellen Wirbelstärke an unterschiedlichen axialen Positionen (1, 2, 3) in Ebenen normal zur Rotationsachse des Mischrohrs, Blickrichtung ist stromab (nach [135])

**Wirbeldynamik: Detailbetrachtung im Nahfeld der Rezirkulationsblase**

In Abbildung 5.74 sind die Quellterme der Wirbeltransportgleichung als Momentaufnahme während eines numerisch simulierten Flammenrückschlags mittels Konturbild, überlagert von der Isotachen $v_{ax} = 0$ (durchgezogene, schwarze Linie) und der Inner-Layer Temperatur $T^0$ (strich-doppelpunktierte, schwarze Linie) nebeneinander dargestellt. Der Ausschnitt begrenzt sich dabei auf den Bereich minimalen baroklinen Moments (grauer Bereich, definiert über $\dot{\omega}_\varphi^{Baro} \leq -2{,}0 \cdot 10^5\ 1/s^2$). Von links nach rechts: Dilatationsterm $\dot{\omega}_\varphi^{Dilat}$ (vorzeichenbehaftet aufgetragen, d.h. der Wertebereich ist entsprechend der Bilanz der Wirbelstärke invertiert dargestellt, vgl. Gleichung (2.51)), Baroklines Moment $\dot{\omega}_\varphi^{Baro}$, Umorientierung/Streckung $\dot{\omega}_\varphi^{ReSt}$.

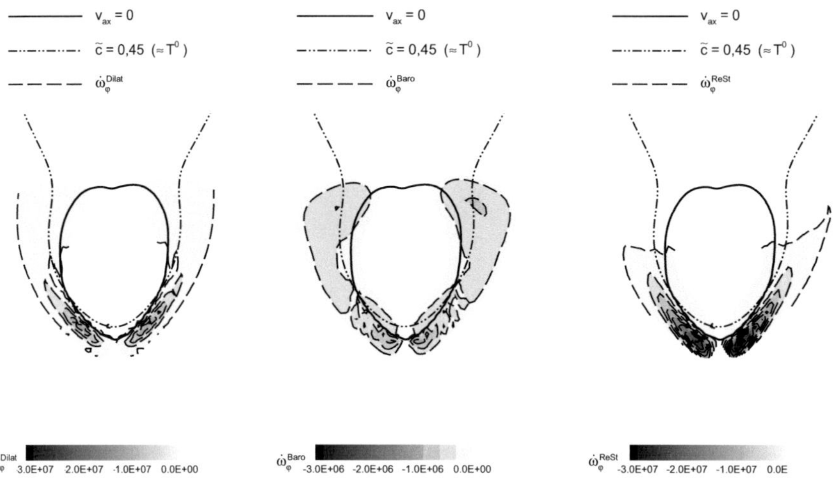


Abbildung 5.74: Auf den Bereich minimalen (betragsmäßig maximalen) baroklinen Moments begrenzte dimensionsbehaftete Quellterme der Wirbeltransportgleichung entlang der Rezirkulationsblase

Die Darstellung zeigt, dass bezüglich negativer azimutaler Quellterme sich das barokline Moment (mittig) weiter stromab um die Rezirkulationsblase erstreckt, als der Term der Umorientierung/Streckung (rechts). Dadurch wird die Rezirkulationsblase durch das barokline Moment unterstützend stabilisiert. Allerdings ist das barokline Moment betragsmäßig um mehr als eine Größenordnung kleiner als die übrigen Terme insbesondere im Bereich des vorderen Staupunkts.

Den Wertebereich individuell angepasst, zeigt Abbildung 5.75 unmittelbar den Größenvergleich der Quellterme der Wirbelstransportgleichung. Die Generierung azimutaler Wirbelstärke ist maßgeblich durch die Quellterme der Umorientierung/Streckung und der Dilatation bestimmt, wobei erstgenannter Term maßgeblich für die Bildung negativer azimutaler Wirbelstärke ist.

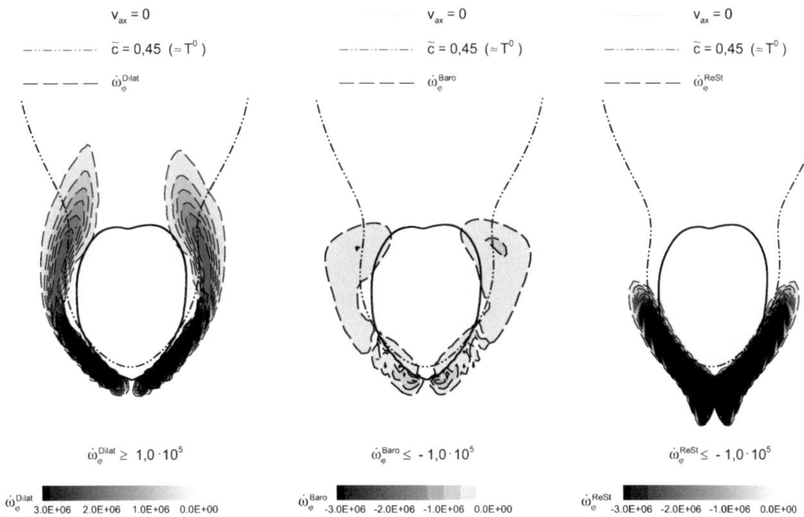

Abbildung 5.75: Dimensionsbehaftete Quellterme der Wirbeltransportgleichung entlang der Rezirkulationsblase bei gleichem Auftragungsbereich, $\left|\dot{\omega}_{\varphi}\right| \geq 1{,}0 \cdot 10^{5}$

**Wirbelstärkeverteilung entlang der Flammenkontur**

In Abbildung 5.76 sind die Verteilung der azimutalen Wirbelstärke $\omega_{\varphi}$ (rechts) und des betragsmäßig größten Quellterms (Umorientierung/Streckung, $\dot{\omega}_{\varphi}^{ReSt}$, links) als Konturbild überlagert von der stromauf propagierenden Rezirkulationsblase charakterisiert mittels der Isotachen des Wertes $v_{ax} = 0$ (schwarze, durchgezogene Linie) zu einer Momentaufnahme während eines numerisch simulierten Flammenrückschlags gezeigt. Das Konturbild ist dabei auf den Bereich der jeweils minimalen Werte beschränkt. Dargestellt sind zudem die Linien der Datenextraktion:

- ○ radial: (vgl. Abbildung 5.81 und Abbildung 5.82)
- ○ $s_1$: entlang des Minimums zirkumferentieller Wirbelstärke $min(\omega_{\varphi})$, vgl. Abbildung 5.77
- ○ $s_2$: entlang des Minimums des Quellterms der Umorientierung/Streckung $min\left(\dot{\omega}_{\varphi}^{ReSt}\right)$, vgl. Abbildung 5.77.

Der Verlauf der wirbeldynamischen Größen ist in Abbildung 5.77 entlang der Strecken $s_1$ und $s_2$ gegeneinander aufgetragen, um die zur Generierung negativer azimutaler Wirbelstärke relevanten Terme quantitativ zu identifizieren. Die Strecke $s_1$ verläuft dabei entlang des Minimums azimutaler Wirbelstärke und die Strecke $s_2$ verläuft entlang des Minimums des Quellterms aufgrund der Umorientierung/Streckung (vgl. Abbildung 5.76).

In Abbildung 5.77 sind entlang der mit der Gesamtlänge normierten Strecken $s_1^*$ (links) und $s_2^*$ (rechts) im oberen Teil die entdimensionierten Quellterme der Wirbeltransportgleichung, das barokline Moment $\dot{\omega}_{\varphi}^{*Baro}$ (durchgezogene, schwarze Linie), der entsprechend der Wirbeltransportgleichung (2.51) invertierte Term der Dilatation $-\ \dot{\omega}_{\varphi}^{*Dilat}$ (strichpunktierte, schwarze Linie), der Term der Umorientierung/Streckung $\dot{\omega}_{\varphi}^{*ReSt}$ (gestrichelte, schwarze Linie) und der als Summe der entdimensionierten Quellterme $\dot{\omega}_{\varphi}^{*tot}$ (strich-doppelpunktierte, rote Linie mit Kreis-

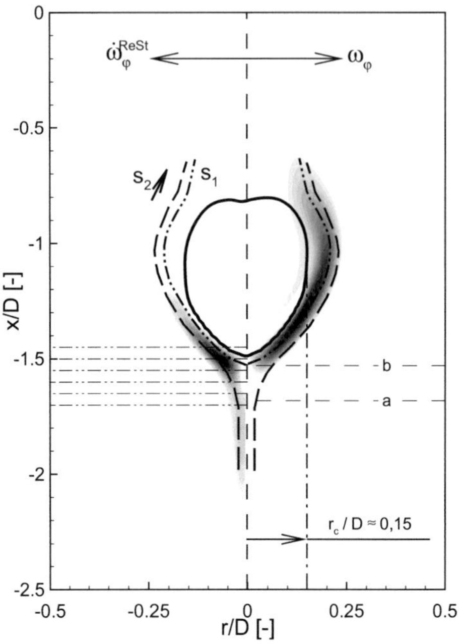


Abbildung 5.76: Zur Extraktion der Quellterme der Wirbeltransportgleichung und der Bestimmung radialer Profile

symbol) gemäß

$$\dot{\omega}_{\varphi}^{*\,tot} = \dot{\omega}_{\varphi}^{*\,Baro} + \dot{\omega}_{\varphi}^{*\,ReSt} + \dot{\omega}_{\varphi}^{*\,Dilat} = \frac{1}{\rho^2} \cdot (\nabla \rho \times \nabla p)\Big|_{\varphi} + (\boldsymbol{\omega} \bullet \nabla)\,\mathbf{u}\big|_{\varphi} - \boldsymbol{\omega}\,(\nabla \bullet \mathbf{u})\big|_{\varphi} \quad (5.55)$$

berechnete Ausdruck dargestellt. Der untere Teil zeigt die entdimensionierten Komponenten der Wirbelstärken (azimutale Wirbelstärke $\omega_{\varphi}^{*}$ (durchgezogene, schwarze Linie), radiale Wirbelstärke $\omega_{r}^{*}$ (schwarze, strich-punktierte Linie), axiale Wirbelstärke $\omega_{ax}^{*}$ (gestrichelte, schwarze Linie)) aufgetragen entlang der entdimensionierten Strecken $s_1^*$ (links) und $s_2^*$ (rechts). Die Strecken sind dabei auf die Gesamtlänge[37] normiert, d.h. $s_1^* = s_1/s_{1,max}$ und $s_2^* = s_2/s_{2,max}$. Abbildung 5.77 zeigt, dass die Summe der Quellterme der Wirbeltransportgleichung durch den Umorientierungs-/Streckungsterm und den Dilatationsterm bestimmt und vom erst genannten nach Verlauf und Betrag dominiert wird. Das barokline Moment ist dabei von vernachlässigbarem Einfluss. Die azimutale Wirbelstärke folgt dementsprechend dem Verlauf des Gesamtquellterms, ist aber auch von der überlagerten Wirkung der Konvektion und des instantanen Terms

[37] Die Gesamtlänge $s_{max}$ entspricht der in Abbildung 5.76 dargestellten Länge (strich-doppelpunktierte Linie $s_1$ und gestrichelte Linie $s_2$)

(nicht dargestellt) beeinflusst. Die azimutale Wirbelstärke nimmt daher trotz positiven Gesamtquellterms nicht zwingend positive Werte an, wie der in Abbildung 5.77 links unten dargestellte Graph demonstriert.

Im rechten Teil der Abbildung 5.77 ist die Auswirkung der radialen Expansion der Wirbelröhre auf die azimutal wirkenden Quellterme und auf die Wirbelstärke dargestellt. Die Position a (vgl. Abbildung 5.76) stellt den Beginn der radialen Auslenkung der Wirbelfäden dar, weshalb die axiale Wirbelstärke abzufallen beginnt. Der Effekt der einsetzenden Umorientierung/Streckung wird etwas stromab davon, an der Position b (vgl. Abbildung 5.76) deutlich. Diese Stelle fällt mit dem Bereich um den vorderen Staupunkt zusammen, was die radiale Auslenkung verdeutlicht.

Für eine zusammenfassende zweidimensionale Darstellung der Verteilung der azimutalen Wirbelstärke, überlagert von den Quelltermen azimutaler Wirbelstärke wird auf Abbildung A.13 des Anhangskapitels A.28 verwiesen.

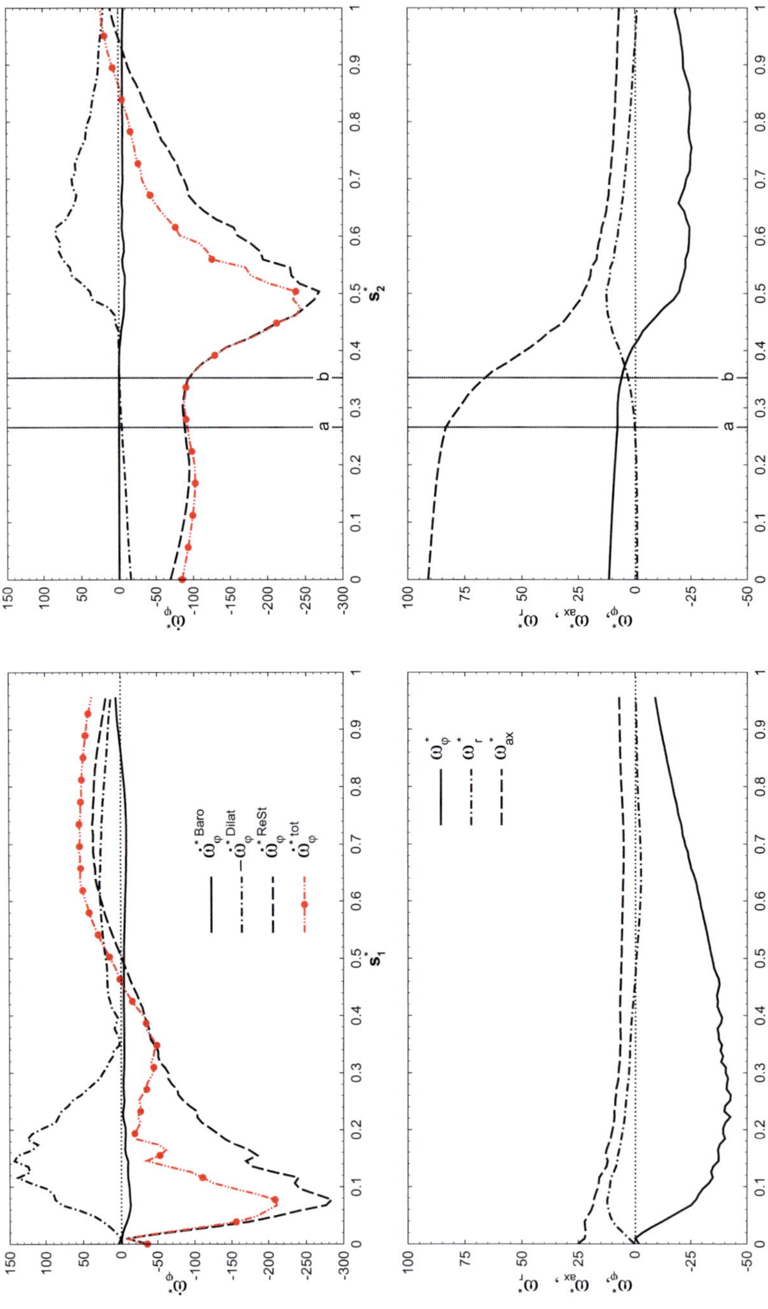

Abbildung 5.77: Verteilung der Quellterme der entdimensionierten azimutalen Wirbelstärke und der Wirbelstärkekomponenten entlang der Flammenkontur

### 5.4.11 Wirbelstärke: Induzierte Beschleunigung

Die Wirkung der Quellterme der Wirbeltransportgleichung auf die induzierte, axiale Beschleunigung wird im Folgenden auf Basis des Biot-Savart Gesetzes (vgl. Kapitel 2.3.3.3) gegeben und damit die Rückwirkung der Wirbelstärke auf die Induktion quantitativ beschrieben.
Das Biot-Savart Gesetz drückt die Wirkung der Wirbelstärke auf das Geschwindigkeitsfeld mathematisch aus[38], wonach für die induzierte Beschleunigung in axialer Richtung der Zusammenhang

$$\frac{d}{dt}\,\mathbf{u}_{ind}\left(\mathbf{x}\right) = -\frac{d}{dt}\left[\frac{1}{4\pi}\cdot\iiint_{V'}\frac{\boldsymbol{\omega}\left(\mathbf{x}'\right)\times\mathbf{s}}{\left|\mathbf{s}\right|^{3}}dV'\right] = -\frac{1}{4\pi}\cdot\iiint_{V'}\frac{\frac{d\,\boldsymbol{\omega}(\mathbf{x}')}{dt}\times\mathbf{s}}{\left|\mathbf{s}\right|^{3}}dV' \tag{5.56}$$

gilt. In Zylinderkoordinaten schreibt sich das Kreuzprodukt von Abstandsvektor $\mathbf{s}$ und Vektor der Wirbelstärkeänderung $\frac{d\,\boldsymbol{\omega}}{dt}$ für die behandelte rotationssymmetrische Strömung

$$\mathbf{s}\times\frac{d\,\boldsymbol{\omega}}{dt} = \begin{pmatrix} r-r' \\ 0 \\ ax-ax' \end{pmatrix}\times\begin{pmatrix} \frac{d\,\omega_r}{dt} \\ \frac{d\,\omega_\varphi}{dt} \\ \frac{d\,\omega_{ax}}{dt} \end{pmatrix} = \begin{pmatrix} -\left(ax-ax'\right)\cdot\frac{d\,\omega_\varphi}{dt} \\ \left(ax-ax'\right)\cdot\frac{d\,\omega_r}{dt}-\left(r-r'\right)\cdot\frac{d\,\omega_{ax}}{dt} \\ \left(r-r'\right)\cdot\frac{d\,\omega_\varphi}{dt} \end{pmatrix} \tag{5.57}$$

und der Betrag des Abstandsvektors wird zu

$$\left\|\mathbf{s}\right\| = \sqrt{\left(ax-ax'\right)^{2}+\left(r-r'\right)^{2}}. \tag{5.58}$$

Die an einem beliebigen Punkt $\mathbf{x}$ im Strömungsfeld induzierte axiale Beschleunigung lässt sich daher gemäß

$$\begin{aligned}\frac{dv_{ax}^{ind}\left(\mathbf{x}\right)}{dt} &= -\frac{1}{4\pi}\iiint_{(V')}\frac{\mathbf{s}\times\frac{d\,\boldsymbol{\omega}}{dt}\left(\mathbf{x}\right)}{s^{3}}\,dV' \\ &= -\frac{1}{4\pi}\iiint_{(V')}\frac{\left(r-r'\right)\cdot\frac{d\,\omega_\varphi}{dt}}{\left[\left(ax-ax'\right)^{2}+\left(r-r'\right)^{2}\right]^{3/2}}\,dV'\end{aligned} \tag{5.59}$$

durch die in jedem Punkt des gesamten (Kontroll-) Volumens vorliegende azimutale Wirbelstärkeänderung $\frac{d\omega_\varphi}{dt}$ ausdrücken.
Die Beschränkung auf die für das Wirbelaufplatzen notwendige Ausbildung des vorderen Staupunkts im Bereich der Rotationsachse reduziert die Betrachtung auf

$$\frac{dv_{ax}\left(0,ax\right)}{dt} = \frac{1}{2}\int_{(ax')}\int_{(r')}\frac{r'^{2}\cdot\frac{d\omega_\varphi}{dt}\left(r',ax'\right)}{\left[r'^{2}+\left(ax-ax'\right)^{2}\right]^{3/2}}\,dr'\,dax' \tag{5.60}$$

Dabei wurde berücksichtigt, dass der Staupunkt auf der Rotationsachse liegt, weshalb $r=0$ gilt. Das Volumenelement ist in zylindrischen Koordinaten über $dV = 2\pi\;r\;dr\;dax$ gegeben.

[38]Das Biot-Savart Gesetz ist auf Basis von Divergenzfreit der Strömung formuliert, wurde allerdings auch erfolgreich in Strömungen eingesetzt, die nicht Divergenz frei sind, z.B. [63, 112], siehe auch Kapitel 2.3.3.3.

Wird nun die Änderung der Wirbelstärke $\frac{d\omega_\varphi}{dt}$ über die Wirbeltransportgleichung (2.52) beschrieben, so kann die induzierte Beschleunigung entlang der Rotationsachse über

$$\begin{aligned}\frac{dv_{ax}(0,ax)}{dt} &= \frac{1}{2}\int_{(ax')}\int_{(r')} \frac{r'^2}{\left[r'^2+(ax-ax')^2\right]^{3/2}}\,\dot{\omega}_\varphi^{Baro}\left(r',ax'\right)\,dr'\,dax' \\ &+\frac{1}{2}\int_{(ax')}\int_{(r')} \frac{r'^2}{\left[r'^2+(ax-ax')^2\right]^{3/2}}\,\dot{\omega}_\varphi^{ReSt}\left(r',ax'\right)\,dr'\,dax' \\ &+\frac{1}{2}\int_{(ax')}\int_{(r')} \frac{r'^2}{\left[r'^2+(ax-ax')^2\right]^{3/2}}\,\dot{\omega}_\varphi^{Dilat}\left(r',ax'\right)\,dr'\,dax'\end{aligned} \tag{5.61}$$

auf die Wirkung des baroklinen Moments, der Streckung/Umorientierung und der Dilatation zurückgeführt werden. Die induzierte Beschleunigung entlang der Rotationsachse kann daher über

$$\begin{aligned}\frac{dv_{ax}(0,ax)}{dt} &= \frac{1}{2}\int_{(ax')}\int_{(r')} \frac{r'^2}{\left[r'^2+(ax-ax')^2\right]^{3/2}}\,\frac{1}{\rho^2}\left(\nabla\rho\times\nabla p\right)\left(r',ax'\right)\Big|_\varphi\,dr'\,dax' \\ &+\frac{1}{2}\int_{(ax')}\int_{(r')} \frac{r'^2}{\left[r'^2+(ax-ax')^2\right]^{3/2}}\,\left(\boldsymbol{\omega}\bullet\nabla\right)\mathbf{u}\left(r',ax'\right)\big|_\varphi\,dr'\,dax' \\ &+\frac{1}{2}\int_{(ax')}\int_{(r')} \frac{r'^2}{\left[r'^2+(ax-ax')^2\right]^{3/2}}\,\boldsymbol{\omega}\left(\nabla\bullet\mathbf{u}\right)\left(r',ax'\right)\big|_\varphi\,dr'\,dax'\end{aligned} \tag{5.62}$$

beschrieben werden.
Abbildung 5.78 stellt die gemäß Gleichung (5.62) ermittelten induzierten, entdimensionierten Beschleunigungen entlang der Rotationsachse des Mischrohrs dar. Der Anteil des baroklinen Moments (*Baro*) ist mittels der schwarzen, durchgezogenen Linie, der Anteil der Dilatation (*Dilat*) ist mittels schwarzer, strichpunktierter Linie, der Anteil der Umorientierung/Streckung (*ReSt*) ist mittels schwarzer, gestrichelter Linie und die als Summe der Quellterme ermittelte Gesamtbeschleunigung (*tot*) ist als rote, durchgezogene Linie mit überlagerten Symbolen gekennzeichnet. Die Entdimensionierung erfolgt dabei mittels des charakteristischen Geschwindigkeits- $v_0$ und Zeitmaßes $t_0 = D/v_0$ der Strömung. Zusätzlich sind auf der rechten Ordinate die Größenverteilung der entdimensionierten Axialgeschwindigkeit ($v_{ax}/v_0$, schwarze, strichdoppelpunktierte Linie) und die statistisch mittlere Reaktionsfortschrittsvariable ($\tilde{c}$, schwarze, lang-gestrichelte Linie) gezeigt. Abbildung 5.78 zeigt den Verlauf der entdimensionierten Beschleunigungsanteile relativ zum stromauf gelegenen Staupunkt auf der Rotationsachse $(x - x_{stag})\ /\ D$. Die induzierten Beschleunigungen sind dabei für den Zustand unmittelbar vor der Einschnürung der zusammenhängenden, inneren Rezirkulationsblase $t_0$, zum Zeitpunkt der Einschnürung $t_1$ und zu einem Zeitpunkt bereits abgeschnürter und stromauf propagierter Rezirkulationsblase $t_5$ gezeigt. Die Verläufe der Beschleunigungen zeigen im Bereich des stromauf gelegenen Staupunkts eine signifikante Abweichung bezüglich der Zustände im Fernfeld

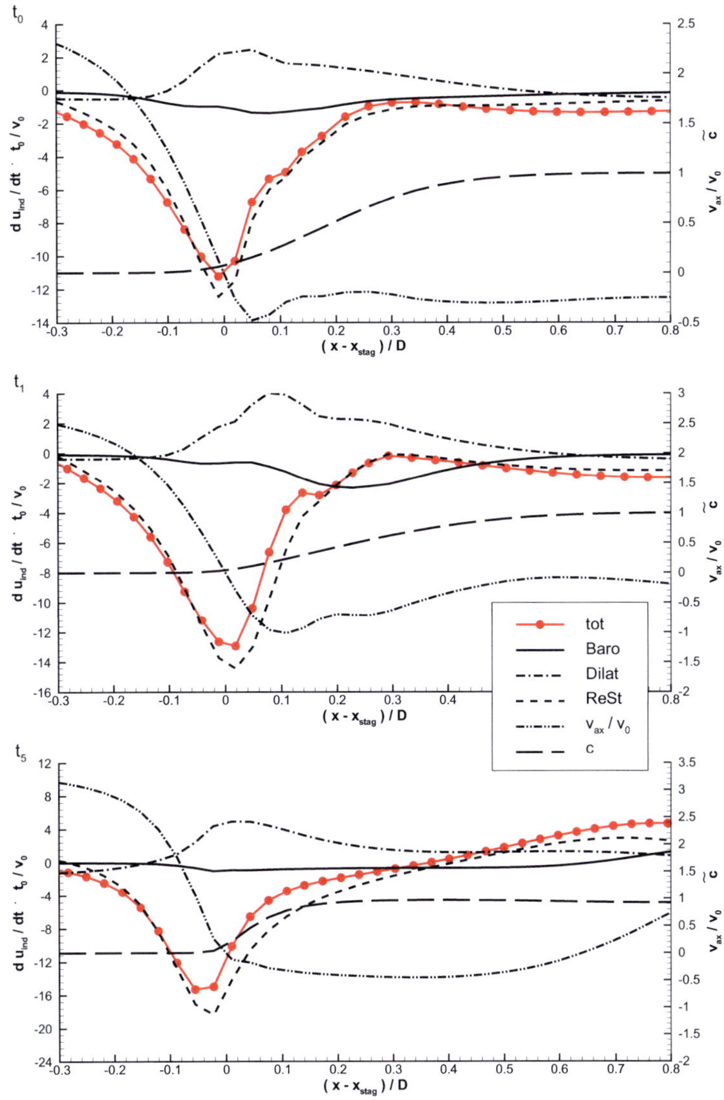


Abbildung 5.78: Induzierte Beschleunigungen relativ zum stromauf gelegenen Staupunkt auf der Rotationsachse während eines numerisch simulierten Vorgang des verbrennungsinduzierten Wirbelaufplatzens

der Rezirkulationsblase. Der Dilatationsterm wirkt im Wesentlichen positiv und damit einer stromauf Propagation entgegen. Das barokline Moment ist im Wesentlichen negativ, aber betragsmäßig von untergeordneter Bedeutung. Dominant ist die Umorientierung/Streckung, wonach die Gesamtbeschleunigung im Wesentlichen dem Verlauf und dem Betrag der Umorientierung/Streckung folgt.

### 5.4.12 Numerisch simulierter Vorgang des verbrennungsinduzierten Wirbelaufplatzens: Initialisierung und Ablauf

Die Betrachtung und Analyse der zum numerisch simulierten verbrennungsinduzierten Wirbelaufplatzen führenden Mechanismen (Kapitel 5.4.9 und Kapitel 5.4.11) und die während des Vorgangs des numerisch simulierten verbrennungsinduzierten Wirblaufplatzens ablaufenden Mechanismen (Kapitel 5.4.10 und Kapitel 5.4.11) identifizieren die Streckung und Umorientierung der Wirbelfäden um den stromauf gelegenen Staupunkt als Ursache der Generierung azimutal wirkender Wirbelstärke. Die Folge davon ist die Induktion axialer, stromauf gerichteter Axialgeschwindigkeiten, welche zu einer stromauf Verschiebung des aus abgeschnürter Rezirkulationsblase und Vormischflamme bestehenden Systems führt. Die Prozesse zur Bildung negativer azimutaler Wirbelstärke (kritischen Betrags) sind demnach für den Vorgang der Initialisierung und der Aufrechterhaltung (Ablauf) gleich.
Den Analysen der Kapitel 5.4.9 und Kapitel 5.4.10 entsprechend sind in Abbildung 5.79 die Initialisierung und der Ablauf des verbrennungsinduzierten Wirbelaufplatzens in Form eines positiven Kopplungskreises zusammenfassend dargestellt/interpretiert.

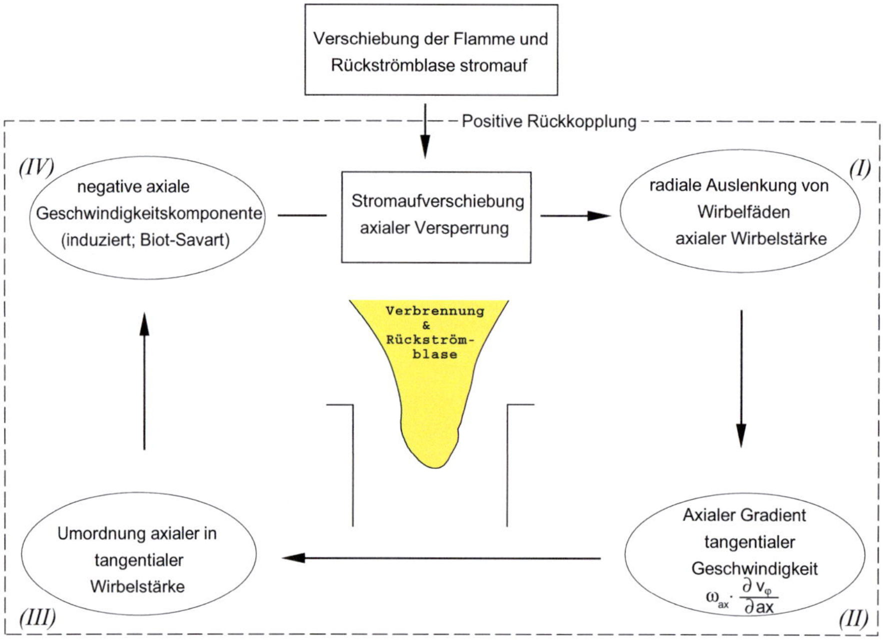


Abbildung 5.79: Positiver Rückkopplungsmechanismus für die Entstehung und die Aufrechterhaltung des verbrennungsinduzierten Wirbelaufplatzens

Die Umorientierung und Streckung der Wirbelfäden ist der wesentliche Entstehungsmechanismus für negative, azimutale Wirbelstärke. Dies setzt eine Auslenkung der Wirbelfäden auf kurzem Abmaß voraus (*I*). Die erfolgende radiale Auslenkung bedingt, dass sich die Wirbelfäden hoher axialer Wirbelstärke axial in Gebiete reduzierter zirkumferentieller Geschwindigkeit erstrecken (*II*). Dadurch bleiben die ausgelenkten Wirbelfäden bezüglich der ursprünglichen Orientierung zurück (vgl. Abbildung 5.83), werden also spiralförmig in Umfangsrichtung verdreht. Diese Umorientierung der ursprünglich rein axial orientierten Wirbelfäden hat eine Komponente der Wirbelstärke in Umfangsrichtung zur Folge (*IV*). Die umorientierten Wirbelfäden wirken dabei wie ein torusförmiger Ringwirbel (vgl. Abbildung 5.84). Dieses Wirbelsystem wirkt mittels einer induzierten Axialgeschwindigkeit auf die Strömung zurück, quantitativ mittels des Biot-Savart Gesetzes beschreibbar (*V*).

Diese Mechanismen bilden nach Initialisierung einen positiven Kopplungsmechanismus. Die Initialisierung wird dabei erreicht, wenn hinreichend hohe azimutale (negative) Wirbelstärke generiert wird. Dies setzt die Auslenkung der Wirbelfäden radial um die Rotationsachse und damit eine Rezirkulationsblase kleinen Krümmungsradius um den stromauf gelgenen Staupunkt voraus. Dieser Zustand wird durch die wirbeldynamischen Vorgänge selbst und mittels Erhöhung der Flammengeschwindigkeit durch Absenken der Luftzahl des überstöchiometrischen Gemischs erzielt.

### 5.4.13 Druckfeld und Drallzahl

Drallbehaftete (isotherme) Brennkammerströmungen werden üblicherweise neben der Reynolds und Mach Zahl über die Drallzahl beschrieben. Dieser Auffassung folgend, geht dieses Kapitel auf die Entwicklung und Beschreibung charakterisierender Kenngrößen insbesondere der Drallzahl ein.

Die Geschwindigkeitsprofile sind unabhängig von den Betriebsbedingungen (vgl. Tabelle 4.3) ähnlich zu einander (vgl. Abbildung 4.4 und die Abbildungen des Kapitels 5.2), weshalb auch die lokale Drallzahl $S_{lokal,r}$ als Verhältnis des integrierten Axialimpulsstroms $\int_0^r \dot{I}(r)\ dr$ zu integriertem Drehimpulsstrom $\int_0^r \dot{D}(r)\ dr$

$$S_{lokal,r}(r,ax) = \left.\frac{\dot{D}(r)}{\dot{I}(r)\cdot r}\right|_{ax} = \left.\frac{2\,\pi\,\int_0^r \overline{\rho}\cdot\left(\overline{v_{ax}v_{\varphi}}+\overline{v_{ax}^{'}v_{\varphi}^{'}}\right)\cdot r^2\,dr}{2\,\pi\,\int_0^r\left(\overline{\rho}\cdot\left(\overline{v}_{ax}^2+\overline{v_{ax}^{'2}}\right)+(p-p_{\infty})\right)\cdot r\,dr\,\cdot r}\right|_{ax} \tag{5.63}$$

unabhängig vom konkret betrachteten Rechenfall stets den gleichen in Abbildung 5.80 oben gezeigten Verlauf einnimmt. Der Bezug auf den betrachteten lokalen Querschnittsradius, d.h. die Betrachtung einer lokalen Drallzahl als dimensionslose Kenngröße ist insofern der in der Literatur (z.B. [46], [86]) für gewöhnlich über den Gesamtquerschnitt integrierten Drallzahl $S_{int}$

$$S_{int} = \left.\frac{\dot{D}_{int}}{\dot{I}_{int}\cdot R_0}\right|_{ax} = \left.\frac{2\,\pi\,\int_0^{\infty} \overline{\rho}\cdot\left(\overline{v_{ax}v_{\varphi}}+\overline{v_{ax}^{'}v_{\varphi}^{'}}\right)\cdot r^2\,dr}{2\,\pi\,\int_0^{\infty}\left(\overline{\rho}\cdot\left(\overline{v}_{ax}^2+\overline{v_{ax}^{'2}}\right)+(p-p_{\infty})\right)\cdot r\,dr\,\cdot R_0}\right|_{ax} \tag{5.64}$$

vorzuziehen[39], weil die in dieser Arbeit betrachteten Vorgänge durch Abläufe in relativ kleinen Teilvolumina um die Rotationsachse bestimmt sind. Die Integration der Impulsströme bis zur Bewandung ermöglicht daher nur eine begrenzte Aussage über die effektiv wirksame Drallstärke und damit der Strömungsform.

Abbildung 5.80 zeigt im oberen Bildausschnitt den Verlauf der Drallzahlen $S_{lokal,r}$ nach Gleichung (5.63) (offene Kreise) und den Verlauf der Drallzahl $S_{lokal,R} = S_{lokal,r}\cdot\frac{r}{R}$ (ausgefüllte Kreise) und im unteren Bildausschnitt den Verlauf des Drehimpulsstroms $\dot{D}$ (offene Quadrate) und des Axialimpulsstroms $\dot{I}$ (ausgefüllte Quadrate) über dem dimensionslosen Radius $r/D$ am Einlass des Rechengebiets[40]. Im Gegensatz zu den Impulsströmen[41] selbst, sind die Verläufe der Drallzahlen als dimensionsloses Impulsstromverhältnis unabhängig vom betrachteten Rechenfall (vgl. Tabelle 4.3), da die mit der massengemittelten Axialgeschwindigkeit $v_0$ entdimensionierten Geschwindigkeitsprofile ähnlich sind, vgl. Abbildung 4.4 und Abbildung 4.5.

Die integrierte Drallzahl $S_{int}$ ist an der Stelle $R/D = 0{,}5$ mit $R = D/2$ als dem Mischrohrradius über $S_{int} \approx 0{,}51$ gegeben und damit den experimentellen Messungen entsprechend [37]. In Abbildung 5.81 sind die Profile des Drehimpulsstroms $\dot{D}$, des Axialimpulsstroms $\dot{I}$ und der nach Gleichung (5.63) bestimmten lokalen Drallzahl $S_{lokal,r}(r)$, und in Abbildung 5.82 sind die

[39]Die Drallzahl $S_{int}$ entspricht einem über den betrachteten Querschnitt integriertem Wert. Bei Vernachlässigung viskoser Effekte sind die Impulsströme und damit die Drallzahl $S_{int}$ eine sich erhaltene Bilanzgröße, die unter diesen Bedingungen für ein betrachtetes System einen kontanten Wert annimmt (z.B. [144]).

[40]Bezüglich des Axialimpulses und Gleichung (5.63) ist am Einlass des Rechengebietes $p - p_{\infty} = 0$ gesetzt.

[41]Abbildung 5.80 bezieht sich auf den Rechenfall einer Vorwärmtemperatur $T_u = 373K$, vgl. Tabelle 4.3.

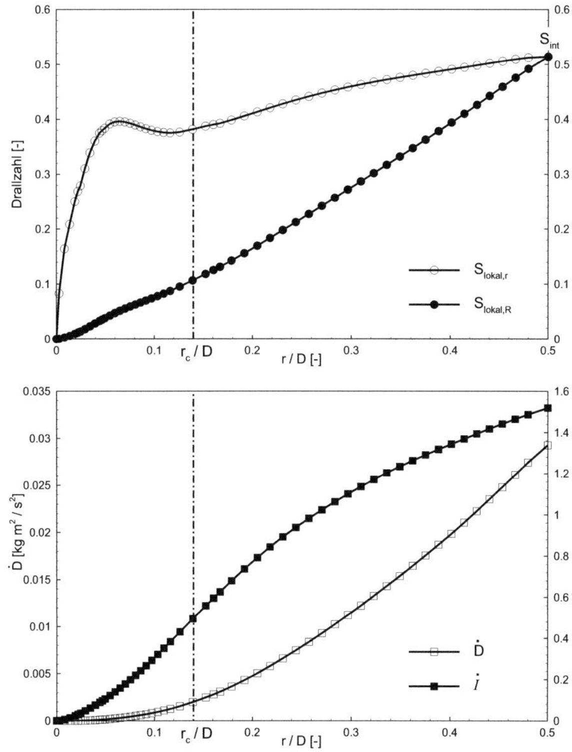


Abbildung 5.80: Verlauf der Drallzahl $S_{lokal,r}(r)$, der Drallzahl $S_{lokal,R}(r)$, des Drehimpulsstroms $\dot{D}$ und des Axialimpulsstroms $\dot{I}$ über dem dimensionslosen Radius $r/D$ am Einlass des Rechengebiets für $p - p_\infty = 0$

Profile des statischen Relativdrucks $p$, des axialen Druckgradientens $\partial p/\partial ax$ und der entdimensionierten Tangentialgeschwindigkeit $v_\varphi/v_0$ jeweils entlang des entdimensionierten Mischrohrradius' $r/D$ an den in Abbildung 5.76 eingezeichneten horizontalen Stellen aufgetragen. $r_c/D$ steht für den dimensionslosen maximalen Radius der stromauf propagierenden Rezirkulationsblase (strichpunktierte, vertikale Linie). Die Graphen zeigen dabei die axiale Entwicklung der zugeordneten physikalischen Größe innerhalb der Rezirkulationsblase $x/D = -1{,}45$ (a) bis in den Bereich stromauf der propagierenden Flamme $x/D = -1{,}70$ (f).

Die lokale Drallzahl $S_{lokal,r}$ steigt unabhängig von der axialen Position aufgrund des im Gegensatz zum Axialimpulsstrom progressiveren Anwachsens des Drehimpulsstroms zunächst von der Rotationsachse ausgehend in radialer Richtung an, nimmt ein lokales Maximum im Bereich $r < r_c$ ein und fällt bis zum Rand des Mischrohrs auf den integrierten Wert der Drallzahl ab. Die Überhöhung der lokalen Drallzahl nimmt stromab in axialer Erstreckung in Richtung Rezirkulationsblase (von (f) nach (a)) ab und wird aufgrund der radialen Expansion der Wirbelfäden zu größeren Abständen zur Rotationsachse verschoben. Die integrierte Drallzahl bleibt dabei trotz

veränderter Impulsströme näherungsweise erhalten $S_{int} \approx 0{,}32 = konstant$[42]. Das zeigt, dass die integrale Drallzahl als quantitativer Parameter zur Beschreibung der Strömung(sform) nicht geeignet ist.
Die anhand der Drallzahlverteilung beschriebene radiale Aufweitung des Wirbelkerns ist in Abbildung 5.82 anhand der radialen Verläufe des statischen Relativdrucks und der Tangentialgeschwindigkeit an den axialen Positionen (a) bis (f) im Mischrohr stromauf und durch die Rezirkulationsblase dargestellt. An den Stellen unmittelbar stromauf $x/D = -1{,}50$ (b) und innerhalb der Rezirkulationsblase $x/D = -1{,}45$ (a) sind die Profile vergleichmäßigt und die Überhöhungen durch Diffusion (radiale Expansion) abgebaut.
In diesem Zusammenhang ist es erwähnenswert, dass der statische Relativdruck von $100Pa$ stromauf der Rezirkulationsblase ($f$) auf über $1200Pa$ ansteigt ($a$), verbunden mit der Abnahme des Tangentialgeschwindigkeitsmaximums.

[42] In Abbildung 5.80 handelt es sich um die auf Basis der Einlassrandbedingung ermittelten Drallzahlverteilung. Diese berücksichtigt den axialen Druckgradienten nicht, weshalb die Drallzahl innerhalb des Strömungsfelds einen anderen Wert annimmt.

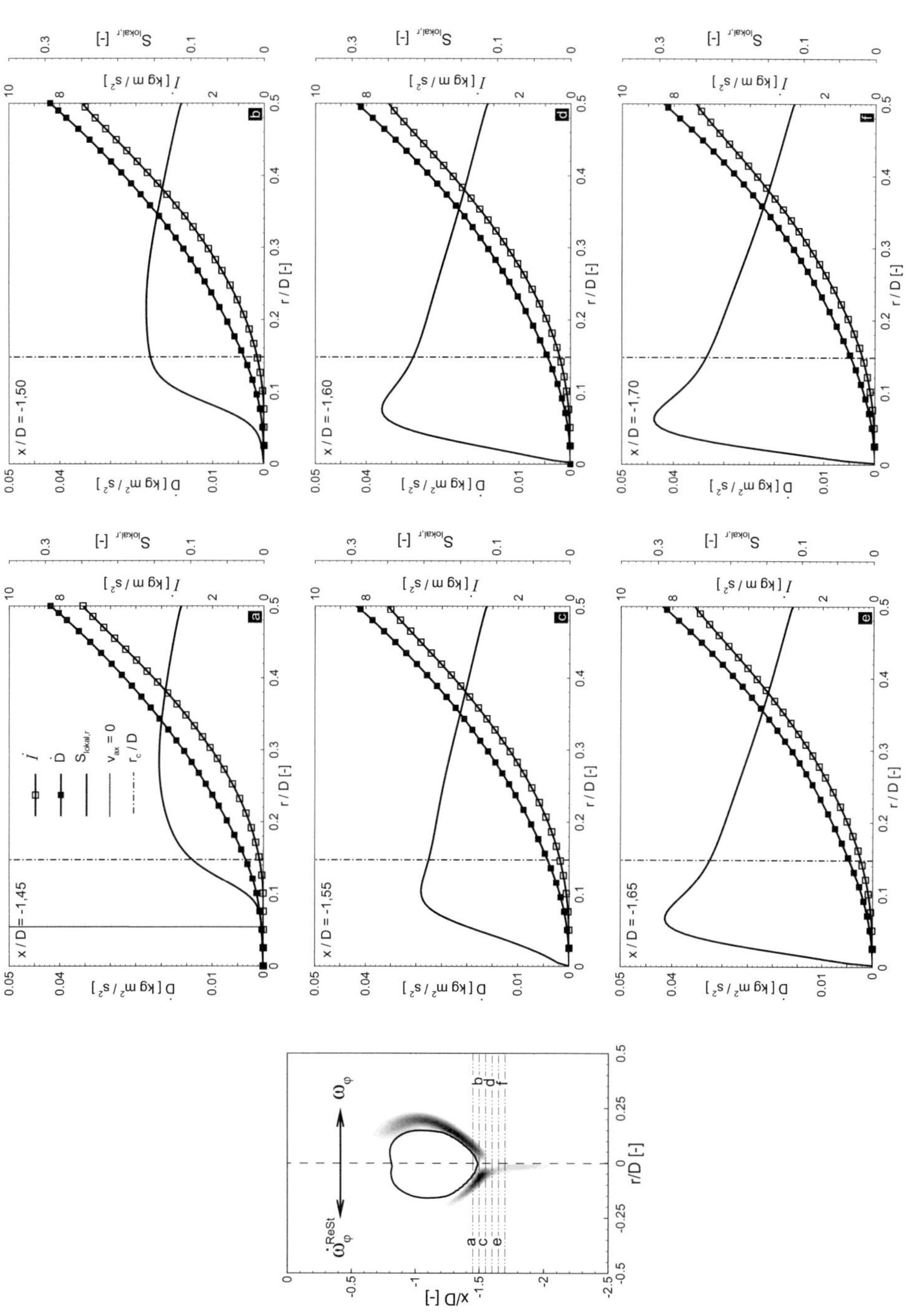


Abbildung 5.81: Verlauf des Drehimpulsstroms $\dot{D}$, des Axialimpulsstroms $\dot{I}$ und der lokalen Drallzahl $S_{lokal,r}(r)$, extrahiert entlang der horizontalen Linien a bis f

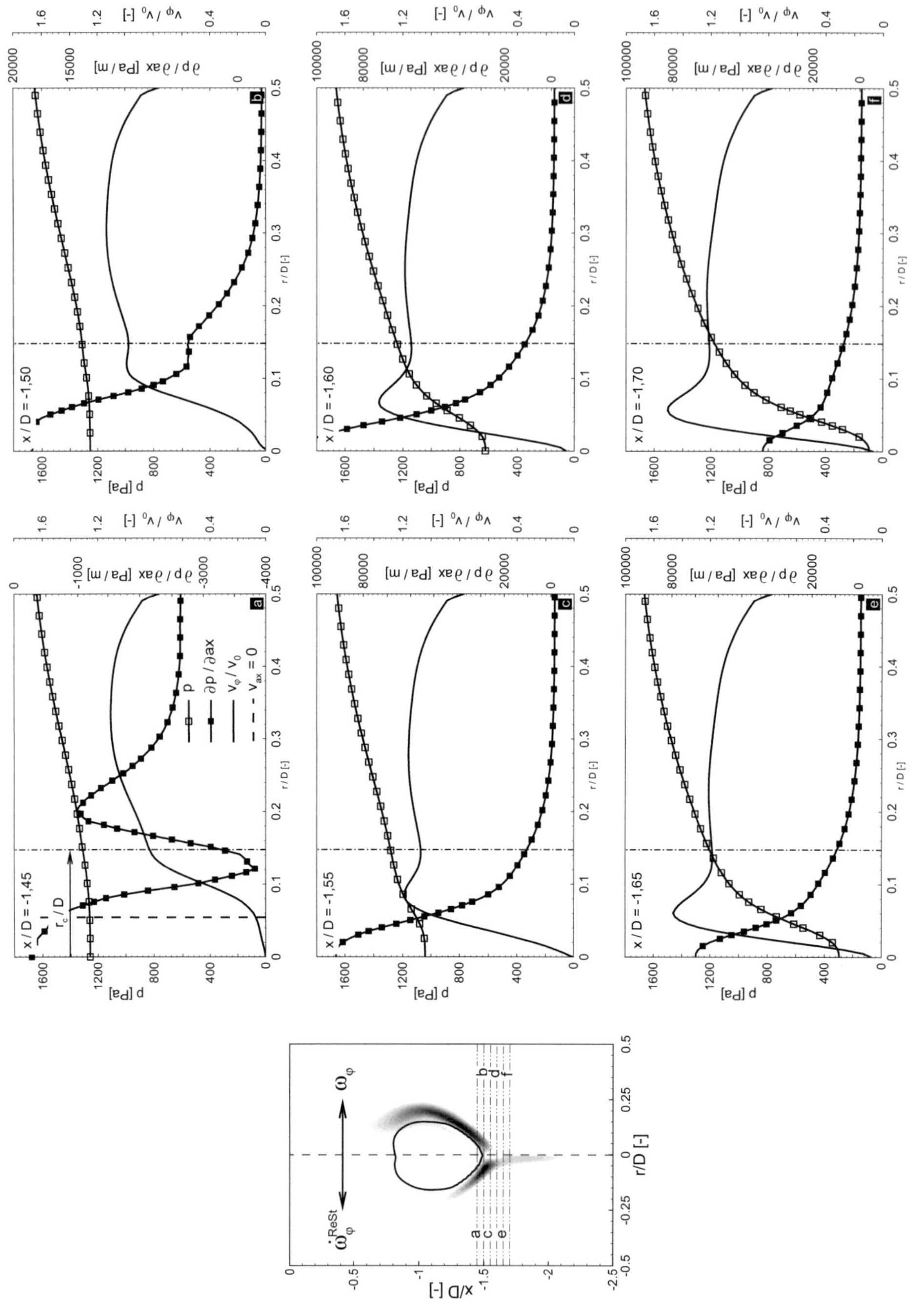


Abbildung 5.82: Statischer Relativdruck $p$, axialer Gradient des statischen Relativdrucks $\partial p/\partial ax$ und entdimensionierte Tangentialgeschwindigkeit $v_\varphi/v_0$, extrahiert entlang der horizontalen Linien a bis f

### 5.4.14 Interpretation der wirbeldynamischen Abläufe

Die Wirkungsweise der radialen Auslenkung der Wirbelfäden kann entsprechend der Abbildung 5.83 graphisch interpretiert werden [120, 119]. Die Wirbelfäden der Wirbelröhre kleineren Durchmessers werden aufgrund der Wärmefreisetzung entlang der Flammenkontur und aufgrund der sich ausbildenden Rezirkulationsblase radial ausgelenkt. Abbildung 5.83 zeigt dabei die tatsächlich stetig erfolgende Umlenkung der Wirbelfäden der besseren Veranschaulichung wegen als in einem Punkt auftretende Unstetigkeitsstelle zwischen den dargestellten Wirbelröhren.

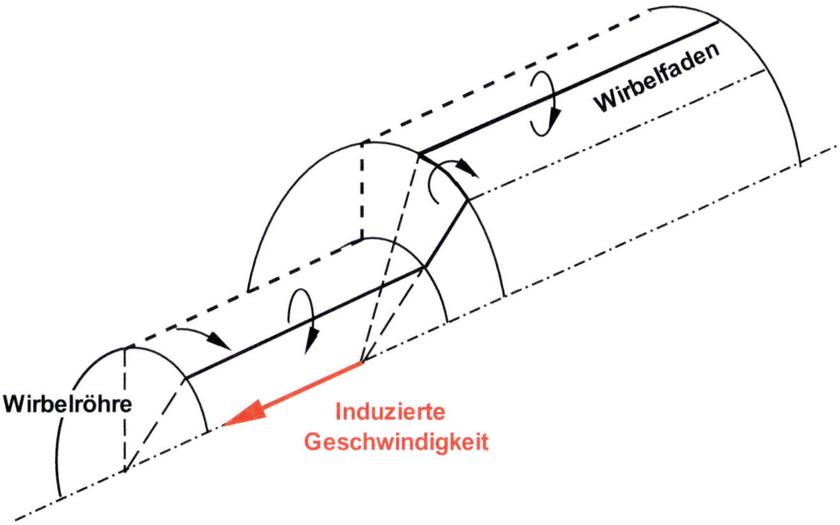


Abbildung 5.83: Graphische Interpretation der Bildung azimutaler Wirbelstärke durch radiales Auslenken der Wirbelfäden um die Flammenwurzel und die Rezirkulationsblase
Die Flammenposition ist der Interpretation wegen als Singularität angenommen und fällt mit der Übergangsstelle der Wirbelröhren zusammen

Würden die Verhältnisse des Wirbelfadens und seiner Umgebung unverändert bleiben, so verliefe ein ausgelenkter Wirbelfaden entsprechend der strich-doppelpunktierten Linie (vgl. Abbildung 5.83). Der Drehimpulserhaltung wegen ist die Umfangsgeschwindigkeit der Wirbelröhre kleineren Durchmessers allerdings größer, als diejenige der großen Wirbelröhre, weshalb ausgelenkte Wirbelfäden gegenüber der ursprünglichen Position zurück bleiben. Dies ist graphisch durch den entstehenden zirkumferentiell orientierten Wirbel kenntlich gemacht. Die eingezeichneten Wirbel entlang der Wirbelfäden verdeutlichen, dass durch diese zirkumferentielle Bewegung (zurückbleibender Wirbelfaden) azimutale Wirbelstärke generiert wird.

Abbildung 5.84 zeigt das stromauf durch das Mischrohr propagierende, aus Rückströmblase und Vormischflamme bestehende System als eine Momentaufnahme während eines numerisch simulierten Vorgangs des verbrennungsinduzierten Wirbelaufplatzens. Die Inner-Layer Temperatur $T^0$ (schwarze, strich-doppelpunktierte Linie) kennzeichnet näherungsweise das Maximum der Reaktionsrate und beschreibt daher die statistisch mittlere Lage der Flammenoberflächendichte. Die Rezirkulationsblase ist über die Isotache $v_{ax} = 0$ (schwarze Linie) beschrieben. Die mittels der Streichlinien (graue Linien) kenntlich gemachte Strömung zeigt den im ebenen Schnitt mit zwei Zentren erscheinenden torusförmigen Wirbel des blasenförmigen Rückstömgebiets.

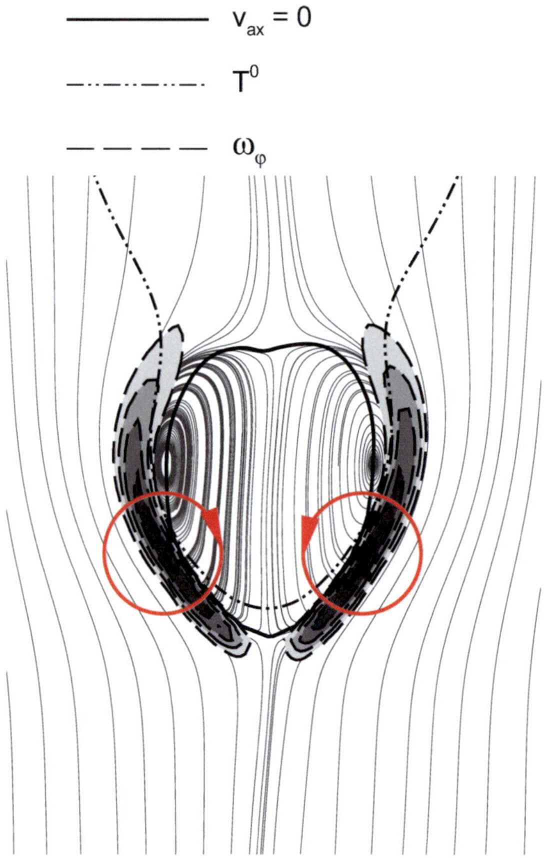


Abbildung 5.84: Wirkungsweise der azimutalen Wirbelstärke

Die stromauf des vorderen Staupunkts einsetzende radiale Auslenkung der Strömung wird deutlich und aufgrund des verringerten Abstands der Streichlinien zueinander auch die axiale Beschleunigung im Bereich außerhalb der Einhüllenden der Rezirkulationszone (aerodynamische

Versperrung). Die Struktur der azimutalen Wirbelstärke ist anhand des Konturbilds mit überlagerten Isolinien (schwarze, gestrichelte Linien) illustriert. Die Wirkrichtung dieses torusförmigen Wirbels ist normal zur Zeichenebene (rechts: Orientierung in die Ebene; links: Orientierung aus der Ebene). Die eingezeichneten Wirbel (rot) entsprechen dem in die Ebene projizierten torusförmigen Wirbel. Diese Ansicht verdeutlicht die Wirkungsweise der azimutalen Wirbelstärke als ein gegensinnig rotierendes Wirbelpaar. Die den Wirbeln zugrunde liegende Strömungsverteilung wirkt mit einer mittels Vektoraddition erhaltenden Resultierenden, die der induzierten Geschwindigkeit entspricht. Dieses Wirbelpaar würde sich daher bei ruhender Umgebung und bei Vernachlässigung viskoser Effekte translatorisch (sich selbst erhaltend) fortbewegen.
Die stromauf Verschiebung des aus Rezirkulationsblase und Flamme bestehenden Systems kann daher auch als das Ergebnis einer resultierenden Axialgeschwindigkeit verstanden werden, die sich aus der Vektoraddition der den generierten Wirbeln zugrunde liegenden Geschwindigkeitsvektoren ergibt.

### 5.4.15 Schlussfolgerungen und kritische Betrachtung

**Schlussfolgerungen und Kurzzusammenfassung der Modellierung**

Die detaillierten Untersuchungen zum verbrennungsinduzierten Wirbelaufplatzen erfolgen in dieser Arbeit auf Basis von dreidimensionalen uRANS Simulationen. Die modellierten Bilanzgleichungen werden unter Berücksichtigung kleiner Mach-Zahlen formuliert. Desweiteren wird vom Energieaustausch durch Strahlung abgesehen und die Berandungswände der untersuchten Konfiguration werden als adiabat angenommen. Der nach Favre Mittelung entstandene ungeschlossene Spannungstensor der Impulsgleichungen wird durch ein Reynolds-Spannungsturbulenzmodell (BSL-Modell) beschrieben, wobei die unabhängigen Komponenten des Spannungstensors und die Dissipationsrate jeweils über eine Transportgleichung ermittelt werden. Die Beschreibung der einzelnen Spannungskomponenten mittels Turbulenzmodell zweiter Ordnung ermöglicht die numerische Simulation der messtechnisch detektierten anisotropen Strömungscharakteristik. Entscheidendes Merkmal der isothermen Strömung zum verbrennungsinduzierten Wirbelaufplatzen ist insbesondere der geringe radiale Impulsaustausch. Die radialen Geschwindigkeitsprofile bleiben als Folge davon in axialer Richtung ähnlich, wodurch die Axialgeschwindigkeit und die Wirbelstärkendichte entlang der Rotationsachse bis unmittelbar stromauf der inneren Rezirkulationszone erhalten bleibt. Der Erhalt der axialen Wirbelstärkendichte entlang der Rotationsachse wurde in dieser Arbeit als ein notwendiges Kriterium zur erfolgreichen numerischen Simulation des verbrennungsinduzierten Wirbelaufplatzens identifiziert.

Im Gegensatz dazu sind Turbulenzmodelle erster Ordnung (Zwei- und Eingleichungsturbulenzmodelle) nicht in der Lage den anisotropen Strömungscharakter zu beschreiben, da Gradienten der mittleren Strömungsgrößen als Produktionsterm der turbulenten kinetischen Energie interpretiert werden. Deswegen können solche Modelle (ohne weitere Stromlinienkrümmungskorrektur) den geringen radialen Impulsaustausch der Strömungsprofile nicht simulieren.

Die Beschreibung der Wärmefreisetzung durch chemischen Reaktionsumsatz erfolgt in dieser Arbeit mittels eines Verbrennungsmodells, das dem erweiterten Flameletansatz zugeordnet ist. Dabei wird in dieser Arbeit auf submakroskopischer Ebene von laminaren Flamelets in turbulenter Strömung ausgegangen. Demnach wird die Flamme als ein Ensemble von Flamelets angesehen, charakterisiert durch die lokale Flammenoberflächendichte und die lokale Flameletgeschwindigkeit.

Die Flameletgeschwindigkeit wird durch Strömungsinhomogenitäten lokal und zeitlich verändert. Der gewählte Flamelet to Turbulent Condition (FLTC) Ansatz geht entsprechend von Erkenntnissen Direkter Numerischer Simulationen (DNS) und entsprechend experimenteller isochorer Flammenausbreitungsexperimenten davon aus, dass die Flameletgeschwindigkeit lokal auch bei Überschreiten der laminaren Extinktionsstreckungsrate nicht erlischt. Dies kann auf die mit der turbulenten Streckungsrate verbundene Instationarität der Streckungsrate zurückgeführt werden. Überschreitet die Instationarität der Streckungsrate die Grenzfrequenz des Flamelets, kann das Flamelet aufgrund von Trägheitseffekten auf die äußeren Änderungen der Streckungsraten nicht mehr reagieren. Dies resultiert bei Übersteigen der Grenzfrequenz der Änderungsraten in einer näherungsweisen konstanten Flameletgeschwindigkeit.

Die lokale Flammenoberflächendichte wird über eine Transportgleichung beschrieben (tFSD), die die Streckungs- und Krümmungseffekte der Flamme aufgrund der Interaktion mit dem turbulenten Strömungsfeld als einzelne Quellterme explizit beschreibt. Daneben werden die Propagation und Annihilierungseffekte als Quellterme berücksichtigt.
Die Favre gemittelte Transportgleichung der Flammenoberflächendichte wird durch Modellannahmen geschlossen. Dabei werden die einzelnen Quellterme unter Berücksichtigung von DNS Ergebnissen modelliert. Die Validierung des Ansatzes auf Basis der Flammenoberflächendichte und die Kalibrierung der Modellkonstanten erfolgten durch Simulation turbulent vorgemischter Freistrahlflammen [50, 129]. Eine Beschreibung der Validierungsfälle und der entsprechenden Ergebnisse erfolgt dabei in der Arbeit von HOFFMANN [50].
Schwerpunkte dieser Arbeit sind die Beschreibung der numerischen Simulationen des verbrennungsinduzierten Wirbelaufplatzens [130, 133, 131, 134, 132, 135] und der Vergleich zwischen den experimentell und den numerisch ermittelten Daten. Die numerischen Simulationsergebnisse sind dabei in guter Übereinstimmung mit den zur Verfügung stehenden Messdaten, wobei besonders erwähnenswert ist, dass dies ohne Modifikation der Modellkonstanten erfolgte. Die numerischen Simulationsergebnisse ermöglichen daher eine Analyse und eine detaillierte Untersuchung der Vorgänge zum und während des verbrennungsinduzierten Wirbelaufplatzen.

**Beschränkungen des Modellierungsansatzes**

Die numerischen Simulationen dieser Arbeit basieren auf Modellansätze, die physikalisch motiviert und mittels Ergebnisse von Direkten Numerischen Simulationen und detaillierten messtechnischen Resultaten mathematisch beschrieben sind. Dieses Gesamtmodell wurde anhand turbulenter Freistrahlflammen und anhand des in dieser Arbeit im Detail untersuchten verbrennungsinduzierten Wirbelaufplatzens erfolgreich validiert.
Die in dieser Arbeit getroffenen Aussagen insbesondere bezüglich der detaillierten Untersuchungen zum verbrennungsinduzierten Wirbelaufplatzen erfolgen anhand der numerischen Simulationen. Hierbei ist zu berücksichtigen, dass der gewählte uRANS Ansatz auf der Beschreibung statistisch mittlerer Größen basiert. Intermittente Vorgänge des turbulenten Spektrums werden daher nur limitiert berücksichtigt.

**Ausblick und weiterführende Arbeiten**

Bezüglich des verbrennungsinduzierten Wirbelaufplatzens konnten anhand der numerischen Simulationen die Umorientierung und Streckung der Wirbelfäden als Ursache für die Initiierung und den Ablauf identifiziert, quantifiziert und interpretiert werden. Die Initialisierung kann erfolgen, wenn das aus Rezirkulationsblase und aus Vormischflamme bestehende System durch Luftzahlabsenkung so weit stromab in den Übergangsbereich Mischrohr zu Brennkammer verschoben ist, dass die Wirbelfadenauslenkung stromauf und um die Rezirkulationsblase auf so kurzem Längenmaß erfolgt, d.h. so hohe Gradienten entstehen, dass die induzierte Axialbeschleunigung ausreicht, das System stromauf propagieren zu lassen.
Als weiterführende Arbeiten wäre die numerische Simulation des verbrennungsinduzierten Wirbelaufplatzens mittels LES in Verbindung mit dem kombinierten tFSD und FLTC Modell interessant. Dadurch könnten intermittente Vorgänge und Interaktionsvorgänge aufgrund unterschiedlicher Turbulenzstrukturen (turbulentes Wirbelspektrum, turbulenter Zeit- und Längen-

maßeinfluss) mitberücksichtigt werden. In diesem Zusammenhang wäre ferner interessant, das verbrennungsinduzierte Wirbelaufplatzen mit dem entwickelten Gesamtmodell dieser Arbeit in der Art zu simulieren, dass bei Luftzahlabsenkung einmal die Dichte (i) und einmal die Flammengeschwindigkeit (ii) konstant gehalten wird. Hierdurch würde einmal der Einfluss des baroklinen Moments unterdrückt werden (i) und einmal würde die kinematische Stromaufverschiebung unterdrückt werden (ii).

# 6 Zusammenfassung

Diese Arbeit behandelt die numerische Simulation des verbrennungsinduzierten Wirbelaufplatzens, ein bislang nicht vollständig verstandenes Phänomen, das in vorgemischten Verbrennungssystem auftreten kann und zu einer Propagation der Flamme stromauf durch die Mischstrecke führt. Dieser wirbeldynamisch geprägte Vorgang ist in seiner dreidimensionalen Erscheinungsform in Übereinstimmung mit wesentlichen, messtechnisch zugänglichen Größen numerisch nachgebildet worden. Sowohl die ablaufenden Prozesse, die zum Rückschlag beitragen, als auch die Abläufe während der stromauf Propagation wurden quantitativ ermittelt. Diese detaillierte Analyse der maßgebenden Vorgänge ermöglicht eine geschlossene Darstellung der Abläufe und liefert einen Erklärungsansatz für die quantitative Beschreibung des verbrennungsinduzierten Wirbelaufplatzens.

Das dabei für die Modellierung der Wärmefreisetzung und der Interaktion mit dem Strömungsfeld entwickelte Verbrennungsmodell basiert auf der Schließung einer Transportgleichung für die Flamme-Strömung Interaktion (tFSD-Gleichung) mit einem für alle numerischen Simulationen unveränderten Konstantensatz. Die auf molekularer Ebene ablaufenden Vorgänge sind im Verbrennungsmodell über die Flammengeschwindigkeit bestimmt, welche in einem vorgelagerten Simulationsschritt anhand laminarer Gegenstromvormischflammen unter Berücksichtigung detaillierter Reaktionsabläufe für variierte Streckungsraten und Vorwärmtemperaturen erfasst wird. Der Einfluss der Turbulenz auf die Reaktionskinetik wird mittels eines um instationäre Effekte erweiterten Ansatzes zur Beschreibung der Flammendynamik (FLTC) berücksichtigt.

Die wichtigsten numerisch gewonnenen Ergebnisse des verbrennungsinduzierten Wirbelaufplatzens, des Verbrennungsmodells, der detaillierten Flamme-Strömung Interaktion und der Flamme-Strömung Interaktion im Zusammenhang des verbrennungsinduzierten Wirbelaufplatzens werden im Folgenden zusammenfassend dargestellt, interpretiert und beurteilt.

**Das verbrennungsinduzierte Wirbelaufplatzen**

Das Phänomen des verbrennungsinduzierten Wirbelaufplatzens tritt in Bereichen um die Rotationsachse auf, an Stellen der ursprünglich höchsten stromab gerichteten Strömungsgeschwindigkeiten. Von dem der Auslegung entsprechenden stabilen Betriebspunkt ausgehend tritt der untersuchte Flammenrückschlagstyp unmittelbar nach Einstellung einer kritischen Luftzahl ein. Diese Initialisierung kann jedoch nur dann erfolgen, wenn die zugrunde liegende Strömungsform eine hohe Tangentialgeschwindigkeitskomponente und damit eine hohe axiale Wirbelstärkendichte im Bereich um die Rotationsachse aufweist. Diese Strömungsform wird durch eine Überhöhung der Axialgeschwindigkeitskomponente begünstigt, wenn diese radial außerhalb des Maximums der Tangentialgeschwindigkeit liegt. Die Initiierung des verbrennungsinduzierten Wirbelaufplatzens erfordert die Erhaltung dieser Profile bis unmittelbar stromauf der sich ausbildenden inneren Rezirkulationszone.

Des Kriteriums der hohen Wirbelstärkendichte wegen sind Turbulenzmodelle, die auf der Schließung mittels nicht mehr als zwei Transportgleichungen beruhen, zur numerischen Simulation dieses Strömungstyps im Allgemeinen nicht geeignet. Diesen Modellklassen liegt eine Gradientenhypothese zugrunde, die ursächlich für die Simulation eines überhöhten radial-diffusiven

Transportes ist. Das führt zu einer Vergleichmäßigung der Geschwindigkeitskomponenten über den Strömungsquerschnitt, wodurch die notwendige Bedingung der Geschwindigkeitsüberhöhung um die Rotationsachse, die axiale Wirbelstärkedichte, nicht erfüllt wird. Als Folge hiervon kann ein verbrennungsinduziertes Wirbelaufplatzen numerisch nicht nachgebildet werden.

Stromauf der Rezirkulationsblase sind die radialen Geschwindigkeitsprofile ähnlich zu einander, weshalb die hohe Wirbelstärkendichte um den Bereich der Rotationsachse erhalten bleibt. Der von der Wärmefreisetzung unterstützte Mechanismus des radialen Auslenkens der Wirbelfäden erfolgt um den stromauf gelegenen Staupunkt der Rezirkulationsblase. Dieser auf kurzer axialer Erstreckung ablaufende Vorgang führt zur Generierung von in Umfangsrichtung orientierter Wirbelstärke. Grund hierfür ist die mit der radialen Auslenkung verbundene Streckung der Wirbelfäden, die aufgrund der Drehimpulserhaltung auch in Umfangsrichtung umorientiert werden. Anschaulich gesprochen führt die Umlenkung der axialen Wirbelstärke zu der Bildung eines torusförmigen Ringwirbels, dessen Geschwindigkeitskomponenten sich auf der radial innenliegenden Seite zu einer Resultierenden addieren lassen mit einem Maximum auf der Achse und Wirkrichtung stromauf. Mathematisch lässt sich die Induktion stromauf gerichteter Axialbeschleunigung über das Biot-Savart Gesetz ausdrücken.
Im weit überstöchiometrischen Betrieb stabilisiert sich die Vormischflamme und damit die innere Rezirkulationsblase innerhalb der Brennkammer, in einiger Entfernung vom Übergang zum Mischrohr. Bei Gemischanfettung verschiebt sich die mit Luftüberschuss betriebene Vormischflamme aufgrund erhöhter Eigendynamik stromauf. Damit und aufgrund der wirbeldynamischen Induktionswirkung verschiebt sich die innere Rezirkulationsblase ebenfalls stromauf. Mit der axialen Translokation ist eine Gestaltänderung der inneren Rezirkulationsblase verbunden: von der ursprünglich parabolischen Form ausgehend, längt sich mit der stromauf Verschiebung die innere Rezirkulationsblase insbesondere im Bereich um die Rotationsachse. Damit verbunden ist eine Zunahme des Krümmungsradius' der Rezirkulationsblase um den stromauf gelegenen Staupunkt. Ursache für die Längung sind die im Wesentlichen mit der Umorientierung und Streckung der Wirbelfäden verbundene, entlang der Kontur der Rezirkulationsblase ungleich verteilten induzierten Geschwindigkeiten. Die Induktionswirkung ist dabei maximal um die Rotationsachse im Bereich des stromauf gelegenen Staupunkts.
Ab einer kritischen Luftzahl ist das aus Vormischflamme und Rezirkulationszone bestehende System soweit stromauf verschoben und der Krümmungsradius der Rezirkulationsblase im Bereich um den stromauf gelegenen Stagnationspunkt so klein, dass die axialen Wirbelfäden der radialen Auslenkung um die Blase eine hinreichend hohe azimutal wirkende Wirbelstärke aufgrund der Umorientierung und Streckung erzeugen. In der Folge führt die mit der azimutal orientierten Wirbelstärke verbundene induzierte und stromauf gerichtete Axialgeschwindigkeit zu einer derart ungleich verteilten Geschwindigkeit, dass sich eine kleine Rezirkulationsblase im Bereich um die Rotationsachse abschnürt und aufgrund des sich konsekutiv wiederholenden Vorgangs der Umorientierung und Streckung der Wirbelfäden stromauf durch das Mischrohr propagiert. Die Vormischflamme stabilisiert sich dabei aufgrund turbulent diffusiven Transports und aufgrund konvektiven Transports an der abgeschnürten Rezirkulationsblase. Dabei wirkt die Vormischflamme umgekehrt aufgrund des baroklinen Momentes und aufgrund der radialen Expansion der Wirbelfäden stabilisierend auf die Rezirkulationsblase zurück. Die Aufwei-

tung der Wirbelröhre stromauf des Staupunktes wird dabei aufgrund der Wärmefreisetzung von der chemischen Reaktion begünstigt. Der konvektive Transport teilreagierter Spezies erfolgt aufgrund des torusförmigen Wirbels der Rezirkulationsblase von stromab. Dieser die Rezirkulationsblase bildende Wirbel ist auch ursächlich für die charakteristische Form der stromauf propagierenden Flamme, welche einem eingeschnürten Rotationsparaboloid gleicht.
Die Lage der Hauptreaktionszone relativ zum stromauf gelegenen Staupunkt der sich mit Beginn des Flammenrückschlags manifestierten kleinen Rezirkulationsblase bleibt während des stromauf Propagierens näherungsweise konstant, da die Vormischflamme mit der Rezirkulationsblase ein im statistischen Mittel stationäres System bildet. Dies ist auf den konvektiv-diffusiven Transport teilreagierter Spezies zurückzuführen, der durch die Wirbelstruktur der Rezirkulationsblase bedingt ist.

**Das Verbrennungsmodell**

Das Verbrennungsmodell wurde unter Allgemeingültigkeit von einer die Wechselwirkung Flamme-Strömung exakt beschreibenden Transportgleichung abgeleitet. Die zur numerischen Simulation notwendigen Schließungsansätze basieren auf den Ergebnissen von Direkten Numerischen Simulationen unter Verwendung nur weniger und stets gleichbleibender Konstanten, weshalb das Verbrennungsmodell eine hohe physikalische Aussagekraft hat.
Dabei ermöglicht die Modellierung der statistisch mittleren Flammenoberflächendichte auf Basis einer Transportgleichung die explizite Berücksichtigung der elementaren Flamme-Strömung Interaktionen *Streckung*, *Krümmung* und *Propagation*.
Das Verbrennungsmodell berücksichtigt wegen der Art der Schließung der Transportgleichung für die Flammenoberflächendichte die aerothermodynamische Stabilisierung, was aufgrund der Berücksichtigung detaillierter physikalisch-chemischer Vorgänge, ausgedrückt über die lokale Flammengeschwindigkeit, möglich ist.
Das Verbrennungsmodell ist modular aufgebaut, wodurch das Gesamtmodell stets schlank bleibt und damit auch hinsichtlich geringer Anforderungen an Rechenzeit optimiert ist. Die unterschiedlichen Module lassen zum einen je nach Anforderung und/oder Wunsch unterschiedliche Detaillierungsgrade für die Flammengeschwindigkeit, die Berücksichtigung gesonderten Verhaltens der Flamme-Strömung Interaktion in Wandnähe und die Möglichkeit der Berechnung von Einmischung wie beispielsweise bei der Simulation von Freistrahlflammen zu.
Das Verbrennungsmodell ist im Rahmen dieser Arbeit in den kommerziellen Strömungslöser ANSYS CFX [1] implementiert worden, wobei die Schnittstelle mittels Aktualisieren der Spezies je Iterationsschritt definiert ist. Damit ist mit dem Verbrennungsmodell auch ein Werkzeug zur Verfügung gestellt, das auf industrielle Problemstellungen anwendbar ist.

**Detaillierte Flamme-Strömung Interaktion**

Die numerische Simulation von laminar-stationären Gegenstromvormischflammen ermöglicht die Analyse der Interaktion von Flamme und Strömung, wobei das Verhalten der Flamme aufgrund des zugrunde liegenden detaillierten Reaktionsmechanismus genau bestimmt werden kann. Das System der Gegenstromvormischflamme kann durch Ausnutzen geometrischer Ähnlichkeit und mittels der Grenzschichtapproximation auf ein eindimensionales, gekoppeltes Differentialgleichungssystem zweiter Ordnung vereinfacht werden. Die Berücksichtigung eines detaillierten Reaktionsmechanismus mit $N$ Spezies führt zu $N$ zusätzlich zu lösenden Transportgleichungen, deren chemischer Quellterm über $M >> 2N$ zusätzliche, von der lokalen Spezieskonzentration und der Temperatur abhängigen Reaktionsgleichungen bestimmt werden. Typische detaillierte chemische Reaktionsmechanismen führen dabei zu mehrere Dekaden übersteigende zusätzliche Transportgleichungen und ggf. mehrere hunderte zusätzlicher Reaktionsgleichungen. Da eine partikuläre Untersuchung der Flamme-Strömung Interaktion unterschiedliche aero- und thermodynamische Randbedingungen erfordert, ist die Berücksichtigung detaillierter Reaktionsmechanismen hier nur bei Rückführung auf ein eindimensionales System mit vertretbarem Rechenaufwand möglich.

Sinnvolle Werte für die Flammengeschwindigkeit lassen sich dabei nur bei Ermittlung über den Ansatz der Massenstromdichte an der Stelle der maximalen Reaktionsrate erzielen. Diese Position fällt in guter Näherung mit dem Maximum der $HO_2$ Moleküle zusammen, weicht aber deutlich von der Stelle des Geschwindigkeitsminimums in der Reaktionszone ab. Auch die Art der Auswertung ist von Bedeutung; das Gleichsetzen der Flammengeschwindigkeit mit dem lokalen Geschwindigkeitsminimum in der Reaktionszone ist nicht sinnvoll, da dadurch eine falsche Abhängigkeit zwischen Flammengeschwindigkeit und Streckungsrate ermittelt wird.
Die auf Basis der Impulsstromdichte an der Stelle maximaler Reaktionsrate ermittelten laminar-stationären Flammengeschwindigkeiten weisen einen linear von der Streckungsrate abhängigen Verlauf auf. Effekte zweiter Ordnung sind dabei auf einen kleinen Bereich um den Extinktionszustand beschränkt.
Die bei entsprechenden aero- und thermodynamischen Randbedingungen zu Validierungszwecken im Rahmen dieser Arbeit simulierten Gegenstromvormischflammen weisen laminare, ungestreckte Flammengeschwindigkeitswerte und laminare Markstein Zahlen auf, die mit den Literaturdaten überein stimmen.
Die aus Korrelationsvorschriften der Literatur bestimmten laminaren Markstein Zahlen weichen jedoch mit zunehmender Vorwärmtemperatur deutlich von den Werten ab, die in dieser Arbeit auf Basis der numerisch simulierten laminar-stationären Gegenstromvormischflammen unter Verwendung eines detaillierten Reaktionsmechanismus ermittelt sind. Dies liegt an der vereinfachten Beschreibung der Korrelationsvorschriften, häufig auf Basis der Lewis Zahl, welche ein Indikator aber kein quantitativer Parameter ist. Daher wird die Komplexität der Markstein Zahl Abhängigkeit von der Stöchiometrie und vorallem der Vorwärmtemperatur nur unzureichend mittels Korrelationsvorschrift beschrieben.

**Flamme-Strömung Interaktion und verbrennungsinduziertes Wirbelaufplatzen**

Das entwickelte, modular aufgebaute Gesamtmodell ermöglicht die numerische Beschreibung des komplexen, dreidimensionalen und instationären Vorgangs des verbrennungsinduzierten Wirbelaufplatzens. Dabei stimmen wichtige Parameter, wie die Phänomene um die Rotationsachse, die Bildung der kleinen, der Hauptreaktionszone vorgelagerten Rezirkulationszone mit den messtechnisch erfassten Größen überein.
Der Einfluss der unterschiedlichen Prozessparameter (Vorwärmtemperatur und Luftmassenstrom) auf die kritische Luftzahl wird von den numerischen Simulationen physikalisch korrekt be-

schrieben, ohne die Konstanten des Verbrennungsmodells anzupassen.
Der Einfluss der Reaktion ist im Modell unmittelbar über die Flammengeschwindigkeit gegeben, welche mittels der im vorgelagerten Pre-Processing Schritt ermittelten Abhängigkeiten zu einer im Strömungsfeld aufgrund der Interaktion mit der Streckung variierenden Größe wird. Demnach ist die Flammengeschwindigkeit trotz perfekter Vor- und ohne zusätzlicher Einmischung nicht konstant, sondern eine lokale und zeitlich veränderliche Größe.
Die Analyse des Strömungsfeldes um die Reaktionszone zeigt (turbulente) Karlovitz Zahlen, die die aus den numerischen Simulationen der laminar-stationären Gegenstromvormischflammen bestimmten korrespondierenden Extinktions-Karlovitz Zahlen übersteigen. Der rein laminare Zusammenhang zwischen Flammengeschwindigkeit und Streckungsrate würde daher stets zum aerodynamischen Quenchen führen. Da dieses Verhalten in den Experimenten nicht beobachtet werden konnte, kann der gewählte Ansatz nicht uneingeschränkt Gültigkeit haben.
Die Berücksichtigung der turbulenzbedingt fluktuierenden Streckungsraten führt zu einer effektiv reduzierten Wirkung auf die Flamme, was über eine Intermittenzfunktion und daher mittels einer effektiven (oder turbulenten) Markstein Zahl erfasst wird. Die Motivation für diesen Ansatz zeigt sich einerseits durch die physikalische Plausibilität und andererseits in den dadurch mit den experimentellen Befunden in guter Übereinstimmung ermittelten, für die Initialisierung des verbrennungsinduzierten Wirbelaufplatzens kritischen Luftzahlen.

# Literaturverzeichnis


[1] ANSYS CFX. Benutzerhandbuch, ANSYS CFX Release 11.0, 2007.

[2] ASHURST, WMT., MCMURTRY, P.A. Combustion Science and Technology, 66:17 – 37, 1989.

[3] AUNG, K.T., TZENG, L.-K., IMAIL, M.A., FAETH, G.M. *Response to Comment by S. C. Taylor and D. B. Smith on "Laminar Burning Velocities and Markstein Numbers of Hydrocarbon-Air Flames"*. Combustion and Flame, 102:526 – 530, 1995.

[4] BATCHELOR, G. K. *An Introduction to Fluid Dynamics*. Cambridge University Press, 1967.

[5] BIRD, R., STEWART, E., LIGHTFOOT, E. *Transport Phenomena*. John Wiley and Sons, 2002.

[6] BORGHI, R. *On the Structure and Morphology of Turbulent Premixed Flames*. Recent Advances in Aerospace Science, 117 – 138, 1984.

[7] BRADELY, D., GASKELL, P. H., GU, X. J., SEDAGHAT, A. *Premixed Flamelet Modelling: Factors Influencing the Turbulent Heat Release Rate Source Term and the Turbulent Burning Velocity*. Combustion and Flame, 143:227 – 245, 2005.

[8] BRAY, K. N. C., CHAMPION, M., LIBBY, P. A., SWAMINATHAN, N. *Finite Rate Chemistry and Presumed PDF Models for Premixed Turbulent Combustion*. Combustion and Flame, 146:665 – 673, 2006.

[9] BRAY, K. N. C., MOSS, J. B. *A Unified Statistical Model for Premixed Turbulent Flames*. Acta Astronautica, 4:291 – 319, 1977.

[10] BRÜCKER, C. *Experimentelle Untersuchung des Wirbelaufplatzens in Rohren mit der Particle-Image-Velocimetry (PIV)*. Dissertation, Rheinisch-Westfälische Hochschule (RWTH) Aachen, 1993.

[11] BRUTSCHER, M. *Experimentelle und theoretische Untersuchungen zur Entflammung und Flammenausbreitung bei funkengezündeten Brenngas-Luft-Gemischen unter besonderer Berücksichtigung der bevorzugten Diffusion*. Dissertation, Engler - Bunte Institut, Bereich für Verbrennungstechnik, Universität Karlsruhe (TH), 2003.

[12] BUGGISCH, H. *Dimensionsanalyse*. Skriptum, Institut für Mechanische Verfahrenstechnik und Mechanik, Bereich Angewandte Mechanik, Universität Karlsruhe, 2003.

[13] CANDEL, S. M., POINSOT, T. J. *Flame Stretch and the Balance Equation for the Flame Area*. Combustion Science and Technology, 70:1 – 15, 1990.

[14] CANT, R. S., POPE, S. B., BRAY, K. N. C. Twenty-Third Symposium (International) on Combustion, University of Cambridge, United Kingdom, *809 – 815*.

[15] CANT, R.S., MASTORAKOS, E. *An Introduction to Turbulent Reacting Flow*. Imperial College Press, 2008.

[16] CHADWICK, P. *Continuum Mechanics: Concise Theory and Problems*. Allen and Unwin, London, U.K., 1976.

[17] CHEN, J. H., IM, H. G. In: Twenty-Seventh Symposium (International) on Combustion, University of Colorado, Boulder, USA, 819 – 826.

[18] CHRIS, M. *A Chemical Equilibrium Program*. http://www.arcl02.dsl.pipex.com/, 2005.

[19] CLAVIN, P. *Dynamic Behavior of Premixed Flame Fronts in Laminar and Turbulent Flows*. Prog. Energy Combust. Sci., 11:1 – 59, 1985.

[20] CLAVIN, P., JOULIN, G. *Premixed Flames in Large Scale and High Intensity Turbulent Flow*. J. Physique Lettres, 44:L1 – L12, 1983.

[21] CLAVIN, P., WILLIAM, F. A. Journal of Fluid Mechanics, *116*, 1982.

[22] DAMKÖHLER, G. *Der Einfluss der Turbulenz auf die Flammengeschwindigkeit in Gasgemischen*. Zeitschrift für Elektrochemie und Angewandte Physikalische Chemie, 46:601 – 652, 1940.

[23] DARMOFAL, D. L. *The Role of Vorticity Dynamics in Vortex Breakdown*. AIAA Paper 93-3036, 24th Fluid Dynamics Conference, 1993.

[24] DAVIS, S. G., LAW, C. K. *Determination of Fuel Structure Effects on Laminar Flame Speeds of $C_1$ to $C_8$ Hydrocarbons*. Combustion Science and Technology, 140:427 – 449, 1998.

[25] DAVIS, S. G., QUINARD, J., SEARBY, G. *Determination of Markstein Numbers in Counterflow Premixed Flames*. Combustion and Flame, 130:112 – 122, 2002.

[26] DAVIS, S. G., QUINARD, J., SEARBY, G. *Markstein Numbers in Counterflow Methane- and Propane-Air Flames: A Computational Study*. Combustion and Flame, 130:123 – 136, 2002.

[27] DRISCOLL, J. F. *Turbulent Premixed Combustion: Flamelet Structure and its Effect on Turbulent Burning Velocities*. Progress in Energy and Combustion Science, 34:91 – 134, 2008.

[28] DUCLOS, J. M., VEYNANTE, D., POINSOT, T. *A Comparison of Flamelet Models for Premixed Turbulent Combustion*. Combustion and Flame, 95:101 – 117, 1993.

[29] EGOLFOPOULOS, F. N. *Structure and Extinction of Unsteady, Counterflowing, Strained, Non-Premixed Flames*. International Journal of Energy Research, 24:989 – 1010, 2000.

[30] EGOLFOPOULOS, F. N., CHO, P., LAW, C. K. *Laminar Flame Speeds of Methane-Air Mixtures Under Reduced and Elevated Pressures.* Combustion and Flame, 76:375 – 391, 1989.

[31] EGOLFOPOULOS, F.N., CAMPBELL, C.S. *Unsteady Counterflowing Strained Diffusion Flames: Diffusion-Limited Frequency Response.* Journal of Fluid Mechanics, 318:1833 – 1840, 1996.

[32] EHRIG, R., NOWAK, U. *LIMEX.* http://www.zib.de/nowak/limex4.html, 1999.

[33] FARRELL, J.T., JOHNSTON, R.J., ANDROULAKIS, I.P. *Molecular Structure Effects on Laminar Burning Velocities at Elevated Temperature and Pressure.* Society of Automotive Engineers Paper 2004-01-2936, 1 – 22, 2004.

[34] FAVRE, A. J. *The Equations of Compressible Turbulent Gases.* Contract AF61 (052)-772 AD 622097, USAF, 1965.

[35] FEYNMAN, R.P. *Lectures on Physics*, volume I-III. Addison-Wesley Publishing Company, Sixth Printing, 1977.

[36] FRÖHLICH, J. *Large Eddy Simulation turbulenter Strömungen.* Teubner Verlag, 1. Auflage, 2006.

[37] FRITZ, J. *Flammenrückschlag durch verbrennungsinduziertes Wirbelaufplatzen.* Dissertation, Lehrstuhl für Thermodynamik, Technische Universität München, 2003.

[38] FRITZ, J., KRÖNER, M., SATTELMAYER, T. *Flashback in a Swirl Burner with Cylindrical Premixing Zone.* ASME Paper 2001GT-0054, 2001.

[39] GLASSMAN, I. *Combustion.* Academic Press, 1996.

[40] GOEY, L.P.H. DE, MALLENS, R.M.M., THIJE BOONKKAMP, J.H.M.TEN. *An Evaluation of Different Contributions to Flame Stretch for Stationary Premixed Flames.* Combustion and Flame, 110:56 – 66, 1997.

[41] GOULDIN, F. C. *Combustion Intensity and Burning Rate Integral of Premixed Flames.* 26th Symposium (International) on Combustion, The Combustion Institute, Pittsburgh, 381 – 388.

[42] GU, X. J., HAQ, M. Z., LAWES, M., WOOLEY, R. *Laminar Burning Velocity and Markstein Lengths of Methane-Air Flames.* Combustion and Flame, 121:41 – 58, 2000.

[43] HALL, M.G. *Vortex Breakdown.* Annual Review of Fluid Mechanics, 4:195 – 218, 1972.

[44] HASEGAWA, T., NOGUCHI, S. *Numerical Study of a Turbulent Flow Compressed by a Weak Shock Wave.* International Journal of Computational Fluid Dynamics, 8:63 – 75, 1997.

[45] HAWORTH, D., POINSOT, T. *Numerical simulations of Lewis Number Effects in Turbulent Premixed Flames*. Journal of Fluid Mechanics, 244:405 – 436, 1992.

[46] HILLEMANNS, R. *Das Strömungs- und Reaktionsfeld sowie Stabilisierungseigenschaften von Drallflammen unter dem Einfluss der inneren Rezirkulationszone*. Dissertation, Universität Karlsruhe (TH), 1988.

[47] HINZE, J. O. *Turbulence*. McGraw-Hill, New-York, 1975.

[48] HIRSCHFELDER, J.O., CURTISS, C.F., BYRD, R.B. *Molecular Theory of Gases and Liquids*. John-Wiley & Sons, New York, 1969.

[49] HIRSCHFELDER, J.O., CURTISS, C.J. 3rd Symp. Comb. Flame and Explosion Phenomena, 121.

[50] HOFFMANN, A. *Modellierung turbulenter Vormischverbrennung*. Dissertation, Engler - Bunte Institut, Bereich für Verbrennungstechnik, Universität Karlsruhe (TH), 2004.

[51] IIJIMA, T., TAKENO, T. *Effects of Temperatue and Pressure on Burning Velocity*. Combustion and Flame, 65:35 – 43, 1986.

[52] IM, G. I., CHENG, J. H. *Effects of Flow Transients on the Burning Velocity of Laminar Hydrogen/Air Premixed Flames*. Proceedings of the Combustion Institute, 28:1833 – 1840, 2000.

[53] INCROPERA, F.P., DEWITT, D.P., BERGMAN, T.L., LAVINE, A.S. *Fundamentals of Heat and Mass Transfer*. Wiley, $6^{th}$, 2006.

[54] INSFLA. *Programm zur Berechnung laminarer Flammen*. Fortran-Programmcode, Technische Universität Karlsruhe, Institut für technische Thermodynamik, 2007.

[55] JISCHA, M. *Konvektiver Impuls-, Wärme- und Stoffaustausch*. Vieweg, 1982.

[56] JONES, W.P., LAUNDER, B.E. *The Prediction of Laminarization with a 2-Equation Model of Turbulence*. International Journal of Heat and Mass Transfer, 15:301 – 314, 1972.

[57] KARLOVITZ, B., DENNISTON, D.W., KNAPSCHAEFER, D.H., WELLS, F.E. *Studies on Turbulent Flames, A. Flame Propagation across Velocity Gradients, B. Turbulence Measurement in Flames*, 1952.

[58] KEE, R., COLTRIN, M.E., GLARBORG, P. *Chemically Reacting Flow: Theory & Practice*. Wiley-Interscience, 2003.

[59] KEE, R. J., MILLER, J. A., EVANS, G. H. Twenty-Second Symposium (International) on Combustion, University of Leeds, United Kingdom, 1479 – 1494.

[60] KIESEWETTER, F. *Modellierung des verbrennungsinduzierten Wirbelaufplatzens in Vormischbrennern.* Dissertation, Lehrstuhl für Thermodynamik, Technische Universität München, 2005.

[61] KOLLMANN, W., CHEN, J.H. *Dynamics of the Flame Surface Area in Turbulent Non-Premixed Combustion.* Twenty-Fifth Symposium (International) on Combustion, 25:1091 – 1098, 1994.

[62] KONLE, M. A. *Verbrennungsinduziertes Wirbelaufplatzen in moderat turbulenten Drallströmungen.* Dissertation, Lehrstuhl für Thermodynamik, Technische Universität München, 2010.

[63] KRÖGER, H. *Large-Eddy Simulation of Combustion Induced Vortex Breakdown in an Unconfined Turbulent Vortex Using a Presumed-PDF Combustion Model.* Dissertation, Fakultät für Maschinenbau und Schiffstechnik, Universität Rostock, 2010.

[64] KRÖGER, H., KORNEV, N., WENDIG, D., HASSEL, E. *Premixed Flame Propagation in a Free Straight Vortex.* Forsch. Ingenieurses., Springer-Verlag, 72:85 – 92, 2008.

[65] KRÖNER, M. *Einfluss lokaler Löschvorgänge auf den Flammenrückschlag durch verbrennungsinduziertes Wirbelaufplatzen.* Dissertation, Lehrstuhl für Thermodynamik, Technische Universität München, 2003.

[66] KRÖNER, M., FRITZ, J., SATTELMAYER, T. *Flashback Limits for Combustion Induced Vortex Breakdown in a Swirl Burner.* ASME Paper 2002GT-30075, 2002.

[67] LAUNDER, B. E., REECE, G. J., RODI, W. *Progress in the development of a Reynolds-stress turbulence closure.* Journal of Fluid Mechanics, 68:537 – 566, 1975.

[68] LAUNDER, B. E., SPALDING, D. B. *The Numerical Computation of Turbulent Flows.* Comp. Meth. Appl. Mech. Eng., 3:269 – 289, 1974.

[69] LAW, C. K. *Dynamics of Stretched Flames.* Twenty-Second Symposium (International) on Combustion, The Combustion Institute, 1381 – 1402, 1988.

[70] LAW, C. K., SUNG, C. J. *Structure, Aerodynamics, and Geometry of Premixed Flamelets.* Progress in Energy and Combustion Science, 26:459 – 505, 2000.

[71] LIBBY, P. A., BRAY, K. N. C. *Countergradient Diffusion in Premixed Turbulent Flames.* AIAA Journal, 19(2):205 – 213, 1981.

[72] LINDSTEDT, R. P., VÁOS, E. M. *Modeling of Premixed Turbulent Flames with Second Moment Methods.* Combustion and Flame, The Combustion Institute, 116:461 – 485, 1999.

[73] LUGT, H. J. *Vortex Flow in Nature and Technology.* John Wiley, 1983.

[74] LUNDGREN, T.S. *Distribution Function in the Statistical Theory of Turbulence.* Phys Fluids, 10:969 – 975, 1967.

[75] MAAS, U. *Mathematische Modellierung instationärer Verbrennungsprozesse unter Verwendung detaillierter Reaktionsmechanismen.* Dissertation, Universität Heidelberg, 1988.

[76] MANTEL, T., BORGHI, R. *A New Model of Premixed Wrinkled Flame Propagation Based on Scalar Dissipation Equation.* Combustion and Flame, 96:443 – 457, 1994.

[77] MENEVEAU, C., POINSOT, T. *Stretching and Quenching of Flamelets in Premixed Turbulent Combustion.* Combustion and Flame, 86:311 – 332, 1991.

[78] MÜLLER, U. C., BOLLIG, M., PETERS, N. *Approximations for Burning Velocities and Markstein Numbers for Lean Hydrocarbon and Methanol Flames.* Combustion and Flame, 108:349 – 356, 1997.

[79] NASTROLL, W. *Untersuchung zur instationären turbulenten Flammenausbreitung in geschlossenen Behältern.* Dissertation, Universität Karlsruhe, 1990.

[80] PATANKAR, S. V. *Numerical Heat Transfer and Fluid Flow.* Taylor&Francis, 1980.

[81] PETERS, N. *Laminar Flamelet Concept in Turbulent Combustion.* 21st International Symposium on Combustion, 21:1231 – 1250.

[82] PETERS, N. *Turbulent Combustion.* Cambridge University Press, 1980.

[83] PETERS, N. *Fifteen Lectures on Laminar and Turbulent Combustion.* Ercoftac Summer School, RWTH Aachen, Aachen, Germany, 1992.

[84] PETERS, N. *Turbulente Brenngeschwindigkeit.* DFG-Abschlussbericht zum Vorhaben Pe 241/9-2, 1994.

[85] PETERS, N. *Four Lectures on Turbulent Combustion.* Institut für Technische Mechanik, RWTH Aachen, 1997.

[86] PHILIPP, M. *Experimentelle und theoretische Untersuchungen zum Stabilitätsverhalten von Drallflammen mit zenteraler Rückströmzone.* Dissertation, Universität Karlsruhe (TH), 1991.

[87] POINSOT, T., CANDEL, S., TROUVÉ, A. *Applications of Direct Numerical Simulation to Premixed Turbulent Combustion.* Progress in Energy and Combustion Science, 21:531 – 576, 1996.

[88] POINSOT, T. J., HAWORTH, D. C., BRUNEAUX, G. *Direct Simulation and Modelling of Flame-Wall Interaction for Premixed Turbulent Combustion.* Combustion and Flame, 95:118 – 132, 1993.

[89] POINSOT, T., VEYNANTE, D. *Theoretical and Numerical Combustion.* Edwards, $2^{nd}$, 2005.

[90] POINSOT, T., VEYNANTE, D., CANDEL, S. *Diagrams of Premixed Turbulent Combustion Based on Direct Simulations.* Twenty-Third Symposium (International) on Combustion, 23:613 – 619, 1991.

[91] POINSOT, T., VEYNANTE, D., CANDEL, S. *Quenching Processes and Premixed Turbulent Combustion Diagrams.* Journal of Fluid Mechanics, 228:561 – 606, 1991.

[92] POPE, S. B. *The Probability Approach to the Modelling of Turbulent Reacting Flows.* Combustion and Flame, 27:299 – 312, 1976.

[93] POPE, S. B. *The Evolution of Surfaces in Turbulence.* International Journal of Engineering Science, 26:445 – 469, 1988.

[94] POPE, S. B. *Computations of Turbulent Combustion: Progress and Challenges.* Twenty-Third Symposium (International) on Combustion / The Combustion Institute, 23:591 – 612, 1990.

[95] REYNOLDS, O. *On the Dynamical Theory of Incompressible Viscous Fluids and the Determination of the Criterion.* Philosophical Transactions of the Royal Society of London. A., 186:123 – 164, 1895.

[96] ROZENCHAN, G., ZHU, D. L., LAW, C. K., TSE, S. D. *Outward Propagation, Burning Velocities and Chemical Effects on Methane Flames up to 60 ATM.* 29th Symposium (International) on Combustion, 1461 – 1469, 2002.

[97] RUTLAND, C., TROUVÉ, A. *Direct Simulations of Premixed Turbulent Flames with nonunity Lewis Numbers.* Combustion and Flame, 94:41 – 57, 1993.

[98] SCHLICHTING, H., GERSTEN, K. *Grenzschicht-Theorie.* Springer-Verlag, 9., 1997.

[99] SCHMID, H.-P. *Ein Verbrennungsmodell zur Beschreibung der Wärmefreisetzung von vorgemischten turbulenten Flammen.* Dissertation, Engler - Bunte Institut, Bereich für Verbrennungstechnik, Universität Karlsruhe (TH), 1995.

[100] SCHMID, H.-S., HABISREUTHER, P., LEUCKEL, W. *A Model for Calculating Heat Release in Premixed Turbulent Flames.* Combustion and Flame, 113:79 – 91, 1998.

[101] SHARMA, S. P., AGRAWAL, D. D., GUPTA, C. P. *The Pressure and Temperature Dependence of Burning Velocity in a Spherical Combustion Bomb.* 18th Symposium (Int) on Combustion, 493 – 501, 1981.

[102] SPALDING, D. B. *Development of the Eddy-Break-Up Model of Turbulent Combustion.* In: Sixteenth Symposium (International) on Combustion, Massachusetts Institute of Technology, The Combustion Institute, Pittsburgh, PA, 1657 – 1663.

[103] SPALDING, D. B. *Mixing and Chemical Reacting in Steady Confined Turbulent Flames.* In: Thirteenth Symposium (International) on Combustion, University of Utah, The Combustion Institute, Pittsburgh, PA, 649 – 657.

[104] SPALDING, D. B. *Predicting Laminar Flame Speed in Gases.* Combustion and Flame, 1:287 – 295, 1957.

[105] SPEZIALE, C. G. *Analytical Methods for the Development of Reynolds-Stress Closures in Turbulence.* Annu. Rev. Fluid Mech., 23:107 – 157, 1991.

[106] SPEZIALE, C. G. *Turbulence Modeling for Time-Dependent RANS and VLES: A Review.* AIAA Journal, 36:173 – 184, 1998.

[107] STAHL, G. *Rechnerische Simulation stationaerer und instationaerer gestreckter Methan- und Propan-Luft Flammen unter Verwendung detaillierter Reaktionsmechanismen.* Inaugural-Dissertation, Ruprecht-Karls Universität Heidelberg, 1989.

[108] STAHL, G., WARNATZ, J. *Numerical Investigation of Time-Dependent Properties and Extinction of Strained Methane- and Propane-Air Flames.* Combustion and Flame, 85:285 – 299, 1991.

[109] STAUFER, M. *Large Eddy Simulation of Premixed and Partially Premixed Flames.* Dissertation, Darmstadt University of Technology, 2009.

[110] SUN, C. J., SUNG, C. J., HE, L., LAW, C. K. *Dynamics of Weakly Stretched Flames: Quantitative Description and Extraction of Global Flame Parameters.* Combustion and Flame, 118:108 – 128, 1999.

[111] SUTHERLAND, W. *The viscosity of gases and molecular force.* Philosophical Magazine, 5:507 – 531, 1893.

[112] TANGERMANN, E. *Vergleichende LES und URANS des verbrennungsinduzierten Wirbelaufplatzens.* Dissertation, Fakultät für Luft- und Raumfahrttechnik, Universität der Bundeswehr München, 2012.

[113] TANGERMANN, E., PFITZNER, M. *Numerical Investigation of Flame Flashback into Swirling Flow.* Proceedings of ASME Turbo Expo: Power for Land, Sea and Air, GT2008-51081, 2008.

[114] TAYLOR, S. C. Ph. D. thesis, University of Leeds, 1991.

[115] TENNEKES, H., LUMLEY, J. L. *A First Course in Turbulence.* MIT Press, 1972.

[116] TROUVÉ, A., POINSOT, T. *The Evolution Equation for the Flame Surface Density in Turbulent Premixed Combustion.* Journal of Fluid Mechanics, 278:1 – 31, 1994.

[117] TSENG, L.-K., ISMAIL, M. A. AND FAETH, G. M. *Laminar Burning Velocities and Markstein Numbers of Hydrocarbon / Air Flames.* Combustion and Flame, 95:410 – 426, 1993.

[118] TURNS, S.R. *An Introduction to Combustion: Concepts and Applications.* McGraw-Hill, second, 2000.

[119] UMEMURA, A., KOICHI, T. *Rapid Flame Propagation in a Vortex Tube in Perspective of Vortex Breakdown Phenomena.* Combustion and Flame, 125:820 – 838, 2001.

[120] UMEMURA, A., SHYOICHI, T. *Wave Nature in Vortex-Bursting Initiation.* Proceedings of the Combustion Institute, 28:1941 – 1948, 2000.

[121] VERSTEEG, H. K., MALALASEKERA, W. *An Introduction to Computational Fluid Dynamics, The Finite Volume Method.* PEARSON, 2007.

[122] VERVISCH, L. *Probability Density Function and Dynamics of Iso-Concentration Surfaces in Premixed Turbulent Combustion.* Notes for the EUROCONFERENCE RWTH Aachen Germany, 1 – 30, 1995.

[123] VERVISCH, L., BIDAUX, E., BRAY, K.N.C., KOLLMANN, W. *Surface Density Function in Premixed Turbulent Combustion Modeling, Similarities Between Probability Density Function and Flame Surface Density.* Phys. Fluids., 7:2496 – 2503, 1995.

[124] VERVISCH, L., VEYNANTE, D. *Interlinks Between Approaches for Modeling Turbulent Flames.* Proceedings of the Combustion Institute, 28:175 – 183, 2000.

[125] VEYNANTE, D., DUCLOS, J. M., PIANA, J., CANDEL, S. *Flame Surface Density Models for Turbulent Combustion: Theory and Application.* Notes for the EUROCONFERENCE RWTH Aachen Germany, 1 – 30, 1995.

[126] VEYNANTE, D., PIANA, J., DUCLOS, J. M., MARTEL, C. *Experimental Analysis of Surface Density Models for Premixed Turbulent Combustion, 413 – 420.* In: Twenty-Sixth Symposium (International) on Combustion, University of Naples, Italy, 1996.

[127] VEYNANTE, D., TROUVÉ, A., BRAY, K. N. C. AND MANTEL, T. *Gradient and Counter-Gradient Scalar Transport in Turbulent Premixed Flames.* Journal of Fluid Mechanics, 332:263 – 293, 1997.

[128] VEYNANTE, D., VERVISCH, L. *Turbulent Combustion Modeling.* Progress in Energy and Combustion Science, 28:193 – 266, 2001.

[129] VOIGT, T. *Simulation turbulenter Freistrahlflammen mit einem Flammenfrontoberflächendichtemodell.* Interne Kommunikation am Engler-Bunte Institut, Bereich für Verbrennungstechnik, 2007.

[130] VOIGT, T., HABISREUTHER, P., ZARZALIS, Z. *Abschlussbericht des Forschungsvorhabens DFG Za 270/2-1 CIVB.* 2008.

[131] VOIGT, T., KONLE, M., TANGERMANN, E., HABISREUTHER, P., ZARZALIS, N., SATTELMAYER, T., PFITZNER, M. *Comparison of Different Combustion Models with Respect to the Simulation of Combustion Induced Vortex Breakdown.* In: International Colloquium on the Dynamics of Explosions and Reactive Systems, 2009.

[132] VOIGT, T., ZARZALIS, Z., HABISREUTHER, P. *Numerical Investigation of Combustion Induced Flame Flashback in a Premixed Combustion System.* Proceedings of the European Combustion Meeting, 2009.

[133] VOIGT, T., ZARZALIS, Z., HABISREUTHER, P. *Simulation of vorticity driven flame instability using a flame surface density approach including Markstein number effects.* Proceedings of ASME Turbo Expo 2009, GT2009-59331, 2009.

[134] VOIGT, T., ZARZALIS, Z., HABISREUTHER, P. *Simulation von wirbelsynamisch getriebenen Flammeninstabilitäten mittels eines Flammenfrontoberflächen-Dichte Modells unter Berücksichtigung von Markstein-Zahl Effekten.* Deutscher Flammentag, 2009.

[135] VOIGT, T., ZARZALIS, Z., HABISREUTHER, P. *Vortex-flame interaction leading to flame flashback in a premixed combustion system: A numerical study.* Turbulence, Heat and Mass Transfer, 2012.

[136] WARNATZ, J. *Berechnung der Flammengeschwindigkeit und der Struktur von laminaren flachen Flammen.* Habilitationsschrift, Universität Darmstadt, 1977.

[137] WARNATZ, J. in Combustion Chemistry, (ed. Gardiner W.C.), Springer Verlag, 1984.

[138] WARNATZ, J., MAAS, U., DIBBLE, R. *Combustion.* Springer Verlag, 2001.

[139] WEISS, M. *Untersuchung von Flammenfrontstreckungseffekten auf die sphärische Flammenausbreitung laminarer und turbulenter Brennstoff-Luft-Gemische.* Dissertation, Engler - Bunte Institut, Bereich für Verbrennungstechnik, Universität Karlsruhe (TH), 2008.

[140] WEISS, M., ZARZALIS, Z., SUNTZ, R. *Experimental Study of Markstein Number Effects on Laminar Flamelet Velocity in Turbulent Premixed Flames.* Combustion and Flame, 154:671 – 691, 2008.

[141] WELLER, H.G. *The Development of a new Flame Area Combustion Model Using Conditional Averaging.* Thermo-Fluids Section Report TF/9307. Imperial College of Science Technology and Medicine, 1993.

[142] WELLER, H.G., MAROONEQ, C. J., GOSMAN, A.D. 23rd Symposium (International) on Combustion. Pittsburgh: The Combustion Institute, 629 – 636.

[143] WESTBROOK, C.K, DREYER, F.L. *Simplified Reaction Mechanisms for Oxidation of Hydrocarbon Fuel.* Combustion Science and Technology, 27:31 – 43, 1981.

[144] WETZEL, F. *Numerische Untersuchung zur Stabilität nicht-vorgemischter, doppelt-verdrallter Flammen.* Dissertation, Universität Karlsruhe (TH), 2007.

[145] WILLIAMS, F. A. *Combustion Theory.* The Benjamin/Cummings Publishing Company, Menlo Park, USA, 2nd Edition, 1985.

[146] WIRTH, M. *Die turbulente Flammenausbreitung im Ottomotor und ihre charakteristischen Längenskalen.* Dissertation, Rheinisch-Westfälische Technische Hochschule Aachen, 1993.

[147] YEUNG, P.K., GIRIMAJI, S.S., POPE, S.B. *Straining and Scalar Dissipation on Material Surfaces in Turbulence: Implications for Flamelets.* Combustion and Flame, 79:340 – 365, 1990.

[148] ZIEREP, J. *Grundzüge der Strömungslehre.* Springer-Verlag, 6., 1997.

[149] ZIMONT, V. L. *Theory of Turbulent Combustion of a Homogeneous Fuel Mixture at High Reynolds Number.* Combustion, Explosion and Shock Waves, 15:305 – 311, 1979.

# Anhang

## A.1 Vektor- und Tensoroperationen

Die folgenden Operationen sind in *kartesischen* Koodinaten formuliert, wobei die drei orthonormalen Richtungen durch die Einheitsvektoren $\mathbf{e}_1, \mathbf{e}_2, \mathbf{e}_3$ repräsentiert werden.

**Vektor:**

$$\mathbf{a} = \begin{pmatrix} a_1 \\ a_2 \\ a_3 \end{pmatrix} \tag{A.1}$$

**Nabla-Operator:**

$$\nabla = \begin{pmatrix} \frac{\partial}{\partial x_1} \\ \frac{\partial}{\partial x_2} \\ \frac{\partial}{\partial x_3} \end{pmatrix} \tag{A.2}$$

**Tensor**:

$$\overline{\overline{\mathbf{A}}} = a_{ij} = \begin{pmatrix} a_{11} & a_{12} & a_{13} \\ a_{21} & a_{22} & a_{23} \\ a_{31} & a_{32} & a_{33} \end{pmatrix} \tag{A.3}$$

**Nabla-Operator auf ein skalares Feld $\phi(x_1,x_2,x_3)$ angewendet - Gradient eines Skalars:**

$$\nabla\phi = \begin{pmatrix} \frac{\partial \phi}{\partial x_1} \\ \frac{\partial \phi}{\partial x_2} \\ \frac{\partial \phi}{\partial x_3} \end{pmatrix} = grad\ \phi \tag{A.4}$$

Der Gradient eines Skalarfelds kann als lokaler Vektor betrachtet werden, der in Richtung des maximalen Anstiegs zeigt und dessen Betrag ein Maß für die Stärke des Anstiegs ist.

**Nabla-Operator auf ein vektorielles Feld a angewendet - Gradient eines Vektors:**
Ist $\mathbf{a} = (a_1(x_1,x_2,x_3), a_2(x_1,x_2,x_3), a_3(x_1,x_2,x_3))$ ein vektorielles Feld, so folgt nach Anwendung des Nabla-Operators:

$$\nabla\mathbf{a} = \nabla \otimes \mathbf{a} = \begin{pmatrix} \frac{\partial a_1}{\partial x_1} & \frac{\partial a_2}{\partial x_1} & \frac{\partial a_3}{\partial x_1} \\ \frac{\partial a_1}{\partial x_2} & \frac{\partial a_2}{\partial x_2} & \frac{\partial a_3}{\partial x_2} \\ \frac{\partial a_1}{\partial x_3} & \frac{\partial a_2}{\partial x_3} & \frac{\partial a_3}{\partial x_3} \end{pmatrix} \tag{A.5}$$

Dabei kennzeichnet $\otimes$ den Operator für das dyadische Produkt.
Der auf das Vektorfeld angewendete grad-Operator führt zur Jakobi-Matrix

$$grad\ \mathbf{a} = \begin{pmatrix} \frac{\partial a_1}{\partial x_1} & \frac{\partial a_1}{\partial x_2} & \frac{\partial a_1}{\partial x_3} \\ \frac{\partial a_2}{\partial x_1} & \frac{\partial a_2}{\partial x_2} & \frac{\partial a_2}{\partial x_3} \\ \frac{\partial a_3}{\partial x_1} & \frac{\partial a_3}{\partial x_2} & \frac{\partial a_3}{\partial x_3} \end{pmatrix} = (\nabla\mathbf{a})^T = (\nabla \otimes \mathbf{a})^T \tag{A.6}$$

und entspricht der Transponierten des dyadischen Produkts.

**Skalarprodukt zweier Vektoren:**

$$\mathbf{a} \bullet \mathbf{b} = a_1 b_1 + a_2 b_2 + a_3 b_3 = |\mathbf{a}|\ |\mathbf{b}|\ \cos\angle(\mathbf{a};\mathbf{b}) \tag{A.7}$$

**Skalarprodukt zweier Tensoren:**

$$\overline{\overline{\mathbf{A}}} : \overline{\overline{\mathbf{B}}} = \sum_i \sum_j a_{ij} b_{ij}$$

$$= a_{11}b_{11} + a_{12}b_{12} + a_{13}b_{13} + a_{21}b_{21} + a_{22}b_{22} + a_{23}b_{23} + a_{31}b_{31} + a_{32}b_{32} + a_{33}b_{33} \tag{A.8}$$

**Divergenz eines Vektors:**
Die Divergenz eines Vektors *div* **a** enspricht dem Skalarprodukt aus Nabla-Operator und Vektor und ergibt einen Skalar.

$$div\, \mathbf{a} = \nabla \bullet \mathbf{a} = \frac{\partial a_1}{\partial x_1} + \frac{\partial a_2}{\partial x_2} + \frac{\partial a_3}{\partial x_3} \tag{A.9}$$

Wird ohne Beschränkung der Allgemeingültigkeit $\mathbf{a} = \mathbf{w}$ mit **w** als dem Geschwindigkeitsfeld gesetzt, so kann die Divergenz als ein Maß für die Tendenz der Stärke und Richtung der geradliniegen Bewegung eines Fluidpartikels interpretiert werden. Die Divergenz gibt damit an jeder Stelle die Tendenz an, ob sich ein Teilchen in der Nähe zu diesem Punkt hinbewegt oder von diesem Punkt fortbewegt. Bereiche positiver Divergenz werden als Quelle, Bereiche negativer Divergenz als Senke bezeichnet und bei verschwindender Divergenz ist das Feld quellenfrei.

**Divergenz eines Tensors zweiter Stufe:**
Die Divergenz eines Tensors zweiter Stufe ergibt einen Vektor.

$$\nabla \bullet \overline{\overline{\mathbf{A}}} = \sum_{i=1}^{3} \left( \sum_{j=1}^{3} \frac{\partial}{\partial x_j} \bullet a_{ij} \right) = \begin{pmatrix} \frac{\partial a_{11}}{\partial x_1} + \frac{\partial a_{12}}{\partial x_2} + \frac{\partial a_{13}}{\partial x_3} \\ \frac{\partial a_{21}}{\partial x_1} + \frac{\partial a_{22}}{\partial x_2} + \frac{\partial a_{23}}{\partial x_3} \\ \frac{\partial a_{31}}{\partial x_1} + \frac{\partial a_{32}}{\partial x_2} + \frac{\partial a_{33}}{\partial x_3} \end{pmatrix} \tag{A.10}$$

**Kreuzprodukt zweier Vektoren:**

$$\mathbf{a} \times \mathbf{b} = \begin{pmatrix} a_1 \\ a_2 \\ a_3 \end{pmatrix} \times \begin{pmatrix} b_1 \\ b_2 \\ b_3 \end{pmatrix} = \begin{pmatrix} a_2 b_3 - a_3 b_2 \\ a_3 b_1 - a_1 b_3 \\ a_1 b_2 - a_2 b_1 \end{pmatrix} = |\mathbf{a}|\ |\mathbf{b}|\ \sin\angle(\mathbf{a};\mathbf{b})\ \mathbf{n} \tag{A.11}$$

mit **n** als dem Vektor senkrecht auf **a** und **b** und des Betrags $|\mathbf{n}| = 1$.

**Kreuzprodukt auf Nabla-Operator und Vektor angewendet:**
Das Kreuzprodukt aus Nabla-Operator und Vektor wird als Rotation *rot* bezeichnet.

$$rot\, \mathbf{a} = \nabla \times \mathbf{a} = \begin{pmatrix} \frac{\partial a_3}{\partial x_2} - \frac{\partial a_2}{\partial x_3} \\ \frac{\partial a_1}{\partial x_3} - \frac{\partial a_3}{\partial x_1} \\ \frac{\partial a_2}{\partial x_1} - \frac{\partial a_1}{\partial x_2} \end{pmatrix} \tag{A.12}$$

Wird (auch hier) ohne Beschränkung der Allgemeingültigkeit $\mathbf{a} = \mathbf{w}$ mit $\mathbf{w}$ als dem Geschwindigkeitsfeld gleich gesetzt, so kann die Rotation als ein Maß für die Tendenz der Stärke und Richtung der Drehbewegung des Geschwindigkeitsfelds interpretiert werden. Die Rotation $\boldsymbol{\omega}$ ist die Wirbelstärke des Felds und entspricht der doppelten Winkelgeschwindigkeit $\Omega$ eines sich mit der Strömung mitbewegenden, um die eigene Achse rotierenden Partikels. Der Betrag der Rotation (Wirbelstärke) entspricht der Stärke der Drehbewegung des Felds und die Richtung des Rotationsvektors (Wirbelstärke) gibt die Achse an, um die das Feld rotiert. Gebiete verschwindender Rotation werden als wirbelfrei oder konservativ bezeichnet.

**Rotation eines Gradienten:**
Die Ableitung erfolgt am Beispiel des Reibungsterms der Wirbeltransportgleichung und zeigt, dass die Rotation auf einen Gradienten angewendet immer identisch Null ist.

$$\nabla \times \frac{\partial}{\partial x_j}\left(\frac{1}{\rho}\right) = -\nabla \times \frac{1}{\rho^2}\frac{\partial \rho}{\partial x_j} = -\frac{1}{\rho^2}\begin{pmatrix} \frac{\partial}{\partial x_1} \\ \frac{\partial}{\partial x_2} \\ \frac{\partial}{\partial x_3} \end{pmatrix} \times \begin{pmatrix} \frac{\partial \rho}{\partial x_1} \\ \frac{\partial \rho}{\partial x_2} \\ \frac{\partial \rho}{\partial x_3} \end{pmatrix} = -\frac{1}{\rho^2}\begin{pmatrix} \frac{\partial}{\partial x_2}\frac{\partial \rho}{\partial x_3} - \frac{\partial}{\partial x_3}\frac{\partial \rho}{\partial x_2} \\ \frac{\partial}{\partial x_3}\frac{\partial \rho}{\partial x_1} - \frac{\partial}{\partial x_1}\frac{\partial \rho}{\partial x_3} \\ \frac{\partial}{\partial x_1}\frac{\partial \rho}{\partial x_2} - \frac{\partial}{\partial x_2}\frac{\partial \rho}{\partial x_1} \end{pmatrix}$$

Dies führt nach Vertauschung der Differentiationsreihenfolge (Satz von Schwarz) zu:

$$-\frac{1}{\rho^2}\begin{pmatrix} \frac{\partial}{\partial x_2}\frac{\partial \rho}{\partial x_3} - \frac{\partial}{\partial x_2}\frac{\partial \rho}{\partial x_3} \\ \frac{\partial}{\partial x_3}\frac{\partial \rho}{\partial x_1} - \frac{\partial}{\partial x_3}\frac{\partial \rho}{\partial x_1} \\ \frac{\partial}{\partial x_1}\frac{\partial \rho}{\partial x_2} - \frac{\partial}{\partial x_1}\frac{\partial \rho}{\partial x_2} \end{pmatrix} = 0 \tag{A.13}$$

## A.2 Differentialoperatoren in Zylinderkoordinaten

Die Transformation auf zylindrische Koordinaten ist im Zusammenhang der Interpretation und Auswertung der Wirbeltransportgleichung von Bedeutung, weshalb nachstehend die für das Verständnis dieser Arbeit notwendigen Differentialoperatoren in Zylinderkoordinaten gegeben werden.

**Vektorielle Größe in Zylinderkoordinaten:**
Die Indizierung einer vektoriellen Größe in Zylinderkoordinaten ist durch

$$\mathbf{a} = \begin{pmatrix} a_r \\ a_\varphi \\ a_{ax} \end{pmatrix} \tag{A.14}$$

gegeben.

**Zusammenhang zwischen zylindrischen und kartesischen Koordinaten:**
Im zylindrischen Koordinatensystem wird jeder Punkt mittels der radialen ($r$), der zirkumferentiellen ($\varphi$) und der axialen ($ax$) Kooridnate beschrieben. Die axiale Koordinate fällt dabei mit der $x_1$-Achse des kartesischen Koordinatensystems zusammen. Der formelmäßige Zusammenhang

zwischen zylindrischen und kartesischen Koordinaten ist durch

$$x_1 = ax \qquad ax = x_1 \tag{A.15}$$
$$x_2 = r\cos\varphi \qquad r = +\sqrt{x_2^2 + x_3^2} \tag{A.16}$$
$$x_3 = r\sin\varphi \qquad \varphi = \arctan(x_3/x_2) \tag{A.17}$$

gegeben.

**Zusammenhang zwischen Einheitsvektoren:**
Die radiale und zirkumferentielle Achse des zylindrischen Koordinatensystems liegen in der $x_2,x_3$-Ebene des kartesischen Koordinatensystems und sind gegenüber der $x_2$-Achse um den Winkel $\varphi$ gedreht.
Demnach lassen sich die Einheitsvektoren des zylindrischen Koordinatensystems über Winkelfunktionen in Abhängigkeit der Einheitsvektoren des kartesischen Koordinatensystems schreiben.

$$\mathbf{e}_r = (0)\,\mathbf{e}_1 + (\cos\varphi)\,\mathbf{e}_2 + (\sin\varphi)\,\mathbf{e}_3 \tag{A.18}$$
$$\mathbf{e}_\phi = (0)\,\mathbf{e}_1 + (-\sin\varphi)\,\mathbf{e}_2 + (\cos\varphi)\,\mathbf{e}_3 \tag{A.19}$$
$$\mathbf{e}_{ax} = (1)\,\mathbf{e}_1 + (0)\,\mathbf{e}_2 + (0)\,\mathbf{e}_3 \tag{A.20}$$

**Differentiation der Einheitsvektoren:**
Aus den obigen Beziehungsgleichungen folgen die räumlichen Ableitungen der Einheitsvektoren des zylindrischen Koordinatensystems zu:

$$\frac{\partial}{\partial r}\mathbf{e}_r = 0 \qquad \frac{\partial}{\partial r}\mathbf{e}_\varphi = 0 \qquad \frac{\partial}{\partial r}\mathbf{e}_{ax} = 0 \tag{A.21}$$
$$\frac{\partial}{\partial \varphi}\mathbf{e}_r = \mathbf{e}_\varphi \qquad \frac{\partial}{\partial \varphi}\mathbf{e}_\varphi = -\mathbf{e}_r \qquad \frac{\partial}{\partial \varphi}\mathbf{e}_{ax} = 0 \tag{A.22}$$
$$\frac{\partial}{\partial ax}\mathbf{e}_r = 0 \qquad \frac{\partial}{\partial ax}\mathbf{e}_\varphi = 0 \qquad \frac{\partial}{\partial ax}\mathbf{e}_{ax} = 0 \tag{A.23}$$

**Differentiale:**
Die partielle Differentiation skalarer Größen auf Basis kartesischer Koordinaten wird mittels Anwendung der Kettenregel[1] in partielle Differentiale auf Basis zylindrischer Koordinaten trans-

[1]Für eine skalare Funktion $\chi(x_1,x_2,x_3) = \psi(r,\varphi,ax)$ gilt:

$$\left(\frac{\partial \chi}{\partial x_2}\right)_{x_1,x_3} = \left(\frac{\partial r}{\partial x_2}\right)_{x_1,x_3}\left(\frac{\partial \psi}{\partial r}\right)_{\varphi,ax} + \left(\frac{\partial \varphi}{\partial x_2}\right)_{x_1,x_3}\left(\frac{\partial \psi}{\partial \varphi}\right)_{r,ax} + \left(\frac{\partial ax}{\partial x_2}\right)_{x_1,x_3}\left(\frac{\partial \psi}{\partial ax}\right)_{r,\varphi}$$

formiert. Aus den Definitionsgleichungen (A.16) und (A.17) folgt[2]:

$$\frac{\partial r}{\partial x_2} = \frac{x_2}{\sqrt{x_2^2 + x_3^2}} = \frac{r \cos \varphi}{r} = \cos \varphi \tag{A.24}$$

$$\frac{\partial \varphi}{\partial x_2} = \frac{\partial}{\partial x_2}\left[\arctan\left(x_3/x_2\right)\right] = -\frac{x_3}{x_2^2 + x_3^2} = -\frac{r \sin \varphi}{r^2} = -\frac{\sin \varphi}{r} \tag{A.25}$$

$$\frac{\partial r}{\partial x_3} = \frac{x_3}{\sqrt{x_2^2 + x_3^2}} = \frac{r \sin \varphi}{r} = \sin \varphi \tag{A.26}$$

$$\frac{\partial \varphi}{\partial x_3} = \frac{\partial}{\partial x_3}\left[\arctan\left(x_3/x_2\right)\right] = \frac{x_2}{x_2^2 + x_3^2} = \frac{r \cos \varphi}{r^2} = \frac{\cos \varphi}{r} \tag{A.27}$$

Daraus ergeben sich die Zusammenhänge zwischen den partiellen Differentialen auf Basis kartesischer und auf Basis zylindrischer Koordinaten.

$$\tfrac{\partial}{\partial x_1} = (0)\,\tfrac{\partial}{\partial r} + (0)\,\tfrac{\partial}{\partial \varphi} + (1)\,\tfrac{\partial}{\partial ax} \tag{A.28}$$

$$\tfrac{\partial}{\partial x_2} = (\cos \varphi)\,\tfrac{\partial}{\partial r} + \left(-\tfrac{\sin \varphi}{r}\right)\tfrac{\partial}{\partial \varphi} + (0)\,\tfrac{\partial}{\partial ax} \tag{A.29}$$

$$\tfrac{\partial}{\partial x_3} = (\sin \varphi)\,\tfrac{\partial}{\partial r} + \left(\tfrac{\cos \varphi}{r}\right)\tfrac{\partial}{\partial \varphi} + (0)\,\tfrac{\partial}{\partial ax} \tag{A.30}$$

**Nabla-Operator:**
Der Nabla-Operator in zylindrischen Koordinaten folgt mittels der Einheitsvektoren (A.18)-(A.20) und der Differentiale (A.28)-(A.30) zu

$$\begin{aligned}
\nabla &= \mathbf{e}_{x_1}\,\frac{\partial}{\partial x_1} + \mathbf{e}_{x_2}\,\frac{\partial}{\partial x_2} + \mathbf{e}_{x_3}\,\frac{\partial}{\partial x_3} \\
&= (\mathbf{e}_r \cos \varphi - \mathbf{e}_\varphi \sin \varphi)\left(\cos \varphi\,\frac{\partial}{\partial r} - \frac{\sin \varphi}{r}\frac{\partial}{\partial \varphi}\right) \\
&+ (\mathbf{e}_r \sin \varphi + \mathbf{e}_\varphi \cos \varphi)\left(\sin \varphi\,\frac{\partial}{\partial r} + \frac{\cos \varphi}{r}\frac{\partial}{\partial \varphi}\right) \\
&+ \mathbf{e}_{ax}\,\frac{\partial}{\partial ax}
\end{aligned} \tag{A.31}$$

Die Multiplikation führt schließlich[3] auf den Nabla-Operator auf Basis zylindrischer Koordinaten.

$$\nabla = \mathbf{e}_r\,\frac{\partial}{\partial r} + \mathbf{e}_\varphi\,\frac{1}{r}\frac{\partial}{\partial \varphi} + \mathbf{e}_{ax}\,\frac{\partial}{\partial ax} \tag{A.32}$$

**Divergenz der Geschwindigkeit:**
Die Divergenz der Geschwindigkeit $(\nabla \bullet \mathbf{u})$ wird unter Berücksichtigung von Gleichung (A.32)

[2] $\frac{d}{dx_1}\left[\arctan\left(x_2/x_1\right)\right] = \frac{1}{1+(x_2/x_1)^2} \cdot \frac{d}{dx_1}\left(x_2/x_1\right) = -\frac{x_2}{x_1^2+x_2^2}$
[3] $\sin^2 \varphi + \cos^2 \varphi = 1$

durch Multiplikation und Anwendung der Produktregel gewonnen.

$$(\nabla \bullet \mathbf{u}) = \left( \left( \mathbf{e}_r \frac{\partial}{\partial r} + \mathbf{e}_\varphi \frac{\partial}{\partial \varphi} + \mathbf{e}_{ax} \frac{\partial}{\partial ax} \right) \bullet (\mathbf{e}_r \, v_r + \mathbf{e}_\varphi \, v_\varphi + \mathbf{e}_{ax} \, v_{ax}) \right) \tag{A.33}$$

Multiplikation führt zu Differentiale der vektoriellen Geschwindigkeiten, wie nachstehend anhand des ersten Terms gezeigt.

$$\mathbf{e}_r \frac{\partial}{\partial r} \bullet \mathbf{e}_r \, v_r = \left( \mathbf{e}_r \bullet \frac{\partial}{\partial r} (\mathbf{e}_r \, v_r) \right) + \left( \mathbf{e}_r \bullet \frac{\partial}{\partial r} (\mathbf{e}_\varphi \, v_\varphi) \right) + \left( \mathbf{e}_r \bullet \frac{\partial}{\partial r} (\mathbf{e}_{ax} \, v_{ax}) \right) \tag{A.34}$$

Die Anwendung der Produktregel führt dabei zu Korrelationsausdrücken von Einheitsvektoren und skalarem Geschwindigkeitsgradienten, wie z.B.

$$\mathbf{e}_r \bullet \frac{\partial}{\partial r} (\mathbf{e}_r \, v_r) = (\mathbf{e}_r \bullet \mathbf{e}_r) \, \frac{\partial v_r}{\partial r} + (\mathbf{e}_r \bullet v_r) \, \frac{\partial}{\partial r} \mathbf{e}_r \tag{A.35}$$

Berücksichtigung der Differentiation der Einheitsvektoren entsprechend der Gleichungen (A.21)-(A.23) ergibt schließlich für die Divergenz der Geschwindigkeit

$$(\nabla \bullet \mathbf{u}) = \frac{\partial v_r}{\partial r} + \frac{1}{r} \frac{\partial v_\varphi}{\partial \varphi} + \frac{v_r}{r} + \frac{\partial v_{ax}}{\partial ax} = \frac{1}{r} \frac{\partial (r \, v_r)}{\partial r} + \frac{1}{r} \frac{\partial v_\varphi}{\partial \varphi} + \frac{\partial v_{ax}}{\partial ax} \tag{A.36}$$

## A.3 Kalorische Zustandsgleichung eines idealen Gases

Beziehungen zwischen innerer Energie $u$ oder Enthalpie $h$ zu Druck und Temperatur werden als kalorische Zustandgleichungen bezeichnet, für die

$$u = (T, v) \tag{A.37a}$$

$$h = (T, p) \tag{A.37b}$$

gilt. Die statische, massenbezogene (intensive Zustandgröße) Enthalpie $h$ lässt sich dabei mittels der inneren Energie $u$ des Fluids als

$$h = u + \frac{p}{\rho} \tag{A.38}$$

darstellen. Das totale Differential der Enthalpie schreibt sich der Gleichung ( A.37b) wegen als

$$dh = \left(\frac{\partial h}{\partial T}\right)_p dT + \left(\frac{\partial h}{\partial p}\right)_T dp. \tag{A.39}$$

Diese Gleichung kann unter Berücksichtigung von

$$\left(\frac{\partial h}{\partial T}\right)_p dT = c_p \, dT$$

und wegen Gleichung (A.38) für das Differential der spezifischen Enthalpie nach dem thermodynamischem Druck

$$\left(\frac{\partial h}{\partial p}\right)_T = \frac{\partial \left(p/\rho\right)_T}{\partial p} = \frac{1}{\rho} + p \cdot \left(\frac{\partial \left(1/\rho\right)}{\partial p}\right)_T = \frac{1}{\rho} - \frac{p}{\rho^2}\left(\frac{\partial \rho}{\partial p}\right)_T$$

in die Äquivalenzform

$$dh = c_p \, dT + \frac{1}{\rho}\left[1 - \frac{p}{\rho^2}\left(\frac{\partial \rho}{\partial p}\right)_T\right] dp \tag{A.40}$$

gebracht werden. Die in dieser Arbeit betrachteten Gemische verhalten sich wie ein ideales Gas, wodurch die Zustandgleichung (2.17)

$$\frac{p}{\rho} = R \, T$$

Gültigkeit besitzt und der Klammerausdruck in Gleichung (A.40) identisch Null wird.
Die spezifische Enthalpieänderung $dh$ eines idealen Gases kann daher über

$$dh = c_p \, dT \tag{A.41}$$

mit im Allgemeinen $c_p = c_p\,(T)$ beschrieben werden.

## A.4 Die Gleichung der Enthalpie

Die statische Enthalpie ist nach Gleichung (2.3) über

$$\frac{\partial \rho h}{\partial t}+\frac{\partial}{\partial x_i}(\rho u_i h)=\tau_{ij}\frac{\partial u_i}{\partial x_j}+\frac{Dp}{Dt}-\frac{\partial}{\partial x_i}J_i^h+\dot{q} \tag{A.42}$$

beschrieben, mit

$$h=\sum_{\alpha=1}^{N} Y_\alpha h_\alpha \quad \text{mit} \quad h_\alpha=h_{0,\alpha}+\int_{T_0}^{T} c_{p,\alpha}\left(T'\right)dT'=h_{0,\alpha}+h_{s,\alpha} \tag{A.43}$$

(vgl. Gleichung (2.18)). In diesem Zuammenhang steht $h_{s,\alpha}$ für die fühlbare Wärme und $h_{0,\alpha}$ für die Standardbildungsenthalpie ($T_0 = 298{,}15\ K$, $p_0 = 101{,}33\ kPa$). Letztgenannte Größe entspricht der Wärme des chemischen Reaktionsumsatzes (bei Standardbedingungen), was in der Literatur gelegentlich auch mit $\Delta h_f^0$ identifiziert wird.
Damit kann die statische Enthalpie als

$$h=h_s+\Delta h_f^0=\sum_{\alpha=1}^{N} Y_\alpha\left(\int_{T_0}^{T} c_{p,\alpha}\,dT'+\Delta h_{f,\alpha}^0\right) \tag{A.44}$$

oder die fühlbare Enthalpie als

$$h_s=h-\Delta h_f^0=h-\sum_{\alpha=1}^{N}\left(Y_\alpha\cdot\Delta h_{f,\alpha}^0\right) \tag{A.45}$$

geschrieben werden.
Das totale Differential der fühlbaren Enthalpie

$$\begin{aligned}
\rho\,\frac{Dh_s}{Dt}&=\rho\,\frac{D\left(h-\sum_{\alpha=1}^{N}\left(Y_\alpha\cdot\Delta h_{f,\alpha}^0\right)\right)}{Dt}\\
&=\rho\,\frac{\partial\left(h-\sum_{\alpha=1}^{N}\left(Y_\alpha\cdot\Delta h_{f,\alpha}^0\right)\right)}{\partial t}+\rho\,u_i\,\frac{\partial\left(h-\sum_{\alpha=1}^{N}\left(Y_\alpha\cdot\Delta h_{f,\alpha}^0\right)\right)}{\partial x_i}\\
&=\rho\,\frac{\partial h}{\partial t}-\rho\,\frac{\partial}{\partial t}\left(\sum_{\alpha=1}^{N}\left(Y_\alpha\cdot\Delta h_{f,\alpha}^0\right)\right)+\rho\,u_i\,\frac{\partial h}{\partial x_i}-\rho\,u_i\,\frac{\partial}{\partial x_i}\left(\sum_{\alpha=1}^{N}\left(Y_\alpha\cdot\Delta h_{f,\alpha}^0\right)\right)\\
&=\rho\frac{\partial h}{\partial t}+\rho\,u_i\frac{\partial h}{\partial x_i}-\rho\,\frac{\partial}{\partial t}\left(\sum_{\alpha=1}^{N}\left(Y_\alpha\cdot\Delta h_{f,\alpha}^0\right)\right)-\rho\,u_i\,\frac{\partial}{\partial x_i}\left(\sum_{\alpha=1}^{N}\left(Y_\alpha\cdot\Delta h_{f,\alpha}^0\right)\right)\\
&=\rho\,\frac{Dh}{Dt}-\rho\,\frac{D}{Dt}\left(\sum_{\alpha=1}^{N}\left(Y_\alpha\cdot\Delta h_{f,\alpha}^0\right)\right)\\
&=\rho\,\frac{Dh}{Dt}-\rho\,\sum_{\alpha=1}^{N}\left(\Delta h_{f,\alpha}^0\cdot\frac{DY_\alpha}{Dt}\right)
\end{aligned} \tag{A.46}$$

kann mit der Formulierung der Massefraktion der Spezies $\alpha$ gemäß Gleichung (2.4)

$$\frac{\partial \rho Y_\alpha}{\partial t} + \frac{\partial}{\partial x_i}(\rho u_i Y_\alpha) = -\frac{\partial}{\partial x_i} J_i^{Y_\alpha} + \dot{\omega}_\alpha \quad \text{(A.47)}$$

zu

$$\begin{aligned} -\rho \sum_{\alpha=1}^{N} \left( \Delta h_{f,\alpha}^0 \cdot \frac{DY_\alpha}{Dt} \right) &= - \sum_{\alpha=1}^{N} \left( \Delta h_{f,\alpha}^0 \, \rho \cdot \frac{DY_\alpha}{Dt} \right) \\ &= - \sum_{\alpha=1}^{N} \Delta h_{f,\alpha}^0 \left( \frac{\partial}{\partial x_i} (\rho \, V_{\alpha,i} \, Y_\alpha) + \dot{\omega}_\alpha \right) \end{aligned} \quad \text{(A.48)}$$

umformuliert werden. Die Größe $V_{\alpha,i}$ steht hierbei für die Geschwindigkeit der Partikel der Spezies $\alpha$ in Raumrichtung $i$ (vgl. [138, 89]).

Der diffusive Term (molekulare Transport) der statischen Enthalpie $J_i^h$ kann nach Gleichung (2.8) über

$$J_i^h = -\lambda \frac{\partial T}{\partial x_i} + \sum_{\alpha=1}^{N} h_\alpha J_i^{Y_\alpha} \quad \text{(A.49)}$$

ausgedrückt werden. Mit Gleichung (2.9) für den molekularen Stofftransport (Fick'sche Diffusion)

$$J_i^{Y_\alpha} = -\rho \, D_\alpha \frac{\partial Y_\alpha}{\partial x_i} \quad \text{(A.50)}$$

führt dies zu

$$\begin{aligned} -\frac{\partial}{\partial x_i} J_i^h &= \frac{\partial}{\partial x_i} \left( \lambda \frac{\partial T}{\partial x_i} \right) - \frac{\partial}{\partial x_i} \sum_{\alpha=1}^{N} h_\alpha \left( -\rho \, D_\alpha \frac{\partial Y_\alpha}{\partial x_i} \right) \\ &= \frac{\partial}{\partial x_i} \left( \lambda \frac{\partial T}{\partial x_i} \right) + \frac{\partial}{\partial x_i} \left( \rho \sum_{\alpha=1}^{N} (h_\alpha \, Y_\alpha \, V_{\alpha,i}) \right) \end{aligned} \quad \text{(A.51)}$$

Die zur Gleichung (2.3) der statischen (Gesamt-)Enthalpie $h$ äquivalente Formulierung der fühlbaren Enthalpie $h_s$ wird daher zu

$$\begin{aligned} \rho \frac{Dh_s}{Dt} = \tau_{ij} \frac{\partial u_i}{\partial x_j} + \frac{Dp}{Dt} - \sum_{\alpha=1}^{N} \Delta h_{f,\alpha}^0 \left( \frac{\partial}{\partial x_i} (\rho \, V_{\alpha,i} \, Y_\alpha) + \dot{\omega}_\alpha \right) \\ + \frac{\partial}{\partial x_i} \left( \lambda \frac{\partial T}{\partial x_i} \right) + \frac{\partial}{\partial x_i} \left( \rho \sum_{\alpha=1}^{N} (h_\alpha \, Y_\alpha \, V_{\alpha,i}) \right) + \dot{q} \end{aligned} \quad \text{(A.52)}$$

bzw. zusammengefasst zu:

$$\begin{aligned} \rho \frac{Dh_s}{Dt} = \tau_{ij} \frac{\partial u_i}{\partial x_j} + \frac{Dp}{Dt} - \sum_{\alpha=1}^{N} \Delta h_{f,\alpha}^0 \, \dot{\omega}_\alpha \\ + \frac{\partial}{\partial x_i} \left( \lambda \frac{\partial T}{\partial x_i} \right) + \frac{\partial}{\partial x_i} \left( \rho \sum_{\alpha=1}^{N} \left( \left( h_\alpha - \Delta h_{f,\alpha}^0 \right) Y_\alpha \, V_{\alpha,i} \right) \right) + \dot{q} \end{aligned} \quad \text{(A.53)}$$

Diese Formulierung der Enthalpiegleichung enthält als Quellterm explizit die Reaktionsrate einer Spezies $\dot{\omega}_\alpha$.

## A.5 Ableitung der Wirbeltransportgleichung

Ausgangspunkt für die Ableitung der Wirbeltransportgleichung sind die Navier-Stokes Gleichungen, auf die der Rotations-Operator $(\nabla\times)$ angewendet wird:

$$\underbrace{\nabla\times\frac{\partial\mathbf{u}}{\partial t}}_{1}+\underbrace{\nabla\times(\mathbf{u}\bullet\nabla)\,\mathbf{u}}_{2}=\underbrace{-\nabla\times\frac{1}{\rho}\nabla p}_{3}+\underbrace{\nabla\times\frac{1}{\rho}\nabla\overline{\overline{\mathbf{T}}}}_{4} \tag{A.54}$$

Die Differentiation, Zusammenfassung und Erweiterung der Gleichung (A.54) erfolgt der Reihe nach für die nummerierten Terme in aller Ausführlichkeit und für alle drei (kartesischen) Raumrichtungen $(x_1=x,x_2=y,x_3=z)$ in den kartesischen Geschwindigkeiten $v_1=v_x,v_2=v_y,v_3=v_z$.

**Ableitung des ersten Terms (1)**

$$\nabla\times\frac{\partial\mathbf{u}}{\partial t}=\begin{pmatrix}\frac{\partial}{\partial x_1}\\ \frac{\partial}{\partial x_2}\\ \frac{\partial}{\partial x_3}\end{pmatrix}\times\begin{pmatrix}\frac{\partial v_x}{\partial t}\\ \frac{\partial v_y}{\partial t}\\ \frac{\partial v_z}{\partial t}\end{pmatrix}=\begin{pmatrix}\frac{\partial}{\partial x_2}\left(\frac{\partial v_z}{\partial t}\right)-\frac{\partial}{\partial x_3}\left(\frac{\partial v_y}{\partial t}\right)\\ \frac{\partial}{\partial x_3}\left(\frac{\partial v_x}{\partial t}\right)-\frac{\partial}{\partial x_1}\left(\frac{\partial v_z}{\partial t}\right)\\ \frac{\partial}{\partial x_1}\left(\frac{\partial v_y}{\partial t}\right)-\frac{\partial}{\partial x_2}\left(\frac{\partial v_x}{\partial t}\right)\end{pmatrix} \tag{A.55}$$

Nach Vertauschen der Differentiationsfolge (Satz von Schwarz) folgt daraus unmittelbar:

$$\nabla\times\frac{\partial\mathbf{u}}{\partial t}=\frac{\partial}{\partial t}\begin{pmatrix}\frac{\partial v_z}{\partial x_2}-\frac{\partial v_y}{\partial x_3}\\ \frac{\partial v_x}{\partial x_3}-\frac{\partial v_z}{\partial x_1}\\ \frac{\partial v_y}{\partial x_1}-\frac{\partial v_x}{\partial x_2}\end{pmatrix}=\frac{\partial}{\partial t}(\nabla\times\mathbf{u})=\frac{\partial\boldsymbol{\omega}}{\partial t} \tag{A.56}$$

Dabei ist von der Definition der Wirbelstärke $\boldsymbol{\omega}$ (engl. *Vorticity*)

$$\nabla\times\mathbf{u}=\begin{pmatrix}\frac{\partial}{\partial x_1}\\ \frac{\partial}{\partial x_2}\\ \frac{\partial}{\partial x_3}\end{pmatrix}\times\begin{pmatrix}v_x\\ v_y\\ v_z\end{pmatrix}=\begin{pmatrix}\frac{\partial v_z}{\partial x_2}-\frac{\partial v_y}{\partial x_3}\\ \frac{\partial v_x}{\partial x_3}-\frac{\partial v_z}{\partial x_1}\\ \frac{\partial v_y}{\partial x_1}-\frac{\partial v_x}{\partial x_2}\end{pmatrix}=\begin{pmatrix}\omega_x\\ \omega_y\\ \omega_z\end{pmatrix}=\boldsymbol{\omega} \tag{A.57}$$

Gebrauch gemacht worden.

**Ableitung des zweiten Terms (2)**

$$\nabla\times(\mathbf{u}\bullet\nabla)\,\mathbf{u}=\begin{pmatrix}\frac{\partial}{\partial x_1}\\ \frac{\partial}{\partial x_2}\\ \frac{\partial}{\partial x_3}\end{pmatrix}\times\begin{pmatrix}v_x\cdot\frac{\partial v_x}{\partial x_1}+v_y\cdot\frac{\partial v_x}{\partial x_2}+v_z\cdot\frac{\partial v_x}{\partial x_3}\\ v_x\cdot\frac{\partial v_y}{\partial x_1}+v_y\cdot\frac{\partial v_y}{\partial x_2}+v_z\cdot\frac{\partial v_y}{\partial x_3}\\ v_x\cdot\frac{\partial v_z}{\partial x_1}+v_y\cdot\frac{\partial v_z}{\partial x_2}+v_z\cdot\frac{\partial v_z}{\partial x_3}\end{pmatrix}=$$

$$\begin{pmatrix}\frac{\partial}{\partial x_2}\left(v_x\cdot\frac{\partial v_z}{\partial x_1}+v_y\cdot\frac{\partial v_z}{\partial x_2}+v_z\cdot\frac{\partial v_z}{\partial x_3}\right)-\frac{\partial}{\partial x_3}\left(v_x\cdot\frac{\partial v_y}{\partial x_1}+v_y\cdot\frac{\partial v_y}{\partial x_2}+v_z\cdot\frac{\partial v_y}{\partial x_3}\right)\\ \frac{\partial}{\partial x_3}\left(v_x\cdot\frac{\partial v_x}{\partial x_1}+v_y\cdot\frac{\partial v_x}{\partial x_2}+v_z\cdot\frac{\partial v_x}{\partial x_3}\right)-\frac{\partial}{\partial x_1}\left(v_x\cdot\frac{\partial v_z}{\partial x_1}+v_y\cdot\frac{\partial v_z}{\partial x_2}+v_z\cdot\frac{\partial v_z}{\partial x_3}\right)\\ \frac{\partial}{\partial x_1}\left(v_x\cdot\frac{\partial v_y}{\partial x_1}+v_y\cdot\frac{\partial v_y}{\partial x_2}+v_z\cdot\frac{\partial v_y}{\partial x_3}\right)-\frac{\partial}{\partial x_2}\left(v_x\cdot\frac{\partial v_x}{\partial x_1}+v_y\cdot\frac{\partial v_x}{\partial x_2}+v_z\cdot\frac{\partial v_x}{\partial x_3}\right)\end{pmatrix} \tag{A.58}$$

$x_1$-Komponente:

$$\underbrace{\frac{\partial v_x}{\partial x_2}\cdot\frac{\partial v_z}{\partial x_1}}_{7}+\underbrace{v_x\cdot\frac{\partial^2 v_z}{\partial x_1\partial x_2}}_{1}+\underbrace{\frac{\partial v_y}{\partial x_2}\cdot\frac{\partial v_z}{\partial x_2}}_{9}+\underbrace{v_y\cdot\frac{\partial^2 v_z}{\partial^2 x_2}}_{3}+\underbrace{\frac{\partial v_z}{\partial x_2}\cdot\frac{\partial v_z}{\partial x_3}}_{11}+\underbrace{v_z\cdot\frac{\partial^2 v_z}{\partial x_2\partial x_3}}_{5}$$

$$-\underbrace{\frac{\partial v_x}{\partial x_3}\cdot\frac{\partial v_y}{\partial x_1}}_{8}-\underbrace{v_x\cdot\frac{\partial^2 v_y}{\partial x_3\partial x_1}}_{2}-\underbrace{\frac{\partial v_y}{\partial x_3}\cdot\frac{\partial v_y}{\partial x_2}}_{10}-\underbrace{v_y\cdot\frac{\partial^2 v_y}{\partial x_3\partial x_2}}_{4}-\underbrace{\frac{\partial v_z}{\partial x_3}\cdot\frac{\partial v_y}{\partial x_3}}_{12}-\underbrace{v_z\cdot\frac{\partial^2 v_y}{\partial x_3^2}}_{6}$$

$$=\underbrace{\left[\underbrace{v_x\cdot\frac{\partial}{\partial x_1}\left(\frac{\partial v_z}{\partial x_2}-\frac{\partial v_y}{\partial x_3}\right)}_{1+2}+\underbrace{v_y\cdot\frac{\partial}{\partial x_2}\left(\frac{\partial v_z}{\partial x_2}-\frac{\partial v_y}{\partial x_3}\right)}_{3+4}+\underbrace{v_z\cdot\frac{\partial}{\partial x_3}\left(\frac{\partial v_z}{\partial x_2}-\frac{\partial v_y}{\partial x_3}\right)}_{5+6}\right]}_{=(\mathbf{u}\bullet\nabla)\boldsymbol{\omega}|_{x_1}}$$

$$-\underbrace{\left[\underbrace{\frac{\partial v_x}{\partial x_2}\left(-\frac{\partial v_z}{\partial x_2}\boxed{+\frac{\partial v_x}{\partial x_3}}\right)}_{7}+\underbrace{\frac{\partial v_x}{\partial x_3}\left(\frac{\partial v_y}{\partial x_1}\boxed{-\frac{\partial v_x}{\partial x_2}}\right)}_{8}\right]}_{(\boldsymbol{\omega}\bullet\nabla)\mathbf{u}|_{x_1}}$$

$$+\underbrace{\left[\underbrace{\frac{\partial v_y}{\partial x_2}\left(\frac{\partial v_z}{\partial x_2}-\frac{\partial v_y}{\partial x_3}\right)}_{9+10}+\underbrace{\frac{\partial v_z}{\partial x_3}\left(\frac{\partial v_z}{\partial x_2}-\frac{\partial v_y}{\partial x_3}\right)}_{11+12}\right]}_{=\boldsymbol{\omega}(\nabla\bullet\mathbf{u})|_{x_1}} \tag{A.59}$$

$x_2$-Komponente:

$$\underbrace{\frac{\partial v_x}{\partial x_3}\cdot\frac{\partial v_x}{\partial x_1}}_{9}+\underbrace{v_x\cdot\frac{\partial^2 v_x}{\partial x_3\partial x_1}}_{1}+\underbrace{\frac{\partial v_y}{\partial x_3}\cdot\frac{\partial v_x}{\partial x_2}}_{8}+\underbrace{v_y\cdot\frac{\partial^2 v_x}{\partial x_3\partial x_2}}_{3}+\underbrace{\frac{\partial v_z}{\partial x_3}\cdot\frac{\partial v_x}{\partial x_3}}_{11}+\underbrace{v_z\cdot\frac{\partial^2 v_x}{\partial^2 x_3}}_{5}$$

$$-\underbrace{\frac{\partial v_x}{\partial x_1}\cdot\frac{\partial v_z}{\partial x_1}}_{10}-\underbrace{v_x\cdot\frac{\partial^2 v_z}{\partial^2 x_1}}_{2}-\underbrace{\frac{\partial v_y}{\partial x_1}\cdot\frac{\partial v_z}{\partial x_2}}_{7}-\underbrace{v_y\cdot\frac{\partial^2 v_z}{\partial x_1\partial x_2}}_{4}-\underbrace{\frac{\partial v_z}{\partial x_1}\cdot\frac{\partial v_z}{\partial x_3}}_{12}-\underbrace{v_z\cdot\frac{\partial^2 v_z}{\partial x_1\partial x_3}}_{6}$$

$$=\underbrace{\left[\underbrace{v_x\cdot\frac{\partial}{\partial x_1}\left(\frac{\partial v_x}{\partial x_3}-\frac{\partial v_z}{\partial x_1}\right)}_{1+2}+\underbrace{v_y\cdot\frac{\partial}{\partial x_2}\left(\frac{\partial v_x}{\partial x_3}-\frac{\partial v_z}{\partial x_1}\right)}_{3+4}+\underbrace{v_z\cdot\frac{\partial}{\partial x_3}\left(\frac{\partial v_x}{\partial x_3}-\frac{\partial v_z}{\partial x_1}\right)}_{5+6}\right]}_{=(\mathbf{u}\bullet\nabla)\boldsymbol{\omega}|_{x_2}}$$

$$-\underbrace{\left[\underbrace{\frac{\partial v_y}{\partial x_1}\left(\frac{\partial v_z}{\partial x_2}\boxed{-\frac{\partial v_y}{\partial x_3}}\right)}_{7}+\underbrace{\frac{\partial v_y}{\partial x_3}\left(-\frac{\partial v_x}{\partial x_2}\boxed{+\frac{\partial v_y}{\partial x_1}}\right)}_{8}\right]}_{(\boldsymbol{\omega}\bullet\nabla)\mathbf{u}|_{x_2}}$$

$$+\underbrace{\left[\underbrace{\frac{\partial v_x}{\partial x_1}\left(\frac{\partial v_x}{\partial x_3}-\frac{\partial v_z}{\partial x_1}\right)}_{9+10}+\underbrace{\frac{\partial v_z}{\partial x_3}\left(\frac{\partial v_x}{\partial x_3}-\frac{\partial v_z}{\partial x_1}\right)}_{11+12}\right]}_{=\boldsymbol{\omega}(\nabla\bullet\mathbf{u})|_{x_2}} \tag{A.60}$$

<u>$x_3$-Komponente:</u>

$$\underbrace{\frac{\partial v_x}{\partial x_1}\cdot\frac{\partial v_y}{\partial x_1}}_{9}+\underbrace{v_x\cdot\frac{\partial^2 v_y}{\partial^2 x_1}}_{1}+\underbrace{\frac{\partial v_y}{\partial x_1}\cdot\frac{\partial v_y}{\partial x_2}}_{11}+\underbrace{v_y\cdot\frac{\partial^2 v_y}{\partial x_1\partial x_2}}_{3}+\underbrace{\frac{\partial v_z}{\partial x_1}\cdot\frac{\partial v_y}{\partial x_3}}_{7}+\underbrace{v_z\cdot\frac{\partial^2 v_y}{\partial x_1\partial x_3}}_{5}$$

$$-\underbrace{\frac{\partial v_x}{\partial x_2}\cdot\frac{\partial v_x}{\partial x_1}}_{10}-\underbrace{v_x\cdot\frac{\partial^2 v_x}{\partial x_1\partial x_2}}_{2}-\underbrace{\frac{\partial v_y}{\partial x_2}\cdot\frac{\partial v_x}{\partial x_2}}_{12}-\underbrace{v_y\cdot\frac{\partial^2 v_x}{\partial^2 x_2}}_{4}-\underbrace{\frac{\partial v_z}{\partial x_2}\cdot\frac{\partial v_x}{\partial x_3}}_{8}-\underbrace{v_z\cdot\frac{\partial^2 v_x}{\partial x_2\partial x_3}}_{6}$$

$$=\underbrace{\left[\underbrace{v_x\cdot\frac{\partial}{\partial x_1}\left(\frac{\partial v_y}{\partial x_1}-\frac{\partial v_x}{\partial x_2}\right)}_{1+2}+\underbrace{v_y\cdot\frac{\partial}{\partial x_2}\left(\frac{\partial v_y}{\partial x_1}-\frac{\partial v_x}{\partial x_2}\right)}_{3+4}+\underbrace{v_z\cdot\frac{\partial}{\partial x_3}\left(\frac{\partial v_y}{\partial x_1}-\frac{\partial v_x}{\partial x_2}\right)}_{5+6}\right]}_{=(\mathbf{u}\bullet\nabla)\boldsymbol{\omega}|_{x_3}}$$

$$-\underbrace{\left[\underbrace{\frac{\partial v_z}{\partial x_1}\left(-\frac{\partial v_y}{\partial x_3}\boxed{+\frac{\partial v_z}{\partial x_2}}\right)}_{7}+\underbrace{\frac{\partial v_z}{\partial x_2}\left(-\frac{\partial v_x}{\partial x_3}\boxed{-\frac{\partial v_z}{\partial x_2}}\right)}_{8}\right]}_{(\boldsymbol{\omega}\bullet\nabla)\mathbf{u}|_{x_3}}$$

$$+\underbrace{\left[\underbrace{\frac{\partial v_x}{\partial x_1}\left(\frac{\partial v_y}{\partial x_1}-\frac{\partial v_x}{\partial x_2}\right)}_{9+10}+\underbrace{\frac{\partial v_y}{\partial x_2}\left(\frac{\partial v_y}{\partial x_1}-\frac{\partial v_x}{\partial x_2}\right)}_{11+12}\right]}_{=\boldsymbol{\omega}(\nabla\bullet\mathbf{u})|_{x_3}} \tag{A.61}$$

Die eingerahmten Terme wurden dazu addiert, heben sich aber in Summe zu Null auf.

Term 2 lässt sich also darstellen als:

$$\nabla \times (\mathbf{u} \bullet \nabla)\,\mathbf{u} = \begin{pmatrix} \frac{\partial}{\partial x_2}\left(v_x \cdot \frac{\partial v_z}{\partial x_1} + v_y \cdot \frac{\partial v_z}{\partial x_2} + v_z \cdot \frac{\partial v_z}{\partial x_3}\right) - \frac{\partial}{\partial x_3}\left(v_x \cdot \frac{\partial v_y}{\partial x_1} + v_y \cdot \frac{\partial v_y}{\partial x_2} + v_z \cdot \frac{\partial v_y}{\partial x_3}\right) \\ \frac{\partial}{\partial x_3}\left(v_x \cdot \frac{\partial v_x}{\partial x_1} + v_y \cdot \frac{\partial v_x}{\partial x_2} + v_z \cdot \frac{\partial v_x}{\partial x_3}\right) - \frac{\partial}{\partial x_1}\left(v_x \cdot \frac{\partial v_z}{\partial x_1} + v_y \cdot \frac{\partial v_z}{\partial x_2} + v_z \cdot \frac{\partial v_z}{\partial x_3}\right) \\ \frac{\partial}{\partial x_1}\left(v_x \cdot \frac{\partial v_y}{\partial x_1} + v_y \cdot \frac{\partial v_y}{\partial x_2} + v_z \cdot \frac{\partial v_y}{\partial x_3}\right) - \frac{\partial}{\partial x_1}\left(v_x \cdot \frac{\partial v_x}{\partial x_1} + v_y \cdot \frac{\partial v_x}{\partial x_2} + v_z \cdot \frac{\partial v_x}{\partial x_3}\right) \end{pmatrix}$$

$$= \underbrace{\begin{pmatrix} v_x \cdot \frac{\partial \omega_x}{\partial x_1} + v_y \cdot \frac{\partial \omega_x}{\partial x_2} + v_z \cdot \frac{\partial \omega_x}{\partial x_3} \\ v_x \cdot \frac{\partial \omega_y}{\partial x_1} + v_y \cdot \frac{\partial \omega_y}{\partial x_2} + v_z \cdot \frac{\partial \omega_y}{\partial x_3} \\ v_x \cdot \frac{\partial \omega_z}{\partial x_1} + v_y \cdot \frac{\partial \omega_z}{\partial x_2} + v_z \cdot \frac{\partial \omega_z}{\partial x_3} \end{pmatrix}}_{(\mathbf{u}\bullet\nabla)\boldsymbol{\omega}} - \underbrace{\begin{pmatrix} \omega_x \cdot \frac{\partial v_x}{\partial x_1} + \omega_y \cdot \frac{\partial v_x}{\partial x_2} + \omega_z \cdot \frac{\partial v_x}{\partial x_3} \\ \omega_x \cdot \frac{\partial v_y}{\partial x_1} + \omega_y \cdot \frac{\partial v_y}{\partial x_2} + \omega_z \cdot \frac{\partial v_y}{\partial x_3} \\ \omega_x \cdot \frac{\partial v_z}{\partial x_1} + \omega_y \cdot \frac{\partial v_z}{\partial x_2} + \omega_z \cdot \frac{\partial v_z}{\partial x_3} \end{pmatrix}}_{(\boldsymbol{\omega}\bullet\nabla)\mathbf{u}}$$

$$+ \underbrace{\begin{pmatrix} \omega_x \cdot \frac{\partial v_x}{\partial x_1} + \omega_x \cdot \frac{\partial v_y}{\partial x_2} + \omega_x \cdot \frac{\partial v_z}{\partial x_3} \\ \omega_y \cdot \frac{\partial v_x}{\partial x_1} + \omega_y \cdot \frac{\partial v_y}{\partial x_2} + \omega_y \cdot \frac{\partial v_z}{\partial x_3} \\ \omega_z \cdot \frac{\partial v_x}{\partial x_1} + \omega_z \cdot \frac{\partial v_y}{\partial x_2} + \omega_z \cdot \frac{\partial v_z}{\partial x_3} \end{pmatrix}}_{\boldsymbol{\omega}(\nabla\bullet\mathbf{u})}$$

Für die Ableitung wurde die Ausgangsgleichung um die Terme $\pm\omega_x \frac{\partial v_x}{\partial x_1}$, $\pm\omega_y \frac{\partial v_y}{\partial x_2}$ und $\pm\omega_z \frac{\partial v_z}{\partial x_3}$ additiv um den Wert Null erweitert. Damit folgt für den zweiten Term:

$$\nabla \times (\mathbf{u} \bullet \nabla)\,\mathbf{u} = (\mathbf{u} \bullet \nabla)\,\boldsymbol{\omega} - (\boldsymbol{\omega} \bullet \nabla)\,\mathbf{u} + \boldsymbol{\omega}\,(\nabla \bullet \mathbf{u}) \tag{A.62}$$

d.h. zu dem Konvektionsterm treten noch zwei zusätzliche Terme auf, die für die Streckung bzw. Umorientierung und Dilatation der Wirbelfäden stehen.

### Ableitung des dritten Terms (3)

$$-\nabla \times \frac{1}{\rho}\nabla p = -\begin{pmatrix} \frac{\partial}{\partial x_1} \\ \frac{\partial}{\partial x_2} \\ \frac{\partial}{\partial x_3} \end{pmatrix} \times \begin{pmatrix} \frac{1}{\rho}\frac{\partial p}{\partial x_1} \\ \frac{1}{\rho}\frac{\partial p}{\partial x_2} \\ \frac{1}{\rho}\frac{\partial p}{\partial x_3} \end{pmatrix} = -\begin{pmatrix} \frac{\partial}{\partial x_2}\left(\frac{1}{\rho}\frac{\partial p}{\partial x_3}\right) - \frac{\partial}{\partial x_3}\left(\frac{1}{\rho}\frac{\partial p}{\partial x_2}\right) \\ \frac{\partial}{\partial x_3}\left(\frac{1}{\rho}\frac{\partial p}{\partial x_1}\right) - \frac{\partial}{\partial x_1}\left(\frac{1}{\rho}\frac{\partial p}{\partial x_3}\right) \\ \frac{\partial}{\partial x_1}\left(\frac{1}{\rho}\frac{\partial p}{\partial x_2}\right) - \frac{\partial}{\partial x_2}\left(\frac{1}{\rho}\frac{\partial p}{\partial x_1}\right) \end{pmatrix}$$

$$= -\begin{pmatrix} \frac{\partial}{\partial x_2}\left(\frac{1}{\rho}\right)\frac{\partial p}{\partial x_3} + \frac{1}{\rho}\frac{\partial^2 p}{\partial x_2 \partial x_3} - \frac{\partial}{\partial x_3}\left(\frac{1}{\rho}\right)\frac{\partial p}{\partial x_2} - \frac{1}{\rho}\frac{\partial^2 p}{\partial x_2 \partial x_3} \\ \frac{\partial}{\partial x_3}\left(\frac{1}{\rho}\right)\frac{\partial p}{\partial x_1} + \frac{1}{\rho}\frac{\partial^2 p}{\partial x_3 \partial x_1} - \frac{\partial}{\partial x_1}\left(\frac{1}{\rho}\right)\frac{\partial p}{\partial x_3} - \frac{1}{\rho}\frac{\partial^2 p}{\partial x_1 \partial x_3} \\ \frac{\partial}{\partial x_1}\left(\frac{1}{\rho}\right)\frac{\partial p}{\partial x_2} + \frac{1}{\rho}\frac{\partial^2 p}{\partial x_1 \partial x_2} - \frac{\partial}{\partial x_2}\left(\frac{1}{\rho}\right)\frac{\partial p}{\partial x_1} - \frac{1}{\rho}\frac{\partial^2 p}{\partial x_1 \partial x_2} \end{pmatrix} = \frac{1}{\rho^2}\begin{pmatrix} \frac{\partial \rho}{\partial x_2}\left(\frac{\partial p}{\partial x_3}\right) - \frac{\partial \rho}{\partial x_3}\left(\frac{\partial p}{\partial x_2}\right) \\ \frac{\partial \rho}{\partial x_3}\left(\frac{\partial p}{\partial x_1}\right) - \frac{\partial \rho}{\partial x_1}\left(\frac{\partial p}{\partial x_3}\right) \\ \frac{\partial \rho}{\partial x_1}\left(\frac{\partial p}{\partial x_2}\right) - \frac{\partial \rho}{\partial x_2}\left(\frac{\partial p}{\partial x_1}\right) \end{pmatrix}$$

$$= \frac{1}{\rho^2}\begin{pmatrix} \frac{\partial \rho}{\partial x_1} \\ \frac{\partial \rho}{\partial x_2} \\ \frac{\partial \rho}{\partial x_3} \end{pmatrix} \times \begin{pmatrix} \frac{\partial p}{\partial x_1} \\ \frac{\partial p}{\partial x_2} \\ \frac{\partial p}{\partial x_3} \end{pmatrix} = \frac{1}{\rho^2}\,(\nabla\rho \times \nabla p) \tag{A.63}$$

Dabei wurde von der Beziehung:

$$\frac{\partial}{\partial x_j}\left(\frac{1}{\rho}\right) = \frac{\partial}{\partial x_j}\left(\rho^{-1}\right) = -\rho^{-2}\frac{\partial \rho}{\partial x_j} = -\frac{1}{\rho^2}\frac{\partial \rho}{\partial x_j}$$

Gebrauch gemacht.

**Ableitung des vierten Terms (4)**

$$\nabla \times \frac{1}{\rho}\nabla\overline{\overline{\mathbf{T}}} = \nabla \times \frac{1}{\rho}\frac{\partial \tau_{ij}}{\partial x_j} = \begin{pmatrix} \frac{\partial}{\partial x_1} \\ \frac{\partial}{\partial x_2} \\ \frac{\partial}{\partial x_3} \end{pmatrix} \times \begin{pmatrix} \frac{1}{\rho}\frac{\partial \tau_{xj}}{\partial x_j} \\ \frac{1}{\rho}\frac{\partial \tau_{yj}}{\partial x_j} \\ \frac{1}{\rho}\frac{\partial \tau_{zj}}{\partial x_j} \end{pmatrix} = \begin{pmatrix} \frac{\partial}{\partial x_2}\left(\frac{1}{\rho}\frac{\partial \tau_{zj}}{\partial x_j}\right) - \frac{\partial}{\partial z}\left(\frac{1}{\rho}\frac{\partial \tau_{yj}}{\partial x_j}\right) \\ \frac{\partial}{\partial x_3}\left(\frac{1}{\rho}\frac{\partial \tau_{xj}}{\partial x_j}\right) - \frac{\partial}{\partial x}\left(\frac{1}{\rho}\frac{\partial \tau_{zj}}{\partial x_j}\right) \\ \frac{\partial}{\partial x_1}\left(\frac{1}{\rho}\frac{\partial \tau_{yj}}{\partial x_j}\right) - \frac{\partial}{\partial y}\left(\frac{1}{\rho}\frac{\partial \tau_{xj}}{\partial x_j}\right) \end{pmatrix}$$

$$\begin{pmatrix} \frac{\partial \tau_{zj}}{x_j}\frac{\partial}{\partial x_2}\left(\frac{1}{\rho}\right) + \frac{1}{\rho}\frac{\partial^2 \tau_{zj}}{\partial x_2 \partial x_j} - \frac{\partial}{\partial x_3}\left(\frac{1}{\rho}\right)\frac{\partial \tau_{yj}}{\partial x_j} - \frac{1}{\rho}\frac{\partial \tau_{yj}}{\partial x_3 \partial x_j} \\ \frac{\partial \tau_{xj}}{x_j}\frac{\partial}{\partial x_3}\left(\frac{1}{\rho}\right) + \frac{1}{\rho}\frac{\partial^2 \tau_{xj}}{\partial x_3 \partial x_j} - \frac{\partial}{\partial x_1}\left(\frac{1}{\rho}\right)\frac{\partial \tau_{zj}}{\partial x_j} - \frac{1}{\rho}\frac{\partial \tau_{zj}}{\partial x_1 \partial x_j} \\ \frac{\partial \tau_{yj}}{x_j}\frac{\partial}{\partial x_1}\left(\frac{1}{\rho}\right) + \frac{1}{\rho}\frac{\partial^2 \tau_{yj}}{\partial x_1 \partial x_j} - \frac{\partial}{\partial x_2}\left(\frac{1}{\rho}\right)\frac{\partial \tau_{xj}}{\partial x_j} - \frac{1}{\rho}\frac{\partial \tau_{xj}}{\partial x_2 \partial x_j} \end{pmatrix} = \nabla\left(\frac{1}{\rho}\right) \times \nabla\overline{\overline{\mathbf{T}}} + \left(\frac{1}{\rho}\right)\nabla \times \nabla\overline{\overline{\mathbf{T}}} \tag{A.64}$$

## A.5.1 Die Terme molekularer Reibung der Wirbeltransportgleichung bei hoher Reynolds Zahl

Die Reibungsterme der Wirbeltransportgleichung (2.46) schreiben sich für die betrachteten Newton´schen Fluide entsprechend der Gleichung (2.6) in Abhängigkeit der molekularen, dynamischen Viskosität in vektorieller Notation $\overline{\overline{\mathbf{T}}} \propto \mu\nabla\mathbf{u}$ als:

$$\nabla\left(\frac{1}{\rho}\right) \times \nabla\,\overline{\overline{\mathbf{T}}} + \left(\frac{1}{\rho}\right)\nabla \times \nabla\,\overline{\overline{\mathbf{T}}} = \nabla\left(\frac{1}{\rho}\right) \times \nabla\,(\mu\nabla\mathbf{u}) + \left(\frac{1}{\rho}\right)\nabla \times \nabla\,(\mu\nabla\mathbf{u}). \tag{A.65}$$

Unter Berücksichtigung der dimensionslosen ($*$) Größen

$$\mathbf{u} = \mathbf{u}^* \cdot V_{char} \qquad \nabla = \nabla^* \cdot \frac{1}{L_{char}}$$
$$\rho = \rho^* \cdot \rho_0 \qquad \mu = \mu^* \cdot \mu_0$$

führt dies zu:

$$\frac{1}{L_{char}\,\rho_0}\nabla^*\left(\frac{1}{\rho^*}\right) \times \frac{V_{char}\,\mu_0}{L_{char}^2}\nabla^*\,(\mu^*\nabla^*\mathbf{u}^*) + \frac{1}{\rho_0\,L_{char}}\left(\frac{1}{\rho^*}\right)\nabla^* \times \frac{V_{char}\,\mu_0}{L_{char}^2}\nabla^*\,(\mu^*\nabla^*\mathbf{u}^*) \tag{A.66}$$

und daher nach Umformung zu:

$$\frac{V_{char}^2}{L_{char}^2}\,\frac{\nu_0}{L_{char}\cdot V_{char}} \cdot \left[\nabla^*\left(\frac{1}{\rho^*}\right) \times \nabla^*\,(\mu^*\nabla^*\mathbf{u}^*) + \left(\frac{1}{\rho^*}\right)\nabla^* \times \nabla^*\,(\mu^*\nabla^*\mathbf{u}^*)\right]. \tag{A.67}$$

Bei der Entdimensionierung der Wirbeltransportgleichung (Kapitel 2.3.3.1) tritt der Faktor $\frac{V_{char}^2}{L_{char}^2}$ vor jedem Term auf, ist also insgesamt ohne Wirkung. Der Vorfaktor $\frac{\nu_0}{L_{char}\cdot V_{char}}$ hingegen entspricht dem Reziprokwert der für die Strömung charakteristischen Reynolds Zahl, wodurch die Terme molekularer Reibung von vernachlässigem Einfluss sind, wenn wie in dieser Arbeit Strömungen hoher Reynolds Zahl untersucht werden.

### A.5.2 Die Wirbeltransportgleichung in Zylinderkoordinaten

Die Rotation des Geschwindigkeitsvektors lässt sich Allgemein schreiben als:

$$\nabla \times \mathbf{u} = \frac{1}{h_1 h_2 h_3} \begin{vmatrix} h_1\,\mathbf{e}_1 & h_2\,\mathbf{e}_2 & h_3\,\mathbf{e}_3 \\ \frac{\partial}{\partial q_1} & \frac{\partial}{\partial q_2} & \frac{\partial}{\partial q_3} \\ h_1\,v_1 & h_2\,v_2 & h_3\,v_3 \end{vmatrix} \tag{A.68}$$

Dabei steht $q_i$ für die krummliniege Koordinate und $h_i$ für die Skalierungsfaktoren, die auch in der jeweiligen Formulierung des Volumenelementes auftauchen $dV = h_1 h_2 h_3\; dq_1 dq_2 dq_3$ [5]. Die in zylindrischen Koordinaten formulierte Rotation kann daher als

$$\nabla \times \mathbf{u} = \frac{1}{r} \begin{vmatrix} \mathbf{e}_r & r\,\mathbf{e}_\varphi & \mathbf{e}_{ax} \\ \frac{\partial}{\partial r} & \frac{\partial}{\partial \varphi} & \frac{\partial}{\partial ax} \\ v_r & r\,v_\varphi & v_{ax} \end{vmatrix} = \begin{pmatrix} \frac{1}{r}\frac{\partial v_{ax}}{\partial \varphi} & - & \frac{\partial v_\varphi}{\partial ax} \\ \frac{\partial v_r}{\partial ax} & - & \frac{\partial v_{ax}}{\partial r} \\ \frac{1}{r}\frac{\partial}{\partial r}(r\,v_\varphi) & - & \frac{1}{r}\frac{\partial v_r}{\partial \varphi} \end{pmatrix} \tag{A.69}$$

geschrieben werden.

**Der Term der Umorientierung/Streckung $(\boldsymbol{\omega} \bullet \nabla)\,\mathbf{u}$:**
Der Klammerausdruck des Umorientierungs-/Streckungsterms kann in zylindrischen Koordinaten geschrieben werden, als

$$\begin{aligned}
(\boldsymbol{\omega} \bullet \nabla) &= (\omega_r\,\mathbf{e}_r + \omega_\varphi\,\mathbf{e}_\varphi + \omega_{ax}\,\mathbf{e}_{ax}) \bullet \left(\mathbf{e}_r\,\frac{\partial}{\partial r} + \mathbf{e}_\varphi\,\frac{\partial}{\partial \varphi} + \mathbf{e}_{ax}\,\frac{\partial}{\partial ax}\right) \\
&= \omega_r\,(\mathbf{e}_r \bullet \mathbf{e}_r)\,\frac{\partial}{\partial r} + \omega_r\,(\mathbf{e}_r \bullet \mathbf{e}_\varphi)\,\frac{1}{r}\frac{\partial}{\partial \varphi} + \omega_r\,(\mathbf{e}_r \bullet \mathbf{e}_{ax})\,\frac{\partial}{\partial ax} \\
&+\omega_\varphi\,(\mathbf{e}_\varphi \bullet \mathbf{e}_r)\,\frac{\partial}{\partial r} + \omega_\varphi\,(\mathbf{e}_\varphi \bullet \mathbf{e}_\varphi)\,\frac{1}{r}\frac{\partial}{\partial \varphi} + \omega_\varphi\,(\mathbf{e}_\varphi \bullet \mathbf{e}_{ax})\,\frac{\partial}{\partial ax} \\
&+\omega_{ax}\,(\mathbf{e}_{ax} \bullet \mathbf{e}_r)\,\frac{\partial}{\partial r} + \omega_{ax}\,(\mathbf{e}_{ax} \bullet \mathbf{e}_\varphi)\,\frac{1}{r}\frac{\partial}{\partial \varphi} + \omega_{ax}\,(\mathbf{e}_{ax} \bullet \mathbf{e}_{ax})\,\frac{\partial}{\partial ax} \\
&= \omega_r\frac{\partial}{\partial r} + \omega_\varphi\frac{1}{r}\frac{\partial}{\partial \varphi} + \omega_{ax}\frac{\partial}{\partial ax}
\end{aligned} \tag{A.70}$$

Dabei wurde berücksichtigt, dass für die Skalarprodukte $\mathbf{e}_i \bullet \mathbf{e}_i = 1$ und $\mathbf{e}_i \bullet \mathbf{e}_j = 0$ gilt, für $i \neq j$. Multiplikation obigen Ausdrucks mit dem Geschwindigkeitsvektor $\mathbf{u} = v_r\,\mathbf{e}_r + v_\varphi\,\mathbf{e}_\varphi + v_{ax}\,\mathbf{e}_{ax}$ führt der Reihe nach zu:

$$\begin{aligned}
&\left(\omega_r\frac{\partial}{\partial r} + \omega_\varphi\frac{1}{r}\frac{\partial}{\partial \varphi} + \omega_{ax}\frac{\partial}{\partial ax}\right)\,v_r\,\mathbf{e}_r \\
&= \omega_r\,\frac{\partial}{\partial r}(v_r\,\mathbf{e}_r) + \omega_\varphi\,\frac{1}{r}\frac{\partial}{\partial \varphi}(v_r\,\mathbf{e}_r) + \omega_{ax}\,\frac{\partial}{\partial ax}(v_r\,\mathbf{e}_r) \\
&= \omega_r\,\frac{\partial v_r}{\partial r}\,\mathbf{e}_r + \omega_r\,v_r\,\underbrace{\frac{\partial \mathbf{e}_r}{\partial r}}_{=0} + \omega_\varphi\,\frac{1}{r}\frac{\partial v_r}{\partial \varphi}\,\mathbf{e}_r + \omega_\varphi\,\frac{v_r}{r}\,\underbrace{\frac{\partial \mathbf{e}_r}{\partial \varphi}}_{=\mathbf{e}_\varphi} + \omega_{ax}\,\frac{\partial v_r}{\partial ax}\,\mathbf{e}_r + \omega_{ax}\,v_r\,\underbrace{\frac{\partial \mathbf{e}_r}{\partial ax}}_{=0} \\
&= \omega_r\,\frac{\partial v_r}{\partial r}\,\mathbf{e}_r + \omega_\varphi\,\frac{1}{r}\frac{\partial v_r}{\partial \varphi}\,\mathbf{e}_r + \omega_\varphi\,\frac{v_r}{r}\,\mathbf{e}_\varphi + \omega_{ax}\,\frac{\partial v_r}{\partial ax}\,\mathbf{e}_r
\end{aligned} \tag{A.71}$$

$$\left(\omega_r \frac{\partial}{\partial r} + \omega_\varphi \frac{1}{r}\frac{\partial}{\partial \varphi} + \omega_{ax}\frac{\partial}{\partial ax}\right) v_\varphi \, \mathbf{e}_\varphi$$

$$= \omega_r \frac{\partial}{\partial r}(v_\varphi \, \mathbf{e}_\varphi) + \omega_\varphi \frac{1}{r}\frac{\partial}{\partial \varphi}(v_\varphi \, \mathbf{e}_\varphi) + \omega_{ax} \frac{\partial}{\partial ax}(v_\varphi \, \mathbf{e}_\varphi)$$

$$= \omega_r \frac{\partial v_\varphi}{\partial r} \mathbf{e}_\varphi + \omega_r v_\varphi \underbrace{\frac{\partial \mathbf{e}_\varphi}{\partial r}}_{=0} + \omega_\varphi \frac{1}{r}\frac{\partial v_\varphi}{\partial \varphi} \mathbf{e}_\varphi + \omega_\varphi \frac{v_\varphi}{r} \underbrace{\frac{\partial \mathbf{e}_\varphi}{\partial \varphi}}_{=-\mathbf{e}_r} + \omega_{ax} \frac{\partial v_\varphi}{\partial ax} \mathbf{e}_\varphi + \omega_{ax} v_\varphi \underbrace{\frac{\partial \mathbf{e}_\varphi}{\partial ax}}_{=0}$$

$$= \omega_r \frac{\partial v_\varphi}{\partial r} \mathbf{e}_\varphi + \omega_\varphi \frac{1}{r}\frac{\partial v_\varphi}{\partial \varphi} \mathbf{e}_\varphi - \omega_\varphi \frac{v_\varphi}{r} \mathbf{e}_r + \omega_{ax} \frac{\partial v_\varphi}{\partial ax} \mathbf{e}_\varphi \tag{A.72}$$

$$\left(\omega_r \frac{\partial}{\partial r} + \omega_\varphi \frac{1}{r}\frac{\partial}{\partial \varphi} + \omega_{ax}\frac{\partial}{\partial ax}\right) v_{ax} \, \mathbf{e}_{ax}$$

$$= \omega_r \frac{\partial}{\partial r}(v_{ax} \, \mathbf{e}_{ax}) + \omega_\varphi \frac{1}{r}\frac{\partial}{\partial \varphi}(v_{ax} \, \mathbf{e}_{ax}) + \omega_{ax} \frac{\partial}{\partial ax}(v_{ax} \, \mathbf{e}_{ax})$$

$$= \omega_r \frac{\partial v_{ax}}{\partial r} \mathbf{e}_{ax} + \omega_r v_{ax} \underbrace{\frac{\partial \mathbf{e}_{ax}}{\partial r}}_{=0} + \omega_\varphi \frac{1}{r}\frac{\partial v_{ax}}{\partial \varphi} \mathbf{e}_{ax} + \omega_\varphi \frac{v_{ax}}{r} \underbrace{\frac{\partial \mathbf{e}_{ax}}{\partial \varphi}}_{=0} + \omega_{ax} \frac{\partial v_{ax}}{\partial ax} \mathbf{e}_{ax} + \omega_{ax} v_{ax} \underbrace{\frac{\partial \mathbf{e}_{ax}}{\partial ax}}_{=0}$$

$$= \omega_r \frac{\partial v_{ax}}{\partial r} \mathbf{e}_{ax} + \omega_\varphi \frac{1}{r}\frac{\partial v_{ax}}{\partial \varphi} \mathbf{e}_{ax} + \omega_{ax} \frac{\partial v_{ax}}{\partial ax} \mathbf{e}_{ax} \tag{A.73}$$

Der Tensor der Umorientierung/Streckung schreibt sich damit zusammengesetzt in zylindrischen Koordinaten

$$(\boldsymbol{\omega} \bullet \nabla)\, \mathbf{u} = \begin{pmatrix} \omega_r \frac{\partial v_r}{\partial r} + \omega_\varphi \frac{1}{r}\frac{\partial v_r}{\partial \varphi} - \omega_\varphi \frac{v_\varphi}{r} + \omega_{ax} \frac{\partial v_r}{\partial ax} \\ \omega_r \frac{\partial v_\varphi}{\partial r} + \omega_\varphi \frac{1}{r}\frac{\partial v_\varphi}{\partial \varphi} + \omega_\varphi \frac{v_r}{r} + \omega_{ax} \frac{\partial v_\varphi}{\partial ax} \\ \omega_r \frac{\partial v_{ax}}{\partial r} + \omega_\varphi \frac{1}{r}\frac{\partial v_{ax}}{\partial \varphi} + \omega_{ax} \frac{\partial v_{ax}}{\partial ax} \end{pmatrix} \tag{A.74}$$

**Der Term des baroklinen Moments $1/\rho^2\ (\nabla\rho \times \nabla p)$:**

$$\frac{1}{\rho^2}\ (\nabla\rho \times \nabla p) = \frac{1}{\rho^2} \begin{pmatrix} \frac{\partial \rho}{\partial r} \\ \frac{1}{r}\frac{\partial \rho}{\partial \varphi} \\ \frac{\partial \rho}{\partial ax} \end{pmatrix} \times \begin{pmatrix} \frac{\partial p}{\partial r} \\ \frac{1}{r}\frac{\partial p}{\partial \varphi} \\ \frac{\partial p}{\partial ax} \end{pmatrix}$$

$$= \frac{1}{\rho^2} \begin{pmatrix} \frac{1}{r}\frac{\partial \rho}{\partial \varphi}\frac{\partial p}{\partial ax} - \frac{1}{r}\frac{\partial \rho}{\partial ax}\frac{\partial p}{\partial \varphi} \\ \frac{\partial \rho}{\partial ax}\frac{\partial p}{\partial r} - \frac{\partial \rho}{\partial r}\frac{\partial p}{\partial ax} \\ \frac{1}{r}\frac{\partial \rho}{\partial r}\frac{\partial p}{\partial \varphi} - \frac{1}{r}\frac{\partial \rho}{\partial \varphi}\frac{\partial p}{\partial r} \end{pmatrix} \tag{A.75}$$

**Der Term der Dilatation $\boldsymbol{\omega}\ (\nabla \bullet \mathbf{u})$:**

$$\boldsymbol{\omega}\ (\nabla \bullet \mathbf{u}) = \begin{pmatrix} \omega_r \\ \omega_\varphi \\ \omega_{ax} \end{pmatrix} \left(\frac{1}{r}\frac{\partial r\, v_r}{\partial r} + \frac{1}{r}\frac{\partial v_\varphi}{\partial \varphi} + \frac{\partial v_{ax}}{\partial ax}\right)$$

$$= \begin{pmatrix} \omega_r \left(\frac{1}{r}\frac{\partial r\, v_r}{\partial r} + \frac{1}{r}\frac{\partial v_\varphi}{\partial \varphi} + \frac{\partial v_{ax}}{\partial ax}\right) \\ \omega_\varphi \left(\frac{1}{r}\frac{\partial r\, v_r}{\partial r} + \frac{1}{r}\frac{\partial v_\varphi}{\partial \varphi} + \frac{\partial v_{ax}}{\partial ax}\right) \\ \omega_{ax} \left(\frac{1}{r}\frac{\partial r\, v_r}{\partial r} + \frac{1}{r}\frac{\partial v_\varphi}{\partial \varphi} + \frac{\partial v_{ax}}{\partial ax}\right) \end{pmatrix} \tag{A.76}$$

**Der Reibungsterm $\nu\,\Delta\boldsymbol{\omega}$:**
Der Vollständigkeit halber wird an dieser Stelle noch der molekulare Reibungsterm in zylindrischen Koordinaten angegeben.

$$\nu\,\Delta\boldsymbol{\omega} = \nu\,\nabla\left(\nabla\boldsymbol{\omega}\right) = \nu\begin{pmatrix} \frac{\partial}{\partial r}\left(\frac{1}{r}\frac{\partial}{\partial r}\left(r\,\omega_r\right)\right) + \frac{1}{r^2}\frac{\partial^2\omega_r}{\partial\varphi^2} + \frac{\partial^2\omega_r}{\partial ax^2} - \frac{2}{r^2}\frac{\partial\omega_\varphi}{\partial\varphi} \\ \frac{\partial}{\partial r}\left(\frac{1}{r}\frac{\partial}{\partial r}\left(r\,\omega_\varphi\right)\right) + \frac{1}{r^2}\frac{\partial^2\omega_\varphi}{\partial\varphi^2} + \frac{\partial^2\omega_\varphi}{\partial ax^2} + \frac{2}{r^2}\frac{\partial\omega_r}{\partial\varphi} \\ \frac{1}{r}\frac{\partial}{\partial r}\left(r\frac{\partial\omega_{ax}}{\partial r}\right) + \frac{1}{r^2}\frac{\partial^2\omega_{ax}}{\partial\varphi^2} + \frac{\partial^2\omega_{ax}}{\partial ax^2} \end{pmatrix} \tag{A.77}$$

**Die Wirbeltransportgleichung in zylindrischen Koordinaten:**
Die Wirbeltransportgleichung in zylindrischen Koordinaten ergibt sich damit auf Basis obiger Ableitungen zu:

$$\begin{aligned} &\underbrace{\frac{D\boldsymbol{\omega}}{Dt} = \frac{D}{Dt}\begin{pmatrix}\omega_r\\ \omega_\varphi\\ \omega_{ax}\end{pmatrix}}_{Substantielle\,Ableitung} \\ &= \underbrace{\begin{pmatrix} \omega_r\frac{\partial v_r}{\partial r} + \omega_\varphi\frac{1}{r}\frac{\partial v_r}{\partial\varphi} - \omega_\varphi\frac{v_\varphi}{r} + \omega_{ax}\frac{\partial v_r}{\partial ax} \\ \omega_r\frac{\partial v_\varphi}{\partial r} + \omega_\varphi\frac{1}{r}\frac{\partial v_\varphi}{\partial\varphi} + \omega_\varphi\frac{v_r}{r} + \omega_{ax}\frac{\partial v_\varphi}{\partial ax} \\ \omega_r\frac{\partial v_{ax}}{\partial r} + \omega_\varphi\frac{1}{r}\frac{\partial v_{ax}}{\partial\varphi} + \omega_{ax}\frac{\partial v_{ax}}{\partial ax} \end{pmatrix}}_{Umorientierung/Streckung} \\ &+ \underbrace{\begin{pmatrix} \omega_r\left(\frac{1}{r}\frac{\partial r\,v_r}{\partial r} + \frac{1}{r}\frac{\partial v_\varphi}{\partial\varphi} + \frac{\partial v_{ax}}{\partial ax}\right) \\ \omega_\varphi\left(\frac{1}{r}\frac{\partial r\,v_r}{\partial r} + \frac{1}{r}\frac{\partial v_\varphi}{\partial\varphi} + \frac{\partial v_{ax}}{\partial ax}\right) \\ \omega_{ax}\left(\frac{1}{r}\frac{\partial r\,v_r}{\partial r} + \frac{1}{r}\frac{\partial v_\varphi}{\partial\varphi} + \frac{\partial v_{ax}}{\partial ax}\right) \end{pmatrix}}_{Dilatation} \\ &+ \underbrace{\frac{1}{\rho^2}\begin{pmatrix} \frac{1}{r}\frac{\partial\rho}{\partial\varphi}\frac{\partial p}{\partial ax} - \frac{1}{r}\frac{\partial\rho}{\partial ax}\frac{\partial p}{\partial\varphi} \\ \frac{\partial\rho}{\partial ax}\frac{\partial p}{\partial r} - \frac{\partial\rho}{\partial r}\frac{\partial p}{\partial ax} \\ \frac{1}{r}\frac{\partial\rho}{\partial r}\frac{\partial p}{\partial\varphi} - \frac{1}{r}\frac{\partial\rho}{\partial\varphi}\frac{\partial p}{\partial r} \end{pmatrix}}_{Baroklines\,Moment} \\ &+ \underbrace{\nu\begin{pmatrix} \frac{\partial}{\partial r}\left(\frac{1}{r}\frac{\partial}{\partial r}\left(r\,\omega_r\right)\right) + \frac{1}{r^2}\frac{\partial^2\omega_r}{\partial\varphi^2} + \frac{\partial^2\omega_r}{\partial ax^2} - \frac{2}{r^2}\frac{\partial\omega_\varphi}{\partial\varphi} \\ \frac{\partial}{\partial r}\left(\frac{1}{r}\frac{\partial}{\partial r}\left(r\,\omega_\varphi\right)\right) + \frac{1}{r^2}\frac{\partial^2\omega_\varphi}{\partial\varphi^2} + \frac{\partial^2\omega_\varphi}{\partial ax^2} + \frac{2}{r^2}\frac{\partial\omega_r}{\partial\varphi} \\ \frac{1}{r}\frac{\partial}{\partial r}\left(r\frac{\partial\omega_{ax}}{\partial r}\right) + \frac{1}{r^2}\frac{\partial^2\omega_{ax}}{\partial\varphi^2} + \frac{\partial^2\omega_{ax}}{\partial ax^2} \end{pmatrix}}_{Reibungsterm} \end{aligned} \tag{A.78}$$

## A.6 Das totale Differential

Das totale Differential einer skalaren Größe $\phi$ lautet in kartesischen Koordinaten:

$$d\phi = \frac{\partial \phi}{\partial t} dt + \frac{\partial \phi}{\partial x_1} dx_1 + \frac{\partial \phi}{\partial x_2} dx_2 + \frac{\partial \phi}{\partial x_3} dx_3 \tag{A.79}$$

Die substantielle Ableitung der skalaren Größe nach der Zeit $\frac{d\phi}{dt}$ folgt damit zu

$$\frac{d\phi}{dt} = \frac{\partial \phi}{\partial t} + \frac{\partial \phi}{\partial x_1}\frac{dx_1}{dt} + \frac{\partial \phi}{\partial x_2}\frac{dx_2}{dt} + \frac{\partial \phi}{\partial x_3}\frac{dx_3}{dt} = \frac{\partial \phi}{\partial t} + \nabla\phi \bullet \mathbf{u}. \tag{A.80}$$

## A.7 Die Reaktionsfortschrittsvariable auf Basis der Temperatur

Unter den in Kapitel 2.4.2 getroffenen Annahmen (s. Seite 25) lauten die eindimensionalen Bilanzgleichungen für Impuls, Stoff und Energie entsprechend des Kapitels 2.1:

$$\rho\, u = \rho_u\, u_u = \rho_u\, s_l \tag{A.81}$$

$$\rho_u\, s_l \frac{dY_F}{dx} = \frac{d}{dx}\left(\rho\, D\, \frac{dY_F}{dx}\right) + \dot{\omega}_F \tag{A.82}$$

$$\rho_u\, s_l\, c_p\, \frac{dT}{dx} = \frac{d}{dx}\left(\lambda\, \frac{dT}{dx}\right) - H_u\, \dot{\omega}_F \tag{A.83}$$

Die eindimensionale Richtung ist dabei mit $x$ und die Axialgeschwindigkeit ist mit $u$ identifiziert. $H_u$ ist der untere Heizwert und $\dot{\omega}_F$ die Reaktionsrate des Brennstoffs, die in obigen Gleichungen negativ ist. Der Konstanz des Impulsstroms wegen können die Stoff- und Energiegleichung mittels der Flammengeschwindigkeit $s_l$ formuliert werden.
Die Reaktionsfortschrittsvariable ist in Kapitel 2.4.2 als dimensionslose Größe auf Basis des Brennstoffmassenbruchs bzw. auf Basis der Temperatur formuliert worden.

Auf Basis des Brennstoffmassenbruchs:
$$c = \frac{Y_{F,u} - Y_F}{Y_{F,u} - Y_{F,b}} \tag{A.84a}$$

Auf Basis der Temperatur:
$$c = \frac{T - T_u}{T_b - T_u} \tag{A.84b}$$

Die Gleichungen (A.82) und (A.83) werden so umgeformt, dass Beziehungsgleichungen für den Reaktionsfortschritt $c$ entstehen.

Stoffbilanz:

$$-\rho_u\, s_l\, \frac{d\,(Y_{F,u} - Y_F)}{dx} = -\frac{d}{dx}\left(\rho\, D\, \frac{d\,(Y_{F,u} - Y_F)}{dx}\right) + \dot{\omega}_F$$

$$-\rho_u\, s_l\, \frac{d}{dx}\left(\frac{Y_{F,u} - Y_F}{Y_{F,u} - Y_{F,b}}\right) = -\frac{d}{dx}\left(\rho\, D\, \frac{d}{dx}\left(\frac{Y_{F,u} - Y_F}{Y_{F,u} - Y_{F,b}}\right)\right) + \frac{\dot{\omega}_F}{Y_{F,u} - Y_{F,b}}$$

$$-\rho_u s_l \frac{dc}{dx} = -\frac{d}{dx}\left(\rho D \frac{dc}{dx}\right) + \frac{\dot{\omega}_F}{Y_{F,u} - Y_{F,b}} \tag{A.85}$$

Energiebilanz:

$$\rho_u s_l \frac{d(T-T_u)}{dx} = \frac{d}{dx}\left(\frac{\lambda}{c_p}\frac{d(T-T_u)}{dx}\right) - \frac{H_u}{c_p}\dot{\omega}_F$$

$$\rho_u s_l \frac{d}{dx}\left(\frac{T-T_u}{T_b-T_u}\right) = \frac{d}{dx}\left(\frac{\lambda}{c_p}\frac{d}{dx}\left(\frac{T-T_u}{T_b-T_u}\right)\right) - \frac{H_u}{c_p\,(T_b-T_u)}\dot{\omega}_F$$

$$\rho_u s_l \frac{dc}{dx} = \frac{d}{dx}\left(\frac{\lambda}{c_p}\frac{dc}{dx}\right) - \frac{H_u}{c_p\,(T_b-T_u)}\dot{\omega}_F \tag{A.86}$$

Gleichsetzen von Gleichung (A.85) und (A.86) führt auf:

$$\frac{d}{dx}\left(\frac{\lambda}{c_p}\frac{dc}{dx}\right) - \frac{H_u}{c_p\,(T_b-T_u)}\dot{\omega}_F = \frac{d}{dx}\left(\rho D \frac{dc}{dx}\right) - \frac{\dot{\omega}_F}{Y_{F,u}-Y_{F,b}}$$

$$\dot{\omega}_F\left(\frac{1}{Y_{F,u}-Y_{F,b}} - \frac{H_u}{c_p\,(T_b-T_u)}\right) = \frac{d}{dx}\left(\rho D\frac{dc}{dx} - \frac{\lambda}{c_p}\frac{dc}{dx}\right) = \underbrace{\frac{d}{dx}\rho D\left(\frac{dc}{dx} - \underbrace{\frac{\lambda}{c_p\,\rho\,D}}_{=Le=1}\frac{dc}{dx}\right)}_{=0}$$

Da die rechte Seite unter den getroffenen Annahmen wegen $Le = 1$ verschwindet, muss

$$Y_{F,u} - Y_{F,b} = \frac{c_p\,(T_b-T_u)}{H_u} \tag{A.87}$$

gelten. Dies ist die Gesamtenergiebilanz, die sich aus der Integration der Stoff- und Energiebilanz von $x \to -\infty$ bis $x \to \infty$[4] und anschießender Auflösung des Gleichungssystems ergibt. Das System von Bilanzgleichungen ist daher mit der Reaktionsfortschrittsvariablen auf Basis des Brennstoffmassenbruchs oder der Temperatur beschreibbar und eindeutig lösbar.

## A.8 Krümmung der Flammenoberfläche

Die Krümmung $\kappa$ der Flammenoberfläche ist nach Gleichung (2.101) definiert (z.B. [50, 89]) als Skalarprodukt von Nabla Operator $\nabla$ und Normalenvektor **n**,

$$\kappa = \nabla \bullet \mathbf{n}. \tag{A.88}$$

In Indexnotation schreibt sich dieser Zusammenhang als

$$\kappa = \frac{\partial n_i}{\partial x_i} \tag{A.89}$$

[4] Dadurch heben sich die Diffusionsströme auf.

jeweils gemäß Gleichung (2.100) an der Stelle $c = c^*$.
Dieser Zusammenhang kann unter Berücksichtigung von Gleichung (2.100) umformuliert werden, wonach die Krümmung zu

$$\kappa = \nabla \bullet \mathbf{n} = -\nabla \bullet \left(\frac{\nabla c}{|\nabla c|}\right)_{c=c^*} = -\nabla \bullet \left(\frac{\nabla c}{\sqrt{\nabla c \bullet \nabla c}}\right)_{c=c^*} \tag{A.90}$$

wird. Der im Strömungsfeld im Allgemeinen örtlich und zeitlich variierende Betrag des Gradientenvektors der Reaktionsfortschrittsvariablen

$$|\nabla c|_{c=c^*} = \sqrt{\nabla c \bullet \nabla c}\Big|_{c=c^*} \tag{A.91}$$

ist ein Skalar und kann daher vor den Nabla Operator gezogen werden. Die Krümmung der Flammenoberfläche ergibt sich damit schließlich zu

$$\kappa = \nabla \bullet \mathbf{n} = -\left(\frac{1}{|\nabla c|}\Delta c\right)_{c=c^*} = -\left(\frac{\Delta c}{|\nabla c|}\right)_{c=c^*} \tag{A.92}$$

## A.9 Interpretation der als Vektorprodukt notierten Streckungsrate

Interpretation der Gleichung (2.96):

$$\nabla_t \bullet \mathbf{u}_t = -\mathbf{n} \bullet \nabla \times (\mathbf{u} \times \mathbf{n})$$

a.) $(\mathbf{u} \times \mathbf{n})$: Dieses Vektorprodukt ergibt einen Geschwindigkeitsvektor, der um den Betrag Eins gestreckt ist und in der Ebene liegt (normal zum Normalenvektor, d.h. in der Ebene).

b.) $\nabla \times (\mathbf{u} \times \mathbf{n})$: Diese Vorschrift ermittelt den Gradienten des in die Ebene projizierten Geschwindigkeitsvektors und ergibt einen Vektor normal zur aus Gradientenvektor und in die Ebene projizierten Geschwindigkeitsvektor bildenden Ebene. Die Streckung ist dabei über den Anteil des Gradientenvektors beschrieben, der in der Ebene und damit normal zum Normalenvektor liegt. Die Betrachtungen zweier Extremszenarien macht die Bedeutung klar:
(*i*) Der Gradientenvektor ist normal zur Ebene orientiert (entspricht reiner Krümmung). Dies ergibt einen resultierenden Geschwindigkeitsgradientenvektor, der in der Ebene liegt.
(*ii*) Der Gradientenvektor ist parallel zur Ebene orientiert, d.h. liegt in der Ebene (enspricht reiner Streckung). Dies ergibt einen resultierenden Geschwindigkeitsgradientenvektor, der normal zur Ebene liegt.
Jede weitere Orientierung des Gradientenvektors ist als vektorielle Überlagerung (Addition) von (*i*) und (*ii*) darstellbar.

c.) $\mathbf{n} \bullet \nabla \times (\mathbf{u} \times \mathbf{n})$: Diese Vorschrift bestimmt über das Skalarprodukt mit dem Normalenvektor der Ebene den Anteil des i. Allg. beliebig orientierten Geschwindigkeitsgradientenvektor, der in der Ebene wirkt. Dies ist aus den unter *b.*) getroffenen Extremszenarien

leicht deutbar:
(*i*) Das Skalarprodukt aus dem in der Ebene orientierten Geschwindigkeitsgradientenvektor und dem Normalenvektor der Ebene ist Null und damit die Streckung, da der Geschwindigkeitsgradientenvektor in der Ebene liegt, wenn reine Krümmung vorliegt, wie unter *b.*) für dieses Szenario angenommen.
(*ii*) Das Skalarprodukt aus dem normal zur Ebene orientierten Geschwindigkeitsvektor und dem Normalenvektor der Ebene ist Eins und damit die Streckung gleich dem Geschwindigkeitsgradientenvektor (in der Ebene). Dies liegt an der Voraussetzung, die in *b.*) von reiner Streckung ausgegangen ist.
Wie unter *b.*) gilt auch hier, dass die i. Allg. beliebig orientierten Geschwindigkeitsgradientenvektoren als vektorielle Überlagerung (Addition) von (*i*) und (*ii*) dargestellt werden können.

## A.10 Transporttheorem einer vektoriellen Größe - Rechenoperation

Wird die Komponentenschreibweise des Normalen- **n** und des Geschwindigkeitsvektors **w** entsprechend

$$\mathbf{n} = \begin{pmatrix} n_1 \\ n_2 \\ n_3 \end{pmatrix} \qquad \mathbf{w} = \begin{pmatrix} w_1 \\ w_2 \\ w_3 \end{pmatrix} \tag{A.93}$$

eingeführt, so schreiben sich die einzelnen Terme der Gleichung

$$\frac{d}{dt}\oint_{A(t)} dA = \oint_{A(t)} \left( \underbrace{\frac{\partial \mathbf{n}}{\partial t} \bullet \mathbf{n}}_{\text{Term a.}} + \underbrace{[\mathbf{w} \bullet \nabla \mathbf{n}] \bullet \mathbf{n}}_{\text{Term b.}} - \underbrace{[\mathbf{n} \bullet \nabla \mathbf{w}] \bullet \mathbf{n}}_{\text{Term c.}} + \underbrace{[\mathbf{n}\nabla \bullet \mathbf{w}]}_{\text{Term d.}} \right) dA$$

der Reihe nach:

<u>Term a.</u>

$$\frac{\partial \mathbf{n}}{\partial t} \bullet \mathbf{n} = \frac{1}{2}\frac{\partial}{\partial t} n^2 = 0 \tag{A.94}$$

wobei berücksichtigt wurde, dass das Skalarprodukt zweier Normalenvektoren auf einen Skalar des Wertes 1 führt.

$$\mathbf{n} \bullet \mathbf{n} = |\mathbf{n}|\ |\mathbf{n}| = n_1^2 + n_2^2 + n_3^2 = 1 \tag{A.95}$$

<u>Term b.</u>

$$[\mathbf{w} \bullet \nabla \mathbf{n}] \bullet \mathbf{n} = \left[ \begin{pmatrix} w_1 & w_2 & w_3 \end{pmatrix} \bullet \begin{pmatrix} \frac{\partial n_1}{\partial x_1} & \frac{\partial n_2}{\partial x_1} & \frac{\partial n_3}{\partial x_1} \\ \frac{\partial n_1}{\partial x_2} & \frac{\partial n_2}{\partial x_2} & \frac{\partial n_3}{\partial x_2} \\ \frac{\partial n_1}{\partial x_3} & \frac{\partial n_2}{\partial x_3} & \frac{\partial n_3}{\partial x_3} \end{pmatrix} \right] \bullet \begin{pmatrix} n_1 \\ n_2 \\ n_3 \end{pmatrix} \tag{A.96}$$

$$= \begin{pmatrix} w_1 \frac{\partial n_1}{\partial x_1} + w_2 \frac{\partial n_2}{\partial x_1} + w_3 \frac{\partial n_3}{\partial x_1} \\ w_1 \frac{\partial n_1}{\partial x_2} + w_2 \frac{\partial n_2}{\partial x_2} + w_3 \frac{\partial n_3}{\partial x_2} \\ w_1 \frac{\partial n_1}{\partial x_3} + w_2 \frac{\partial n_2}{\partial x_3} + w_3 \frac{\partial n_3}{\partial x_3} \end{pmatrix} \bullet \begin{pmatrix} n_1 \\ n_2 \\ n_3 \end{pmatrix} \tag{A.97}$$

$$= w_1\, n_1\, \frac{\partial n_1}{\partial x_1} + w_2\, n_1\, \frac{\partial n_2}{\partial x_1} + w_3\, n_1\, \frac{\partial n_3}{\partial x_1} + w_1\, n_2\, \frac{\partial n_1}{\partial x_2} + w_2\, n_2\, \frac{\partial n_2}{\partial x_2} + w_3\, n_2\, \frac{\partial n_3}{\partial x_2}$$

$$+ w_1\, n_3\, \frac{\partial n_1}{\partial x_3} + w_2\, n_3\, \frac{\partial n_2}{\partial x_3} + w_3\, n_3\, \frac{\partial n_3}{\partial x_3}$$

$$= w_1 \left( n_1\, \frac{\partial n_1}{\partial x_1} + n_2\, \frac{\partial n_2}{\partial x_1} + n_3\, \frac{\partial n_3}{\partial x_1} \right) + w_2 \left( n_1\, \frac{\partial n_1}{\partial x_1} + n_2\, \frac{\partial n_2}{\partial x_1} + n_3\, \frac{\partial n_3}{\partial x_1} \right)$$

$$+ w_3 \left( n_1\, \frac{\partial n_1}{\partial x_1} + n_2\, \frac{\partial n_2}{\partial x_1} + n_3\, \frac{\partial n_3}{\partial x_1} \right)$$

$$= \frac{w_1}{2} \left( \frac{\partial n_1^2}{\partial x_1} + \frac{\partial n_2^2}{\partial x_1} + \frac{\partial n_3^2}{\partial x_1} \right) + \frac{w_2}{2} \left( \frac{\partial n_1^2}{\partial x_1} + \frac{\partial n_2^2}{\partial x_1} + \frac{\partial n_3^2}{\partial x_1} \right) + \frac{w_3}{2} \left( \frac{\partial n_1^2}{\partial x_1} + \frac{\partial n_2^2}{\partial x_1} + \frac{\partial n_3^2}{\partial x_1} \right)$$

$$= \frac{w_1}{2}\, \frac{\partial}{\partial x_1} \underbrace{\left(n_1^2 + n_2^2 + n_3^2\right)}_{=1 \text{ wegen Gleichung (A.95)}}$$

$$+ \frac{w_2}{2}\, \frac{\partial}{\partial x_1} \underbrace{\left(n_1^2 + n_2^2 + n_3^2\right)}_{=1 \text{ wegen Gleichung (A.95)}}$$

$$+ \frac{w_3}{2}\, \frac{\partial}{\partial x_1} \underbrace{\left(n_1^2 + n_2^2 + n_3^2\right)}_{=1 \text{ wegen Gleichung (A.95)}} = 0$$

In vektorieller und indexnotierter Schreibweise ergibt sich:

$$[\mathbf{w} \bullet \nabla \mathbf{n}] \bullet \mathbf{n} = \frac{1}{2}\, \mathbf{w} \bullet \nabla (\mathbf{n} \bullet \mathbf{n}) = \frac{1}{2}\, w_i\, \frac{\partial n^2}{\partial x_i} = 0 \tag{A.98}$$

Term c.

$$[\mathbf{n} \bullet \nabla \mathbf{w}] \bullet \mathbf{n} = \left[ \begin{pmatrix} n_1 & n_2 & n_3 \end{pmatrix} \bullet \begin{pmatrix} \frac{\partial w_1}{\partial x_1} & \frac{\partial w_2}{\partial x_1} & \frac{\partial w_3}{\partial x_1} \\ \frac{\partial w_1}{\partial x_2} & \frac{\partial w_2}{\partial x_2} & \frac{\partial w_3}{\partial x_2} \\ \frac{\partial w_1}{\partial x_3} & \frac{\partial w_2}{\partial x_3} & \frac{\partial w_3}{\partial x_3} \end{pmatrix} \right] \bullet \begin{pmatrix} n_1 \\ n_2 \\ n_3 \end{pmatrix} \tag{A.99}$$

$$= \begin{pmatrix} n_1\, \frac{\partial w_1}{\partial x_1} + n_2\, \frac{\partial w_1}{\partial x_2} + n_3\, \frac{\partial w_1}{\partial x_3} \\ n_1\, \frac{\partial w_2}{\partial x_1} + n_2\, \frac{\partial w_2}{\partial x_2} + n_3\, \frac{\partial w_2}{\partial x_3} \\ n_1\, \frac{\partial w_3}{\partial x_1} + n_2\, \frac{\partial w_3}{\partial x_2} + n_3\, \frac{\partial w_3}{\partial x_3} \end{pmatrix} \bullet \begin{pmatrix} n_1 \\ n_2 \\ n_3 \end{pmatrix} \tag{A.100}$$

$$= n_1\, n_1\, \frac{\partial w_1}{\partial x_1} + n_1\, n_2\, \frac{\partial w_1}{\partial x_2} + n_1\, n_3\, \frac{\partial w_1}{\partial x_3}$$

$$+ n_2\, n_1\, \frac{\partial w_2}{\partial x_1} + n_2\, n_2\, \frac{\partial w_2}{\partial x_2} + n_2\, n_3\, \frac{\partial w_2}{\partial x_3}$$

$$+ n_3\, n_1\, \frac{\partial w_3}{\partial x_1} + n_3\, n_2\, \frac{\partial w_3}{\partial x_2} + n_3\, n_3\, \frac{\partial w_3}{\partial x_3}$$

Wegen Gleichung (A.8) folgt daraus die vektorielle und indexnotierte Schreibweise zu:

$$[\mathbf{n} \bullet \nabla \mathbf{w}] \bullet \mathbf{n} = \mathbf{n}\mathbf{n} : \nabla \mathbf{w} = n_i n_j \frac{\partial w_i}{\partial x_j} \tag{A.101}$$

Term d.

$$[\mathbf{n}\,\nabla\,\bullet\mathbf{w}]\,\bullet\,\mathbf{n}=\left[\begin{pmatrix} n_1\,\frac{\partial}{\partial x_1} & n_1\,\frac{\partial}{\partial x_1} & n_1\,\frac{\partial}{\partial x_1}\\ n_2\,\frac{\partial}{\partial x_2} & n_2\,\frac{\partial}{\partial x_2} & n_2\,\frac{\partial}{\partial x_2}\\ n_3\,\frac{\partial}{\partial x_3} & n_3\,\frac{\partial}{\partial x_3} & n_3\,\frac{\partial}{\partial x_3}\end{pmatrix}\bullet\begin{pmatrix} w_1\\ w_2\\ w_3\end{pmatrix}\right]\bullet\begin{pmatrix} n_1\\ n_2\\ n_3\end{pmatrix} \tag{A.102}$$

$$=\begin{pmatrix} n_1\,\frac{\partial w_1}{\partial x_1}+n_1\,\frac{\partial w_2}{\partial x_2}+n_1\,\frac{\partial w_3}{\partial x_3}\\ n_2\,\frac{\partial w_1}{\partial x_1}+n_2\,\frac{\partial w_2}{\partial x_2}+n_2\,\frac{\partial w_3}{\partial x_3}\\ n_3\,\frac{\partial w_1}{\partial x_1}+n_3\,\frac{\partial w_2}{\partial x_2}+n_3\,\frac{\partial w_3}{\partial x_3}\end{pmatrix}\bullet\begin{pmatrix} n_1\\ n_2\\ n_3\end{pmatrix} \tag{A.103}$$

$$=n_1^2\left(\frac{\partial w_1}{\partial x_1}+\frac{\partial w_2}{\partial x_2}+\frac{\partial w_3}{\partial x_3}\right)+n_2^2\left(\frac{\partial w_1}{\partial x_1}+\frac{\partial w_2}{\partial x_2}+\frac{\partial w_3}{\partial x_3}\right)+n_3^2\left(\frac{\partial w_1}{\partial x_1}+\frac{\partial w_2}{\partial x_2}+\frac{\partial w_3}{\partial x_3}\right)$$

$$=\left(\frac{\partial w_1}{\partial x_1}+\frac{\partial w_2}{\partial x_2}+\frac{\partial w_3}{\partial x_3}\right)\underbrace{\left(n_1^2+n_2^2+n_3^2\right)}_{=1\ \text{wegen Gleichung (A.95)}}=\left(\frac{\partial w_1}{\partial x_1}+\frac{\partial w_2}{\partial x_2}+\frac{\partial w_3}{\partial x_3}\right)$$

Die vektorielle und indexnotierte Schreibweise folgt damit zu:

$$[\mathbf{n}\,\nabla\,\bullet\mathbf{w}]\,\bullet\,\mathbf{n}=\nabla\,\bullet\,\mathbf{w}=\frac{\partial w_i}{\partial x_i} \tag{A.104}$$

Berücksichtigung der abgeleiteten Beziehungen für die einzelnen Terme überführt Gleichung (2.104) in die Form:

$$\frac{d}{dt}\oint_{A(t)} dA=\oint_{A(t)}\left[\frac{\partial\mathbf{n}}{\partial t}+\mathbf{w}\,\bullet\,\nabla\mathbf{n}-\mathbf{n}\,\bullet\,\nabla\mathbf{w}+\mathbf{n}\nabla\,\bullet\,\mathbf{w}\right]\bullet\,\mathbf{n}\,dA$$

$$=\oint_{A(t)}\left[-\mathbf{nn}:\nabla\mathbf{w}+\nabla\,\bullet\,\mathbf{w}\right]dA \tag{A.105}$$

## A.11 Die Flammenoberflächendichte als Funktion differentieller Flächen und Volumina

Die alternative Ableitung geht von der zeitlichen Änderung des Logarithmus der Flammenoberflächendichte aus.

$$\frac{1}{\Sigma}\frac{d\Sigma}{dt}=\frac{\delta V}{\delta A}\frac{d\left(\delta A/\delta V\right)}{dt}=\frac{\delta V}{\delta A}\left[\frac{1}{\delta V}\frac{d\left(\delta A\right)}{dt}+\delta A\,\frac{d\left(\delta V\right)^{-1}}{dt}\right]$$

$$=\frac{\delta V}{\delta A}\left[\frac{1}{\delta V}\frac{d\left(\delta A\right)}{dt}-\frac{\delta A}{\left(\delta V\right)^2}\frac{d\left(\delta V\right)}{dt}\right] \tag{A.106}$$

wodurch die Darstellung der Gleichung (2.118) folgt.

$$\frac{1}{\Sigma}\frac{d\Sigma}{dt}=\frac{1}{\delta A}\frac{d\left(\delta A\right)}{dt}-\frac{1}{\delta V}\frac{d\left(\delta V\right)}{dt} \tag{A.107}$$

## A.12 Die Terme zur Herleitung der Flammenoberflächendichte auf Basis der Analogie zu der PDF Methode

Nachstehend werden die Gleichungen des Kapitels 2.4.5.3 der Vollständigkeit und des besseren Verständnisses wegen ab- und hergeleitet.

1. Ableitung der Gleichung (2.147):

$$\begin{aligned}
\frac{\partial\left|\nabla c(\mathbf{x},t)\right|}{\partial\psi} &= \frac{\partial}{\partial\psi}\left(\frac{\nabla c(\mathbf{x},t)\bullet\nabla c(\mathbf{x},t)}{\left|\nabla c(\mathbf{x},t)\right|}\right)\\
&= \frac{\partial}{\partial\psi}\left(\nabla c(\mathbf{x},t)\bullet(-\mathbf{n})\right) = -\mathbf{n}\bullet\frac{\partial\,\nabla c(\mathbf{x},t)}{\partial\psi} - \nabla c(\mathbf{x},t)\bullet\frac{\partial\mathbf{n}}{\partial\psi}\\
&= -\mathbf{n}\bullet\frac{\partial\,\nabla c(\mathbf{x},t)}{\partial\psi} - \left|\nabla c(\mathbf{x},t)\right|\,\mathbf{n}\bullet\frac{\partial\mathbf{n}}{\partial\psi} = -\mathbf{n}\bullet\frac{\partial\,\nabla c(\mathbf{x},t)}{\partial\psi} - \left|\nabla c(\mathbf{x},t)\right|\,\underbrace{\frac{\partial\mathbf{n}^2}{\partial\psi}}_{=0}
\end{aligned}$$

2. Ableitung der Gleichung (2.148):

$$\frac{D\left|\nabla c(\mathbf{x},t)\right|}{Dt} = \frac{\partial\left|\nabla c(\mathbf{x},t)\right|}{\partial t} + \mathbf{u}\bullet grad\left|\nabla c(\mathbf{x},t)\right| = \frac{\partial\left|\nabla c(\mathbf{x},t)\right|}{\partial t} + u_i\frac{\partial\left|\nabla c(\mathbf{x},t)\right|}{\partial x_i}$$

Mit der obenstehend abgeleiteten Gleichung (2.147) und $\psi = t$ bzw. $\psi = x_j$ wird daraus unmittelbar

$$\frac{\partial\left|\nabla c(\mathbf{x},t)\right|}{\partial t} + u_i\frac{\partial\left|\nabla c(\mathbf{x},t)\right|}{\partial x_i} = -n_j\frac{\partial}{\partial x_j}\left(\frac{\partial c(\mathbf{x},t)}{\partial t}\right) - u_i\,n_j\frac{\partial}{\partial x_j}\left(\frac{\partial c(\mathbf{x},t)}{\partial t}\right)$$

Wird die Äquivalenz

$$\begin{aligned}
-\mathbf{n}\bullet\nabla\Omega_c &= -\mathbf{n}\bullet\left(\frac{\partial c(\mathbf{x},t)}{\partial t} + \mathbf{u}\bullet\nabla c(\mathbf{x},t)\right) = n_j\,\frac{\partial}{\partial x_j}\left(\frac{\partial c(\mathbf{x},t)}{\partial t} + u_i\,\frac{\partial c(\mathbf{x},t)}{\partial x_i}\right)\\
&= n_j\,\frac{\partial}{\partial x_j}\left(\frac{\partial c(\mathbf{x},t)}{\partial t}\right) - n_j\,\frac{\partial}{\partial x_j}\left(u_i\frac{\partial c(\mathbf{x},t)}{\partial x_i}\right)
\end{aligned}$$

und

$$\mathbf{n} = -\,\frac{\nabla c(\mathbf{x},t)}{\left|\nabla c(\mathbf{x},t)\right|} \;\leftrightarrow\; n_i = -\,\frac{\partial c(\mathbf{x},t)\,/\partial x_i}{\left|\nabla c(\mathbf{x},t)\right|} \leftrightarrow \frac{\partial c(\mathbf{x},t)}{\partial x_i} = -\,\left|\nabla c(\mathbf{x},t)\right|\,n_i$$

berücksichtigt, so folgt:

$$\begin{aligned}
\frac{D\left|\nabla c(\mathbf{x},t)\right|}{Dt} &= -n_j \frac{\partial}{\partial x_j}\left(\frac{\partial c(\mathbf{x},t)}{\partial t}\right) - u_i\, n_j \frac{\partial}{\partial x_j}\left(\frac{\partial c(\mathbf{x},t)}{\partial t}\right) \\
&= -n_j \frac{\partial}{\partial x_j}\left(\frac{\partial c(\mathbf{x},t)}{\partial t}\right) \\
&- \underbrace{n_j \frac{\partial}{\partial x_j}\left(u_i \frac{\partial c(\mathbf{x},t)}{\partial x_i}\right) + n_j \frac{\partial}{\partial x_j}\left(u_i \frac{\partial c(\mathbf{x},t)}{\partial x_i}\right)}_{\text{„Nulladdition"}} \\
&- u_i\, n_j \frac{\partial}{\partial x_j}\left(\frac{\partial c(\mathbf{x},t)}{\partial x_i}\right) \\
&= \underbrace{-n_j \frac{\partial}{\partial x_j}\left(\frac{\partial c(\mathbf{x},t)}{\partial t}\right) - n_j \frac{\partial}{\partial x_j}\left(u_i \frac{\partial c(\mathbf{x},t)}{\partial x_i}\right)}_{=-\mathbf{n}\bullet\nabla\Omega_c} \\
&+ \underbrace{n_j \frac{\partial c(\mathbf{x},t)}{\partial x_i}\frac{\partial u_i}{\partial x_j}}_{=-\left|\nabla c(\mathbf{x},t)\right|\, n_j\, n_i \frac{\partial u_i}{\partial x_j}} \\
&+ \underbrace{n_j\, u_i \frac{\partial}{\partial x_j}\left(\frac{\partial c(\mathbf{x},t)}{\partial x_i}\right) - n_j\, u_i \frac{\partial}{\partial x_j}\left(\frac{\partial c(\mathbf{x},t)}{\partial x_i}\right)}_{=0}
\end{aligned}$$

und zusammengefasst schreibt sich damit die substantielle Differentiation des Betrags des Gradienten des Skalarfelds als:

$$\begin{aligned}
\frac{D\left|\nabla c(\mathbf{x},t)\right|}{Dt} &= -n_j \frac{\partial}{\partial x_j}\left(\frac{\partial c(\mathbf{x},t)}{\partial t}\right) - n_j \frac{\partial}{\partial x_j}\left(u_i \frac{\partial c(\mathbf{x},t)}{\partial x_i}\right) - \left|\nabla c(\mathbf{x},t)\right|\, n_j\, n_i \frac{\partial u_i}{\partial x_j} \\
&= -\,\mathbf{n}\bullet\nabla\Omega_c - \left|\nabla c(\mathbf{x},t)\right|\, \mathbf{nn} : \nabla\mathbf{u}
\end{aligned}$$

Bei der Darstellung des zuletzt niedergeschriebenen Terms wurde von der Definition des Skalarprodukts zweier Tensoren nach Gleichung (A.8) Gebrauch gemacht.

3. Ableitung der Gleichung (2.149):

$$\begin{aligned}
\Sigma(\mathbf{x},t) &= \left[\left|\nabla c(\mathbf{x},t)\right|\, \delta\left(c^* - c(\mathbf{x},t)\right)\right] \\
\frac{D\left|\nabla c(\mathbf{x},t)\right|}{Dt} &= -\left|\nabla c(\mathbf{x},t)\right|\, \mathbf{nn} : \nabla\mathbf{u} - \mathbf{n}\bullet\nabla\Omega_c(\mathbf{x},t) \\
\frac{\partial\left|\nabla c(\mathbf{x},t)\right|}{\partial\psi} &= -\mathbf{n}\bullet\nabla\left(\frac{\partial c(\mathbf{x},t)}{\partial\psi}\right)
\end{aligned}$$

Damit folgt die substantielle Ableitung der Flammenoberflächendichte zu:

$$\begin{aligned}
\frac{D\Sigma(\mathbf{x},t)}{Dt} &= \frac{D\left[\left|\nabla c(\mathbf{x},t)\right|\, \delta\left(c^* - c(\mathbf{x},t)\right)\right]}{Dt} \\
&= -\left|\nabla c(\mathbf{x},t)\right| \cdot \frac{\partial}{\partial c^*}\left[\Omega_c(\mathbf{x},t)\, \delta\left(c^* - c(\mathbf{x},t)\right)\right] \\
&- \delta\left(c^* - c(\mathbf{x},t)\right) \cdot \left|\nabla c(\mathbf{x},t)\right|\, \mathbf{nn} : \nabla\mathbf{u} \\
&- \delta\left(c^* - c(\mathbf{x},t)\right)\, \mathbf{n}\bullet\nabla\Omega_c(\mathbf{x},t)
\end{aligned}$$

4. Ableitung der Gleichung (2.150):
   Entsprechend der Gleichung (2.141) ist die Flammenoberflächendichte $\Sigma(c^*;\mathbf{x},t)$ gleich dem Produkt aus dem Betrag des Gradienten des Skalarfelds und der Delta-Distribution. Für den Gradienten der Flammenoberflächendichte im Zustandsraum ergibt sich daher:
   $$\frac{\partial\Sigma(c^*;\mathbf{x},t)}{\partial c^*} = \frac{\partial\left(|\nabla c(\mathbf{x},t)|\ \delta(c^*-c(\mathbf{x},t))\right)}{\partial c^*} = |\nabla c(\mathbf{x},t)|\ \frac{\partial\delta(c^*-c(\mathbf{x},t))}{\partial c^*}$$
   Dabei ist berücksichtigt worden, dass das Produkt nur für definierte Werte der Delta-Distribution existiert (vgl. Gleichung (2.125)) und der Gradient des Betrags des Skalarfelds $|\nabla c(\mathbf{x},t)|_{c=c^*}$ für jedes beliebige $c^*$ identisch Null ist.
   $$\frac{\partial\,|\nabla c(\mathbf{x},t)|_{c=c^*}}{\partial c^*} \equiv 0$$
   Gemäß Gleichung (2.127) gilt:
   $$\nabla c(c^*;\mathbf{x},t) = -\frac{\partial\delta(c^*;\mathbf{x},t)}{\partial c^*}\,\nabla c(\mathbf{x},t)$$
   weshalb sich der Gradient der Flammenoberflächendichte im Zustandsraum schreiben lässt als
   $$\begin{aligned}\frac{\partial\Sigma(c^*;\mathbf{x},t)}{\partial c^*} &= -\frac{|\nabla c(\mathbf{x},t)|}{\nabla c(\mathbf{x},t)}\,\nabla\delta(c^*;\mathbf{x},t)\\ &= -\frac{|\nabla c(\mathbf{x},t)|}{\nabla c(\mathbf{x},t)}\cdot\frac{\nabla c(\mathbf{x},t)}{\nabla c(\mathbf{x},t)}\,\nabla\delta(c^*;\mathbf{x},t)\\ &= -\frac{|\nabla c(\mathbf{x},t)|\cdot\nabla c(\mathbf{x},t)}{|\nabla c(\mathbf{x},t)|\cdot|\nabla c(\mathbf{x},t)|}\,\nabla\delta(c^*;\mathbf{x},t)\\ &= -\frac{\nabla c(\mathbf{x},t)}{|\nabla c(\mathbf{x},t)|}\,\nabla\delta(c^*;\mathbf{x},t) = -\,\mathbf{n}\bullet\nabla\delta(c^*;\mathbf{x},t)\end{aligned}$$
   Dahinter steckt im Wesentlichen, dass für den Normalenvektor
   $$\frac{1}{\mathbf{n}} = \frac{1}{\mathbf{n}}\cdot\frac{\mathbf{n}}{\mathbf{n}} = \frac{\mathbf{n}}{\underbrace{\mathbf{n}\bullet\mathbf{n}}_{=1}} = \mathbf{n}$$
   gilt.

5. Ableitung der Gleichung (2.151):
   Zunächst wird Gleichung (2.151) ausgeschrieben, was zu
   $$\begin{aligned}\frac{D\Sigma(c^*;\mathbf{x},t)}{Dt} &= (-\,\mathbf{nn}:\nabla\mathbf{u})\ \Sigma(c^*;\mathbf{x},t)\\ &-\ \delta(c^*-c(\mathbf{x},t))\ \mathbf{n}\bullet\nabla\Omega_c(\mathbf{x},t) -\ \Omega_c(\mathbf{x},t)\ \mathbf{n}\bullet\nabla\delta(c^*-c(\mathbf{x},t))\end{aligned}$$
   führt.
   Gleichung (2.149) lautet ausmultipliziert:
   $$\begin{aligned}\frac{D\Sigma(c^*;\mathbf{x},t)}{Dt} &= (-\,\mathbf{nn}:\nabla\mathbf{u})\ \Sigma(c^*;\mathbf{x},t) - \delta(c^*-c(\mathbf{x},t))\ \mathbf{n}\bullet\nabla\Omega_c(\mathbf{x},t)\\ &-\ \underbrace{\Sigma(c^*;\mathbf{x},t)\ \frac{\partial\Omega_c(\mathbf{x},t)}{\partial c^*}}_{=0\text{ da }\Omega_c=\Omega_c(\mathbf{x},t)\neq f(c^*)} - \Omega_c(\mathbf{x},t)\ \frac{\partial\Sigma(c^*;\mathbf{x},t)}{\partial c^*}\end{aligned}$$

mit Gleichung (2.150) folgt unmittelbar Gleichung (2.151)

$$\begin{aligned}\frac{D\Sigma(c^*;\mathbf{x},t)}{Dt} &= (-\,\mathbf{nn}:\nabla\mathbf{u})\,\Sigma(c^*;\mathbf{x},t) - \delta(c^* - c(\mathbf{x},t))\;\mathbf{n}\bullet\nabla\Omega_c(\mathbf{x},t)\\ &- \Omega_c(\mathbf{x},t)\;\mathbf{n}\,\nabla\delta(c^* - c(\mathbf{x},t))\end{aligned}$$

6. Ableitung der Gleichung (2.154):
   Die ersten beiden Summanden der rechten Seite der Gleichung (2.149) lassen sich unter Berücksichtigung von

$$\Sigma(c^*;\mathbf{x},t) = |\nabla c(\mathbf{x},t)|\;\delta(c^* - c(\mathbf{x},t)) \leftrightarrow \delta(c^* - c(\mathbf{x},t)) = \Sigma(c^*;\mathbf{x},t)\,/\,|\nabla c(\mathbf{x},t)|$$

   schreiben als:

$$-\,(\mathbf{nn}:\nabla\mathbf{u})\;\Sigma(c^*;\mathbf{x},t) - \delta(c^* - c(\mathbf{x},t))\;(\mathbf{n}\bullet\nabla\Omega_c(\mathbf{x},t))$$

## A.13 Die Varianz des Reaktionsfortschritts

Die Gleichung der Varianz der Reaktionsfortschrittsvariablen $\widetilde{c''^2}$ wird aus der Transportgleichung der instantanen Reaktionsfortschrittsvariablen $c$ (vgl. Gleichung (2.80)) durch $(i)$ Aufsplittung der instantanen Reaktionsfortschrittsvariablen in Mittelwert und Schwankungsgröße $c = \tilde{c} + c''$, $(ii)$ Multiplikation der resultierenden Gleichung mit der Schwankungsgröße $c''$ und $(iii)$ anschließender Mittelung gewonnen.

$(i)$: Aus der instantanen Transportgleichung der Reaktionsfortschrittsvariablen

$$\frac{\partial(\rho\,c)}{\partial t} + \frac{\partial(\rho\,u_i\,c)}{\partial x_i} = \frac{\partial}{\partial x_i}\left(\rho\,D_c\,\frac{\partial c}{\partial x_i}\right) + \dot{\omega}_c$$

folgt nach Aufsplittung in Mittel- und Schwankungswert $c = \tilde{c} + c''$ die Transportgleichung:

$$\begin{aligned}&\frac{\partial(\rho\,\tilde{c})}{\partial t} + \frac{\partial\left(\rho\,c''\right)}{\partial t} + \frac{\partial(\rho\,u_i\,\tilde{c})}{\partial x_i} + \frac{\partial\left(\rho\,u_i\,c''\right)}{\partial x_i}\\ &= \frac{\partial}{\partial x_i}\left(\rho\,D_c\,\frac{\partial\tilde{c}}{\partial x_i}\right) + \frac{\partial}{\partial x_i}\left(\rho\,D_c\,\frac{\partial c''}{\partial x_i}\right) + \dot{\omega}_c\end{aligned} \tag{A.108}$$

$(ii)$: Multiplikation obenstehender Gleichung mit $u''$ führt auf:

$$\begin{aligned}&\underbrace{c''\cdot\frac{\partial}{\partial t}(\rho\,\tilde{c})}_{I} + \underbrace{\frac{1}{2}\frac{\partial}{\partial t}\left(\rho\,c''^2\right)}_{II} + \underbrace{c''\frac{\partial}{\partial x_i}(\rho\,u_i\,\tilde{c})}_{III} + \underbrace{\frac{1}{2}\frac{\partial}{\partial x_i}\left(\rho\,u_i\,c''^2\right)}_{IV}\\ &= \underbrace{c''\frac{\partial}{\partial x_i}\left(\rho\,D\,\frac{\partial\tilde{c}}{\partial x_i}\right)}_{V} + \underbrace{c''\frac{\partial}{\partial x_i}\left(\rho\,D\,\frac{\partial c''}{\partial x_i}\right)}_{VI} + \underbrace{\dot{\omega}_c\,c''}_{VII}\end{aligned} \tag{A.109}$$

Die Terme $I$ und $III$ lassen sich zusammenfassen zu:

$$c'' \cdot \frac{\partial}{\partial t}(\rho\,\tilde{c}) + c''\,\frac{\partial}{\partial x_i}(\rho\,u_i\,\tilde{c}) = \underbrace{c''\,\tilde{c}\,\frac{\partial \rho}{\partial t} + c''\,\rho\,\frac{\partial \tilde{c}}{\partial t}}_{=\text{ Term } I} + \underbrace{c''\,\tilde{c}\,\frac{\partial}{\partial x_i}(\rho\,u_i) + c''\,\rho\,u_i\,\frac{\partial \tilde{c}}{\partial x_i}}_{=\text{ Term } II}$$

$$\underbrace{c''\,\tilde{c}\left(\frac{\partial \rho}{\partial t} + \frac{\partial}{\partial x_i}(\rho\,u_i)\right)}_{\text{Kontinuität }=0} + c''\,\rho\,\frac{\partial \tilde{c}}{\partial t} + c''\,\rho\,u_i\,\frac{\partial \tilde{c}}{\partial x_i} \tag{A.110}$$

$(iii)$: Das zeitliche Mittel der Gleichung (A.110)

$$\overline{c''\,\rho\,\frac{\partial \tilde{c}}{\partial t}} + \overline{c''\,\rho\,u_i\,\frac{\partial \tilde{c}}{\partial x_i}} = \underbrace{\overline{c''\,\rho}}_{=0 \text{ Favre-Mittel}}\,\frac{\partial \tilde{c}}{\partial t} + \overline{c''\,\rho\,u_i\,\frac{\partial \tilde{c}}{\partial x_i}} \tag{A.111}$$

führt mit der Aufsplittung der momentanen Geschwindigkeit $u_i = \tilde{u}_i + u_i''$ auf:

$$\overline{c''\,\rho\,u_i\,\frac{\partial \tilde{c}}{\partial x_i}} = \overline{c''\,\rho\,u_i''\,\frac{\partial \tilde{c}}{\partial x_i}} + \overline{c''\,\rho\,\tilde{u}_i\,\frac{\partial \tilde{c}}{\partial x_i}} = \overline{\rho}\,\widetilde{c''\,u_i''}\,\frac{\partial \tilde{c}}{\partial x_i} + \underbrace{\overline{c''\,\rho}\,\tilde{u}_i\,\frac{\partial \tilde{c}}{\partial x_i}}_{=0 \text{ Favre-Mittel}} \tag{A.112}$$

Wird die Geschwindigkeitsaufsplittung $u_i = \tilde{u}_i + u_i''$ in Gleichung (A.109) eingesetzt und die Gleichung anschließend gemittelt, so ergibt sich unter Berücksichtigung der Terme $I$ und $III$ (Gleichung (A.112)):

$$\frac{1}{2}\frac{\partial}{\partial t}\left(\overline{\rho}\,\widetilde{c''^2}\right) + \overline{\rho}\,\widetilde{c''\,u_i''}\,\frac{\partial \tilde{c}}{\partial x_i} + \overline{c''\,\frac{\partial}{\partial x_i}(\rho\,\tilde{u}_i\,\tilde{c})} + \overline{c''\,\frac{\partial}{\partial x_i}(\rho\,u_i''\,\tilde{c})} + \frac{1}{2}\frac{\partial}{\partial x_i}\left(\overline{\rho}\,\widetilde{u_i''\,c''^2}\right)$$

$$= \overline{c''\,\frac{\partial}{\partial x_i}\left(\rho\,D\,\frac{\partial \tilde{c}}{\partial x_i}\right)} + \overline{\frac{\partial}{\partial x_i}\left(\rho\,D\,c''\,\frac{\partial c''}{\partial x_i}\right)} - \overline{\rho\,D\,\frac{\partial c''}{\partial x_i}\,\frac{\partial c''}{\partial x_i}} + \overline{\dot{\omega}_c\,c''} \tag{A.113}$$

Dabei wurde von der Identität

$$c''\,\frac{\partial}{\partial x_i}\left(\rho\,D\,\frac{\partial c''}{\partial x_i}\right) = \frac{\partial}{\partial x_i}\left(\rho\,D\,c''\,\frac{\partial c''}{\partial x_i}\right) - \rho\,D\,\frac{\partial c''}{\partial x_i}\,\frac{\partial c''}{\partial x_i}$$

Gebrauch gemacht. Wird Gleichung (A.113) noch mit dem Faktor 2 durchmultipliziert, ergibt sich schließlich die Gleichung für die Varianz des Reaktionsfortschritts zu:

$$\frac{\partial}{\partial t}\left(\overline{\rho}\,\widetilde{c''^2}\right) + \frac{\partial}{\partial x_i}\left(\overline{\rho}\,\tilde{u}_i\,\widetilde{c''^2}\right) = \underbrace{\frac{\partial}{\partial x_i}\left(\overline{\rho\,D\,\frac{\partial c''^2}{\partial x_i}}\right) + 2\,\overline{c''^2\,\frac{\partial}{\partial x_i}\left(\rho\,D\,\frac{\partial \tilde{c}}{\partial x_i}\right)}}_{\text{Molekularer Transport}}$$

$$- \underbrace{\frac{\partial}{\partial x_i}\left(\overline{\rho\,u_i''\,c''^2}\right)}_{\text{Turbulenter Transport}} \underbrace{-2\,\overline{\rho\,u_i''\,c''}\,\frac{\partial \tilde{c}}{\partial x_i}}_{\text{Produktion}} \underbrace{-2\,\overline{\rho\,D\,\frac{\partial c''}{\partial x_i}\,\frac{\partial c''}{\partial x_i}}}_{\text{Dissipation}} + \underbrace{2\,\overline{c''\,\dot{\omega}_c}}_{\text{Reaktion}} \tag{A.114}$$

## A.14 Die Transportgleichung der Verteilungsfunktion $c\ (1-c)$

Die Transportgleichung der Verteilungsfunktion $c\ (1-c)$ kann durch $(i)$ Subtraktion der Transportgleichung der quadrierten, instantanen Reaktionsfortschrittsvariablen $c^2$ von $(ii)$ der Transportgleichung der instantanen Reaktionsfortschrittsvariablen $c$ gewonnen werden.

$(i)$: Die Gleichung der quadrierten, instantanen Reaktionsfortschrittsvariablen $c^2$ lautet:

$$\frac{\partial}{\partial t}\left(\rho\, c^2\right)+\frac{\partial}{\partial x_i}\left(\rho\, u_i\, c^2\right)=\frac{\partial}{\partial x_i}\left(\rho\, D\,\frac{\partial c^2}{\partial x_i}\right)-2\,\rho\, D\,\frac{\partial c}{\partial x_i}\frac{\partial c}{\partial x_i}+2\,c\,\dot{\omega}_c \tag{A.115}$$

diese Gleichung folgt als Summe der mit der instantanen Reaktionsfortschrittsvariablen selbst multiplizierten instantanen Bilanzgleichung der in konservativer (Gleichung (A.116)) und nichtkonservativer (Gleichung (A.117)) Form notierten Reaktionsfortschrittsvariablen.

$$c\cdot\frac{\partial}{\partial t}(\rho\, c)+c\cdot\frac{\partial}{\partial x_i}(\rho\, u_i\, c)=c\cdot\frac{\partial}{\partial x_i}\left(\rho\, D\,\frac{\partial c}{\partial x_i}\right)+c\cdot\dot{\omega}_c \tag{A.116}$$

$$c\,\rho\cdot\frac{\partial c}{\partial t}+c\,\rho\, u_i\cdot\frac{\partial c}{\partial x_i}=c\cdot\frac{\partial}{\partial x_i}\left(\rho\, D\,\frac{\partial c}{\partial x_i}\right)+c\cdot\dot{\omega}_c \tag{A.117}$$

Zu beachten ist dabei einzig, dass für

$$\frac{\partial}{\partial x_i}\left(\rho\, D\,\frac{\partial c^2}{\partial x_i}\right)=\frac{\partial}{\partial x_i}\left(2\,c\,\rho\, D\,\frac{\partial c}{\partial x_i}\right)=2\,c\,\frac{\partial}{\partial x_i}\left(\rho\, D\,\frac{\partial c}{\partial x_i}\right)+2\,\rho\, D\,\frac{\partial c}{\partial x_i}\frac{\partial c}{\partial x_i} \tag{A.118}$$

gilt.

$(ii)$: Die Gleichung der instantanen Reaktionsfortschrittsvariablen $c$ lautet (vgl. Gleichung (2.80)):

$$\frac{\partial\,(\rho\, c)}{\partial t}+\frac{\partial\,(\rho\, u_i\, c)}{\partial x_i}=\frac{\partial}{\partial x_i}\left(\rho\, D_c\,\frac{\partial c}{\partial x_i}\right)+\dot{\omega}_c \tag{A.119}$$

Da Differentiation und Subtraktion kommutative Operatoren (lineare Operationen) sind, folgt aus der Subtraktion der Gleichung (A.115) von der Gleichung (A.119) unmittelbar:

$$\frac{\partial}{\partial t}\left[\rho\ \left(c-c^2\right)\right]+\frac{\partial}{\partial x_i}\left[\rho\, u_i\ \left(c-c^2\right)\right] \tag{A.120}$$

$$=\frac{\partial}{\partial x_i}\left[\rho\, D\,\frac{\partial}{\partial x_i}\left(\left(c-c^2\right)\right)\right]+2\,\rho\, D\,\frac{\partial c}{\partial x_i}\frac{\partial c}{\partial x_i}+\dot{\omega}_c-2\,c\,\dot{\omega}_c \tag{A.121}$$

In vektorieller Schreibweise und mit $\left(c-c^2\right)=c\ (1-c)$ lautet die Transportgleichung der Verteilungsfunktion:

$$\frac{\partial}{\partial t}\left[\rho\ c\ (1-c)\right]+\nabla\bullet\left[\rho\,\mathbf{u}\, c\ (1-c)\right]$$

$$=\nabla\bullet\left[\rho\, D\,\nabla\ \left(c\ (1-c)\right)\right]+2\,\rho\, D\,\nabla c\bullet\nabla c+\dot{\omega}_c-2\,c\,\dot{\omega}_c \tag{A.122}$$

## A.15 Dimensionslose Gleichung der Reaktionsfortschrittsvariablen

Die modellierte Gleichung (3.35) der Reaktionsfortschrittsvariablen

$$\frac{\partial\left(\overline{\rho}\tilde{c}\right)}{\partial t}+\frac{\partial}{\partial x_i}\left(\overline{\rho}\,\widetilde{u_i}\tilde{c}\right)=\frac{D\left(\overline{\rho}\tilde{c}\right)}{Dt}=\frac{\partial}{\partial x_i}\left(\left(\overline{\rho}D_c+\frac{\mu_t}{Sc_c}\right)\frac{\partial\tilde{c}}{\partial x_i}\right)+\rho_u\,s_l\,\overline{\Sigma}$$

kann unter Berücksichtigung dimensionsloser (∗) Größen (vgl. Kapitel A.5.1)

$$\mathbf{u}=\mathbf{u}^*\cdot V_{char}\qquad \nabla=\nabla^*\cdot\frac{1}{L_{char}}\qquad \rho=\rho^*\cdot\rho_0\qquad \mu=\mu^*\cdot\mu_0$$

$$s_l=s_l^*\cdot s_l^0\qquad \delta_l=\delta_l^*\cdot\delta_l^0\qquad \Sigma=\Sigma^*\cdot\frac{1}{\delta_l^0}\qquad t=t^*\cdot\frac{L_{char}}{V_{char}}$$

in die entdimensionierte Form

$$\frac{\partial\left(\overline{\rho^*}\tilde{c}\right)}{\partial t^*}\cdot\frac{\rho_0\,V_{char}}{L_{char}}+\frac{\partial}{\partial x_i^*}\left(\overline{\rho^*}\,\widetilde{u_i^*}\tilde{c}\right)\cdot\frac{\rho_0\,V_{char}}{L_{char}}=\frac{D\left(\overline{\rho^*}\tilde{c}\right)}{Dt^*}\cdot\frac{\rho_0\,V_{char}}{L_{char}}$$

$$=\frac{\partial}{\partial x_i^*}\left(\left(\overline{\rho^*}\frac{\nu}{Sc_{c,l}}+\frac{\overline{\rho^*}\,\nu_t}{Sc_{c,t}}\right)\frac{\partial\tilde{c}}{\partial x_i}\right)\cdot\frac{\rho_0}{L_{char}^2}+\rho_u^*\,s_l^*\,\overline{\Sigma^*}\cdot\frac{\rho_0\,s_l^0}{\delta_l^0}\tag{A.123}$$

überführt werden. Mit $Sc_{c,t}$ und $Sc_{c,l}$ sind die turbulenten und laminaren Schmidt Zahlen der Reaktionsfortschrittsvariablen eingeführt.
Die charakteristischen Größen können zusammengefasst werden,

$$\frac{\rho_0\,V_{char}}{L_{char}}\left[\frac{\partial\left(\overline{\rho^*}\tilde{c}\right)}{\partial t^*}+\frac{\partial}{\partial x_i^*}\left(\overline{\rho^*}\,\widetilde{u_i^*}\tilde{c}\right)\right]=\frac{\rho_0\,V_{char}}{L_{char}}\left[\frac{D\left(\overline{\rho^*}\tilde{c}\right)}{Dt^*}\right]$$

$$=\frac{\rho_0\,V_{char}}{L_{char}}\left[\frac{\partial}{\partial x_i^*}\left(\left(\overline{\rho^*}\frac{\nu}{Sc_{c,l}}+\frac{\overline{\rho^*}\,\nu_t}{Sc_{c,t}}\right)\frac{\partial\tilde{c}}{\partial x_i}\right)\cdot\frac{1}{L_{char}\,V_{char}}\right]+\frac{\rho_0\,V_{char}}{L_{char}}\left[\rho_u^*\,s_l^*\,\overline{\Sigma^*}\cdot\frac{s_l^0\,L_{char}}{\delta_l^0\,V_{char}}\right]$$

woraus

$$\frac{D\left(\overline{\rho^*}\tilde{c}\right)}{Dt^*}=\frac{\partial}{\partial x_i^*}\left(\left(\overline{\rho^*}\frac{\nu}{L_{char}\,V_{char}}\frac{1}{Sc_{c,l}}+\frac{\nu}{L_{char}\,V_{char}}\frac{\overline{\rho^*}\,\nu_t}{\nu}\frac{1}{Sc_{c,t}}\right)\frac{\partial\tilde{c}}{\partial x_i}\right)+\rho_u^*\,s_l^*\,\overline{\Sigma^*}\cdot Da_t$$

folgt, mit $Da_t\propto\frac{s_l^0}{\delta_l^0}\frac{L_{char}}{V_{char}}$ als der Dahmköhler Zahl. Die Einführung der Reynolds Zahl $Re=\frac{V_{char}\,L_{char}}{\nu}$ und der turbulenten Reynolds Zahl $Re_t=\frac{\nu_t}{\nu}$ führt zu

$$\frac{D\left(\overline{\rho^*}\tilde{c}\right)}{Dt^*}=\frac{\partial}{\partial x_i^*}\left(\left(\overline{\rho^*}\frac{1}{Re}\frac{1}{Sc_{c,l}}+\overline{\rho^*}\frac{Re_t}{Re}\frac{1}{Sc_{c,t}}\right)\frac{\partial\tilde{c}}{\partial x_i}\right)+\rho_u^*\,s_l^*\,\overline{\Sigma^*}\cdot Da_t\tag{A.124}$$

Die entdimensionierte Gleichung der Reaktionsfortschrittsvariablen folgt daraus nach der Größenordnungsabschätzung mit $Re>>$ zu

$$\frac{D\left(\overline{\rho^*}\tilde{c}\right)}{Dt^*}=\frac{\partial}{\partial x_i^*}\left(\frac{\mu_t^*}{Sc_{c,t}}\right)\frac{\partial\tilde{c}}{\partial x_i}+\rho_u^*\,s_l^*\,\overline{\Sigma^*}\cdot Da_t\tag{A.125}$$

Die turbulente Damköhler Zahl folgt entsprechend der hier aufgezeigten Entdimensionierung als Proportionalkonstante des Quellterms.

## A.16 Transportgleichung der Regressionsvariablen

Die im Rahmen des Flammen-Faltungs-Modells zu lösende Transportgleichung (A.126) der auf den unverbrannten Zustand konditionierten Regressionsvariablen

$$\frac{\partial(\rho b)}{\partial t} + \nabla \bullet (\rho\, \mathbf{u}\, b) - \nabla(\rho\, D \nabla b) = -\, \rho_u\, s_l\, \Xi\, |\nabla b| \qquad \text{(A.126)}$$

kann unter Berücksichtigung von $b = 1 - c$ als

$$\frac{\partial}{\partial t}\left[\rho\,(1-c)\right] + \nabla \bullet \left[\rho\, \mathbf{u}\, (1-c)\right] = -\, \rho_u\, s_l\, \Xi\, |\nabla(1-c)|$$

$$\underbrace{\frac{\partial \rho}{\partial t} + \nabla \bullet (\rho\, \mathbf{u})}_{=0 \text{ (Kontinuitätsgleichung (2.1))}} \quad - \frac{\partial}{\partial t}(\rho\, c) - \nabla \bullet (\rho\, \mathbf{u}\, c) + \nabla \bullet (\rho\, D\, \nabla c) = -\, \rho_u\, s_l\, \Xi\, |\nabla c|$$

geschrieben werden. Dabei wurde berücksichtigt, dass wegen der Konstanten im Differential und der Betragsbildung

$$|\nabla(1-c)| = |\nabla(-c)| = |\nabla c| = \left|\frac{\partial c}{\partial x_i}\right|$$

gilt.

## A.17 Zusammenhang der Mittelungsvorschriften

Für eine momentane skalare Variable $\phi$ gilt:

(a.) $\phi = \overline{\phi} + \phi'$ Mittelung nach REYNOLDS

(b.) $\phi = \widetilde{\phi} + \phi'' = \frac{\overline{\rho\phi}}{\overline{\rho}}$ Mittelung nach FAVRE

Daraus ergibt sich:

$$\widetilde{\phi} = \frac{\overline{\rho\phi}}{\overline{\rho}} \overset{\text{mit (a.)}}{=} = \frac{\overline{(\overline{\rho}+\rho')(\overline{\phi}+\phi')}}{\overline{\rho}} = \frac{\overline{\overline{\rho}\,\overline{\phi}}}{\overline{\rho}} + \frac{\overline{\rho'\phi'}}{\overline{\rho}} = \frac{\overline{\rho}\,\overline{\phi}}{\overline{\rho}} + \frac{\overline{\rho'\phi'}}{\overline{\rho}} = \overline{\phi} + \frac{\overline{\rho'\phi'}}{\overline{\rho}}$$

$$1. \qquad \widetilde{\phi} = \overline{\phi} + \frac{\overline{\rho'\phi'}}{\overline{\rho}}$$

$$\overline{\phi} \quad \text{mit (b.)} \quad \overline{\phi} = \overline{\widetilde{\phi}}^{5} + \overline{\phi''}$$

$$2. \qquad \overline{\phi} = \widetilde{\phi} + \overline{\phi''}$$

$$2. \text{ in } 1. \quad \widetilde{\phi} = \widetilde{\phi} + \overline{\phi''} + \frac{\overline{\rho'\phi'}}{\overline{\rho}}$$

$$3. \qquad \overline{\phi''} = -\frac{\overline{\rho'\phi'}}{\overline{\rho}}$$

$$2. \text{ in (a.)} \quad \overline{\phi} = \phi - \phi' = \widetilde{\phi} + \overline{\phi''} \quad \text{mit (b.)} \quad \widetilde{\phi} + \overline{\phi''} = \phi - \phi'' + \overline{\phi''}$$

$$4. \qquad \phi'' = \phi' + \overline{\phi''}$$

[5] $\overline{\widetilde{\phi}} = \frac{\overline{\overline{\rho\phi}}}{\overline{\overline{\rho}}} = \frac{\overline{\rho\phi}}{\overline{\rho}} = \widetilde{\phi}$

## A.18 Modellierung des turbulenten Transports - Gleichung (3.49)

Gleichung (3.49) wird gewonnen, wenn zunächst Gleichung (3.48) mit der (Favre) gemittelten Reaktionsfortschrittsvariablen multipliziert und anschließend umgeformt wird:

$$\tilde{c}\bar{\mathbf{u}} = \tilde{c}\,(1-\tilde{c})\;\overline{\mathbf{u}}^u + \tilde{c}^2\;\overline{\mathbf{u}}^b \tag{A.127}$$

$$\tilde{c}\tilde{\mathbf{u}} = \tilde{c}\,(1-\tilde{c})\;\overline{\mathbf{u}}^u + \tilde{c}^2\;\overline{\mathbf{u}}^b + \underbrace{\tilde{c}\left(\overline{\mathbf{u}}^b - \overline{\mathbf{u}}^b\right)}_{=0} \tag{A.128}$$

$$\tilde{c}\tilde{\mathbf{u}} = \tilde{c}\,(1-\tilde{c})\;\overline{\mathbf{u}}^u - \tilde{c}\,(1-\tilde{c})\;\overline{\mathbf{u}}^b + \overline{\mathbf{u}}^b\tilde{c} \tag{A.129}$$

$$\overline{\mathbf{u}}^b\tilde{c} - \tilde{\mathbf{u}}\tilde{c} = \tilde{c}\,(1-\tilde{c})\;\left[\overline{\mathbf{u}}^b - \overline{\mathbf{u}}^u\right] \tag{A.130}$$

Daraus folgt nach Erweiterung mit der Massendichte $\rho$ unmittelbar Gleichung (3.49).

## A.19 Betrachtung zur turbulenten Streckungsrate

Die Dehnung einer Flamme kann als eine im statistischen Mittel wirkende Geschwindigkeit pro charakteristischem Längenmaß interpretiert werden. Werden die Geschwindigkeit der Makrowirbel und die Dicke der ebenen, ungestreckten Flamme selbst als die charakteristischen Größen angesetzt, so folgt:

$$K_t \propto \frac{u_t}{\delta_l^0} \tag{A.131}$$

Unter Berücksichtigung von:

$$u_t \propto \sqrt{\tfrac{2}{3}k} \qquad \leftrightarrow \qquad u_t \propto k^{1/2} \tag{A.132}$$

$$\varepsilon \propto \tfrac{k^{3/2}}{L_t} \qquad k^{1/2} \propto \tfrac{\varepsilon}{k}\,L_t \tag{A.133}$$

führt dies zu:

$$K_t \propto \frac{L_t}{\delta_l^0}\,\frac{\varepsilon}{k} \qquad \Leftrightarrow \qquad \frac{K_t}{\varepsilon/k} \propto \frac{L_t}{\delta_l^0} \tag{A.134}$$

Diese einfache Betrachtung vernachlässigt die Effekte des gesamten Turbulenzspektrums bei zugehöriger Wirkzeit, was zu einer einfachen Potenzabhängigkeit der turbulenten Streckungsrate vom Längenverhältnis führt. Die Ableitung verdeutlicht aber mit der Unabhängigkeit der normierten turbulenten Streckung vom Geschwindigkeitsverhältnis auf einfache Weise eine der Aussagen des ITNFS-Modells.

## A.20 Laminare Flammengeschwindigkeit - Korrelationsvorschrift

In dieser Arbeit wird die laminare Flammengeschwindigkeit $s_l$ und die laminare, ebene und ungestreckte Flammengeschwindigkeit $s_l^0$ auf Basis numerischer Simulationen laminarer Gegenstromvormischflammen unter Verwendung eines detaillierten Reaktionsmechanismus ermittelt, wozu das Programmpaket INSFLA verwendet wird (vgl. Kapitel 3.4.7 und Anhangskapitel A.29).

Alternativ hierzu kann die laminare, ebene und ungestreckte Flammengeschwindigkeit $s_l^0$ mittels in der Literatur angegebene Korrelationsvorschriften zurückgegriffen werden. Wegen seiner weiten Verbreitung und des Vergleichs mit den in dieser Arbeit ermittelten Werten, wird an dieser Stelle eine kurze Beschreibung der Korrelationsvorschrift nach MÜLLER ET AL. [78] und PETERS [84] angegeben, wonach die ebene, ungestreckte Flammengeschwindigkeit über

$$s_l^0 = A\left(T^0\right) \cdot Y_{F,u}^m \cdot \frac{T_u}{T^0} \cdot \left(\frac{T_b - T^0}{T_b - T_u}\right)^n \tag{A.135}$$

bestimmt ist. Die Temperatur $T^0$ wird hierbei als *Inner-Layer Temperatur* bezeichnet und repräsentiert den Übergang von der Kettenverzweigungs- zur Kettenabbruchreaktion und markiert die Grenze zwischen inherenter Vorwärm- und Reaktionszone. Innerhalb des Temperaturprofils ist dies annähernd die Stelle verschwindender zweiter Ableitung und maximaler Steigung. $T^0$ ist abhängig vom Brennstoff und dem thermodynamischen Druck, aber unabhängig von der Gemischzusammensetzung und unabhängig von der Strömungsdynamik (Streckung, Krümmung). Die Gültigkeit der Gleichung (A.135) ist über einen weiten Luftzahlbereich und innerhalb eines Temperaturbereichs von $T_u = 298\ K$ bis $T_u = 800\ K$ erfüllt.

$$T^0 = \frac{E}{\ln\left(B/p\right)} \tag{A.136}$$

Die Funktion $A$ hängt nur von thermodynamischen und brennstoffspezifischen Eigenschaften (F, G; vgl. Tabelle A.2) ab.

$$A\left(T^0\right) = F \cdot \exp\left(-\frac{G}{T^0}\right) \tag{A.137}$$

Desweiteren steht in Gleichung (A.135) $T_u$ für die Temperatur und $Y_{F,u}$ für die Brennstoffmassefraktion des Frischgemischs. $T_b$ entspricht der Temperatur des Abgases und ist als Funktion der Stöchiometrie $\lambda$ durch

$$T_b = a\,T_u + b + \frac{c}{\lambda} + \frac{d}{\lambda^2} + \frac{e}{\lambda^3} \quad \text{mit} \quad (\lambda \geq 1)\,. \tag{A.138}$$

bestimmt. Alle weiteren Größen sind brennstoffspezifische Konstanten, welche in Tabelle A.1 und Tabelle A.2 aufgelistet sind.

| $a$ | $b[K]$ | $c[K]$ | $d[K]$ | $e[K]$ |
|---|---|---|---|---|
| 0,627 | 1270,15 | −2449 | 6776 | −3556 |

Tabelle A.1: Konstanten für die Ermittlung von $T_b$

| $B[bar]$ | $E[K]$ | $F[cm/s]$ | $G[K]$ | $m$ | $n$ |
|---|---|---|---|---|---|
| $3{,}1557 \cdot 10^8$ | 23873,0 | 22,176 | −6444,27 | 0,565175 | 2,5158 |

Tabelle A.2: Konstanten für die Ermittlung von $s_l^0$

## A.21 Rechennetz

Abbildung A.1 zeigt einen 90-Grad Ausschnitt des für die Simulationen des verbrennungsinduzierten Wirbelaufplatzens angewendeten numerischen Gitters in einem Schnitt normal zur Rotationsachse in etwa der Mitte des Mischrohrs. Das Gitter weist eine sowohl in radialer als auch in zirkumferentieller Richtung gleichmäßige Gitterzellenverteilung auf. Das numerische Rechennetz ist so aufgebaut, dass Gitterverzerrungen gering gehalten sind und die Auflösung insbesondere um die Rotationsachse aber auch im Gebiet des Mischrohr-Brennkammer Übergangs aufgrund der besonders ausgeprägten Gradienten hoch ist.

Zusätzlich sind die Stützstellen der Verteilung der Randwerte mittels roter Punkte gekennzeich-

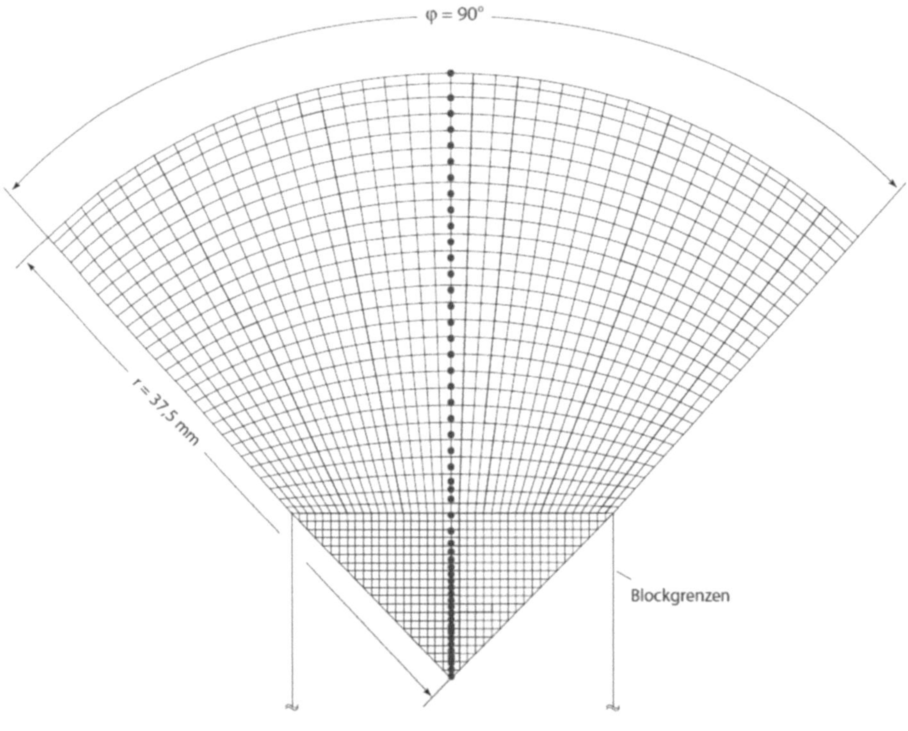


Abbildung A.1: Rotationssymmetrischer Schnitt durch das diskretisierte Mischrohr mit einem Öffnungswinkel von 90°

net. Dabei ist das Gitter so gewählt, dass fast jeder Randwert in einer Zelle liegt, wodurch Interpolationsfehler gering gehalten werden.

## A.22 Ergänzende Eigenschaften laminarer, stationärer Flamelets

Dieses Kapitel stellt einige ergänzende Eigenschaften laminarer, stationärer Flamelets auch bei Übergang zu ungestreckten Verhältnissen zusammen. Die Kenngrößen gehen nicht unmittelbar in die Modellierung im Rahmen des in dieser Arbeit eingesetzten Flammenoberflächendichtemodells (tFSD) ein, tragen aber zum allgemeinen Verständnis der physikalischen und chemischen Vorgänge bei.

**Zeitmaß beim Übergang zu ungestreckten Flammenverhältnissen**

Das aus dem Verlauf der ebenen, ungestreckten Flammengeschwindigkeit $s_l^0$ und der Flammendicke $\delta_l^0$ der ebenen und ungestreckten Vormischflamme ableitbare charakteristische chemische Zeitmaß $\tau^0$ kann über

$$\tau^0 = \frac{\delta_l^0}{s_l^0} \tag{A.139}$$

berechnet werden und ist in Abbildung A.2 als Funktion der Luftzahl $\lambda$ für unterschiedliche Vorwärmtemperaturen $T_u$ gezeigt[6]. Die Kurven haben einen parabolischen Verlauf mit einem Minimum im stöchiometrischen Bereich und zunehmenden Werte zu beiden Seiten des Luftzahlbereichs. Das mit höherer Luftzahl verbundene zunehmende Zeitmaß lässt sich auf Basis des Luftstickstoffs erklären, welcher unter den für diese Arbeit relevanten Bedingungen als chemisch inherente Spezies betrachtet werden kann und daher im Wesentlichen des diffusiven Wärmetransports wegen als Energiesenke wirkt. Die Zunahme des Zeitmaßes für unterstöchiometrische Gemischzusammensetzungen lässt sich auf Basis nicht vollständigen Umsatzes der im Brennstoff gebundenen chemischen Energie erklären. Die Abhängigkeit von der Vorwärmtemperatur erklärt sich unmittelbar aus dem Zusammenhang mit dem Energieinhalt des Frischgemischs.

**Variation rauchgasseitiger Parameter mit der Streckungsrate**

Die maximale Verbrennungstemperatur $T_{b_{MAX}}$ laminarer, stationär gestreckter Flamelets ist in Abbildung A.3 als Funktion der Luftzahl für unterschiedliche Vorwärmtemperaturen $T_u$ gezeigt. Das Maximum der Verbrennungstemperatur liegt nahe des stöchiometrischen Zustands, mit leichter Verschiebung in den fetten Bereich, was mit dem Verlauf der Wärmekapazität erklärt werden kann. Die Wärmekapazität der Produkte ist im unterstöchiometrischen Bereich etwas niedriger, als im stöchiometrischen Fall, was an der erhöhten Konzentration zweiatomiger anstelle dreiatomiger Moleküle liegt [15]. Da die Änderung des Energieinhalts für kleine Abweichungen von der stöchiometrischen Zusammensetzung geringer als die Änderung der Wärmekapazität ist, steigt die Verbrennungstemperatur und auch die Flammengeschwindigkeit. Die Abnahme der Rauchgastemperatur lässt sich wie das charakteristische chemische Zeitmaß mittels des zunehmenden Luftstickstoffs zur mageren Seite und mittels des unvollständigen Umsatzes chemisch gespeicherter Energie zur fetten Seite hin erklären. Bei konstant gehaltener Luftzahl steigt die Verbrennungstemperatur mit zunehmender Vorwärmtemperatur, da die innere Energie des Fischgemischs steigt.

[6] Die Werte der ungestreckten Flamme werden durch lineare Extrapolation gewonnen (vgl. Kapitel 5.1.3).

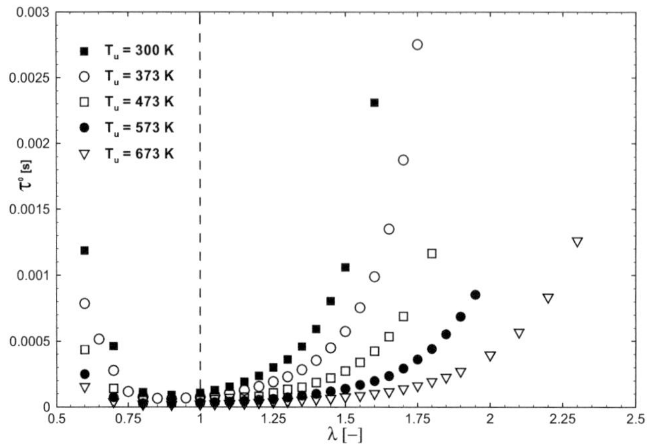


Abbildung A.2: Chemisches Zeitmaß ebener, ungestreckter Vormischflammen $\tau^0$ als Funktion der Luftzahl $\lambda$ bei variierender Vorwärmtemperatur $T_u$

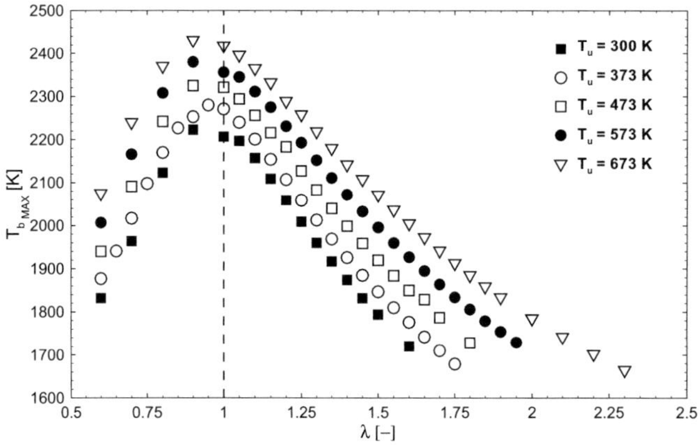


Abbildung A.3: Maximale Verbrennungstemperatur $T_{b_{MAX}}$ gestreckter Flamelets (vgl. Abbildung 5.5) als Funktion der Luftzahl $\lambda$ bei variierender Vorwärmtemperatur $T_u$

Das aus Frischgas- $\rho_u$ und Rauchgasdichte $\rho_b$ gebildete Dichteverhältnis $\rho_u/\rho_b$, auch als Expansionsfaktor bezeichnet, steigt mit sinkender Vorwärmtemperatur, da bezüglich einer Temperaturvariation der Wärmekapazität wegen die Dichte des Rauchgases weniger stark sinkt, als die Dichte des Frischgemischs, wie dies in Abbildung A.4 gezeigt ist.

Das Dichteverhältnis macht der Massenkonstanz $\rho_u\, \mathbf{u}_u \bullet \mathbf{n} = \rho_b\, \mathbf{u}_b \bullet \mathbf{n}$ wegen[7] eine quantitative Aussage der Beschleunigung über die Flamme, welche insbesondere bei der Betrachtung

[7] Die relevanten Berandungsflächen $A$ des betrachteten Kontrollvolumens können durch verschieben der Systemgrenzen ins Unendliche als konstant angesehen werden. $\mathbf{n}$ ist per Definition der nach außen weisende Normalenvektor der Fläche $A$.

instationärer Verbrennungsvorgänge, wie beispielsweise bei sphärischen Expansionsflammen, großen Einfluss auf die Bestimmung der Flammengeschwindigkeit hat.

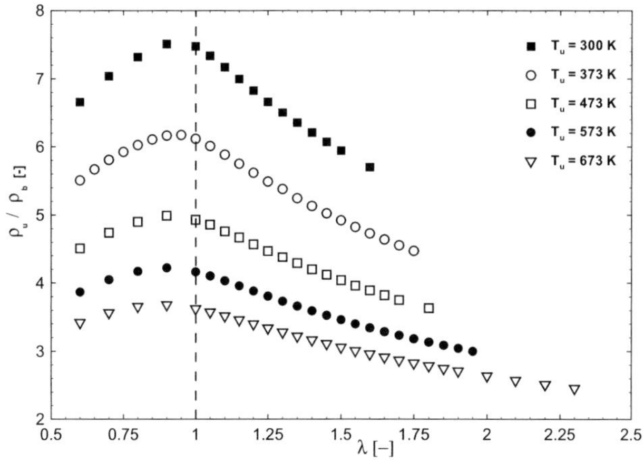


Abbildung A.4: Maximales Dichteverhältnis $\rho_u/\rho_b$ (Expansionsfaktor) als Funktion der Luftzahl $\lambda$ bei variierender Vorwärmtemperatur $T_u$

Der Dichtegradient über die laminare Vormischflamme $|\nabla\rho|_F = (\rho_u - \rho_b)/\delta_l^0$ ist in Abbildung A.5 über der Luftzahl $\lambda$ aufgetragen, mit der Vorwärmtemperatur $T_u$ als Scharparameter. Der Einfluss der Vorwärmtemperatur zeigt sich hierbei im Wesentlichen für Luftzahlen um die stöchiometrische Gemischzusammensetzung, da in diesem Bereich die Flammendicken am wenigsten, die Dichtegradienten aber am stärksten voneinander abweichen.

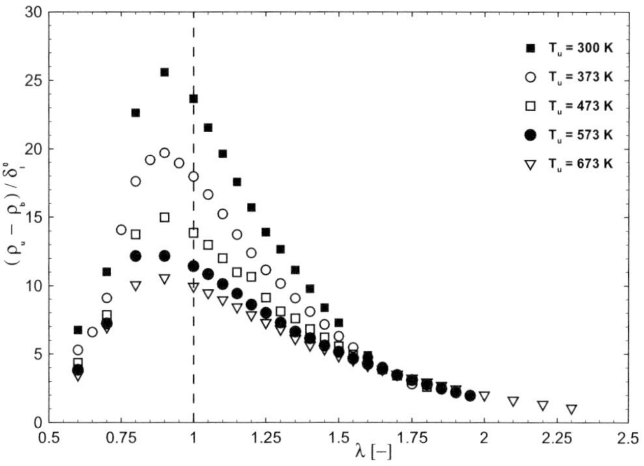


Abbildung A.5: Maximale Dichtegradienten über die Flamme $|\nabla\rho|_F = (\rho_u - \rho_b)/\delta_l^0$ als Funktion der Luftzahl $\lambda$ mit der Vorwärmtemperatur $T_u$ als Scharparmeter

## A.23 Entdimensionierte Kenngrößen laminarer, stationärer Flamelets

***Streckungsrate:***

Abbildung A.6 zeigt die über der Luftzahl $\lambda$ aufgetragenen und mit dem zugehörigen Maximalwert gemäß

$$K^*_{ext} = \frac{K}{K^{MAX}} \tag{A.140}$$

$$Ka^*_{ext} = \frac{Ka}{Ka^{MAX}} \tag{A.141}$$

normierten Extinktions-Streckungsraten $K^*_{ext}$ und Extinktions-Karlovitz Zahlen $Ka^*_{ext}$.

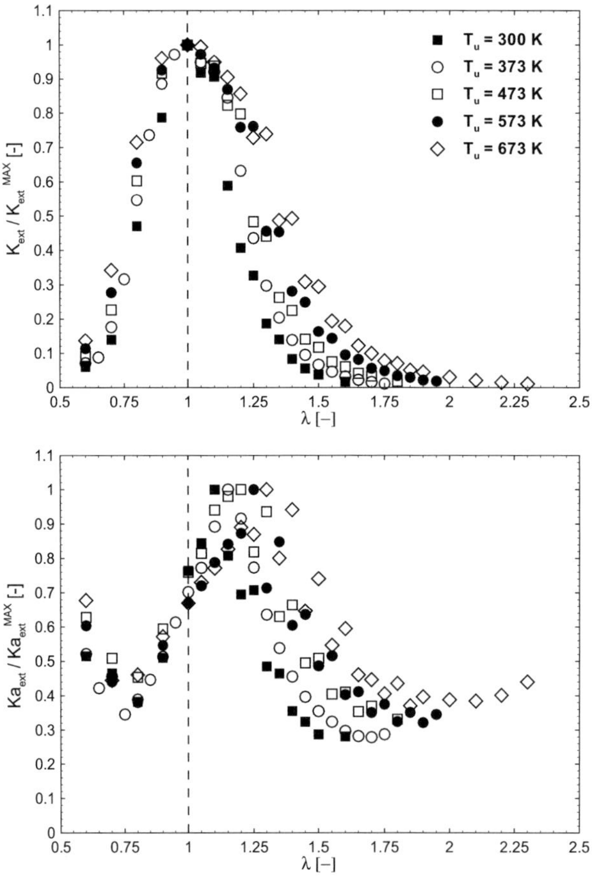


Abbildung A.6: Verlauf der normierten Extinktions-Streckungsrate $K^*_{ext}$ und der Extinktions-Karlovitz Zahl $Ka^*_{ext}$ als Funktion der Luftzahl $\lambda$ für unterschiedliche Vorwärmtemperaturen $T_u$

***Rauchgastemperatur und ungestreckte, ebene Flammengeschwindigkeit:***

Da die in Kapitel 5.1.3 beschriebenen Abläufe in erster Näherung unabhängig von der Vorwärmtemperatur sind, ähneln sich die Verläufe der Werte der Rauchgastemperaturen als auch die Flammengeschwindigkeitswerte mit variabler Temperatur, wenn auch bei erhöhter Vorwärmung zu höheren Absolutbeträgen verschoben. Dies ist in Abbildung A.7(a) anhand des mittels des maximal vorkommenden Werts $T_{b,MAX}$ normierten Verlaufs der Temperatur der Rauchgase $T_b/T_{b,MAX}$ und in Abbildung A.7(b) anhand des mittels des maximal vorkommenden Werts $s^0_{l,MAX}$ normierten Verlaufs der Flammengeschwindigkeit $s^0_l/s^0_{l,MAX}$ gezeigt.

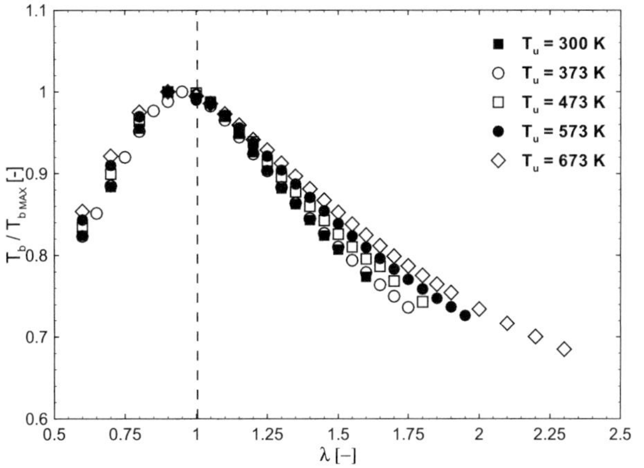


**(a)** Normierte Verbrennungstemperaturen als Funktion der Luftzahl bei variabler Vorwärmtemperatur

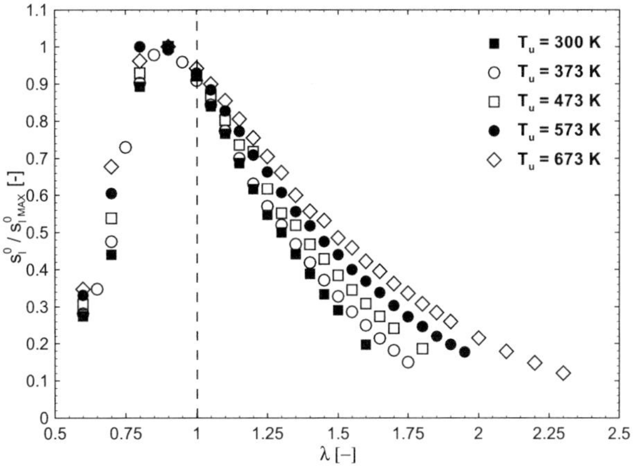


**(b)** Normierte Flammengeschwindigkeiten als Funktion der Luftzahl bei variabler Vorwärmtemperatur

Abbildung A.7: Normierte Verbrennungstemperaturen und Flammengeschwindigkeiten

## A.24 Flammengeschwindigkeit stationär gestreckter, laminarer Flamelets

Abbildung A.8 stellt ergänzend zur Abbildung 5.17 die Abhängigkeit der Flammengeschwindigkeit laminarer Flamelets von der Streckungsrate.

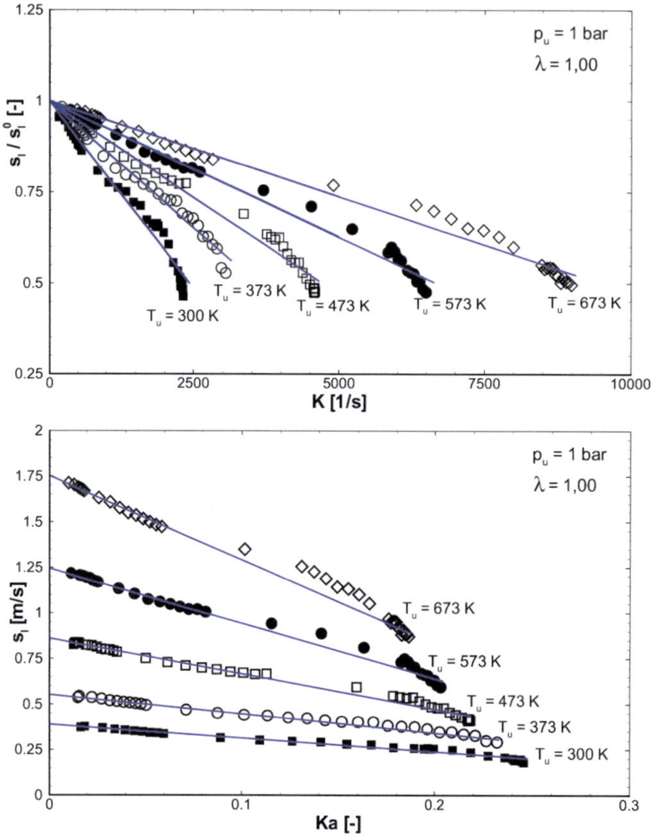


Abbildung A.8: Ebene, gestreckte und entdimensionierte Flammengeschwindigkeit $s_l/s_l^0$ und gestreckte Flammengeschwindigkeit $s_l$ als Funktion der Streckungsrate $K$ und der Karlovitz Zahl $Ka$ für unterschiedliche Luftzahlen $\lambda$ und Vorwärmtemperaturen $T_u$
Zu Abbildung 5.17 ergänzende Darstellung der Abhängigkeit der Flammengeschwindigkeit laminarer Flamelets von der Streckungsrate

## A.25 Einfacher Flamelet Ansatz - Stabilitätsdiagramm

Der Vollständigkeit halber ist in Abbildung A.9 das Stabilitätsdiagramm gezeigt mit den numerische ermittelten kritischen Luftzahlen ermittelt nach dem einsatzen Flamelet Ansatz, worunter der Ansatz $s_l = s_l^0$ verstanden wird, vgl. Kapitel 3.4.7.

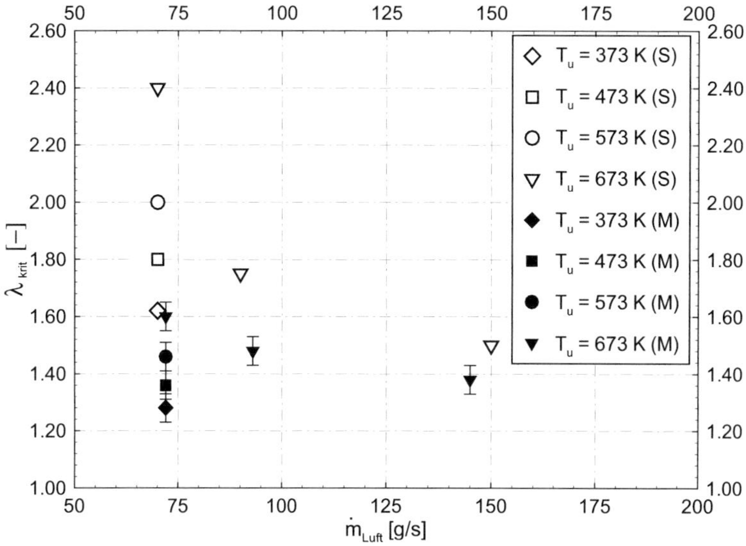


Abbildung A.9: Einfacher Flamelet Ansatz - Stabilitätsdiagramm

## A.26 Zustandswechsel von $t_1$ nach $t_2$

Analog zu Abbildung 5.64 ist in Abbildung A.10 die Änderung quantifiziert, wie sie auf Basis der numerischen Simulationen beim Zustandswechsel von $t_1$ nach $t_2$ und damit von der Elongation der zusammenhängenden Rezirkulationsblase hin zur Abschnürung und stromauf Propagation der kleinen Rezirkulationsblase identifizierbar sind. Die auf Basis der in Abbildung 5.64 gezeigten Auswertung abgeleitete und interpretierte Bedeutung der unterschiedlichen Quellterme ist demnach auch zu Zeiten während der stromauf Propagation grundsätzlich unverändert, wenngleich relative Verteilung und betragsmäßige Wirkung aufgrund stochastischer Schwankungen unwesentlich variieren.

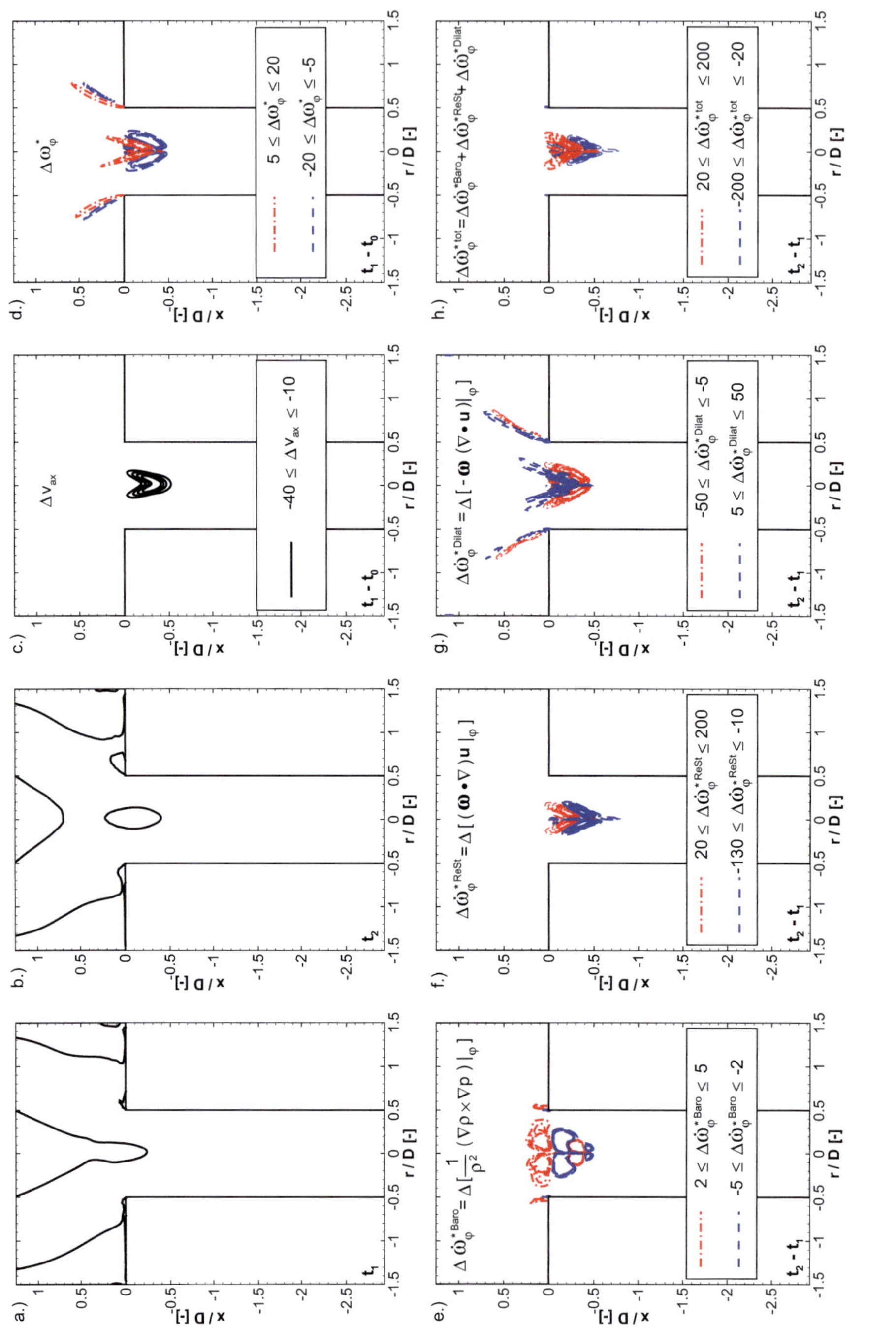


Abbildung A.10: Verteilung der Änderungen relevanter Größen beim Übergang von $t_1$ nach $t_2$

## A.27 Radiale Profile von Dichte-, Druckgradienten und baroklinem Moment

Abbildung A.11 zeigt die radialen Profile der Dichte-, Druckgradienten und des baroklinen Moments zu einem Zeitpunkt der numerischen Simulation unmittelbar vor der Einschnürung der zusammenhängenden IRZ ($t_0$) und Abbildung A.27 unmittelbar nach Initialisierung des verbrennungsinduzierten Wirbelaufplatzens, beschrieben durch die Bildung und der stromauf Propagation der kleinen Rezirkulationsblase ($t_2$). Die Extraktion der Profile erfolgte entlang der horizontalen und durchnummerierten Linien $(1,2,3)$ entsprechend in Abbildung 5.66(a) für die Momentaufnahme $t_0$ und in Abbildung A.27 für die Momentaufnahme $t_2$.
Wie in Kapitel 5.4.9 ausgeführt, sind die für das barokline, azimutal wirkende Moment entscheidenden Dichte- und Druckgradienten im Wesentlichen zeitlich und räumlich unkorreliert, vorallem um den stromauf gelegenen Staupunkt der Rezirkulationsblase. Nach erfolgter Initialisierung des Flammenrückschlags nimmt das barokline Moment um den Bereich maximaler, radialer Erstreckung der stromauf Propagierenden Rezirkulationsblase negative Werte an, da die Isobaren sich aufgrund der axialen Beschleunigung der äußeren Strömung schließen.

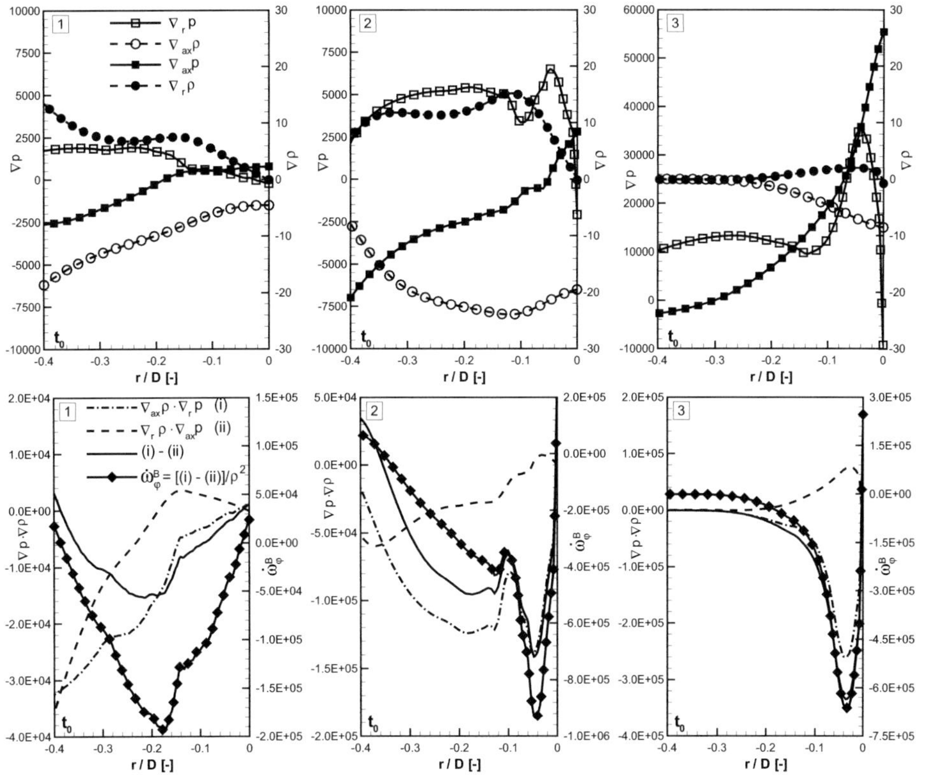


Abbildung A.11: Radiale Profile an den in Abbildung 5.65(a) mittels horizontaler Linien gekennzeichneten Positionen (1, 2, 3), Momentaufnahme $t_0$

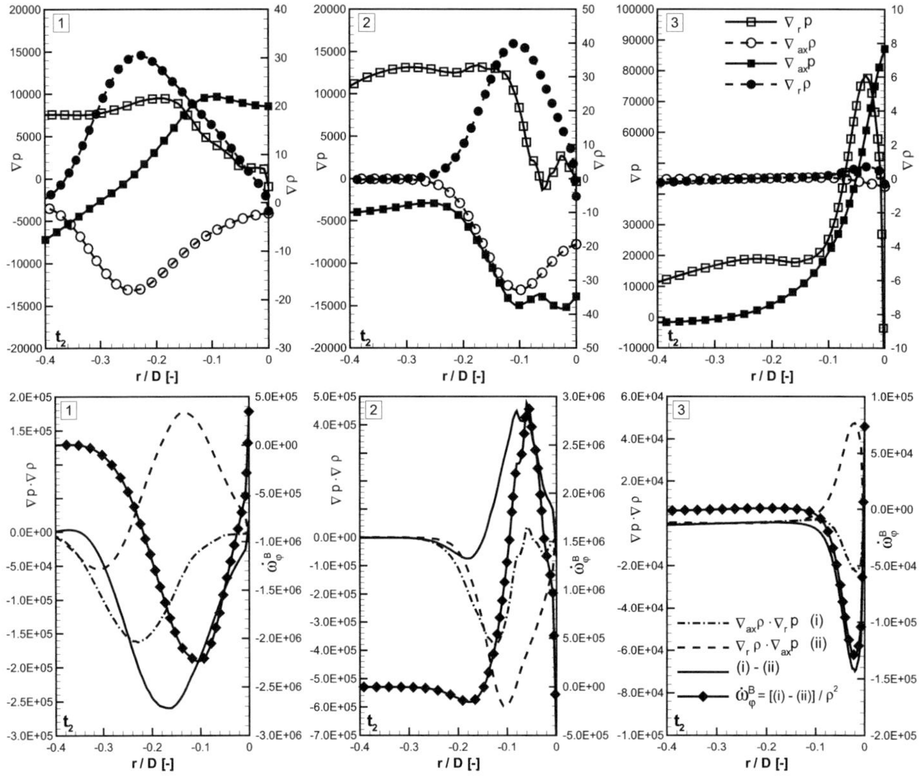


Abbildung A.12: Radiale Profile an den in Abbildung 5.66(b) mittels horizontaler Linien gekennzeichneten Positionen (1, 2, 3), Momentaufnahme $t_2$

## A.28 Überlagerung wirbeldynamischer Einzelgrößen

Abbildung A.13 zeigt das Konturbild der Verteilung entdimensionierter negativer azimutaler Wirbelstärke $\dot{\omega}_\varphi^* = \dot{\omega}_\varphi \cdot D/v_0$ mit als Linien überlagerter Darstellung der entdimensionierten Quellterme der Wirbeltransportgleichung (2.51): Dilatation $\dot{\omega}_\varphi^{*\,Dilat} = \dot{\omega}_\varphi^{Dilat} \cdot (D/v_0)^2$ (strichpunktierte, schwarze Linie), Umorientierung/Streckung $\dot{\omega}_\varphi^{*\,ReSt} = \dot{\omega}_\varphi^{ReSt} \cdot (D/v_0)^2$ (strichdoppelpunktierte, weiße Linie) und baroklines Moment $\dot{\omega}_\varphi^{*\,Baro} = \dot{\omega}_\varphi^{Baro} \cdot (D/v_0)^2$ (gestrichelte, graue Linie) als konsekutive Folge von Momentaufnahmen während eines numerisch simulierten Ablaufs des verbrennungsinduzierten Wirbelaufplatzens. Die Isotache des Wertes $v_{ax} = 0$ (durchgezogene, schwarze Linie) kennzeichnet die stromauf propagierende Rezirkulationsblase.
Die überlagerte Darstellung zeigt, dass der Term der Umorientierung/Streckung und der Dilatationsterm mit der Verteilung der minimalen negativen azimutalen Wirbelstärke zusammen fallen und für die Bildung negativer azimutaler Wirbelstärke maßgebend sind.

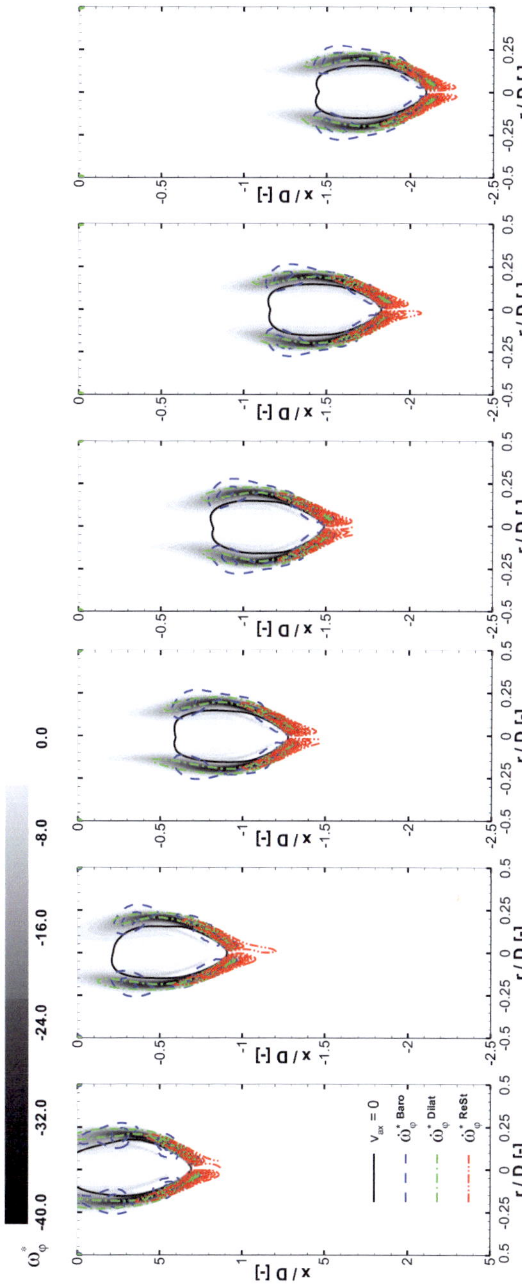


Abbildung A.13: Überlagerung von entdimensionierter azimutaler Wirbelstärke und entdimensionierter Quellterme der Wirbelstärke während eines numerisch simulierten Flammenrückschlags

## A.29 Reaktionsmechanismus

In der folgenden Tabelle werden die dem detaillierten Methan-Luft Reaktionsmechanismus des Pre-Processings (Flameletberechnung anhand gestreckter Vormischflammen, vgl. Kapitel 3.4.7) zugrunde liegenden Elementarreaktionen angegeben. Die Geschwindigkeitskoeffizienten der Elementarreaktionen ($k$) werden dabei über einen erweiterten Arrhenius-Ansatz der Form

$$k = A \cdot T^n \cdot exp\left(-\frac{E_a}{\mathscr{R} \cdot T}\right) \tag{A.142}$$

bestimmt. Die in der Tabelle des Reaktionsmechanismus angegebenen Größen $A$, $T$-Exp. und $E_a$ stehen der Reihe nach für den prä-exponentiellen Faktor, für den Temperaturexponenten $n$ und für die Aktivierungsenergie.

| Nr. | Reaktion | $A$ $[cm, mol, s]$ | $T$-Exp. $[--]$ | $E_a$ $[kJ/mol]$ |
|---|---|---|---|---|
| 1 | $O_2 + H \rightarrow OH + O$ | $2{,}00E+14$ | 0,00 | 70,3 |
| 2 | $OH + O \rightarrow O_2 + H$ | $1{,}48E+13$ | 0,00 | 2,4 |
| 3 | $H_2 + O \rightarrow OH + H$ | $5{,}06E+04$ | 2,67 | 26,3 |
| 4 | $OH + H \rightarrow H_2 + O$ | $2{,}24E+04$ | 2,67 | 18,4 |
| 5 | $H_2 + OH \rightarrow H_2O + H$ | $1{,}00E+08$ | 1,60 | 13,8 |
| 6 | $H_2O + H \rightarrow H_2 + OH$ | $4{,}43E+08$ | 1,60 | 77 |
| 7 | $OH + OH \rightarrow H_2O + O$ | $1{,}50E+09$ | 1,14 | 0,4 |
| 8 | $H_2O + O \rightarrow OH + OH$ | $1{,}50E+10$ | 1,14 | 71,5 |
| 9 | $H + H + M' \rightarrow H_2 + M'$ | $1{,}80E+18$ | $-1{,}00$ | 0 |
| 10 | $H_2 + M' \rightarrow H + H + M'$ | $7{,}06E+18$ | $-1{,}00$ | 436,2 |
| 11 | $O + O + M' \rightarrow O_2 + M'$ | $2{,}90E+17$ | $-1{,}00$ | 0 |
| 12 | $O_2 + M' \rightarrow O + O + M'$ | $6{,}77E+18$ | $-1{,}00$ | 496,3 |
| 13 | $H + OH + M' \rightarrow H_2O + M'$ | $2{,}20E+22$ | $-2{,}00$ | 0 |
| 14 | $H_2O + M' \rightarrow H + OH + M'$ | $3{,}82E+23$ | $-2{,}00$ | 499,5 |
| 15 | $H + O_2 + M' \rightarrow HO_2 + M'$ | $2{,}30E+18$ | $-0{,}80$ | 0 |
| 16 | $HO_2 + M' \rightarrow H + O_2 + M'$ | $3{,}26E+18$ | $-0{,}80$ | 195,8 |
| 17 | $HO_2 + H \rightarrow OH + OH$ | $1{,}50E+14$ | 0,00 | 4,2 |
| 18 | $OH + OH \rightarrow HO_2 + H$ | $1{,}36E+13$ | 0,00 | 168,8 |
| 19 | $HO_2 + H \rightarrow H_2 + O_2$ | $2{,}50E+13$ | 0,00 | 2,9 |
| 20 | $H_2 + O_2 \rightarrow HO_2 + H$ | $6{,}93E+13$ | 0,00 | 243,3 |
| 21 | $HO_2 + H \rightarrow H_2O + O$ | $3{,}00E+13$ | 0,00 | 7,2 |
| 22 | $H_2O + O \rightarrow HO_2 + H$ | $2{,}73E+13$ | 0,00 | 242,9 |
| 23 | $HO_2 + O \rightarrow OH + O_2$ | $1{,}80E+13$ | 0,00 | $-1{,}7$ |
| 24 | $OH + O_2 \rightarrow HO_2 + O$ | $2{,}20E+13$ | 0,00 | 230,8 |
| 25 | $HO_2 + OH \rightarrow H_2O + O_2$ | $6{,}00E+13$ | 0,00 | 0 |
| 26 | $H_2O + O_2 \rightarrow HO_2 + OH$ | $7{,}37E+14$ | 0,00 | 303,7 |

| | | | | |
|---|---|---|---|---|
| 27 | $HO_2+HO_2 \rightarrow H_2O_2+O_2$ | $2{,}50E+11$ | 0,00 | −5,2 |
| 28 | $H_2O_2+O_2 \rightarrow HO_2+HO_2$ | $9{,}93E+11$ | 0,00 | 169,5 |
| 29 | $OH+OH+M' \rightarrow H_2O_2+M'$ | $3{,}25E+22$ | −2,00 | 0 |
| 30 | $H_2O_2+M' \rightarrow OH+OH+M'$ | $2{,}01E+24$ | −2,00 | 205,9 |
| 31 | $H_2O_2+H \rightarrow H_2+HO_2$ | $1{,}70E+12$ | 0,00 | 15,7 |
| 32 | $H_2+HO_2 \rightarrow H_2O_2+H$ | $1{,}19E+12$ | 0,00 | 81,4 |
| 33 | $H_2O_2+H \rightarrow H_2O+OH$ | $1{,}00E+13$ | 0,00 | 15 |
| 34 | $H_2O+OH \rightarrow H_2O_2+H$ | $2{,}81E+12$ | 0,00 | 308,6 |
| 35 | $H_2O_2+O \rightarrow OH+HO_2$ | $2{,}80E+13$ | 0,00 | 26,8 |
| 36 | $OH+HO_2 \rightarrow H_2O_2+O$ | $8{,}64E+12$ | 0,00 | 84,6 |
| 37 | $H_2O_2+OH \rightarrow H_2O+HO_2$ | $5{,}40E+12$ | 0,00 | 4,2 |
| 38 | $H_2O+HO_2 \rightarrow H_2O_2+OH$ | $1{,}67E+13$ | 0,00 | 133,2 |
| 39 | $CO+OH \rightarrow CO_2+H$ | $6{,}00E+06$ | 1,50 | −3,1 |
| 40 | $CO_2+H \rightarrow CO+OH$ | $7{,}96E+08$ | 1,50 | 93,2 |
| 41 | $CO+HO_2 \rightarrow CO_2+OH$ | $1{,}50E+14$ | 0,00 | 98,7 |
| 42 | $CO_2+OH \rightarrow CO+HO_2$ | $1{,}81E+15$ | 0,00 | 359,6 |
| 43 | $CO+O+M' \rightarrow CO_2+M'$ | $7{,}10E+13$ | 0,00 | −19 |
| 44 | $CO_2+M' \rightarrow CO+O+M'$ | $1{,}63E+16$ | 0,00 | 505,6 |
| 45 | $CO+O_2 \rightarrow CO_2+O$ | $2{,}50E+12$ | 0,00 | 200 |
| 46 | $CO_2+O \rightarrow CO+O_2$ | $2{,}46E+13$ | 0,00 | 228,3 |
| 47 | $CH+O \rightarrow CO+H$ | $4{,}00E+13$ | 0,00 | 0 |
| 48 | $CO+H \rightarrow CH+O$ | $1{,}92E+15$ | 0,00 | 736,1 |
| 49 | $CH+O_2 \rightarrow CHO+O$ | $3{,}00E+13$ | 0,00 | 0 |
| 50 | $CHO+O \rightarrow CH+O_2$ | $4{,}06E+13$ | 0,00 | 301,3 |
| 51 | $CH+CO_2 \rightarrow CHO+CO$ | $3{,}40E+12$ | 0,00 | 2,9 |
| 52 | $CHO+CO \rightarrow CH+CO_2$ | $4{,}68E+11$ | 0,00 | 275,8 |
| 53 | $CH+H_2O \rightarrow CH_2O+H$ | $3{,}80E+12$ | 0,00 | −3,2 |
| 54 | $CH_2O+H \rightarrow CH+H_2O$ | $2{,}11E+14$ | 0,00 | 243,1 |
| 55 | $CH+H_2O \rightarrow 3CH_2+OH$ | $1{,}90E+12$ | 0,00 | −3,2 |
| 56 | $3CH_2+OH \rightarrow CH+H_2O$ | $6{,}31E+11$ | 0,00 | −77,7 |
| 57 | $CH+OH \rightarrow CHO+H$ | $3{,}00E+13$ | 0,00 | 0 |
| 58 | $CHO+H \rightarrow CH+OH$ | $5{,}47E+14$ | 0,00 | 369,2 |
| 59 | $CHO+M' \rightarrow CO+H+M'$ | $7{,}10E+14$ | 0,00 | 70,3 |
| 60 | $CO+H+M' \rightarrow CHO+M'$ | $1{,}08E+15$ | 0,00 | 8,9 |
| 61 | $CHO+H \rightarrow CO+H_2$ | $9{,}00E+13$ | 0,00 | 0 |
| 62 | $CO+H_2 \rightarrow CHO+H$ | $5{,}36E+14$ | 0,00 | 374,8 |
| 63 | $CHO+O \rightarrow CO+OH$ | $3{,}00E+13$ | 0,00 | 0 |
| 64 | $CO+OH \rightarrow CHO+O$ | $7{,}89E+13$ | 0,00 | 366,9 |
| 65 | $CHO+O \rightarrow CO_2+H$ | $3{,}00E+13$ | 0,00 | 0 |
| 66 | $CO_2+H \rightarrow CHO+O$ | $1{,}05E+16$ | 0,00 | 463,2 |
| 67 | $CHO+OH \rightarrow CO+H_2O$ | $1{,}00E+14$ | 0,00 | 0 |

| | | | | |
|---|---|---|---|---|
| 68 | $CO+H_2O \rightarrow CHO+OH$ | 2,64E + 15 | 0,00 | 438 |
| 69 | $CHO+O_2 \rightarrow CO+HO_2$ | 3,00E + 12 | 0,00 | 0 |
| 70 | $CO+HO_2 \rightarrow CHO+O_2$ | 6,45E + 12 | 0,00 | 134,4 |
| 71 | $CHO+CHO \rightarrow CH2O+CO$ | 3,00E + 13 | 0,00 | 0 |
| 72 | $CH_2O+CO \rightarrow CHO+CHO$ | 2,41E + 15 | 0,00 | 315,2 |
| 73 | $3CH_2+H \rightarrow CH+H2$ | 6,00E + 12 | 0,00 | −7,5 |
| 74 | $CH+H_2 \rightarrow 3CH_2+H$ | 4,08E + 12 | 0,00 | 3,7 |
| 75 | $3CH_2+O \rightarrow CO+H+H$ | 8,40E + 12 | 0,00 | 0 |
| 76 | $3CH_2+3CH_2 \rightarrow C_2H_2+H_2$ | 1,20E + 13 | 0,00 | 3,4 |
| 77 | $C_2H_2+H_2 \rightarrow 3CH_2+3CH_2$ | 2,48E + 15 | 0,00 | 541,6 |
| 78 | $3CH_2+3CH_2 \rightarrow C_2H_2+H+H$ | 1,10E + 14 | 0,00 | 3,4 |
| 79 | $C_2H_2+H+H \rightarrow 3CH_2+3CH_2$ | 5,80E + 15 | 0,00 | 105,4 |
| 80 | $3CH_2+CH_3 \rightarrow C_2H_4+H$ | 4,20E + 13 | 0,00 | 0 |
| 81 | $C_2H_4+H \rightarrow 3CH_2+CH_3$ | 1,34E + 16 | 0,00 | 269,7 |
| 82 | $3CH_2+O_2 \rightarrow CO+OH+H$ | 1,30E + 13 | 0,00 | 6,2 |
| 83 | $CO+OH+H \rightarrow 3CH_2+O_2$ | 8,02E + 12 | 0,00 | 249,4 |
| 84 | $3CH_2+O_2 \rightarrow CO_2+H_2$ | 1,20E + 13 | 0,00 | 6,2 |
| 85 | $CO_2+H_2 \rightarrow 3CH_2+O_2$ | 3,85E + 15 | 0,00 | 781,9 |
| 86 | $1CH_2+M' \rightarrow 3CH_2+M'$ | 1,20E + 13 | 0,00 | 0 |
| 87 | $3CH_2+M' \rightarrow 1CH_2+M'$ | 4,83E + 12 | 0,00 | 37,4 |
| 88 | $1CH_2+O_2 \rightarrow CO+OH+H$ | 3,10E + 13 | 0,00 | 0 |
| 89 | $CO+OH+H \rightarrow 1CH_2+O_2$ | 7,69E + 12 | 0,00 | 280,6 |
| 90 | $1CH_2+H_2 \rightarrow CH_3+H$ | 7,20E + 13 | 0,00 | 0 |
| 91 | $CH_3+H \rightarrow 1CH_2+H_2$ | 1,56E + 14 | 0,00 | 44,5 |
| 92 | $1CH_2+CH_3 \rightarrow C_2H_4+H$ | 1,60E + 13 | 0,00 | −2,4 |
| 93 | $C_2H_4+H \rightarrow 1CH2+CH_3$ | 2,05E + 15 | 0,00 | 304,7 |
| 94 | $CH_2O+M' \rightarrow CHO+H+M'$ | 5,00E + 16 | 0,00 | 320 |
| 95 | $CHO+H+M' \rightarrow CH_2O+M'$ | 9,44E + 14 | 0,00 | −56,6 |
| 96 | $CH_2O+H \rightarrow CHO+H_2$ | 2,30E + 10 | 1,05 | 13,7 |
| 97 | $CHO+H_2 \rightarrow CH_2O+H$ | 1,70E + 09 | 1,05 | 73,3 |
| 98 | $CH_2O+O \rightarrow CHO+OH$ | 4,15E + 11 | 0,57 | 11,6 |
| 99 | $CHO+OH \rightarrow CH_2O+O$ | 1,36E + 10 | 0,57 | 63,3 |
| 100 | $CH_2O+OH \rightarrow CHO+H_2O$ | 3,40E + 09 | 1,20 | −1,9 |
| 101 | $CHO+H_2O \rightarrow CH_2O+OH$ | 1,12E + 09 | 1,20 | 121 |
| 102 | $CH_2O+HO_2 \rightarrow CHO+H_2O_2$ | 3,00E + 12 | 0,00 | 54,7 |
| 103 | $CHO+H_2O_2 \rightarrow CH_2O+HO_2$ | 3,18E + 11 | 0,00 | 48,6 |
| 104 | $CH_2O+CH_3 \rightarrow CHO+CH_4$ | 1,00E + 11 | 0,00 | 25,5 |
| 105 | $CHO+CH_4 \rightarrow CH_2O+CH_3$ | 2,08E + 11 | 0,00 | 102,2 |
| 106 | $CH_2O+O_2 \rightarrow CHO+HO_2$ | 6,00E + 13 | 0,00 | 170,7 |
| 107 | $CHO+HO_2 \rightarrow CH_2O+O_2$ | 1,60E + 12 | 0,00 | −10,1 |
| 108 | $CH_3+M' \rightarrow 3CH_2+H+M'$ | 1,00E + 16 | 0,00 | 379 |

| | | | | |
|---|---|---|---|---|
| 109 | $3CH_2 + H + M' \rightarrow CH_3 + M'$ | $4{,}73E+14$ | 0,00 | −64,4 |
| 110 | $CH_3 + O \rightarrow CH_2O + H$ | $8{,}43E+13$ | 0,00 | 0 |
| 111 | $CH_2O + H \rightarrow CH_3 + O$ | $1{,}16E+15$ | 0,00 | 305,8 |
| 112 | $CH_3 + H \rightarrow CH_4$ | $1{,}93E+36$ | −7,00 | 38 |
| 113 | $CH_4 \rightarrow CH_3 + H$ | $2{,}13E+38$ | −7,00 | 491,3 |
| 114 | $CH_3 + OH \rightarrow CH_3O + H$ | $2{,}26E+14$ | 0,00 | 64,8 |
| 115 | $CH_3O + H \rightarrow CH_3 + OH$ | $4{,}75E+16$ | −0,13 | 88 |
| 116 | $CH_3 + O_2 \rightarrow CH_2O + OH$ | $3{,}30E+11$ | 0,00 | 37,4 |
| 117 | $CH_3 + HO_2 \rightarrow CH_3O + OH$ | $1{,}80E+13$ | 0,00 | 0 |
| 118 | $CH_3O + OH \rightarrow CH_3 + HO_2$ | $6{,}80E+13$ | 0,00 | 125,1 |
| 119 | $CH_3 + HO_2 \rightarrow CH_4 + O_2$ | $3{,}60E+12$ | 0,00 | 0 |
| 120 | $CH_4 + O_2 \rightarrow CH_3 + HO_2$ | $2{,}80E+14$ | 0,00 | 257,5 |
| 121 | $CH_3 + M' \rightarrow CH + H_2 + M'$ | $6{,}90E+14$ | 0,00 | 345 |
| 122 | $CH + H_2 + M' \rightarrow CH_3 + M'$ | $2{,}22E+13$ | 0,00 | −87,1 |
| 123 | $CH_3 + CH_3 \rightarrow C_2H_6$ | $1{,}69E+53$ | −12,0 | 81,2 |
| 124 | $C_2H_6 \rightarrow CH_3 + CH_3$ | $2{,}96E+56$ | −12,0 | 476,1 |
| 125 | $CH_3O + M' \rightarrow CH_2O + H + M'$ | $5{,}00E+13$ | 0,00 | 105 |
| 126 | $CH_2O + H + M' \rightarrow CH_3O + M'$ | $9{,}53E+12$ | 0,00 | 21,9 |
| 127 | $CH_3O + H \rightarrow CH_2O + H_2$ | $1{,}80E+13$ | 0,00 | 0 |
| 128 | $CH_2O + H_2 \rightarrow CH_3O + H$ | $1{,}34E+13$ | 0,00 | 353,2 |
| 129 | $CH_3O + O_2 \rightarrow CH_2O + HO_2$ | $4{,}00E+10$ | 0,00 | 8,9 |
| 130 | $CH_2O + HO_2 \rightarrow CH_3O + O_2$ | $1{,}08E+10$ | 0,00 | 121,7 |
| 131 | $CH_2O + CH_3O \rightarrow CH_3OH + CHO$ | $6{,}00E+11$ | 0,00 | 13,8 |
| 132 | $CH_3OH + CHO \rightarrow CH_2O + CH_3O$ | $6{,}50E+09$ | 0,00 | 57,2 |
| 133 | $CH_3O + O \rightarrow O_2 + CH_3$ | $1{,}10E+13$ | 0,00 | 0 |
| 134 | $O_2 + CH_3 \rightarrow CH_3O + O$ | $3{,}56E+12$ | 0,00 | 107,5 |
| 135 | $CH_3O + O \rightarrow OH + CH_2O$ | $1{,}40E+12$ | 0,00 | 0 |
| 136 | $OH + CH_2O \rightarrow CH_3O + O$ | $4{,}62E+11$ | 0,00 | 345,3 |
| 137 | $CH_2OH + M' \rightarrow CH_2O + H + M'$ | $5{,}00E+13$ | 0,00 | 105 |
| 138 | $CH_2O + H + M' \rightarrow CH_2OH + M'$ | $6{,}93E+13$ | 0,00 | −10,2 |
| 139 | $CH_2OH + H \rightarrow CH_2O + H_2$ | $3{,}00E+13$ | 0,00 | 0 |
| 140 | $CH_2O + H_2 \rightarrow CH_2OH + H$ | $1{,}63E+14$ | 0,00 | 321 |
| 141 | $CH_2OH + O_2 \rightarrow CH_2O + HO_2$ | $1{,}00E+13$ | 0,00 | 30 |
| 142 | $CH_2O + HO_2 \rightarrow CH_2OH + O_2$ | $1{,}96E+13$ | 0,00 | 110,6 |
| 143 | $CH_3O_2 + M' \rightarrow CH_3 + O_2 + M'$ | $7{,}24E+16$ | 0,00 | 111,1 |
| 144 | $CH_3 + O_2 + M' \rightarrow CH_3O_2 + M'$ | $1{,}41E+16$ | 0,00 | −4,6 |
| 145 | $CH_33O_2 + CH_2O \rightarrow CH_3O_2H + CHO$ | $1{,}30E+11$ | 0,00 | 37,7 |
| 146 | $CH_3O_2H + CHO \rightarrow CH_3O_2 + CH_2O$ | $2{,}50E+10$ | 0,00 | 42,3 |
| 147 | $CH_3O_2 + CH_3 \rightarrow CH_3O + CH_3O$ | $3{,}80E+12$ | 0,00 | −5 |

| | | | | |
|---|---|---|---|---|
| 148 | $CH_3O + CH_3O \rightarrow CH_3O_2 + CH_3$ | $2{,}00E+10$ | 0,00 | 0 |
| 149 | $CH_3O_2 + HO_2 \rightarrow CH_3O_2H + O_2$ | $4{,}60E+10$ | 0,00 | −10,9 |
| 150 | $CH_3O_2H + O_2 \rightarrow CH_3O_2 + HO_2$ | $3{,}00E+12$ | 0,00 | 163,3 |
| 151 | $CH_3O_2 + CH_3O_2 \rightarrow CH_2O + CH_3OH + O_2$ | $1{,}80E+12$ | 0,00 | 0 |
| 152 | $CH_2O + CH_3OH + O_2 \rightarrow CH_3O_2 + CH_3O_2$ | $0{,}00E+00$ | 0,00 | 0 |
| 153 | $CH_3O_2 + CH_3O_2 \rightarrow CH_3O + CH_3O + O_2$ | $3{,}70E+12$ | 0,00 | 9,2 |
| 154 | $CH_3O + CH_3O + O_2 \rightarrow CH_3O_2 + CH_3O_2$ | $0{,}00E+00$ | 0,00 | 0 |
| 155 | $CH_4 + H \rightarrow H_2 + CH_3$ | $1{,}30E+04$ | 3,00 | 33,6 |
| 156 | $H_2 + CH_3 \rightarrow CH_4 + H$ | $4{,}62E+02$ | 3,00 | 16,6 |
| 157 | $CH_4 + O \rightarrow OH + CH_3$ | $6{,}92E+08$ | 1,56 | 35,5 |
| 158 | $OH + CH_3 \rightarrow CH_4 + O$ | $1{,}09E+07$ | 1,56 | 10,6 |
| 159 | $CH_4 + OH \rightarrow H_2O + CH_3$ | $1{,}60E+07$ | 1,83 | 11,6 |
| 160 | $H_2O + CH_3 \rightarrow CH_4 + OH$ | $2{,}52E+06$ | 1,83 | 57,8 |
| 161 | $CH_4 + HO_2 \rightarrow H_2O_2 + CH_3$ | $1{,}10E+13$ | 0,00 | 103,1 |
| 162 | $H_2O_2 + CH_3 \rightarrow CH_4 + HO_2$ | $5{,}61E+11$ | 0,00 | 20,3 |
| 163 | $CH_4 + CH \rightarrow C_2H_4 + H$ | $3{,}00E+13$ | 0,00 | −1,7 |
| 164 | $C_2H_4 + H \rightarrow CH_4 + CH$ | $5{,}00E+14$ | 0,00 | 239,8 |
| 165 | $CH_4 + 3CH_2 \rightarrow CH_3 + CH_3$ | $1{,}30E+13$ | 0,00 | 39,9 |
| 166 | $CH_3 + CH_3 \rightarrow CH_4 + 3CH_2$ | $2{,}49E+12$ | 0,00 | 30 |
| 167 | $CH_3OH \rightarrow CH_3 + OH$ | $9{,}51E+29$ | −4,30 | 404,1 |
| 168 | $CH_3 + OH \rightarrow CH_3OH$ | $3{,}64E+27$ | −4,30 | 8,8 |
| 169 | $CH_3OH + H \rightarrow CH_2OH + H_2$ | $4{,}00E+13$ | 0,00 | 25,5 |
| 170 | $CH_2OH + H_2 \rightarrow CH_3OH + H$ | $3{,}44E+12$ | 0,00 | 59,1 |
| 171 | $CH_3OH + O \rightarrow CH_2OH + OH$ | $1{,}00E+13$ | 0,00 | 19,6 |
| 172 | $CH_2OH + OH \rightarrow CH_3OH + O$ | $3{,}79E+11$ | 0,00 | 45,3 |
| 173 | $CH_3OH + OH \rightarrow CH_2OH + H_2O$ | $1{,}00E+13$ | 0,00 | 7,1 |
| 174 | $CH_2OH + H_2O \rightarrow CH_3OH + OH$ | $3{,}80E+12$ | 0,00 | 103,9 |
| 175 | $CH_33OH + HO_2 \rightarrow CH_2OH + H_2O_2$ | $6{,}20E+12$ | 0,00 | 81,1 |
| 176 | $CH_2OH + H_2O_2 \rightarrow HO_2 + CH_3OH$ | $1{,}00E+07$ | 1,70 | 47,9 |
| 177 | $CH_3OH + CH_3 \rightarrow CH_4 + CH_2OH$ | $9{,}00E+12$ | 0,00 | 41,1 |
| 178 | $CH_4 + CH_2OH \rightarrow CH_3OH + CH_3$ | $2{,}17E+13$ | 0,00 | 91,7 |
| 179 | $CH_3O + CH_3OH \rightarrow CH_2OH + CH_3OH$ | $2{,}00E+11$ | 0,00 | 29,3 |
| 180 | $CH_2OH + CH_33OH \rightarrow CH_3O + CH_3OH$ | $2{,}20E+04$ | 1,70 | 45,4 |
| 181 | $CH_3OH + CH_2O \rightarrow CH_3O + CH_3O$ | $1{,}53E+12$ | 0,00 | 333,2 |
| 182 | $CH_3O + CH_3O \rightarrow CH_3OH + CH_2O$ | $3{,}00E+13$ | 0,00 | 0 |

| | | | | |
|---|---|---|---|---|
| 183 | $CH_3O_2H \rightarrow CH_3O + OH$ | $4{,}00E+15$ | 0,00 | 180,5 |
| 184 | $CH_3O + OH \rightarrow CH_3O_2H$ | $4{,}70E+12$ | 0,00 | 156,6 |
| 185 | $OH + CH_3O_2H \rightarrow H2O + CH_3O_2$ | $2{,}60E+12$ | 0,00 | 0 |
| 186 | $H2O + CH_3O_2 \rightarrow OH + CH_3O_2H$ | $4{,}75E+11$ | 0,00 | 275,5 |
| 187 | $C_2H + O \rightarrow CO + CH$ | $1{,}00E+13$ | 0,00 | 0 |
| 188 | $CO + CH \rightarrow C_2H + O$ | $4{,}76E+12$ | 0,00 | 329,8 |
| 189 | $C_2H + O_2 \rightarrow HCCO + O$ | $3{,}00E+12$ | 0,00 | 0 |
| 190 | $HCCO + O \rightarrow C_2H + O_2$ | $7{,}72E+11$ | 0,00 | 129,4 |
| 191 | $HCCO + H \rightarrow 3CH_2 + CO$ | $1{,}50E+14$ | 0,00 | 0 |
| 192 | $3CH_2 + CO \rightarrow HCCO + H$ | $9{,}83E+13$ | 0,00 | 131,1 |
| 193 | $HCCO + O \rightarrow CO + CO + H$ | $9{,}60E+13$ | 0,00 | 0 |
| 194 | $HCCO + 3CH_2 \rightarrow C_2H_3 + CO$ | $3{,}00E+13$ | 0,00 | 0 |
| 195 | $C_2H_3 + CO \rightarrow HCCO + 3CH_2$ | $1{,}93E+15$ | 0,00 | 395,6 |
| 196 | $C_2H_2 + M' \rightarrow C_2H + H + M'$ | $3{,}60E+16$ | 0,00 | 446 |
| 197 | $C_2H + H + M' \rightarrow C_2H_2 + M'$ | $1{,}69E+15$ | 0,00 | −100,8 |
| 198 | $C_2H_2 + O_2 \rightarrow HCCO + OH$ | $2{,}00E+08$ | 1,50 | 126 |
| 199 | $HCCO + OH \rightarrow C_2H_2 + O_2$ | $3{,}57E+06$ | 1,50 | 136,1 |
| 200 | $C_2H_2 + H \rightarrow C_2H + H_2$ | $6{,}02E+13$ | 0,00 | 116,4 |
| 201 | $C_2H + H_2 \rightarrow C_2H_2 + H$ | $1{,}11E+13$ | 0,00 | 5,8 |
| 202 | $C_2H_2 + O \rightarrow 3CH_2 + CO$ | $1{,}72E+04$ | 2,80 | 2,1 |
| 203 | $3CH_2 + CO \rightarrow C_2H_2 + O$ | $2{,}71E+03$ | 2,80 | 211,2 |
| 204 | $C_2H_2 + O \rightarrow HCCO + H$ | $1{,}72E+04$ | 2,80 | 2,1 |
| 205 | $HCCO + H \rightarrow C_2H_2 + O$ | $4{,}14E+03$ | 2,80 | 80,1 |
| 206 | $C_2H_2 + OH \rightarrow H_2O + C_2H$ | $6{,}00E+13$ | 0,00 | 54,2 |
| 207 | $H_2O + C_2H \rightarrow C_2H_2 + OH$ | $4{,}89E+13$ | 0,00 | 6,9 |
| 208 | $CH_2CO + M' \rightarrow 3CH_2 + CO + M'$ | $1{,}00E+16$ | 0,00 | 248 |
| 209 | $3CH_2 + CO + M' \rightarrow CH_2CO + M'$ | $3{,}01E+13$ | 0,00 | −71,2 |
| 210 | $CH_2CO + H \rightarrow CH_3 + CO$ | $3{,}60E+13$ | 0,00 | 14,1 |
| 211 | $CH_3 + CO \rightarrow CH_2CO + H$ | $2{,}88E+12$ | 0,00 | 139,6 |
| 212 | $CH_2CO + O \rightarrow CHO + CHO$ | $2{,}30E+12$ | 0,00 | 5,7 |
| 213 | $CHO + CHO \rightarrow CH_2CO + O$ | $3{,}37E+10$ | 0,00 | 122,2 |
| 214 | $CH_2CO + OH \rightarrow CH_2O + CHO$ | $1{,}00E+13$ | 0,00 | 0 |
| 215 | $CH_2O + CHO \rightarrow CH_2CO + OH$ | $5{,}64E+12$ | 0,00 | 66,1 |
| 216 | $C_2H_3 \rightarrow C_2H_2 + H$ | $4{,}73E+40$ | −8,80 | 194,5 |
| 217 | $C_2H_2 + H \rightarrow C_2H_3$ | $2{,}54E+40$ | −8,80 | 32 |
| 218 | $C_2H_3 + OH \rightarrow C_2H_2 + H_2O$ | $5{,}00E+13$ | 0,00 | 0 |
| 219 | $C_2H_2 + H_2O \rightarrow C_2H_3 + OH$ | $4{,}66E+14$ | 0,00 | 336,9 |
| 220 | $C_2H_3 + H \rightarrow C_2H_2 + H_2$ | $1{,}20E+13$ | 0,00 | 0 |
| 221 | $C_2H_2 + H_2 \rightarrow C_2H_3 + H$ | $2{,}53E+13$ | 0,00 | 273,7 |
| 222 | $C_2H_3 + O \rightarrow C_2H_2 + OH$ | $1{,}00E+13$ | 0,00 | 0 |
| 223 | $C_2H_2 + OH \rightarrow C_2H_3 + O$ | $9{,}30E+12$ | 0,00 | 265,8 |

| 224 | $C_2H_3 + O \rightarrow CH_3 + CO$ | $1{,}00E+13$ | 0,00 | 0 |
|---|---|---|---|---|
| 225 | $CH_3 + CO \rightarrow C_2H_3 + O$ | $1{,}79E+13$ | 0,00 | 490 |
| 226 | $C_2H_3 + O \rightarrow CHO + 3CH_2$ | $1{,}00E+13$ | 0,00 | 0 |
| 227 | $CHO + 3CH_2 \rightarrow C_2H_3 + O$ | $5{,}57E+11$ | 0,00 | 108 |
| 228 | $C_2H_3 + O_2 \rightarrow CH_2O + CHO$ | $5{,}40E+12$ | 0,00 | 0 |
| 229 | $CH_2O + CHO \rightarrow C_2H_3 + O_2$ | $3{,}74E+12$ | 0,00 | 360,9 |
| 230 | $CH_3CO \rightarrow CH_3 + CO$ | $2{,}32E+26$ | −5,00 | 75,1 |
| 231 | $CH_3 + CO \rightarrow CH_3CO$ | $8{,}41E+24$ | −5,00 | 10,1 |
| 232 | $CH_3CO + H \rightarrow CH_2CO + H_2$ | $2{,}00E+13$ | 0,00 | 0 |
| 233 | $CH_2CO + H_2 \rightarrow CH_3CO + H$ | $3{,}41E+13$ | 0,00 | 245,4 |
| 234 | $CH_2CHO + H \rightarrow CH_2CO + H_2$ | $2{,}00E+13$ | 0,00 | 0 |
| 235 | $CH_2CO + H_2 \rightarrow CH_2CHO + H$ | $5{,}50E+13$ | 0,00 | 294,6 |
| 236 | $C_2H_4 + M' \rightarrow C_2H_2 + H_2 + M'$ | $7{,}50E+17$ | 0,00 | 319,8 |
| 237 | $C_2H_2 + H_2 + M' \rightarrow C_2H_4 + M'$ | $2{,}31E+16$ | 0,00 | 144,9 |
| 238 | $C_2H_4 + M' \rightarrow C_2H_3 + H + M'$ | $8{,}50E+17$ | 0,00 | 404 |
| 239 | $C_2H_3 + H + M' \rightarrow C_2H_4 + M'$ | $1{,}24E+16$ | 0,00 | −44,6 |
| 240 | $C_2H_4 + H \rightarrow C_2H_3 + H_2$ | $5{,}67E+14$ | 0,00 | 62,9 |
| 241 | $C_2H_3 + H2 \rightarrow C_2H_4 + H$ | $3{,}25E+13$ | 0,00 | 50,5 |
| 242 | $C_2H_4 + O \rightarrow CH_2CHO + H$ | $1{,}04E+06$ | 2,08 | 0 |
| 243 | $CH_2CHO + H \rightarrow C_2H_4 + O$ | $2{,}59E+05$ | 2,08 | 54 |
| 244 | $C_2H_4 + O \rightarrow CHO + CH_3$ | $2{,}42E+06$ | 2,08 | 0 |
| 245 | $CHO + CH_3 \rightarrow C_2H_4 + O$ | $4{,}16E+04$ | 2,08 | 102,8 |
| 246 | $C_2H_4 + OH \rightarrow C_2H_3 + H_2O$ | $2{,}17E+13$ | 0,00 | 24,9 |
| 247 | $C_2H_3 + H_2O \rightarrow C_2H_4 + OH$ | $5{,}50E+12$ | 0,00 | 75,7 |
| 248 | $CH_3CHO + M' \rightarrow CH_3 + CHO + M'$ | $7{,}00E+15$ | 0,00 | 342,8 |
| 249 | $CH_3 + CHO + M' \rightarrow CH_3CHO + M'$ | $1{,}27E+13$ | 0,00 | −15,4 |
| 250 | $CH_3CHO + H \rightarrow CH_3CO + H_2$ | $2{,}10E+09$ | 1,16 | 10,1 |
| 251 | $CH_3CO + H_2 \rightarrow CH_3CHO + H$ | $3{,}59E+08$ | 1,16 | 88,6 |
| 252 | $CH_3CHO + H \rightarrow CH_2CHO + H_2$ | $2{,}00E+09$ | 1,16 | 10,1 |
| 253 | $CH_2CHO + H_2 \rightarrow CH_3CHO + H$ | $2{,}06E+08$ | 1,16 | 39,3 |
| 254 | $CH_3CHO + O \rightarrow CH_3CO + OH$ | $5{,}00E+12$ | 0,00 | 7,6 |
| 255 | $CH_3CO + OH \rightarrow CH_3CHO + O$ | $3{,}77E+11$ | 0,00 | 78,3 |
| 256 | $CH_3CHO + O \rightarrow CH_2CHO + OH$ | $8{,}00E+11$ | 0,00 | 7,6 |
| 257 | $CH_2CHO + OH \rightarrow CH_3CHO + O$ | $3{,}64E+10$ | 0,00 | 29 |
| 258 | $CH_3CHO + O_2 \rightarrow CH_3CO + HO_2$ | $4{,}00E+13$ | 0,00 | 164,3 |
| 259 | $CH_3CO + HO_2 \rightarrow CH_3CHO + O_2$ | $2{,}46E+12$ | 0,00 | 2,4 |
| 260 | $CH_3CHO + OH \rightarrow CH_3CO + H_2O$ | $2{,}30E+10$ | 0,73 | −4,7 |
| 261 | $CH_3CO + H_2O \rightarrow CH_3CHO + OH$ | $1{,}74E+10$ | 0,73 | 137,1 |
| 262 | $CH_3CHO + HO_2 \rightarrow CH_3CO + H_2O_2$ | $3{,}00E+12$ | 0,00 | 50 |
| 263 | $CH_3CO + H_2O_2 \rightarrow CH_3CHO + HO_2$ | $7{,}34E+11$ | 0,00 | 62,8 |
| 264 | $CH_3CHO + 3CH_2 \rightarrow CH_3CO + CH_3$ | $2{,}50E+12$ | 0,00 | 15,9 |

| 265 | $CH_3CO+CH_3 \rightarrow CH_3CHO+3CH_2$ | $2{,}30E+12$ | 0,00 | 101,6 |
|---|---|---|---|---|
| 266 | $CH_3CHO+CH_3 \rightarrow CH_3CO+CH_4$ | $2{,}00E-06$ | 5,64 | 10,3 |
| 267 | $CH_3CO+CH_4 \rightarrow CH_3CHO+CH_3$ | $9{,}60E-06$ | 5,64 | 105,9 |
| 268 | $C_2H_5 \rightarrow C_2H_4+H$ | $1{,}02E+43$ | −9,10 | 224,2 |
| 269 | $C_2H_4+H \rightarrow C_2H_5$ | $1{,}61E+43$ | −9,10 | 70,5 |
| 270 | $C_2H_5+H \rightarrow CH_3+CH_3$ | $3{,}00E+13$ | 0,00 | 0 |
| 271 | $CH_3+CH_3 \rightarrow C_2H_5+H$ | $3{,}13E+12$ | 0,00 | 20 |
| 272 | $C_2H_5+O \rightarrow CH_3CHO+H$ | $5{,}00E+13$ | 0,00 | 0 |
| 273 | $CH_3CHO+H \rightarrow C_2H_5+O$ | $7{,}46E+14$ | 0,00 | 307,3 |
| 274 | $C_2H_5+O \rightarrow CH_2O+CH_3$ | $1{,}00E+13$ | 0,00 | 0 |
| 275 | $CH_2O+CH_3 \rightarrow C_2H_5+O$ | $1{,}43E+13$ | 0,00 | 325,7 |
| 276 | $C_2H_5+O_2 \rightarrow C_2H_4+HO_22$ | $1{,}10E+10$ | 0,00 | −6,3 |
| 277 | $C_2H_4+HO_2 \rightarrow C_2H_5+O_2$ | $2{,}45E+10$ | 0,00 | 35,9 |
| 278 | $C_2H_5+CH_3 \rightarrow C_2H_4+CH_4$ | $1{,}14E+12$ | 0,00 | 0 |
| 279 | $C_2H_4+CH_4 \rightarrow C_2H_5+CH_3$ | $1{,}98E+14$ | 0,00 | 299,6 |
| 280 | $C_2H_5+C_2H_5 \rightarrow C_2H_4+C_2H_6$ | $1{,}40E+12$ | 0,00 | 0 |
| 281 | $C_2H_4+C_2H_6 \rightarrow C_2H_5+C_2H_5$ | $4{,}04E+14$ | 0,00 | 261,2 |
| 282 | $C_2H_6+H \rightarrow C_2H_5+H_2$ | $1{,}40E+09$ | 1,50 | 31,1 |
| 283 | $C_2H_5+H_2 \rightarrow C_2H_6+H$ | $3{,}00E+07$ | 1,50 | 52,5 |
| 284 | $C_2H_6+O \rightarrow C_2H_5+OH$ | $1{,}00E+09$ | 1,50 | 24,4 |
| 285 | $C_2H_5+OH \rightarrow C_2H_6+O$ | $9{,}46E+06$ | 1,50 | 37,9 |
| 286 | $C_2H_6+OH \rightarrow C_2H_5+H_2O$ | $7{,}20E+06$ | 2,00 | 3,6 |
| 287 | $C_2H_5+H_2O \rightarrow C_2H_6+OH+M'$ | $6{,}83E+05$ | 2,00 | 88,2 |
| 288 | $C_2H_6+HO_2 \rightarrow C_2H_5+H_2O_2$ | $1{,}70E+13$ | 0,00 | 85,9 |
| 289 | $C_2H_5+H_2O_2 \rightarrow C_2H_6+HO_2$ | $5{,}22E+11$ | 0,00 | 41,5 |
| 290 | $C_2H_6+O_2 \rightarrow C_2H_5+HO_2$ | $6{,}00E+13$ | 0,00 | 217 |
| 291 | $C_2H_5+HO_2 \rightarrow C_2H_6+O_2$ | $4{,}64E+11$ | 0,00 | −2 |
| 292 | $C_2H_6+3CH_2 \rightarrow C_2H_5+CH_3$ | $2{,}20E+13$ | 0,00 | 36,3 |
| 293 | $C_2H_5+CH_3 \rightarrow C_2H_6+3CH_2$ | $2{,}54E+12$ | 0,00 | 64,8 |
| 294 | $C_2H_6+CH_3 \rightarrow C_2H_5+CH_4$ | $1{,}50E-07$ | 6,00 | 25,4 |
| 295 | $C_2H_5+CH_4 \rightarrow C_2H_6+CH_3$ | $9{,}03E-08$ | 6,00 | 63,8 |

Tabelle A.3: Verwendeter Reaktionsmechanismus von Methan-Luft